KB063256

공학기술과 인간사회

공학기술과 인간사회

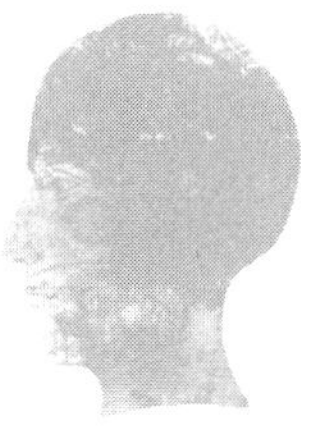

한국공학교육학회 지음

지호

머리말

인간사회를 풍요롭게 하기 위해 자연과학적 원리와 방법을 실생활에 적용하는 학문을 공학(engineering)이라고 할 수 있다. 공학과 기술 또는 공학기술(engineering technology)은 인류의 역사와 더불어 꾸준히 발전해왔으나 20세기에 들어서서 두 차례의 세계대전을 치르며 국가의 경쟁력을 결정짓는 요소로 자리매김하게 되었다. 그러나 과학과 기술이 결합하여 정립된 공학기술은 그 영향력이 점점 더 커지면서 인류에게 번영과 희망을 주기도 하고, 파멸과 절망을 가져다주기도 하는 양날의 칼이 되어가고 있다. 따라서 공학기술은 이를 연구·개발, 생산·유통, 판매·이용하는 모든 사람들에게 관심과 이해, 걱정과 우려, 기대와 희망을 동시에 불러일으키는 대상이 되었다.

공학기술이 우리 사회에 미치는 영향이 커지면 커질수록 그것이 본질적으로 가지고 있는 의미는 물론 공학기술을 개발·이용하는 사람들과 집단, 그리고 사회적 기관 등이 관심과 이해를 가져야 하는 측면들에 대하여 공개적으로 논의하고 검토하고 공론화해 나갈 필요가 있다. 이 책은 이러한 배경에서 탄생한 '공학기술의 인문사회학적 관심과 이해를 학문적으로 정리하려는 노력'의 산물이다. 그리고 이 책은 공과대학에서 필수 혹은 선택으로 수강하는 공학소양과 관련된 과목의 종합적 교재로 집필되었다.

이른바 '공학소양 종합교재'라는 이름의 이 책은, 1999년에 설립된 한국공학교육인증원(Accreditation Board for Engineering Education in Korea: ABEEK)의 산하기관인 한국공학교육센터에서 2002년부터 시작한 '공학교육 DB 구축

사업' 중 '공학소양 교과목 DB 구축사업'의 일환으로 수행한 한국공학교육학회(Korean Society for Engineering Education)의 공학소양교육연구회 연구위원들이 공동으로 집필한 것이다.

'공학소양'을 한마디로 정의하기는 어렵겠으나, 여기서는 '공학을 교수 · 학습 · 연구 · 개발 · 실천함에 있어서 엔지니어가 갖추어야 할 비전문적인 기본적 능력'이라고 정의해둔다. 공학소양에는 인문사회과학적, 자연과학적 소양이 있겠으나, '공학소양 종합교재'를 개발하는 공학소양교육연구회의 연구위원들은 일단 인문사회과학적 소양만을 다루기로 하였다. 그리고 공학소양의 인문사회과학적 소양에도 다양한 분야가 있을 수 있겠으나, 일단 '공학기술과 역사', '공학기술과 사회', '공학기술과 윤리', '공학기술과 경제', '공학기술과 경영', '공학기술과 정책', '공학도와 의사소통', '공학도와 리더십', 그리고 '공학도와 팀워크' 등 9개 분야를 공학소양의 인문사회과학적 분야로 선정하여 이들 분야에 대한 기본적 교수학습 영역과 내용을 설정하였다.

이 책은 3부로 구성하여 각 부별로 3개씩의 전문 분야를 선택하여 모두 9개 공학소양 분야로 이루어졌다. 제1부에서는 공학기술의 인문과학적 소양을 다루었는데, 공학기술의 과거(역사), 현재(사회), 미래(윤리)적 측면을 다루고 있다. '공학기술의 역사'에서는 공학기술이 인류의 역사 발전에서 어떠한 위치를 차지하고 있으며, 역사상 훌륭했던 엔지니어와 공학기술에는 어떠한 것들이 있었는지를 다룬다. '공학기술과 사회'에서는 비교적 현대의 공학기술과 엔지니어들이 사회에 끼친 영향이나 사회와의 관련 속에서 일어나는 현상이나 문제를 다루었다. '공학기술과 윤리'는 공학기술이나 엔지니어의 행위에 대한 선악, 옳고 그름, 그리고 가치판단을 내리기 위한 규범 체계를 논하면서, 대체로 앞으로 어떠한 공학기술을 개발해야 하고, 엔지니어가 어떠한 윤리적 태도를 가져야 할 것인가에 대한 윤리적 문제를 다루었다.

제2부는 공학기술의 사회과학적 소양을 다루고 있는데, '공학기술과 경제, 경영, 정책'으로 구성되었다. '공학기술과 경제'는 공학기술의 발전과 국가경제의 관계, 공학기술의 경제성 평가 등을 다룬다. '공학기술과 경영'은 공학기술의 특성을 경영학적으로 이해하여, 엔지니어의 연구개발 활동과 기업 또는 시장과의 관계를 다룬다. '공학기술과 정책'에서는 공학기술과 관련된 정책을 사례 중심으로 다루되, 정책을 분석하는 도구와 방법, 그리고 정책 전문가의 역할과 자격 등을 다루고 있다.

제3부에서는 공학도(또는 예비기술자)가 공과대학을 졸업하고 기업이나 연구소 등의 조직 내에서 수행하게 될 활동과 관련된 개인적 능력을 다루고 있는데, '공학도와 의사소통, 리더십, 팀워크'로 구성되었다. '공학도와 의사소통'은 엔지니어에게 요구되는 기본적인 읽기, 쓰기, 듣기, 말하기 능력에 대한 사항을 다룬다. '공학도와 리더십'에서는 엔지니어가 기업이나 연구소의 경영자가 되기 위한 준비 과정에서 경험해야 할 리더십의 개념, 종류, 패러다임, 활동 과제, 디지털 시대의 리더의 조건 등을 다루고 있다. '공학도와 팀워크'에서는 현

대 사회생활에서 항상 부딪치고 있는 팀 활동에서 팀원으로서의 역할과 팀 운영 전략 등을 다룬다.

이 책을 만들면서 집필자들은 다음과 같은 몇 가지 사항에 유의하였다. ① 공학소양을 대표하는 분야를 15주 강의를 기준으로 각각 2주(6시간)의 수업으로 완결시킬 수 있는 주제와 내용으로 구성한다. ② 공학소양 과목을 담당한 교수와 수강생들에게 도움을 줄 수 있는 쓰기 과제(리포트 주제)와 토의 및 토론 주제 등을 제시한다. ③ 제3부 공학도와 의사소통 · 리더십 · 팀워크는 별도의 강의로 활용할 수도 있으나, 가급적 제1, 2부의 수업을 진행하면서, 조(팀)별 활동을 통해서 커뮤니케이션, 리더십, 팀워크 등과 관련된 활동을 적용하도록 구성한다.

이 책은 공학소양에 대한 최초의 종합교재로 기획되었으나, 분야의 설정이나 내용의 구성에 있어서 고치고 보충해야 할 부분이 많다고 생각한다. 앞으로 공학소양을 대표하는 9개 분야의 대표적인 단행본 교재를 개발하고, 이 책의 내용도 수정 · 보완하여 개정판을 내도록 노력할 것을 약속드리는 바이다.

2005년 2월

한국공학교육학회 '공학소양 종합교재' 편집위원

차 례

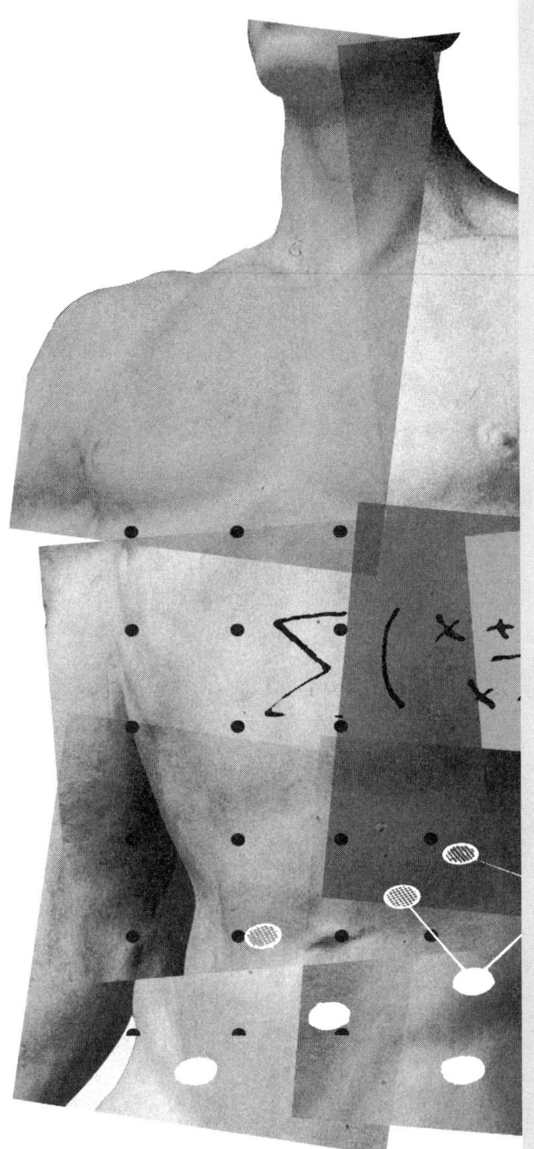

1부

1장 **공학기술과 역사**

2장 **공학기술과 사회**

3장 **공학기술과 윤리**

1장 공학기술과 역사

노태천(충남대 기술교육과 교수)
송성수(과학기술정책연구원 부연구위원)

1. 전통 사회에는 어떤 기술이 있었나

인류가 만물의 영장이 될 수 있었던 이유 중 하나는 기술의 발전에서 찾을 수 있다. 인간은 다른 동물보다 육체적으로 뛰어나지 못하지만 기술을 개발하고 활용함으로써 외부 환경을 지배할 수 있었다. 기술의 역사는 인류가 환경을 다스리기 위해 노력해온 길고도 고통스러운 과정이라고 할 수 있다. 특히 산업화가 본격적으로 진행된 19세기 이전에는 기술이 개발되는 속도도 느렸고 기술이 활용되는 범위도 제한되어 있었다. 이처럼 전통 사회에서는 기술의 사회적 위상이 높지 않았지만 다양한 기술이 잇달아 출현하여 인류의 삶을 보다 풍요롭게 하는 데 기여했다.

1-1. 기술과 기술사

기술(technology)의 어원은 그리스어 '테크네(techne)'에서 비롯되었다. 테크네는 인간 정신 이외의 외적인 것을 생산하기 위한 실천을 뜻한다. 옛날에는 과학을 인간 정신의 일부로 생각한 반면 기술은 인간 정신의 밖에 있는 것으로 간주했다. 테크네는 오늘날의 기술 이외에도 예술과 의술을 포함하는 넓은 의미였다. 19세기를 전후하여 인류가 산업화를 경험하면서 기술의 의미는 오늘날과 같이 물질적 재화를 생산하는 것으로 구체화되었다. 기술의 개념을 정확하게 규정하기는 매우 어렵지만 다음의 세 가지 측면은 기술을 구성하는 필수 요소라고 할 수 있다.

기술이라고 하면 우리는 무엇을 연상하는가? 아마도 전화, 자동차, 컴퓨터, 반도체 등을 떠올릴 것이다. 여기에 기술의 첫번째 측면인 '인공물(artifact)로서의 기술'이 있다. 인공물을 풀이하면 '인공적 물체'라는 뜻이다. 기술은 인간의 감각으로 느낄 수 있는 물리적 실체이다. 눈으로 볼 수 없고 손으로 만질 수 없는 것을 기술이라고 하기는 어렵다. 또한 기술은 인공적으로 만들어진다. 우리가 천연고무를 기술이라고 하지 않지만 그 고무로 만든 타이어를 기술이라고 간주하는 것도 이런 까닭이다. 인공물로서의 기술은 도구에서 기계로, 그리고 간단한 기계에서 복잡한 시스템으로 변천해왔다.

기술의 두번째 측면은 '지식(knowledge)으로서의 기술'이다. 기술이란 단어에 논리를 뜻하는 'logy'가 붙어 있듯이, 인공물을 만들고 사용하는 데에도 특정한 논리와 지식이 요구된다. 기술의 이런 측면은 오랫동안 낮게 평가되어왔다. 옛날 기술자들은 논문을 발표하지도 않았고 자신의 활동을 기록하지도 않았다. 게다가 기술은 글이나 말로 표현하기 어려운 암묵적 성격을 가지고 있다. '공학(engineering)'은 기술지식의 근대적인 형태에 해당한다. 공학이 출현하는 과정에서는 과학을 비롯한 기존의 지식을 실제 상황에 적합하도록 변형하고 체계화하려는 기술자들의 적극적인 노력이 중요한 역할을 담당했다.

기술의 세번째 측면은 '활동(activity)으로서의 기술'이다. 기술에는 그것을 만든 사람과 활용하는 사람의 활동이 녹아 있다. 기술자의 부단한 노력이 없었더라면 오늘날과 같이 풍부한 기술의 세계는 존재하지 않았을 것이다. 기술자는 매우 다양한 이들로 구성되어 있지만 역사상 기술자를 대표하는 집단은 장인, 발명가, 엔지니어 등으로 변화해왔다. 또한 아무리 좋은 인공물이 있더라도 널리 사용되지 않는다면 그 가치는 크게 줄어든다. 컴퓨터를 사놓고 한 번도 사용하지 않는다면 그것은 고철 덩어리에 불과한 것이다. 최근에는 기술을 활용하는 사람이 새로운 기술혁신에 대한 아이디어를 제공하는 경우도 많아지고 있다.

기술사(技術史)는 기술을 대상으로 하는 역사이다. 역사가 '사람들의 이야기'를 뜻하듯이, 역사적 접근은 우리가 뭔가를 알고 싶어할 때 부담 없이 사용하는 방법이다. 특히 기술과 같이 접근하기 쉽지 않은 주제의 경우에는 역사를 활용하는 것이 매우 유용하다. 또한 과거의 사실을 통해 우리는 오늘날의 세계가 가진 의미를 되새겨볼 수 있다. 예를 들어 전기가 없었던 시절을 생각해볼 때 우리는 전기의 고마움을 새삼스럽게 느낄 수 있다. 동시에 역사적 접근은 필연성보다는 '상황적합성'에 주목한다. 지금은 자연스럽게 보이는 것에도 숱한 우여곡절이 있었으며 세상이 반드시 지금처럼 존재해야 하는 것도 아니다.

기술사에 접근하는 방식에도 여러 가지가 있다. 그것은 흔히 내적 접근법, 외적 접근법, 맥락 접근법으로 구분된다. 내적 접근법은 기술사에서 가장 먼저 발

기술 이전을 통해 본 기술의 개념

기술의 세 가지 측면에 대한 논의를 기술 이전 문제에 적용해보면 흥미로운 점을 발견할 수 있다. 예를 들어 후발국이 선진국의 자동차 기술을 배우는 과정을 생각해보자.

완성된 자동차를 도입하여 그것을 분해하고 해석함으로써 기술을 익힐 수 있다. 이 경우는 인공물의 도입으로 기술 이전이 끝난다. 자동차에 대한 지식과 기술자가 확보되어 있기 때문이다. 그러나 그것으로 부족할 경우에는 매뉴얼이나 설계도 등을 통해 자동차에 대한 지식이 이전되어야 한다. 그래도 기술을 익힐 수 없는 경우에는 선진국의 기술자를 활용하거나 영입해야 한다.

이와 같이 기술 이전은 인공물의 단계에서 완결될 수도 있지만 그렇지 못한 경우에는 지식의 단계나 사람의 단계에서 종료된다.

전한 방법으로서 기술의 내용에 중점을 두며 기술자의 창조적 능력을 중시한다. 이에 반해 외적 접근법은 기술자 집단의 활동이나 기술 변화를 둘러싼 사회적 관계와 제도에 중점을 둔다. 기술사에 대한 탐구가 심화되면서 두 가지 접근법을 유기적으로 결합하려는 노력이 전개되었고 그 결과 등장한 것이 맥락 접근법이다. 맥락 접근법은 기술의 내용과 사회적 맥락을 동시에 고려하면서 이 둘의 상호작용에 주목한다. 이 세 가지 접근법은 모두 장단점을 가지고 있으며 연구의 대상에 따라 적절히 사용하는 것이 필요하다.

1-2. 기술의 기원

기술은 인간의 출현과 함께 시작되었다. 인간은 거친 자연환경 속에서 생존하기 위하여 도구를 만들고 활용했다. 흔히 인류의 역사를 도구의 재질에 따라 구석기 시대, 신석기 시대, 청동기 시대, 철기 시대로 구분한다. 지역에 따라 많은 차이가 있기는 하지만 신석기 시대는 기원전 10000년경, 청동기 시대는 기원전 3000년경, 철기 시대는 기원전 1000년경에 시작된 것으로 본다. 인류가 문자를 발명한 것이 기원전 3000년경으로 추정되기 때문에 구석기 시대와 신석기 시대는 선사 시대에 해당한다고 볼 수 있다.

구석기 시대에 인류는 수렵과 채집을 통해 생존을 유지하였고 주로 동굴에 거주했다. 채집과 달리 수렵에는 상당한 요령이 필요했으며 그것은 도구의 발전을 촉진하는 계기가 되었다. 구석기인들은 돌, 뼈, 나무, 흙 등으로 도구를 만들었는데 특히 타제석기(깬 석기)를 주요한 도구로 사용했다. 당시에 사용된 도구에는 창, 화살, 덫, 망치, 도끼, 칼, 끌, 송곳 등이 있다. 창, 화살, 덫 등으로 사냥을 한 후 칼로 동물의 껍질을 벗기고 고기를 나누는 식이었다. 당시의 인류는 사냥 전에 악마의 세계를 억누르고 동물의 영혼을 달래기 위한 각종 의식을 치르기도 했다.

구석기 시대의 중요한 기술 변화 중의 하나로 불의 발견을 들 수 있다. 구석기 시대 사람들이 마찰에 의해서 불을 일으킨 것은 인류가 집단적으로 기술의 위력을 경험한 최초의 사건으로 평가된다. 불을 사용하게 되면서 인간은 화덕을 중심으로 일정한 장소에 모이기 시작했고 이에 따라 공동체의 형성이 촉진되었다. 또한 불을 통해 음식물을 익혀 먹음으로써 인류는 처음으로 음식의 다양한 맛을 즐기기 시작했으며, 기생충에 감염될 확률을 줄여 보다 건강한 삶을 영위할 수 있게 되었다. 더 나아가 인류는 불을 통해 열을 처리하는 방법을 익혔고 그것은 이후에 토기의 제작이나 금속의 가공과 같은 다른 기술이 발전할 수 있는 토대가 되었다.

구석기 시대가 수렵과 채집의 시대였다면 신석기 시대는 농경과 목축의 시대였다. 약 1~2만 년 전에 빙하기가 끝나면서 인류는 새로운 자연환경을 맞이했다. 동물 수가 급격히 감소함에 따라 사냥감을 찾기 어려워진 반면 날씨가 따뜻해지면서 식량을 생산할 수 있는 조건이 형성되었다. 구석기 시대에는 식량을 찾아 돌아다니는 생활이 지배적이었지만 신석기 시대부터는 한 곳에 정착하여 식량을 재배하는 생활방식이 자리잡았다. 신석기 시대에는 수많은 도구가 사용되면서 생산성이 크게 향상되었으며 잉여식량이 증가하면서 사회계층의 분화가 촉진되었다. 이러한 변화는 '제1의 물결' 혹은 '최초의 기술혁명'으로 불리기도 한다.

신석기 시대에 인류는 더욱 정교한 도구를 사용하기 시작했다. 즉 타제석기를 대신하여 마제석기(간 석기)를 널리 사용하였다. 간 돌도끼, 간 날이 붙은 갈쿠리, 차돌을 갈아 만든 낫 등이 대표적인 예이다. 또한 농경의 시작과 함께 사계절에 대한 관념이 생겼으며 식량을 보관하기 위해 다양한 형태의 토기를 만들었다. 흙과 벽돌을 사용하여 집, 창고, 사당 등을 세웠고 썰매나 통나무배와 같은 간단한 교통수단도 마련했다. 당시에 인류는 실을 뽑고 천을 짜는 기구도 만들었으며 빵과 술을 만들어 먹는 방법도 익혔다. 이처럼 신석기 시대에 인류는 의식주의 모든 측면에서 기술을 활용하기 시작했다.

기원전 3000년을 전후하여 인류는 '도시문명'의 단계로 접어들었다. 이 시기에는 청동기의 사용, 문자의 발명, 도시의 형성, 정치조직의 탄생, 종교의 조직화 등이 동시다발적으로 이루어졌다. 도시문명이 먼저 출현한 지역은 이집트의 나일 강, 메소포타미아의 티그리스 강과 유프라테스 강, 인도의 인더스 강, 중국의 황하 유역이었다. 하천 지역에서 도시문명이 발달했다는 점에 주목하면서 제기된 가설로는 '수력 이론(hydraulic theory)'이 있다. 강물의 범람으로 광범위한 관개 작업이 필요했고 이를 매개로 인간의 활동이 조직화되면서 도시국가가 출현했다는 것이다.

기원전 3000년경부터 인류는 청동기를 매개로 금속을 의도적으로 사용하기 시작했다. 금속의 생산과 활용에는 상당한 지식이 요구되었고 금속가공을 담당하는 전문적인 장인계층이 형성되었다. 청동은 모양과 크기에 제약을 받지 않는 장점이 있지만 폭넓게 쓰이지는 못했다. 청동은 매우 비싼 금속이었기 때문에 그 용도가 군사용 무기, 귀족의 장식품, 종교용 기구 등에 국한되었던 것이다. 철기 시대가 도래하면서 일반인들도 금속을 광범위하게 사용하기 시작했는데 철이 '대중적 금속'으로 불리는 이유도 여기에 있다.

금속가공 이외에도 농업, 문자, 섬유, 도자기, 범선, 건축 등에서 상당한 기술적 발전이 있었다. 농업과 관련해서는 관개 기술, 음식물 저장법, 육종 기술 등이 발전했으며 문자의 기록을 위해서는 파피루스(papyrus)가 사용되었다. 실의 생산량이 증가하는 가운데 염색법이 발전했고 물레를 사용하여 도자기가 생산되었으며 돛과 노를 장착한 범선이 사용되기 시작했다. 또한 이 시기에 이집트 문명을 상징하는 건축물인 피라미드가 세워졌다. 가장 규모가 큰 쿠푸(Khufu) 왕의 피라미드는 230만 개의 돌로 만들어졌으며 밑면이 230미터, 높이가 150미터, 무게가 5백만 톤에 이른다. 피라미드는 중앙집권적 권력에 의해 대중을 동원해 만들어졌는데 도르래, 지렛대, 경사면, 바퀴 달린 수레와 같은 기구들이 사용되었다.

1-3. 고대의 기술

고대 그리스 문명은 과학적 인식의 측면에서는 상당한 성취를 보였지만 기술의 경우에는 그렇지 못했다. 작물, 가축, 직물, 도자기, 야금술, 건축물, 수레, 범선 등과 같이 고대 문명에 기여한 중요한 기술적 요소들은 그 이전부터 이미 존재했던 것이다. 다만 철이 본격적으로 사용되면서 야금술이 확산되었으며 해상무역이 활발해지면서 범선의 수와 크기가 증대하는 등의 변화가 있었다. 고대 그리스의 발명품으로는 돌덩어리나 화살을 발사하여 성을 공격하는 노포(弩砲, catapult)가 있었다.

고대의 몇몇 학자들은 발명에도 상당한 재능을 보였다. 시라쿠스의 아르키메데스(Archimedes, BC 287～212)는 투석기와 기중기를 전쟁 무기로 사용했으며 부력과 지렛대의 원리를 규명했고 나선형 양수기를 발명했다. 비잔틴의 필론(Philon, BC 300～?)은 쇠사슬 톱니바퀴를 고안하면서 기어에 대한 저작을 남겼고, 알렉산드리아의 크테시비우스(Ctesibius, BC 250～?)는 물시계를 개량하면서 피스톤 펌프를 발명했다. 알렉산드리아의 헤론(Heron, ?～62)은 소형 증기기구, 풍차가 달린 풍금, 자동 성수기(聖水機), 출입문 개폐기 등을 발명했으며 『기계학』을 비롯한 다양한 저작을 통해 기존의 기술을 정리하면서 새로운 발명품을 소개하기도 했다. 고대의 기계적 기술은 지렛대, 도르래, 나사, 바퀴와 축, 경사면과 쐐기 등과 같은 다섯 종류의 도구로 상징된다.

로마 시대에는 토목과 건축을 중심으로 기존의 기술이 대규모로 활용되었다. "모든 길은 로마로 통한다"는 말처럼 로마를 중심으로 30만 킬로미터에 이르는 도로망이 건설되었다. 대부분의 도로는 자갈로 만들어졌지만 일부는 시멘트로 만들어지기도 했다. 도로망의 건설과 함께 교량도 많이 세워졌는데, 가르(Gard) 강의 다리는 3층으로 만들어진 것으로 높이가 45미터, 길이가 275미터에 이르렀다. 또한 식수용 혹은 농업용 용수를 조달하기 위하여 수많은 수도관이 만들어졌으며 전체 길이가 458킬로미터에 달했다. 44～55년에는 푸치노

(Fucino) 호의 물을 활용하기 위해서 3만 명이 동원되어 6킬로미터에 달하는 터널 공사를 벌이기도 했다.

로마의 중심부에는 아치, 둥근 천장, 돔과 같은 방식이 사용된 대형 건물이 세워졌다. 로마 시대를 대표하는 건축물로는 판테온 신전과 콜로세움을 들 수 있다. 모든 신의 전당을 의미하는 판테온 신전은 높이가 43.3미터에 이르렀으며 원형 경기장인 콜로세움은 9만 명을 수용할 수 있었다. 로마 시대에는 대형 목욕탕도 건설되었는데 그것은 열수탕과 열기탕을 보유했으며 유리로 장식된 둥근 천장을 가지고 있었다. 이와 같은 대형 건물을 만드는 데에는 수많은 노예들이 동원되었고 도르래가 붙은 기중기가 널리 사용되었다.

로마 시대에는 부분적이긴 했지만 수차도 사용되기 시작했다. 비트루비우스(Pollio Vitruvius, BC 75~26)는 『건축에 대하여』에서 도로, 교량, 수도, 건물 등의 제작에 필요한 기술을 집대성하면서 수평 굴대와 맷돌을 가진 바퀴를 사용하는 수차에 대해 상세히 기록했다. 그러나 고대의 수차는 하사식(下斜式)을 기본으로 삼고 있었기 때문에 물 사정이 좋은 지역에서만 사용할 수 있었다. 게다가 노예의 노동력에 의존해야 했기 때문에 수차를 사용하기 위한 유인(誘因)이 충분하지 못했다. 수력이 보편적인 중요성을 획득하게 된 것은 중세 후기에

기술을 경멸했던 고대 사람들

고대 사회에서 기술의 가치가 폄하되었다는 점은 당시에 발간된 여러 저작에서 공통적으로 확인할 수 있다. 플라톤(Platon, BC 427~347)의 『고르기아스』에는 다음과 같은 문구가 나온다. "당신은 기계제작공과 그의 기술을 경멸할 것입니다. 당신은 그의 아들에게 당신의 딸을 주지 않을 것이고 그의 딸을 당신 아들의 며느리로 삼지 않으려 할 것입니다."

또한 세네카(Seneca, ?~65)의 편지는 기술과 지혜에 본질적인 차이가 있다는 점을 강조하고 있다. "이러한 발명들이 활발하고 영민한 정신을 증거하기는 하지만 위대하고 고귀한 정신을 증거하지는 않는다. 지혜는 높은 보좌에 앉아 있다. 지혜는 손에 의한 제작을 가르치지 않는다."

물의 무게로 작동하는 상사식(上斜式) 수차가 보급된 이후의 일이었다.

이처럼 고대 사회에서는 로마에서 토목과 건축이 대규모로 이루어진 것을 제외하면 기술적 진보가 거의 없었다. 그 이유로는 흔히 노예 제도가 거론된다. 고대 사회에서는 길을 닦고 건축물을 세우고 옷감을 만들고 금속을 채굴하고 노를 젓는 것 등 거의 모든 노동이 노예에 의존했다. 노예에게는 별다른 비용이 필요하지 않다. 이처럼 거의 무료로 노예 노동을 활용할 수 있었기 때문에 이를 대체할 수 있는 기술을 개발하거나 활용하려는 계기가 부족했던 것이다.

또한 고대 사회에서는 실제적인 일에 종사하는 것을 하찮게 여기는 분위기가 지배하고 있었다. 예를 들어 고대의 학문을 집대성한 아리스토텔레스(Aristotelles, BC 384~322)는 『기계의 문제들』에서 기술이 자연을 기만하는 것이라고 간주했으며 『정치학』에서 동물, 노예, 장인은 도시국가의 구성 요소가 될 수 없다고 주장했다. 아르키메데스는 많은 기술을 발명했지만 이에 관한 기록을 남기지 않았으며 자신이 기술자로 비춰지는 것을 매우 싫어했다. 자연은 신성하며 인간이 개입하거나 개발할 영역은 아니라는 것이 고대 사람들의 생각이었던 것이다.

1-4. 중세의 기술 발전

중세 초기가 과학에서는 암흑기였지만 기술에서는 그렇지 않았다. 중세 초기에 기독교는 과학의 탐구에 장애물로 작용했지만 기술의 발전에서는 오히려 촉진제 역할을 담당했다. 기독교는 자연을 활용하는 것의 가치를 인정했고 노동을 신에 대한 봉사로 간주했으며 노예 제도를 비판할 수 있는 기반을 제공했다. 사실상 중세의 상당 기간 동안 수공업적 노동의 중심이 된 곳은 수도원이었다. 수도원의 규칙을 상징하는 용어에는 기도를 뜻하는 '오라(Ora)'와 노동을 의미하는 '라보라(Labora)'가 있었다. 수도사들은 자급적 경제활동을 통해 그들의 생계에 필요한 것을 얻었고 몇몇 수도원의 경우에는 공장을 운영하기도 했다.

중세에는 농업, 군사, 동력의 세 분야에서 상당한 기술 발전이 있었다. 농업 분야의 주요한 기술혁신으로는 바퀴가 달린 무거운 쟁기(heavy-wheeled plough)를 들 수 있다. 과거의 쟁기는 사람이 일정한 깊이를 유지해야 했기 때문에 힘이 들고 땅의 겉만 살짝 긁을 뿐이었다. 그러나 새로운 쟁기는 깊이를 조절하는 바퀴가 달려 있어 힘을 절약할 수 있을 뿐만 아니라 땅을 깊고 반듯하게 갈 수 있었다. 또한 중세에는 안장과 멍에 같은 다양한 마구(馬具)가 개량되어 말을 농경에 사용할 수 있게 되었다. 이러한 기술혁신과 함께 귀리, 보리, 콩과 같은 새로운 곡물이 도입되어 북부 유럽을 중심으로 윤작의 초보적 형태인 삼포식(three-field system) 농업이 정착되었다.

군사 기술 분야에서는 기마전(騎馬戰)의 중요성이 부각되었다. 8세기경에 유럽으로 전파된 등자(鐙子, stirrup)는 봉건제의 형성에 중요한 역할을 담당했던 것으로 평가된다. 등자는 말을 탈 때 두 발로 디디는 기구로서 말과 기수를 밀착시켜 단일한 전투 단위를 형성할 수 있게 했다. 말을 사육하는 데에는 상당한 비용이 들었고 기사는 수년 동안의 전문 훈련을 거쳐야 했기 때문에 특정한 집단이 이를 유지하기는 매우 어려웠다. 이에 중세의 영주들은 기사들에게 토지를 하사함으로써 군사적 도움을 받는 방식을 선택했고 그것은 중세의 지배적인 정치조직인 봉건제의 근간이 되었다.

중세에는 동력 기술 분야에서도 커다란 변화가 있었다. 수차는 9세기부터 빠른 속도로 보급되었고 10세기부터는 바퀴의 회전운동을 왕복운동으로 바꾸는 캠축이 사용되었다. 11세기 말 영국에서는 약 5천6백 개의 수차가 가동되었으며 14세기 이후에는 수리시설의 보완을 배경으로 상사식 수차가 널리 보급되었다. 풍차는 12세기부터 도입되어 15세기 말 네덜란드에서는 약 7천5백 개가 가동되었는데 처음에는 상자형이었지만 나중에는 탑 모양으로 바뀌었다. 중세 후기에는 대부분의 마을에 수차와 풍차가 설치되어 독특한 전원풍경을 창출하기도 했다.

수력과 풍력은 다양한 분야에 적용되어 노동력 절감과 생산성 향상에 크게 기여했다. 수력과 풍력은 곡식을 빻는 것은 물론이고 종이를 만들고 나무와 돌을 자르고 기계 해머를 작동시키고 실을 감고 옷을 만들고 풀무를 움직여 철을 생산하는 데에도 사용되었다. 또한 수차와 풍차에 필수적이었던 정교한 톱니바퀴는 이후에 시계를 제작하는 데 활용되었다. 이러한 자연동력의 확산으로 중세에는 수많은 작업장이나 공장이 잇달아 세워졌는데 14세기 피렌체에는 2백 개 이상의 공장에서 3만 명 이상이 직물 생산에 종사할 정도였다. 공장의 초기 형태를 뜻하는 단어인 밀(mill)이 방앗간에서 유래했다는 점도 흥미로운 사실이다.

수공업이 번성하면서 제화공, 제단사, 제빵공, 목공, 석공, 대장장이 등과 같은 전문적인 수공업자들이 출현하기 시작했다. 영국과 독일에 '스미스(Smith)' 혹은 '슈미트(Schmidt)'라는 이름이 널리 퍼진 것도 금속제품을 담당하는 수공업자가 많았기 때문이었다. 동일한 직종의 수공업자들은 공장(工匠) 길드(craft guild) 혹은 춘프트(Zunft)라는 조합을 결성하여 자신의 권익을 보호하고자 했다. 공장 길드는 장인(匠人, master), 직인(職人, journeyman), 도제(徒弟, apprentice)의 세 계층으로 구성되었다. 공장 길드의 규모와 관련하여 1363년 뉘른베르크에는 1,217명의 장인을 중심으로 50개의 수공업자 조합이 활동하고 있었다.

1-5. 근대 기술의 여명

15~17세기는 중세에서 근대로의 이행기에 해당하며 근대 초기 혹은 근세로 불린다. 지리상의 발견과 민족국가의 성립을 배경으로 수많은 전쟁이 벌어졌으며 르네상스, 종교개혁, 과학혁명을 통해 근대적 정신문화가 형성되었다.

지리상의 발견을 위한 기술적 진보는 중세 말기에 이루어졌다. 삼각 혹은 사각 돛을 단 배가 출현하여 바람을 가로질러 항해할 수 있게 되었으며 기존의 노를 대신하여 경첩 모양의 방향키가 사용되었다. 이에 따라 배의 크기와 기동성이 급속히 향상되었고 노 젓는 사람도 필요 없게 되었다. 또한 아랍인을 통해 중국에서 전래된 나침반이 널리 사용되었고 지도제작술의 발달로 인해 지도와 해도가 크게 개선되었다. 특히 '해양왕'으로 불리는 엔리케 왕자(Prince Henrique, 1393~1460)의 지원에 힘입어 15세기에 포르투갈은 항해술에서 상당한 발전을 이룩했다. 16세기 이후에는 포르투갈에 이어 스페인, 네덜란드, 영국 등도 새로운 항해술을 채용하여 식민지를 개척하거나 해상무역을 확대하기 시작했다.

근세는 '군사혁명(Military Revolution)'의 시대이기도 했다. 화약을 사용한 무기가 광범위하게 사용되었으며 중앙집권적 국가의 등장을 배경으로 상비군이 설치되기 시작했다. 화약은 9세기 중국에서 처음 사용된 후 13세기에 유럽으로 전래되었다. 중국은 1200년경에 화포를 만들었으며 유럽은 14세기 중엽에 이를 받아들였다. 15세기부터 본격적으로 사용된 대포는 처음에 성가신 물건에 불과했지만 굵은 알갱이 형태의 화약이 사용되고 포신이 금속으로 만들어지면서 성곽을 공격하는 주요한 수단으로 자리잡았다. 대포는 범선에도 채택되어 해전의 양상이 접근전에서 원격전으로 변모하기도 했다. 16세기부터는 개인 휴대용 화기도 등장했는데 소형 화기는 움직이는 목표물을 대상으로 했기 때문에 정확한 조준이 관건이었다. 화승식(matchlock), 바퀴식(wheellock), 부싯돌식 발화장치 등이 잇달아 개발되었으며 부싯돌식 머스켓총(musket)은 150년 이상 표준적인 무기의 자리를 지켰다.

화기의 등장을 배경으로 기존의 노동집약적 전쟁은 자원집약적 전쟁으로 변모하기 시작했다. 당시에는 "오늘날 전쟁의 목적은 적을 분쇄하는 것이 아니라 지치게 하는 것이다"는 말이 유행할 정도로 전쟁이 장기화되었다. 무엇보다도 군대의 규모가 급격히 성장했는데, 예를 들어 프랑스의 병력은 1475년에 약 4만 명이었지만 1705년에는 약 40만 명으로 증가했다. 이러한 규모의 병력을 유지하기 위해서는 상당한 재원이 필요했기 때문에 당시의 많은 국가들은 독점적 권리를 판매하고 금융업자에게 대출을 받는 등 다양한 수단을 동원했다. 동시에 대규모의 군대를 조직하기 위해 기계적 절차, 엄격한 통제, 위계적 구조 등이 강조되기 시작했고 그것은 관료제의 발달로 이어졌다. 또한 군사에 관한 지식이 체계화되고 전쟁에 시장의 논리가 작용하게 된 것도 군사혁명의 중요한 내용이었다.

근대적 문화의 출현을 가능하게 한 주요한 배경으로는 인쇄술의 발명을 들 수 있다. 인쇄술의 초기 형태인 목판 인쇄술은 8세기에 중국에서 최초로 발명되어 천 년 이상 사용되었다. 반면 오늘날 인쇄술의 주요 형태는 활판 인쇄술로서 1440년경에 독일의 기술자인 구텐베르크(Johannes Gutenberg, 1400~1468)가 발명한 이후에 서구 사회를 중심으로 급속히 확산되었다. 활판 인쇄술이 한국이나 중국에서 먼저 발명되었다는 지적도 있지만 구텐베르크가 발명한 것은 단순한 금속활자가 아니라 인쇄 시스템이었다. 그는 착탈식(着脫式) 활자를 고안한 것은 물론 대량생산이 가능한 인쇄기를 발명했고 활판 인쇄에 필요한 종이와 잉크를 선택하는 데에도 많은 주의를 기울였다. 유럽 최초의 활판 인쇄본은 1,282페이지에 달하는 라틴어 성서를 1페이지 당 42행으로 인쇄한 것으로 '구텐베르크 성서'라고 불린다.

구텐베르크의 활판 인쇄술 덕분에 손으로 한 권을 베낄 시간에 수천 권의 책을 인쇄할 수 있게 되었다. 실제로 1460년부터 1500년까지 40년 동안 유럽에서는 중세의 40배에 달하는 책자가 쏟아져 나왔다. 더구나 인쇄본은 필사본과 달리 오류가 거의 없었기 때문에 정보의 정확성도 높아졌다. 인쇄술을 매개로 보다 많은 사람들이 책을 접할 수 있게 됨에 따라 폭넓은 식자층의 시대가 도래했다. 이러한 경향은 근대 국가의 성립을 배경으로 모국어를 사용하는 전통이 생겨나면서 더욱 촉진되었다. 사람들은 더 이상 정보를 통치자나 교회에 의존하지 않아도 되었으며 스스로 정보를 해석하면서 기존의 견해에 도전하기 시작했다. 근대적 문명을 상징하는 르네상스, 종교개혁, 과학혁명도 인쇄술이 없었더라면 거의 불가능했을 것이다.

항해술, 화기, 인쇄술 등은 다른 기술이나 과학의 발전에도 상당한 영향을 미쳤다. 항해술의 발전을 배경으로 체계적인 천문학 지식과 정밀한 항해용 기구가 요구되었으며 여기에는 당시의 많은 과학자들이 참여했다. 화기의 사용이 급증하면서 철이나 기계와 관련된 기술혁신이 뒤따랐으며 야금술이나 기계학도 발전했다. 예를 들어 독일의 아그리콜라(Georgius Agricola, 1494~1555)는 야금술과 광업에 대한 포괄적 저서인 『금속에 관하여』를 남겼고, 이탈리아의 타르탈리아(Niccolo Tartaglia, 1500~ 1557)는 포신을 45도로 올렸을 때 포탄이 가장 멀리 나간다는 점을 밝혀냈다. 인쇄술을 매개로 과학과 기술에 관한 서적이 대대적으로 발굴되는 한편 종이의 사용이 확산되면서 제지술이 크게 발전했다. 종이는 2세기 중국에서 발명된 후 12세기에 유럽에 전래되었지만 그것의 진가가 인정된 것은 인쇄술이 완성된 뒤였다.

근세에는 다양한 기술활동이 촉진되면서 기술자들의 사회적 지위가 크게 향상되었다. 특히 기술에 대한 수요가 증가하고 15세기 말부터 특허 제도가 정비되면서 개인적으로 활동하는 기술자들도 많이 생겨났다. 기술자들이 자신의 건축물이나 기계에 이름을 남기게 된 것도 근세의 일이었다. 당시의 기술자들은 자신의 사회적 지위에 부응하는 지적 지위를 획득하기 위하여 체계적인 교육을 강조하면서 기술에 대한 교과서를 발굴하거나 집필했다. 이러한 과정을 통해 근세의 기술자들은 상당히 유식해졌고 대학의 학자들과도 접촉할 수 있었다. 당시의 학자들도 기술이 매우 유용하며 과학에 도움을 준다고 생각했는데 갈릴레이(Galileo Galilei, 1564~1642), 베이컨(Francis Bacon, 1561~1626) 등은 기술에서 실험적 방법의 기초를 찾아내기도 했다.

근세에 출간된 기술에 관한 저술을 보면 당시 기술자들이 시대를 앞서가기도 했다는 점을 알 수 있다. 당시에는 없었지만 미래에 제작될 것으로 확신하는 새로운 발명품이 제시되었던 것이다. 레오나르도 다 빈치(Leonardo da Vinch, 1452~1519)의 노트는 각종 기술에 대한 설계도가 실려 있는 것으로 유명하다. 거기에는 대기압 화약 엔진, 방적기계, 압연기, 선반, 천공기, 낙하산, 비행기계 등이 있다. 1588년에 출간되어 상당한 인기를 누린 라멜리(Agostino Ramelli)의 『다양하고 독창적인 기계』에도 110개의 물펌프, 20개의 제분기, 10개의 기중기

등이 실려 있다. 이러한 기술들은 이후에 실현되기도 했고 그렇지 않기도 했지만 인류의 풍부한 탐구 정신을 보여주는 증거에 해당한다.

전통 사회에서 기술은 상당한 변화를 경험해왔지만 기본적으로는 몇몇 중요한 기술을 언급할 수 있는 정도에 불과했다. 기술의 역사에서 전통 사회의 의의는 기존의 기술을 바탕으로 그것의 활용 범위를 확대한 데서 찾을 수 있을 것이다. 또한 상당수의 기술이 전쟁용 무기나 지배층의 사치품을 만들기 위해 개발되었다. 기술자는 고대 사회에서 매우 낮은 대접을 받았으며 그것은 근세에 들어서면서 극복되기 시작했다. 기술이 지속적으로 개발되면서 공업 사회로 변모하기 시작한 것은 '산업혁명' 이후의 일이다.

레오나르도 다 빈치의 자기소개서

르네상스 시대의 많은 인물들은 오늘날의 프리랜서에 해당하였다. 레오나르도 다 빈치도 예외가 아니어서 여러 후원자를 찾아 다녔다. 1482년경에 레오나르도는 밀라노의 통치자였던 스포르차(Lodovico Sforza)의 주의를 끌기 위해 다음과 같은 편지를 보냈다.

"저는 매우 가벼우면서도 아주 튼튼한 다리의 설계도를 가지고 있습니다. 저는 개천에서 물을 끌어올 수 있는 기구들도 만들 수 있습니다. 저는 모든 성채나 다른 요새를 부수기 위한 방법을 가지고 있습니다. 더 나아가 저는 아주 간편하고 쉽게 이동할 수 있는 석포(石砲)의 설계도를 가지고 있습니다. 그리고 저는 아무 소음도 없이 설치할 수 있는 갱도와 구불구불한 비밀통로의 설계도를 가지고 있습니다. 또 저는 안전하고 지붕이 있는 난공불락의 차를 건조할 계획입니다. 바다에서 전투가 일어날 경우에도 저는 공격과 방어에 적합한 많은 기구를 구상하고 있습니다. 평화시에 저는 건축 기술에서 다른 모든 사람과 겨룰 수 있습니다. 더 나아가 저는 대리석, 광석, 점토의 가공, 그리고 회화에서 어떤 사람 앞에도 내놓을 수 있는 것을 이루어낼 것입니다. 위에서 든 것들이 실행될 수 없는 것처럼 보인다면 저는 전하가 원하는 곳에서 시범을 보일 용의가 얼마든지 있습니다. 전하께서 저를 써주시기를 삼가 청원합니다."

이 편지를 보고 스포르차는 레오나르도를 흔쾌히 받아들였다. 이 편지를 통해 우리는 당시에 어떤 사회적 수요가 있었는지, 그리고 레오나르도가 어떤 전략을 가지고 자신을 소개했는지에 대해서 알 수 있다.

2. 산업혁명에서 시작된 근대 기술

산업혁명이란 용어는 19세기 후반에 사회개혁가로 활동한 토인비(Arnold Toynbee, 1852~1883)가 1884년에 『18세기 영국 산업혁명 강의』를 출간하면서 널리 사용되기 시작했다. 산업혁명은 18세기 중엽부터 19세기 중엽에 이르는 약 백 년 동안 영국을 중심으로 발생한 기술적, 조직적, 경제적, 사회적 변화를 지칭하는 용어이다. 기술적 측면에서는 도구에서 기계로의 전환이 본격화되었고 조직적 측면에서는 기존의 가내공업제를 대신하여 공장제가 정착되었다. 경제적 측면에서는 국내 시장과 해외 식민지를 바탕으로 광범위한 자본 축적이 이루어졌고 사회적 측면에서는 산업자본가와 임금노동자를 중심으로 한 계급 사회가 형성되었다. 산업혁명을 통하여 인류는 자본주의의 발전에 필요한 물적 토대를 구축하게 되었으며 농업 사회에서 공업 사회로 급속히 재편되기 시작했다.

2-1. 면공업의 기술혁신

산업혁명의 주역은 면공업이었다. 면공업의 주요 공정은 목화에서 처음 추출한 애벌 실로 방사를 만드는 방적(紡績, spinning) 부문과 방사를 짜서 직물을 만드는 방직(紡織, weaving) 부문으로 나뉜다. 면공업의 기술혁신은 1733년에 케이(John Kay, 1704~1764)가 자동북(flying shuttle)이라는 방직기를 발명함으로써 시작되었다. 그것은 북이 홈통을 따라 자동으로 미끄러지는 기계였다. 케이의 발명 덕분에 방직 부문의 생산성이 증가하자 방적 부문이 이를 받쳐주지 못하는 상황이 발생했다. 1760년 기술공업장려협회(Society for the Encouragement of Arts and Manufactures)는 방적기를 발명한 사람에게 상금을 주겠다고 공언하기도 했다.

이에 부응하여 하그리브스(James Hargreaves, 1722~1778)는 1765년에 제

니(jenny) 방적기를 발명했고, 아크라이트(Richard Arkwright, 1732~1792)는 수력 방적기(water frame)를 개발했다. 특히 아크라이트는 사업 감각을 타고난 인물로 공장을 건설하여 자신의 수력 방적기로 많은 돈을 벌었다. 그러나 아크라이트에게는 '다른 사람의 발명품을 가로챘다'는 비판이 계속해서 제기되었다. 이 때문에 그는 두 번 특허 소송에 휘말렸고 결국 1785년 재판에서 특허 무효 판결을 받았다. 그럼에도 그가 기술사에 끼친 공헌은 기술의 변혁기에 여기저기 널려 있던 발명을 하나의 기계로 통합했다는 점에서 찾을 수 있다.

산업혁명기의 방적기는 크롬프턴(Samuel Crompton, 1753~1827)이 1779년에 뮬(mule) 방적기를 발명함으로써 절정에 달했다. 18세기에는 백만 파운드의 면화를 실로 가공하는 데 5만 시간의 노동력이 요구되었지만 뮬 방적기가 활용된 이후에는 2천 시간으로 줄어들었다. 노새가 잡종이듯이 뮬 방적기는 제니 방적기와 수력 방적기의 장점만을 조합한 혼성기계였다. 제니 방적기가 생산한 실은 가늘기는 했지만 쉽게 끊어졌고 수력 방적기가 생산한 실은 튼튼하기는 했지만 거칠었다. 뮬 방적기가 발명됨으로써 비로소 튼튼하면서도 가는 실을 생산할 수 있었다.

다양한 방적기가 잇달아 개발되면서 면공업의 상황은 역전되었다. 1760년 무렵에는 우수한 방적기가 없어서 문제였지만 1790년 무렵에는 방사가 과잉 생산되어 이를 처리하는 것이 골칫거리로 떠올랐던 것이다. 그것은 카트라이트(Edmund Cartwright, 1743~1823)가 1785년에 역직기(力織機, power loom)를 발명함으로써 해결되었다. 역직기는 씨줄에 낙하하는 바디(reed)와 날줄을 왕복하는 자동북이 연속적으로 움직이는 구조를 가지고 있었다. 최초의 역직기는 조잡했지만 이후에 많은 사람들에 의해 지속적으로 개량되었다.

2-2. 면공업의 발전과 영향

산업혁명기의 면공업은 다양한 기술혁신을 바탕으로 연평균 5퍼센트 이상의 높은 성장률을 보였다. 영국은 면화를 재배하지 않았기 때문에 원면 수입에 대한 통계는 면공업의 발전 속도를 확인할 수 있는 좋은 지표이다. 영국의 원면 수입은 18세기 초에 5백 톤에 불과했지만 1770년에는 2천5백 톤으로 증가했고 1800년에는 2만 5천 톤을 넘었다. 방적기와 방직기가 본격적으로 보급된 1770년대 이후에 면공업이 크게 발전했던 것이다.

면공업은 다른 산업과 기술의 발전을 자극하기도 했는데 화학공업이 대표적인 예이다. 우수한 면제품에 대한 수요가 증가하면서 다양한 표백제가 요구되었고 그것은 화학공업의 성장을 촉진했다. 1746년에 영국의 로벅(John Roebuck, 1718~1794)은 연실법(chamber process)을 개발하여 황산을 경제적으로 생산함으로써 기존의 천연표백제를 대체하기 시작했다. 1785년에는 프랑스의 화학자 베르톨레(Claude L. Berthollet, 1748~1822)가 염소로 직물을 표백하는 방법을 발견했다. 그러나 염소를 표백분으로 만들고 이를 산업에 응용한 것은 영국의 직물업자 테넌트(Smithson Tennant, 1761~1815)였다. 이어 1791년에는 프랑스의 화학자 르블랑(Nicolas Leblanc, 1742~1806)이 소금을 사용하여 소

시간은 돈

공장제가 정착되면서 노동 규율을 정립하는 것이 심각한 문제로 등장했다. 기존의 노동자들은 매일 정해진 시간 동안 일하는 방식이 아니라 수요일부터 토요일까지 일하고 다른 요일에는 푹 쉬는 데 오랫동안 익숙했다.

노동 규율을 주입하기 위해 자본가들이 사용한 기술적 수단은 시계였다. 공장에 시계가 도입되면서 작업은 생체 리듬이 아니라 시계의 시간에 맞추어 진행되었다. 처음에는 공장주가 시계를 독점하고 시간을 속여서 작업을 많이 하도록 만드는 경우도 종종 있었다. 그러나 노동자들이 정확한 시간의 중요성을 체득한 다음에는 초과 노동시간에 대하여 수당을 요구하게 되었다. 이제 시간이 '때우는' 것에서 '사고 파는' 것으로 변했다. 시간의 관념이 중요해지면서 공장에는 작업시간과 작업량을 체크하는 표가 도입되었고 그것은 다시 시간의 관념을 더욱 강화시켰다.

다를 만드는 방법을 발견했다. 르블랑의 발견도 염소표백제와 마찬가지로 영국에서 먼저 상업화되었다. 1863년에 솔베이(Ernest Solvay, 1838~1922)가 '솔베이법'으로 알려진 암모니아 소다 제조법을 개발한 이후에는 인공표백제가 천연표백제를 거의 대체했다.

공장제가 먼저 발달한 영역도 면공업이었다. 공장제는 아크라이트의 수력 방적기가 활용되면서 현실화되기 시작했다. 아크라이트는 1771년에 최초의 방적공장인 크롬포드 공장을 설립했으며 이후에는 공장의 수와 규모가 계속 확대되었다. 1815년에 맨체스터에 있는 방적공장의 평균 노동자 수는 3백 명에 달했으며 천6백 명의 노동자를 고용한 공장도 있었다. 1830년대에는 카트라이트의 역직기가 본격적으로 보급되면서 공장제가 전면적으로 성립되었다.

공장제의 성립은 새로운 생산관계의 정립을 의미했다. 고용주와 노동자의 관계는 온정적 관계에서 금전적 관계로 전환되었다. 각종 기계가 도입되면서 경제적 지위가 낮아지고 기존의 사회적 관계가 붕괴되자 노동자들은 매우 과격해졌다. 기술자나 기업가를 협박하고 기계를 부수고 공장을 불태우는 일이 빈번해졌다. 케이, 하그리브스, 아크라이트, 카트라이트의 경우에도 예외일 수 없었다. 이러한 기계파괴운동은 1810년대에 절정을 이루었으며 전설적 인물인 러드(Ned Ludd)의 이름을 따 '러다이트 운동(Luddism, Ludditism)'으로 불리게 되었다.

2-3. 증기기관의 활용

증기기관은 처음에 탄광용 펌프로 사용되었다. 17세기부터 연료가 목탄에서 석탄으로 대체되면서 탄광이 본격적으로 개발되기 시작했다. 탄광이 점점 깊어짐에 따라 통풍 및 배수의 문제가 발생했고 이를 해결하기 위해 증기기관이 출현했다. 1698년에 새버리(Thomas Savery, 1650~ 1715)는 증기양수장치를 발명했고 그것은 뉴커멘(Thomas Newcomen, 1663~1729)이 1712년에 대기압 증기기관을 개발하는 것으로 이어졌다.

당시에 도구제작자였던 와트(James Watt, 1736~1819)는 뉴커멘 기관의 모형을 수리하는 과정에서 1768년에 분리응축기(separate condenser)를 발명했다. 뉴커멘 기관의 경우에는 한번 사용한 후에 실린더 안에 냉수를 넣어 수증기를 냉각시키는 구조를 가지고 있었기 때문에 실린더를 다시 가열하려면 그만큼 많은 석탄이 소비되었다. 이에 반해 와트는 관을 통해 실린더 안의 수증기를 뽑아낸 후 실린더 바깥에서 수증기를 냉각시키는 방법을 사용해 증기기관의 열효율을 크게 향상시켰다. 와트의 증기기관에 대한 연구는 한동안 중단되었다가 볼턴(Matthew Boulton, 1728~1809)의 지원으로 1774년부터 다시 시작되었다. 1775년에는 상업용 증기기관이 완성되어 보룸필드 탄광에서의 시운전을 계기로 전국의 탄광에 확산되기 시작했다.

더 나아가 와트와 볼턴은 탄광용 펌프뿐만 아니라 당시 수요가 많았던 제분기나 방적기에 사용될 수 있는 증기기관을 탐색하기 시작했다. 이를 위해서는 기존의 왕복운동을 회전운동으로 대체할 수 있는 엔진이 필요했는데 와트는 1782년

와트에 관한 신화

와트는 주전자의 물이 끓는 것을 지켜보면서 증기기관의 원리를 생각해냈다고 알려져 있다. 그러나 그 이야기는 반대로 해석하는 것이 더욱 합리적이다. 주전자 물이 끓는 것은 매우 흔한 현상이기 때문에 그것이 증기기관의 발명으로 이어졌다고 주장할 수는 없다. 오히려 와트가 증기기관을 염두에 두고 있었기 때문에 주전자의 물이 끓는 현상을 새롭게 해석할 수 있었던 것이다. 흥미롭게도 뉴커멘의 경우에도 주전자에서 물이 끓은 것을 유심히 관찰했다는 일화가 전해진다.

대부분의 새로운 기술은 기존의 기술이 가진 문제점을 해결하는 과정에서 출현한다. 와트가 복동식 증기기관을 발명할 수 있었던 것도 뉴커멘 기관이라는 이전의 기술이 존재했기 때문에 가능하였다. 또한 하나의 기술이 세상에 모습을 제대로 드러내기 위해서는 수많은 후속 작업이 지속적으로 수행되어야 한다. 한 가지 아이디어가 곧바로 위대한 발명품으로 이어질 수는 없는 법이다.

에 회전 엔진에 필수적인 유성식(遊星式, sun-and-planet) 기어를 발명했다. 또한 와트는 1782년에 피스톤을 동시에 밀고 당길 수 있는 복동식(double-acting) 증기기관을 개발했으며, 1784년에는 피스톤이 원활하게 운동할 수 있게 하는 수평운동장치를 고안했다. 증기기관의 개발이 무르익자 그것의 중요성을 인식한 영국 의회는 1785년에 와트의 특허권을 15년간 연장해주는 유례 없는 조치를 취하기도 했다.

와트의 복동식 증기기관이 상업화됨으로써 증기는 용도에 제한을 받지 않는 만능 동력원으로 사용되었다. 증기기관은 1789년에 카트라이트의 역직기에 적용되는 것을 계기로 탄광에 이어 방적공장, 제분소, 제련소 등에서도 널리 활용되었다. 19세기에 들어와 증기기관은 증기기관차를 통해 철도의 시대를 열었다. 그러나 증기력이 수력을 빠른 속도로 대체하지는 못했다. 수력을 개발하기 좋은 지리적 여건을 갖춘 프랑스와 미국에서는 증기기관의 채택이 늦어졌다. 또한 18세기 후반부터는 수차의 작동 원리가 과학적으로 분석되면서 수력을 이용한 기술이 더욱 정교화되었다. 사실상 수차는 증기기관과 백 년이 넘는 기간 동안 경쟁을 벌였다.

2-4. 철공업과 기계공업

산업혁명기에는 면공업 같은 소비재 공업뿐만 아니라 철공업이나 기계공업 같은 생산재 공업도 발전했다. 철공업은 철광석을 용광로에서 녹여 선철(銑鐵, pig iron)을 만드는 제선(製銑), 선철을 가공하여 보다 우수한 품질의 강철을 만드는 제강(製鋼), 선철 혹은 강철로 최종 제품을 만드는 압연(壓延) 공정으로 나뉜다. 1709년에 다비(Abraham Darby, 1677~1717)는 목탄 대신에 코크스(cokes)를 원료로 사용하는 방법을 고안하여 양질의 선철을 생산할 수 있는 기술적 기초를 닦았다. 코크스를 사용하는 방법은 다비 2세(1711~1763)에 의해 더욱 개선되어 1735년부터 성공적으로 적용되기 시작했다. 다비 가문은 철공업의 발전에 크게 기여했는데 다비 3세(1750~1791)는 1775~1779년에 콜브루크데일의 세번 강에 60미터나 되는 아이언브리지(Iron Bridge)를 건설하는 작업을 주관하기도 했다.

1742년에는 헌츠먼(Benjamin Huntsman, 1704~1776)이 도가니 제강법(crucible process)을 창안함으로써 이전에 비해 훨씬 경제적으로 선철을 가공할 수 있게 되었다. 또한 1783년에는 코트(Henry Cort, 1740~1800)가 교반법(puddling process)과 압연법(rolling process)을 개발하여 양질의 철강재 생산이 가능해졌다. 교반법은 철을 죽과 같은 상태로 만든 후에 쇠막대기로 휘저어 탄소와 불순물을 제거하는 방법이며 압연법은 액체 상태의 철을 롤러 사이로 통과시켜 가공하는 방법이다. 철공업은 기계의 보급과 철도의 건설을 배경으로 급속한 성장을 경험했으며 영국은 1812년부터 철 수입국에서 철 수출국으로 변모했다. 그러나 산업혁명기에는 강철을 대량으로 생산할 수 있는 기술이 개발되지 않았고 압연 공정도 완전히 자동화되지 않았다.

산업혁명 초기에는 기계가 해당 공장에서 직접 제작되었지만 점차적으로 기계를 제작하는 산업이 독립적인 영역으로 발전했다. 그것은 기계를 만드는 기계를 생산하는 것으로 공작기계산업(machine tool industry)으로 불린다. 본격적인 공작기계는 윌킨슨(John Wilkinson, 1728~1808)이 1774년에 우수한 천공기(boring machine)를 개발함으로써 출현하기 시작했다. 윌킨슨은 탄광, 주석광, 제련소, 창고를 잇는 '산업왕국'을 보유한 사람으로도 유명하다. 사실상 윌킨슨의 천공기가 있기 전에는 기계의 정밀도가 매우 떨어졌다. 1760년대에 제작된 증기기관에는 실린더와 피스톤 사이에 1/2인치나 되는 틈이 있을 정도였다. 와트가 자신의 증기기관에 적합한 원통형 실린더를 제작할 수 있었던 것도 윌킨슨의 천공기 덕분이었다.

공작기계산업은 기계를 대량으로 생산하는 문제를 해결하는 과정에서 발전했다. 예를 들어 브라마(Joseph Bramah, 1748~1814)와 모즐리(Henry Maudslay, 1771~1831)는 자물쇠를 대량으로 제조하는 과정에서 표준화된 부품을 생산하기 위해서는 우수한 공작기계가 필수적이라는 점을 인식했다. 모즐리는 1797년에 나사 절단용 선반을 개발하여 정교한 금속부품의 생산을 가능하게 했고, 1841년에는 휘트워스(Joseph Whitworth, 1803~1887)가 표준나선측정법을 창안하여 공작기계의 정밀도를 더욱 향상시켰다. 1839년에 증기해머를 발명했던 나스미드(James Nasmyth, 1808~1890)는 1883년에 발간한 『자서전』을 통해 공작기계에 대한 지식을 확산하는 데 크게 기여했다. 공작기계산업의 발전에 기여한 기술자들은 강한 유대관계를 맺고 있었다. 모즐리는 브라마의 제자였고 휘트워스와 나스미드는 모즐리의 제자였다.

2-5. 교통수단의 발전

산업혁명기에 교통수단의 발전은 세 가지 국면을 통해 이루어졌다. 제1국면은 도로의 개량이었다. 18세기 중엽 이후에는 새로운 도로포장법이 개발되면서 도로의 개량이 본격적으로 이루어졌다. 당시에 새롭게 건설된 도로는 유로도로(turnpike)의 형태를 띠었다. 교구(敎區)가 도로를 관리하는 방식을 대신하여 지주, 상인, 제조업자 등으로 구성된 트러스트(trust)가 도로를 상업적으로 운영했던 것이다. 대부분의 유로도로는 50킬로미터 정도로 짧았지만 많은 도로가 연결되어 전국적인 연결망이 형성되었다. 영국의 도로망은 1750년에 5천4백킬로미터에 불과했지만 1770년 2만 4천 킬로미터를 거쳐 1836년에는 3만5천킬로미터로 증가했다.

유로도로가 건설되면서 영국에서는 바퀴 넷 달린 마차가 정기적으로 운행되는 체제가 구축되었다. 런던과 브라이튼을 잇는 마차는 18세기 중엽에는 하루에 1편밖에 없었지만 1811년에는 28편이나 운행되었다. 도로가 개량되면서 운송의 속도가 빨라졌고 운송의 범위도 확대되었다. 이전에는 런던에서 버밍엄까지 마차로 가는 데 이틀이 걸렸지만 유로도로가 건설된 이후에는 19시간으로 단축되었다. 또한 유로도로의 건설로 도로 상태가 크게 개선되었기 때문에 이전보다 훨씬 무거운 짐을 실은 마차가 다닐 수 있게 되었다. 유로도로는 철도가 등장할 때까지 육상교통의 주된 수단으로 활용되었다.

교통수단 발전의 제2국면은 운하의 건설이었다. 영국은 하천의 폭이 좁고 길이가 길며 수량도 풍부했기 때문에 운하의 건설과 활용에 양호한 지리적 조건을 갖추고 있었다. 운하 건설은 1760년대부터 1790년대까지 열광적으로 추진되었으며 18세기 말 영국에서 운항이 가능한 수로는 2천 마일에 이르렀다. 운하의 건설에는 많은 자본이 소요되었기 때문에 주식회사를 설립하여 자본을 조달하는 방식이 적극 활용되었다. 또한 도수관(導水管)이나 지하터널과 같은 고도의 기술이 요구됨에 따라 많은 기술자들이 운하 건설에 참여했다. 운하 건설에 선구적인 역할을 한 기술자는 브린들리(James Brindley, 1716~1772)였다. 그의 기술 지도를 바탕으로 워슬리-맨체스터 운하, 맨체스터-리버풀 운하, 대간선운하(Grand Trunk Canal) 등이 건설되었다.

운하는 곡물, 목재, 석탄, 철광석과 같이 부피가 크고 무거운 물자를 수송하는 데 효과적인 수단이었다. 운하로 석탄을 수송하자 비용이 대폭 절감되었고 탄광에서 멀리 떨어진 지역에서도 석탄을 널리 사용할 수 있게 되었다. 예를 들어 맨체스터의 경우에는 운하 건설에 힘입어 석탄 가격이 24실링에서 13실링 6펜스로 떨어졌고 이에 따라 연료가 목탄에서 석탄으로 전환되었다. 흔히 근대적 교통수단의 상징으로 철도가 거론되지만 영국의 경우에는 철도 시대가 개막되기 이전에 산업혁명이 완성 단계에 도달하고 있었다. 영국은 철도 없이 산업혁명을 수행한 반면 후발공업국에서는 철도 건설과 함께 산업혁명이 진전되었다는 특징을 가지고 있다.

교통수단 발전의 제3국면은 철도의 건설이었다. 처음에 철도는 탄광 내부에서 사용되다가 점차 광산 지역과 공업 지역을 연결하는 교통수단으로 자리잡았다. 18세기 후반부터 영국의 많은 기술자들은 증기를 동력으로 사용하면서 레일과 차륜의 마찰로 기차를 움직일 수 있는 방법을 강구하기 시작했다. 와트의 조수였던 머독(William Murdock, 1754~1839)은 1784년에 증기기관차의 모형을 만들었고 콘월 지방의 광산기술자였던 트레비딕(Richard Trevithick, 1771~1833)은 1804년에 시속 4마일의 증기기관차를 제작했다. 증기기관차의 아버지로 불리는 스티븐슨(George Stephenson, 1781~1848)은 1814년에 상업적으로 활용할 수 있는 시속 12마일의 증기기관차를 개발했다. 세계 최초의 장거리 철도라 할 수 있는 리버풀-맨체스터 철도는 1830년에 개통되었는데 스티븐슨의 로켓(Rocket) 호가 시속 14마일로 달림으로써 철도 붐을 일으켰다.

19세기 후반은 '철도 건설의 위대한 시대'로 불린다. 1840년대 이후에 세계 각국은 경쟁적으로 철도를 건설했던 것이다. 1840년과 1914년의 철도망을 비교해보면 프랑스는 410킬로미터에서 37,400킬로미터로, 독일은 469킬로미터에서 61,749킬로미터로, 영국은 2,390킬로미터에서 32,623킬로미터로, 미국은 4,510킬로미터에서 410,475킬로미터로 증가했다.

자연조건에 제약을 받지 않았던 철도는 점차적으로 마차와 운하를 대체해 지배적인 교통수단으로 자리잡았다. 특히 철도의 발달을 계기로 국내 시장의 단일화가 이루어져 지방경제는 국민경제의 차원으로 승화되었다. 1850년경에 미국의 신시내티에서 뉴욕까지 물건을 실어 나르는 데 걸린 시간은 마차가 50일, 운하가 18일이었던 반면 철도를 이용하면 7일밖에 걸리지 않았다.

철도 건설에는 금속, 연료, 기계 등이 대량으로 필요했기 때문에 다른 산업부문에도 엄청난 파급효과를 낳았다. 또한 철도의 건설과 운영에는 막대한 자본과 체계적인 관리가 필요했으며 철도를 매개로 오늘날과 같은 근대적 대기업이 형성되었다. 이러한 점에서 철도산업은 '경영혁명(Managerial Revolution)'의 효시로 불리기도 한다. 철도산업이 확대되면서 기업간 통합이 활발히 전개되었고 대기업이 지배하는 체제가 정립됨에 따라 독점의 횡포를 방지하기 위한 정부의 규제 법안도 제정되었다. 철도의 원활한 운영을 위하여 표준화 작업이 전개되었다는 점도 주목할 만하다. 미국의 경우에는 1883년에 전국을 4개의 구역으로 나누어 표준시각이 정해졌고 1886년부터는 철도 궤간의 크기가 모두 4피트 8.5인치로 통일되었다.

2-6. 기술활동의 체계화

18세기 이후에는 수많은 기술들이 개발되고 활용되면서 그것을 체계화하려는 작업도 본격적으로 전개되었다. 많은 기술자들과 학자들이 기술에 관한 저서를 발간했고 기술에 관한 지식을 분류, 정리, 설명하기 시작했다. 특히 프랑스의 계몽사상가 디드로(Denis Diderot, 1713~1784)는 1751~1765년에 발간된 『백과전서*Encyclopédie*』을 통해 기술에 대한 기존의 지식을 종합했고, 독일의 경제학 교수 베크만(Johann Beckmann, 1739~1811)은 1777년에 『기술학 입문*Anleitung zur Technologie*』을 발간하여 기술에 대한 과학적 설명을 시도했다.

산업화가 전개되면서 기술자에 대한 수요가 증가하자 기술자에 대한 교육도 자리잡기 시작했다. 18세기 중반 이후에 프랑스에서는 교량도로학교(1747), 광산고급학교(1778), 미술공예학교(1788), 에콜 폴리테크니크(1794) 등이 정부의 주도로 잇달아 설립되었다. 독일에서는 프랑스의 에콜 폴리테크니크를 모델로 하여 1825년에 칼스루에 폴리테크니크가 설립된 이후에 많은 지역에서 경쟁적으로 폴리테크니크가 설립되었다. 미국에서도 렌슬러 공업대학(RPI, 1849)을 필두로 매사추세츠 공과대학(MIT, 1861), 스티븐스 공과대학(1870) 등이 설립되었다.

기술학교를 별도로 설립하는 것과 함께 기존의 대학에 기술 교육을 강화하려는 움직임도 병행되었다. 영국의 글래스고 대학은 1840년에 기술 교육에 대한 강좌를 설치했으며 미국의 경우에는 하버드 대학이 1847년에, 예일 대학이 1852년에 기술 교육을 기존의 교과과정에 추가했다. 실기 위주의 기술학교도 점차적으로 이론을 강조하기 시작했다. 프랑스의 에콜 폴리네크니크가 기술은 물론 과학을 포괄하는 교육기관으로 발전하면서 독일도 이를 뒤따랐다. 독일의 폴리테크니크는 1870년대에 고등기술학교(Technische Hochschule)로 승격되어 오늘날의 공과대학과 유사한 모습을 띠게 되었다.

19세기 이후에는 기술자 단체가 설립되어 기술자들 사이의 교류가 빈번해졌다. 기술자 단체는 해당 산업이 발전하는 역사적 과정에 따라 분야별로 설립되었다. 영국에서는 토목기사협회(1818), 기계기사협회(1847), 전기기사협회(1871) 등이 설립되었고, 미국에서는 토목기사협회(1852), 광산 · 금속기사협회(1871), 기계기사협회(1880), 전기기사협회(1884) 등이 설립되었다. 이러한 기술자 단체들은 기존의 과학자 단체를 모델로 삼아 학회를 구성하고 전문잡지를 발간했다. 그러나 과학자 단체는 자연현상을 포괄적이고 정확하게 설명할 수 있는 이론을 얻는 데 주안점을 둔 반면, 기술자 단체는 유용한 인공물을 설계하고 그것을 효율적으로 만드는 데 초점을 두었다.

과학혁명이 산업혁명에 선행함으로써 산업혁명기의 기술혁신이 새로운 근대과학에 입각하여 추진되었다고 생각할 수도 있지만 그것은 사실과 다르다. 이러한 점은 면공업의 기술혁신을 주도한 사람들의 직업을 살펴보면 단적으로 드러난다. 예를 들어 아크라이트는 이발사에서 방적업자로 변신했고, 카트라이트는 지방 교구의 목사로서 방직기의 개발에 도전했던 것이다. 또한 앞서 언급했듯이 염소 표백이나 소다 제조의 경우에는 프랑스 과학자들이 먼저 발견했지만 상업화에 성공한 사람은 영국의 제조업자들이었다. 산업혁명기의 기술혁신에는 과학적 요소보다는 경제적 요소가 더욱 중요하게 작용했던 것이다.

와트의 증기기관이 블랙(Joseph Black, 1728~1799)의 잠열(latent heat) 이론을 바탕으로 개발되었다는 것도 근거 없는 이야기이다. 와트는 뉴커멘의 증기기관을 개량하면서 기본적인 문제점을 해결한 이후에 블랙에게 문의했으며, 소량의 증기만이 물을 끓이는 데 사용되는 것이 증기의 잠열 때문임을 알 수 있었다. 와트의 증기기관은 블랙의 잠열 이론에 바탕해서 얻어진 것이 아니라 와트가 증기기관을 발명한 이후에 자신의 발명을 과학적 지식을 통해 스스로 이해했던 것이다. 그러나 와트가 증기기관을 개량하는 데에는 뉴커멘 기관의 문제점을 구체적으로 분석하고 이를 일반화하여 모델을 만든 후 그 모델로 실험하는 과학적 방법이 큰 역할을 했으며, 그것은 과학자들의 연구방법과 거의 동일했다.

과학의 내용이 기술혁신에 본격적으로 활용되기 시작한 것은 19세기 후반부터의 일이었다. 그것은 영국이 아닌 독일과 미국에서, 그리고 기존의 분야가 아닌 새로운 분야에서 시작되었다. 유기화학을 바탕으로 독일의 화학산업이, 전자기학을 바탕으로 미국의 전기산업이 탄생했던 것이다. 특히 이러한 분야들에서는 기업연구소가 설립됨으로써 과학과 기술이 상호작용할 수 있는 제도적 공간이 마련되었다. 과학과 기술의 상호작용은 20세기에 정부나 기업이 주도하는 대규모 프로젝트를 통해 더욱 강화되었다. 원자물리학이 원자력에, 고체물리학이 컴퓨터에, 분자생물학이 생물산업에 활용된 것은 대표적인 예이다. 이러한 과정을 통해 과학과 기술은 서로 접촉할 수 있는 기회를 점차 확대함으로써 오늘날에는 '과학기술'이라는 용어가 사용될 정도로 밀접한 관계를 형성하고 있다.

2-7. 후발공업국의 산업화

산업혁명이란 용어는 처음에 영국에 국한되어 사용되었지만 점차적으로 다른 지역에 확대되어 적용되었다. 19세기에는 프랑스, 독일, 미국, 러시아, 일본 등이 급속한 산업화의 국면에 진입하였고 20세기에는 수많은 개발도상국이 이를 뒤따랐다. 후발공업국의 산업화에서는 영국으로부터의 기술 도입이 중요한 역할을 담당했다. 영국은 자국 밖으로 기술이 유출되는 것을 막기 위해 기술자의 해외여행과 기계의 수출을 금지했다. 그러나 외국인의 영국 방문, 기계의 밀수출, 영국 기술자의 유출 등의 경로를 통해 영국의 기술은 유출되지 않을 수 없었다.

후발공업국의 산업화는 영국의 영향하에서 이루어졌지만 해당 국가가 처해 있는 여건과 대응방식에 따라 독특한 모습을 나타냈다. 프랑스에서는 석탄이 풍부하게 매장되어 있지 않았기 때문에 증기기관의 이용이 제한되었고 오랫동안 수력이 중요한 역할을 담당했다. 또한 프랑스의 면공업에서는 19세기 내내 가내수공업이 중요한 위치를 차지했고 사치재의 성격이 강한 고급직물의 생산이

산업화는 스파이에서 시작된다?

물이 위에서 아래로 흐르듯이 기술도 선진공업국에서 후발공업국으로 전파되기 마련이다. 공식적으로는 기술의 수출이 차단되어 있더라도 비공식적인 방법을 통해 선진국의 기술을 활용할 수 있는 것이다.

예를 들어 1790년에 미국에서 최초의 방적공장을 세웠던 슬레이터(Samuel Slater)는 아크라이트의 공장에서 경험을 쌓은 후 농민으로 변장하여 미국으로 탈출하였다. 1791년에 독일의 기술자인 라이헨바흐(Georg Reichenbach)는 영국을 여행하는 동안에 술값을 조금 주고서 와트의 증기기관에 대해 공부할 수 있는 기회를 얻었다. 이러한 사정은 산업혁명의 선두주자였던 영국의 경우에도 별반 다르지 않다. 1716년에 존 롬(John Lombe)은 이탈리아로 가서 연사기(撚絲機, 실을 꼬아서 가공하는 기계)를 훔쳐보고 설계도를 그린 후 영국으로 탈출하여 1720년에 공장을 차렸다. 존 롬의 여행은 영국 공장 제도의 효시로 평가되기도 한다.

이루어졌다. 독일의 산업화를 주도한 것은 면공업과 같은 소비재 공업이 아니라 철공업을 비롯한 생산재 공업이었다. 또한 독일의 산업화 과정에서는 투자은행을 통해 자본이 조달되었고 기업간 협력체제가 조기에 구축되었으며 정부가 적극적인 산업진흥 정책을 추진했다.

미국은 천연자원은 풍부하지만 노동력은 상대적으로 부족한 조건이었다. 미국에서는 삼림자원이 풍부하여 코크스 제철법의 도입은 지연되었던 반면, 노동력의 부족으로 농업의 기계화가 다른 국가보다 빠른 속도로 전개되었다. 특히 미국의 산업화에서는 '미국식 생산체계(American System of Manufacture)'라는 독특한 방식이 출현하기도 했다. 금속을 가공하는 산업에서 교환 가능한 부품을 적극 활용함으로써 수공업적 생산에서 요구되었던 맞춤 과정을 생략하고 수리를 간편하게 했던 것이다. 미국식 생산체계는 총기제조업에서 시작된 후 재봉틀, 타자기, 자전거, 자동차 등으로 확대되면서 더욱 정교해졌다.

미국식 생산체계는 기술사에서 뜨거운 논쟁이 벌어진 주제 중 하나이다. 부품의 호환성이 강조된 이유를 노동력 부족에서만 찾기는 어렵다. 미국식 생산체계가 구현되기 시작한 곳은 조병창이었고 군부가 민간에 없는 시장을 창출했다는 점이나 미국 사회가 유럽 사회에 비해 상대적으로 평등한 사회였기 때문에 대중적 시장이 일찍부터 발달했다는 점도 강조되어야 한다. 동시에 19세기에 부품의 호환성이 실제로 구현되었는가 하는 점에도 의문이 제기되고 있으며 미국식 생산체계가 다른 부문으로 확대되는 과정이 순탄하지 않았다는 점도 지적되고 있다. 더 나아가 미국식 생산체계가 미국 기술의 고유성을 과도하게 강조하는 편협한 민족주의적 해석이라는 비판도 있다.

산업혁명에서 빼놓을 수 없는 연도는 1851년이다. 1851년에는 세계 최초의 박람회인 '수정궁(Crystal Palace) 박람회'가 런던에서 개최되었다. 이후에 박람회는 세계 각국에서 경쟁적으로 개최되었고 박람회를 계기로 기술을 발명하는 것은 물론 기술을 선전하는 것이 중요한 관심사가 되었다. 수정궁 박람회에서는 영국의 기술이 대부분이었지만 후발공업국의 기술도 선보이기 시작했다. 영국은 '세계의 공장'으로서의 지위를 과시하기 위해 수정궁 박람회를 개최했지만 그 박람회를 전후하여 후발공업국들의 추격이 본격화되었고 19세기 후반에는 독일과 미국이 영국을 앞지르는 상황이 전개되었다. 영국으로서는 1851년이 역설적인 해였던 것이다.

산업혁명은 기술의 역사에서 어떤 의의를 가질까? 개별적인 기술혁신은 이전부터 계속되어왔지만 산업혁명을 계기로 개별적인 기술혁신이 상호연관을 맺으면서 서로를 강화하기 시작했다. 산업혁명이 '혁명적' 효과를 낼 수 있었던 것도 기술혁신의 상호연관성에서 찾을 수 있다. 증기기관은 방직기에 활용되었고 면공업의 발전은 더 많은 증기기관을 요구했다. 증기기관을 만들기 위해서는 철이 필요했고 용광로에 뜨거운 바람을 불어넣는 데에는 증기기관이 활용되었다. 철도가 건설되면서 철광석의 수송비용이 낮아졌고 이에 따라 철의 생산비용도 낮아졌다. 그것은 다시 저렴한 철도를 가능하게 했으며 수송비용을 더욱 낮추는 결과를 유발했다. 철도의 동력원으로 증기기관이 활용되었다는 점을 감안하면 기술혁신 사이의 상호연관성은 더욱 증폭될 것이다.

3. 기술 시스템의 출현과 진화

오늘날의 기술 시스템을 촉발한 많은 발명들은 19세기 후반과 20세기 초반에 출현했다. 강철, 인공염료, 전기, 전신, 전화, 자동차 등은 대표적인 예이다. 이러한 기술혁신은 기존의 산업을 크게 변혁하거나 염료산업, 전기산업, 통신산업, 자동차산업 등과 같은 새로운 산업을 창출함으로써 당대의 산업 발전과 경제 성장에 커다란 영향을 미쳤다. 이러한 변화는 앞에서 살펴본 산업혁명에 대비하여 '제2차 산업혁명'으로 불린다. 제2차 산업혁명을 계기로 대기업이 기술혁신의 핵심 주체로 부상했으며 기술의 주도권은 영국에서 독일과 미국으로 이동했다. 특히 산업혁명에서는 기술혁신이 직접적인 영향력을 행사했다고 평가하기 힘든 반면, 제2차 산업혁명은 새로운 기술혁신에서 비롯되었다고 해도 과언이 아닐 정도로 기술혁신이 당시의 경제와 사회의 변화에 커다란 영향을 미쳤다.

3-1. 강철의 대량생산

19세기 전반만 하더라도 섬유산업을 제외하면 기계화가 충분히 진행되지 않았고 모든 산업의 기계화는 19세기 후반부터 본격화되었다. 기계화가 진전되기 위해서는 우선 기계의 재료가 되는 철이 필요한 품질과 수량에 적합하게 생산되어야 했다. 당시에 주요한 기계재료로 사용된 선철(銑鐵)은 탄소 함유량이 많고 불순물을 함유하고 있어서 부러지기 쉽고 가공성이 취약한 특성을 가지고 있었다. 선철을 강도가 높고 가공성이 뛰어난 강(鋼)으로 만들기 위해서는 제강로에서의 정련 과정을 거쳐야 하는데 그것은 19세기 후반에 전로(轉爐, converter)와 평로(平爐, open hearth furnace)가 개발됨으로써 가능해졌다.

전로는 회전이 가능한 항아리 모양의 제강로로 1856년에 베세머(Henry Bessemer, 1813~1898)에 의해 개발되었다. 전로법은 산화 과정에서 생성된 열을 활용하여 선철에 공기를 불어넣음으로써 탄소를 신속히 제거하는 방법이다.

이전에는 3톤에서 5톤의 선철을 가공할 때 24시간이 걸렸지만 전로법으로는 약 10분이 소요되었다. 또한 기존의 정련로는 사람이 휘저어야 했기 때문에 크기가 2백 킬로그램 이내로 제한되었던 반면 베세머 전로는 20톤 정도까지 확대될 수 있었다.

평로는 납작한 모양을 가진 제강로로서 1856년에 윌리엄 지멘스(William Siemens, 1823~1883)가 발명한 후 1863년에 마르탱(Pierre E. Martin, 1824~1915)에 의해 상업화되었다. 평로법은 배기가스를 평로의 가열에 다시 사용하고 고철을 투입하여 탄소 제거를 촉진하는 특징을 가지고 있다. 3톤에서 5톤의 선철에서 탄소를 제거하는 데 소요되는 시간은 약 10시간으로 전로법보다 길었지만 베세머 강철보다 더 균질적인 제품을 생산했다. 전로법이 적절한 품질의 강철을 대량으로 생산하는 데 적합했다면 평로법은 우수한 품질의 강철을 생산하는 데 사용되었다.

그러나 전로법과 평로법을 막론하고 인이나 규소 화합물을 0.1퍼센트 이상 포함하는 철광석으로는 저질의 강철만을 제조하는 난점이 있었다. 이에 따라 인산이나 규산을 함유하지 않은 적철광이 풍부한 지역은 새로운 제강법을 활용할 수 있었지만 다른 지역은 그렇지 못했다. 이러한 한계는 1876년에 토머스(Sidney G. Thomas, 1850~1885)와 길크리스트(Percy C. Gilchrist, 1851~1935)가 염기성 전로법을 개발함으로써 극복되었다. 그것은 석회석을 용해된 철에 혼합하고 전로의 내벽을 염기성 물질로 대체하는 방식을 채택한 것이었다.

이와 같은 제강법의 혁신으로 철강재는 산업용 기계는 물론 철도 레일, 다리, 건축물 등으로 그 적용 범위를 확장해갔다. 특히 1889년 파리 만국박람회의 인기를 독차지한 에펠탑은 평로법에 의해 제작된 강철을 재료로 한 것으로서, 철강의 용도가 수직 건물에도 사용될 수 있다는 것을 보여준 상징적인 건축물이었다. 이후에 철강재는 건축물에 필수적인 재료로 자리잡았고, 1940년대 이후에는 오늘날의 대표적인 도시 건축물인 대형 사무실 및 아파트의 제작에 널리 활용되기 시작했다.

3-2. 인공염료와 화학산업

화학산업은 철강산업과 함께 신소재의 개발을 통하여 제2차 산업혁명에 기여했다. 18세기부터 본격적으로 발전한 섬유산업은 수많은 염료를 요구했다. 그러나 천연염료는 충분한 양을 얻기도 어려웠고 색깔도 한정되었다. 18세기까지 천연염료는 고가의 사치품이었기 때문에 귀족이 아니면 사용하기 어려웠다. 이러한 한계는 영국의 과학자 퍼킨(William H. Perkin, 1838~1907)이 상업적인 인공염료를 개발함으로써 극복되었다. 그는 화학 분야의 전문교육기관인 왕립화학대학을 다녔는데 그 대학의 학장은 독일 출신인 호프만(August von Hofmann, 1818~1892)이었다. 호프만은 당대의 유명한 화학자 리비히(Justus von Liebig, 1803~1873)의 제자였다. 그는 스승을 따라 석탄의 부산물에서 새로운 화학물질을 합성하는 연구를 했고 당시로서는 드물게 실험 위주의 화학 교육을 실시했다.

호프만은 방향족 화합물을 환원시키는 문제를 학생들에게 숙제로 내주었다. 퍼킨은 처음에 톨루이딘(toluidine, $CH_3C_6H_4NH_2$, 톨루엔의 유도체)을 원료로 사용해 실험했는데 그 결과 얻을 수 있었던 물질은 전혀 쓸모 없는 적갈색의 진흙에 불과했다. 퍼킨은 원료를 아닐린(aniline, $C_6H_5NH_2$)으로 바꾸어보았다. 이번에는 이전의 생성물보다 더욱 가망이 없을 것 같은 새까만 고체가 나왔다. 그런데 퍼킨이 시험관 안의 물질을 씻어내기 위해 물과 알코올을 사용하자 그 물질은 보라색을 띠는 액체로 변했다. 의외의 결과에 흥미를 느낀 퍼킨은 그 보라색 용액을 조사한 후에 그것이 천을 물들이는 데 매우 효과적임을 알게 되었다. 그는 실험을 계속해 1856년에 아닐린에서 보라색 염료를 추출하는 실용적인 방법을 개발했다. 퍼킨은 자신이 발명한 염료의 이름을 아닐린 퍼플(aniline purple)로 정했지만 나중에 보라빛이 나는 우아한 색깔을 뜻하는 모브(mauve)로 바꾸었다.

이처럼 세계 최초의 인공염료는 매우 우연한 과정을 통해 얻어졌다. 그러나 여기서 주목해야 할 것은 퍼킨이 유기화학에 대한 체계적인 교육을 받으면서 실험을 하는 과정에서 새로운 기술을 발명했다는 점이다. 퍼킨의 뒤를 이어 19세기 말과 20세기 초에는 수많은 인공염료가 개발되었는데 그것은 모두 체계적인 과학 교육을 받은 사람들이 담당했다. 과학이 인공염료의 개발에 활용되면서 화학염료회사들은 경쟁적으로 대학과 연결을 맺기 시작했고 나중에는 대학 연구실을 본떠서 기업연구소를 만들었다. 산업혁명 때 과학이 기술에 미쳤던 영향은 간접적이었지만 제2차 산업혁명부터는 '과학에 기반한 기술(science-based technology)'이 등장하기 시작했던 것이다.

인공염료는 영국에서 먼저 발명되었지만 나중에는 독일이 주도권을 잡았다. 독일 정부는 외국으로 건너간 과학자들을 적극적으로 유치했고 자국의 산업을 보호하기 위하여 특허법을 제정했다. 이를 배경으로 호프만을 비롯한 수십 명의 화학자들이 독일로 돌아왔으며 새로운 인공염료가 경쟁적으로 개발되었다. 특히 독일 대학에서는 과학 연구가 제도적으로 정착되어 있어서 염료산업의 발전을 주도할 수 있는 전문인력이 풍부했다. 이에 반해 영국의 과학 교육은 체계적이지 못했고 정부의 역할도 미진했다. 천재적 개인에 의존하는 영국과 조직적 활동을 중시하는 독일의 명암이 엇갈렸던 것이다.

20세기에 접어들면서 화학산업은 새로운 기술혁신을 잇달아 경험하면서 섬유산업을 보조하는 위치에서 벗어나 독자적인 산업으로 성장하기 시작했다. 하버(Fritz Haber, 1868~1934)는 1908년에 공중질소고정법을 발견한 후 1913년에 보쉬(Karl Bosch, 1874~1940)와 함께 암모니아 상업화 공정을 개발함으로써 화학비료를 대량생산할 수 있게 되었다. 화학산업은 플라스틱이나 합성섬유와 같은 새로운 소재가 개발되면서 절정에 달했다. 1909년에 베이클랜드(Leo H. Baekeland, 1863~1944)는 '베이클라이트(Bakelite)'라는 플라스틱을 개발했으며 그것은 고분자 화학물질 개발의 포문을 열었다. 또한 1934년에 듀퐁(Du Pont)의 캐로더스(Wallace H. Carothers, 1896~1937)는 역사상 최초의 완전한 합성섬유라 할 수 있는 나일론을 발명했다. 나일론은 1939년에 상업화된 후 여성용 의류 시장을 급속히 잠식했다.

3-3. 전기의 시대

산업혁명이 증기의 시대였다면 제2차 산업혁명은 전기의 시대였다. 전기의 시대는 발명왕 에디슨(Thomas A. Edison, 1847~1931)이 1879년에 백열등을 개발한 것에서 시작되었다. 물론 에디슨 이전에도 전기는 사용되었지만 보편화되지는 않았다. 당시에 공장과 거리에서는 가스등이나 아크등이 사용되었는데, 가스등은 불빛이 약하고 가격이 비쌌으며 아크등은 너무 밝고 폭발 위험성을 안고 있었다. 에디슨은 가정에서도 사용할 수 있는 전등을 개발하는 것을 목표로 세웠다. 그는 전등에 충분한 에너지를 제공하면서도 경제적인 방법을 찾는 것이 중요하다고 생각했다.

에디슨은 엄밀한 비용 분석을 통하여 값비싼 구리가 전등 시스템 개발에서 난점에 해당한다는 점을 밝혀낸 후, 전등에 필요한 에너지를 충분히 공급하면서도 전도체의 경제성을 보장하는 것을 핵심적인 문제로 규정했다. 그는 오옴(Ohm)의 법칙과 주울(Joule)의 법칙을 활용하여 전도체의 길이를 줄이고 횡단면적을 작게 하는 방법을 찾았고, 결국 오늘날과 같은 1A 100Ω짜리 고저항 필라멘트라는 개념에 도달했다. 이러한 백열등 개발에는 천6백 가지 이상의 금속선이 동원되었고 그때 작성된 노트는 4만 페이지가 넘는다고 한다.

에디슨은 전등을 시스템적인 차원에서 개발했을 뿐만 아니라 전등의 상업화를 위한 경영활동도 시스템적으로 전개하였다. 즉 전등의 개발을 담당하는 회사, 전력을 공급하는 회사, 발전기를 생산하는 회사, 전선을 생산하는 회사 등을 잇달아 설립하여 전기에 관한 한 모든 서비스를 제공해줄 수 있는 '에디슨 제국'을 구성했던 것이다. 이러한 기업들은 1880년에 에디슨 제너럴 일렉트릭(Edison General Electric)사로 통합됨으로써 당시의 전기산업을 장악했다. 에디슨의 회사는 1882년에 뉴욕 시의 펄 가(街)에 세계 최초로 중앙 발전소를 설립하는 것을 계기로 미국의 전등 및 전력 산업을 석권하기 시작했다. 이러한 측면에서 에디슨은 단순한 발명가가 아니라 '시스템 건설자'였으며 '발명가 겸 기업가'의 전형이라 할 수 있다.

그러나 에디슨 제국은 직류 시스템에 입각하고 있었기 때문에 발전소를 소비 지역과 인접한 곳에 설치해야 하는 약점을 가지고 있었다. 직류 시스템의 대안이 된 교류 시스템은 테슬라(Nikola Tesla, 1856~1943)가 1888년에 교류용 유도 전동기를 발명하고 웨스팅하우스(Westinghouse)사가 그의 특허를 매입함으로써 모습을 드러내기 시작했다. 직류 시스템과 교류 시스템 사이에는 '전류 전쟁(current war)'이라 불릴 정도로 격렬한 경쟁이 전개되었고, 결국 1893년에 시카고 만국박람회에서 웨스팅하우스사가 에디슨사를 제치고 전기시설 독점권을 따내면서 일단 락되었다. 교류 시스템과의 경쟁에서 패배가 분명해지자 에디슨은 1892년에 자신의 회사를 톰슨-휴스턴(Thomson-Houston)사와 통합하여 제너럴 일렉트릭(General Electric: GE)으로 변모시키면서 웨스팅하우스와의 공

발명왕 에디슨의 뒷모습

에디슨은 축음기와 영화를 발명했음에도 불구하고 그것을 배경으로 성장한 새로운 문화를 이해하지 못한 역설적인 삶을 살았다. 에디슨은 1876년에 축음기를 발명했지만 그것을 '속기사 없이 사람의 말을 받아쓰는' 기계로 생각했지 음악 재생에는 큰 관심을 두지 않았다. 축음기가 주크박스(juke box)로 발전하여 대중적인 인기를 얻자 그는 사무실 내에서 사용되어야 할 축음기가 왜곡되었다고 생각할 정도였다.

에디슨의 이러한 면모는 영화사업에서도 잘 드러난다. 에디슨은 1891년에 '키네토스코프(Kinetoscope)'로 불린 활동 사진기를 발명하고 1893년에 세계 최초의 극장을 차렸다. 영화에 대한 사람들의 관심이 급증하자 미국 곳곳에서는 5센트만 내면 영화를 볼 수 있는 극장들이 번창했고, 그러한 극장들은 대중이 흥미를 느낄 수 있는 영화를 만들고 스타를 키우는 일이나 화면을 크게 하는 일에 과감히 투자했다. 이에 반해 에디슨은 흥미보다는 교육과 관련된 영화를 제작했고 스타나 화면과 같은 외형적인 것보다는 영사기의 성능을 개선하는 데 노력을 기울였다. 이러한 사업 전략은 점점 소비자의 기호와 멀어지게 되어 에디슨은 '영화를 발명했지만 영화사업에서는 실패한 사람'이 되었다.

생을 모색했다. 그것은 1895년에 나이아가라 폭포에 수력발전소를 건설하는 공사를 웨스팅하우스사가 발주하는 대신, GE는 전기 공급에 필요한 전선 제작을 담당하는 식으로 이루어졌다. 더 나아가 두 기업은 특허를 공유하는 방법을 통해 GE가 철도장치의 제작에, 웨스팅하우스가 전력기기의 제작에 참여할 수 있게 했다.

GE는 유럽 및 미국의 다른 기업에서 새로운 전등을 개발하고 있다는 소식이 전해지자 1900년에 기업체 연구소를 설립하여 전등 연구를 제도화했다. GE는 우수한 과학자를 유치하기 위하여 대학교수보다 훨씬 많은 급여, 자유로운 연구 시간, 그리고 연구 주제의 자율적 선택 등을 보장했다. GE 연구소에서는 쿨리지(William D. Coolidge, 1873~1975)가 1913년에 상업용 텅스텐 필라멘트를, 랭뮤어(Irving Langmuir, 1881~1957)가 1916년에 기체 충진 백열등을 개발하는 등 수많은 성과가 이루어졌고 그것은 GE가 계속해서 전기산업에서 경쟁적 우위를 유지할 수 있는 기반으로 작용했다. 특히 랭뮤어는 연구소에 근무하면서 수많은 특허를 출원함과 동시에 학술적 논문도 왕성하게 출판했으며 1932년에는 노벨 화학상을 수상했다. 이처럼 랭뮤어는 산업적 연구와 학문적 연구를 훌륭하게 병행해 과학기술자의 새로운 역할을 창출했다.

GE와 웨스팅하우스를 비롯한 대기업은 기술혁신의 경로를 규정하는 데에도 막강한 영향력을 행사하였다. 냉장고의 사례는 이러한 점을 잘 보여준다. 1920년대부터 시판된 가정용 냉장고 시장을 석권한 것은 가스 흡수식이 아니라 전기 압축식이었는데, 당시에는 전기 냉장고가 가스 냉장고보다 기술적으로 뛰어나지 않았다. 전기 압축식에서는 압축기라는 별도의 전기 펌프가 냉매의 기화와 응고를 조절한 반면, 가스 흡수식은 냉매가 가스 불꽃에 의해 가열되고 물에 흡수되면서 농축되는 매우 간단한 구조였다. 압축기로 인하여 전기 냉장고는 윙윙하는 소리가 심하게 났지만 가스 흡수식의 경우에는 작동 부품이 거의 없었고 정비도 용이했다. 전기 냉장고의 승리는 GE와 웨스팅하우스의 적극적인 기술적, 경제적 활동에 기인한 것이었다. 대기업들은 충분한 자본을 바탕으로 냉장고의 개발에 막대한 물적, 인적 자원을 투자했으며 적극적이고 기발한 판촉활동을 벌였다. 또한 대기업들 사이의 생산적인 경쟁과 전력회사들의 적극적인 지원은 전기 냉장고에 관한 기술혁신과 시장 확보를 용이하게 했다. 이러한 과정을 통해 등장한 전기 압축식은 지금도 냉장고의 지배적인 패러다임으로 군림하고 있다.

전기는 전등과 가전제품에 활용되는 것은 물론 공장의 동력원과 운송수단으로도 각광을 받았다. 1866년에 베르너 지멘스(E. Werner Siemens, 1816~1892, 윌리엄 지멘스의 형)가 상용 발전기를 개발하고 1882년에 에디슨에 의해 전력의 상업화가 가능해진 것을 계기로 전기는 공장의 동력원으로 널리 사용되기 시작했다. 전기는 교통수단에도 활용되어 1879년에 전차가 등장한 후 1890년대부터는 세계 각국의 대도시에서 전차선이 구축되었다. 전기에 의한 동력체계는 가격이 저렴하고 전달이 쉬우며 깨끗하고 응용 범위가 넓다는 점에서 증기동력체계를 급격히 대체해 나갔다. 예를 들어 1900년에 증기와 전기가 동력원에서 차지하는 비율은 80퍼센트와 5퍼센트였지만 1930년에는 그 비율이 15퍼센트와 75퍼센트로 역전되었다.

3-4. 통신기술의 발전

기술의 발전은 인간의 의사소통 방식에도 큰 변화를 가져왔다. 미국의 화가 모스(Samuel Morse, 1791~1872)는 1837년에 실제로 사용할 수 있는 전신기와 함께 모스 부호를 개발했다. 그의 발명에서 특히 창의적이었던 요소는 모스 부호로서, 숙달한 전신기사는 점과 사선의 배열로부터 메시지를 판독할 수 있었다. 전신 서비스를 제공하는 수많은 기업들이 생겨나는 가운데 1866년에 웨스턴 유니온 전신(Western Union Telegraph)이라는 대기업이 출현하여 1890년대까지 전신 서비스를 거의 독점했다. 전신 시스템은 처음에 기차의 운행시각을 통제하는 데 사용되다가 점차 언론과 기업으로 적용 범위가 확장되었다.

1897년에 이탈리아의 과학자인 마르코니(Guglielmo M. Marconi, 1874~

1937)가 무선전신을 발명함으로써 전신사업은 더욱 발전했다. 마르코니는 선박들 사이의 통신에 자신의 무선전신기를 활용할 수 있다는 점에 착안하여 영국 해군을 설득하였고 곧이어 미국 해군으로부터도 자금과 시장을 확보할 수 있었다. 전신의 가치가 분명해지자 1900년경에는 수많은 아마추어 무선통신 집단이 출현했다. 그들은 수신기의 성능과 안테나의 특성을 개량하는 데 크게 기여했다. 특히 1912년에 타이타닉 호 침몰 사고가 무선전신을 통하여 전세계에 전파된 것을 계기로 무선전신의 중요성에 대한 인식은 급속히 확산되었다.

전화는 전신보다 더욱 큰 반향을 일으켰다. 전화는 사용자들 사이의 직접적인 통신을 가능하게 할 뿐만 아니라 인간의 감정까지도 전달할 수 있었던 것이다. 전화를 발명한 사람으로 알려져 있는 벨(Alexander G. Bell, 1847~1922)은 그레이(Elisha Gray, 1835~1901)보다 2시간 빨리 특허를 제출했다. 그 덕분에 그레이는 후대의 사람들이 기억하지 못하는 인물이 되고 말았다. 전문발명

무선전신과 타이타닉

1998년에 국내에서 개봉된 영화 〈타이타닉〉은 1912년에 발생한 초호화 유람선 타이타닉 호의 침몰 사고를 배경으로 하고 있다. 그 사고로 승선자 2,208명 중 1,513명이 목숨을 잃었다. 그나마 구명보트에 탄 사람들이 구조될 수 있었던 것은 무전전신 덕분이었다. 타이타닉에서 보낸 SOS 신호를 인근의 선박이 받았기 때문에 사고 현장에 빨리 도착할 수 있었던 것이다. 당시 매스컴은 "타이타닉의 생존자들은 과학자로서의 마르코니의 지식과 발명가로서의 그의 천재성이 목숨을 구했음을 기억해야 한다"고 강조했다.

타이타닉 호의 침몰 사고가 발생한 직후에 몇몇 신문사에는 "타이타닉의 승객은 무사하다, 지금 핼리팍스로 가고 있다"는 메시지가 수신되었다. 그렇지만 그것은 아마추어 무선가 집단인 햄(HAM)의 장난에 의한 엉터리 메시지임이 밝혀졌다. 그 사건을 계기로 라디오법이 제정되면서 햄은 질이 별로 좋지 않은 2백 미터 파장만을 사용할 수 있도록 제약을 받았다. 아울러 장난 메시지를 보내는 사람은 엄청난 벌금을 물게 되었다. 라디오가 일반 언론매체와는 달리 처음부터 정부의 규제 대상이 되었던 것도 타이타닉 호와 관련된 흥미로운 이야기이다.

가였던 그레이는 상업적 가치가 없다고 판단하여 전화에 집중하지 않았던 반면, 농아학교 선생으로서 인간의 목소리에 관심이 많았던 벨은 전화 개발에 모든 정열을 바쳤다. 벨은 미국 독립 백 주년을 기념하여 1876년 필라델피아에서 개최된 박람회에서 전화를 선보인 후 벨전화회사(Bell Telephone Company)를 설립했고, 전화기기를 제작하는 기업들에게 자신의 특허를 대여하는 한편 특허를 침해한 기업을 고소하는 방식으로 전화산업을 급속히 석권해갔다. 벨 회사는 1885년에 AT&T(American Telephone & Telegraph)로 확대 개편되었다.

1907년에 경영진이 교체되면서 AT&T는 장거리 전화사업의 독점을 목적으로 하는 '보편적 서비스(universal service)' 전략을 표방했고, 1911년에는 아놀드(Harold D. Arnold, 1883~1933)를 비롯한 박사급 과학기술자들을 대거 고용하면서 기존의 공학부서를 연구 중심으로 개편했다. AT&T가 추진하고 있었던 대륙횡단 전화 서비스가 가능하기 위해서는 신호를 증폭해주는 기기의 개발이 절실히 요구되었다. AT&T의 연구진은 드 포리스트(Lee de Forest, 1873~1961)의 3극 진공관(Audion)이 수신기뿐만 아니라 증폭기로도 사용될 수 있다는 점에 착안하여 1912년에 새로운 고진공 증폭관을 개발했다. 그것은 이후에 몇 차례 개량을 거친 후 1915년에 뉴욕과 샌프란시스코 사이의 동서 대륙간 전화통화에 사용되었다. 고진공 증폭관의 개발과 활용을 계기로 AT&T는 연구개발 활동의 제도화가 기업의 장래에 필수적이라는 점을 인식하면서 1925년에 벨전화연구소(Bell Telephone Laboratory)를 독립법인의 형태로 설립했다.

AT&T를 비롯한 초기의 전화회사들은 전화를 전신과 마찬가지로 급한 용무를 전달하기 위한 수단으로 생각했다. 그들은 전화가 사무용이 아닌 사교용으로 사용될 수 있다는 점을 간과했고 1920년대까지 일반 가정을 주요 고객으로 생각하지 않았다. 그러나 중산층 여성을 비롯한 많은 사람들은 친구나 친지에게 안부를 전하고 이야기를 나누기 위해 전화를 활용하기 시작했다. 이러한 전화의 다른 용도는 전화 시스템의 변화에도 반영되었다. 처음에는 교환수가 플러그를 써서 전화선을 수동으로 연결시켜주었지만 교환수가 전화를 통한 대화를 엿듣는 상황이 빈번히 발생하자 자동 다이얼에 의한 전화 시스템이 정착되었던 것이다.

전화가 개인적인 의사소통을 위한 것이었다면 라디오는 특정한 사건을 전국적인 차원에서 동시에 체험할 수 있게 했다. 1918년에 암스트롱(Edwin H. Armstrong, 1890~1954)은 수신기, 튜너, 증폭기를 한 가지 기기에 집적시킨 라디오를 개발했고 웨스팅하우스는 1920년에 암스트롱의 특허를 매입했다. 1920년 11월 2일에 웨스팅하우스는 KDKA 방송국을 설립하여 최초의 상업방송을 시작했는데 당시의 프로그램은 미국 대통령 선거의 개표 결과를 중계하는 것이었다. 하딩(Warren G. Harding)이 대통령으로 당선되었다는 소식이 다음날 아침 신문이 배달되기도 전에 전달되자 미국 국민들은 라디오의 위력을 실감하게 되었다. 이를 계기로 라디오 방송은 급속히 성장하여 1924년에 이르면 미국 곳곳에 5백 개에 가까운 상업방송국이 설립되었다. 1926년에는 미국 전역을 포괄하는 방송국인 NBC가 설립되었으며 1928년에는 주파수를 배정하고 관리하는 연방라디오위원회(1934년에 연방통신위원회로 개편됨)가 발족되었다.

라디오 방송이 시작되면서 많은 사람들은 라디오가 통신수단의 최종적인 형태가 될 것이라고 생각했다. 그러나 그것은 텔레비전이 개발됨으로써 무색해졌다. 1925년에 영국의 베어드(John L. Baird, 1888~1946)가 '라디오비전'이라는 기계식 텔레비전을 개발한 후 영국방송공사(BBC)는 베어드의 장치로 방송실험을 진행했다. 전자식 텔레비전은 1927년에 판즈워스(Philo T. Farnsworth, 1906~1971)가 송신기와 수신기를 발명함으로써 모습을 드러내기 시작했다. 전자식 텔레비전 개발에 가장 많은 관심을 기울인 기업은 미국 라디오방송공사(Radio Corporation of America: RCA)였다. RCA는 1930년에 러시아 출신 기술자인 즈보리킨(Vladimir K. Zworykin, 1889~1982)을 고용했고 즈보르킨은 10년에 걸쳐 감광성이 뛰어난 카메라 튜브를 제작하는 데 전념했다. RCA는 1938년에 텔레비전 사업을 위한 모든 준비를 갖추었지만 대공황과 2차 대전으로 제한을 받았다. 텔레비전 사업은 1940년대 후반부터 급격히 성장하여 미국의 경우에 1946년에는 8천 대에 불과했던 텔레비전이 1960년에는 4,570만 대로 증가했다. 1965년에 통신위성이 발사된 이후에는 채널의 확장에 대한 기술적 제약이 제거됨으로써 수많은 케이블 채널이 생겨났다.

3-5. 자동차와 포드주의

전기와 함께 새로운 동력원으로 부상한 것은 내연기관이었다. 증기기관은 아무리 성능이 개선된다 하더라도 엔진의 외부에서 동력이 공급되기 때문에 열손실이 많다는 단점을 가지고 있다. 19세기 후반부터 많은 발명가들은 외연기관에 비해 열효율을 현격히 향상시킬 수 있는 내연기관의 개발을 모색하였다. 프랑스의 르누아르(Étienne Lenoir, 1822~1900)는 1860년에 전기로 점화되는 최초의 내연기관을 발명했지만 그것은 구조가 복잡하고 연료 소모가 많아 상업적으로 성공하지 못했다. 독일의 오토(Nikolaus A. Otto, 1832~1891)는 상업적 가치가 있는 엔진을 탐색하면서 흡입, 압축, 폭발, 배기로 이루어진 4행정 이론을 정립했다. 그는 1867년에 상업적 가치를 가진 최초의 내연기관을 개발하여 파리 박람회에 출품했으며 그것은 1870년대와 1880년대에 독점적 지위를 누렸다.

그러나 르누아르 엔진과 오토 엔진은 모두 석탄가스를 원료로 사용하는 공통점을 가지고 있어서 수송용으로는 적합하지 않았다. 이러한 한계는 1883년에 다이믈러(Gottlieb W. Daimler, 1834~1900)가 가솔린을 원료로 사용하는 내연기관을 개발함으로써 돌파되었다. 다이믈러의 엔진은 1885년에 각각 다이믈러의 오토바이와 벤츠(Karl Benz, 1844~1929)의 자동차로 상업화되었다. 한편 디젤(Rudolf Diesel, 1858~1913)은 오토의 내연기관을 관찰하면서 약간의 공기와 액체연료를 사용하여 매우 높은 압력의 엔진이 만들어질 수 있다는 데 착안한 후 4년간의 노력 끝에 등유를 사용하는 디젤 엔진을 개발하여 1893년에 특허를 취득했다. 가솔린 엔진과 디젤 엔진의 개발로 인류 사회는 석유에 의존하는 사회로 변모하기 시작했다.

가솔린 엔진은 곧바로 자동차에 적용되었다. 1890년대에는 유럽과 미국에서 다양한 형태의 자동차가 앞 다투어 제작되었다. 당시의 자동차 경쟁은 전기 자동차, 증기 자동차, 가솔린 자동차의 삼파전을 띠고 있었다. 예를 들어 1900년의 미국에서는 증기 자동차 1,681대, 전기 자동차 1,575대, 가솔린 자동차 936대가 생산되었다. 그 중에서 점차적으로 주도권을 장악하게 된 것은 가솔린 자동차였다. 가솔린 자동차업계는 시장 진입 단계에서 농촌 지역을 공략하는 차별화 전략을 활용하였고 대량생산 방식을 조기에 도입하여 대중용 자동차 시장을 창출함으로써 자동차업계를 평정했다.

가솔린 자동차가 승리할 수 있었던 가장 결정적인 계기는 포드(Henry Ford, 1863~1947)가 1908년부터 추진한 '모델 T'의 대량생산이었다. 모델 T는 복잡하지 않게 설계되었고 새로운 합금강을 사용하여 견고할 뿐만 아니라 작업의 세분화와 작업 공구의 특화에 입각한 생산방식으로 저렴하게 제작되었다. 여기서 작업을 세분화하고 공구를 특화하는 것은 20세기 초에 미국에서 유행했던 '과학적 관리'의 영향이라고 볼 수 있다. 더 나아가 포드자동차회사(Ford Motor Company)는 1913~1914년에 컨베이어 벨트를 도입하여 연속적인 조립 라인을 구축해 대량생산과 대중소비의 결합을 촉진했다. T형 포드는 다른 자동차에 비해 가격이 열 배나 저렴했으며 전성기에는 전세계 자동차의 68퍼센트를 차지했다. 1920년대부터 미국 사회는 풍요한 경제와 포드 자동차를 배경으로 자동차 대중화 시대에 돌입하여 1930년에는 가구 당 1대의 자동차를 보유하게 되었다.

컨베이어 벨트가 도입된 후 포드사에서는 새로운 문제가 발생했다. 작업이 단순반복적이 되면서 노동의 리듬을 잃게 되자 노동자들의 불만이 높아지면서 이직률이 크게 증가한 것이다. 찰리 채플린의 영화 〈모던 타임스〉에서 보듯이 나사를 조이는 것만을 반복하는 노동자가 자신의 일에 만족하지 않는 것은 당연한 이치였다. 이에 대처하여 포드는 1914년에 하루 8시간 노동에 대하여 최소한 5달러를 제공하는 '일당 5달러' 정책을 실시했다. 당시에 노동자들이 하루 9시간을 일한 대가로 2.38달러를 받았으니 포드사는 통상적인 임금의 2배를 보장했던 것이다. 또한 포드사는 별도의 부서를 만들어 노동자의 가정생활에서 발생하는 문제점을 해결해줌으로써 노동자가 직장에 전념할 수 있도록 했다.

이러한 포드사의 실험은 이후에 '포드주의(Fordism)'로 불렸다. 그러나 포드주의가 다른 지역이나 국가에 확산되는 과정에서 고임금이나 사회복지의 이념은 퇴색하고 컨베이어 벨트를 통해 노동자를 착취하는 것만이 남게 되었다. 사실상 포드사의 온정주의적 정책도 경영 환경이 나빠지자 계속해서 유지될 수 없었다. 아울러 포드사는 한 가지 차종에 집착함으로써 소비자의 새로운 기호를 반영하지 못했다는 한계를 가지고 있었다. 1920년대 중반 이후에는 제너럴 모터스(General Motors)의 시보레(Chevrolet)가 출시되는 것을 계기로 해마다 새로운 자동차 모델이 등장하면서 일반인이 편리하게 사용할 수 있는 각종 기술들이 개발되기 시작했다.

가솔린 엔진의 발명으로 가벼운 동력원이 현실화되면서 19세기 말부터 비행

과학적 관리의 기원

미국의 자본주의는 1870년대 중엽에서 1890년대 중엽까지 물가 하락과 낮은 성장률을 수반하는 '대불황(Great Depression)'을 경험했다. 이에 대응하여 미국의 기업들은 기업집중을 통해 기업간의 경쟁을 통제함으로써 총이윤의 증가를 보장하는 동시에 생산비를 절감하거나 생산성을 제고하여 이윤율을 증가시키는 전략을 추구하기 시작했다. 특히 생산성 제고와 관련하여 다양한 기술적 수단이나 조직적 방법을 통해 기업 내부의 생산 과정을 재편하는 것이 중요한 문제로 떠올랐다.

이러한 문제를 담당했던 집단은 19세기의 광범위한 산업화를 배경으로 급속히 성장한 기계기사들(mechanical engineers)이었다. 그들은 원가회계, 재고관리, 임금 제도 등을 개선하는 활동을 벌였는데, 그것은 20세기 초반에 테일러(Frederick W. Taylor, 1856~1915)에 의해 '과학적 관리'로 발전했다. 테일러는 시간 및 동작 연구를 통하여 노동자의 과업(task)을 설정했고, 노동자에게 과업 실행의 유인을 제공하기 위하여 차별적 성과급(differential rate)을 개발했으며, 과업관리에 적합한 조직인 기획부와 기능별 직장제(functional foremanship)를 고안했고, 전송장치 및 작업도구의 개발을 통하여 기계장치를 표준화했다.

기구의 가능성이 본격적으로 모색되었다. 처음에 비행기구는 비행선이나 글라이더의 형태로 만들어졌으며 인류 최초의 동력 비행기는 1903년에 라이트 형제(Wilbur Wright, 1867~1912; Orville Wright, 1871~1948)가 개발한 플라이어(Fleyer) 1호였다. 랭글리(Samuel P. Langley, 1834~1906)는 라이트 형제에 앞서 비행기를 만들었지만 성공하지 못했다. 랭글리는 모형 비행기를 그대로 확장하여 실물 비행기를 만드는 방법을 택한 반면 라이트 형제는 모형 비행기가 아니라 실물의 글라이더에서 출발했다. 라이트 형제의 비행기는 보조날개를 앞에 달고 엔진을 프로펠러에 직접 연결하는 구조를 가지고 있었지만 이후에는 프로펠러와 동력장치를 분리하고 보조날개를 뒤에 다는 비행기가 보편화되었다. 1927년에는 린드버그(Charles A. Lindbergh, 1902~1974)가 대서양 횡단 비행에 성공함으로써 항공에 대한 열기를 고조시키기도 했다.

19세기 이후에 수많은 기술 시스템이 등장하면서 인류 사회는 기술에 크게 의존하게 되었다. 기술은 먹고 입고 일하는 것에서 말하고 움직이는 방식에 이르기까지 우리에게 없어서는 안 될 존재가 되었다. 예를 들어 매우 간단하게 보이는 의류를 생산하고 판매하는 과정도 기술에 크게 의존하고 있다. 먼저 전기에 의해 동력을 받는 공장에서 인공염료를 생산한다. 그것은 철강으로 만들어진 철도를 통해 섬유공장으로 전송된다. 섬유공장에서 생산된 의류는 다시 여러 소비 지역으로 운반된다. 소비자는 전화를 통해 의류를 주문하거나 자동차를 타고 백화점에 가서 구입한다. 이처럼 옷 한 벌도 전기, 인공염료, 철강, 전화, 자동차 등과 같은 기술에 의존하며 여기에는 발전소, 철도회사, 섬유업체, 백화점 등과 같은 조직이 결부되어 있다.

19세기 이후에 기술은 복잡해지고 세밀해져서 한 개인이 기술의 세계에서 빠져나오기는 어려워졌다. 이제 아주 멀리 떨어진 곳에서 일어난 작은 변화 하나가 한 개인의 일상생활에 엄청난 영향을 미치게 된 것이다.

4. 두 얼굴을 가진 현대 기술

현대 기술의 경로에 가장 큰 영향을 끼친 사건은 제2차 세계대전이라고 할 수 있다. 2차 대전은 항공기 같은 기존의 기술을 급속히 발전시켰고 원자탄과 컴퓨터를 비롯한 새로운 기술의 원천이 되었다. 또한 2차 대전과 그후에 지속된 냉전체제를 배경으로 군부는 기술혁신에 대한 최대의 수요자이자 지원자로 부상했다. 사회체제가 전쟁을 목표로 개편되자 기술혁신과 관련된 주체들은 군사 혹은 군수에서 최대 수요를 찾아냈다. 동시에 필요 이상의 자원이 전쟁과 관련된 기술에 투입되면서 자원배분이 왜곡되고 그 결과 탄생한 기술이 인류를 파괴하는 데 사용됨으로써 기술에 대한 비판적 인식과 운동도 전개되기 시작했다. 이처럼 2차 대전은 기술 변화의 속도, 방향, 범위 등에 뚜렷한 흔적을 남겼다. 만약 2차 대전이 없었더라면 기술의 경로는 오늘날과는 다른 형태로 그려졌을 것이다.

4-1. 전쟁무기의 개발

항공기는 처음에 장거리 우편물을 수송하는 수단으로 사용되었지만 두 차례의 세계대전을 겪으면서 전쟁무기로 탈바꿈했다. 유럽 및 미국의 국방부는 항공기를 중요한 군사무기로 지목하고 항공기 제작회사를 전폭적으로 지원했다. 1차 대전부터 본격적인 궤도에 진입한 항공산업은 2차 대전을 계기로 급격히 성장하여 몇몇 대기업을 중심으로 대량생산 단계에 진입했다. 보잉(Boeing), 더글라스(Douglas), 록히드(Lockheed) 등이 2차 대전 때 군용 항공기를 생산하면서 급격히 성장한 기업들이다.

항공산업에 대한 자금이 거의 군부에 의해 지원됨에 따라 기술 변화의 경로에도 군사적 요구가 반영되었다. 가공할 만한 속도를 요구했던 군부 집단의 개입에 따라 고속 엔진의 개발이 잇따랐던 것이다. 제트기와 로켓이 대표적인 예이다. 그러나 예상 밖의 문제가 발생하는 바람에 제트기와 로켓의 개발은 매우 지연되었고 이에 따라 원래의 기대와는 달리 실제 전투에서는 아예 사용되지 못하거나 큰 효과를 발휘하지 못했다. 2차 대전 이후에 제트 엔진은 장거리 공중운송수단에 사용되었고 로켓 엔진은 미사일이나 인공위성의 발사체로 사용되었다. V-2 로켓을 개발했던 독일의 브라운(Wernher von Braun, 1912~1977)은 미국으로 건너가 미사일 개발을 담당했고 소련은 V-2 엔진을 개량하여 독자적인 미사일을 개발했다.

2차 대전은 다양한 기술이 전쟁의 목적으로 실험되고 사용된 광장이었다. 불도저, 수륙양용 수송트럭, 지프차, 수송기 등이 출현하여 전쟁물자의 수송을 도왔고 자동소총, 대전차무기, 곡사포, 폭격기 등이 전쟁무기로 사용되었다. 무선 전화기, 레이더, 컴퓨터 등과 같은 전자기술도 2차 대전을 통해 본격적으로 개발되기 시작했다. 사실상 2차 대전에는 모든 과학 분야가 동원되었다. 물리학이 가장 효과적인 포탄의 양식을 결정하고 화학이 새로운 폭약을 개발하며 생화학이 군대의 전염병을 차단하고 기상학이 군사작전을 위한 정확한 관측을 제공하는 식이었다. 전리층의 특성을 밝히려는 연구는 미사일을 조기 탐지하기 위한 레이더의 설계와 운용에, 수염고래의 의사소통 패턴에 대한 연구는 잠수함대의 기동과 은폐에 필수적인 정보를 제공했다.

2차 대전을 계기로 군사 연구에 대한 국가의 지원이 현격히 증가했으며, 특히 미국 정부는 대학을 통해 군사 연구를 추진하는 방식을 활용했다. 당시에 군사 연구를 총괄했던 과학연구개발국(Office of Scientific Research and Development: OSRD)은 연구계약 제도를 통해 대학을 적극 지원했는데, 2차 대전중에 MIT는 1억 1천만 달러를, 칼텍은 8천6백만 달러를 지원받았다. 더 나아가 대학 혹은 군부가 직접 군사 연구를 담당하는 기관을 설립하기도 했다. MIT의 링컨연구소, 존스 홉킨스 대학의 응용물리연구소, 해군연구국(Office of Naval Research: ONR), 육군항공대(1947년에 공군으로 독립됨)가 지원하는 RAND 연구소 등이 대표적인 예이다.

2차 대전을 통해 출현한 군사무기의 상징은 원자탄이다. 1938년에 우라늄 핵분열 반응이 알려지면서 나치의 박해를 피해 미국으로 망명한 과학자들은 독일이 원자무기를 만들 가능성이 있다고 생각하고 미국 정부가 적극적으로 대처해야 한다는 의견을 피력했다. 2차 대전 초기에 레이더 개발에 주력했던 미국은 진주만 사건 이후에 원자탄 개발을 본격적으로 추진했다. 1942년에 맨해튼 계획(Manhattan Project)으로 구체화된 원자탄 개발사업에는 미국의 대학, 연구소, 산업체, 군대 등이 총동원되었으며 3년이라는 짧은 기간에 12만 5천 명의 인원과 20억 달러라는 자금이 소요되었다. 맨해튼 계획은 '군산학복합체(military-industrial-academic complex)'에 의해 추진된 '거대과학(big science)'의 본보기였던 것이다.

1945년 7월에 제작된 두 개의 원자폭탄은 뉴멕시코 사막에서의 실험을 거쳐 그해 8월에 일본의 히로시마와 나가사키에 투하되었다. 원자폭탄의 투하로 인한 사망자 수는 1945년에 약 14만 명이었으며 다음 5년 동안 6만 명이 더 생명을 잃었다. 2차 대전이 종료된 후 미국은 핵무기를 독점하기 위한 일련의 조치를 취하려고 했으나, 1949년에 소련이 핵실험에 성공하고 1950년에 한국전쟁이 발발하는 것을 계기로 수소폭탄의 개발을 적극적으로 추진했다. 미국은 1952년에 수소폭탄을 개발하여 두 차례 폭파 실험을 거쳤고, 소련은 1955년에 수소폭탄의 개발에 성공했다.

4-2. 기술에 대한 비판

핵무기를 비롯한 군사무기의 엄청난 파괴력은 반전반핵운동으로 나타났다. 원자폭탄의 가공할 위력에 큰 충격을 받은 과학기술자들은 2차 대전 직후에 핵투하와 핵실험에 반대하는 운동을 전개하기 시작했다. 1946년에 영국과 프랑스의 과학기술자들을 중심으로 결성된 세계 과학노동자 연맹(World Federation of Scientific Workers)은 1950년대와 1960년대를 통하여 핵무기 및 군축에 대한 대중적 관심을 유발하는 데 중요한 역할을 담당했다. 핵무기를 둘러싼 논쟁이 확산되면서 과학기술자 엘리트 집단은 수소폭탄 개발을 매개로 찬성파와 반대파로 분열되는 모습을 보이기도 했다.

1954년에 실시된 브라보 실험은 원자폭탄의 1천 배가 넘는 위력을 가진 수소폭탄을 실전에 활용할 수 있다는 점을 보여주었다. 그 실험을 계기로 과학기술자들의 반전반핵운동은 보다 본격적이고 조직적으로 전개되기 시작하였다. 1955년에는 러셀-아인슈타인의 선언문이 채택되었고 1957년에는 퍼그워시 운동(Pugwash Movement)이 조직되었다. 퍼그워시 운동을 매개로 핵무기 경쟁과 군축 문제에 대한 중요한 선언이 계속해서 발표되었으며 그 중 몇 가지 사항은 부분 핵실험 금지조약, 비핵확산 조약, 탄도탄 요격 미사일 협약 등과 같은 군축 협정 및 정책에 반영되기도 했다.

2차 대전 이후에는 원자력의 평화적 이용에 대한 노력도 병행되었다. 에너지 방출을 느리게 조절할 수 있는 상업용 원자로가 개발되면서 1954년에는 소련이

원자탄을 둘러싼 과학기술자의 삶

원자탄을 둘러싼 과학기술자들의 행동방식은 매우 다양했다. 1936년에 미국이 원자탄 개발을 서둘러야 한다고 주장했던 실라르트(Leo Szilard, 1898~1964)는 원자탄이 개발된 후에는 원자탄 투하 반대운동을 벌였다. 미국의 원자탄 독점이 야기할 문제점을 곰곰이 생각했던 푹스(Klaus Fuchs, 1911~1988)는 1944년부터 소련에 맨해튼 계획의 내용을 보고하는 스파이 노릇을 했다. 핵분열 현상을 발견했던 한(Otto Hahn, 1879~1968)은 자신의 발견으로 수많은 사람이 사망하는 결과가 발생했다는 사실에 크게 괴로워했다. 사이클로토론을 개발했던 로렌스(Ernest O. Lawrence, 1901~1958)는 원자탄이 전쟁을 조기에 종결시켜 희생자를 줄였다고 주장했다. 맨해튼 계획의 과학기술 부문 총책임자였던 오펜하이머(J. Robert Oppenheimer, 1904~1967)는 나중에 수소폭탄 개발에 반대함으로써 공산주의자라는 누명을 쓰고 공직에서 물러나야 했다. 텔러(Edward Teller, 1908~2003)는 원자탄을 개발하면서 수소폭탄의 기술적 가능성이 드러나자 그것의 조기 개발을 주장하여 1950년대에 그 프로젝트의 책임자로 활동했다.

원자력 발전소를 가동하기 시작했고 1956년과 1957년에는 영국과 미국이 이를 뒤따랐다. 원자력 발전소의 건설에 사용된 예산은 군사 목적에서 사용된 예산의 1/3에 지나지 않았지만, 1960년대에 접어들면서 원자력은 '제3의 불'로 불리면서 원전 건설 붐이 조성되었다. 1970년대까지 원자력 발전은 기존의 화력 발전에 비해 대량의 에너지 공급이 가능하고 환경오염이 적은 동력 시스템으로 평가되었다.

그러나 1979년의 스리마일 섬(Three Mile Island) 발전소 사고와 1986년의 체르노빌(Chernobyl) 발전소 사고가 터지면서 원자력 발전은 심각한 위기에 봉착했다. 특히 체르노빌 사고를 계기로 선진 각국은 원자력 발전에 대한 전면적인 재검토에 돌입하면서 원자력 발전의 대형 사고 가능성은 물론 경제적, 환경적 차원의 문제를 제기했다. 원자력 발전은 화력 발전보다 경제적인 것으로 평가되어왔지만 나중에 발생할 폐기물 처리비용과 원전 폐기비용을 고려한다면 전혀 그렇지 않으며, 대기오염 물질을 거의 배출하지 않지만 폐기물과 재처리로 인해서 심각한 환경오염 문제를 유발한다는 것이었다. 1980년대 후반부터 대부분의 선진국들은 핵에너지를 동력원으로 사용하지 않으려는 경향을 보이고 있으며, 에너지 효율을 제고할 수 있는 에너지 절약 기술과 태양력을 비롯한 대체 에너지의 개발을 모색하고 있다.

반전반핵운동과 함께 주요한 사회운동 세력으로 부상한 것은 환경운동이다. 19세기 이후 급속히 진행된 산업화가 환경에 미치는 부정적인 영향은 20세기에 들어서 본격적으로 나타나기 시작했다. 게다가 20세기에는 발전소와 자동차를 비롯한 환경오염물질을 다량으로 배출하는 기술 시스템과 방사능물질 및 합성화학물질과 같은 지구 생태계에 존재하지 않는 인공물질이 등장함으로써 환경 문제는 더욱 광범위하고 복잡해졌다. 1952년에 발생한 런던 스모그 사건은 4천 명이 넘는 사람들의 목숨을 앗아갔고, 로스앤젤레스에서는 1960년대부터 '광화학스모그'라는 새로운 현상이 인식되었다. 1962년에 카슨(Rachel L. Carson, 1907~1964)이 발간한 『침묵의 봄*Silent Spring*』은 DDT〔dichloro-diphenyltrichloroethanel, ($(ClC_6H_4)_2CHCCl_3$)라는 살충제의 역기능을 폭로했고, DDT의 위력은 베트남전쟁을 통해 뚜렷이 확인되었다.

환경 문제를 폭로하고 이에 대한 각성을 요구하는 운동은 1970년대부터 본격적으로 전개되었다. 1970년 4월 22일에는 제1회 지구의 날 행사가 개최되었으며, 1972년에는 스톡홀름에서 제1회 유엔 환경회의가 소집되었고 로마클럽은 『성장의 한계*The Limits to Growth*』라는 보고서를 출간했다. 그후 다양한 입장과 활동 영역을 가진 수많은 단체들이 환경운동에 참여했으며, 오존층 파괴, 지구 온난화, 산성비, 기상이변 등의 새로운 환경 문제가 인지되기 시작했다. 1992년에 리우데자네이루에서 개최된 유엔 환경개발회의를 계기로 구체화된 '지속 가능한 개발(environmentally sound and sustainable development : ESSD)'이라는 개념은 인류가 지향해야 할 지표를 분명히 보여주고 있다.

4-3. 컴퓨터와 반도체

2차 대전은 오늘날 과학기술의 대명사라 할 수 있는 컴퓨터를 배태하기도 했다. '전쟁은 계산'이라 할 정도로 탄도 계산과 작전 연구(Operations Research : OR)에 필요한 대규모의 데이터는 수백 명의 인력이 계산기로 처리할 수 있는 범위를 넘어섰다. 최초의 전자식 컴퓨터로 알려진 ENIAC(Electronic Numerical Integrator and Calculator)은 탄도표를 계산할 목적으로 1946년에 에커트(J. Presper Eckert, 1919~)와 모클리(John W. Mauchly, 1907~1980)에 의해 개발되었다. 오늘날 컴퓨터의 기본 원리를 제안한 노이만(John von Neumann, 1903~1957)은 핵무기 설계에 필요한 데이터를 처리할 수 있는 컴퓨터를 개발하는 과정에서 프로그램 내장 방식과 2진법 논리 회로라는 개념에 도달했다. 노이만의 개념을 적용한 최초의 상업적 컴퓨터는 1951년에 개발된 UNIVAC(Universal Automatic Computer)으로서, 1952년 미국의 대통령 선거 때 아이젠하워의 승리를 예측함으로써 컴퓨터에 대한 일반인의 관심을 증폭시키기도 했다.

대형 컴퓨터(mainframe)와 소형 컴퓨터(minicomputer)는 동일한 기술적 토대를 가지고 있지만 양자가 발전하는 과정은 매우 달랐다. 군사용, 우주 개발용, 연구용으로 사용되는 대형 컴퓨터의 경우에는 정부, 군대, 대자본, 연구소, 대학 등이 중요한 주체였다. 반면 소형 컴퓨터의 발전에는 개인적인 취미를 추구하는 컴퓨터 열광주의자들이 뚜렷한 흔적을 남겼다. 애플 컴퓨터를 개발한 잡스(Steven P. Jobs, 1955~)와 워즈니액(Stephen Wozniak, 1950~)은 대표적인 예이다. 열광주의자들은 좋은 컴퓨터를 가지고 싶다는 소박한 꿈을 품고 있었고 그 꿈을 실현하기 위해 대학을 중도에 포기하기도 했다. 그들은 컴퓨터를 만드는 데 필요한 부품을 대부분 자체적으로 조달했으며 그들과 손을 잡은 자본도 대자본이 아니라 모험자본이었다.

컴퓨터는 진공관을 주요 소자로 하는 제1세대를 거쳐 트랜지스터(transistor)에 의한 제2세대와 집적회로(integrated circuits, IC)를 사용한 제3세대로 발전했으며, 판단 능력 및 적응 능력을 확보하여 성능이 대폭적으로 향상되었다. 수많은 기업이 흥망성쇠를 거듭하는 가운데 1950년대부터 최근에 이르기까지 컴퓨터 업계의 선두 자리를 차지한 기업은 IBM(International Business Machines)이었다. IBM은 전쟁 기간 중 많은 군수물자를 공급하면서 컴퓨터의 제품설계와 생산기술에 대한 경험을 축적했고 1970년대까지의 중대형 컴퓨터는 물론 1980년대의 개인용 컴퓨터(personal computer: PC) 시장도 석권했다. 특히 IBM은 1981년에 PC 시장에 진입하면서 설계 및 운영체계를 공개했고 이에 따라 IBM 호환용 PC는 컴퓨터 산업계에서 '사실상의 표준(de facto standards)'으로 자리잡았다. 당시에 MS-DOS라는 운영체계를 제공했던 마이크로소프트(Microsoft)는 1987년에 윈도를 출시한 후 1990년대 중반부터 소프트웨어 분야에서 세계적인 기업으로 성장했다.

컴퓨터의 발전과 동고동락을 같이한 기술은 '마법의 돌'로 불리는 반도체였다. 1946년에 AT&T의 벨연구소는 통신 시스템의 부품으로 사용될 수 있는 신소재의 중요성을 인식하면서 반도체 연구팀을 신설했고, 그 팀에 속한 바딘

(John Bardeen, 1908~1991), 브래튼(Walter H. Brattain, 1908~1987), 쇼클리(William B. Shockley, 1910~1989)는 2차 대전중에 사용되었던 레이더 검파기의 성능을 개량하는 과정에서 1947년에 트랜지스터를 개발했다. 미국 국방부는 트랜지스터의 중요성을 재빨리 간파하면서 AT&T의 트랜지스터 상용화를 적극적으로 지원했으며 AT&T가 생산한 트랜지스터의 절반 가량을 구입했다.

1950년대부터는 수많은 과학기술자들이 실리콘밸리(Silicon Valley)에 몰려들어 반도체 개발에 인생을 걸기 시작했다. 그들이 시도한 최초의 작업은 IC의 개발로서 1958년에 텍사스 인스트루먼츠(Texas Instruments)사의 킬비(Jack Kilby, 1923~)와 페어차일드(Fairchild Semiconductor)사의 노이스(Robert Noyce, 1927~)가 거의 동시에 IC 개발에 성공했다. 1960년대부터 반도체산업은 본격적인 성장 궤도에 진입했으며, 그 용도는 군수용 장비를 비롯하여 통신 장비와 산업용 기기 등으로 확대되었다. IC는 이후에 집적도가 더욱 높아지면서 LSI(Large Scale Integration), VLSI(Very Large Scale Integration), ULSI(Ultra Large Scale Integration)로 발전했다.

1950년대 이후에 주목을 받게 된 자동화 기술은 2차 대전 이전에 존재했던 기계기술과 2차 대전의 전시 연구를 통해 등장한 전자기술이 결합됨으로써 성립되었다. 자동화는 공장자동화(factory automation: FA)에서 시작하여 사무자동화(office automation: OA), 가정자동화(home automation: HA) 등으로 대상 영역을 확대해왔다. 자동화 기술의 상징인 산업용 로봇은 1962년에 데벌(Georg C. Devol, 1912~)에 의해 최초로 제작되었고, 제2차 석유파동 이후의 세계적인 경제불황에 대처하여 1980년대 이후부터 산업계에서 널리 사용되기에 이르렀다. 자동화 기술의 발전과 이를 매개로 한 생산방식의 변화는 포드주의로 대표되는 소품종 대량생산방식과 대비되어 '린 생산방식(lean production system)', '유연적 전문화(flexible specialization)', '포스트포드주의(Post-Fordism)' 등으로 불리면서 그것의 성격 규명을 둘러싸고 수많은 논쟁이 전개되었다.

4-4. 우주 개발 경쟁

소련이 1957년 10월 4일에 세계 최초의 인공위성인 스푸트니크 1호를 발사하자 미국은 큰 충격을 받았다. 원자폭탄에서는 4년 앞섰고 수소폭탄에서는 2년 앞섰는데 인공위성에서는 뒤졌던 것이다. 이에 1958년에는 미국 항공우주국(NASA)이 신설되어 우주 개발 계획이 적극적으로 추진되기 시작했다. 미국의 위기의식은 1961년에 가가린(Yuri Gagarin, 1934~1968)이 보스토크 1호에 탑승하여 세계 최초의 유인 우주비행에 성공함으로써 더욱 증폭되었다.

급기야 케네디 대통령은 "1960년대 안으로 달에 유인 우주선을 발사할 것"이라고 발표했고 그것은 210억 달러의 거금을 투자하여 1961~1972년에 아폴로 계획을 추진하는 것으로 현실화되었다. 1969년에는 브라운의 새턴 로켓을 통해 발사된 아폴로 11호가 역사상 최초로 우주비행사를 달에 착륙시키는 데 성공했다. 아폴로 11호에 탑승한 암스트롱(Neil A. Armstrong, 1930~)은 "한 개인에게는 작은 한 걸음이지만 인류에게는 큰 도약이다"라는 말을 남기기도 했다. 그후 1972년까지 미국은 아폴로 12~17호를 발사하여 6회에 걸쳐 달을 탐사하면서 모두 385킬로그램의 월석을 채취했다.

'스푸트니크 충격(Sputnik Shock)'은 미국의 과학 교육에도 커다란 변화를 예고했다. 미국의 많은 언론들은 소련에 뒤진 주된 이유를 미국의 체계적이지 못한 과학 교육에서 찾았고 급기야 미국 의회는 1958년에 국가방위교육법을 통과시켰다. 그 법률을 통하여 미국 정부는 과학 교육의 진흥을 위하여 10억 달러라는 거금을 지출했다. 1960년대 미국에서는 과학 교과과정의 개편, 이공계 대학생에 대한 장학금 지원, 과학교사의 처우 개선, 대학의 과학 연구 활성화, 외국인 유학생의 유치 등이 대대적으로 추진되었다. 우리나라의 과학자 1세대가 미국에서 유학할 수 있었던 것도 미국의 과학 교육 개혁이 중요한 배경으로 작용했다.

1970년대와 1980년대에도 미국과 소련은 우주왕복선과 우주탐사선을 경쟁적으로 발사했다. 소련의 우주탐사선으로는 1970년에 금성에 착륙한 베네라 7호, 1971년에 화성 주위를 돈 마르스 2호, 1985년에 핼리혜성을 스쳐간 베가 1호 등이 있었으며, 미국의 경우에는 1973년에 목성을 지나간 파이어니어 10호, 1975~1976년에 화성에 착륙한 바이킹 1호와 2호, 1977년에 발사된 후 목성(1979년), 토성(1981년), 천왕성(1986년), 해왕성(1989년)을 지나간 보이저 2호 등이 있었다. 또한 1981년에는 최초의 우주왕복선인 콜럼비아 호가 시험비행을 한 후 디스커버리 호(1984년)와 아틀란티스 호(1985년) 등이 발사되었다. 1986년에는 챌린처 호가 폭발하는 사고가 발생하기도 했다. 소련의 우주왕복선

초음속 여객기 프로젝트의 교훈

1959~1971년에 미국에서 진행된 초음속 여객기의 개발을 둘러싼 논란은 냉전 시대의 기술 프로젝트가 전개되는 양상을 잘 보여준다. 2차 대전 때 군용 항공기를 생산하면서 급격히 성장한 항공회사들은 거대해진 생산시설을 활용하기 위하여 민간을 위한 기술을 개발한다는 명목하에 초음속 여객기의 개발을 추진했다. 그들은 2차 대전 때와 마찬가지로 정부가 재정적 책임을 질 것으로 기대했고, 그것은 영국과 소련에서 국가 주도로 초음속 여객기 개발이 진행중이라는 소문에 의해 더욱 강화되었다. 초음속 비행기 프로젝트는 개발에 소요되는 총비용 10억 달러 중 정부가 75퍼센트를 부담하는 방식으로 추진되다가 나중에는 그 비율이 90퍼센트로 상향 조정되었다.

그러나 1968년이 되어도 관련된 기술적 문제들이 충분히 해결되지 않은데다 상업적 타당성이 의문시되기 시작하자 정부는 프로젝트 전반을 재검토하기 시작했다. 게다가 초음속 항공기의 운항에 수반되는 엄청난 폭발음과 오존층 파괴가 알려지면서 초음속 여객기의 개발에 반대하는 대중의 저항이 표면화되었다. 이러한 분위기 속에서 1969년에 영국과 프랑스가 공동으로 개발한 콩코드 여객기가 처녀 비행에 성공하자 문제는 더욱 복잡해졌다. 찬성론자와 반대론자 사이의 갈등이 심화되는 가운데 미국 의회는 여러 차례의 비밀투표를 거쳐 결국 초음속 여객기 프로젝트를 취소하기에 이르렀다. 초음속 여객기 프로젝트의 폐기는 무분별한 기술 개발 및 정부와 대기업의 담합을 특징으로 하는 2차 대전시의 기술 개발 패러다임이 새로운 사회환경 속에서는 그대로 적용되기 어렵다는 점을 보여준 상징적인 사건이었다.

부란 호는 1988년부터 비행에 나섰다.

인류의 우주탐험은 냉전체제가 붕괴된 이후에도 미국을 중심으로 지속적으로 전개되었다. 무인탐사선 마젤란은 1989년에 금성의 지형과 내부구조를 탐사하는 개가를 올렸지만 1994년에는 금성의 표면에 충돌하여 최후를 맞이했다. 1997년에는 무인탐사선 패스파인더가 화성에 착륙하여 소저너라는 로봇을 통해 화성에 대한 정보를 지구에 전송함으로써 우주 개발의 새로운 장을 열었다. 이어 2001년에는 무인탐사선 슈메이커가 에로스에 착륙하는 것을 계기로 인류의 우주탐험은 소행성까지 확대되었다.

이러한 우주 개발은 각종 과학기술의 발전을 도모할 수 있는 계기로 작용한다. 우주선을 만들기 위한 재료 및 기계, 관측을 위한 기기 및 장비, 우주인의 의복 및 식량 등은 대표적인 예이다. 또한 인류는 우주 개발을 매개로 다양한 과학 연구를 진행해왔고 위성통신의 범위와 질을 지속적으로 향상시켜왔다. 실제로 전리층에 대한 엄밀한 연구는 인공위성이 발사된 이후에 시작되었으며 상업용 위성통신이 시작되면서 인류는 '지구촌'을 이룰 정도로 가까워졌다. 그러나 우주 개발에는 천문학적인 자금이 투여되고 상당한 위험도 따르기 때문에 우주 개발의 확대에 대한 반론도 만만치 않다.

4-5. 정보기술의 출현

정보기술(information technology: IT)은 2차 대전 이후에 발전한 컴퓨터기술과 20세기를 통해 꾸준히 성장해 온 통신기술이 결합됨으로써 탄생했다. 컴퓨터와 통신이 결합되면서 처음으로 나타난 것은 모뎀(Modem: Modulation and Demodulation)이었다. 모뎀은 미국 국방부가 방공망 시스템을 구축하기 위하여 1950년부터 MIT와 함께 추진한 SAGE(Semi-Automatic Ground Environment) 계획을 통해 개발되었다. 모뎀은 컴퓨터에서 사용하는 디지털 데이터를 전화선이 활용할 수 있는 아날로그 신호로 바꿈으로써 이미 광범위하게 설치되어 있는 전화선을 통해 컴퓨터 통신을 가능하게 하는 장치이다. 모뎀은 1958년부터 민간에서도 사용되기 시작했으나, 장거리 전화요금이 비싸다는 점과 중앙집중적인 연결방식을 취하고 있다는 점이 문제점으로 지적되었다.

컴퓨터 통신망의 새로운 지평을 열어준 것은 인터넷이었다. 인터넷은 1960년대 미국 국방부의 ARPA(Advanced Research Projects Agency)에서 연구하기 시작한 아르파넷(ARPAnet)에서 유래되었다. 아르파넷은 분배 네트워크 토폴로지와 패킷 스위칭 기술이라는 두 가지 새로운 개념에 입각하여 설계되었다. 전자는 하나의 컴퓨터가 다른 컴퓨터와 적어도 두 가지 이상의 경로를 통해 접속될 수 있다는 것을 의미하며, 후자는 한 메시지를 여러 개의 조각, 즉 패킷으로 분할할 수 있다는 것을 뜻한다. 1964년에 랜드(Rand)사의 바란(Paul Baran)에 의해 제안된 이러한 개념은, 소련의 핵공격에도 생존할 수 있는 통신 시스템을 설계해달라는 미 공군의 요청에 의한 것이었다. 분배 네트워크를 사용하면 특정한 데이터를 전송하는 한 경로가 적의 공격에 의해 파괴된다 할지라도 여분의 경로를 통하여 전달될 수 있으며, 패킷 스위칭을 사용하면 데이터가 패킷으로 분할되어 전송되기 때문에 적의 공격에 의해 데이터가 손상된 경우에도 전체 데이터가 아닌 해당 부분만 보내면 된다. 아르파넷은 1972년에 시험되면서 선풍적인 인기를 끌었고, 몇몇의 지역적인 네트워크가 아르파넷에 접속되면서 네트워크 사이의 결합을 의미하는 '인터'넷으로 변모했다.

인터넷의 발전에서 중요한 계기가 되었던 사건은 전자우편의 등장과 표준 프로토콜의 채택이었다. 인터넷은 1970년대부터 전자우편이 확산되면서 군사용 목적을 넘어서 민간 사이의 저렴한 데이터 전송과 인터넷 채팅의 기초로 작용하고 있다. 또한 1983년에 아르파넷은 TCP/IP(Transmission Control Protocol/Internet Protocol)라는 새로운 표준 프로토콜을 채택하면서 다른 지역 네트워크도 동일한 프로토콜을 사용할 것을 주장했고, 그것이 점차 수용되면서 인터넷은 TCP/IP를 통해 서로 연결된 네트워크를 의미하게 되었다. 1989년에는 유럽입자물리연구소(CERN)의 버너스-리(Tim Berners-Lee)가 인터넷에서 데이터를 공유하는 HTTP라는 프로토콜과 HTML이라는 컴퓨터언어를 만들었으며, 그것은 우리가 요즘에 사용하는 방식인 월드와이드웹(World Wide Web)으로 이어졌다.

학술연구자들의 정보 교환용으로 국한되어 있었던 인터넷이 일반 사람들의 필수품으로 정착하기 시작한 것은 1994년을 전후해서였다. 1993년에 일리노이 대학의 학생이었던 안드리센(Marc Andressen)은 HTML 문서를 쉽게 볼 수 있는 모자익(Mosaic)이란 프로그램을 제작했고, 그것이 1994년에 넷스케이프(Netscape)로 탈바꿈하면서 수많은 사람들을 인터넷으로 유인하게 되었다. 넷스케이프를 사용하면 누구나 손쉽게 몇 번의 클릭만으로 전세계의 웹사이트를 돌아다닐 수 있었다. "정보의 바다를 항해한다"는 말을 쓰게 된 것은 바로 넷스케이프의 로고가 항해사의 키였기 때문이었다. 이 무렵에 미국 백악관은 홈페이지를 만들었고, 빌 게이츠(Bill Gates)는 마이크로소프트를 인터넷 중심으로 변모시킨다고 공언했다. 그후 인터넷은 빠른 속도로 확산되어 인터넷에서 얻을 수 있는 정보의 양은 급속도로 증가했다. 오늘날 인터넷에는 10억 개가 넘는 홈페이지가 있으며 단행본 수천만 권에 달하는 정보가 유통되고 있다.

4-6. 생물기술의 기원

생물기술(biotechnology, BT)은 생명체의 형질, 기능, 형태 등을 결정하는 유전자를 인공적으로 조작하여 생명체를 개조하거나 새로 만들 수 있는 기술을 뜻한다. 생물기술의 기원은 잡종 옥수수를 비롯한 농작물이나 인슐린 및 페니실린과 같은 의약품 등에서 찾을 수 있지만, 오늘날과 같은 새로운 의미의 생물기술은 1973년에 스탠포드 대학의 코헨(Stanley N. Cohen)과 보이어(Herbert W. Boyer)가 DNA 재조합 실험에 성공함으로써 가시화되기 시작했다. DNA 재조합 기술은 종전의 교잡에 의한 형질변환에 비해 여러 세대를 거칠 필요가 없고 교잡의 범위에 제한이 없다는 특징을 가지고 있다. DNA 재조합 기술이 개발되자 많은 사람들은 식량 증산, 질병 치료, 폐기물 처리 등의 영역에서 새로운 경제활동이 출현할 것으로 예상했고, 몇몇 사람들은 인류가 '바이오 사회(biosociety)'라는 새로운 단계에 접어들 것이라고 전망하기도 했다.

그러나 문제는 DNA 재조합 기술이 유발할 수 있는 결과를 누구도 확실히 알 수 없다는 점이었다. 유전자 재조합으로 나타날 잡종 바이러스가 새로운 암이나 유행병을 유발할지 누가 알겠는가? 이에 대하여 분자생물학자인 버그(Paul Berg)는 1974년에 가능한 위험이 정확히 밝혀질 때까지 실험의 일부를 일시적으로 중지하자는 선언을 제안하기도 했다. 이러한 유예 조치는 과학기술의 역사에서 전무후무한 사건으로서 과학기술에 대한 시민의 참여와 논쟁을 촉진하는 계기가 되었다. 1976년에는 미국과 영국에서 유전자 재조합에 관한 자문위원회가 만들어져 전문가와 일반인의 토론을 바탕으로 유전자 재조합 연구에 대한 지침이 마련되기 시작했다.

1980년대에는 생물 재해에 대한 논쟁이 수그러들면서 유전자 재조합 기술이 본격적으로 연구되기 시작했다. 당시에 많은 과학기술자들은 유전자 재조합을 매개로 산업활동에 진출했으며 제네텍(Genetech), 바이오진(Biogen), 칼진(Calgene) 등과 같은 기업들이 등장했다. 그러나 초창기의 생물기술은 연구개발의 차원에서는 많은 시도가 있었지만 본격적인 상업화로 연결되지는 못했다. 생물기술에 대한 연구는 인간의 DNA에 들어 있는 모든 유전정보를 해독하여 데이터베이스로 만드는 인간게놈계획(Human Genome Project)이 시작됨으로써 더욱 본격화되었다. 그 프로젝트는 원래 15년 동안 진행될 예정이었지만 1997년에 셀레라 지노믹스(Celera Genomics)가 '샷건(shotgun)'으로 불리는 혁신적인 염기서열 분석기술을 사용함으로써 조기에 완료될 수 있었다.

생물기술의 가능성이 현실화되기 시작한 것은 매우 최근의 일이다. 1994년에 칼진이 최초의 유전자 조작 식품인 무르지 않는 토마토를 시판하기 시작했고, 1996년에는 몬산토(Monsanto)가 제초제저항성 콩을, 그리고 노바티스(Novatis)는 병충해저항성 옥수수를 시장에 내놓았다. 급기야 1997년에는 체세포 핵의 이식을 통한 복제 양 돌리가 출현해 세계의 이목을 집중시켰다. 돌리 사건 이후에 세계 각국에서는 다른 동물을 복제하는 실험에 성공했다는 보고가 잇따르고 있어서 동물 복제를 상업화하는 것은 물론 인간 복제가 현실화되는 것도 멀지 않았다는 점을 암시하고 있다.

20세기에는 수많은 기술들이 꼬리에 꼬리를 물고 개발되었으며 이에 대한 사람들의 반응도 변해왔다. 20세기 전반까지만 해도 기술은 풍요의 원천이자 진보의 상징으로 찬양받았지만 1960년대를 전후해서는 대량학살과 환경파괴의 주범으로 인식되었다. 또한 기술의 역기능에 대한 인식도 1960년대에는 사후적인 것에 불과했지만, 첨단기술을 둘러싼 최근의 논쟁은 기술의 역기능에 대한 인식이 기술의 경로가 가시화되기 전에 시작되고 있다는 점을 보여준다. 바야흐로 우리는 일상생활에 기술이 매개되지 않은 경우가 거의 없을 정도로 기술이

첨단기술에 대한 사회적 논쟁

정보기술과 생물기술의 경우에는 출현할 당시부터 '정보 사회'나 '바이오 사회'와 같은 새로운 사회를 가져올 것이라는 예측이 있었던 동시에 해당 기술의 역기능에 대한 비판이 제기되었다. 일군의 미래학자들은 경영 효율성의 증가, 재택문화의 출현, 사이버 정치활동, 합리적이고 미래지향적인 가치판단 등에 주목하면서 정보 사회를 인류의 행복을 약속해주는 유토피아로 묘사하고 있는 반면, 이러한 주장에 비판적인 논자들은 정보 격차의 심화, 컴퓨터 범죄, 사생활 침해, 음란물의 범람 등을 들면서 정보 사회가 기존의 불평등을 존속시킬 뿐만 아니라 새로운 문제를 유발하고 있다고 지적한다.

생물기술의 경우에는 찬성론자들은 질병 치료제의 개발 및 유전자 치료법을 통한 질병의 극복, 식량의 증산이나 식품 가치의 향상을 통한 농업의 발전, 농약 사용의 감소 및 폐기물 처리를 통한 환경 문제의 해결 등을 거론하고 있는 반면, 비판론자들은 면역체계의 교란 및 항생제 내성의 강화를 통한 건강 위협, 생물학적 다양성 소멸로 인한 생태계의 안정성 파괴, 선진국의 제3세계 생물자원 강탈, 인간 복제에 의한 가치관의 혼란, 유전정보의 남용으로 인한 사회적 불평등의 심화 등과 같은 생물기술의 역기능에 주목하고 있다.

막강한 영향력을 행사하고 있는 동시에 군사무기, 환경오염, 윤리 문제 등 기술이 우리의 삶을 끊임없이 위협하고 있는 시대를 살고 있다. 이러한 딜레마를 해결할 수 있는 길은 민주적인 의사결정을 바탕으로 기술의 부정적인 측면을 최소화하고 긍정적인 측면을 극대화하는 데 있다.

5. 찬란한 동양의 과학기술

5-1. 중국의 과학기술

중국은 세계에서 가장 일찍 문명이 발달한 나라 중 하나로서 휘황찬란한 고대 문명을 이룩했다. 기원전 21~22세기에 이미 국가를 건립했고 3천 년 전에 이미 문자를 소유하고 있었다. 비록 시대마다 왕조가 교체되었지만 중국 문명은 하나의 맥으로 이어져 지속적으로 발전했으며, 다른 고대 문명 국가들처럼 이민족의 침입으로 문명이 중단된 적이 한 번도 없었다. 이러한 역사적 연속성과 계승성은 중국이 역사 발전의 흐름 속에서 다른 고대 문명국과는 다른, 하나의 독특한 문명체계를 형성하게 했다. 그리고 그러한 문명체계를 구축할 수 있게 한 원동력은 바로 중국의 과학기술이었다.

인류의 역사는 도구를 제작하는 것에서부터 시작되었다. 도구를 제작하려면 기술이 필요하기 때문에 과학기술의 역사는 인류 문명처럼 오랜 역사를 가지고 있다고 말할 수 있다. 따라서 인류 발전의 최초 단계부터 과학기술은 인류의 생산활동과 사회적 진보에 중요한 작용을 했고 시간이 흐름에 따라 이러한 작용은 더욱 커져갔다. 동시에 과학기술의 발전은 사회적 형태와 불가분의 관계에 있다. 다시 말해서 과학기술은 사회의 경제, 정치, 사상, 문화, 교육 등 여러 요소의 제약을 받고 있고, 각종 사회적 요소를 떠나 독립적으로 존재할 수 없다. 과학기술과 사회적 형태의 이런 상호의존, 상호촉진, 상호제약은 양자 사이에 일정한 대응관계를 성립시켰다. 중국의 사회 발전사와 과학기술사가 바로 그 전형적인 예라고 할 수 있다.

역사적 시기를 나눌 때 학자들은 습관적으로 생산도구의 재료에 따라 인류 문명의 단계를 구분했다. 즉 고대부터 근대까지를 석기 시대, 청동기 시대, 철기 시대와 증기 시대로 구분했는데 중국도 예외 없이 이 네 발전 단계를 거쳤다.

중국은 인류의 문명 발상지 중 하나이다. 현재 중국에서 발견된 가장 오래된 고대 인류의 유적은 2백만 년 전의 중경 무산인(重慶巫山人)과 170만 년 전의 운남 원모인(雲南元謀人)이다. 이 선사인들은 이미 비교적 단단한 석영암을 골라 석기를 만들 줄 알았다. 그후 오랜 세월 동안 석기는 줄곧 사람들의 중요한 생산도구로 자리잡았기 때문에 그 시대를 석기 시대라고 부른다. 석기 시대는 석기를 만드는 재료에 따라서 구석기 시대와 신석기 시대로 나뉜다. 구석기 시대의 석기는 비교적 거친 편인데 보통 천연의 자갈돌을 두드려서 간단한 도구로 가공했다. 석기들은 모두 찍고 치고 패고 깎고 베는 등 다양한 용도로 사용되었다. 신석기 시대의 석기는 마제(磨製) 가공을 거쳐 표면이 보다 반들반들해지고 칼날의 강도는 세졌으며 용도 또한 점차 전문성을 띠었다. 선사인들은 사용하기 편리하도록 석기에 구멍을 뚫고 나무막대기에 묶어서 돌과 나무의 복합도구를 만들었다. 중국은 대략 1만 년 전에 신석기 시대에 들어섰다.

오랜 세월 동안 선사인들은 매우 어려운 자연환경 속에서 생존하고 번식했다. 그들은 생산활동(채집과 어로 및 수렵)을 통해 동물과 구별되었고 동물계에서 독립하기 시작했다. 과학기술의 수준과 생산력이 낮았기 때문에 문명의 진화속도는 매우 느렸다. 이 시기에 과학은 아직 생기지 않았으나 실생활과 생산활동 속에서 기술의 씨앗이 꿈틀거리고 있었다. 선사인들은 석기를 만드는 재료를 고르면서 강도와 질에 대한 지식을 얻게 되었고, 석기재료를 가공하여 뾰족하게 만들거나 날이 있게 갈면 사용하기에 더 편하다는 경험을 통해 단위면적당 압력에 관한 원리를 발견했다. 또한 막대기나 막대기와 석기의 복합도구를 사용하면 힘을 줄이고 효과를 더 많이 낼 수 있다는 경험을 통해 자신도 모르게 지레의 원리를 응용하고 있었다. 낮과 밤, 달 모양의 변화, 사계절의 규칙적인 변화를 관찰하면서 천문역법에 관한 지식을 얻었고, 획득한 음식물의 분배 과정에서 수학에 관한 지식을 싹틔웠다. 또 초목의 생태와 계절에 따른 변화 그리고 동물들의 생존 및 활동 방식을 파악하면서 생물에 관한 지식을 얻었다. 이와 같이 고대의 과학지식은 뚜렷한 의식이 없는 상태에서 끊임없이 자라나면서 사람들에게 실제적으로 사용되었다.

이 시기 문명의 진화에 중대한 의의를 가져다준 것은 인공적으로 불을 얻을 수 있었던 것과 활의 발명이었다.

자연적인 불을 이용하는 것은 매우 일찍부터였는데 원모인 때부터 그 흔적이 남아 있다. 인공적으로 불씨를 얻어 불을 사용한 것은 매우 늦게 나타났으며 구체적인 시기는 아직 밝혀지지 않았다. 선진(先秦) 시대의 문헌인 『한비자』 「오두편(五蠹篇)」에 "마찰을 통해 불을 얻어 비린내를 없앤다"라는 말이 있는데, 이는 나무에 구멍을 뚫어 마찰로 인해 얻은 불이 아마도 최초로 인공적으로 불을 얻은 방법이었음을 암시하고 있다. 이것은 획기적인 발명으로서 인류가 처음으로 강대한 자연력을 조정하고 이용할 수 있었음을 의미한다. 불을 이용하면서 사람들은 음식을 날로 먹다가 익혀서 먹기 시작했다. 다시 말해서 '피와 살을 날로 먹는' 생존 상태에서 벗어나게 된 것이다. 또한 먹을 수 있는 음식물의 가짓수가 늘어나면서 사람들의 체질이 향상되기도 했다. 불은 사람들에게 광명과 따뜻함을 가져다주었을 뿐만 아니라 맹수의 침입을 막거나 사냥할 때 이용되기도 했다. 불은 목재를 태우거나 구울 수 있게 했고 황무지를 개간하고 도자기를 굽고 질병을 예방할 수 있게 했다. 따라서 인공적으로 불을 사용한 것은 인류가 문명으로 향해 가는 시발점이었다고 할 수 있다.

활이 언제 발명되었는지는 아직 명확하지 않다. 다만 산서성(山西省) 치욕(峙峪)의 구석기 시대 유적에서 돌화살이 발견된 것으로 보아 적어도 2만 8천 년 전에 벌써 활을 사용했던 것 같다. 활의 사용은 사람이 손으로 일을 할 수 있는 범위를 대폭적으로 확대하여 어로와 수렵 생산의 발전을 촉진했다.

신석기 시대에 선사인들은 이미 불을 이용해 도자기를 만들었고 농사를 짓기 시작했다. 인류 문명의 발전사에서 농업의 출현은 결정적 의의를 가지는 사건이었다. 농업은 사람들로 하여금 안정적인 삶을 살고 정착생활을 하면서 집단 거주와 함께 마을을 형성하게 했고, 생산과 사회적 분업의 발전에 따라 도시 내지 국가를 형성할 수 있는 가능성을 열어놓았다.

대략 기원전 21세기쯤 중국 대륙에서 처음 국가가 출현했다. 하(夏)왕조로부터 서주(西周)왕조까지의 천여 년이 중국의 전통문명 발전의 시작 단계라고 할 수 있다. 이 시기의 가장 큰 특징은 청동기 도구의 출현과 사용으로, 청동기 시대라고 불린다. 이 시기의 청동기 제조기술은 매우 뛰어났다. 상(商)나라와 주(周)나라 시대의 정교하고 아름다운 예기(禮器), 악기(樂器), 병기(兵器) 그리고 생산기기 등이 대량으로 출토되어 세상 사람들에게 당시 중국의 청동문명이 얼마나 발달하였는지를 알려주었다. 청동기 생산도구의 사용과 보급은 농업과 수공업 생산의 발전, 더 나아가 사회적 진보를 촉진했다.

이 시기에 사회적 분업은 비교적 세분화되어 있었다. 특히 정신노동과 육체노동이 분리되고 문자가 출현한 것은 과학의 탄생을 위해 필요한 조건을 마련해주었다. 여기서 과학은 점차 기술 영역에서 분리되기 시작하여 맹아 상태의 과학이 출현하게 되었다. 당시에 이미 비교적 정확한 역법(曆法)이 사용되기 시작했다. 계절과 천체와의 관계, 계절과 농업 · 수공업 생산과의 관계 등에 대해 비교적 풍부한 지식을 가지고 있었으며, 천체에 대한 관측과 기록을 중요시했다. 동시에 십진법이 이미 세워졌고 초보적인 계산 능력을 가지게 되었다. 십진법의 창립은 중국 고대 과학기술의 발전뿐만 아니라 전 인류 문명의 발전에서도 중대한 의의를 가진다. 영국의 저명한 중국 과학기술 역사학자 조셉 니덤(Joseph Needham, 1900~1995) 박사는 "만약 십진법이 없었더라면 오늘날과 같은 통일화된 세계의 출현은 불가능했을 것이다"라고 말했다.

또한 우주만물의 기원에 관한 과학사상이 싹트기 시작했다. '하늘' 혹은 '상제(上帝)'가 모든 것을 주재한다는 '천명론(天命論)' 외에도 상나라 말기 주나라

초기에 음양, 오행 및 '기(氣)'의 학설이 출현했다. 사람들은 일상의 삶 속에서, 예를 들어 남녀, 자웅(雌雄), 생사, 맑고 흐림〔陰晴〕, 일월(日月), 주야(晝夜), 춥고 더움〔寒暑〕 등의 현상 속에서, 즉 '근취제신(近取諸身), 원취제물(遠取諸物)' 중에서 음양에 관한 개념이 생기게 되었다. 따라서 천지만물의 생성과 활동, 변화는 모두 음양의 상호작용에 의한 것이라고 생각했다. 오행학설은 세상의 만물이 금목수화토(金木水火土)의 다섯 가지 기본 원소로 구성되었다고 생각한다. '기'의 학설은 양기와 음기의 상호작용에 의해 만물의 생성과 여러 자연현상들을 해석했다. 이외에 또 팔괘(八卦)로 자연현상을 해석하는 팔괘학설이 나타났다.

생산력의 향상과 과학기술의 진보는 사회 발전을 촉진했고 춘추전국 시기(기원전 770~기원전 221)의 대변혁을 가져왔다. 봉건제 사회가 붕괴하고 중앙집권적이고 통일된 대제국으로 이행해간 것이다. 이런 사회적 대변혁을 일으킨 가장 기본적인 기술적 요소는 철기의 출현과 보급이었다. 다시 말해서 중국은 그 시기부터 철기 시대에 들어선 것이다.

사회가 대변혁을 겪으면서 지식인들은 '정부기관에서 배워야 하는(學在官府)' 속박으로부터 벗어날 수 있었다. 그에 따라 '사학(私學)'이 성행했다. 특히 각 제후국의 통치자들이 자기들의 정권을 공고히 하고 확충하기 위해 수많은 인재를 모집하고 명사들을 예우하고 학파들을 육성했다. 그리고 많은 학자들이 각기 다른 입장에서 당시의 문화지식들을 섭렵하여 학설을 주창했고 제자들을 모아서 학파를 창립했다. 그들은 서로 반대의견을 제기함으로써 논쟁을 벌였는데 이로 인해 문화사 영역에서 '백가쟁명(百家爭鳴)'이 번영했다.

제자백가 중에서 매우 의의 있는 자연적 철학사상들이 적잖이 제기되었다. 노자(老子)는 "천하만물은 유(有)에서 생겨나고 유는 무(無)에서 생겨난다"고 했다. 여기서 '무'는 '도(道)'를 통해 '유'로 태어난다. 즉 '도생일, 일생이, 이생삼, 삼생만물(道生一, 一生二, 二生三, 三生萬物)'이라는 것이다. 후대 사람들은 이 이론을 토대로 천지의 생성과 변화에 관한 학설을 발전시켰는데 이는 현대 우주학의 대폭발 이론과 매우 흡사하다. 묵자(墨子, 기원전 468?~기원전 376)는 노자의 학설에 이의를 제기하면서 '무'에서 '유'가 나올 수 없고 만물은 '유'로부터 나온다고 주장했다. 묵자에 의하면 자연계는 하나의 통일체이고 객체(客體)와 국부(局部)는 모두 이 통일체에서 나온 것이며 모두 이 통일체의 구성 부분이라고 했다. 여기서 출발하여 묵자는 자신의 시간과 공간 이론을 세우고 시간과 공간은 연속적이고 무한하다고 생각했다. 연속적이고 무한한 시간과 공간은 더 이상 분리할 수 없는 시간의 처음인 '시(始)'와 공간의 처음인 '단(端)'으로 구성된다는 것이다. 동시에 묵자는 공간, 시간과 물체의 운동을 통일시켜 물체의 운동표현이 공간과 시간 속에서 전이한다는 것을 지적하고, 이는 원근, 선후의 차이를 나타낸다고 하였다. 이런 무한 속에 유한이 포함되고 연속성 속에 불연속이 포함되는 시공 이론과 공간, 시간과 물체운동의 통일 원리는 현대 과학의 시공간과 운동학의 인식과 일치하는 것이다. 그리고 전국 시대 중기의 송견(宋鈃), 윤문(尹文)은 '기'를 우주만물의 본원으로 삼았는데, 이는 후에 원기(元氣) 학설로 발전하여 후세에 많은 영향을 주었다.

학술의 번영과 사상의 활약은 과학기술의 도약을 가져왔다. 중국의 특색이 선명하게 나타나는 과학기술, 예를 들어 천문학, 수학, 지리학, 농학, 의학, 그리고 야금, 방직, 건축기술 등은 모두 이 시기에 견고한 기초를 세우고 눈부신 성과를 거두었다. 세계 고대 문명사의 측면에서 볼 때 중국의 초기 문명은 고대 바빌로니아나 이집트, 고대 그리스에 비해 그만큼 발달하지 못했지만 자신의 독자적인 발전의 길을 걸었다고 할 수 있다. 특히 청동기와 철기의 주조기술은 문명의 발전을 촉진했다. 따라서 기원전 3, 4세기 때 중국의 과학기술은 이미 세계적인 수준에 이르러 고대 그리스와 어깨를 나란히 했다고 볼 수 있다.

기원전 221년 진시황(秦始皇, 기원전 259~기원전 210)이 전국(戰國)을 통일한 후부터 청(淸)나라 때까지 중국 사회의 정치체제는 기본적으로 안정되었다. 그 동안 비록 분열과 전쟁, 왕조의 교체 등이 있었지만 정치체제에는 큰 변화가 없었고 끊임없이 자체 조정을 통해 자신의 문명을 발전시켰다. 과학기술 역시 사회적 형태에 적응해서 자신의 독특한 체계를 형성하였고 독자적인 발전의 길을 걸으면서 중국 사회 발전의 수요를 만족시키고 촉진시켰다.

그러나 지적해야 할 것이 한 가지 있다. 여기서 말하는 전통 과학체계의 범위 설정과 근현대 과학체계의 범위 설정이 서로 다르다는 것이다. 다만 말할 수 있는 것은 고대 세계에서 중국의 과학기술은 인도, 고대 그리스 및 중세 아라비아와 선명한 차이가 있었으며 발전 과정이나 문제를 인식하고 처리하거나 해결하는 방법을 포함한 구체적인 내용들도 큰 차이가 있었다는 사실이다. 전반적으로 볼 때 중국 사회와 과학기술 양자의 발전 과정은 기본적으로 동일하다고 볼 수 있다.

철기 생산도구가 보급되어 보편적으로 사용된 것은 사회적 생산력을 향상시켰고 진한(秦漢) 통일제국의 건립을 촉진했는데, 중국 전통의 과학기술체계는 대체적으로 이 시기에 형성되었다. 그 중 농학 영역에서는 농전윤작제(農田輪作制), 일반 작물 재배의 기본 원리, 정경세작(精耕細作) 등의 기술 시행이 확립되었다. 천문학 영역에서의 역법에는 벌써 후세 역법의 주요 내용들이 포함되었고 천문의기(天文儀器), 천문 기록 및 우주 이론 등도 그 전통이 형성되었다. 수학 영역에서도 경전이 저술되었는데, 유명한 『구장산술(九章算術)』은 산가지〔算籌〕를 계산도구로 삼고 십진법으로 계산하였다. 이는 사회 각 방면의 실제 문제들을 해결하는 방법을 주요 내용으로 하는 전통체계가 이미 형성되었음을 보여준다. 의약학 영역에서 『황제내경(黃帝內經)』, 『신농본초경(神農本草經)』, 『상한잡병론(傷寒雜病論)』 등은 이(理), 법(法), 방(方), 약(藥)을 구비한 변증론치(辨證論治)의 체계를 확정했다. 지리학 영역에서 『한서(漢書)』「지리지(地理志)」의 출현에 따라 자연지리, 강역(疆域)지리, 연혁(沿革)지리, 경제지리 그리고 인문지리 등이 결합한 전통이 형성되었다. 이외에도 건축, 야금, 방직, 조선, 제지, 칠기 등의 방면에서도 중국의 기술적 전통이 모두 형성되었다.

위진(魏晉) 남북조 시기(265~589)는 비록 남북 대치와 정권 병립의 분할 상태가 있었지만, 총체적으로 보면 전쟁으로 인한 혼란은 짧았다고 할 수 있으며 상대적으로 안정된 국면이었다. 정권의 대치와 병립으로 인해 각 정권들은 자신의 생존과 발전을 위해 대부분 정치 경제적인 개혁조치를 단행했다. 이로써 사회의 내부구조가 자체적으로 조정을 이루었으며 과학기술의 발전도 촉진되었다.

이 시기는 중국 과학기술의 발전사에서 중요한 위치를 차지한다. 전통적인 과학기술 분야에서 중대한 진전을 이루었으며 수많은 저명한 과학자가 출현했다. 유휘(劉徽), 조충지(祖冲之), 장자신(張子信) 등이 이룩한 성취는 수학과 천문학 체계를 발전시켰다. 가사협(賈思勰)의 『제민요술(齊民要術)』은 농학체계가 성숙했음을 보여준다. 왕숙화(王叔和)의 『맥경(脈經)』, 황보밀(皇甫謐)의 『침구갑을경(針灸甲乙經)』, 도홍경(陶弘景)의 『신농본초경집주(神農本草經集注)』 등은 여러 측면에서 중국 의약학의 틀을 풍부하게 했다. 그리고 배수(裴秀)가 제출한 제도육체(製圖六體)는 중국 고대 지도학의 기본 원리를 창립했다. 전통적 기술공예 수준도 크게 발전했는데 어떤 것에서는 중대한 기술적 혁신까지 출현했다.

성세(盛世)로 불리는 수당(隋唐) 시기(581~907)에는 고도로 발달된 중국의 고대 문명이 세계에 널리 알려졌다. 이 시기에 국가는 기본적으로 통일을 이루었고 사회가 비교적 안정되고 경제가 상당히 번영해서 국가의 권위와 힘을 통해 대규모의 과학기술 활동을 진행할 수 있었다. 그 중 특히 대형 공정으로는, 고대 세계에서 제일 큰 도성인 장안성의 건축, 세계적으로 유명한 대운하의 개척, 동쪽의 도성인 낙양성의 건축 등이 있었다. 국가의 과학기술 교육도 비교적 발달했는데 특히 천문학, 수학, 의학 교육을 통해 수많은 과학기술자를 양성했다. 동시에 국가적 규모에서 약학 관련 서적의 편집과 수정을 진행했는데 그 중 『신수본초(新修本草)』는 세계 최초의 국가 약전(藥典)이었다. 전문적 지도를 통한 대지 측량과 『대연력(大衍歷)』의 수정도 역시 국가의 힘을 과시했다. 대지 측량은 남쪽으로는 교주(交州, 오늘날의 베트남 중부)까지, 북쪽으로는 철륵(鐵勒, 오늘날의 몽고 울란바토르 서남)까지로 세계 최초로 과학적 방법을 이용하여 진행된 것이었다. 조판 인쇄술과 화약이 이 시기에 발명되었고 방직, 야금, 제지, 도자기 제조 등의 기술에서도 새로운 발명과 창조가 있었다. 이 모든 과학기술의 성과는 당시의 문명을 강력하게 추동시켰고 송원(宋元) 시기에 절정에 달한 전통 과학기술의 발전을 위한 조건을 마련했다.

송나라(960~1279)는 국세가 빈약하고 또 요(遼, 907~1125), 서하(西夏, 1032~1227), 금(金, 1115~1234)과 대치하고 있었지만, 사회와 경제의 측면에서는 수당의 기초 위에서 새로운 발전을 이루었다. 원나라(1206~1368)는 비록 소수민족이 건립한 나라지만 역시 중국의 전통 사상문화를 계승하고 발전시켰다. 때문에 이 시기의 과학기술은 중국 역사상 매우 높은 경지에 이르러 심괄(沈括, 1031~1095), 곽수경(郭守敬, 1231~1316) 등 걸출한 과학자들이 나타났으며 일련의 중대한 과학적 성과를 거두었다. 그 중 천문의기인 수운의상대(水運儀象台)와 간의(簡儀)의 제작, 천상에 대한 관측, 역법의 편집, 수학의 고차방정식과 고단계 등차급수 및 차동여식(次同余式) 등의 연구 결과는 고대 세계에서 선두를 달리고 있었다. 의약학도 전면적 발전의 단계에 들어섰다. 내과, 산부인과, 소아과, 외과, 정형외과, 침구(鍼灸) 등의 분야와 본초학에서 모두 중요한 성과를 거두었고 서로 다른 의학 분파가 형성되기 시작하였다. 농학과 지리학 역시 정도는 달랐지만 발전이 있었다. 특히 지도 제작은 중국 지도학사에서 중요한 위치를 차지했다. 기술 방면에서도 전면적인 발전을 이루었다. 지남침(指南針)의 발명은 항해업에 사용되었고, 활자인쇄술과 전륜배자가(轉輪排字架)의 발명이 뒤따랐으며, 화약은 군사적으로 사용되기 시작해 끊임없이 신식 화약무기가 발명되었다. 특히 수레와 배의 발명은 과학기술 역사에서 획기적인 의의가 있는 사건이었다. 그외에도 도자기, 방직, 야금, 건축, 조선, 항해 등의 기술이 새롭게 발전했고 눈부신 성과를 거두었다.

명청(明淸) 시기(1368~1911)에 중국은 고대 사회 후기로 들어서면서 고도로 집권적인 전제통치가 최고봉에 이르렀다. 특히 사상문화 면에서의 통제는 중국 고대 사회로 하여금 앞으로 전진할 수 있는 동력을 잃게 했다. 그런데 이 시기 서구 유럽에서는 문예부흥 이후에 근대 사회로 들어서면서 문예부흥과 함께 발생한 과학기술의 혁명이 이루어져 근대 과학기술은 놀라울 정도로 빠르게 발전하였다. 반면에 중국은 전통적인 길에서 발전이 있었는데, 정화(鄭和, 1371~1435)가 서양으로 간 장거(壯擧)를 들 수 있다. 수학에서는 주판의 발명과 응용이 있었으며, 의학 분야에서는 인두접종술(人痘接種術)이 발명되었고, 음율학에서는 12평균율이 만들어졌다. 서하객(徐霞客)의 용암, 지질 및 지리의 고찰, 그리고 이시진(李時珍, 1518~1593)의 『본초강목(本草綱目)』, 송응성(宋應星, 1587~?)의 『천공개물(天工開物)』, 서광계(徐光啓, 1562~1633)의 『농정전서(農政全書)』 등 다양한 기술을 집대성한 저작들이 나와 중국과 세계 과학기술사에서 중요한 자리를 차지하였다.

그러나 전반적으로 볼 때 중국 과학기술의 발전은 서방과 비교할 수 없으며 중국은 이미 서방에 비해 뒤떨어진 상태였다. 뿐만 아니라 시간이 지남에 따라 중국은 근대 과학기술의 발전과는 점점 거리가 멀어졌다. 명말 청초 중국에 온 서방 선교사들에 의해 비록 서방 근대 과학기술이 전해졌지만 중국에 근본적인 영향을 주지는 못했다. 반대로 명나라 정부에서는 계속해서 해상 교류를 금지하는 조치를 시행했고, 청나라 때는 쇄관(鎖關) 정책을 실시하여 중국으로 하여금 바깥세상과 단절하게 했다. 이로 인해 중국 사회는 과학기술과 함께 세계적 조류의 뒷면에 있게 되었고 최종적으로 서방 열강과 일본 군국주의에 의해 침략과 약탈을 당하는 비극을 겪기에 이르렀다. 중국의 전통 과학(중국 약학은 제외)은 역사적 발전에 따라 끊임없이 근현대 과학에 의해 융합되고 대체되었다.

5-2. 우리나라의 근대 기술

우리나라는 조선 후기 일본을 포함한 외국과의 통상을 위해 문호를 개방하면서 서양의 과학기술이 본격적으로 수용되기 시작했다. 1880년대에 들어와 국가 주도하에 외국 기술을 수용하여 부국강병을 꾀했다. 1880년 12월에 통리기무아문을 설치하여 그곳에 군물사(軍物司, 근대식 무기의 제조와 도입), 선함사(船艦司, 군함의 제조와 구입), 기계사(機械司, 각종 기계 구입과 제작) 등을 두었다.

1881년에는 신사유람단(62명)을 일본에 파견했고, 영선사(96명)를 중국에 파견했다. 1883년에는 무기를 제조하는 관청으로 기기국을 두고 그곳에 기기창을 설치하여, 중국 기술자 네 명을 고용하고 병기와 화약을 생산하는 기계와 기구들을 구입하였다. 미국, 중국, 일본으로부터는 총 · 포 · 탄약 등도 구입하였다. 그러나 1894년에 청일전쟁이 발발하면서 기기창도 폐쇄되고 도입한 병기들도 일본군에 의해 약탈당했으며 미국 군인들을 초빙하여 실시하려고 했던 군사 교육도 중단되었다.

무기 이외의 서양 기술도 국가 주도하의 직영공장에서 도입을 추진했다. 우선 근대적 인쇄출판 기관인 박문국을 설치(1883)하여 최초의 신문인 한성순보를 발간했는데, 이 신문을 통해 수많은 서양 과학기술이 소개되었으며 서양 과학기술의 수용이 주장되기도 했다. 서양식 주화를 찍어내는 전환국이 설치(1883)되어 독일에서 조폐기를 구입했으며, 직조국 · 조지국 · 전보국도 설치하여 서양식의 관련 기계들을 도입했다. 1887년에 생긴 광무국에서도 미국에서 채광기를 구입(1888)하고 미국인 기술자를 초빙했다. 이밖에 권연국 · 양춘국 · 두병국 · 잠상공사 등도 생겼다. 1884년에는 일본이 나가사키와 부산 간 해저전선을 가설했으며, 1885년에는 미국인의 기술 지도로 서로전선이 가설되어 청나라와의 전기통신이 시작되었다. 또 전보국이 설치되어 서울-부산 간 남로전선이 영국인의 기술 지도로 건설(1887)되었다. 1884년 이후 증기기관선을 구입하여 세미(稅米) 운반에 사용했고, 그해에 미국 에디슨 회사에 궁중에 사용할 전기시설을 주문했다. 또 독일인 묄렌도르프(Möllendorf)가 증기발전기로 100촉 전등에 불을 붙인 일도 있었다. 에디슨이 전등을 발명한 것이 1879년임을 생각할 때 5년밖에 차이가 나지 않는다. 전등은 갑신정변으로 늦어져 1887년 1월에 경복궁에 설치되었다.

한편 민간자본에 의해서도 서양의 과학기술이 수용되기 시작했다. 소위 식산흥업정책에 따라 민간의 사기(沙器) · 인쇄 공장이 생기고 정미공장에서 동력기기들도 구입되었다. 선박을 구입하는 해운회사도 생겼다. 20세기 초까지 잠사·연와·토관 등을 만드는 소규모 공장이 문을 열기도 했다. 자주적인 기술 개발의 노력도 없지 않았다. 1896년에 이여고(李汝古)·이태진(李泰鎭) 등이 자직기를, 유긍환(兪肯煥)은 자도기를, 고수일(高水鎰)은 양지기를, 한욱(韓昱)은 전보기를, 민대식(閔大植)은 유성기와 사진기를 제작하는 단계에 들어서기도 했다. 한일병합(1910) 직후 일본인들의 조사에 의하면, 10명 이상의 종업원을 가진 민간공장이 89개소였고, 한국인 기술자가 132명(일본인 22명)이었으며, 총 227마력의 증기기관이 사용되었다고 한다.

신식 교육의 필요성은 관민 모두 느끼고 있었다. 1883년에 관민 합동으로 원산학회가 설립되어 공통 과목으로 산수와 격치학(格致學)을 가르쳤으며, 1885년에는 외국인에 의해 배재학당이 설립되었고, 1890년 이후에는 과학 과목이 교육되었다. 관립으로는 근대식 의학 교육기관인 육영공원이 설립(1886)되어 미국인 교사가 산법과 격치 등을 가르쳤다. 그러나 학생들의 학구적 태도는 성실하지 못했다. 한편 기술 교육을 위해 기예학교(1895), 상공학교(1899), 철도학교(1900), 광업학교(1900), 우편학당, 전무학당(1897) 등이 설치되었다. 1904년에는 공업전습소가 설립되어 염직·응용화학·직조·제지·토목·건축 등의 분과가 설치되었다.

1911년에 민간이 세운 공장은 총 270개로서 그 중 자본금 5만원 이상의 공장은 35개였다. 모두 일본인이 세웠으며 구체적으로 조면업 4개, 제련업 4개, 인쇄업 15개, 연초제조업 7개, 가스전기업 4개, 제조업 1개 등이었다. 한일병합 이전부터 이미 많은 일본 자본이 조선에 진출했음을 알 수 있다. 1911년 1월부터 '조선회사령(朝鮮會社令)'이 시행되어 회사 설립이 허가제로 바뀜에 따라 조선인 민족자본에 의한 회사 설립은 억제되었다. 따라서 일본인 회사와의 경쟁이 불가능했으며, 일본 이외의 외국자본의 진출도 거의 불가능하게 되었다. 1917년 현재, 총 공장수 1,358개소 중 일본인 소유 736개에 조선인 소유 609개였으나, 자본금 총액은 일본인의 것이 33,660,358원인 데 비해 조선인의 자본금은 1,882,993원에 불과했다. 더욱이 비누, 목재, 연초, 제분, 전기, 가스,

제철, 인쇄 등의 분야에서는 대부분 일본인의 공장이었다. 조선인의 공장들은 대부분 영세한 염직, 제지, 피혁, 요업, 금속세공 등의 분야였다. 이런 조선인 회사는 기계 몇 대를 들여와 재래식 전통 수공업 기술에서 약간 탈피한 것에 불과했다. 따라서 서양 기술의 직접 수용이란 거의 불가능했다.

거족적인 3·1운동 이후 조선회사령은 폐지(1920)되었으나 일제의 조선에 대한 경제정책은 다른 방향으로 바뀌어갔다. 제1차 세계대전(1914~1918)을 겪으면서 비대해진 일제의 경제력은 1920년대의 세계적 공황에 직면하면서 일본 내 유휴자본과 실업자를 한반도로 방출하려고 했다. 결국 만주사변(1931)을 일으키고 계속해서 중국 대륙에 세력을 팽창하더니 1930년대에 들어서는 한반도, 특히 북한 지역의 풍부한 공업원료와 값싼 저임금의 조선인 노동력을 착취하는 군수기지화를 기도함으로써 일본 재벌들이 한반도에 활발하게 진출했다. 일제는 1920년대 후반부터 북한 지역의 수력 발전 개발에 착수하였다. 1929년 30만 킬로와트의 부전강 발전소, 1931년 32만 킬로와트의 장진강 발전소, 1941년 32만 킬로와트의 허천강 발전소가 준공되었고, 1944년에는 거대한 압록강의 수풍 발전소(64만 킬로와트)가 건설되었다. 1929년에는 흥남비료공장이 가동되었다.

그후 태평양전쟁(1941~1945)이 발발하자 이러한 경향은 더욱 심해졌다. 일제에 의한 대규모 공장들이 전 분야에 걸쳐서 한반도로 진출하게 되었다. 제철업과 석탄업을 포함하여, 화학공업에 의한 카바이드 생산공장, 비료·액체 연료 등의 생산공장, 펄프·제지·인조견·시멘트 그리고 알루미늄·마그네슘·기계·조선 등의 생산공장까지도 건설되기에 이르렀다. 이들 대부분은 풍부한 수력자원과 천연자원을 매장하고 있는 북한 지역에 위치하였다. 그리고 당시의 공업은 일제의 대륙 침략을 위한 구조였으며, 조선인의 자급을 위한 공업은 결코 아니었다. 더욱이 이들 공장에서 조선인 기술자들이 채용되지는 않았기 때문에 조선인의 기술 능력을 향상시키는 데는 조금도 도움이 되지 못했다.

일제가 중국 대륙을 침략하기 위한 병참 전진기지로서 한반도에 중화학 공장들을 착착 건설하는 동안, 조선인 지주와 상인들의 민족자본에 의한 공장 건설과 공업생산은 열악한 환경에서도 점차 늘어나고 있었다. 경성방직의 설립(1917)을 비롯하여 섬유공장, 고무공장, 요업공장 등이 건설되기 시작했다. 1938년 한반도 내 전체 5,414개 회사 중 조선인 공장수는 2,278개사에 이르러 42퍼센트를 차지하게 되었다. 그러나 매우 영세하여 자본금 규모는 총자본금의 11퍼센트에 불과했다. 이러한 조선인 공장들에서 활용된 기술은 대부분 일본 기술의 이전이었다. 그리고 고급 기술인력의 채용과 새로운 기술의 발전을 위한 노력도 별로 없었다. 더욱이 1940년대에 들어와 회사의 통폐합을 비롯한 많은 제약이 가해져서 명맥만을 유지하기에도 어려움을 겪지 않을 수 없었다.

일제의 무단침략에 대한 줄기찬 항일독립운동이 국내외에서 전개되었다. 특히 3·1운동을 계기로 민족의 앞날을 위하여 보다 잘 살아보자는 욕망과 독립을 달성하기 위한 자주적 움직임도 끈질기게 진행되었다. 그러한 큰 조류 중 하나가 과학기술 진흥운동이었다. 한편에서는 동아일보와 같은 민족 언론기관이 주동이 되어 미신을 타파하고 과학기술을 배우고 익히며 생활을 과학화하자는 대중적 계몽운동이 일어나고 있었다.

1924년 10월에는 발명학회와 과학문명보급회가 잇따라 창립되었으며, 1928년 12월에는 고려발명협회가 창립되었다. 발명학회는 1932년경부터 보다 적극적인 과학대중화 운동을 전개하여 『과학조선』이라는 잡지를 창간하는 한편, 4월 19일(찰스 다윈의 사망일)을 '과학의 날'로 정하고 과학주간을 설정하여 과학행사와 과학 축제 등을 펼쳤다. 또한 과학지식을 보급하는 기관의 설립과 이화학연구기관의 설립이 강조되었다. 과학지식보급회는 발족했으나 연구기관의 설립은 구체화되지 못했다. 그러나 그후 1930년대 말에 이르러 일본의 과학보급협회에 강제 흡수됨으로써 조선인의 자주적 과학기술 운동은 종말을 고하게 되었다. 1937년에 일본의 제국발명협회 조선 지부가 설립되어 일본인들이 장악·운영함에 따라 발명협회도 무력화되었다. 『과학조선』은 과학지식보급회의 기관지가 된 후, 한동안 휴간되었다가 1939년에 속간되기도 했다. 그밖에 『공업계』

(1909년), 『공우』(1925), 『신발명』(1927), 『과학』(1929), 『조선발명계』(1937) 등의 잡지가 발간되었으나 오래 계속되지는 않았다. 어쨌든 1920년대 이후 과학기술에 대한 지식 보급과 대중화 운동이 어려운 환경 속에서도 뜻있는 사람들에 의해 진행되고 있었다. 그밖에도 일반 대중잡지 『동광』(1826), 『조선지광』(1922), 『신동아』 등도 과학기술의 중요성을 인식시키고 대중화하는 데 일익을 담당하였으며 민족계 일간신문들도 마찬가지였다. 이러한 과학기술 운동과 사회주의 이념의 세계적 추세에 따라 1930년대 말경부터는 과학기술을 전공하기 위해 이공계 전문학교와 대학으로 진학하려는 학생 수가 점차 증가하는 경향을 띠었다. 그러나 이들이 서양에까지 진출하기는 매우 어려웠으며 졸업 후 취업도 어렵기는 마찬가지였다.

3·1운동 이후의 물산장려운동 또한 조선인의 새로운 각성의 표시였다. 1922년 조만식(曺晩植) 등에 의해 평양에서 설립된 조선물산장려회는 다음해 전국적 조직으로 확대되었으며, 국산품을 애용함으로써 조선인의 민족자본에 의한 공업을 장려하여 새로운 삶을 개척해 나가자는 의도로 잡지 『산업계』를 창간(1923)하였고 여러 가지 다채로운 계획이 진행되었다.

1945년 8월 15일 해방될 때까지 국내에는 중공업을 포함하여 상당한 공장들이 건설되어 있었으며 발전된 기술을 가지고 있기도 하였다. 그러나 전반적인 공업 구조는 한반도의 관점에서 볼 때 결코 균형 잡혔다고 볼 수 없었다. 더욱이 생산기술의 측면에서는 조선인들에게 폐쇄적이어서 일본인들의 기술적 경험을 축적하는 길은 완전히 막혀 있었다. 또한 조선인을 위한 기술 교육은 미비한 상황이었으며, 고급 기술인력의 배출도 극히 미미한 상황이었다. 이러한 환경에서도 영세하나마 민족자본에 의한 공업생산, 과학기술에 관한 지식의 보급, 기술역량의 신장에 대한 필요성이 주장되었다. 그러나 실효를 거두기에는 모든 여건이 허용되지는 않았다.

해방 당시 민족자본의 비율은 일본인과 조선인의 총자본금 중에서 11퍼센트에 불과했기 때문에 해방을 맞이했어도 다양한 기술적 문제를 해결하기 위해서는 새로운 출발이 불가피했다. 결국 20세기 전반기는 기술이라는 점에서 거의 모두가 큰 발전의 의미를 갖지 못했다고 하겠다.

5-3. 일본의 근현대 과학기술

1) 일본의 산업혁명과 과학기술

① 세계와 일본의 산업혁명

선진 자본주의 국가에서 산업혁명은 자본의 본원적 축적과 공장제 수공업의 전개라는 두 가지 역사적 전제가 있었다. 유럽에서 시작된 산업혁명은 대량생산을 가장 필요로 하는 대중의 소비재 생산 부문인 섬유공업, 특히 방직 부문에서 시작되었으며, 그후 다른 여러 생산 부문으로까지 파급된 뒤 기계의 생산, 즉 공작기계의 확립에 의해 달성되었다. 이들 기술혁신의 결과 자본주의가 확립됨과 동시에 노동자가 단계적으로 결집되는 역사적 과정이 산업혁명이다.

일본의 산업혁명 시기에 관해서는 여러 가지 설이 있지만, 여기에서는 전기(前期)의 식산흥업(殖産興業)에 이어 1880년대 후반에 민간산업이 발흥하고, 노동자의 단계적 결집이 시작되는 러일전쟁 후인 1900년대까지를 다루기로 한다. 당시는 세계사적으로 자본주의가 독점 단계로 이행하여 제국주의를 형성한 시대이다. 일본에서는 식산흥업정책에 의한 자본의 본원적 축적, 매뉴팩처의 전개가 진행됨과 동시에 제국주의로의 이행이 빨리 진행되는 복잡한 역사적 과정이 과학기술의 발전 과정에도 반영되어 있다.

② 방직 · 공작기계

우선 산업혁명의 주역이었던 면방직 부문에 관해서 살펴보면, 면방직의 대공업화는 1883년(메이지 6년)에 창립한 오사카 방직회사에 의해 시작되었다. 설립자인 시부자와 에이이치(澁澤營一)에 이어 기사장(技師長)인 야마베 타케오(山邊丈夫)는 영국 유학을 통해 본격적으로 기계공학을 배워 공장에 뮬 방적기보다 뛰어난 링(ring) 방적기, 심야 작업을 가능하게 하는 전등을 채용했다. 이러한 기술 도입에 따라 심야 작업과 저임금은 선진국 영국에 대항하는 유력한 무기가 되어 『여공애사(女工哀史)』(여공에 대한 회사의 냉혹한 대우를 폭로한 1925년에 출간된 일본 소설)로 상징되는 과혹한 노동조건하에서 민간자본에 의한 대규모 방적의 창설이 이어졌다.

면방직업은 러일전쟁 후 대륙에 큰 시장을 확보하게 되어 면사 수출에서 면포 수출로의 전환이 시작되었고, 1909년(메이지 42년)에는 면포의 수출고가 수입고를 넘었다. 면직물 산업에서 일본에서 생산한 역직기가 큰 역할을 했던 것은 면방직기가 거의 수입에 의존해온 것과 대조적이다.

직기의 국산화와 자립 과정에서 큰 업적을 남긴 것은 도요타 사키치(豊田佐吉)이다. 그는 목재로 만든 인력직기(1891), 동력직기(1897)를 완성한 뒤, 미쯔이(三井) 등의 방직 분야 대자본의 도움 아래에서 1906년부터 대량생산 방식을 정비하고 광폭직기의 개발에 착수했다. 방직업의 직포겸영 또는 대경영에 의한 직포 생산의 본격화는 국산 역직기의 국내 시장을 점점 확대했다. 1924년, 도요타(豊田) 부자(父子)가 발명한 베틀의 북을 교체하는 방식〔서체식(抒替式)〕의 자동직기는 작업기에 있어서 직기 부문만의 자립을 이룩한 것이었다.

산업혁명의 완성이라고 말할 수 있는 공작기계의 국산화는 직기 이상으로 달성되지 못했다. 소총의 대량생산을 위하여 동경 포병공창에서는 창설 이래 소량을 스스로 만들기는 했지만, 이것은 민간에서 공작기계 제작업의 발달을 저해하여 제작기술의 자립을 오랫동안 늦추었다. 러일전쟁 때 몇 개의 공작기계 메이커가 창립되고 미국의 대량생산, 정밀공작기술이 도입되어 자립 생산의 확립을 꾀하기는 했지만, 러일전쟁 후 다시 외국 기술에 의존하게 되어 공작기계 제작기술의 낮은 수준은 일본에 있어서 기술 자립의 가장 약한 맹점으로 남게 되었다.

③ 불하와 광업

이전 시기의 식산흥업정책으로 육성된 관영 모범공장과 직할의 광산은 1880

년(메이지 13년) 공장 불하와 관련된 여러 규칙의 제정을 계기로 1880년대부터 1890년대 중반에 이르기까지 정상(政商) 자본으로 불하되었다. 불하된 부문은 광산, 시멘트, 조선, 방직 관계의 공장이 중심이 되고, 정부 직할의 군사 · 조폐 관계, 기밀 유지의 통신 · 인쇄 관계 등은 제외되었다. 유리한 조건으로 불하를 받은 미쯔이, 미쯔비시(三菱), 오쿠라(大倉)와 그외 정상들은 그후 재벌로 발전하는 기초를 다졌다.

불하를 받은 각지의 금속광업은 당시 유럽과 미국에서 혁신을 완성한 새로운 기술, 즉 수력 발전, 전기윈치, 전기송풍기, 부유선광법, 착암기, 다이너마이트, 산화제련법, 전해정제법, 청화법 등을 도입하여 생산 규모를 현저하게 확대했다. 이 기술들은 재벌을 형성하는 데 기초가 되었다. 그러나 전근대적인 반장(飯長) 제도(토목공사나 광산 등의 현장에 노무자를 합숙시켜놓고 십장이 지배하게 하는 제도)와 우자(友子) 제도가 지배하는 노동조건에서는 광산의 대규모화는 결국 각지에 광산 재해를 일으키게 되었다. 아시오(足尾) 동산(銅山) 광독(鑛毒) 사건(1891~1906)을 시작으로 벳시(別子), 코사카(小坂) 등 각지에서 광독, 연기 피해〔煙害〕 문제를 일으켰다. 입지 조건을 무시한 수입기술에의 의존은 대도시의 공해, 예를 들어 동경의 시멘트 강회(降灰) 사건, 오사카(大阪)의 화력 발전소 연기 피해 사건 등을 발생시켰다.

수입기술에 대한 의존이 문제화된 것은 1901년(메이지 34년)에 조업을 시작한 관영 야와타(八幡) 제철소이다. 야와타 제철소는 청일전쟁을 계기로 병기와 철도용의 강재를 자급하기 위해 원료 광석은 중국의 대치(大治) 철광산에 의존하고, 제련제강 기술은 독일의 기술을 직수입하여 창설되었다. 그러나 조업을 개시했지만 완전모방 기술의 도입은 국내산 원료 코크스에 적합하지 않아 조업은 중지되고, 예전에 민영의 부석(釜石)광산 다나까(田中) 제철소에서 지도에 임했던 노로게이키(野呂景義)를 중심으로 한 일본의 기술자에 의해 독일식 용광로가 개조되어 1904년(메이지 37년) 겨우 조업을 궤도에 올릴 수 있었다.

④ 근대적 과학기술의 연구와 교육

기술의 자립을 위하여 중요한 역할을 수행해야 했던 연구 교육기관으로서 동경대학은 1886년(메이지 19년)에 공부(工部)대학교와 합병하여 제국대학이 됨으로써 일본인 자신에 의한 과학기술의 연구 교육 제도가 확립되었다. 동경대학을 중심으로 한 근대 과학기술의 이식은 1890년대부터 성과를 나타내어 다소 독창적 업적을 달성했다. 기술 부문에서는 타나베 사쿠오(田邊朔郎)의 비와코(琵琶湖) 수로, 미야하라 지로우(宮原二郎)의 수관식 보일러, 이노구치 아리야(井口在屋)의 소용돌이펌프, 토리가타 우이치(鳥瀉右一)의 TYK 무선전화 등이 국제적으로 높이 평가받았다.

과학 분야에서는 나가오카 한타로(長岡半太郎), 타나카다 에아이키츠(田中館愛橘), 키무라 히사시(木村榮), 타카미네 조우키치(高峰讓吉), 이케다 키쿠나에(池田菊苗), 키타자토시바 사부로(北里柴三郎), 시가키 요시(志賀潔), 노구치 히데요(野口英世) 등이 유명한 연구 업적을 남겼다. 이들 과학기술자들의 업적은 상당 부분 외국의 연구실에서 행해졌다. 또한 이 같은 과학기술이 생산기술로 이어질 수 있는 연구로 나아가지 못했다.

2) 다이세이 민주주의와 과학기술

① 전력기술과 이중 구조

'다이세이(大正) 데모크러시'는 다이세이 시기(1912~1925) 전기에 나타난 일종의 민주주의적 경향을 말한다. 이것은 러일전쟁 후의 군비 확장, 제국주의화에 의한 독점자본과 국가권력 사이의 관계 긴밀화, 그 기조가 되는 메이지 헌법 체제 등에 대항한 정치적 자유 획득 운동이었다. 이 운동이 과학기술과는 직접적으로 관계가 없는 듯 보이겠지만 어느 나라에서나 과학기술의 독창적 발전에는 민주주의와 자유가 그 기초가 되기 마련이다. 그 시기 이후 15년전쟁(1931~1945)에 이르는 시대는 세계의 영향을 받아 일본에 민주주의가 어떤 한계를 가지면서도 발전하였다.

당시 일본에서 가장 발전한 기술은 선진국에 조금 뒤쳐진 전력기술이었다. 1911년(메이지 44년)에 수력 발전의 출력은 화력 발전의 출력을 넘어섰으며, 정부는 이 해에 지주와의 분쟁에 대비하여 전기사업법을 제정하고 전기사업자를 적극적으로 조성하게 되었다. 정부가 전국에 걸쳐서 개발 가능한 수력의 조사를 행하고 개발에 필요한 자료를 정비한 것도 이때부터이다. 그후 공업동력으로서 전력의 수요는 확대되어 1913년(다이세이 2년)에는 전 수요의 56퍼센트에 달하여 전등의 수요를 능가하기에 이르렀다. 1914년 제1차 세계대전이 발발하자 각종 산업, 특히 전기화학공업이 약진하여 전력은 극도로 부족해졌다. 그래서 저묘대(猪苗代) 수력 발전소를 기점으로 하는 초고압 장거리 송전선로의 건설이 시작되었다. 이것은 1930년(소화 5년)에 거의 완성되어 그간 공업동력의 전화율은 30퍼센트에서 90퍼센트로 상승했다.

대송전망에 의해 대전력 공급이 확보되자 중공업을 선두로 한 독점 대기업의 출현이 가능해졌는데, 이러한 대기업으로부터 작업이나 공사를 하청받아 운영하는 중소기업에게는 전동기가 딱 알맞은 원동기였다. 중공업 때문에 유지되었던 중소기업들에게 충분한 전력이 공급됨으로써 거대한 공업지대가 출현하게 되었다. 한신(阪神), 게이힌(京濱), 주쿄(中京), 기타규슈(北九州)의 4대 공업지대의 생산액만 1925년 전국 비율 65퍼센트에 달했다.

이들 대기업의 주위를 중소기업이 피라미드형으로 에워싸는 특이한 공업 구조는 일본의 기술 전체에 불균형을 가져왔다. 원료로부터 최종 제품에 이르는 모든 생산 부문을 대기업이 담당한 것은 아니었다. 동력만 기계화하고, 작업은 변함없이 저임금 노동에 의존하는 중소기업이 맡아서 유지하는 이중 구조는 기술 내부에도 침투하여 그 구조적 모순을 심화시켜갔다.

노동자의 보호입법인 '공장법'은 1911년(메이지 44년)에 간신히 만들어졌다. 그러나 소공장에는 적용되지 않았으며, 시행은 1916년(다이세이 5년)까지 연기되었다. 방직공장 여공의 결핵을 예방하기 위한 정부의 지원이 시작된 것은 1928년이었다. 심야 작업은 전세계로부터 비난을 받았는데, 여공 및 연소자의 심야 작업을 폐지한 것은 1929년(소화 4년)이 되어서였다. 대신에 산업합리화 운동이 정부에 의해 대대적으로 시작되었다. 중소기업 문제, 도시 문제, 주택 문제, 공해 문제 등 모든 것이 당시의 구조적 모순에 대결하는 다이세이 데모크러시가 낳은 민주주의 운동의 대상이었다.

② 연구소의 증설

과학자들도 다이세이 민주주의와 관련이 있었다. 1911년의 관세 자주권 회복을 계기로 자연과학·기술학의 자립을 바라는 운동이 다카미네 조키치(高峰讓吉), 다나카다테 아이키스(田中館愛橘)를 중심으로 일어났다. 이 운동을 배경으로, 제1차 세계대전 기간에 일본에서 처음으로 많은 연구기관이 신설 또는 확충되었다. 토호쿠(東北) 대학 금속재료연구소, 동경대학 항공연구소, 임시질소연구소, 재단법인 이화학연구소 이외에 60개 이상의 크고 작은 민간공업 연구기관이 신설되었다. 그들은 독일의 화학기술학을 주로 연구하였으나 대체로 단속적인 연구에 그쳤다. 이와 같이 연구 투자가 가능해진 것은 세계대전 중에 자본의 집중이 이어져 자본의 잉여분을 연구에 돌릴 수가 있었기 때문이다.

이러한 연구소 가운데 이화학연구소가 가장 독창적인 연구 실적을 올렸다. 이화학연구소는 42세의 젊은 무기제조학자 오오코치 마사토시(大河內正敏) 소장의 책임 아래 각 연구실을 독립시켜, 주임 연구원에게 연구 주제, 예산, 인사의 권한을 일임함으로써 연구비를 자유롭게 사용하게 했다. 이러한 자유로운 제도에 힘입어 독창적인 이공학의 연구가 태어났다. 이화학연구소의 연구 성과를 공업화시켜서 국가의 재정을 재건하기 위하여 이연(理硏) 콘체른이 설립되었다. 공업화된 제품은 합성주, 비타민 A, 사진 재료, 피스톤 링, 마그네슘, 아르마이트, 합성수지 등이었다. 핵물리학은 1931년(소화 6년)에 창설된 니시나 요시오(仁科芳雄) 연구실이 중심이 되어 전국적인 집단 연구가 개시되어 이후 노벨상 수상의 발판을 열었다.

연구의 자유·자주성이 문제가 된 것은 이화학연구소만이 아니었다. 후루카와(古河) 가문이 기부한 연구비를 기초로 신설된 토호쿠 제국대학은 독일의 괴팅엔 대학을 목표로 하여 학문의 자유와 기초학의 중시를 꾀하였다. 스미토모(住友) 가문이 기부한 연구비로 창설된 부속 철광연구소(후의 금속재료 연구소)에서는 혼다 고타로(本多光太郎)가 2, 3원 합금의 상태도를 해명하는 아주 많은 실험적 데이터를 집적시켰다. 이 상태도 연구를 근거로 해서 KS강철(1917), 신KS강철(1933)이 발명되어 혼다 고타로의 제자들로부터 많은 국제적 실적이 태어났다.

토호쿠 제국대학의 전기공학과에서는 야기 히데츠키(八木秀次)가 전국에 솔선해서 전기 통신의 기초연구를 채택해 그 문하에서 야기(八木) · 우타(宇田) 안테나(1925), 오카베 긴지로(岡部金治郎)의 마그네트론(1927) 등 고주파 공학에 관한 국제적 실적을 냈다. 다른 대학의 상공연구소에서도 이러한 사례를 많이 볼 수 있다. 연구소의 증설, 대학의 확충은 과학자에게 연구 수준의 향상, 과학과 사회와의 교류에 대해 새로운 기운을 가져왔다. 쌀 소동에 의한 군대의 출동, 국내 불안을 바깥으로 돌리는 시베리아 출병은 처음으로 국민으로 하여금 군부에 대한 불신을 자아냈고, 1922년에서 1925년 사이 세 차례에 걸친 육군의 군비축소를 가져오는 계기가 되었다. 또한 국제적인 군축 조약의 영향으로 일본 해군은 방대한 88함대의 군비확장 계획을 포기하지 않으면 안 되었다.

③ 과학자 · 기술자 운동

쌀 소동으로 시작된 사회의 모순은 자연과학은 물론 사회과학에도 과학자와 국민의 관심을 불러일으켰다. 토호쿠 제국대학에서는 일본에서 처음으로 과학개론을 강의하였다. 다나베 하지메(田邊元)의 『과학 개론』(1918)은 과학 방법론 분야를 열었다. 이 영향으로 국민들은 진정한 과학 사상을 요구하게 되었다. 1922년경 아인슈타인(A. Einstein, 1879~1955), 러셀(B. Russell, 1872~1970), 상가 부인(M. Sanger, 1883~1966) 등 평화주의자들인 유명한 외국인 학자들이 초대되어 열렬한 환영을 받았다. 생물학자 야마모토 센지(山는本宣治)는 상가 부인의 방일을 계기로 사회주의 운동에 심취하여 노동학교에서 생물학을 가르쳤다. 과학자는 물론 아동들도 독자로 삼는 각종 과학잡지가 잇따라 창간되었고 이시하라 준(石原純), 데라다 도라히코(寺田寅彦), 오구라 긴노스케(小倉金之助), 오카쿠 니오(岡邦雄) 등의 뛰어난 과학계몽가도 나타났다.

과학이 국민에게 일반화됨에 따라 기술자는 무엇을 해야 하는가라는 자각이 생겼다. 내무기사 미야모토 타케시지보(宮本武之輔)는 1920년(타이쇼9년)에 청년 기술자를 규합해 '기술자의 각성, 단결, 사회적 기회 균등'을 강령으로 하는 단체를 조직했다. 같은 무렵, 오오코치 마사토시 등은 국산장려운동의 리더로서 다른 단체를 조직하여 기술의 외국 의존 경향을 벗어날 것과 일본형 테크노크라시를 호소했다. 이러한 단체들이 1940년대 과학기술 정책을 담당하게 된다.

과학자 · 기술자의 운동은 1920년대부터 세계의 35개국에서 일어나 당시 밀어닥친 파시즘에 대항하여 평화와 민주주의를 옹호하려고 했다. 일본의 과학자 · 기술자 운동은 이러한 국제적 운동과 연대하지 않았다. 그리고 국민의 여러 가지 운동과도 연결되지 못하여, 이윽고 태평양전쟁에 협력의 길을 열었다. 오히려 과학과 민주주의를 일체화한 것으로 존중하는 운동은 중국에서 일어나고 있었다. 5·4운동을 주동한 천두슈(陳獨秀)는 유교를 비판하고, 과학과 민주주의야말로 중국을 구한다고 주장하여 오늘의 중국이 출현하는 데 일정한 역할을 한 것으로 알려져 있다.

이화학연구소를 중심으로 하는 일본의 자연과학 · 기술학은 다이세이 민주주의에 의해서 발전하였지만, 다른 한편으론 다이세이 민주주의가 가지고 있는 약점에 의해 제한받기도 했다. 보통선거법과 동시에 실시된 치안유지법이 그것을 단적으로 보여준다. 이 시대가 가지는 영광과 좌절, 그리고 복잡한 양상은 더 많은 후속 연구를 기다리고 있다.

3) 15년전쟁에서의 과학기술

① 산업합리화

1931년부터 1945년까지의 15년간, 일본은 만주사변으로부터 태평양전쟁의 패배에 이르기까지 이른바 15년전쟁의 시대를 맞이했다. 그 직전 1929년의 세계 대공황은 역사상 비교할 수 없을 정도로 엄청난 충격으로 자본주의 세계를 뒤흔들었다. 1930년에 일본 정부는 처음으로 산업합리화라고 하는 위로부터의 '운동'을 추진했다. 그것은 지금까지 개개의 산업자본에 의해 개별적으로 행해지고 있던 합리화를 국가권력을 동원해 자본 전체로 전개한 것이었다.

기업의 통제, 약소 자본의 도태, 대공업의 중소기업 지배, 노동의 강화, 신기술의 채용, 연구기관의 연계와 통일 등 과학기술을 포함한 일련의 합리화 정책이 계속해서 실시되었다. 만주사변의 확대에 따라 군수산업이 활황을 누림으로써 값싼 엔화에 의한 덤핑 수출이 증대하게 되어 일본은 더욱 빨리 대공황에서 탈출할 수 있었다. 그러나 산업합리화의 진전에 따라 더욱 격렬해진 여러 가지 사회 경제적 모순은 더욱더 확대되어 일본 자본주의의 위기가 심화되었다.

이러한 위기로부터 탈출하는 길은 군수산업 인플레, 독점자본과 국가자본과의 결합을 강화하는 것 외에는 달리 없었다. 1937년(소화 12년) 중일전쟁이 발발하여 전쟁의 장기화와 재정의 팽창이 시작되었다. 거대한 이윤의 대상이 되는 군수산업의 합리화 정책에는 지금까지의 자본가, 상공관료를 대신해 군관료가 선두가 되었다. 전시합리화 정책의 추진은 1940년부터 설립된 육해군의 각 공업회가 실질적으로 장악했다. 육해군의 공업회는 기술의 교류 향상, 제조 방식의 연구, 생산관리의 합리화 등을 목표로 내걸었지만, 오히려 그것은 자본이 군으로부터 가능한 한 많은 전도금을 획득하여 대량생산 설비의 확충 경쟁을 불러일으키는 사태를 낳았다.

② 과학 동원의 등장과 좌절

한편 일본 과학기술의 진흥과 자립을 바라는 과학자의 목소리는 이미 대공황의 한가운데서부터 일어나서 1930년에 자원심의회가 과학 연구의 개선에 관한 방침에 대하여 답신을 제출했다.

당시의 답신은 정부로부터 무시되었으므로 학계의 각 대표는 국가적인 연구기관의 실현을 목표로 하는 운동을 일으켰다. 이 운동은 정부의 산업합리화 목표의 하나인 '시험연구기관의 정비와 연계'에 필적하므로, 매년 보조가 계속되어 1932년에는 재단법인 일본 학술진흥회가 설립되었다. 이 진흥회를 통해서, 대학과 군관민 소속의 과학자에 의한 집단 연구가 진행되어 전시하에서 과학기술의 발전에 커다란 역할을 완수했다.

과학 동원은 소련군과 관동군 사이에 일어난 노몬한(ノモンハン) 사건의 패배(1939)로 한층 필요성이 강조되었다. 기획원에 과학부가 신설되어 국가총동원법에 의거해서 연구용 자재의 배급, 연구팀의 조직화, 연구기관의 재편성 등이 계획되었다. 게다가 정부의 과학정책으로서는 최초의 입안인 '과학기술 신체제 확립 요강'이 1941년에 제2차 근위(近衛) 내각 아래에서 결정되었다.

정책의 입안에는 1920년에 창립된 기술자 단체의 협력으로 수백 명의 과학기술 관계자가 참가했다. 요강에 따라 기술원이라는 일원적 행정기관이 1942년에 창설되었지만, 이미 있던 관청들이 일원화에 협력하지 않고 군부나 연구자재의 대부분을 모두 확보하여 실질적으로는 거의 무력한 기관이 되었다.

이러한 과학 동원을 위해서 나치스적인 과학론과 기술론이 등장했으나 패전과 함께 물거품처럼 사라졌다. 1932년(소화 7년)에 창립된 유물론연구회는 토사카 준(戸坂潤), 오카쿠 니오(岡邦雄), 나가타 히로시(永田廣志), 아이카와 하루키(相川春喜) 등에 의해서 당시의 기술주의와 반기술주의의 풍조를 비판하기 위해 과학론과 기술론을 중요한 과제로 삼았다. 이 일로 기술론을 둘러싸고 격렬한 논쟁이 전개되었는데, 논쟁의 초점은 기술의 주관적 요소에 있었으며 기술은 노동수단 체계와 같다는 결론이 내려졌다.

정부가 과학정책을 주창하게 되자 이러한 엄밀한 규정은 변질되어 '과학기술'이라는 애매한 개념이 횡행하기 시작했다. 대정익찬회(大政翼贊會)의 결성과 함께 노동이라는 말은 사용이 금지되어 대신에 기술의 개념이 확대 해석되었다. '대용품 공업'의 예찬, '과학이 독점을 부수어 자원에 대신한다' 혹은 '과학주의 공업'에 의해 과학과 생산과의 계획적 결합이 가능하도록 믿게 하는 것이 합리화 운동의 한 가지 목표가 되었다.

③ 군수 생산력 확충의 결말

생산관계에 눈감은 군수(軍需) 생산력의 확충이 어떻게 행해졌는지 살펴보자. 우선 생산력의 한 요소인 노동력에 대하여 알아보면, 식료품과 의료품의 결핍으로 노동력의 재생산은 거의 불가능에 가까웠다. 노동의 생산성은 강권화(强權下)의 합리화 표어인 '정신동원(精神動員)'의 고함 소리에 반비례하여 낮아지기 시작했다. 노동조건의 악화에 저항하여 무의식적인 태업과 결근이 확대되었으며, 마지막에 도달한 것은 정신적, 육체적 피폐함이었다.

농촌에서 기계화 · 전화(電化)가 진행되었지만 전쟁 후 악화됨으로써 노동력과 자재 등이 부족하여 농업생산은 가속도적으로 퇴화하였다. 자급 채소밭에서의 감자나 호박에 이르기까지 필사적인 식량 증산 대책이 취해졌음에도 불구하고 국민은 아사 직전까지 몰렸다. 그러나 품종개량, 농업토목, 기상재해, 작물병해, 수전토양 등에 관한 연구가 집단적으로 행해져서 이들에 대한 성과는 전후의 부흥에 크게 공헌했다.

의료 생산에서는 면과 양모 섬유를 대용하는 화학섬유의 생산량이 1937년 세계 제1위였다. 이러한 급속한 발전의 원인은 섬유자본의 합리화에 의한 화학 부문에의 진출과 저임금에 있었다. 따라서 비스코스법 공장의 노동조건은 악화되어, 결막염, 손가락의 부식증(腐食症)을 시작으로 비참한 정신병까지 발생하여 정부는 처음으로 직업병 대책을 세우지 않을 수 없게 되었다.

전력사업의 합리화에 의해 전력과 화학을 결합시킨 기업이 등장하여 유안(硫安)에 이어 알루미늄이 신흥재벌에 의해 국산화되었다. 항공기의 증산에 필요한 경금속 생산은, 태평양전쟁의 패전으로 재전환에 광분하였다. 그러나 전기화학공업과 군수생산의 확대에 따라 대용량의 전력기기를 제작하는 기술은 국제 수준에 이르렀다.

에너지 정책은 간신히 1939년부터 본격화되었다. 당시 항공 연료의 증산을 꾀하는 국책기업이 설립되었으며, 석탄은 조선인 노동자를 집단으로 징집하기 시작하여 1940년에는 사상 최고의 출탄량을 기록했다. 또한 1939년 군부의 요구로 현안인 전력의 국가 관리가 강행되어 전쟁에 패할 때까지 일본 전 국토에 초전력 연락 계통을 완성시켰다. 이것은 전후 부흥에 많은 도움이 되었다.

기계공업은 병기의 생산 요청에 따라 사상 처음으로 대량생산 방식을 급속히 추진하게 되었다. 그러나 군부의 비합리적인 정책은 기계공업이 가지는 구조적 모순을 해결하는 데 도움이 되지 않았다. 해군이 자랑하는 '오와(大和)', '무사시(武藏)' 같은 초대형 전함은, 항공 전략의 전망이 부재함에 따라 전함 중심의 함대결전주의, 대함거포주의의 최후를 장식하는 것이 되고 말았다.

항공기 생산에 관해서는 육해군의 대립이 격화되어, 결전 체제는 혼란에 빠졌다. 1940년에 출현한 해군 전투기 '영전(零戰)'은 성능에서는 태평양전쟁 초기의 미국 공군에 대항하는 유일한 기종이었으나, 항공기의 재료가 되는 일본 독자적인 초듀랄루민의 부족, 대함거포주의에 따르는 전투 성능 제일주의에 의해 전력으로서는 차츰 무력화되었다. 말기에는 전력을 특공 병기에 집중했지만, 시험적으로 제작한 제트기와 로켓 등이 아쉽게도 생산체계를 마비시키는 결과를 낳았다.

합리화 정책을 최종적으로 담당한 군관료 내부에 존속하는 뿌리 깊은 봉건적 요소는 과학의 창의성을 억제했다. 메이지 이래 한국을 포함한 동남아시아 민족에의 제국주의적 침략은 인간 경시의 사상을 낳았다. 그러한 결과로 거칠고 무질서하게 만들어진 병기와 가미가제 식의 특공 병기에 대한 몽상이 나타났다. 태평양전쟁의 무조건적인 항복, 즉 일본 제국주의의 패배는 과학사 · 기술사에 있어서도 필연적이었다고 할 수 있다.

4) 전후의 과학기술

전후 미국에 의존하는 경향이 강했던 일본에서 '거대과학'(일본에서는 '거대과학기술'이라고 한다)이 문제가 된 것은, 1950년대 후반에 시행된 원자력 개발부터이다. 1960년대에 우주 개발과 해양 개발이 시작되어 세 부문의 개발을 위한 예산은 1970년대에 과학기술진흥비의 절반을 넘게 되었다. 개발이 본격화된 것은 1960년대 후반부터이고, 거대과학이 과학기술론으로 논해지게 된 것도 이즈음이다.

'거대과학'의 세 부문 중 개발이 가장 많이 진행된 것은 원자력이다. 일본의 원자핵 연구는 유카와 히데키(湯川秀樹), 모노나가 신이치로(朝永振一朗), 사카다 쇼이치(坂田昌一) 등에 의해 국제적으로 우수한 이론적인 성과를 올렸다. 전후, 미국 점령군의 사이크로트론 파괴와 원자력 개발 금지에 의해 일시적으로 연구가 지지부진했으나, 1950년대부터 일본 학술회의를 중심으로 자주적으로 기초 연구를 시작하자는 기운이 형성되었다.

그러나 이와 같은 자주적인 연구 계획에 대해 일본 정부는 기술 도입을 통해 한꺼번에 원자로를 설치하려는 자세로 일관하여, 일본 학술회의의 '자주, 민주, 공개'를 모토로 하는 원자력 3원칙과 대립했다. 일본 정부는 1955년에 맺은 미일 원자력협정을 근거로 미국과 영국의 원자로 판매 전쟁을 조장했다. 또한 재계와 함께 과학자의 의견을 무시하고, 1955년 일본 원자력연구소 설립, 원자력기본법 제정, 원자력위원회 성립, 1957년 일본 원자력발전회사 발족, 1969년 원자력연구소의 동력시험(JPDR: Japan Power Demonstration Reactor)에 의한 최초의 원자력 발전의 성공 등의 원자력 개발을 추진했다. 그 동안 과학자들은 곤란한 입장에 처해 있었지만, 자주적인 개발과 연구를 계속했다.

이와 같은 적극적인 정책의 결과, 1976년 현재 일본은 원자력발전소 12기, 건설중인 발전소 12기의 설비를 갖추게 되었으나, 방사능 유출 등의 사고가 계속되었다. 특히 1974년의 원자력선(原子力船)인 '무츠'의 실패는 일본 국민들에게 강한 불신감을 주었다. 일본의 원자로는 최초로 도입한 영국제 골더홀을 제외하면, 모두 미국에서 도입한 경수로형이어서, 안전성과 내구성이 근본적으로 검토되어야 할 필요가 있다. '거대과학'의 대상이 되는 원자력 발전은 자주적인 개발은 물론, 이미 사용이 끝난 연료의 처치와 방사성폐기물의 처리, 특히 원자로 자체의 폐원자로 처리, 종업원의 피폭 등의 문제가 해명되지 않으면 진정한 국민적인 '거대과학'이라 할 수 없다.

1960년대의 '고도성장'은 점령정책을 기반으로 한 1950년대의 이른바 '에너지혁명'이라는 표어로 촉진된 것이 주지의 사실이다. 그 결과 대용량 화력발전소가 공업지대에 집중되어 전원 입지난과 환경오염 문제를 야기하기에 이르렀다. 이 때문에 1973년의 석유 위기를 계기로 가장 중요시된 것이 원자력 발전이다. '자주, 민주, 공개'의 3원칙을 무시한 미국 일변도의 비민주적인 정책이 오늘날과 같이 불필요한 사고와 혼란을 초래했다고 할 수 있다. 원자력 발전만큼의 규모는 아니지만, 현재 진행되고 있는 우주 · 해양 개발에 대해서도 이러한 역사적 교훈을 되살려야만 한다.

현대의 과학과 기술은 점점 전문화, 거대화, 복잡화되고 있다. 이는 자본주의 아래에서 제도화된 것은 물론, 제2차 세계대전 때의 군사기술이 민간 수요로 전환되었기 때문이다. 전후, 미국에 종속된 일본은 국토의 공해, 심각한 직업병, 주택 문제, 에너지 문제 등에 시달렸다. 이것은 오늘날 여러 가지 재앙의 원인을 기술 그 자체에서 찾으려는 반기술주의, 특히 근대 과학의 방법 그 자체가 인간에게 있어 모든 악의 근원이라고 주장하는 반과학주의가 대두하는 근거가 되었다. 그러나 반기술주의와 반과학주의는, 그러한 과정을 거쳐 발전해가는 과학기술과 발명된 인공적인 수단이 만약 국민들을 위해 사용된다면 인류의 발전에 공헌할 수 있다는 점을 무시한 견해이다. 앞으로는 전문화, 복잡화, 거대화하는 과학과 기술을 국민의 입장에서 종합적으로 이해하고, 과학과 기술의 전면적인 발전을 도모하기 위해, 전문가 상호간의 연락과 국민과의 협력이 더욱 필요할 것이다.

〔쓰기 과제〕

1. 기술은 인공물, 지식, 활동이라는 세 가지 측면을 가지고 있다. 기술의 각 측면이 무엇을 의미하는지에 대해 서술하고 그것을 기술사의 접근법에 적용해보라.
2. 산업혁명 이전에 서양에서 출현한 기술에는 어떤 것들이 있으며 시기별로 어떤 특징을 가지고 있는지에 대해 논하라.
3. 동양의 전통 사회는 찬란한 기술문명을 꽃피웠다. 동양에서 발전한 주요 기술을 소개하고 그것의 특징에 대해 써보라.
4. 몇몇 기술은 동양에서 먼저 출현했지만 서양에서 꽃을 피웠다. 나침반, 화약, 인쇄술, 종이 등을 고려하여 그 이유에 대해 논하라.
5. 산업혁명을 계기로 인류는 농업 사회에서 공업 사회로 급속히 재편되기 시작하였다. 산업혁명기의 기술 발전이 보여주는 특징과 그것의 한계에 대해 써보라.
6. 오늘날의 기술 시스템을 촉발한 많은 발명들은 제2차 산업혁명을 통해 출현하였다. 다양한 기술 중 한 가지를 선택하여 해당 기술의 발전 과정에 대해 써보라.
7. 제2차 세계대전은 기술 변화의 경로에 상당한 영향력을 행사한 것으로 평가된다. 제2차 세계대전은 기존 기술의 발전과 새로운 기술의 출현에 어떤 역할을 담당했는지 써보라.
8. 기술의 역사는 기술자의 활동이 변화한 과정이기도 하다. 기술활동이 시기별로 어떤 특징을 보이면서 변화해왔는지에 대해 논하라.
9. 위대한 기술자 한 명을 선택하여 그 기술자의 활동이 당시의 사회적 환경과 어떤 연관이 있었는지에 대해 조사해보라.
10. 기술이 일상생활에 많은 영향을 미치면서 이에 대한 사람들의 반응도 달라졌다. 기술에 대한 일반인의 인식이 어떻게 변화되어왔는지에 대해 논하라.

〔토의 및 토론 주제〕

1. 기술은 인간의 역사에서 어느 정도의 위치를 차지하고 있는가? 기술은 역사를 바꾸는 원동력인가 아니면 보조물에 불과한가? 기술이 역사를 바꿔왔다면 기술 변화를 기준으로 역사를 구분하는 것은 가능한가? 그렇지 않다면 기술 변화를 역사와 결부시켜 이해하는 것은 어떤 의미를 가지고 있는가?
2. 과학과 기술은 어느 정도 연관되어 있는가? 과학과 기술은 전혀 다른 존재인가? 아니면 과학과 기술은 본질적으로 밀접한 연관성을 가지고 있는가? 과학과 기술은 어떤 면에서 다르고 어떤 면에서 비슷한가? 과학과 기술의 관계를 역사적 관점에서 파악한다면 어떤 논의가 가능한가?
3. 기술의 변화는 연속적인가 불연속적인가? 불연속적 변화를 뜻하는 '혁명'이란 개념이 기술의 역사에 적용되는 것은 합당한 일인가? 기존의 기술과 새로운 기술의 불연속성을 주장할 수 있는 기준은 무엇인가? 만약 기술이 연속적으로 변화한다면 '혁명'이란 개념은 폐기되어야 하는가?
4. 기술 변화는 개인의 산물인가 아니면 사회의 산물인가? 필요가 발명의어머니인가 아니면 발명이 새로운 필요를 유발하는가? 기술이 시대적 환경의 산물이라면 개인의 창의성은 어떻게 평가되어야 하는가? 역으로 기술이 개인의 영감에서 비롯된다면 사회적, 제도적 환경을 조성하는 일은 어떤 의미를 가지는가?
5. 기술은 보편적인 것인가 국소적인 것인가? 서양과 동양은 동일한 기술의 세계에서 살아왔는가? 영국과 미국의 기술은 같은 것인가 다른 것인가? 기술이 일시적으로는 다를 수 있지만 결국은 같아지는 것인가? 특정한 맥락에서 출현한 기술이 보편성을 획득하게 되는 계기는 무엇인가?

〔참고문헌〕

권태억, 『한국근대면업사연구』, 일조각, 1989

김두종, 『한국고인쇄기술사』, 탐구당, 1975

김명자, 『현대사회와 과학』, 동아출판사, 1992

김영식, 『과학혁명: 전통적 관점과 새로운 관점』, 아르케, 2001

김영식 편저, 『중국전통문화와 과학』, 창작사, 1986

김영식 · 임경순, 『과학사신론』, 다산출판사, 1999

김재근, 『조선왕조군선연구』, 일조각, 1977

김재근, 『한국선박사연구』, 서울대출판부, 1984

김종현, 『공업화와 기업가활동: 비교사적 연구』, 비봉출판사, 1992

김종현 편저, 『공업화의 제유형(I) : 동 · 서양의 역사적 경험』, 경문사, 1996

네이선 로젠버그(Nathan Rosenberg), 이근 외 옮김, 『인사이드 더 블랙박스: 기술혁신과 경제적 분석』, 아카넷, 2001

노태천, 『한국고대 야금기술사 연구』, 학연문화사, 2000

대한금속 · 재료학회, 『전통금속공업』, 대한금속 · 재료학회, 2000

루스 코완(Ruth S. Cowan), 김성희 외 옮김, 『과학기술과 가사노동』, 학지사, 1997

류창열, 『에피소드로 보는 발명의 역사』, 성안당, 2000

리용태, 『우리나라 중세과학기술사』, 과학백과사전종합출판사, 1990

리처드 로즈(Richard Rhodes), 문신행 옮김, 『원자폭탄 만들기』 전2권, 사이언스북스, 2003

리태영, 『조선광업사』(1/2), 공업종합출판사, 1991

리화선, 『조선건축사』(1), 과학백과사전종합출판사, 1989

문중양, 『조선후기 수리학과 수리담론』, 집문당, 2000

볼프강 쉬벨부쉬(Wolfgang Schivelbusch), 박진희 옮김, 『철도여행의 역사: 철도는 시간과 공간을 어떻게 변화시켰는가』, 궁리, 1997

박상래(편), 『중국과학의 사상』, 현대과학신서101, 전파과학사, 1978

뽈 망뚜(Paul Mantoux), 정윤형 · 김종철 옮김, 『산업혁명사』 전2권, 창작과비평사, 1987

성좌경, 『기술의 이해 그리고 한국의 기술』, 인하대출판부, 1986

소련과학아카데미, 홍성욱 옮김, 『세계기술사』, 동지, 1990

손보기, 『한국인쇄기술사』〔한국문화사대계III〕, 고려대민족문화연구소, 1968

손영종, 조희승, 『조선수공업사』, 공업출판사, 1990

송성수 엮음, 『우리에게 기술이란 무엇인가: 기술론 입문』, 녹두, 1995

송성수 엮음, 『과학기술은 사회적으로 어떻게 구성되는가』, 새물결, 1999

송응성(宋應星), 최주 옮김, 『천공개물』, 한국전통문화연구회, 1999

스티븐 메이슨(Stephen F. Mason), 박성래 옮김, 『과학의 역사』 전2권, 까치, 1987

신경환, 『역사에 나타난 철이야기』, 한국철강신문, 2000

야부우찌 기요시(藪內淸), 전상운 옮김, 『중국의 과학문명』, 현대과학신서 28, 전파과학사, 1974

양관(楊寬), 노태천 · 김영수 옮김, 『중국고대야금기술발전사』, 대한교과서주식회사, 1992

양동휴, 『미국 경제사 탐구』, 서울대학교 출판부, 1994

양동휴 외, 『산업혁명과 기계문명』, 서울대학교 출판부, 1997

어니스트 볼크만(Ernest Volkman), 석기용 옮김, 『전쟁과 과학, 그 야합의 역사』, 이마고, 2003

염영하, 『한국의 종』, 서울대학교출판부, 1991

오진곤, 『과학사총설』, 전파과학사, 1996

요네쿠라 세이이치로(米倉誠一郎), 양기호 옮김, 『경영혁명: 제임스 와트에서 빌 게이츠까지』, 소화, 2002

유진 퍼거슨(Eugene S. Ferguson), 박광덕 옮김, 『인간을 생각하는 엔지니어링』, 한울, 1998

윤장섭, 『한국건축사』, 동명사, 1972

이라 플래토우(Ira Flatow), 김철구 옮김, 『인간의 삶을 뒤바꾼 위대한 발명들』, 여강출판사, 2002

이춘녕, 『한국농학사』, 민음사, 1989

이현혜, 『한국고대의 생산과 교역』, 일조각, 1998

인제대학교 가야문화연구소(편), 『가야제국의 철』, 신서원, 1995

자크 엘루(Jacques Ellul), 박광덕 옮김, 『기술의 역사』, 한울, 1996

장국종, 홍희유, 『조선농업사』(1), 농업출판사, 1989

전상운, 『한국과학기술사』, 정음사, 1975

제임스 버크(James Burke), 장석봉 옮김, 『우주가 바뀌던 날, 그들은 무엇을 했나』, 지호, 2000

제임스 어터백(James M. Utterback), 김인수 외 옮김, 『기술변화와 혁신전략』, 경문사, 1997

조대일, 『조선공예사』(고대·중세편), 과학백과사전종합출판사, 1988

조지 브라운(George I. Brown), 이충호 옮김, 『발명의 역사』, 세종서적, 2000

조지 바살라(George Bassalla), 김동광 옮김, 『기술의 진화』, 까치, 1996

존 버널(John D. Bernal), 김상민 외 옮김, 『과학의 역사』 전3권, 한울, 1995

존 맨(John Man), 남경태 옮김, 『구텐베르크 혁명』, 예지, 2003

찰스 플라워스(Charles Flowers), 이충호 옮김, 『사이언스 오딧세이』, 가람기획, 1998

채연석, 『한국초기화기연구』, 일지사, 1981

최종택, 장은정, 박장식, 『삼국시대철기연구』, 서울대학교박물관, 2001

테사 모리스 스즈키(Tessa Morris-Suzuki), 박영무 옮김, 『일본 기술의 변천』, 한승, 1998

토머스 존스(Thomas D. Jones)·마이클 벤슨(Michael Benson), 채연석 옮김, 『NASA, 우주 개발의 비밀』, 아라크네, 2003

프리드리히 클렘(Friedrich Klemm), 이필렬 옮김, 『기술의 역사』, 미래사, 1992

하야시 미나오(林巳奈夫), 이남규 옮김, 『고대중국인이야기』, 솔, 1998

허선도, 『한국화기발달사』, 일조각, 1969

홍성욱, 『생산력과 문화로서의 과학기술』, 문학과지성사, 1999

홍이섭, 『朝鮮科學史』, 三省堂, 1944

홍이섭, 『조선과학사』, 정음사, 1946

홍희유, 『조선중세수공업사연구』, 과학백과사전출판사, 1979

金秋鵬(外), 『圖說中國古代科技』, 大象出版社, 1999

杜石然(外), 『中國科學技術史稿』(上下冊), 科學出版社, 1983

馬自樹(外), 『中國古代科技文物展』, 朝華出版社, 1997

北京鋼鐵學院,『中國冶金史論文集』, 北京鋼鐵學院, 1986

席龍飛,『中國造船史』, 湖北教育出版社, 2000

梁家勉(主編),『中國農業科學技術史稿』, 農業出版社, 1986

王冠倬(編著),『中國古船圖譜』, 三聯書店, 2000

劉洪濤(編著),『中國古代科技史』, 南開大學出版部, 1991

李京華,『中原古代冶金技術研究』, 中州古籍出版社, 1994

田長滸,『中國金屬技術史』, 四川科學技術出版社, 1988

趙匡華(主編),『中國古代化學史研究』, 北京大學出版部, 1985

趙海明, 許京生(主編),『中國古代發明圖話』, 北京圖書館出版社, 1999

周成(編著),『中國古代交通圖典』, 中國世界語出版社, 1993

陳文華(編著),『中國古代農業科學史圖譜』, 農業出版社, 1990

何丙郁, 何冠彪,『中國科技史概論』, 中華書局, 1983

夏湘蓉, 李仲均, 王根元(編著),『中國古代鑛業開發史』, 明文書局., 1989

たたら研究會(編),『日本製鐵史論』, たたら研究會, 1970

たたら研究會(編),『日本製鐵史論集』, たたら研究會. 1983

たたら研究會(編),『製鐵史論文集』, たたら研究會, 2000

東京工業大學製鐵史研究會,『古代日本の鐵と社會』, 平凡社, 1982

勝部明生, 鈴木勉,『古代の技』, 吉川弘文館, 1998

山崎俊雄(外),『科學技術史概論』, オーム社, 1978

小林行雄,『古代の技術』, ?書房, 1962

小林行雄,『續古代の技術』, ?書房, 1964

佐佐木稔(編著),『鐵と銅の生産の歷史』, 雄山閣, 2002

Bunch, Bryan and Alexander Hellemans, *The Timetables of Technology*, New York: Simon & Schuster, 1993

Cowan, Ruth S., *A Social History of American Technology*, Oxford: Oxford University Press, 1997

Day, Lance and Ian McNeil, eds., *Biographical Dictionary of the History of Technology*, London: Routledge, 1996

Kranzberg, Melvin and Carroll W. Pursell, eds., *Technology in Western Civilization*, 2 vols., New York: Oxford University Press, 1967

McClellan, James E. and Harold Dorn, *Science and Technology in World History: An Introduction*, Baltimore: Johns Hopkins University Press, 1999

McNeil, Ian, ed., *An Encyclopaedia of the History of Technology*, London: Routledge, 1990

Pursell, Carroll W., ed., *Technology in America: A History of Individuals and Ideas*, 2nd ed., Cambridge, MA: MIT Press, 1991

Singer, Charles, E. J. Holmyard, A. R. Hall, and Trevor I. Williams, eds., *History of Technology*, 7 vols., Oxford: Clarendon Press, 1954~1978

Volti, Rudi, *Society and Technological Change*, 4th ed., New York: Worth Publishers, 2001

2장 공학기술과 사회

이장규(서울대 전기공학부 교수)
홍성욱(서울대 생명과학부 교수)

1. 공학기술은 무엇이고 엔지니어는 어떤 일을 하는가?

1-1. 기술이란 무엇인가? 기술과 과학은 어떻게 다른가?

기술의 정의와 특성, 기술과 과학의 관계와 차이에 대해서는 지금까지 수많은 논의가 있었다. 1970년대 기술사학자들과 기술철학자들은 기술이 과학과 어떻게 다른가라는 문제를 집중적으로 분석함으로써 기술의 독특한 특성을 조망했다.

당시 상식적으로 받아들여지던 생각은 기술은 과학의 응용이라는 것이었다. 즉 과학이라는 지식이 인공물(artifacts)에 응용된 것이 기술이라는 것이었다. 이러한 '응용과학 테제'에 의하면 과학은 지식이자 정신노동의 산물이고, 기술은 물건이자 육체노동의 산물이었다.

레이튼(Edwin Layton) 같은 미국의 기술사학자는 "기술은 응용과학이다"라는 명제를 비판했는데, 그가 이를 비판하기 위해서 주장한 것은 "과학과 마찬가지로 기술의 핵심도 '지식(knowledge)'이다"라는 것이었다. 즉 과학과 기술의 상호작용은 지식이 사물에 응용되는 것이 아니라, 지식과 지식 사이의 상호침투라는 것이 레이튼의 생각이었다.

그런데 기술이 지식이면 그 지식은 과학과는 어떻게 다른가? 이에 대한 한 가지 해답이 역시 레이튼에 의해 제시되었다. 그는 기술지식에서는 추상적인 이론보다는 실용성, 효용, 디자인을 강조하고 과학지식에서는 역으로 추상적 이론, 지식을 위한 지식, 본질에 대한 이해를 강조한다고 보았다. 즉 기술과 과학은 정반대의 가치체계를 가진 지식이었던 것이다. 레이튼은 이를 '거울에 비친 쌍둥이'라고 명명했다.

기술철학자 미첨(Carl Mitcham)은 기술을 우선 외적인(external) 것과 내적인(internal) 것으로 구분하고, 전자를 산물(대상)로서의 기술(technology-as-product or technology-as-object)과 과정으로서의 기술(technology-as-process)로, 후자를 지식으로서의 기술(technology-as-knowledge)과 의지로서의 기술(technology-as-volition)로 구분했다. 특히 미첨은 기술이 세상을 특정한 방식으로 변형시키는 의지를 포함하고 있음을 강조했다. 기술이 대상, 과정, 지식, 의지라는 네 가지 다른 차원에서 존재한다는 사실은 기술을 과학으로부터 구별짓는 특징이 될 수 있었다.

외적인 기술	산물 혹은 대상	과정
내적인 기술	지식	의지

〔표 1〕 미첨이 분류한 기술의 네 가지 종류 (대상, 과정, 지식, 의지)

또 다른 기술철학자 맥긴(R. E. McGinn)은 기술이 다음의 8가지 특성을 가진다고 제시했다.

1) 기술은 물질적 생산에 관련되어 있다.
2) 기술은 자연이 아니라 인공적으로 무엇을 만든다.
3) 기술은 인간의 가능성과 목적하는 바를 확장한다.
4) 기술은 자원(resource)에 기초하며 자원을 확장한다.

5) 기술은 응용과학은 아니지만 나름대로의 지식에 근거한다.

6) 기술지식은 시행착오에서 복잡한 실험적 기법에까지 걸쳐 있다.

7) 기술적 결정에는 경제적, 정치적, 문화적 고려가 개입한다.

8) 이러한 경제적, 정치적, 문화적 요소는 기술에 의해 다시 조건지워진다.

이러한 내용들은 다소 단순화의 문제가 있음에도 불구하고 기술의 여러 특성을 잘 드러내주고 있다.

기술이 과학의 응용이라고 간주했던 사람들은 과학을 발전시키는 것이 자동적으로 기술 발전을 낳는다고 믿었다. 제2차 세계대전 동안에 미국의 군사 연구를 총괄 지휘했던 부시(Vannevar Bush)는 1944년에 쓴 『과학, 그 끝없는 프론티어*Science, the Endless Frontier*』에서 과학이 기술을 낳고 기술이 산업을 발전시킨다고 설파했다. 경제학자들은 이러한 생각에 바탕해서 연구(R: research)가 개발(D: development)을 낳고, 개발이 생산(P: production)을 가져오며, 생산이 확산(D: diffusion)과 마케팅(M: marketing)을 낳는다는 이론을 발전시켰다. 이런 모델을 '선형 모델(linear model)' 혹은 어셈블리 라인 모델이라고 한다.

현대 기술의 발전에 종종 과학이 중요한 역할을 하는 것은 부인할 수 없다. 그렇지만 모든 기술적 혁신이 과학적 연구에 근거한 것은 아님을 인식하는 것도 중요하다. 발전 송전 시스템의 예를 들어보자. 발전 송전 시스템은 1910년에 이미 발전과 송전에 필요한 보일러, 엔진, 발전기, 변압기, 고압송전선 등 중요한 기술적 요소가 다 개발되었다. 이후 50년간 이러한 핵심 기술에는 두드러진 발전이 없었다. 그렇지만 1kWh를 생산하기 위한 석탄 양은 같은 50년 동안에 7파운드에서 0.9파운드로 줄었다. 즉 50년간 전력효율이 7백 퍼센트 증가했는데, 그 이유는 터빈이나 보일러 같은 기술에서 점진적이고 연속적인 효율의 증가가 누적되었기 때문이다. 이러한 점진적인 혁신은 대부분 기술 내적인 전통에 기반한 것이다.

기술적 혁신의 대부분은 기업과 떼어서 생각할 수 없으며, 기업의 기술혁신을 생각할 때 꼭 고려해야 할 사항이 시장의 역할이다. 물론 여기서도 기술이 시장의 요구에 의해서만 발달한다고 생각하는 것은 무척 단순한(또 왜곡된) 생각이다. 에디슨의 전등은 가스등 기술이 최고로 발달했고 또 가스가 무척 싼값에 공급되던 시기에 개발되어 가정에 보급되기 시작했다. 전기와 전등은 처음에는 등대, 극장, 단독주택과 같은 틈새시장으로 진입했지만, 곧바로 거리와 가정을 공략했고, 이는 전기와 가스의 정면 충돌을 불러왔다. 에디슨 같은 기술자는 전기를 현대 사회의 새로운 상징으로 만들었다. 경제적 요구에 따라 전기가 개발된 것이 아니라, 전기가 새로운 경제적 필요와 역할을 창조했던 것이다.

물론 기업에서 일어나는 기술혁신의 경우에 시장의 역할은 더 중요하다. 그렇지만 시장이 아직 형성되어 있지 않음에도 불구하고 어떤 새로운 것이 기술적으로 가능하다는 비전만으로 신기술이 추진되는 경우는 드물지 않다. 이는 급진적인 기술혁신의 경우에 더 그러하다. 시장은 급진적 기술혁신의 후반 국면이나 점진적 기술혁신의 경우에 더 중요한 역할을 한다.

이러한 점을 고려해서 기업에서 기술혁신이 일어나는 일반적인 메커니즘을 상정하면 다음과 같다. 우선 기술혁신의 핵심은 기술 디자인 과정이다. 이 기술 디자인 과정은 '단순 디자인'에서 출발해서 '테스팅과 재디자인'을 거쳐서 '복잡한 디자인과 생산'에 이른다. 물론 이 세 과정은 기계적으로 단선적인 것이 아니라 피드백으로 얽혀 있다.

디자인 과정을 둘러싼 배경에는 두 가지 힘이 작용한다. 그 중 하나가 과학이고, 다른 하나가 시장이다. 앞에서 언급했듯이 디자인 과정의 초기에는 시장이 잠재적 시장으로 기능한 경우가 많고, 후기에는 시장의 수요가 보다 분명하게 정의된다. 과학이 디자인 과정에 개입하는 것은 세 가지 서로 다른 층위에서 일어난다. 전자기학이나 열역학과 같이 사람들이 공유한 지식이 기술 디자인에 개입하는 정도가 가장 직접적이며, 이보다 조금 간접적으로는 훈련받은 과학자의 숙련이나 암묵적 지식이 디자인 과정에 개입할 수도 있다. 마지막으로 첨단 과

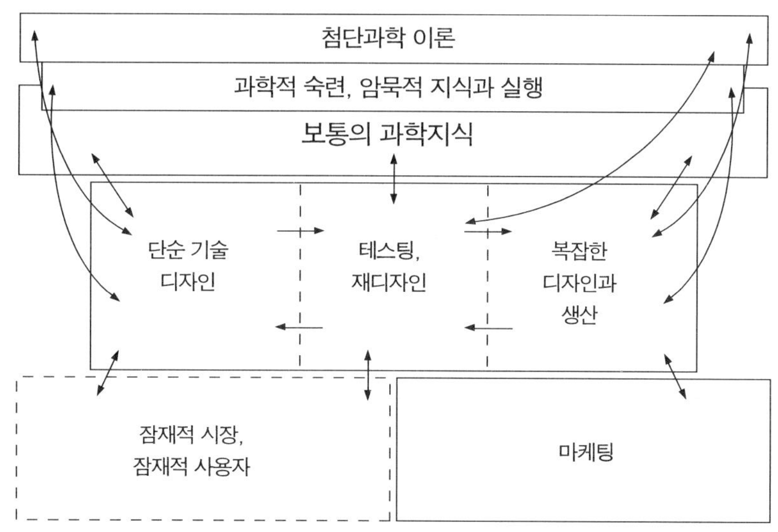

〔그림 1〕 기업의 혁신 과정에 대한 해부

학지식도 드물지만 디자인 과정에 개입할 수 있다. 이를 그림으로 도식화하면 〔그림 1〕과 같다.

기술의 발전에 대한 최근 연구는 "과학이 기술의 발전을 낳는다"는 상식과 부합하지 않는다. 기술철학자 중에는 "기술이 과학을 낳는다"며 과학에 대한 기술의 역사적, 존재론적 우위를 내세운 사람들이 있었다. 기술의 우위를 주장한 사람들 중 대표적인 철학자가 미국의 실용주의자 듀이(John Dewey)와 독일의 철학자 하이데거(Martin Heidegger)이다. 듀이는 과학적 이론과 개념을 인간이 만든 '기술적인 인공물'로 간주하면서, 기술이 역사적으로 과학에 앞서며 기능적으로 과학을 포함하는 것으로 간주했다. 듀이의 철학에서는 합목적적이고 합리적인 것은 모두 기술로 볼 수 있었다. 하이데거는 『존재와 시간』에서 실천에 대한 이론의 우위, 행위에 대한 지식의 우위처럼 2천 년 이상 지속된 서구 형이상학의 위계를 뒤집는 철학적 작업을 수행했는데, 과학에 비해 기술의 우위를 주장한 것은 이러한 역전의 연속선상에 있었다. 듀이와 하이데거의 관점은 과학과 기술의 관계를 보는 신선한 시각을 제공하지만, 자칫 잘못하다가는 "이 세상의 모든 것이 기술이다" 라는 '범기술주의(pantechnologism)' 로 귀결될 위험이 있다.

듀이나 하이데거와는 조금 다른 맥락에서 기술철학자 피트(Joseph Pitt)는 '과학의 기술적 하부구조(technological infrastructure of science)' 라는 개념을 도입해서 과학에 대한 기술의 우위를 주장한다. 태양계에 대한 근대적 설명을 처음으로 제시한 갈릴레오는 무엇 때문에 그러한 업적을 이룰 수 있었는가? 피트의 답은 망원경인데, 여기서 갈릴레오의 망원경은 바로 그의 과학을 가능케 한 기술적 하부구조에 다름아니다. 우주과학은 무엇 때문에 달에 사람을 보내는 것과 같은 놀라운 업적을 이룰 수 있었는가? 바로 미국 항공우주국이 구축한 콘트롤 룸, 통신 시스템, 로켓, 컴퓨터 등이 있었기 때문이었는데, 이것들이 바로 20세기 우주과학의 기술적 하부구조인 것이다. 피트는 이러한 기술적 하부구조가 이에 상응하는 과학을 발전시켰다고 주장한다.

그렇지만 과학이 먼저인가 기술이 먼저인가를 논의하는 것은 생산적이지 못할 때가 많다. 그것보다 더 의미 있는 작업은 어떤 특정한 시기나 특정한 경우에 과학과 기술의 상호작용과 상호침투가 어떻게 일어났는가를 구체적으로 분석하는 것이다. 과학과 기술의 상호작용은 과학이 먼저인가 아니면 기술이 먼저인가라는 단순한 질문으로 환원될 수 없을 정도로 복잡한 것이다.

1-2. 발견, 발명과 혁신

지금까지의 논의에서는 발견, 발명, 혁신을 구분하지 않고 사용했는데, 이제 이 개념들을 좀더 분명하게 할 필요가 있다.

우선 발견은 자연에 있는 것을 찾아내는 과정임에 반해서 발명은 새로운 것을 만드는 과정이라는 점에서 차이가 있다. 주로 과학은 발견에 관여하고 기술은 발명에 관여한다. 우리는 "독일의 물리학자 헤르츠는 1888년에 영국의 물리학자 맥스웰이 예언한 전자기파를 발견했다"고 하지 "헤르츠가 전자기파를 발명했다"고 하지 않는다. 반대로 에디슨은 축음기를 '발명'했지 '발견'한 것이 아니다.

그렇지만 이렇게 과학적 발견과 기술적 발명을 칼로 무 베듯이 단칼에 구분하는 것은 문제가 없지 않다. 헤르츠에 의한 전자기파의 발견을 살펴보아도, 헤르츠의 업적은 자연에 존재하던 전자기파를 찾아낸 것이 아니라 실험실에서 고전압 전기에너지의 방전을 사용해서 전자기파를 '만들어낸' 것이기 때문이다. 실험 과학자들의 작업은 자연에 존재하는 것을 발견하는 일을 넘어서 일상적인 자연에는 존재하지 않는 '효과(effect)'를 만들어내는 경우가 많다. 과학은 자연을 관찰하는 일을 넘어서 제2의 자연(second nature)을 창조하는 것이다. 이렇게 실험실에서 만들어진 '효과'는 종종 새로운 기술의 모태가 된다.

발명에 대해서도 잘못된 관념이 지배적이다. 많은 사람들이 발명은 천재적 발명가가 영감을 받아서 이루어낸다고 생각한다. 발명가의 천재성을 부정하는 사람들은 발명이 과학적 원리를 응용해서 이루어진다고 생각한다. 이 두 견해는 모두 발명의 본질을 왜곡하고 있다.

제임스 와트(James Watt)는 증기기관을 혁신적으로 개량한 유명한 발명가였다. 그가 만든 증기기관은 기관의 열효율을 획기적으로 높임으로써 공장의 동력원으로 사용되었고, 이는 영국의 산업혁명을 추진하는 중요한 요소가 되었다. 와트가 증기기관을 어떻게 발명했는가에 대해서는 두 가지 극단적인 설명이 있다. 그 중 하나는 그가 어릴 적에 끓는 물의 증기가 주전자의 무거운 뚜껑을 밀어내는 것을 보고 증기기관의 가능성을 인식했다는 것이고, 두번째 설명은 화학자 블랙(Joseph Black)의 잠열 이론을 기존의 증기기관에 응용해서 혁신적인 개량을 낳았다는 것이다. 여기에서 볼 수 있듯이 발명은 영감에 의한 것이거나 과학의 응용의 결과라고 간주된다. 그렇지만 와트는 기존의 뉴커멘(Newcomen) 증기기관이 무척 낮은 열효율을 가지고 있다는 점을 인식하고, 이를 해결하기 위해 오랫동안 노력했으며, 이런 노력의 과정에서 분리 콘덴서라는 자신의 핵심적인 발명을 이루었던 것이다. 또 분리 콘덴서를 만든 이후에도 와트는 기관의 다른 구성 요소를 개량해서 기관을 완벽하게 만들었다. 이러한 과정은 단순한 천재적 영감에 의한 것도, 과학의 응용도 아니었던 것이다. 발명은 오랜 과정의 훈련과 노력의 기반 위에 문제점의 인식, 새로운 해결책의 모색, 해법의 발견과 그것의 구현이 복잡하게 얽혀 있는 긴 과정이다.

발명과는 달리 혁신(innovation)에 대해서는 학자들 사이에 합의된 바가 더 적다. 우선 혁신이 무엇인가에 대해서 수많은 정의가 존재한다. 한 학자는 혁신에 대해서 40여 개의 서로 다른 정의가 존재한다고 주장하기도 했다. 또 기업이 도모하는 혁신이 기술과 밀접히 연결된 것인가, 혹은 기술과 거의 무관한 것인가에 대해서도 서로 의견이 다르다. 새로운 경영, 마케팅, 조직 개편 등을 통해서도 기업의 혁신이 가능하기 때문이다. 그렇지만 기술과 밀접하게 관련된 혁신만을 생각한다면, 우리는 혁신의 몇 가지 특성을 추릴 수 있다.

기술혁신에는 다음과 같은 5가지 특성이 있다.

1) 영웅적인 발명이 개별 발명가에 의해서 이루어지는 경우가 많은 데 비해 혁신은 주로 그룹의 협동에 의해 이루어진다.
2) 혁신은 발명을 포함한다. 그렇지만 혁신에서는 개별 발명보다 수많은 발명의 집합적 총제가 더 중요하다.
3) 혁신 과정은 급격하기보다는 연속적이고 점진적인 경우가 많다.
4) 그럼에도 불구하고 혁신에 있어서 급진적 혁신(radical innovation)과 점진적 혁신(incremental innovation)을 구별할 수 있다. 급진적 혁신은 새로운 기술을 개발해서 이를 통해 새로운 산업 영역을 만드는 종류의 것이며, 점진적 혁신은 기존의 생산에서 필요한 기술을 조금씩 개량 · 개선해 나가는 종류의 것이다.
5) 혁신의 주체는 많은 경우에 기업이며, 혁신은 생산이나 마케팅과 더 밀접히 연결되어 있다.

1-3. 기술과 공학(엔지니어링)

여기서 기술과 공학을 잠깐 구별해보자. 기술(技術)은 영어에서 technique 혹은 technology를 의미한다. 이 중 technique는 숙련, 방법을 의미하고 technology는 인간이 만든 대상, 물건이나 그것을 만드는 과정, 기예를 의미한다.[1] 기술이라는 단어 technology는 그리스어 techne(기예, 숙련)와 logia(학문)의 합성어이다. 반면 공학은 영어의 engineering을 의미한다. engineering의 어원은 engineer에서 나왔고, engineer는 라틴어 ingeniatorem(무엇을 만드는 데 재주가 있음)에서 나왔다. 영어의 엔진(engine)도 같은 어원을 가지고 있다. 따라서 영어의 엔지니어라는 단어는 무엇을 만드는 데 재주가 있는 사람과 엔진을 다루는 사람을 동시에 의미하는 게 보통이다. 엔지니어링이라는 단어 자체는 오래된 단어이지만 19세기 이후에는 '물질과 에너지를 이용해서 인간에게 유용한 구조, 기계, 상품을 만드는 과학'으로 정의되기 시작했다. 공과대학은 보통 College of Engineering 혹은 Faculty of Engineering에 해당된다.

우선 기술에 대해서 조금 더 알아보자. 19세기 독일 철학자 카프(Ernst Kapp)는 "기술은 인간 몸의 연장(延長)이다"라고 주장했다. 인간의 손, 이빨, 팔, 다리가 연장되어 기술이 발명되었다는 주장인데, 예를 들어 갈고리, 칼, 창, 노, 삽, 괭이 등은 인간 손의 연장, 그릇은 인간 손바닥의 연장, 맷돌은 인간 이빨의 연장, 바퀴, 수레 등은 인간 발의 연장이라는 식이었다. 이러한 생각이 확장되면 철도는 인간 순환계의 연장, 전신은 신경계의 연장, TV와 컴퓨터 같은 미디어는 대뇌와 신경계의 연장으로 볼 수 있다.

---

1. 불어나 독어에서는 technique와 technologie가 영어와는 다른 방식으로 정의된다. 불어와 독어에서 technique라고 하면 대부분 영어의 technology에 해당하지만, technologie는 영어로 마땅히 번역하기 힘들다. technique와 technologie의 차이는 대상과 그 대상을 다루는 과학의 차이에 가깝다. 즉 불어나 독어의 technologie는 technological science, scientific engineering에 가까운 것이다.

이러한 생각에는 그럴듯한 점이 없지 않지만 두 가지 문제점이 있다. 첫번째로 인간 몸의 연장이라기보다는 자연의 모방에 가까운 기술이 있다는 것이다. 예를 들어 해시계나 철조망 같은 기술은 인간의 몸이 외화되었다기보다는 자연이 (즉 해시계의 경우 자연적 시간의 흐름이) 체화된 것이거나 자연의 (즉 철조망의 경우 가시넝쿨의) 모방이라고 볼 수 있다. 두번째 문제는 모든 기술을 몸의 연장으로 보는 것은 도구(tool)와 기계(machine)의 차이를 무시하는 결과를 낳는다는 것이다. 도구와 같은 전근대적인 기술은 분명히 인간의 육체를 대체하고(화살), 강화시키고(망치), 편하게 하는 역할을 했지만, 기계와 같은 근대 기술은 (제련 기술의 경우) 자연적인 물질을 인공적인 물질로 대체하거나 (증기기관의 경우) 자연적인 힘을 사람이 만든 힘으로 대체하는 결과를 가져오기 때문이다. 카를 마르크스(Karl Marx)는 도구가 인간의 숙련 노동을 보완하는 기능을 하는 데 비해, 기계는 이를 대체함으로써 노동을 기계의 운동에 종속시키고 노동의 소외를 가져온다고 주장했다.

근대 공학은 18세기에 탄생했다고 볼 수 있다. 그 시초는 1747년에 설립된 프랑스의 토목학교(École des Ponts et Chaussees: Ponts et Chaussees는 다리와 도로를 의미)였다. 이어서 1794년에 프랑스 혁명 정부의 명에 의해 에콜 폴리테크니크(École Polytechnique)가 설립되었다. 에콜 폴리테크니크는 엔지니어 카르노(Lazare Carnot)와 수학자 몽주(Gaspard Monge)에 의해 설립되었고, 학생들에게 수학, 물리학, 화학과 같은 과학 교육을 강조했다. 이렇게 18세기에 프랑스에서 교육받은 엔지니어들은 주로 전쟁과 관련된 공병(工兵, military engineers)들이었다. 에콜 폴리테크니크 학생들은 나폴레옹의 이집트 원정에 동참하기도 했다. 영국에서도 18세기 동안에 엔지니어는 왕립 군사 아카데미에서 배출되었다.

나폴레옹 전쟁이 끝나고 19세기 전반부 동안 유럽의 엔지니어들은, 그 동안 자신들이 너무 군사적 작업만 해왔기 때문에 사람들이 엔지니어를 곱지 않은 시선으로 보게 되었다는 것을 알게 되었다. 그래서 자신들과 군대와의 관련을 희석시키기 시작했다. 이들의 일—도로, 다리, 운하 등의 건설—은 달라진 게 별로 없었지만, 이 새 세대의 엔지니어들은 자신을 군사 엔지니어(military engineer)와 반대되는 의미로 민간 엔지니어(civil engineer)라고 부르기 시작했다. 지금은 civil engineering이 (도시)토목공학이라고 번역되지만 원래는 '군대'와 반대되는 '민간'이라는 뜻이었다.

엔지니어들의 최초의 조직은 1818년 영국에서 결성된 토목공학자협회(Institution of Civil Engineers)이다. 이 협회의 첫 회장은 당시 도로와 운하 건설로 명망이 높았던 텔포드(Thomas Telford)였다. 19세기 초엽에 증기기관과 증기열차가 발달하면서 중기계를 다루는 엔지니어들은 1847년 기계공학자협회(Institution of Mechanical Engineers)를 결성했고, 초대 회장에 증기기관차를 발명한 스티븐슨(George Stephenson)을 임명했다. 1871년에는 전신공학자협회(Institution of Telegraph Engineers)가 결성되고, 이는 1889년에 그 이름을 전기기술자협회로 바꾸었다. 미국의 경우 토목공학회(American Society of Civil Engineers)가 1852년에, 기계공학회(American Society of Mechanical Engineers)가 1880년에, 전기공학회(American Institute of Electrical Engineers)가 1884년에 설립되었다.

19세기부터 20세기 중엽까지 공학자들의 학회나 대학의 공학 교육에서 항상 문제가 되었던 것은 공학에서 가장 중요한 것이 현장에서의 경험이나 숙련인가 아니면 과학적 훈련인가라는 문제였다. 19세기 동안에는 (그리고 영국과 같은 나라에서는 20세기에도) 유명한 엔지니어들이 대학에서 공학 교육을 받았던 사람이 아니었다. 오히려 이들은 작업장(workshop)과 필드(field)에서 훈련을 받았고, 나중에 자신의 작업장을 세워 후대 엔지니어들을 교육시켰다. 이런 엔지니어들은 과학적 지식보다는 현장에서의 경험과 숙련을 강조했다. 과학으로는 알 수 없는 '마음의 눈'이 중요하다는 것이었다. 반면에 19세기 중엽 이후 공학은 대학에 서서히 자리를 잡았고, 대학에서 공학을 가르치던 교수는 과학적 훈련과 실험실 교육을 강조했다. 이러한 차이는 종종 학회 차원에서 격렬한 논쟁으로 불거지지도 했다. 많은 경우에 대학 교육은 과학과 현장 교육을 반반씩 섞는 형태로 타협점을 찾곤 했다.

엔지니어링 교육에서 과학이 우위를 점하기 시작한 것은 제2차 세계대전 이후였다. 2차 대전이 레이더, 원자탄, 암호 해독, 컴퓨터와 같은 과학에 기반한 기술의 덕분으로 종식되었다는 사실은 모든 사람에게 자명했고, 이후 대학은 공학에서 수학, 물리, 화학과 같은 과학을 강조했다. 2차 대전 이전까지만 해도 대부분의 공과대학은 학사와 석사 학위 과정밖에 없었지만, 과학 교육과 훈련을 강조하면서 박사(PhD) 과정까지 확장되었다. 또 공과대학의 교수들도 현장 경험이 많은 사람이 아니라, 공학박사 학위 취득자들 중에서 이론적 기여가 많은 사람이 채용되기 시작했다. 이후 engineering은 engineering science라고 부를 수 있는 것이 되었다. 최근에는 공학 교육을 받은 엔지니어들이 실제 생산 현장에서의 문제를 해결할 수 있는 능력을 갖추지 못하고 배출된다는 비판이 많고, 대학은 이러한 비판을 수용해서 공학 교육에서 추상적인 과학적 문제 해결 능력보다는 의사소통, 경영, 협동, 팀워크와 같은 능력을 강조하는 경향을 보이고 있다.

1-4. 엔지니어는 무슨 일을 하는가?

엔지니어링(공학)과 엔지니어에 대해서 생각할 때 한 가지 고려해야 할 점은 모든 엔지니어링과 엔지니어가 균일한 대상이 아니라는 것이다. 어떤 공학 분야의 공학자는 과학자와 별 차이가 없고, 다른 공학 분야는 과학적 원리보다는 현장에서 쌓은 숙련지식과 '감각'이 더 중요한 경우가 있다. 엔지니어들은 서로 다른 스타일과 가치체계를 가지고 있고, 서로 다른 방법론을 사용한다. 엔지니어링 분야는 산업에 따라서 분류될 수도 있고(반도체, 자동차, 건설, 소재 등), 학문 분야에 따라서 분류될 수도 있으며(전기전자, 기계, 토목, 재료 등), 과정에 따라서 분류될 수도 있다(연구개발, 디자인, 생산, 경영, 설비유지, 마케팅 등). 이렇게 엔지니어링과 엔지니어는 균일하지 않다. 따라서 "엔지니어는 무슨 일을 하는가?"라는 질문에 대한 한 가지 정답은 존재하지 않는다. 아래에서는 엔지니어링 디자인에 초점을 맞추어, 엔지니어가 어떻게 점진적 혁신(기존의 생산에서 사용되는 기술을 개선 개량하는 작업)을 이루는가를 살펴본다.

우선 던질 수 있는 질문은 엔지니어가 어느 때 새로운 디자인의 필요를 느끼는가라는 것이다. 이는 다음과 같은 몇 가지 경우를 생각해볼 수 있다.

1) 기존 기술이 잘 작동하지 않는다는 사실을 발견했을 때
2) 과거에 성공적이었던 기술(개발)의 방법과 모델을 계속 적용하려 할 때
3) 기존 기술들 사이에 어떤 종류의 불균형이 발견될 때
4) 기술이 지금 당장 문제가 있지는 않지만 미래에는 문제가 생기리라는 것을 예측했을 때
5) 기존 기술의 불확실성을 줄이려는 필요가 있을 때
6) 기존 기술의 효율을 높이려고 할 때

이럴 경우 엔지니어는 다양한 지식을 사용해서 새로운 기술의 디자인이라는 문제에 덤벼든다. 보통 구체적인 기술 디자인은 커다란 프로젝트의 일환으로 수행되는 경우가 많고, 이 프로젝트는 팀워크의 성격을 가진다. 엔지니어링 프로젝트는 다층적이며 또 위계적인 경우가 많다. 이는 1) 프로젝트 전체의 규정, 2) 1에 의거해서 전반적인 디자인 설정, 3) 2에 의거해서 구체적 부품의 디자인 설정, 4) 3의 부품 디자인을 공학 원리에 따라 더 세분화, 5) 4를 아주 구체적인 문제들로 분류하는 방식으로 위로부터 아래로 그 문제가 설정되어 내려오는 경우가 많기 때문이다.

구체적으로 해결해야 할 문제가 설정되면 엔지니어는 우선 자신이 만드는 제품의 시장성을 생각해서 단순한 디자인을 만들어낸다(1-1절 참조). 그는 이 디자인의 테스팅과 재디자인을 거쳐서 이를 복잡한 디자인으로 바꾸어 생산할 수 있는

제품으로 개발한다. 이 과정에서 다양한 종류의 공학, 과학지식이 개입함은 물론 시장에 대한 고려가 있어야 한다. 더 구체적으로 엔지니어는 1) 자신이 다루는 기계의 작동 원리, 2) 자신이 지향하는 바에 대한 분명한 기준, 3) 관련된 과학, 공학적 이론, 4) 디자인에 필요한 다양한 데이터, 5) 모델링, 컴퓨터 프로그램과 같은 실제적인 도구들, 6) 구조적 분류, 최적화, 유비(類比)와 같이 경험에서 나오는 실질적인 방법들을 동원해서 자신이 당면한 문제를 해결한다. 이 과정은 한 사람의 엔지니어에 의해서 이루어지기보다는 엔지니어들 사이의 협력과 토론을 통해 진행되는 것이 20세기 엔지니어링의 특징이라고 할 수 있다.

1-5. 기술 시스템과 관성

기술 시스템(technological system)은 현대 기술의 특성을 이해하는 데 있어서 매우 중요한 개념이다. 개별 기술이 네트워크로 결합해서 기술 시스템을 만드는 점은 과학에서는 볼 수 없는 기술의 독특한 특성이기도 하다.

기술이 발전하면서 이전에는 없던 연관이 개별 기술들 사이에서 만들어지는데, 이를 보다 분명히 이해하기 위해서 산업혁명의 예를 들어보자. 잘 알려져 있다시피 당시 증기기관은 광산에서 더 많은 석탄을 캐내기 위해서(광산 갱도에 고인 물을 더 효율적으로 퍼내기 위해서) 개발되었고 그 용도에 사용되었다. 증기기관이 광산에 응용되면서 석탄 생산이 늘었고, 공장은 수력 대신 석탄과 증기기관을 동력원으로 이용했다. 이제 광산과 도시의 공장을 연결해서 석탄을 수송하기 위한 새로운 운송 기술이 필요해졌으며, 철도는 이러한 필요를 충족시킨 기술이었다. 이렇게 광산 기술, 증기기관, 공장, 운송 기술이 발전하면서 서로 밀접히 연결되는 현상이 나타났던 것이다.

비슷한 발전을 철도와 전신의 경우에도 볼 수 있다. 철도와 전신은 서로 독립적으로 발전한 기술이었지만 곧 서로 통합되기 시작했다. 우선 전신선이 철도를 따라 놓이면서, 철도 운행을 통제하는 일을 담당했다. 이렇게 철도 운행이 효율적으로 통제되면서, 전신은 곧 철도회사의 본부와 지부를 연결해서 상부의 명령이 하부로 효율적으로 전달되게 하는 역할을 했고, 이는 회사의 조직을 훨씬 더 크고, 복잡하고, 위계적으로 만들었다. 철도회사는 전신에 더 많은 투자를 하고, 전신 기술을 발전시키는 데 중요한 역할을 담당했다.

이렇게 기술이 연결되어 시스템을 만든다는 점을 통찰력 있게 파악하고 '기술 시스템'이란 개념을 정교하게 주장한 사람이 미국의 기술사학자 휴즈(Thomas Hughes)이다. 휴즈는 에디슨의 전력 시스템을 예로 들면서 기술 시스템의 개념을 강조했다. 전신과 축음기의 발명에서 볼 수 있지만, 에디슨은 발명에 천재적인 소질을 가진 발명가였다. 그렇지만 그가 기술사에서 차지하는 위치는 단순한 발명가를 뛰어넘는 것인데, 그 이유는 그가 전력 시스템을 건설한 '시스템 건설자(system builder)'이기 때문이다. 전력 시스템이 전등과 다른 점은, 전력 시스템은 전기의 생산, 송전, 소비, 측정 기술이 네트워크화된 기술 시스템이라는 점이다. 에디슨은 전기 생산을 위해서 당시 장난감 수준에 불과한 발전기를 수천 개의 전등을 켤 수 있는 발전기로 개량했고, 송전을 위해서 3선 송전 방식을 만들었으며, 소비를 위해 수명이 긴 진공 램프를 발명했다. 또 그는 전기화학의 원리를 이용해서 전기의 소비를 측정하는 미터기를 개발했다. 이 복잡한 일들은 멘로 파크(Menlo Park)에 있었던 그의 실험실에서 많은 연구원들의 공동작업으로 진행되었다.

휴즈는 에디슨의 전력 시스템이 발전하는 과정을 일반화해서 기술 시스템의 특성을 개념화했다. 우선 중요한 점은 기술 시스템이 인공물의 집합체만은 아니라는 점이다. 기술 시스템은 회사, 투자회사, 법적 제도, 정치, 과학, 자연자원을 전부 포함하는 것이며, 따라서 기술 시스템에는 기술적인 것(the technical)과 사회적인 것(the social)이 결합해서 공존하고 있다. 이러한 의미에서 기술 시스템은 사회기술 시스템(sociotechnical system)이라 불리기도 한다.

두번째로 기술 시스템은 고정된 것이 아니라 진화하고 발전한다는 사실이다. 기술 시스템은 대략 4단계를 거치며 진화한다. 첫번째 단계는 기술 시스템이 탄생하고 성장하는 발명, 개발, 혁신의 단계이며, 두번째는 한 지역에서 성공적이었던 기술 시스템이 다른 지역으로 이동하는 기술 이전의 단계이다. 세번째는 기술 시스템들 사이에 경쟁이 벌어지는 단계이며, 마지막은 이 경쟁에서 승리한 기술 시스템이 관성(momentum)을 가지고 공고화되는 단계이다.

이렇게 기술 시스템의 진화를 몇 단계로 나누는 것은 각 단계에 고유한 특성을 더 잘 이해할 수 있게 해준다. 무엇보다도 중요한 것은 각 단계에서 핵심적인 역할을 하는 사람들이 다르다는 것이다. 첫번째와 두번째 단계에서는 시스템을 디자인하고 이 초기 발전을 추진하는 기술자들의 역할이 중요하다. 에디슨과 같은 이런 기술자들은 발명에도 능하고 동시에 사업에도 능한 사람이어야 하는데, 그래서 이런 기술자들을 '발명가 겸 기업가(inventor-entrepreneur)'라고 부른다. 그렇지만 기술 시스템의 경쟁 단계에서는 기업가들의 역할이 더 중요하게 부상하며, 시스템이 공고해지면 자문 엔지니어(consulting engineer)와 금융전문가의 역할이 중요해진다.

각각의 단계에서 해결해야 하는 문제도 다르다. 첫번째 시스템의 성장 단계에서는 시스템 전체를 디자인하는 역할이 중요하고, 기술 이전 단계에서는 서로 다른 지역들 사이의 문화적, 제도적, 법률적 차이를 이해하는 것이 중요하다. 세번째 경쟁 단계에서는 '역돌출(reverse salient)'이라는 문제를 해결하는 것이 결정적인데, 역돌출은 시스템 전체 발전의 발목을 잡고 있는 미해결 문제를 의미한다. 예를 들어 직류와 교류 시스템의 전쟁에서 직류는 전력 송신 반경이 매우 적다는 역돌출이 있었고, 교류는 교류 모터가 발명되지 않았다는 역돌출이 있었다. 이렇게 역돌출이 분명해지면 많은 엔지니어들이 이 문제를 해결하기 위해서 노력한다. 직류의 문제는 5선 송전 시스템(5-wired system)으로 부분적으로 해결되었고, 교류 모터는 테슬라(N. Tesla)에 의해 발명되었다. 20세기에 세워진 기업의 연구소는 이러한 역돌출을 조직적인 연구를 통해 해결하기 위한 기관이라고 볼 수 있다. 마지막으로 시스템이 성장하면 이윤 증가와 시장 장악이 중요해지고, 따라서 기술자보다 매니저의 역할이 증대한다.

시스템이 성장하고 공고화되면서 나타나는 또 다른 특성은 기술 시스템에 관성이 생긴다는 것이다. 즉 개별 기술과 달리 성숙한 시스템은 한두 명의 엔지니어가 그 발전 방향을 바꾸기 힘들다는 것이다. 시스템의 관성은 여러 가지 이유에서 기인하는데, 사람들은 한번 성공한 기술이 앞으로도 계속 성공할 것이라는 믿음을 가지게 된다는 점이 한 가지 이유이며, 또 시스템에 이해관계가 있는 사람들이나 집단이 그 이해관계를 계속 유지하길 원한다는 것도 다른 한 가지 이유이다.

자동차의 예를 들어 이 문제를 조금 더 생각해보자. 지금의 자동차는 개별 기술이라기보다는 '자동차 시스템'이라고 부를 만하다. 이 시스템은 자동차 디자인 및 연구, 핵심 부품 및 기타 사양, 도로, 도시토목공학, 국토 개발에 관한 장단기 계획, 도시 구조, 주택 구조, 주유 · 정유 체계, 신호체계, 주차 등 수많은 제도와 인적 자본이 얽혀 있는 시스템이다. 넓은 의미에서 볼 때, 지금 미국의 직장 중 20퍼센트가 자동차 시스템을 만들고 유지하는 데 필요한 것이라고 간주하는 사람도 있을 정도이다. 자동차가 수많은 문제를 안고 있지만, 지금까지 대체 교통수단이 발달되지 않았던 이유도 자동차 시스템이 엄청난 관성을 가지고 있다는 사실에서 찾아볼 수 있다. 이 시스템의 관성은 바로 자동차 시스템을 생산하고 유지하는 일을 하는 수많은 사람과 기업의 이해관계에서 비롯된다고 할 수 있다.

기술 시스템은 바로 이러한 이유 때문에 인간이 만들었지만 인간의 통제를 거역하고 인간을 지배하는 것처럼 보인다. 멈포드(Lewis Mumford)와 같은 초기 기술철학자들은 이러한 거대 기술 시스템의 특성을 인지하고 이를 '독재적 기술'이라는 개념으로 표현했다. 무척 복잡한 기술 시스템의 초기 발전 단계에서는 전체 시스템을 디자인하는 '시스템 건설자'의 역할이 중요하지만, 시스템이 성숙해지고 복잡해지면서 그것이 세분화되고 잘게 쪼개져서 그 각각이 전문가들에 의해 다루어지는 것이 보통이다. 그런데 이러한 전문화와 파편화는 종종 전체를 볼 수 없게 만들어 큰 사고를 불러일으키게 되고 이 경우 그에 대한 책임이 실종되는 결과를 낳기도 한다. 이렇게 기술 시스템이 낳는 위험에 대한 분석은 현대 기술과 사회의 상호작용을 이해하는 데 가장 핵심적인 문제이며, 이 장의 제4절에서 더 상세히 다룰 것이다.

1-6. 기술의 역사 : 기술의 시기 구분

기술의 역사에 대한 고찰은 뒤에 훨씬 더 상세하게 다루어질 것이기 때문에 여기서는 기술의 발전에 따라서 기술사의 시기를 구분하는 두 가지 방법만을 소개하려 한다.

가장 잘 알려진 것이 기술철학자 멈포드의 것이다. 인류의 상고사를 원시 석기 시대(eolithic), 구석기 시대(paleolithic), 신석기 시대(neolithic)로 나누듯이 그는 인간의 문명사를 원시 기술 시대(eotechnic), 구기술 시대(paleotechnic), 그리고 신기술 시대(neotechnic)로 나누었다. 이 각각의 시기와 그 특징은 아래 표에 정리되어 있다.

	동력원	기초 물질	통제자	도구	동력단위
eotechnic (고대~근대)	바람, 물	나무	상인	풍차, 마차	14마력 풍차
paleotechnic (산업혁명)	석탄, 증기	철	자본가	증기기관	75마력 뉴코멘 엔진
neotechnic (20세기)	전기	합금	정부	터빈, 컴퓨터	7만 5천 마력 터보 발전기

〔표 2〕 기술의 변화와 발전에 근거한 멈포드의 역사적 시기 구분

전쟁기술사를 연구하는 롤런드(Alex Roland)는 기술을 " '기계'에서 나오는 특정한 '테크닉'을 써서 '동력'을 응용하여 어떤 '물질'을 유용한 방식으로 바꾸는 것"으로 정의한 뒤에, 인류의 역사를 1) 물질의 시기, 2) 테크닉의 시기, 3) 동력의 시기, 4) 기계의 시기로 나누었다. 그 각각의 기간과 특징은 아래 표에 정리되어 있다.

시기	특징
물질의 시기 (상고 시대~1000BC)	유기물질만이 아니라 돌, 도자기, 금, 은, 청동, 주석, 철 등과 같은 무기물질을 정복한 시기(석기, 청동기, 철기 시기를 포함함)
테크닉의 시기 (1000 BC~AD 15세기 중엽)	풍력, 수력, 인간의 근력을 사용해서 알려진 물질을 가공하고 조작하는 테크닉이 완벽해진 시기
동력의 시기 (AD 15세기 중엽~증기기관의 시대)	인간이 물질 세계를 조작하는 데 필요한 동력의 양이 엄청나게 증가한 시대
기계의 시기 (산업혁명 이후 기계의 시대)	기계가 중심이 된 산업 사회의 시기

〔표 3〕 기술의 역사를 물질, 테크닉, 동력, 기계로 분류한 방식

앞에서도 언급했지만 이러한 구분은 기술의 역사에 대한 이해를 돕기 위한 조금은 편의적인 구분임을 이해해야 한다. 실제로 기술의 역사는 이렇게 몇 개의 시기로 깔끔하게 구분되지 않는다.

2. 기술과 사회를 바라보는 관점들

현대 사회에서 기술이 사회와 가지는 복잡한 관계를 제대로 이해하기 위해서 기술과 사회의 상호작용에 대한 다양한 고찰만큼이나 필수적인 것이 기술과 사회와의 관계를 개념화, 이론화하는 것이다. 지금까지 기술자, 기술사가, 기술철학자들은 기술과 사회의 관계를 개념화하기 위해 여러 가지 설명 틀을 제공했다. 그 중 대표적인 것이 기술결정론과 이를 비판하면서 등장한 기술의 사회적 구성론이다. 이 장에서는 우선 기술결정론과 기술의 사회적 구성론의 장점과 문제점을 살펴보고, 이 둘의 문제점을 극복하면서 기술과 사회를 이해할 수 있는 이론적 틀을 제시하려 한다. 마지막 절에서는 기술의 가치중립성이라는 문제를 다시 살펴볼 것이다.

2-1. 기술결정론

기술결정론은 기술 변화와 사회 변화의 관계를 설명하는 한 가지 이론이다. 기술결정론은, 그 단어 자체에서 느낄 수 있듯이, 기술이 사회 변화의 작인(作因) 중 가장 중요하다고 본다. 기술과 사회의 관계는 기술에서 사회로 그 영향력이 뻗치는 일방적인 관계이다. 그렇기 때문에 기술결정론자들은 어떤 특정한 기술의 영향은 어느 사회의 경우나 동일하다고 간주한다. 기술결정론에서는 기술 그 자체가 사회와, 더 나아가 인간과도 무관하게 발전한다고 간주하며, 심지어는 기술이 독자적인 '생명력'을 가지고 있다고 보기도 한다.

물론 모든 기술결정론자들이 이렇게 극단적인 입장을 취하는 것은 아니다. 기술만이 사회 변화의 요소라고 보는 입장을 '강성(hard) 기술결정론'이라 부른다면, 기술이 계급, 성(gender), 법, 경제 등 다른 요소와 함께 사회 변화를 가져온다는 입장을 '연성(soft) 기술결정론'이라고 할 수 있다. 즉 강성 기술결정론에서는 기술이 역사 변화의 유일한 작인임에 반해서, 연성 기술결정론은 기술을 사용하는 인간이라는 요소가 포함되는 것이라고 볼 수 있다. 강성 기술결정론자들 중에는 기술의 궤적이 예측 가능하지만 통제 불가능하다고 보는 사람도 있고, 예측도 불가능하고 따라서 기술은 독자적인 생명력을 가지고 있다고 보는 사람도 있다.

기술결정론으로 많이 거론된 예가 서양 중세 시대의 등자(鐙子, stirrup)의 역할이다. 등자란 말을 타는 사람이 발을 고정시키는 마구의 일종인데, 등자가 도입되면서 말을 탄 채로 창이나 칼을 들고 싸우는 것이 가능해졌다. 결국 등자의 도입 때문에 말을 타고 적을 공격하는 기병이 부상했고, 프랑크 왕국의 궁재 샤를 마르텔이 교회의 재산을 몰수해서 기사들에게 주었는데, 이것은 이들을 중세 영주로 키우는 결정적 계기가 되었다. 중세 영주를 중심 세력으로 한 봉건 제도가 이렇게 해서 부상한 것이다. 결국 등자라는 작은 기술이 봉건제라는 거대한 사회 변화를 낳았다고 볼 수 있다. 이 주장은 중세 기술사를 연구한 화이트

(Lynn White Jr.)에 의해 제기되었다.

그렇지만 화이트의 주장에 아무런 문제가 없는 것은 아니다. 우선 이러한 설명은 실제 역사의 전개 과정을 무척 단순화한 것이다. 예를 들어 등자를 사용했던 프랑크족과 앵글로-색슨족 중 프랑크족만이 8세기 전반에 봉건제를 성립시켰다. 즉 같은 기술이라도 지역과 환경에 따라 그 효과가 달랐던 것이다. 그리고 프랑크족이 군대에서 등자를 도입해 중요한 도구로 사용하기 위해서는 그것의 가치를 알아본 샤를 마르텔이라는 지도자의 존재가 필요했던 것처럼 한 사회에서 새롭게 도입된 기술이 그 사회의 변화를 유발하기 위해서는 개인 혹은 집단적인 행위자의 선택과 행동이 있어야 했다. 기술은 그 자체가 세상을 만든 것이 아니라 사람을 매개로 세상을 바꾸었다고 볼 수 있다.

이 예에서 보듯이 기술결정론은 이미 많은 비판을 받았다. 지금은 "나는 기술결정론자다"라고 주장하는 사람을 거의 찾아보기 힘들다. 기술과 사회의 상호작용에 대해서 연구하는 학자들은 기술이 사회 변화의 많은 요인 중 한 가지라고 간주한다. 그렇지만 기술과 사회에 대한 논의에 기술결정론이 항상 등장하는 이유는 그것이 기술이 가진 몇 가지 독특한 특성에 잘 부합하기 때문이다.

이 문제를 좀더 잘 이해하기 위해서 "인간이 세상을 만든다"는 명제를 아래와 같은 식으로 도식화해서 생각해보자.

인간 ➡ 세상

인간이 세상을 만든다는 명제는 참인가? 여기에 문제점은 없는가? 우선 제기될 수 있는 첫번째 비판은 '인간이 세상을 만드는 것'뿐만이 아니라 '세상이 인간을 만드는 것'도 고려해야 한다는 것일 수 있다. 두번째 비판으로는 인간이 세상을 만들 때, 항상 '무엇'을 사용해서 세상을 만든다는 것이다. 여기서 '무엇'에 해당하는 것은 정치, 법, 경제체제, 관습, 언어, 상징, 그리고 기술을 포함한다. 이 두 비판을 아래와 같이 도식화해보자.

세상 ➡ 인간

인간 ➡ 무엇 ➡ 세상

이제 이 '무엇'에 기술을 대입해서 생각해보자.

인간 ➡ 기술 ➡ 사회

그런데 인간의 역할이 축소되는 식으로 이 관계를 본다면, 즉 인간이 기술을 만드는 것과 거의 무관하게 기술이 사회를 만든다고 간주하면 이것은 한 가지 유형의 기술결정론으로 귀결된다. 이를 'Type 1 기술결정론'이라고 부르자. 한마디로 말해서 Type 1 기술결정론은 "기술이 인간의 처음 의도와는 달리 예상치 않았던 결과를 낳는다"는 명제를 말한다. 유조선이 처음 발명되었을 때에는 이것이 해양 환경오염의 주범이 될 것이라는 생각을 아무도 하지 못했다. 자동차가 처음 발명되었을 때에는 이것이 마차를 끄는 말의 배설물이 도로를 지저분하게 만드는 문제를 해결한 '깨끗한 기술'로 추앙받았다. 이것이 심각한, 또 다른 종류의 환경오염을 가져올 것이라는 점은 예상치 못했던 것이다.

인간 → 〔기술 ➡ 사회〕 (Type 1 기술결정론)

그런데 기술결정론에는 이러한 한 가지 유형만 있는 것이 아니다. 인간도 사회의 일부이며, 따라서 만약에 위의 관계가 더 진행되어서 기술이 사회와 인간을 만드는 식으로 보일 수도 있다. 한국의 한 유명한 영화감독은 "과학기술이 발달한 요즘도 여전히 우리는 우리 자신이 살아가는 세상을 불편해한다… 그런 변화 속에서 자꾸만 불안해지는 이유는 무엇일까? 어쩌면 그것은 (기계에 의해) 조종당하는 기분이 아닐까? 기계의 발전 속에서 인간 역시 기계가 되는 것은 아닐까?"라고 현대 문명에 대한 자신의 생각을 피력한 적이 있다. 이렇게 기계가 인간을 지배한다는 생각, 즉 기계가 마치 살아 있는 것이 되고 인간이 기계의 부품이 되는 느낌은 아마 많은 현대인들이 공유하는 것이다. 〈매트릭스〉 같은 영화에서 보듯이 기계가 인간을 지배하는 미래는 수많은 공상과학소설과 영화의 주요 모티브가 되었다. 이렇게 인간이 만든 기술이 인간의 주인이 되는 것처럼 기술이 '통제 불가능'하며 '독자적인 생명력'을 가진다고 보는 것을 'Type 2 기술결정론'이라고 부를 수 있다.

기술 ➡ 〔 인간 + 사회 〕 (Type 2 기술결정론)

이제 이 두 가지 유형의 기술결정론에 대해서 비판해보자. Type 1 기술결정론은 기술의 예기치 않은 결과를 강조한다. 그렇지만 어떤 것이 예기치 않은 결과를 가져온다는 것은 사실 기술에만 있는 독특한 현상은 아니다. 우리는 살면서 우리의 말과 행동이 예기치 않은 결과를 낳는 경우를 자주 접한다. 또 Type 1 기술결정론이 간과하는 것은 기술을 만드는 것이 결국 인간의 노동이며, 기술이 사회를 만드는 과정과 동시에 사회가 기술을 만드는 과정 역시 존재한다는 것이다.

Type 2 기술결정론에 대해서도 비슷한 비판이 가해질 수 있다. 우선 기술이 생명력을 가지고 인간의 주인이 된다고 생각하는 것은 공상과학을 현실과 혼동하는 것이다. 사실 지금 우리 주변의 기술은 생명이 아니라 관성을 가지고 있다. 앞에서도 지적했듯이 기술 시스템의 관성은 성공한 기술이 계속 성공한다는 사람들의 믿음이나 기술에 투자한 수많은 이해관계 때문에 생긴 것이지 기술이 생명력을 가지고 있어서 생긴 것이 아니다.

역사적으로 많은 사람들이 인간은 기술의 발전을 통제할 수 없다고 주장했는데, 이런 주장을 잘 살펴보면 이런 주장의 이면에는 특정한 이해관계가 존재하는 경우가 많다. 예를 들어 계몽사조 시기 프랑스 사상가인 튀르고나 콩도르세는 기술의 발전이 필연적이라고 보면서 "기술은 혁명이다"라고 주장했는데, 이들이 이런 주장을 한 것은 당시 프랑스 사회를 개혁할 필연성을 정당화하기 위해서였다. 카를 마르크스도 자본주의 사회에서 기술이 신(神)을 죽였다고 하면서 기술 발전의 필연성을 주장했는데, 이 역시 사회주의 혁명의 필연성을 주장하기 위해서였다. 1960년대 미국의 정치가나 군인 중에는 핵무기가 인간의 통제를 벗어났다고 하면서 핵전쟁이 기계에 의해서 발발할 수 있다고 주장한 사람들이 있었는데, 이들이 실제로 의도했던 것은 핵전쟁 발발시 인간의 의지에 의한 타협 가능성이 거의 없다는 메시지를 소련측에 전달하는 것이었다.

이렇게 기술결정론은 기술의 예기치 않은 결과나 기술 발전의 관성과 독자성을 설명하는 데 유용하다. 그렇지만 위의 비판에서도 보았듯이 기술의 예기치 않은 결과를 과장해서 마치 사람이 기술을 전혀 이해할 수 없다거나 통제할 수 없다고 생각한다든가, 혹은 기술에 그 자체의 생명력이 있는 것처럼 간주하는 것에는 비판의 소지가 있다. 그리고 기술이 독자적 생명력을 가지고 있다는 주장의 이면에는 사람들의 특정한 이해관계가 있는 경우도 종종 발견할 수 있다.

2-2. 기술의 사회적 구성론

기술결정론을 비판하는 논리 중 하나는 사회가 기술을 구성함을 보이는 것이다. '기술의 사회적 구성론'(social construction of technology: SCOT)은 바로 이렇게 기술결정론에 대한 비판에서 출범했다.

그런데 "기술이 사회적으로 구성된다"는 주장은 기술결정론만큼이나 상식적으로 들린다. 예를 들어 "에디슨의 송전 기술체계가 사회적으로 구성되었다"는 주장은 "뉴턴의 만유인력이 사회적으로 구성되었다"는 주장에 비해 훨씬 더 받아들이기 쉬워 보인다. 사람들은 기술의 발전이 사회 내에서, 사회와의 상호작용을 통해서 일어난다는 점을 당연하게 받아들이고 있기 때문이다. 그렇다면 기술의 사회적 구성론에서 새로운 점은 무엇인가?

논의를 진전시키려면 약간 철학적인 사고를 할 필요가 있다. 무엇이 기술적 발전을 추동하는가? 왜 우리는 150볼트가 아닌 110볼트 또는 220볼트 전기 체계를 가지고 있는가? 한때 많은 사람들이 비행기가 발전해서 결국 누구나 소형 자가용 비행기를 갖게 될 것이라고 예상했음에도 불구하고 어째서 비행기의 크기는 커졌는가? 왜 우리는 지금 우리가 타고 있는 자전거를 갖게 되었는가? 자전거가 처음 만들어진 19세기 말에는 다른 형태의 자전거도 많이 있었는데 어째서 '안전 자전거'—다이아몬드 형태의 틀과 고무 타이어를 쓰고 두 바퀴의 크기가 비슷한 모델—가 경쟁에서 이겨서 지금은 보편적이 되었는가?

이런 문제에 대한 상식적인 답은 대체로 지금 우리가 쓰는 모델이 다른 모델보다 편하고 안전하다는 것이었다. 간단히 말해 이것이 다른 것보다 더 효율적이기 때문에 경쟁에서 이겼다는 것이다. 사실 우리의 자본제적 사회에서 효율성이란 좋은 것, 합리적인 것, 추구해야 할 것, 심지어 운명지어진 어떤 것을 의미한다. 그렇지만 이런 관점은 논쟁적인 기술을 분석할 때 문제를 야기시킨다. 핵폭탄도 효율적인 기술이라고 볼 수 있을까? 인간 복제 기술도 필연적인 것으로 받아들여야 하는 것인가? 이런 기술들 모두가 다른 기술과의 경쟁에서 승리해서 오늘날 우리가 가진 기술이 되었는가? 지금 우리가 가진 기술이 다 효율적인 것이라면, 왜 재앙에 가까운 기술적 실패가 빈번히 발생하는가?

기술결정론에서는 기술의 발전은 물론 기술이 사회에 미치는 영향이 이미 기술 속에 결정되어 있음을 강조한다. 반면에 기술의 사회적 구성론은 기술 발전의 궤적이 이미 기술 내에 결정되어 있다는 식의 '본질주의(essentialism)'를 비판하면서 시작한다. 대신, 기술의 사회적 구성론은 기술의 발전에서 중요한 역할을 한 사회집단들을 강조한다. 예를 들어 자전거의 발전에 대해 생각할 때 우리는 자전거를 만든 기술자와 남성 이용자뿐 아니라 여성 이용자, 스포츠 자전거 이용자, 심지어 자전거 반대론자도 고려해야 하는데, 그 이유는 각 집단이 특정한 자전거 디자인에 대해 그들 나름의 선호와 이해관계를 가지고 있기 때문이다. 예를 들어 스포츠 자전거 이용자들은 56인치짜리 커다란 앞바퀴가 달린 모델을 좋아했다. 하지만 이러한 자전거 때문에 치마 입은 여성 이용자들을 위해 특별히 설계된 자전거를 따로 만들어야 했다.

이런 식으로 분석해보면, 자전거의 초기 발전 단계는 표준 자전거로의 단선적 발전을 반영한다기보다 오히려 인공물(artifact)과 사회집단, 그리고 풀어야 할 기술적 문제들의 분산된 네트워크를 반영함을 알 수 있다. 예를 들어 지금은 공기 타이어가 자전거에 보편적으로 쓰이고 있지만, 초기에는 아무도 공기 타이어가 자전거 설계에 없어서는 안 될 요소라고 생각지 않았다. 기술자들에게 공기 타이어는 매우 골치 아픈 문제였고, 스포츠 자전거를 즐겼던 사람들에겐 불필요한 것이었다. 큰 자전거를 타고 언덕을 오르내리는 스포츠 자전거를 타던 사람들에겐 타이어가 아닌 자전거의 용수철 프레임이 울퉁불퉁한 길을 지나는 문제를 해결해주었다.

그렇다면 어째서 이 초기의 불안정한 네트워크가 마침내 안정적인 것으로 되었을까? 어떻게 종결이 일어났을까? 기술의 사회적 구성론자들은 안전 자전거의 효용이 아니라, 자전거 경주와 같은 외적 요소가 '종결'에서 중요한 역할을 했다고 주장한다. 자전거 경주가 당시 사람들의 관심을 끌면서 공기 타이어를 장착한 안전 자전거가 다른 자전거보다 빠르다는 것이 경주를 통해 입증되었고, 초기 자전거 설계에서 중요하게 고려되지 않았던 속도가 중요한 특징으로 새로이 부각되었다. 자전거 설계에서 속도가 다른 특징들보다 중요해졌고, 이는 속도를 더 낼 수 있는 안전 자전거 쪽으로 경쟁을 종결시키는 방향으로 나아갔다.

기술 디자인을 종결하는 데 중요했던 또 다른 요소는 여성 자전거 애호가들이었다. 자전거를 격렬한 스포츠로 여기던 남성들은 큰 앞바퀴가 있는 자전거를 선호했지만, 여성들은 치마라는 복장 때문에 앞바퀴가 작고 타이어가 쿠션 역할을 해주는 안전 자전거를 선호했던 것이다. 그러므로 안전 자전거가 다른 자전거보다 우월하다는 결론은 기술적 논리(가령 효율성)에 의해서가 아니라 사회집단, 이들의 이해관계, 그리고 자전거라는 인공물 사이의 상호작용에서 나온 여러 가지 우연한 사건들에 의해 도출되었다. 안전 자전거가 다른 자전거보다 더 효율적이라는 것은 논쟁이 끝나고 재구성된 것이다.

이를 조금만 일반화시켜보자. 기술적 인공물을 둘러싼 사회집단에는 이를 만들고 판매하는 엔지니어와 기업가만 있는 것이 아니라 다양한 유형의 소비자도 있다. 이 각각의 사회집단은 어떤 한 가지 기술과 관련해서 자신들이 해결하고 싶은 문제들이 있는 사람들이며, 이러한 문제 각각에는 다양한 해결방식이 있을 수 있다. 이렇게 한 가지 문제를 여러 가지 기술적인 방식으로 해결할 수 있는 것을 기술적 유연성이라고 부른다. 이런 다양한 유연성들은 기술을 둘러싼 사회집단들 사이의 해석 차와 갈등으로 나타나는데, 이러한 갈등은 핵심적인 문제가 새로운 기술에 의해 해결됨으로써 해소되며, 그 결과는 특정 기술이 표준으로 채택되는 것으로 나타난다. 논쟁의 종결은 기술 그 자체의 논리에 의한 것이라기보다는, 기술을 둘러싼 사람들 사이에서 이루어진 일종의 합의 과정이다. 즉 기술의 방향, 내용, 결과가 사회 그룹들의 상호작용에 의해 사회적으로 구성되는 것이다.

기술의 사회적 구성론이 기술결정론의 한계를 극복하는 데 도움을 주지만, 그 자체에 아무런 문제가 없는 것은 아니다. 우선 기술의 사회적 구성론자들은 어떤 기술의 초기 발전 단계에만 초점을 맞추는 경향이 있다. 초기 단계가 기술의 사회적 형성을 가장 잘 보여줄 수 있기 때문인데, 그 결과 사회적 구성론자들은 종종 원숙한 기술 시스템이 거대한 관성을 가진다는 사실을 간과하곤 한다. 이는 기술적 유연성과도 관련이 있는데, 사회적 기술론자들은 기술의 유연성을 너무 강조한 나머지 많은 기술이 인종, 성별, 나이, 심지어는 국경을 넘어서도 동일하게 사용된다는 점을 간과하곤 한다.

2-3. 기술결정론과 기술의 사회적 구성론을 넘어서

지금까지 살펴본 기술결정론과 기술의 사회적 구성론에 대한 비판을 토대로 기술과 사회를 바라보는 포괄적인 이론 틀을 만들어보자.

새로운 기술이 처음에 디자인될 때는 다양한 사회문화적 요소가 영향을 미친다. 이 경우 시장의 수요가 중요하지만, 이것이 전부는 아니다. 기술 특허의 90퍼센트는 만들어지지도 않은 것들이고, 지금도 많은 기술이 시장을 고려한 결과라기보다는 꿈과 상상력의 산물이라는 것을 부인할 수 없다. 기술을 둘러싼 다양한 사회적 그룹의 이해관계가 기술 디자인에 영향을 미치는 결과가 이 시기에 나타난다.

이렇게 도입된 기술은 우리가 사는 사회를 바꾼다. 새로운 기술의 도입은 우리에게 새로운 가능성을 열어주면서, 우리가 가지고 있었던 기존의 가능성 중 특정한 것을 무력화시킨다. 전화가 일반화되면서 멀리 있는 친구나 친척과 전화로 통화하는 것이 가능해졌지만, 이들이 실제로 서로 만나는 빈도는 줄어든 것을 생각해볼 수 있다.

즉 새로운 기술은 '기술적 환경(technological environment)'을 바꾸고 새로운 환경을 형성한다. 그 결과 기술을 둘러싼 사회세력들, 사회조직간의 역학관계가 바뀐다. 새로운 기술 때문에 더 힘을 얻게 된 그룹과 그렇지 않은 그룹이 생기며, 이에 따라 사회의 역학관계와 사회구조가 바뀐다. 산업혁명기에 공장에 도입된 기계는 자본가들의 힘을 강화했으며, 초기 정보처리 기술은 국가가 가진 관료제의 힘을 강화했다. 또 새로운 기술은 우리의 사회적 경험도 바꾼다. 들판을 가로지르는 철도는 '자연'이라는 것에 대한 우리의 정신적 이미지를 바꾸었고, 달에서 찍은 푸른 지구 사진은 '지구'에 대한 인류의 경험을 바꾸면서 지구 공동체라는 개념을 만들었다. 컴퓨터는 사람과 사람을 새롭게 만나게 하고 있다.

즉 새로운 인간관계, 권력관계, 경험을 만들면서 기술은 우리 사회를 바꾼다. 종종 이러한 기술은 기술 시스템으로 진화하고, 원숙한 기술 시스템은 엄청난 모멘텀(관성)을 가진다. 이렇게 변화된 사회구조는 다시 기술이 발전하는 새로운 조건을 만든다. 기술과 사회의 상호작용은 이렇게 서로가 서로를 바꾸며 나선형으로 얽히면서 발전하는 양상을 보인다.

이제 이러한 인식을 최근 많은 사회 문제를 야기하는 정보기술에 적용해보자. 정보기술이 정보의 집중을 낳기 때문에 필연적으로 인간을 감시하고 통제하는 정보 파놉티콘(panopticon)[2]으로 귀결된다는 주장은 기술 발전의 내적 논리의 필연성에 근거한 기술결정론적인 생각이다. 우리는 기술의 역사를 통해 어떤 기술이 처음에 예상했던 것과는 다른 사회 문화적 영향을 낳는 경우를 종종 볼 수 있다. 기술의 궤적은 앞에서 지적했듯이, 기술이 새롭게 열어주고 힘을 부여하는 사회세력들과 동시에 그 기술 때문에 힘을 잃게 되는 사회세력들 사이의 상호작용을 통해 가지치기식의 불규칙한 경로를 따른다. 기술의 궤적에 더 중요한 것은 기술을 둘러싼 다양한 사회세력들 사이의 힘의 관계이지, 기술의 초기 디자인에 각인된 발전 방향성이 아닌 것이다.

따라서 정보기술 중에는 권력자가 민중을 감시하는 목적으로 사용된 것도 있지만, 역으로 민중이 권력자를 감시하는 '역파놉티콘(reverse panopticon)'으로 쓰인 경우도 있다. 정보기술이 파놉티콘으로 쓰이는가 혹은 역파놉티콘으로 쓰이는가를 결정하는 것은 기술 그 자체의 논리가 아니라 항상 기술과 사회세력들의 다양한 개입 사이의 상호작용이다.

그렇지만 정보기술이 역파놉티콘으로 쓰일 수 있기 때문에 우리가 기술에 대해서 아무런 일을 하지 않아도 된다고 생각하는 것은 위험하다. 무엇보다 기존에 힘을 가진 권력자가 다수에 대한 정보를 수집하는 감시용으로 정보기술을 사용하기가, 권력에 대한 역감시의 도구로 이를 사용하는 것보다 더 용이한 것이 현실이다. 그러므로 역파놉티콘의 가능성은 열려 있지만, 그것이 자동적으로 이루어지지는 않음을 인식하는 것이 중요하다. 시민운동과 다양한 NGO(비정부기구)들에 의한 행정 및 사법 권력에 대한 감시, 대기업의 횡포와 통신·인터넷

---

2. 영국의 공리주의 철학자 벤덤(Jeremy Bentham)이 설계한 원형 감옥. 감옥의 중심에는 간수가 죄수를 감시하는 공간이 있고 죄수의 방은 감옥의 원주를 따라 둘레에 설계되었다. 간수의 감시 공간은 항상 어둡게 유지되고 죄수의 방은 항상 밝게 유지되어, 간수는 언제든지 죄수를 볼 수 있지만 죄수는 간수가 자신을 보고 있는지 아닌지도 알 수 없게 되어 있다.

기업의 개인정보 유출에 대한 감시, 의정과 언론에 대한 감시, 시민운동의 또 다른 권력화에 대한 끊임없는 성찰과 자기 감시, 인터넷과 같은 새로운 미디어의 통제에 대한 반대운동, 정보의 수집을 제한하는 강력한 프라이버시법의 입법화, 그리고 역감시를 위한 정보공개권의 확보 등이 결합할 때 역파놉티콘이 제 기능을 발휘할 것이다.

2-4. 기술의 가치 중립성 : 기술은 양날의 칼인가?

21세기를 사는 엔지니어는 자신이 만들거나 디자인한 기술의 발전을 주시하고 이에 대해 더 많은 책임을 져야 한다. 이에는 다음과 같은 세 가지 이유가 있다.

그 중 첫번째는 기술의 초기 디자인에 (엔지니어가 의도적으로 그러했건 혹은 자기도 모르는 상태에서 그렇게 되었건) 사회적 가치가 각인되는 경우가 많기 때문이다. 로버트 모제스(Robert Moses)는 1930년대에서 1950년대에 이르기까지 뉴욕 시의 지형을 디자인한 유명한 건축가였다. 그가 야심적으로 추진한 프로젝트 중에는 로드 아일랜드에 조성한 존스 비치(Jones Beach) 공원이 있었다. 그는 이 과정에서 기존의 도로를 진입로로 사용하는 대신에 새로 포장된 공원도로를 만들면서 이 길 위를 지나가는 교각을 버스의 높이보다 낮게 만들어서 흑인들이 주로 타는 버스가 공원에 접근하지 못하도록 했다. 존스 비치는 자가용을 가진 중산층 이상의 백인들의 공원이 되었던 것이다. 공원의 디자인에 당시 미국 사회의 인종차별주의가 각인되어 있었다고 볼 수 있다.

두번째 이유는 기술이나 디자인이 기술 시스템의 일부가 되면, 그것을 바꾸기가 무척 힘들다는 것이다. 발전한 시스템은 개별 기술에는 결여된 거대한 관성을 가지며, 여기에 이해관계를 가진 사람들과 집단이 늘어난다. 인간 복제 기술은 지금은 법으로 금지시킬 수 있지만, 일단 그것이 시행되고 이에 이해관계를 가진 의사, 병원, 제약회사, 시민들이 늘어나면 그 다음에는 이를 막기가 무척 어려워

질 것이다. 원자탄 연구도 1939년에 연쇄반응이 발견되었을 당시에는 중지할 수도 있었지만, 일단 원자탄이 성공적으로 개발된 1945년 이후에 강대국들 사이의 경쟁적 이해관계가 이에 집중된 다음에는 연구와 개발을 중단하는 것이 무척 힘들어졌다. 그렇기 때문에 기술을 담당하는 엔지니어들은 기술의 초기 발전 단계에서부터 이것이 나중에 어떤 사회적 영향을 미칠 것인지를 고찰하고, 혹시 가능할 수도 있는 나쁜 영향에 대해서 다양하게 평가해보아야 하는 것이다.

마지막으로 20세기 이후에는 기술이 가진 파괴력이 그 어느 때보다도 증가했다는 사실을 생각해야 한다. 냉전이 종식되었지만 아직도 많은 과학기술 연구가 전쟁과 관련해서 이루어지고 있으며, 심지어는 컴퓨터 게임의 발전에도 미국 국방부의 고등방위연구계획국(DARPA)과 해군, 공군이 큰 영향력을 미치고 있다. 전투적인 파괴력만이 아니라, 기술의 환경에 대한 파괴력도 증대했다. 대규모 댐 건설, 방조제 건설, 간척사업, 자연을 관통하는 도로와 철도, 원자력발전소, 난파 유조선은 20세기 기술이 생태계와 환경은 물론 인간 사회에 미치는 영향이 그 어느 시기보다도 증대했음을 잘 보여준다. 인간과 환경에 대한 파괴는 한 번 일어나면 돌이키기 힘들다. 기술을 개발하고 시스템을 건설하는 엔지니어들은 그렇기 때문에 자신의 기술에 대해서 진정한 책임감을 가져야 한다.

기술의 경우 기술자의 사회적인 책임을 회피하는 데 많이 사용되는 담론이 "기술은 가치중립적이다" 혹은 "기술은 양날의 칼이다"라는 것이다. 이러한 담론들은 기술이 선한 방향으로도 혹은 악한 방향으로도 사용될 수 있으며, 따라서 기술의 오용은 이를 오용한 사람의 잘못이지 기술을 디자인한 엔지니어의 책임이 아니라는 의미를 함축한다. 그런데 정말 기술 디자인은 가치중립적인 것이고, 기술은 양날의 칼인가?

분명히 어떤 기술은 양날의 칼로 볼 수 있는 경우가 있다. 외과의사의 칼은 사람의 생명을 구하지만, 그 칼을 강도가 쥐었을 때는 사람의 생명을 위협한다. 이 경우 동일한 칼이 그것을 사용한 사람에 따라 좋은 방향으로도 나쁜 방향으로도 사용된 것으로 볼 수 있다. 그렇지만 이런 기준을 모든 경우에 적용하는 것은 문제가 있다. 왜냐하면 어떤 기술은 분명히 그것의 가치가 뚜렷하게 한쪽 방향으로 경도된 경우가 있기 때문이다.

고대 철학자 플라톤은 "배(ship) 위에서는 평등한 민주주의가 구현되기 힘들다"는 얘기를 했다. 몇 명이 타는 카누와는 달리 큰 배를 운항하기 위해서는 선장, 부선장, 항해사, 선원, 노 젓는 사람들로 이루어진 위계가 필수적이기 때문이다. 미국에서는 총이 사람을 죽이는 것이 아니라 사람이 (단지 총을 사용해서) 사람을 죽이는 것이라는 식으로 총의 사용을 옹호하는 사람들이 없지 않은데, 이런 사람들은 사실 총이 사람을 죽이는 데 이외에는 사용될 확률이 거의 없다는 명백한 사실을 무시하고 있는 것이다. 원자탄의 '좋은 사용' 역시 상상하기 힘들다.

이런 경우를 두고도 "기술은 양날의 칼이고 따라서 가치중립적이다"라고 주장한다면, 이는 기술의 문제를 덮어두려는 이데올로기로밖에는 볼 수 없다. 그래서 엔지니어들은 "기술은 양날의 칼이다"라는 기술의 가치중립성 담론에 만족하지 말고, 자신의 기술이 양날의 칼이 아니라 혹시 한쪽 방향으로만 쓰일 개연성이 큰 기술인가를 세밀하게 관찰하고 주시해야 하는 것이다.

결국 자신의 기술 디자인이 어느 범주에 속하는가, 혹은 사회에 어떤 영향을 미치는가는 초기 기술의 궤적은 물론, 그것이 기술 시스템에 어떻게 편입되는가를 예의 주시해야만 알 수 있다. 기술과 기술 디자인은 인간의 의도적 노력의 산물이다. 기술자가 만들어서 세상에 내놓는다는 뜻이다. 내가 만들어 세상에 내놓은 것에 대해서 나는 그것의 창조자(creator)로서 책임이 있다. 부모가 자식의 일생 전부를 계획하거나 통제하지는 못하지만, 부모에게는 자식을 잘 키워서 독립적인 시민으로 사회에 편입시킬 의무와 책임이 있는 것처럼, 자신이 만든 기술에 대한 비슷한 책임이 엔지니어에게도 있는 것이다.

3. 성공한 기술, 혁신, 엔지니어

제1절에서 엔지니어는 무엇을 하는가라는 문제를 일반적으로 다루었다. 여기서는 구체적인 사례를 가지고 엔지니어의 혁신과 리더십을 살펴보려 한다. 엔지니어나 기술자들 중에는 역사에 남는 놀라운 발명을 하거나 혁신을 이룬 사람들이 많다. 그렇지만 여기서도 문제가 되는 것이 이들의 활동이 항상 균일하지 않다는 것이다. 엔지니어나 기술자 중에는 과학 이론에 가까운 이론적인 혁신을 이룬 사람도 있었고, 이론에는 밝지 않았지만 뛰어난 발명이나 혁신을 이룬 사람도 있었기 때문이다. 또 서로 다른 공학 분야들, 예를 들어 기계공학, 화학공학, 컴퓨터공학을 같은 차원에서 비교하기도 쉽지 않다. 따라서 여기서는 엔지니어 · 기술자의 뛰어난 발명과 혁신 과정을 일반화하는 설명 틀을 제시하기보다는 이들에게서 볼 수 있는 몇몇 공통점에 초점을 맞추기로 한다. 제임스 와트, 굴리엘모 마르코니, 조지 이스트먼의 성공적인 발명과 혁신의 사례를 살펴본 후 이 절의 마지막에서는 미국의 엔지니어 프레드릭 터먼에게서 볼 수 있는 엔지니어의 성공적인 리더십의 예를 소개할 것이다.

3-1. 성공적인 발명과 혁신 I : 제임스 와트의 예

제임스 와트(1736~1819)는 1736년 스코틀랜드에서 태어났다. 그는 19세에 글래스고라는 스코틀랜드의 대도시에서 과학기기를 제작하는 일을 시작했으며, 곧 이 일에 재능을 보여 20대 초반에는 자신의 가게를 직접 열었다. 1763년 27세가 되었을 때, 그에게는 뉴커멘 엔진이라는 증기기관을 수리할 기회가 생겼다. 뉴커멘 엔진은 광산의 갱도에 고인 물을 퍼내는 데 사용되는 기계였는데, 효율이 낮아서 널리 사용되지 않고 있었다.

뉴커멘 엔진은 물을 끓여 거기서 나온 증기로 실린더 내의 피스톤을 위로 밀어 올렸다. 문제는 이렇게 올라간 피스톤을 어떻게 다시 밑으로 떨어뜨리는가에 있었는데, 뉴커멘 엔진은 실린더에 난 작은 구멍을 통해서 찬물을 실린더 내부에 뿜어 실린더의 온도를 떨어뜨림으로써 피스톤을 밑으로 하강시키는 방법을 취했다. 이럴 경우 문제는 피스톤을 위로 올리기 위해서는 실린더를 덥혀야 하고, 이를 떨어뜨리기 위해서는 실린더를 다시 차게 만들어야 한다는 것이었다. 즉 열의 상당 부분이 차가워진 실린더를 다시 덥히는 데 (즉 아무런 일도 하지 못하고) 사용되었던 것이다. 뉴커멘 엔진이 열효율이 낮았던 것은 바로 이런 이유 때문이었다.

뉴커멘 엔진을 수리하면서 와트는 이 문제를 해결하면 엔진의 효율이 놀랄만큼 높아질 수 있다는 것을 인식했다. 그렇지만 어떻게 이 문제를 해결할 수 있는가? 그는 피스톤이 운동하는 실린더는 항상 덥게 유지하고, 공기를 냉각시켜주는 콘덴서를 따로 분리해서 이를 항상 차게 유지하면 이 문제가 해결될 수 있다는 것을 인식했다. 그는 수개월간의 연구 끝에 결국 이 문제를 해결한 증기기관을 설계할 수 있었다.

이제 문제는 돈이었다. 와트는 부유하지 않았기 때문에 다른 곳에서 재원을 마련해야 했다. 마침 스코틀랜드에서 철광업을 하던 로벅(John Roebuck)의 재정적 후원을 얻을 수 있었지만, 로벅은 1773년에 파산했다. 와트는 자신의 아이디어를 가지고 버밍엄의 부유한 사업자인 볼턴(Matthew Boulton)과 동업을 시작하는 데 성공했다. 볼턴의 공장에서 제작된 와트의 증기기관은 대히트를 쳤는데, 그 이유는 이것이 뉴커멘 기관보다 4배 이상 효율적이었기 때문이다. 와트는 1775년에 자신의 기관에 대한 특허를 취득했고, 이를 기반으로 25년간 증기기관의 생산을 독점할 수 있었다.

그렇지만 와트가 이 첫 특허만을 이용해서 부를 축적했다고 생각해서는 안 된다. 와트의 발명은 여기서 끝나지 않았기 때문이다. 그는 1781년에 회전운동을 하는 증기기관을 만들었다. 그가 처음 만든 기관은 상하 수직운동만을 수행했다. 이 초기 엔진은 광산의 물을 퍼내는 데는 적합했지만, 공장에 사용될 수는 없었다. 회전운동을 하는 증기기관의 발명은 증기기관을 방적공장과 같은 곳에서 방적기를 돌리는 데 사용될 수 있도록 탈바꿈시켰다. 발명가이자 기업가였던 아크라이트(Richard Arkwright)는 와트의 증기기관의 중요성을 인식하고 자신의 공장에 최초로 증기기관을 들여놨다. 1800년이 되면 5백 기 이상의 와트 기관이 영국의 공장과 광산에서 사용되었다. 와트는 1788년에 피스톤 운동의 속도를 자동으로 조절하는 조속기(調速機)를 발명했고, 이중 작동 엔진 (피스톤이 위로 올라갈 때와 아래로 떨어질 때 모두 엔진을 작동시키는 것)과 평행운동 메커니즘(회전운동을 직선 왕복운동으로 바꾸어주는 것으로 기차에 사용될 수 있음)을 발명했다. 그는 1790년에 이미 부자가 되었고, 1800년에는 회사에서 은퇴해서 자신의 연구에 전념했다.

와트의 성공은 그가 뉴커멘 엔진의 낮은 열효율의 원인을 정확하게 인식하고 이를 해결하기 위해 오랫동안 노력한 데서 출발했다. 그렇지만 이러한 한 가지 발명이 그의 성공의 전부는 아니었다. 무엇보다 그는 볼턴이라는 유능한 기업가와 역사에 남을 파트너십을 만들었다. 와트는 발명과 개량에 능했고 볼턴은 비즈니스에 능했다. 이러한 상보성은 와트-볼턴 회사를 성장시킨 동력이었다. 또 와트는 윌리엄 머독(William Murdoch) 같은 유능한 조수를 고용했으며, 특허를 잘 이용해서 자신의 발명을 25년간 독점할 수 있었다.

그렇지만 가장 중요한 것은 그가 지속적으로 혁신을 계속했다는 것이다. 그는 뉴커멘 기관을 개량한 데서 머문 것이 아니라 증기기관을 보편적인 동력원으로 만들기 위해서 회전 증기기관을 개발하고, 이중 작동기관을 만들고, 그 속도를 일정하게 유지하는 조속기를 개발하고, 평행운동 메커니즘을 개발하고, 증기기관의 힘을 재는 '마력'이라는 단위를 만들었다. 이러한 지속적인 혁신은 와트와 볼턴이 증기기관의 생산을 30년 가까이 독점할 수 있었던 가장 중요한 요소가 되었다.

와트가 처음 발명하고 특허를 낸 증기기관은 저압력(low pressure) 증기기관이었다. 한 가지 흥미로운 사실은 와트가 저압력 기관에만 신경을 썼기 때문에 다른 형태의 증기기관에 무관심했으며 심지어는 적대적이기까지 했다는 점이다. 특히 와트의 조수인 머독은 고압력(high pressure) 기관을 개발했지만, 와트는 머독의 연구를 격려하기는커녕 이를 적극적으로 말렸고, 그가 특허를 내지 못하도록 압력을 가하기도 했다. 결국 와트에 대해 충심이 강했던 머독은 이 연구를 포기하고야 말았다. 고압력 기관은 와트의 특허가 말소된 1800년 이후에야 발명되었고, 결국 와트의 저압력 기관을 대체하게 되었다.

3-2. 성공적인 발명과 혁신 Ⅱ : 굴리엘모 마르코니의 예

20세기 무선 전신과 라디오의 아버지라 불리는 마르코니(Guglielmo Marconi, 1874~1937)는 어릴 적부터 과학과 발명에 관심이 많았다. 그는 부유한 아버지를 둔 덕분에 자기 집에 있는 다락방에 자신의 실험실을 만들고 다양한 화학 실험과 전기 실험에 몰두할 수 있었다. 마르코니는 20세가 되던 1894년 여름에 독일의 물리학자 헤르츠(H. Hertz)의 조사(弔辭)가 실린 잡지를 우연히 보게 되었다. 독일의 천재적인 물리학자인 헤르츠는 1888년에 전자기파를 발견해서 전 유럽을 흥분시킨 장본인이었다. 전자기파는 눈에 보이지 않았지만 빛의 속도로 전파된다는 것이 알려졌고, 멀리 떨어진 곳에서 스파크를 일으킬 수 있었다.

유럽 최고의 물리학자들이 전자기파를 가지고 실험을 했지만 이들은 이를 통신에 사용할 수 있다고는 생각하지 않았다. 우선 전자기파의 전파 거리가 불과 수십 미터 정도로 너무 짧았다. 그리고 물리학자들은 전자기파의 파장을 더 짧게 해서 전자기파와 빛 사이의 유사성을 탐구하는 문제에 관심이 많았다. 예를 들어 전자기파의 편광, 굴절, 산란과 같은 문제에 관심이 있었던 것이다. 반면에 전신기술자들은 물리학자들이 실험실에서 사용하는 전자기파에 별 관심이 없었다. 19세기 말엽에 전신은 대서양을 가로질렀고 전세계를 거미줄같이 덮고 있었기에, 전파 거리가 수십 미터밖에 안 되는 전자기파에서 새로운 통신의 가능성을 찾을 이유가 없었던 것이다.

마르코니는 헤르츠의 실험에 대한 기사를 읽자마자 이를 통신에 사용할 수 있다는 생각을 했다. 그는 수신 거리가 너무 짧다는 것이 가장 큰 난제임을 인식하고 이를 늘리는 쪽으로 연구를 집중했다. 우선 발진기의 발진 코일의 크기를 늘리고 그 절연을 완벽하게 함으로써 더 강력한 스파크를 얻어낼 수 있었다. 문제는 수신기였다. 당시의 수신기는 무척 불안정하고 비효율적이었으므로 마르코니는 수신기의 민감도를 높이는 데 총력을 기울였다. 수신 튜브의 크기를 작게 하고, 약 3백~4백 가지의 재료에 대한 실험을 거쳐 니켈과 은가루를 혼합한 후 여기에 수은을 몇 방울 떨어뜨려주면 가장 좋은 수신기를 만들 수 있다는 사실을 알게 되었다. 그는 수신기를 두드리는 태퍼를 발명해 이를 계전기(relay)와 연결시켰고, 발진기에 날개 모양의 금속 컨덴서를 달았으며, 비슷한 날개를 수신기에도 연결했다. 이 날개 모양의 컨덴서는 안테나로 진화했다. 약 1년 가까이 온갖 회로를 다 실험한 뒤에 마르코니는 대략 2마일 정도 거리에서 전자기파를 이용해서 모스 부호를 보내고 받는 데 성공했다.

그렇지만 주위의 반응은 냉담했다. 마르코니의 아버지를 비롯해서 이탈리아의 학자들은 마르코니의 발명을 장난감으로 취급했다. 이탈리아에서 특허를 내는 것이 어렵다고 생각한 마르코니는 자신의 발명품을 가지고 영국으로 건너갔다. 이때 그는 불과 22살이었다. 마르코니는 영국 체신국 엔지니어들 앞에서 자신의 발명을 선보였고, 체신국을 통해 자신을 홍보했다. 전선 없이 공중을 가로질러 1~2마일씩 메시지를 송신하는 마르코니의 발명은 곧바로 영국 과학자들과 기술자들의 관심을 끌었다. 특히 해안에 끼는 안개 때문에 생기는 선박의 난파 사고로 골머리를 앓았던 영국 정부는 마르코니의 발명품이 배와 부두, 등대 사이의 통신을 가능하게 해준다는 이유로 이 발명에 많은 관심을 보였다. 영국 체신국은 마르코니의 발명을 싼값에 사려는 계획을 세웠다.

마르코니가 영국으로 와서 매스컴의 관심을 끌기 전에 그가 했던 일은 영국 특허를 신청한 것이었다. 그는 몰턴(F. Moulton)이라는 당시 영국 최고의 변리사를 고용해서 자신의 특허를 무선 전신의 거의 모든 것을 포함하는 완벽한 것으로 만들었다. 1897년 가을에 이 특허가 인가되면서 마르코니는 아일랜드의 부유한 사촌의 힘을 빌려 투자를 받아 자신의 회사를 만들었다. 영국 체신국과 인연을 끊은 것도 거의 같은 시기였다. 이탈리아에서 온 청년이 무선 전신을 독점하는 것을 우려한 영국의 체신국과 해군은 마르코니의 특허를 무효로 만들기 위해 여러 가지 방안을 강구했지만, 성공하지 못했다. 마르코니의 친구였던 해군의 잭슨 선장(Captain Henry Jackson)이 이를 막는 데 중요한 역할을 했다.

마르코니는 회사 지분의 10퍼센트를 소유한 부호가 되었지만 여기서 멈추지 않았다. 당시 무선 전신의 문제는 크게 두 가지였다. 하나는 전파들 사이에 혼선과 교란이 심하고, 누구나 도청이 가능하다는 것이었다. 두번째 문제는 수신 거리가 아직도 무척 제한되어 있다는 것이었다. 1897년부터 2년간 마르코니는 이 문제를 해결하기 위해 수많은 실험을 직접 수행했다. 그는 조수와 함께 호수에서 작은 보트를 타고 자신이 개발한 신기술의 효용을 테스트하는 일을 반복했다. 이런 노력 끝에 그는 교란이나 도청이 어렵고, 동시에 1백 마일 이상 송신할 수 있는 '공조 시스템'을 개발해서 특허를 내는 데 성공했다. 이 공조 시스템은 무선 전신 분야에서 마르코니의 독점을 더 공고히 했다.

1900년까지 무선 전신은 기존 통신의 틈새시장을 공략한 것이었다. 당시에는 전신이 전세계를 거미줄처럼 덮어 제국과 식민지를 연결하고 있었으며, 도시에서는 전화가 빠른 속도로 보급되고 있었다. 무선 전신은 배와 부두 사이의 통신처럼 기존의 전신이나 전화가 할 수 없는 통신에 국한되어 사용되었다. 이는 당시까지 무선 통신 거리가 대략 1백 마일 정도로 제한되어 있었기 때문이기도 했다. 당시 무선 전신에 종사하던 엔지니어 대부분은 무선 전신이 이렇게 제한적인 용도로 사용되는 것에 대해서 특별한 문제를 제기하지 않았다.

그렇지만 마르코니는 이 시점에서 근본적인 문제를 제기했다. 왜 무선 전신은 일반 전신과 경쟁을 하면 안 되는가? 왜 무선 전신을 사용해서 대서양을 가로질러 메시지를 송수신할 수 없는가? 이에 대해서는 두 가지 반론이 있었다. 우선 무선 전신 송신기가 낼 수 있는 에너지가 무척 제한되어 있다는 것이었다. 기존의 송신기로는 대략 150마일이 한계였다. 그리고 더 큰 반대는 전파가 직진한다는 데 있었다. 즉 지구의 곡률 때문에 영국에서 강력한 전파를 보내도 그것이 미국에 도착하는 것이 아니라 우주로 발산된다는 것이었다. 첫번째 송신기의 문제에 대해 마르코니는 그의 과학자문이었던 플레밍(J. A. Fleming)에게 자문을 구했고, 그로부터 기존의 송신기의 4백 배 이상의 출력을 내는 송신기의 제작이 가능하다는 답을 얻었다. 플레밍은 거대한 발전소의 송전 시스템을 전공했던 전기과학자 출신이었다. 두번째 문제는 더 심각한 것이었다. 그렇지만 마르코니는 여러 실험을 통해 전파가 지구의 곡률을 따라, 즉 지구 표면을 따라 움직인다고 확신하고 있었다. 반대하는 회사 이사진들을 설득해서 마르코니는 1900년부터 대서양 횡단 무선 전신의 실험에 착수했다. 1901년 12월 그는 최초로 대서양을 가로질러 무선 전신 메시지를 보냈던 것이다.[3]

대서양 횡단 무선 전신이 성공하면서 마르코니는 무선 전신의 시장을 몇 배 키울 수 있었다. 이제 미국과 영국 사이에 직접 송수신이 가능해졌을 뿐만 아니라, 대서양을 항해하는 배가 무선 전신을 통해 신문을 받아보는 일도 가능해졌다. 특히 1912년에 타이타닉 호 참사가 있은 뒤에 모든 배가 무선 전신 설비를 장착하도록 의무화한 뒤에 해상에서 마르코니사의 독점은 더욱 강화되었다.

마르코니의 성공에는 와트의 성공과 흡사한 점이 많다. 우선 마르코니는 무선 전신이라는 급진적 혁신을 가능케 한 첫번째 특허를 출원했다. 그리고 자신의 주변 사람들과의 관계를 잘 활용해서 자신의 발명을 선전하고 회사를 차렸다. 변리사 몰턴, 해군의 잭슨 선장, 과학자문 플레밍, 수년간 마르코니의 실험을 옆에서 도왔던 조수 플러드페이지와 같은 사람들을 발굴하고 적재적소에 사용하는 능력도 뛰어났다. 또 한편 다른 사람들이 무선 전신은 틈새시장에 만족해야 한다고 생각할 때, 과감하게 대서양을 가로지르는 전신과의 경쟁을 선포했다. 그리고 무엇보다 하나의 발명에 그친 것이 아니라, 공조 시스템의 발명, 장

3. 실제로 영국에서 보낸 무선 전신 메시지가 미국에 도달할 수 있었던 것은 전파가 지구를 따라 전파되었기 때문이 아니라 지구의 대기 상층권에 이온층이 있어서 이것이 전파를 반사했기 때문이었다.

거리 송신체계의 발명, 자기 수신기의 발명, 2극 진공관을 수신기에 사용한 것과 같이 발명에 혁신을 거듭했다. 그가 영국에 건너온 지 15년 만에 전세계 무선 전신 제국의 '황제' 자리까지 오른 것에는 이러한 이유가 있었던 것이다.

3-3. 성공적인 발명과 혁신 Ⅲ : 조지 이스트먼의 예

지금도 세계적인 기업으로 그 명성을 유지하는 코닥사의 설립자 조지 이스트먼(George Eastman, 1854~1932)은 아버지의 사업이 파산한 이후 14살 때부터 보험회사와 은행에서 사무원으로 일하면서 10대와 20대 전반을 보냈다. 그는 아주 우연한 기회에 사진에 취미를 두기 시작했다. 당시 사진기는 감광을 위해 습식 콜로디온 방식을 사용하고 있었는데, 이 방법은 할로겐염이 든 콜로디온을 유리판 위에 부어 음화 감광물질을 준비하고 이 음화물질이 마르기 전에 사진을 찍는 것이었다. 당시의 사진기는 거대했으며, 사진사는 감광물질과 인화지를 수작업으로 만들 줄 알아야 했다. 이스트먼은 당시 영국에서 개발된 젤라틴 건판에 관심을 두고 이를 개량하기 시작했다. 낮에는 은행에서 일하고 밤에는 자신의 실험실에서 1년간 각고의 노력을 한 결과 그는 아주 뛰어난 젤라틴 건판을 개발하는 데 성공했다. 이스트먼은 자신이 만든 건판에 특허를 내고 작은 빌딩의 한 층을 세내서 이를 제작하기 시작했다. 사업 자금은 지역의 기업가인 헨리 스트롱(Henry A. Strong)과 파트너십을 맺음으로써 해결했다.

1881년부터 1883년까지 이스트먼 사진건판회사는 미국 전역에 명성을 확립했고, 그 결과 매출과 이윤도 증가했다. 그러나 건판산업에 대한 진입장벽이 매우 낮았고 이윤 폭도 컸기 때문에 미국 곳곳에서 많은 수의 신생기업들이 건판산업으로 몰려들었다. 초기의 선구적 기업들은 전국 단위의 도매상과 독점관계를 맺고 있어 여전히 우위를 점했으나, 1883년을 지나 1884년 초에 이르면 가격 경쟁이 치열해지고 이윤 폭이 급락하면서 이와 같은 이점이 사라지기 시작했다. 이스트먼은 이윤 감소에 직면해 자신의 사업을 재검토하고 틀을 다시 짜게 되었다.

이스트먼은 이러한 사업상의 위협에 대해 단기 전략과 장기 전략 두 가지로 대응해 나갔다. 단기 전략은 다른 생산업체들과 함께 사진건판 생산업체 연합을 결성하여 가격을 안정시킴으로써 가격 경쟁을 일시적으로 완화시키는 것이었다. 장기 전략은 '나중에 유리 건판을 대체하게 될 필름 사진 시스템의 완성을 목표로 실험을 진행하는 것'이었다. 즉 전혀 새로운 종류의 필름을 개발하는 것이었다. 이스트먼은 이를 위해 건판 생산업자인 워커(William Walker)를 영입하여 개발 업무를 진행시켰다. 이 과정에서 중요했던 것은 이스트먼이 제품의 설계, 생산방식, 시장에 대한 고려라는 세 가지 사이의 상호관계에 대한 직관을 가지고 있었다는 점이다.

이스트먼과 워커는 롤 필름 시스템을 개발하기로 하고 그것의 주요 구성 요소를 1) 롤 홀더 메커니즘, 2) 롤 필름, 3) 롤 필름 생산기계의 세 가지로 나누었다. 두 사람은 공동으로 작업했고 이 세 개의 기본 구성 요소들에 대한 특허 출원에서도 이름을 같이 올렸다. 이는 그들이 구성 요소들간의 개념적 상호관계를 인식하고 있었고, 전체 시스템의 구성 요소 각각을 (공동 명의로) 특허 출원함으로써 시스템 전체를 모방하려는 시도로부터 자신들의 발명을 지킬 수 있을 것으로 믿었기 때문이다. 새로운 형태의 사진술에 대한 특허를 체계적으로 구축하는 것은 이스트먼의 전체 발명 및 기술혁신 전략에서 매우 중요한 부분이었다. 이스트먼은 시스템 전체의 강점과 완전성을 보존하기 위해서는 시스템의 모든 특징에 대한 특허를 통제하는 것이 중요하다는 확신을 가지고 있었다. 따라서 특허 침해의 우려가 있는 다른 특허들을 사들이는 데 많은 노력을 기울이기도 했다. 이와 같은 전략은 나중에 대중 아마추어 시장에서 이스트먼 코닥사가 지배적인 위치를 점하는 데 중요한 기여를 했다. 1884년 초가을이 되자 이 세 가지 구성 요소의 개발이 일단락되었고 이들에 대한 특허가 미국과 서유럽에서 출원되었다.

연구개발이 끝나자 이스트먼은 이스트먼 사진건판 및 필름회사라는 새로운 회사를 만들었다. 이스트먼은 외부와의 마케팅 담당 계약을 해지하고 독자적인 판촉부서를 만들었으며 유럽에도 도매상점을 열어 국제적인 영업을 시작하였다. 이스트먼의 새로운 시스템은 초기에는 시장에서 호의적인 반응을 얻었다. 그러나 롤 필름은 전문 사진사들을 만족시키지 못했다. 이들은 표층분리 필름의 조작과 처리 과정이 너무나 복잡하다는 점을 지적했고, 무엇보다 사진의 질이 떨어진다는 불평을 하기 시작했다. 전문 사진가들은 이스트먼의 시스템을 잘 받아들이지 않았고 결국 이스트먼의 롤 시스템은 실패로 돌아갔다. 이스트먼은 애초에 모든 전문 사진가들이 필름으로 전환하리라고 기대했으나 상대적으로 적은 수의 사람들만이 필름으로 전환했던 것이다.

수년간에 걸친 노력과 사업이 물거품이 되는 순간이었다. 그렇지만 바로 이 시점에서 이스트먼은 혁신적인 새로운 방식으로 롤 필름을 바라보기 시작했다. 사진은 1) 감광물질(예를 들어 건판이나 필름), 2) 카메라로 사진을 찍는 것, 3) 현상, 인화라는 세 가지 활동으로 이루어져 있었다. 이 중 이스트먼사는 1)과 3)을 이미 간편하게 하는 데 성공했다. 그렇다면 이제 2)만(즉 카메라만) 간단한 것으로 만들면 더 많은 대중을 사진의 세계로 끌어들일 수 있지 않을까? 왜 사진은 전문 사진가에게만 국한되어야 하는가? 조지 이스트먼은 이에 대해 다음과 같이 회고했다. "우리가 필름 사진술 개발 계획을 시작했을 때 우리의 기대는 전문 사진가들이 필름으로 바꿀 거라는 것이었다. 그러나 우리는 필름으로 전환한 사람들의 수가 상대적으로 적다는 사실을 알게 되었고, 사업을 크게 키우기 위해서는 일반 대중에게 접근해 새로운 고객층을 창출해야 함을 깨닫게 되었다."

자신이 개발한 기술이 기존 시장의 수요에 적합한 것은 아니었지만, 훨씬 더 규모가 큰 완전히 새로운 시장을 여는 기술로 탈바꿈시킬 수는 있었다. 실패를 대성공으로 뒤집는 전략이었다. 이스트먼은 자신이 이미 보유하고 있던 자원들을 활용하여 전문가용이었던 롤 필름 시스템을 아마추어 사진 시스템으로 변형시키는 방법을 생각해냈다. 이스트먼은 새로운 아마추어 롤 필름 카메라를 만들어 이를 '코닥(Kodak)'이라고 이름 붙였다. 이제 초심자들도 카메라를 사물 쪽으로 향한 후 버튼을 누르기만 하면 사진을 찍을 수 있었고, 다 쓴 필름이 든 카메라를 돈과 함께 공장으로 보내기만 하면 현상된 사진과 함께 새 필름이 들어간 카메라를 집으로 배달받을 수 있었다. 이와 같은 코닥 시스템은 엄청난 성공을 거두었으며 이는 사진술에서 대중 시장의 출현을 알리는 신호탄이 되었다.

이스트먼의 성공은 건판에 대한 특허, 워커와의 공동작업을 통해 드러난 기술적 능력, 야심적인 사업 목표와 전통적인 기술적 틀에서 처음 맛보았던 실패, 그리고 기술과 시장의 상호관계에 대한 인식 등이 함께 작용한 결과였다. 특히 이스트먼은 기술과 시장의 상호관계에 대한 이해를 통해 자신의 기술적 자원과 사업 자원을 연이어 개편하면서 방향을 다시 설정할 수 있었고, 이를 통해 결국 대중 아마추어 시장을 인식해 이를 성공적으로 공략할 수 있었다.

3-4. 엔지니어의 성공적인 리더십 : 프레드릭 터먼의 예

현대 공학기술을 특징짓는 활동은 결코 고립된 엔지니어에 의해서 이루어지지 않는다. 엔지니어는 자신의 프로젝트를 위해서 국가나 기업에서 재원을 조달한다. 이러한 물질적, 경제적, 인적, 제도적 '밑천(resources)'을 얼마나 잘 만들고 또 이를 어떻게 잘 이용하는가가 엔지니어링 연구나 프로젝트의 성패를 가름한다고 해도 과언이 아니다. 즉 개인적인 창조성에 덧붙여서 다양한 밑천을 잘 동원하고 이를 백 퍼센트 이용하는 능력이 엔지니어링 프로젝트의 성패를 가르고, 나아가 그 엔지니어가 속한 실험실, 연구소, 대학, 기업의 성장을 낳는 밑거름이 된다. 엔지니어의 리더십은 바로 공학 연구를 위한 물질적, 경제적, 인적, 제도적 '밑천'을 잘 활용하는 리더의 능력에 다름아니다.

이 절에서는 프레드릭 터먼(Frederick Terman, 1900~1982)이라는 미국 엔지니어의 활동을 중심으로 엔지니어의 리더십 문제를 분석해보려 한다. 전자공학자 터먼은 20위권에 머물던 스탠퍼드 대학을 칼텍, MIT, 하버드와 같은 미국의 초일류 대학과 당당히 경쟁하는 대학으로 끌어올린 장본인이다. 스탠퍼드 대학은 1930년대에 불어닥친 불황의 타격으로 2차 대전 무렵에는 미국의 연구 대학들 가운데 하위권에 머물러 있었다. 그렇지만 불과 25년이 지난 1960년대 말엽이 되면 스탠퍼드는 MIT, 하버드 등의 대학과 어깨를 겨루는 최고 수준의 연구대학으로 성장한다. 이러한 발전에는 스탠퍼드 공과대학의 학장과 교무처장을 역임한 터먼의 역할이 결정적이었다.

터먼은 스탠퍼드에서 화학과 전기공학을 공부한 뒤에 MIT로 가서 전기공학과의 대학원 과정을 밟아 1925년에 MIT의 바니바 부시(Vannevar Bush)의 지도하에 박사학위를 받았다. 그는 1926년에 모교인 스탠퍼드로 돌아와서 전기공학 분야의 교수로 부임했다. 터먼은 처음부터 한정된 자원으로는 모든 학문 분야를 발전시킬 수 없다고 판단했다. 따라서 그는 전기공학 중에서도 새로 부상하던 라디오공학 분야와 전자공학을 발전시켜야 한다고 여겨 스스로 통신연구소(Communications Laboratory)를 세우고 이에 관련된 연구를 수행했다. 터먼은 대학의 한정된 자원을 대학원에 집중하고, 연구의 '주류'에 서서 몇몇 분야를 '첨탑'에 올려놓아야 스탠퍼드가 발전할 수 있다고 믿었던 것이다. 스탠퍼드 대학에 대한 그의 철학은 바로 이 '첨탑 건설(steeple building)'로 요약될 수 있다.

당시 스탠퍼드의 물리학과에는 마이크로파(microwave)와 전자빔(electron beam)의 물리학을 연구하던 핸슨(William W. Hansen)이 있었다. 핸슨은 1936년 전자를 가속시킬 수 있는 정상파 전기장을 만들어내는 장치인 럼바트론(rhumbatron)을 개발했는데, 당시 핸슨의 물리학과에 무급 연구원으로 일하고 있었던 배리언(Russell Varian)이 이 장치에서 아이디어를 착안해서 1937년에 마이크로파를 생산, 증폭, 탐지할 수 있는 클라이스트론(klystron)이라는 진공관을 발명했다. 터먼은 물리학자들의 호기심의 산물인 클라이스트론을 실용적인 라디오 장치로 만들기 위해서는 핸슨의 팀과 전자관의 성능을 측정하고 설계할 자신의 통신공학 그룹과의 긴밀한 협동연구가 필요하다는 판단을 했고, 이러한 판단하에 자신의 대학원생들을 이 프로젝트에 적극 참가시켰다.

제2차 세계대전이 임박하면서 클라이스트론은 레이더에 사용될 수 있는 마이크로파를 발생시킨다는 이유 때문에 곧 산업체와 군부로부터 주목의 대상이 되었다. 스페리 자이로스코프(Sperry Gyroscope)사는 마이크로파를 이용한 비행기의 운행 및 유도 시스템의 개발에 관심을 가졌고, 곧 스탠퍼드의 연구를 후원하기 시작했다. 2차 대전 이전에 주요 군산업체로 자리잡았던 스페리사는 1938년에 스탠퍼드의 클라이스트론 프로젝트로부터 나오는 고주파 관련 기구들에 대한 로열티와 함께 매년 연구비로 2만 5천 달러를 지불하는 계약을 맺었다. 핸슨과 터먼, 물리학과 전자공학의 협동연구를 통해 나타난 클라이스트론 프로젝트는 터먼이 지녔던 스탠퍼드 대학의 '첨탑 건설'이라는 이상과 협동연구의 유용성을 구현한 것이었다. 여기에는 과학과 공학의 안배, 최고 수준의 교수와 대학원생, 연구 협력자들의 편성, 군부와 산업계의 후원, 그리고 학제간 협동이라는 모든 요소가 녹아 있었다.

이러한 터먼의 이상은 전쟁이 끝난 직후에 스탠퍼드 대학에 만들어진 마이크로파 연구소에서도 그대로 구현되었다. 이 연구소의 소장은 물리학과의 핸슨이 맡았지만, 터먼의 학생이던 긴즈튼이 부책임자를 맡음으로써 연구소는 물리학과와 공학부 간의 긴밀한 연결을 유지했다. 연구소의 과학적, 기술적 연구 주제는 핵물리학의 기초 연구부터 마이크로파관에 대한 응용 연구에 이르기까지 매우 다양했다. 연구소에서는 물리학자들과 공학자들의 상호 협동연구를 통해 마이크로파 공학과 트렌지스터 공학, 플라스마와 레이저 물리학, 응용물리학이 발전했을 뿐만 아니라, 이를 모태로 거대한 연방정부 지원 연구기관인 스탠퍼드 선형가속기 센터(Stanford Linear Accelerator Center : SLAC)가 출범할 수 있었다. 이 성과들은 터먼과 핸슨이 시작했던 물리학과 전기공학의 협동연구의 비전과 스탠퍼드의 성공을 가장 잘 보여주는 예였다. 스탠퍼드 대학은 이러한 연구를 통해 자신들만의 독특한 대학-군부(국방부)-전자산업 사이의 삼각구도를 발전시켰던 것이다.

2차 대전이 끝난 직후 터먼은 스탠퍼드 공과대학의 학장에 임명되었다. 그는 대학의 연구를 기업으로부터 지원받을 요량으로 몇몇 기업에 접근했지만 결과는 신통치 않았다. 터먼은 이에 실망하지 않고, 이번에는 연방정부, 특히 군부에 접근했다. 터먼은 우선 자신이 해군연구소(Office of Naval Research : ONR)와 마이크로파의 이론과 설계에 관한 전기공학 분야의 연구 계약을 체결했고, 이를 통해 매년 22만 5천 달러를 전자공학과에 지원토록 했다. 이 프로젝트는 스탠퍼드의 전자공학연구소(Electronic Research Laboratory : ERL)를 설립하는 동력이 되었고, 1950년에 터먼은 전자공학연구소에 응용을 담당하는 응용전자공학연구소(Applied Electronic Laboratory : AEL)를 만들어 스탠퍼드의 전자공학과에 대한 지원을 거의 3배 가까이 증대시켰다.

1950년대에도 대학 개혁의 핵심은 터먼이었다. 1950년대 가장 중요한 변화는 스탠퍼드 대학과 기업과의 관계가 급진적으로 바뀌었다는 것이다. 터먼은 일찍부터 연방정부와 기업체로부터 연구비를 지원받을 수 있다면 스탠퍼드 주변의 팔로 알토(Palo Alto) 지역을 낙후한 농업 지역에서 전자산업 지역으로 발전시켜 동부에 버금가는 산업단지로 만들 수 있다고 확신했었다. 또한 터먼은 기업이 성장하려면 대학의 과학자, 엔지니어들의 두뇌가 필요하기 때문에, 대학과 지역의 기업은 긴밀한 관계를 유지해야 한다고 생각했으며, "만약 서부 지역의 산업과 기업인들이 이 지역의 이익에 보다 효과적이고도 장기적으로 봉사하려면 그들은 재정적으로 또는 다른 방법을 통해 서부에 있는 대학과 긴밀한 유대관계를 체결해야 한다"고 주장하곤 했었다. 스탠퍼드 대학이 1945~1950년 사이에 군부로부터 많은 연구 자금을 받아 전자공학과 라디오공학 연구를 수행하자, 주변 기업들이 스탠퍼드 대학의 첨단 공학지식을 흡수하고 대학 인력을 유치하기 위해 대학에 접근하기 시작했던 것이다.

1950년경에 터먼은 "산업단지 조성이 기술혁신을 위한 '비장의 무기'이다"라고 하면서, 스탠퍼드 대학 주변에 산업단지를 건설하는 안을 제시했는데, 이는 미국 산업단지로서는 최초의 시도였다. 당시 스탠퍼드 대학은 캠퍼스 내에

660에이커 크기의 부지를 조성하여, 첨단기술을 개발하는 기업체에게만 입주권을 주기로 결정했다. 당시 스탠퍼드 대학이 제시한 조건은 99년간의 임대 기간과 토지세에도 못 미치는 임대료를 받는 것이었는데, 이러한 조건으로 인해 곧 수십 개의 산업체가 여기에 입주하게 되었다.

핸슨의 학생이었던 배리언이 설립한 배리언사(Varian Associates)가 스탠퍼드와의 마이크로파 관련 연구를 지원하면서 1951년 처음으로 스탠퍼드 산업단지에 입주한 후 GE, 모터롤라(Motorola), 그 외 다른 전자공학회사들도 곧 스탠퍼드와의 산학협동을 통해 이익을 얻고자 산업단지에 입주했던 것이다. 이 산업단지에 입주한 산업체들이 이후 스탠퍼드 대학과 산학협동을 진행시켜 나가는데 중요한 역할을 담당했던 기업이었다. 1956년에는 록히드 항공 연구 시설이 입주했고, 1955년에 이미 IBM은 산 호세(San Jose)에 연구소를 설치했으며, ITT, Admiral 및 실바니아 등도 산타 클라라 카운티(Santa Clara County)에 연구개발 시설을 설치했다. 이후 5년 단위로 매년 5천 달러 이상의 돈을 내고 스탠퍼드 전자공학 연구의 결과들(당시 대부분은 고체 그리고 극소전자공학 분야)을 살펴볼 수 있는 권한을 얻는 산업연계 프로그램(Industrial Affiliate Program, 1957년에 시작)에 참여하는 기업들도 늘어났다.

이러한 노력의 결과, 1955년 스탠퍼드 대학의 전자공학과로 대기업의 연구비가 연간 50만 달러씩 지원되었으며, 1965년에는 그 액수가 2백만 달러를 넘어섰고, 1976년에는 총 690만 달러의 연구비가 지원되었다. 산타 클라라 카운티 지역의 전자산업 개발을 위한 터먼의 노력으로 스탠퍼드 대학의 전자공학과는 미국 전역에서 MIT의 뒤를 이어 두번째로 좋은 학과로 육성되었다. 터먼은 1955년에 스탠퍼드 대학의 교무처장(provost)으로 임명되었고, 10년간 이 보직을 맡았다. 교무처장으로서 그는 '첨탑 건설'이라는 기존의 목표 이외에도 "최고(Harvard, MIT)를 모방하라"는 새로운 목표를 세우고 이를 관철하기 위해서 신임 교수들의 채용, 기존 교수들의 테뉴어(종신교수 자격)와 승진에 엄격하고 높은 기준을 적용하기 시작했다. 터먼의 '독재'를 통해, 스탠퍼드 대학의 학과 대부분이 1957년 10~15위권에서 1969년에는 1~5위권으로 올라섰다.

스탠퍼드 대학을 개혁하려 했던 터먼의 리더십은 1930년대 중엽부터 시작해서 1960년대 중엽에야 그 뚜렷한 결과를 드러냈다. 터먼 개혁의 핵심은 전자공학과 물리학의 협동연구를 통해 전자·물리 분야를 '첨탑'으로 만들고, 스탠퍼드의 다른 학과들도 이를 모델로 해서 미국 최고 대학의 수준으로 올리는 것이었다. 터먼은 이를 위해 전후에 연방정부로부터 재원을 얻고, 이 재원을 잘 이용해서 전자공학 분야를 끌어올린 뒤에 산업체를 스탠퍼드 산업단지로 유인해서 산업체와 대학 사이의 산학협동을 강화했다. 터먼의 리더십은 스탠퍼드의 전자공학과를 미국 최고로 올렸을 뿐만 아니라, 전자공학과 물리학 사이에 스탠퍼드 식 협동연구를 정착시켰고, 스탠퍼드의 산업공원과 실리콘 밸리라는 미국 산업과 경제의 중추 역할을 하는 연구단지를 낳는 힘이 되었다.

4. 현대 기술에 대한 반성

4-1. 기술적 실패 혹은 실패한 기술

우리는 기술적 실패, 혹은 실패한 기술이라는 말을 종종 한다. 실험실에서 프로젝트를 하기 위해 기계장치나 소프트웨어를 만들었는데 잘 작동하지 않으면 "이번 작품은 실패야 실패"라고 한다. 그러다 성공적인 기계나 소프트웨어를 만들면 "대성공이다"라고 외치기도 한다. 이렇게 성공과 실패는 확연히 구별되는 기술의 두 가지 극단으로 간주된다.

그렇지만 기술적 실패나 실패한 기술이 이렇게 분명하게 정의될 수 있는 것은 아니다. 우선 '실패는 성공의 어머니'라는 유명한 구절에서 보듯이 실패한 기술은 성공을 위해서 피하고 비껴가야 할 과정이 아니라 성공하기 위해서 반드시 거쳐야 하는 과정일 수 있다. 성공적인 기술 디자인을 기술의 형식(form)과 맥락(context)의 일치라고 보는 견해가 있다. 예를 들어 부엌에서 쓰는 주전자를 만든다고 하면, 이 디자인의 성공은 주전자라는 형식과 부엌이라는 맥락과의 일치로 결정된다는 것이다. 그런데 이를 일치시키는 방법은 결국 수많은 디자인을 놓고 시행착오를 겪는 방법밖에 없으며, 이렇기 때문에 기술의 성공이라는 것은 결국 수많은 실패의 결과라는 얘기가 된다.

이는 기술의 역사적 발전에서도 찾아볼 수 있다. 서양 사람들이 식탁에서 밥을 먹을 때 사용하는 포크는 중세 초엽에만 해도 존재하지 않았다. 중세 후기에 유럽 사람들이 식사 매너와 위생 관념에 더 많이 신경을 쓰기 시작한 이래, 원래는 음식을 찍어먹던 끝이 날카로운 칼이 실패와 시행착오를 겪으면서 지금의 포크로 변화하기 시작했다. 우선 칼은 끝이 조금 무뎌지고 14세기에 두 갈래로 갈라졌다. 이 끝 부분은 조금 휘어지고 다시 세 갈래로 갈라졌다. 음식을 찍어먹던 칼은 테이블 매너를 강조하는 새로운 환경에서 실패를 거듭하면서 성공적인 현대식 포크로 진화했던 것이다. 이는 주전자나 포크와 같은 기술에서만이 아니라 다리, 건물과 같은 도시, 토목공학에서도 마찬가지였다. 지금의 다리나 건물의 안정된 구조는 수많은 실패 뒤에 이루어진 것이었다.

그렇지만 이렇게 성공을 위해 거쳐야 하는 과정으로서의 실패 이외에도 우리가 실패한 기술이라고 부르는 것이 있다. 예를 들어 두 개 이상의 기술이 시장에서 경쟁을 하다 그 중 하나가 이기고 다른 하나가 사라졌을 때 우리는 이렇게 사라진 기술을 실패한 기술이라고 부른다. 비디오 플레이어가 처음 만들어졌을 때 비디오테이프에는 소니의 베타 방식과 VHS 방식이 있었는데, 결국 VHS 방식이 베타 방식을 누르고 시장에서 승리했다. 이 경우 베타 방식은 실패한 기술이라고 볼 수 있다.

그렇지만 기술들 사이에 경쟁의 결과 승리한 기술과 실패한 기술이 생긴다고 생각할 때에도 몇 가지 주의할 점이 있다. 우선 기술적으로는 성공으로 평가받아도 시장의 장악에 실패하는 경우가 있다. PC가 처음 나왔을 때 애플의 매킨토시는 MS 운영체계를 사용하는 IBM PC보다 기술적으로 우수하다고 간주되었지만 시장 경쟁에서는 IBM에 밀렸다. 여객기 콩코드도 엔지니어링의 측면에서는 대단한 성공으로 간주되지만 비행사와 승객으로부터 외면당했다. 또 어떤 기술이 한 지역에서는 성공적이어도 다른 지역에서는 그렇지 못한 경우도 많다. 예를 들어 마이크로파 전자오븐은 서구에서는 오래 전에 보편화되었지만 음식을 조리하는 방식이 다른 아시아 국가들에서는 훨씬 늦게 도입되었다. 게다가 기술적 성공은 시기적으로도 국한된 경우가 많다. 1990년대 중반 한국에서 삐삐는 대성공을 거둔 기술이었지만, 지금의 시점에서는 휴대폰과의 경쟁에서 무참하게 패배한 기술로 볼 수 있다.

기술적 성공과 실패는 기술의 사용자에 의해 주관적으로 평가되는 경우가 많다. IBM 호환 PC가 거의 보편적으로 사용되었지만 매킨토시 사용자들 중에는 아직도 매킨토시가 우수하다고 생각하는 사람들이 많다. 어떤 이들은 우주 왕복선이 대단한 기술적 성과라고 평가하지만, 또 다른 이들은 이를 전혀 쓸데 없는 기술이라고 본다. 군사기술, 정보기술, 생명공학, 원자력 발전에 대해서도 견해가 극명하게 나뉜다. 모든 사람을 다 만족시키는 성공한 기술이나 실패한 기술을 꼽기는 무척 힘들다.

더 중요한 것은 기술의 성공이 반드시 높은 효율이나 기술적 합리성 때문만은 아니라는 것이다. 컴퓨터 소프트웨어나 비디오테이프 표준처럼 네트워크로 연결된 기술의 경우에는 초기 시장의 선점이 부익부 빈익빈 현상을 가져와서 승리를 만들어내는 경우가 많다. 또 기술을 개발하고 상품을 판매하는 기업의 특정한 이해관계 때문에 하나의 기술이 다른 기술을 제치고 채택되기도 한다. 예를 들어 1950년대 컴퓨터로 제어되는 공작기계의 발전 과정에서 기계가 미리 입력된 프로그램에 따라 작동하는 수치제어 방식과 기계를 운전하는 숙련 노동자의 동작을 테이프에 녹음해서 이를 재생하면서 작동하는 녹음재생 방식의 두 가지가 있었다. 당시 이를 개발하던 MIT-GE의 연구팀은 전자의 방식이 숙련 노동자들의 힘을 약화시키는 결과를 낳는다는 점을 인식하고, 수치제어 방식의 기계를 집중적으로 지원하고 이를 선택했다. 수치제어 공작기계가 보편적으로 사용된 것은 당시의 사회 경제적 맥락에서 존재했던 우연한 요소들 때문이었다.

기술이 경쟁에서 성공하지 못하는 데에는 기업의 전략적 실수가 한몫 하기도 한다. 예를 들어 1930년대 AT&T의 벨연구소는 전화 메시지를 녹음하거나 자동응답기에 쓸 수 있는 자기테이프 녹음기술을 개발했지만, 이것의 실용화에는 약 20년 가까운 시간이 소요되었다. 당시 벨연구소는 연구의 방향을 축음기 방식의 자동응답기와 자기(magnetic) 물질을 사용하는 자동응답기 두 가지로 잡았는데, 이 중 물리학으로 박사학위를 받은 히크만(C. Hickmann)에게 자기테이프 방식의 연구를 맡겼고, 1930년이 되면서 축음기 방식이 실패하자 이후 자기 물질을 사용하는 데 집중했다. 히크만은 녹음기 헤더의 질을 개선하고, 녹음 매체로 디스크와 전선을 썼다가 곧바로 금속 테이프를 사용해서 잡음을 줄이고 소리의 질을 향상시켰다. 1930년대 중반이 되면 지금의 자동응답기와 비슷한 응답기가 발명되었다.

그렇지만 이 응답기는 극히 제한된 용도를 제외하고는 사용되지 않았다. AT&T사는 이 응답기를 제공해달라는 고객의 요구를 무시하고, 자동녹음기의 개발에 대한 어떠한 보도도 외부로 유출되는 것을 막았다. 그 이유는 기술적인 문제가 아니라 회사의 고위 경영진들이 전략적인 이유에서 이 응답기의 사용을 권장하지 않았기 때문이다. 고위 경영진들은 녹음기를 사용해서 전화 대화가 녹음되기 시작하면 사람들은 말 실수를 할까봐 전화를 사용하길 꺼려할 것이며, 특히 사업에 관련된 전화 통화의 상당수가 다시 편지로 되돌아갈 것을 우려했다. 게다가 전체 통화의 1/3 가량을 차지하는 불법적이고 비도덕적인 통화 역시 줄어들 것이라고 보았다. 즉 자동응답기와 녹음기가 자신들의 전화사업에 방해가 될 것이라고 생각했던 것이다. AT&T 경영진은 자신들의 사무실에서는 자동응답기를 사용했지만, 이를 소비자에게 제공하지는 않았다. 1950년대 초반, 전쟁 이후 자기 테이프에 대한 연구가 다른 회사에서도 많이 이루어지고 나서야 AT&T는 녹음기가 달린 자동응답기를 권장하기 시작했고, 이렇게 해서 자기 녹음 테이프를 사용한 녹음기는 개발된 지 20년이 지나서야 시장에 공급되었다.

경영진의 판단착오는 1970년대에 제록스 연구소에서 이루어진 컴퓨터 연구에서도 볼 수 있다. 복사기 시장을 독점하던 제록스사는 1970년에 캘리포니아 팔로 알토에 '제록스 팔로 알토 연구센터(PARC)'를 설립해서, 당시 막 싹트고 있던 컴퓨터를 연구하는 데 엄청난 예산을 쏟아부었다. 이 연구소는 당시 인터넷의 개발에 결정적인 역할을 했던 테일러(Robert Taylor)를 팀장으로 임명하고, 컴퓨터의 귀재라고 할 수 있는 연구자들을 미국 전역에서 불러 모았다. 이들은 컴퓨터가 결국에는 개인이 하나씩 소장할 수 있을 정도의 노트북 크기로 작아질 것이라는 비전하에 개인용 컴퓨터를 디자인하기 시작했다. 팔로 알토 연구센터는 그래픽 유저 인터페이스(GUI), 마우스, WYSIWYG 텍스트 에디터, 레이저 프린터, 데스크탑 컴퓨터, Smalltalk라는 프로그램 언어, Ethernet를 개발했다.

그렇지만 제록스사는 레이저 프린터처럼 복사기와 관련이 있는 기술은 적극적으로 개발했지만, 연구소가 개발한 컴퓨터 기술이 10년 내에 폭발적인 혁명적 잠재력을 가지고 있다는 점을 인식하지는 못했다. 제록스사는 알토(Alto)라는 컴퓨터를 시장에 내놓았지만, 재미를 보지 못하자 컴퓨터 연구의 지원을 대폭 삭감했으며, 테일러는 연구소를 떠났다. 그래픽 유저 인터페이스는 애플 컴퓨터를 개발한 잡스(S. Jobs)가 그대로 채용해서 1983년 매킨토시 컴퓨터에 장착했다. 곧바로 IBM PC의 윈도 시스템도 이 그래픽 유저 인터페이스를 사용했다. 다른 제품들도 이후 나온 PC에 대부분 수용되었다. 제록스사는 연구소의 연구로 재미를 보지는 못했지만, 팔로 알토 연구센터는 20세기 PC 혁명의 아지트가 되었던 것이다.

4-2. 기술적 재앙

위의 절에서는 기술의 성공과 실패를 가로지르는 경계선이 항상 분명한 것은 아님을 보았다. 그렇지만 우리는 종종 엄청난 기술적 실패에 직면한다. 한국의 경우에도 성수대교 붕괴, 삼풍백화점 붕괴와 같은 대형 기술적 참사가 잇달았었다. 실험실에서 현수교 모형을 만들다 그것이 무너지는 실패를 겪으면 다리의 구조를 더 완벽하게 이해하기 위한 디딤돌로 생각할 수 있지만, 건축해놓은 다리가 붕괴되면 이는 수많은 사상자를 낼 수 있는 참사를 낳는 것이다.

기술적 참사는 엔지니어링 프로젝트가 거대해지던 19세기부터 빈번하게 일어났다. 무거운 하중을 실은 열차가 지나는 다리는 그 이전에 건설된 다리에 비해서 규모가 훨씬 더 커야 할 뿐만 아니라 새로운 공학적인 고려를 필요로 했다. 1878년에 영국 던디 지역에 건설된 테이 교(Tay Bridge)는 3마일의 길이에 교각과 교각 사이가 당시로서는 가장 길었던 다리였다. 테이 교는 당시 유명한 엔지니어 부치(Thomas Bouch)가 설계했고 그는 이 다리를 건설하고 그 공로를 인정받아 귀족 작위를 받았다. 그렇지만 이 다리는 건설된 지 2년이 채 못 되어서 강풍이 부는 겨울 어느 날 기차가 다리를 건널 때 붕괴해서 75명의 생명을 앗아갔다. 다리의 설계가 강풍에 견디지 못하게 만들어졌던 것이 원인이었고, 이는 당시 자존심이 무척 강했던 영국 엔지니어들에게 큰 충격을 안겨준 사건이었다. 20세기에도 타이타닉 호의 참사, 타코마(Tacoma) 교의 붕괴, 스리마일 섬의 원전 사고, 챌린저 호의 폭발, 체르노빌 원전 사고, 컬럼비아 호의 폭발, 셀 수도 없는 비행기 사고 등 많은 기술적 재앙이 있었다.

기술적인 재앙은 기술의 발전 방향을 크게 바꾸기도 한다. 대표적인 예가 원전 사고이다. 1979년 3월 28일에 일어난 미국 스리마일 아일랜드 핵발전소 2호기의 사고는 원자력 발전의 확산에 급브레이크를 건 사건이었다. 스리마일 섬의 핵발전소 1호기는 미국에서 가장 잘 작동하던 것이었고, 2호기는 거의 새것이었다. 사고는 거의 최대 전력으로 작동하던 2호기의 작은 기계고장에서 발생했다. 2호기에는 2개의 냉각 회로가 있었는데, 이 중 하나가 사소한 이유로 잘 작동하지 않게 되었고, 그 결과 제1냉각기의 온도가 올라갔다. 냉각기의 온도가 올라가면 원자로는 자동으로 멈추도록 설계되어 있었고, 이에 따라 원자로는 1초 동안 정지했다. 이때 (원래 설계에 따라) 더워진 냉매를 방출하는 밸브가

열렸다. 문제는 이것이 약 10초 후에 닫혔어야 하는데 기계상의 결함으로 그러지 못하고 계속 열려 있었다는 것이었다. 상당한 양의 냉매가 유실되었지만 계기를 관찰하는 사람은 이를 허용치 내로 간주했다.

그렇지만 원전은 이러한 비상 상황에서도 원상을 회복할 수 있게 설계되었다. 냉매가 유실되면 이를 자동적으로 감지하고 고압력 주입 펌프가 작동해서 물을 압력 탱크로 공급하도록 되어 있었던 것이다. 그런데 물이 공급되고 압력 탱크의 압력이 증가하자, 이것이 비상 상황에서 작동되는 것이라는 사실을 모른 채 압력 탱크가 물로 가득 차는 것을 방지해야 한다고 생각한 오퍼레이터가 수동으로 물 공급 속도를 떨어뜨렸다. 물 공급이 둔화되면서 압력 탱크에는 수증기가 발생했고, 이 수증기는 냉각수를 순환시키는 펌프의 작동에 부하를 가져왔으며, 결국 처음 사고가 난 뒤 1시간이 넘어 두 개의 냉각 펌프가 모두 정지하는 사태가 발생했던 것이다. 그 결과 노심이 가열되어 녹는 미국 최대의 원전 사고가 발생했다.

펜실베이니아 주 정부는 주민들을 대피시키고, 1백만여 명의 주민들에게 모든 창문과 문을 닫게 하고 외출을 금지시켰다. 23개의 학교가 폐쇄되고, 해리스버그 공항이 폐쇄되었다. 이 사고로 인하여 20억 달러를 들여 건설한 핵발전소가 단 30초 사이에 못 쓰게 되었다. 뿐만 아니라 오염된 방사능을 거두어들이는 데만 10억 달러 이상이 들었고 지역 주민 중에서 기형아와 암의 발생률이 급격히 증가했음이 보고되었다. 사고를 조사한 조사위원회는 "핵발전의 안전성을 보장할 수는 없다"는 결론을 내렸고, 이 사건을 계기로 세계 핵발전 개발계획은 전면 수정되었다. 물론 핵발전소는 이 사고 이전에도 비판과 반대의 대상이었고, 반핵운동의 고조로 핵발전소 건설이 더디어지고 있었지만, 스리마일의 사고로 결정적인 퇴조에 접어들었던 것이다.

스리마일 핵발전소 사고만큼이나 사람들에게 충격을 주었던 것이 1986년의 챌린저 우주탐사선 폭발 사고였다. 우주선 셔틀이 처음 제작되고 발사되었을 때에는 미국 항공우주국과 시어콜사(셔틀의 로켓 부스터를 설계하고 건조하는 책임을 맡은 회사)의 엔지니어들은 우주 셔틀의 안전성을 다각도로 분석하고 예측하는 일을 반복했지만, 이 셔틀이 몇 번의 성공을 거듭하자 이들은 이제 그것이 안정된 기술이며 앞으로도 계속 성공할 것이라고 잘못된 확신을 갖게 되었다. 그 결과 미국 항공우주국은 안전성 절차를 완화했고, 셔틀을 위험한 실험이 아니라 이미 잘 작동하고 있는 기술로 간주하기 시작했다. 당시 엔지니어들은 셔틀의 고체연료 로켓 부스터의 접합부를 밀폐하는 오-링(O-ring)이 불완전하다는 것을 인지하고 있었는데, 그 이유는 오-링이 이미 이전의 비행에서 수차례 문제점을 드러냈기 때문이었다. 1984년에 있었던 다섯 차례의 비행 가운데 세 차례, 1985년에 있었던 아홉 차례의 비행 가운데 여덟 차례에서 열에 의해 오-링이 손상된 것이 밝혀졌다. 그러나 이러한 손상으로 인해 셔틀의 대형 사고가 생긴 것이 아니었기 때문에, 항공우주국과 시어콜사의 엔지니어들은 이를 '허용 수준 이내의 부식' 혹은 '받아들일 수 있는 위험'으로 간주했다. 챌린저 호가 발사되기로 예정된 날은 플로리다의 기후로는 유난히 추웠고, 이럴 경우 오-링의 탄력이 없어져서 상황이 악화될 수 있다는 것이 알려져 있었다. 그날 아침 항공우주국과 시어콜사의 엔지니어는 이 문제에 대해 긴급히 논의했으나, 결국 이전에도 추운 날씨에 발사했던 사례를 바탕으로 발사를 강행했다. 챌린저 호는 발사 직후 오-링의 결함으로 접합부가 파열되면서 발사 후 76초 만에 폭발했다.

이러한 재앙을 어떻게 봐야 할 것인가? 우선 중요한 것은 엔지니어링이 과학이라기보다는 기예(art)에 가까운 활동임을 인식하는 것이다. 예를 들어 토목·건축 엔지니어들은 불확실성을 줄이기 위해 '안전계수(factory of safety)'라는 것을 설계에 도입한다. 그런데 이 안전계수는 간단한 방정식을 풀어서 바로 유도될 수 있는 것이 아니다. 예를 들어 콘크리트 기둥을 만들 때 압축 응력의 10배를 견디도록 엔지니어가 설계했다면, 이 경우 기둥의 안전계수는 10이 된다. 그러나 만약 그 기둥이 압축되는 대신 양쪽에서 잡아당기는 힘을 받는다면 압축에 견디는 여분의 능력은 그다지 도움이 안 될 것이다. 공학적 실패가 발생하면 안전계수는 증가하는 경향이 있다. 반대로 특정한 유형의 구조물이 실패를 경험하지 않고 종종 이용되어왔다면, 엔지니어들은 이런 구조물들이 과도하게 설계되었고 따라서 안전계수를 낮출 수 있다고 생각하는 경향이 있다. 결국 사고가 생기면 안전계수를 높이고 사고가 없으면 안전계수를 낮추는 경향은 구조물의 실패가 주기적으로 발생하는 현상으로 이어질 수 있다.

지금까지 엔지니어는 공학지식과 프로젝트가 마치 수학 문제를 푸는 것처럼 분명한 것이라는 이미지를 대중에게 심어주었다. 이런 상태에서 빈번히 일어난 기술적 사고는 더 이상 대중이 엔지니어링을 이전처럼 신뢰하지 못하게 하는 한 가지 중요한 요인이 되었다. 대중과 엔지니어 사이의 관계를 더 공고하고 건설적인 것으로 만들기 위해서 엔지니어는 "엔지니어링이 백 퍼센트 확실한 지식이 아니며 여러 가지 요소들 때문에 실패할 수도 있다"는 것을 대중에게 인식시키는 것이 중요하다. 이러한 열린 대화는 특히 다음 절에서 다룰 위험한 기술의 경우에 결정적으로 중요하다.

4-3. 기술적 위험(risk)

21세기를 사는 우리는 많은 종류의 위험에 둘러싸여 있다. 교통 사고, 범죄, 암, 성인병과 같은 사고와 질병의 위험은 우리를 매일 위협한다. 이런 위험들은 우리 개개인이 조금 더 신경을 쓴다면 줄일 수도 있지만 그렇지 못한 경우도 많다. 대기 오염이 건강에 나쁘다는 것은 알지만 대도시에서 살아가는 사람들은 이에 대해서 어쩔 수 없는 경우가 많다. 방부제를 쓰고 화학 처리한 음식이 우리에게 어떤 장기적 영향을 줄지에 대해서도 잘 모른다. 독일의 사회학자 울리히 벡(Ulrich Beck)은 지금의 이런 사회를 가리켜서 '위험사회'라고 했으며, 최근에는 '세계적 위험사회'라는 말도 사용하기 시작했다. 지난 30년간 독성물질의 영향이 과거에 비해 더 널리 퍼졌고 위험해졌으며, 기술의 역기능에 대해 더 많이 알게 되었고, 사람들의 의식이 더 많은 보호를 원하게 되었다. 여기에 위험의 지구화가 가세했다. 핵발전소로 인한 방사능, 지구 온난화, 오존층 파괴,

산업 연관 독성물질의 확산은 지역이나 국가를 떠나 전 지구적이다.

위험(risk)은 현재의 방식으로 계속 유지하다가는 확률적으로 사고나 재난이 닥치는 상태를 말한다. 우리가 그 확률을 알고 있을 때, 우리는 미래의 사고나 재난을 위험으로 간주한다. 매년 교통 사고로 1만 명이 죽는다면, 우리는 교통 사고로 사망하는 확률을 알 수 있고, 내가 처한 위험을 산정할 수 있다. 그렇지만 이 확률에 대해서 전혀 알 수 없는 경우도 있다. 내가 광우병으로 사망할 확률은 거의 알 수 없는데, 이에 대해서는 지금까지의 데이터도 거의 없고 또 그동안 내가 먹은 쇠고기가 안전한지 아닌지도 알 수 없기 때문이다. 이럴 경우 위험은 불확실성(uncertainty)으로 바뀐다. 우리는 위험과 불확실성에 둘러싸여 살고 있다.

20세기 후반기에 사람들이 피부로 느끼는 위험이 눈에 띄게 증가했는데, 그 중 가장 중요한 이유는 과학기술의 발전이 새로운 위험을 낳았기 때문이다. 원자력 발전과 같은 핵 문제, 프라이버시를 침해하는 정보기술, 새로운 유기체를 인공적으로 만드는 생명공학기술 등이 새로운 위험을 만들어낸 대표적인 기술들이다. 그런데 여기서 언급한 기술들도 위험의 정도와 양식이 다 다르다. 원자력 발전은 확률적으로는 그 위험이 무척 낮은 것으로 간주되지만, 사고가 나면 그것은 대규모 재앙으로 이어질 공산이 크고 방사능의 유출이 인체와 건강에 미치는 영향은 즉각적이고 분명하다. 반면 정보기술의 위험은 그 확률이 높지만 위험의 크기가 핵발전에 비해 현저하게 적으며 피해는 (프라이버시의 침해처럼) 더 추상적이다. 생명공학기술의 경우는 위험보다는 불확실성이 지배하고 있다.

미국과 유럽에서는 지난 30여 년간 위험에 대한 광범위한 연구가 진행되었으며, 이 과정에서 새롭게 인식된 것도 많다. 우선 위험 분석(risk analysis) 혹은 위험 경영(risk management)과 같은 새로운 전문 분야가 생겨났다. 위험 분석이나 위험 경영을 연구하는 과학자들(엔지니어, 자연과학자, 사회과학자들이 섞여 있음)은 위해성을 지닌 기술을 파악하고, 노출 규모와 악영향의 확률 사이의 관계를 파악하며, 노출의 성격과 정도를 평가하고, 위해의 가능성과 규모를 파악해서 위험 평가를 내린다. 그리고 이를 바탕으로 위험을 산정해서(evaluate), 위험을 직접 규제하거나 위험에 처한 집단에게 그 위험을 알려주는 정책의 기초를 만든다. 이를 위해서 다양한 모델, 수식, 데이터 분석, 심리학적 · 지리학적 · 사회학적 고려 등이 동원된다.

그렇지만 이러한 공식적인 위험 분석이 기술적 위험의 문제를 깔끔하게 해결해주는 것은 아니다. 위험을 느끼는 사람들은 항상 정당한 절차나 정성적 고려를 중요하게 생각한다. 예를 들어 산업체는 공식적이고 과학적인 위험 평가를 선호하지만 주민이나 환경단체는 절차, 신뢰, 가치의 고려를 중요하게 본다. 이는 표준적인 위험 평가가 신기술이 가지는 근본적인 위험이나 불확실성을 완전히 파악하지 못하기 때문이며, 사람들이 느끼는 위험에 주관성과 가치가 개입하기 때문이다. 예를 들어 보통 사람들이 위험을 평가할 때 사람들은 생생하고 기억하기 쉬운 것에 더 높은 확률을 부여하며, 따라서 익숙한 것이나 최근에 일어난 것을 더 위험하게 느낀다. 또 사람들은 확률이 낮지만 중대한 결과를 가져오는 (핵발전 같은) 사건을 과대평가하며, 동시에 확률이 높지만 결과가 국한된 엑스선 촬영 같은 것은 과소평가하는 경향이 있다.

전문가들 중에는 일반인들의 위험 평가에 이렇게 주관이 개입하기 때문에 위험에 대한 결정은 전문가에게 맡겨야 한다고 주장하는 사람들이 있다. 그렇지만 이는 일반인들의 위험 평가를 주관적이고 편협한 것으로만 간주한 탓이다. 보통 사람들은 위험의 '질적' 특성을 강조하며, 전문가들이 거의 고려하지 않는 통제 능력의 결핍, 대참사의 가능성, 치명적인 결과, 위험과 편익의 불공평한 분배에 민감하다. 특히 사람들이 중요하게 생각하는 것은 위험을 평가하고 정책을 결정하는 기관의 책임성과 민주의식이다. 신뢰(trust)의 문제는 위험한 기술의 평가에서 핵심적으로 중요하다. 따라서 과학기술자를 포함한 전문가들은 위험에 대한 대중의 생각을 비과학적이라고 몰아붙여서는 안 된다. 전문가들도 자신들의 위험 평가에 불확실성이 있으며 자신들도 편향을 가질 수 있고, 단지 기술적 정보만을 전달하려고 하는 것이 오만한 전문가 지상주의로 비쳐질 수 있음을 인식해야 한다.

위험에 대한 사회적 인식은 위험이 발생한 다음에 그것을 해결하는 사후 조치에서 사전 예방으로 옮아가고 있다. 위험의 사전 예방을 위해서는 아래의 여섯 가지 규칙이 유효하다.

1) 원인과 결과에 관한 분명한 과학적 증명이 없는 경우, 조심스러운 행동을 취할 필요가 있다.
2) 조기 행동이 가져올 수 있는 이익이 지연으로 인해 빚어질 비용을 상회한다고 판단되는 경우, 먼저 앞장서 행동하면서 왜 그런 행동이 취해지고 있는지를 사회에 알리는 것은 적절한 것이다.
3) 자연의 생명 유지 기능에 비가역적인 손상이 가해질 가능성이 있는 경우에는 기왕의 이익과는 무관하게 사전 예방적 행동이 취해져야만 한다.
4) 과정의 변경을 요구하는 목소리에 항상 귀기울여야 하고, 그러한 목소리를 낸 대표자들을 숙의(熟議) 포럼에 포함시켜야 하며, 과정의 처음부터 끝까지 투명성을 유지해야 한다.
5) 널리 알려지는 것을 결코 회피해서는 안 되며, 아무리 받아들이기 싫은 것이더라도 정보를 억압하려 시도해서도 안 된다. 현재와 같은 인터넷의 시대에, 설사 정보가 왜곡되거나 은폐되고 있다고 하더라도 누군가는 그것을 찾아내기 마련이다.
6) 대중적 불안감이 존재하는 경우, 광범한 토론과 숙의 기법들을 도입함으로써 그러한 불안감에 대응하는 단호한 행동을 취해야 한다.

이제 이러한 원칙을 바탕으로 유전자변형 식품과 핵폐기물 처리장 부지 설정 문제를 생각해보자. 유전자변형 식품의 위험 평가는 보통 한 건별, 생산물별로 이루어지며 과학기술적인 문제에 국한된다. 이러한 위험 평가에서는 유전자변형 식품 수입의 사회적 이득, 생태계에 대한 간접적 · 누적적 상승작용의 가능성, 농촌에의 영향, 몬산토와 같은 거대기업의 독점 강화 등의 문제에 대한 고려는 찾아보기 힘들다. 유전자변형 식품이 불러일으키는 논쟁을 완화하기 위해서는, 앞에서도 지적했듯이, 이러한 수입과 평가를 담당하는 기관의 중립성을 회복하고 정부 관리나 과학자들이 불확실성에 대해 더 겸손하고 다원주의적인 태도를 견지하는 것이 중요하다. 이러한 태도는 기본적으로 대중과 전문가 사이의 신뢰를 구축하는 기반이 되기 때문이다. 그리고 정부는 과학자문단에 생태학자를 포함시키는 것과 같은 방식으로 현 자문체계를 더 포괄적으로 바꾸고, 과학자문단이 만들 수 있는 문제 틀을 확장해야 한다. 또 규제 평가의 범위를 확장하고, 다양한 농업 전략을 비교해보는 것처럼 유전자변형 식품의 사회적 측면을 더 고려해야 한다. 그리고 무엇보다 유전자변형 식품을 도입하지 않거나 포기할 수도 있다는 것을 대안 중 하나로 고려하고 있음을 분명히 해야 한다.

핵폐기물 처리장 부지 선정의 문제도 비슷하게 접근할 수 있다. 정부와 전문가들은 지금보다 훨씬 더 형평성 문제를 심각하게 고려해야 하며 편익, 비용, 위험의 공평한 분배를 보장해야 한다. 이것이 NIMBY(not-in-my-backyard)를 PIMBY(put-in-my-backyard)로 바꿀 수 있다. 정부와 전문가들은 대중에 대해 정보를 제공해서 설득하겠다는 일방향적인 모형을 버려야 한다. 위험에 대한 커뮤니케이션은 쌍방이며, 대중의 관점은 단순히 NIMBY가 아니라 정당한 것이기 때문이다. 또 전문가도 얼마든지 실수를 저지를 수 있다. 특히 한국의 경우 핵폐기장의 문제가 심각해진 것은 주요 정책 결정이 다 이루어진 다음에 대중 참여가 허용되었고, 그 결과 대중에게는 비토집단의 역할만이 남게 되었기 때문이다. 중요한 것은 정책의 구상과 발전 단계에서 합의회의, 시민배심원, 포커스 그룹, 숙의 투표 등 다양한 종류의 시민 참여가 있어야 한다는 점이다(이에 대해서는 다음 절 참조).

유전자변형 식품이나 핵폐기물 처리장과 같이 불확실성이 많은 기술적 위험에 직면한 상태에서 앞으로 나아갈 수 있는 유일한 방법은 의사결정 과정에서 광범위하게 확대된 집단에 의해서 상호동의된 일련의 단계들을 거치는 것밖에 없다. 결국 정치인들은 정치권력을 공유하겠다는 데 동의해야 하며, 정보 제공은 양자 모두에게 더 투명해져야 하고, 또 참가자들은 합의에 도달하는 책임을 받아들여야 한다. 이제 더 이상 사람들은 기술적 위험을 논쟁 없이 선택하지 않는다. 이 점을 간과하면 사회적 논쟁은 갈등과 투쟁, 반목과 대립으로 바뀌면서 결국 우리에게 영원히 해결하기 힘든 과제를 안겨줄 것이다.

4-4. 기술에 대한 저항 : 러다이트 운동에 대한 재고찰

사람들은 기술이 자신들의 생존 근거나 삶의 가치를 파괴한다고 생각할 때 기술에 저항한다. 이러한 저항에는 특정한 기술을 사용하지 않는 것부터 기술 문명 자체를 등지는 것, 특정한 기술에 대한 반대의 목소리와 세력을 조직하는 것, 여론 조성이나 시위를 통해 정책적 압력을 넣는 것, 그리고 정보 시스템을 파괴하거나 공장의 기계를 부수는 과격한 행동 등이 포함된다.

기술에 대한 저항 중 가장 널리 알려진 것이 산업혁명 당시 영국에서 있었던 러다이트 운동(Luddite Movement)이다. 이 운동의 리더였던 러드(Ned Ludd)의 이름에서 유래된 이 운동은 방직공장에 기계가 대규모로 도입된 1810년대 초엽에 거의 전 영국을 휩쓸었다. 1811년 노팅엄의 공장에 있는 기계를 부수는 것에서 시작된 러다이트 운동은 요크, 랭카스터, 더비와 같은 공업 지역으로 번졌고, 1812년에는 핼리팍스와 리즈의 공장도 습격을 받았다. 요크셔의 카트라이트의 공장도 습격을 받았고, 공장주가 습격을 받아 살해되는 일도 있었다. 영국 정부는 기계 파괴를 극형에 처할 수 있는 범죄로 규정하고 군대를 보내 러다이트 운동을 진압했으며, 수십 명의 노동자들이 사형을 당했다. 러다이트 운동은 1817년까지 6년 가량 지속되었다.

러다이트 운동에 대해서는 여러 가지 해석이 있지만, 많은 사람들이 이를 두고 "기계를 파괴하는 것은 어쨌건 잘못된 것이다"라고 생각하는 경향이 있다. 예를 들어 노동자들의 조직적 운동을 고무했던 카를 마르크스조차 노동자들이

"기계(그 자체)와 자본에 의한 기계의 사용(즉 생산도구와 생산양식)"을 구별하는 데에는 오랜 시간이 필요했을 것이라고 하면서, 기계 파괴는 미숙하고 낭만적인 생각의 발로라고 간주하고 있다.

그렇지만 당시 공장노동자들이 기계만 부수면 모든 문제가 해결될 것이라는 단순한 생각을 가졌던 것은 아니었다. 한 대의 기계가 수십 명의 노동자가 하던 일을 대신 수행하게 된 상황에서, 자본가와 노동자들은 공장에 기계를 도입하는 것에 대해 무척이나 다른 생각을 가지고 있었다. 자본가들은 기계의 도입이 더 싼값에 옷을 만들고, 경쟁회사에 비해 경쟁력을 높이고, 이익을 가져오고, 무역에서 이점을 준다고 생각했다. 반면에 노동자들은 기계가 실업을 낳고, 질 낮은 옷을 생산하고, 기존의 선대제(先貸制) 경제를 붕괴시키며, 가장의 권위를 침해함으로써 가족과 사회의 도덕을 붕괴시킨다고 생각했다. 또 노동자들은 기계가 인간의 노동을 보조하는 것은 바람직하지만 그것을 완전히 대체하는 것은 악한 것이라고 보았다. 노동자들은 이러한 자신의 입장을 정부에 청원했지만 그 청원이 통하지 않자 기계 파괴라는 극단적인 방법을 사용했던 것이다.

게다가 기계 파괴 운동이 영국 전역의 모든 공장을 휩쓴 것도 아니었다. 모직산업을 놓고 볼 때, 요크셔 지역의 모직산업은 기계가 도입되기 전에도 우두머리 노동자가 관할하는 공정이 극히 작은 영역에 국한되어 있었으나 서부 지역의 모직산업은 우두머리 노동자가 거의 전 공정을 관할했다. 전자의 경우는 기계가 도입된 후에도 노동자가 자기 독자성을 가지고 일할 수 있는 여지를 만들어갔음에 비해, 후자의 경우에는 기계의 도입이 노동자에게 설 땅 자체를 앗아간 셈이었다. 기계 파괴 운동은 후자처럼 기계가 노동자들의 생존 조건 자체를 앗아간 지역에서 거세게 나타났다. 19세기 초엽 영국에서 노동자들의 운동이 기계 파괴 운동으로만 나타났다고 보는 것도 단순한 생각인데, 당시 노동자들은 기계를 파괴하는 폭력적인 방법만이 아니라 파업이나 청원과 같은 방법도 함께 광범위하게 사용했기 때문이다.

이러한 저항에도 불구하고 기계가 도입되었기 때문에 기계에 대한 저항은 헛된 것이라고 결론짓는 것 또한 성급한 단순화이다. 무엇보다 기계에 대한 저항은 특정한 지역에서는 기계의 도입을 늦춘 결과를 가져왔기 때문이다. 면직산업에서 노동자들의 저항은 방적기와 동력 방직기의 도입 속도를 떨어뜨렸으며, 요크셔 지방의 모직산업에서 새로운 기계의 도입이 저항 때문에 지연되었다. 기술에 대한 저항이 기술의 지연을 낳는 것은 다른 경우에도 종종 볼 수 있는 현상이다.

기술에 대한 저항은 산업혁명에만 국한된 것이 아니다. 20세기 후반부에 사람들은 핵발전소와 핵무기, 컴퓨터, 생명공학과 같은 기술의 도입과 확산에 다양한 방식으로 저항했다. 과학기술자들은 이러한 저항이 '무지'의 소치라고 생각하는 경향이 강한데, 이러한 기술이 방사능을 유출해서 치명적인 위해를 가져오고 프라이버시를 침해하며 인간 사회와 생태계를 파괴할 위험이 있다는 점을 생각한다면, 사람들의 저항은 무지의 소치라기보다는 "우리 삶의 양식과 가치를 전문 과학기술자들의 판단에만 맡기지 않겠다"는 인식이 표출된 것이라고 볼 수도 있다.

이러한 저항은 핵발전소 건설을 중단시키기도 했고, 핵발전소의 건설 속도를 현저하게 떨어뜨리기도 했다. 정부는 위험한 기술로 빚어진 갈등을 해소하기 위해 새로운 주민투표를 도입했고, 새로운 법령을 제정했다. 시민은 다양한 토론회, 포럼, 회의에 참석할 기회를 얻었다. 이는 민주적 절차와 민주주의의 확장이라는 예기치 않은 결과를 낳았다. 이러한 기술을 담당하는 기업들도 주민이나 시민과 보다 적극적으로 대화를 나눌 필요를 절감했으며 이를 위해 새로운 조직과 기능을 기업에 추가했다. 이렇게 기술에 대한 저항은 기술의 발전 방향을 바꿀 뿐만 아니라, 예상치 않았던 사회적, 정치적 결과를 가져오기도 하는 것이다.

5. 현대 기술 프로젝트의 성격 변화

5-1. 테크노크라시에서 시민 참여의 기술로

보통 '기술관료주의'라고 번역되는 테크노크라시(technocracy)라는 용어는 1919년 미국의 엔지니어 윌리엄 스미스(William Smith)에 의해서 만들어졌다. 테크노크라시라는 용어가 널리 사용되게 된 것은 1930년대 엔지니어를 중심으로 한 사회운동을 통해서였다. 1933년에 테크노크라시 운동가들에 의해 작성된 「테크노크라시의 사회적 목적」이라는 문건은 이 운동의 목표를 미국의 사회적 문제를 해결하기 위해서 정치가나 기업가 대신에 기술자들이 정치 경제의 각 분야를 지도하고 통제함으로써 부패와 낭비가 심한 정치 경제를 과학적 관리로 대체해야 한다고 역설하고 있다.

1930년대 미국의 테크노크라시 운동은 성공하지 못했지만 이후 테크노크라시의 이미지는 무척 강력한 것이 되었다. 테크노크라시는 종종 관료제〔뷰로크라시(bureaucracy)〕와 동일시되기도 했으며, 기술이 인간의 통제를 벗어나 인간을 지배한다는 기술 디스토피아주의와 동일시되기도 했다. 그렇지만 시간이 지나면서 테크노크라시는 사회적 문제에 대한 정책이 그 문제에 대한 전문지식을 가진 사람들에 의해서 제시되어야 한다는 일반적인 개념으로 변모했다. 특히 20세기 중엽 이후에 과학기술이 야기하는 사회적 문제가 복잡해지면서, 이런 문제의 해결책이 전문 과학기술자에 의해서 제시되어야 하며 시민 사회는 이들이 제시한 해결책을 받아들이고 따라야 한다는 생각이 널리 퍼졌는데, 우리가 관심을 갖는 테크노크라시는 바로 이러한 의미의 '전문가 지상주의'라고 할 수 있다. 과학기술 전문가주의를 신봉하는 사람들은 과학기술이 무척 복잡하고 난해해서 오랜 기간 동안의 전문적인 훈련을 받아야 하기 때문에 보통 사람들은 이에 대해 접근할 수 없으며, 따라서 과학기술 문제에 대한 의사결정에 참여해서는 안 된다고 주장한다.

그렇지만 구미의 경우에는 핵에너지, 환경, 유전자재조합과 유전공학 등이 커다란 사회 문제로 대두되면서 시민들이 주체가 되어 과학기술자들의 전문가주의 혹은 기술관료주의를 극복할 수 있는 방안을 모색하기 시작했다. 즉 전문가 패널이 결정하고 이를 시민에게 통보해서 따르라고 명령하는 식이 아니라, 시민들이 기술과 관련된 정책 결정에 참여하고 정책 결정에 시민의 목소리를 담는 방식이었다. 현대 기술 프로젝트는 그 영향이 모든 시민, 더 나아가 전세계에 미치며, 정부에서 추진하는 대규모 엔지니어링 프로젝트는 그 재원을 시민의 세금에 의존하는 경우가 많다. 따라서 시민은 기술 프로젝트의 정보에 대한 접근권, 과학기술 정책 과정에의 참여권, 의사결정이 합의에 기초함을 주장할 권리, 개인이나 집단을 위험에 빠지지 않게 할 권리 등이 있다.

게다가 사회가 더 민주적으로 되면서 절차의 정당성이 중요해진다는 사실을 고려해야 한다. 결정된 정책 자체의 효율성만이 아니라 그것이 결정되는 과정이 민주적이었는가라는 점이 중요해진다는 것이다. 더 민주적으로 결정된 정책은 더 많은 시민의 지지를 받고, 따라서 그 효율성도 커진다. 반면에 전문가들과 정부관료들이 밀실행정을 통해 결정한 정책은, 종종 시민대중의 저항에 직면한다. 이럴 경우 그 정책 자체가 아무리 좋다고 해도 효과적으로 실행되기 힘들다.

민주주의 사회는 오래 전부터 시민들의 여론을 수집하고 청취해서 정책에 반영했다. 여론조사나 공청회, 청문회가 대표적인 기제이며, 여론이 잘 수렴되지 않을 때에는 선별 사항에 대해 국민투표를 시행할 수도 있었다. 그렇지만 공청회나 국민투표는 모두 소극적인 시민 참여의 모델이다. 최근에는 더 적극적인 의미의 다양한 시민 참여 메커니즘이 각국에서 실험적인 차원이나 실질적인 차원에서 운영되고 있는데, 이러한 적극적 시민 참여의 메커니즘으로는 합의회의, 시나리오 워크샵, 시민배심원, 시민자문회의, 포커스 그룹, 규제협상 등이 있다.

합의회의는 사회적으로 논쟁이 될 수 있는 과학기술과 관련된 쟁점에 대해 일반 시민들로 구성된 패널을 구성하고 패널로 하여금 자체적인 토론 및 숙의를 통해 합의를 도출하도록 유도한다. 이 과정에서 패널은 전문가들로 구성된 패널과 심도 깊은 의견 교환을 하며, 이렇게 도출된 합의가 정책에 반영될 수 있도록 노력한다. 시나리오 워크샵은 보통 지역 수준에서 바람직한 것으로, 주민, 공무원, 과학기술자로 구성된 그룹이 그 지역의 미래를 위한 기술적 필요와 가능성을 고려한 지속 가능한 발전 전망을 수립하는 것이다. 이는 지역개발 정책 등에 좋은 결과를 낼 수 있다. 시민배심원은 12～24명의 시민이 기술과 관련된 문제를 결정하는 배심원을 구성하고, 증인으로 다양한 사람들을 출석시킬 수 있는 제도를 말한다. 배심원들은 증인의 의견을 청취한 다음에 마지막 결정을 숙의안(熟議案) 형태의 보고서로 제출한다. 시민자문회의는 의견이 첨예하게 대립된 사항에 대해서 시민자문단을 구성해서 시민의 의견을 들어보는 것이며, 포커스 그룹은 정책의 평가와 개선을 위해 시민 대표를 추출해서 의견을 개진케 하는 제도를 말한다. 이러한 제도는 공청회 등에 나가지 않는 소극적인 사람들의 의견을 접할 수 있다는 이점이 있다. 마지막으로 규제협상은 행정기관을 포함해서 이해관계자들의 대표 협상을 통해 합의를 얻어 이를 규칙 제정에 반영하는 것이다. 여기에는 개별 시민이 아니라 이익집단의 대표가 참석한다.

정책 결정에 민주적인 방식으로 시민을 참여시키는 위와 같은 제도는 지금 구미 각국에서 다양하게 실험중이다. 덴마크, 영국을 비롯한 유럽에서는 논쟁이 되는 중요한 정책 결정에 합의회의 방법을 도입했으며, 1997년 미국에서도 정보통신 정책을 놓고 합의회의가 있었다. 앞에서도 지적했듯이 과학기술 관련 공공정책에서 불확실성과 위험의 요소가 있을 때, 이를 해결하는 방법은 결국 더 많은 대화와 토론, 그리고 이를 통한 지역 주민의 자발적인 동의뿐이다.

5-2. 지속 가능한 발전과 지속 가능한 기술

지속 가능한 발전(sustainable development)은 지금 지구촌의 현재와 미래를 포괄하는 개념이다. 지속 가능한 발전은 지금 우리의 현재 욕구를 충족시키지만, 동시에 후속 세대의 욕구 충족을 침해하지 않는 발전을 의미한다. 지금 우리가 생태계를 어지럽히고 자원을 다 고갈시키면서 풍요를 누린다면, 그것은 지속 가능한 발전이 아니다. 자원이 고갈되고 생태계가 파괴된 상태에서 우리의 후속 세대는 결코 똑같은 풍요를 느끼지 못하기 때문이다. 그렇기 때문에 지속 가능한 발전은 경제적 활력, 사회적 평등, 환경의 보존을 동시에 충족시키는 발전을 의미한다.

지속 가능한 발전은 의식주만을 해결하는 상태를 바람직하다고 보지 않는다. 그런데 바로 여기에 문제가 있다. 지금 지구의 전 인구가 선진국 수준의 풍요를 누리려면 지구에서 사용 가능한 모든 자원의 3배 이상을 소모해야 한다. 그런데 만약에 그렇게 자원을 소모한다면 그런 발전은 지속 가능한 발전이 아니다. 그렇기 때문에 우리는 지속 가능한 발전을 가능케 하는 기술에 대해서 관심을 두어야 한다. 지속 가능한 발전을 가능케 하는 기술을 '지속 가능한 기술(sustainable technology)'이라고 정의할 수 있다.

지속 가능한 기술 중에는 풍력 발전, 조력 발전, 태양열 발전처럼 지금의 주된 발전 기술과 상당히 차이를 보이는 기술도 있다. 그렇지만 많은 지속 가능한 기술은 지금 우리가 가진 기술과 그 형태에서 크게 다르지 않다. 더 중요한 것은 그 기술이 디자인될 때 얼마나 더 많이 사회적, 환경적 연관에 중심을 두는가이다. 지속 가능한 기술은 1) 이용 가능한 자원과 에너지를 고려하고, 2) 자원이 사용되고 그것이 재생산되는 비율의 조화를 추구하며, 3) 이러한 자원의 질을 생각하고, 4) 자원이 생산적인 방식으로 사용되는가에 주의를 기울이는 기술이라고 할 수 있다. 즉 지속 가능한 기술은 되도록이면 태양에너지와 같이 고갈되지 않는 자연에너지를 활용하며, 낭비적인 소비 형태를 지양하고, 기술적 효용만이 아닌 환경효용(eco-efficiency)을 추구한다.

지속 가능한 기술의 예를 들어보자. 1980년대 중엽에 코닥의 연구자들은 카메라를 들고 다니지 않고서도 사진을 찍고 싶어하는 소비자들의 욕구가 전세계적으로 커지고 있음을 인식하고, 이에 부응하기 위해 쓰고 버리는 일회용 카메라를 개발했다. 코닥은 필름 인화 서비스를 확장하고 있었는데, 이 일회용 카메라는 바로 이러한 서비스 확장 계획과도 잘 맞아떨어지는 제품이었다. 그런데 이 카메라의 문제는 이것이 환경친화적이지 못하다는 것이었다. 환경운동가들은 코닥의 신제품을 공격하기 시작했고, 이는 코닥회사 전체의 이미지에 안 좋은 결과를 가져왔다.

1989년부터 코닥의 연구자들은 이 일회용 카메라의 주요 부품들을 재디자인하기 시작했다. 코닥 본사의 기술자, 디자이너, 경영인, 환경학자들이 새로운 제품을 디자인했고, 이 과정에서 인화와 현상을 담당하는 매장의 주인들과도 협력했다. 매장의 협력 없이는 환경친화적인 제품을 만들 수 없었기 때문이다. 그 결과 코닥은 덜 복잡하고, 재활용이 쉽고, 재사용도 가능한 제품을 만들어내는데 성공했다. 이렇게 만든 카메라는 공장에서 조립하기도 더 쉬웠다. 이러한 환경친화적인 재설계는 회사 이미지에도 도움이 되었고, 이 사건 이후 코닥의 시장 점유율은 과거에 비해 상승했다. 제품에 사용되는 재료를 줄이고, 유해한 쓰레기를 최소화한 코닥의 일회용 카메라는 코닥사에 큰 이윤을 가져다준 사업 라인이 되었던 것이다.

지속 가능한 기술이 우리의 미래에 중요하리라는 데에는 이의를 제기할 사람이 없을 것이다. 그렇지만 현재 문제가 되고 있는 것은, 엔지니어들이 기존의 기술 패러다임에 너무 깊이 젖어 있다는 것이다. 엔지니어는 지금 우리에게 가능한 자원을 가지고 최대의 효율을 내는 기술을 디자인하도록 교육받고, 신제품에 대한 소비자의 욕구를 자극해서 잘 작동하는 제품도 버리고 새것을 사도록 유도하는 것이 바람직하다고 교육받는다. 지속 가능한 기술은 한두 사람의 양심적인 엔지니어의 노력으로 가능한 것이 아니다. 그렇기 때문에 지속 가능한 기술을 위해서는 공과대학의 교육에서 지속 가능한 엔지니어링에 대한 관념을 심어주어야 한다. 지속 가능한 기술을 바탕으로 지속 가능한 발전이 있을 수 있다면, 지속 가능한 엔지니어링 교육은 지속 가능한 기술을 개발하는 엔지니어의 요람이 될 수 있을 것이다.

6. 결론

'공학기술과 사회'를 다룬 이 장의 1절에서는 공학기술은 무엇이고 엔지니어는 어떤 일을 하는가라는 문제를 다루었다. 여기서 우리는 대상, 과정, 지식, 의지로서의 기술이라는 기술의 다양한 측면을 고찰하고, 기술이 과학과 어떻게 다른가라는 문제를 살펴보았다. 그리고 발견, 발명과 혁신의 차이를 분석한 뒤에, 기술과 공학의 차이도 살펴보았으며, 점진적 혁신의 경우에 필요한 엔지니어의 역할도 살펴보았다. 이후 기술을 특징짓는 기술 시스템의 특성을 해부했으며, 마지막으로 기술의 역사를 두 가지 시기 구분을 기준으로 간단히 개괄했다.

두번째 절에서는 기술과 사회를 바라보는 관점들을 분석했다. 우선 기술의 발전 방향이 기술 내부에 내재해 있고 기술이 사회 발전을 결정한다는 기술결정론과 사회적 그룹의 이해관계가 기술 디자인을 결정한다는 기술의 사회적 구성론을 대비했다. 그리고 기술결정론과 기술의 사회적 구성론의 문제점을 극복하고 이 둘을 종합할 수 있는 이론 틀을 제시했다. 마지막으로 기술의 가치중립성과 '양날의 칼'로서의 기술이라는 담론을 비판적으로 살펴보았다.

성공한 기술, 혁신, 엔지니어를 다룬 3절은 네 가지 사례연구로 구성되어 있다. 우선 성공적인 발명과 혁신을 이룬 예로 제임스 와트, 굴리엘모 마르코니, 조지 이스트먼을 분석했는데, 이들은 모두 혁신적인 발명을 이룬 뒤에 이에 대한 특허를 내고, 자신의 사업을 확장하고, 이 과정에서 또 다른 중요한 발명과 특허를 계속 만들어내고, 새로운 시장을 개척했다는 공통점을 가지고 있었다. 마지막으로 엔지니어의 성공적인 리더십의 예로 스탠퍼드 대학을 MIT나 하버드와 맞먹는 대학으로 성장시킨 스탠퍼드의 엔지니어 프레드릭 터먼의 예를 다루었다.

4절은 현대 기술에 대한 반성을 주제로 하고 있다. 우선 여기서 우리는 기술적 실패와 성공의 구분이 항상 분명한 것은 아니며 많은 경우 기술의 실패는 성공의 전제조건이라는 점을 보았다. 그럼에도 불구하고 거대 기술 프로젝트에서 작은 오류가 엄청난 기술적 재앙으로 이어지는 경우가 있는데, 이런 경우의 예로 스리마일 섬의 핵발전소 사고와 챌린저 호 폭발 사고를 다루었다. 사고와 재앙이 미래의 확률로 산정되는 것을 위험이라 하는데, 20세기 후반부터 그 중요성이 증가하는 문제가 바로 기술적 위험이다. 여기서는 기술적 위험과 관련된 다양한 이론적 고찰과 이 위험을 줄이는 방법으로 시민들의 더 많은 적극적 참여와 대화를 제시했다. 마지막으로 항상 부정적인 것으로만 간주되던 기술에 대한 저항을 러다이트 운동을 중심으로 재해석해보았다.

이러한 고찰의 배경으로 5절에서는 현대 기술 프로젝트의 성격 변화를 다루었다. 우선 최근에 격렬한 논쟁을 불러일으키는 기술 프로젝트의 경우 전문가들의 판단과 정책 결정이라는 문제가 있으며, 합의회의와 같은 다양한 방법으로 시민들의 의견을 더 적극적으로 이 과정에 포함시키는 것만이 실질적인 해결책임을 강조했다. 마지막으로 현재만이 아니라 미래의 후손 세대까지 생각하는 발전의 토대로 지속 가능한 기술이라는 개념을 소개했으며, 이러한 지속 가능한 기술의 예로 코닥사의 일회용 카메라가 재디자인되는 과정을 소개했다.

정리해보자. 기술은 사회와 영향을 주고받으며, 사회를 바꾸지만 사회에 의해서 바뀌기도 하고, 사람이 만들지만 사람이 세상을 경험하는 방식을 바꾼다. 기술은 절대 선도, 절대 악도 아니지만, 가치중립적인 것도 아니다. 아래 표에서 보는 것처럼 기술에 대한 근거 없는 비관론은 기술에 대한 근거 없는 낙관론처럼 바람직하지 못하다. 모든 기술은 인간에 의해 구성되지만 성숙한 기술 시스템은 사람이 쉽게 통제하기 힘든 관성을 갖는 경우도 있다. 기술적 성공과 기술적 실패의 구분은 맥락의존적(context-dependent)이다. 기술적 재앙은 기술에 대한 과신과 연결되어 있다. 엔지니어는 기술이 백 퍼센트 완벽하고 안전하다는 생각을 버리고 기술의 한계에 대해 더 솔직해질 필요가 있다. 현대 기술은 위험과 불확실성을 수반하고 이는 종종 지루하고 소모적인 사회적 논쟁을 불러일으키지만, 이를 해결하는 방법은 더 많은 시민 참여와 대화이다. 엔지니어는 지금 우리만이 아니라 후손 세대와 환경을 생각하는 기술에 더 많은 관심을 두어야 한다. 이를 위해서 대학의 엔지니어링 교육은 지속 가능한 기술이라는 개념을 포함하는 방식으로 개선될 필요가 있다.

기술	기술에 대한 급진적, 낙관적 견해	기술에 대한 보수적, 비관적 견해
우주 탐험	인류의 쾌거	자원의 낭비
야생동물 보호	한계 내에서 하면 됨	가장 절박한 것
자동차	사람의 가장 가까운 친구	위험하고 쓸모없는 것
정보 감시 도구	범죄를 예방	인간을 노예화함
생명공학	의학과 의술의 연장	신의 영역을 침범하는 것
핵발전소	택시보다 안전	당장 모두 폐기해야 함

〔표4〕 기술에 대한 극단적인 낙관적 견해와 비관적 견해

〔쓰기 과제〕

1. 앞으로 자신이 현재 전공 분야의 엔지니어로 활동하는 동안 당면하게 될 윤리적 문제 상황의 구체적인 예를 생각해보고, 그런 경우에 어떤 점을 중요하게 고려하고 어떤 절차를 거쳐 의사결정을 내리는 것이 합리적인지에 대해 서술해보자.
2. 18세기나 19세기의 엔지니어에 비해 오늘날의 엔지니어에게 더 많이 요구되고 있는 자질이나 능력에는 어떤 것이 있으며, 왜 그러한 변화가 생겨났다고 생각하는지 서술해보자.
3. 핵폐기장 건설에 관한 의사결정에서 과학기술에 대한 전문지식이 거의 없는 지역주민들의 의견을 어느 정도까지 반영하는 것이 타당한가? 특히 핵물리학자나 원자핵공학자의 의견과 주민들의 의견이 충돌할 경우에는 어떤 방식으로 의사결정을 해야 하는가?
4. 한국에서 성공적인 엔지니어의 모델로 삼을 수 있는 사람은 누구인가? 그 사람을 제임스 와트, 굴리엘모 마르코니, 조지 이스트먼과 비교하면 어떤 공통점과 차이점을 발견할 수 있는지 서술해보자.
5. '기술이 사회 변화를 규정한다'는 기술결정론의 논지를 비판해보고, 그러한 비판적 인식이 엔지니어의 활동에 어떤 영향을 미칠 수 있는지를 서술해보자.

〔토의 및 토론 주제〕

1. 2001년 미국에서 발생한 9·11 테러와 그 이후에 벌어진 사건들을 '현대 사회에서의 기술의 의미와 위치'라는 관점에서 생각해볼 수는 없을까? 더 많은 기술이 더 큰 공포와 재난을 가져오는 오늘날의 상황을 엔지니어의 입장에서 어떻게 파악해야 할까?
2. 성수대교나 삼풍백화점 붕괴 사고의 책임은 누구에게 돌아가야 하는가? 부도덕한 기업가, 설계를 맡은 엔지니어, 시공기술자, 담당 공무원, 건설업계 전체, 우

리 사회 전체 엔지니어가 정직하고 유능하다면 이러한 사고들이 일어나지 않을 수 있다고 생각하는가?

3. 15세기에 발명된 인쇄술과 20세기에 등장한 인터넷 중 어느 것이 더 혁명적인 사회 변화를 수반하고 있다고 보는가? 그렇게 생각하는 근거를 들어가면서 토론해 보자.
4. 고속철도 개통 직후 기존 방식의 철도 운행이 대폭 축소되었고 이에 대한 여러 가지 불만이 제기되었다. 효율적인 첨단기술의 도입에 적응하지 못하는 일시적 현상인가, 아니면 기술을 사용하는 대중의 정당한 권리 주장인가?
5. 엔지니어링은 '과학'과 '기예' 중 어느 쪽에 가까운가? 엔지니어링에 대한 이와 같은 입장 차이는 기술적 위험과 사고의 문제를 파악하는 데 어떤 변화를 가져올 수 있는가?
6. 생명공학이나 에너지기술 연구에 있어서 '위험하다는 것이 입증되기 전까지는' 연구를 계속해도 괜찮은가, 아니면 '안전하다는 것이 입증되기 전까지는' 연구를 추진하지 말아야 하는가?
7. 윤리적 문제의 발생이 우려되는 연구 분야에서, 이미 기술적으로 가능하다고 판단되는 연구를 법적, 사회적 합의가 성립될 때까지 미루어야만 하는가? 아니면 기술적으로 가능하다면 일단 연구를 진행하고 점차 법적, 사회적 장치가 마련되기를 기다리는 편이 더 나은 선택인가?
8. 5백 년 전에 비해 기술이 발달한 오늘날 우리는 더 위험한 삶을 살고 있다고 말할 수 있는가? 만약 그렇다면 우리는 기술의 발전을 중지시키거나 규제하는 것이 마땅한가? 각각에 대한 찬반 의견을 밝혀보자.
9. '행정의 효율을 극대화하고 범죄 예방 등의 효과를 얻기 위해 개인정보를 한 곳에 모아 관리해야 한다'는 주장에 대해 찬반 의견을 밝히며 토론해보자.

〔참고문헌〕

Alexander, Jeffrey C., Bernhard Giesen, Richard Munch, and Neil J. Smelser, eds. 1987. *The micro-macro link*. Berkeley: University of California Press

Alpern, Kenneth D. 1983. Engineers as moral heroes. In *Beyond whistleblowing: Defining engineers' responsibilities: Proceedings of the Second National Conference on Ethics in Engineering*, March 1982, edited by V. Weil, 40~55. Chicago: Center for the Study of Ethics in the Professions, Illinois Institute of Technology

Arras, John D. 1991. Getting down to cases: The revival of casuistry in bioethics. *Journal of Medicine and Philosophy* 16: 29~51

Bell, Trudy E., and Karl Esch. 1987. The fatal flaw in flight 51-L. *IEEE Spectrum*, February, 36-51

Boland, Richard J. 1983. Organizational control systems and the engineer: The need for organizational power. In *Beyond whistleblowing: Defining engineers' responsibilities: Proceedings of the Second National Conference on Ethics in Engineering*, March 1982, edited by V. Weil, 200~210. Chicago: Center for the Study of Ethics in the Professions, Illinois Institute of Technology

Brizendine, John C. 1992. Statement of John C. Brizendine, president, Douglas Aircraft Company, McDonnell Douglas Corporation. In *The DC-10 case: A study in applied ethics, technology, and society*, edited by John H. Fielder and Doglas Birsch, 199~203. Albany: State University of New York Press

Clarks, Lee. 1992. The wreck of the Exxon Valdez. In *Controversy: Politics of technical decisions*, edited by Dorothy Nelkin, 80~96. 3rd ed. Newbury Park, CA: Sage

Collins, H M. 1985. *Changing order: Replication and induction in scientific practice*. London: Sage

Davis, Michael. 1991. Thinking like an engineer: The place of a code of ethics in the practice of a profession. *Philosophy & Public Affairs* 20: 150~167

──, 1998. *Thinking like an engineer: Studies in the history of a profession*. New York: Oxford University Press

Downey, Gary Lee. 1998a. *Ethics and engineering selfhood*. Paper presented at the Society for Social Studies of Science Annual Conference, October, Halifax, Canada

——, 1998b. *The machine in me: An anthropologist sits among computer engineers.* New York: Routledge Kegan Paul

Downey, Gary Lee, and Juan C. Lucena. 1995. Engineering Studies. In *Handbook of science and technology studies*, edited by Sheila Jasanoff, Gerry Markle, James Petersen, and Trevor Pinch, 167~188. London: Sage

Eddy, Paul, Elaine Potter, and Bruce Page. 1992a. The Applegate memorandum. In *The DC-10 case: A study in applied ethics, technology, and society*, edited by John H. Fielder and Douglas Birsch, 101~108. Albany: State University of New York Press

——, 1992b. Fat, dumb, and happy: The failure of the FAA. In *The DC-10 case: A study in applied ethics, technology, and society*, edited by John H. Fielder and Douglas Birsch, 109~122. Albany: State University of New York Press

Engineering Ethics. 2000. Home page, Division of Technology, Culture, and Communication, University of Virginia [Online]. Available: http://repo-nt.tcc.virginia.edu/ethics/

Fielder, John H. and Douglas Birsch eds. 1992. *The DC-10 case: A study in applied ethics, technology, and society*. Albany: State University of New York Press

Florman, Samuel C. 1983. Comments on Pletta and Gray and Schinzinger. In *Beyond whistleblowing: Defining engineers' responsibilities: Proceedings of the Second National Conference on Ethics in Engineering*, March 1982, edited by V. Weil, 83~89. Chicago: Center for the Study of Ethics in the Professions, Illinois Institute of Technology

Fuller, Steve. 1988. *Social epistemology*. Bloomington: Indiana University Press

Galison, Peter, and David J. Stump, eds. 1996. *The disunity of science: Boundaries, contexts, and power*. Stanford, CA: Stanford University Press

Harris, Charles E. Jr. 1995. Explaining disasters: The case for preventative ethics. *IEEE Technology and Society Magazine* 14 (2): 22~27

Harris, Charles E, Jr., Michael S. Pritchard, and Michael Rabins. 1995. *Engineering ethics: Concepts and cases*. Belmont, CA: Wadsworth

Jasanoff, Sheila. 1991. Acceptable evidence in a pluralistic society. In *Acceptable evidence: Science and values in risk management*, edited by Deborah G. Mayo and Rachelle D. Hollander, 29~47. New York: Oxford University Press

—, 1993. Bridging the two cultures of risk analysis. *Risk Analysis* 13: 123~129

Jasanoff, Sheila, Gerry Markle, James Petersen, and Trevor Pinch eds. 1995. *Handbook of science and technology studies*. London: Sage

Jonsen, Albert R., and Stephen Toulmin. 1988. *The abuse of causistry*. Berkeley: University of California Press

Kipnis, Kenneth. 1992. Engineers who kill: Professional ethics and the paramountcy of public safety. In *The DC-10 case: A study in applied ethics, technology, and society*, edited by John H. Fielder and Douglas Birsch, 143~160. Albany: State University of New York Press

Knorr-Cetina, K., and A. V. Cicourel, eds. 1981. *Advances in social theory and methodology: Toward an integration of micro-macro-sociologies*. New York: Routledge Kegan Paul

Kohn, P., and R. Hughson. 1980. Perplexing problems in engineering ethics. *Chemical Engineering*, 5 May, 100~107

Latour, Bruno. 1996. *Aramis or the love of tehchnology*. Cambridge, MA: Harvard University Press

Law, John. 1987. On the social explanation of technical change: The case of the Portuguese maritime expansion. *Technology and Culture* 28: 227~252

Lickona, Thomas. 1980. What does moral psychology have to say to the teacher of ethics? In *Ethics teaching in higher education*, edited by Daniel Callahan and Sissela Bok, 103~132. New York: Plenum

Lynch, Whilliam T. 1994. Ideology and the sociology of scientific knowledge. *Social Studies of Science* 24: 197~227

—, 1997~1998. Teaching engineering ethics in the United States. *IEEE Technology and Society Magazine* 16(4): 27~36

Malin, Martin. 1983. Legal protection for whistleblowers. In *Beyond whistleblowing: Defining engineers' responsibilities: Proceedings of the Second National Conference on Ethics in Engineering*, March 1982, edited by V. Weil, 11~32. Chicago: Center for the Study of Ethics in the Professions, Illinois Institute of Technology

Mark, Hans. 1987. *The space station: A personal journey*. Durham, NC: Duke University Press

Martn, Mike W., and Roland Schinzinger. 1996. *Ethics in engineering*. 3rd ed. New

York: McGraw-Hill

McDonnell Douglas. 1992. The DC-10: A special report. In *The DC-10 case: A study in applied ethics, technology, and society*, edited by John H. Fielder and Douglas Birsch, 227~235. Albany: State University of New York Press

Meiskus, Peter, and James Watson. 1989. Professional autonomy and organizational constraint: The case of engineers. *Sociological Quarterly* 30: 561~585

Merton, Robert K. 1979. The normative structure of science. In *The sociology of science: Theoretical and empirical investigations*, edited by R. K. Merton. Chicago: University of Chicago Press

Mitcham, Carl. 1994. *Thinking through technology: The path between engineering and philosophy*. Chicago: University of Chicago Press

Nader, Ralph. 1983. The engineer's professional role: University, corporations, and professional societies. In *Engineering professionalism and ethics*, edited by James H. Schaub and Karl Povlovic, 276~284. New York: John Wiley

Online Ethics Center for Engineering and Science. 1999. [Online]. Available: http://onlineethics.org

Perry, T. 1981. Five ethical dilemmas. *IEEE Spectrum*, June, 53~60

Petroski, Henry. 1985. *To engineer is human: The role of failure in successful design*. New York: St. Martin's

Pinkus, Lynn B., Larry J. Shuman, Norman P. Hummon, and Harvey Wolfe. 1997. *Engineering ethics: Balancing cost, schedule, and risk —Lessons learned from the space shuttle*. Cambridge, UK: Cambridge University Press

Porter, Theodore M. 1995. *Trust in numbers: The pursuit of objectivity in science and public life*. Princeton, NJ: Princeton University Press

Rouse, Joseph. 1996. *Engaging science: How to understand its practices philosophically*. Ithaca, NY: Cornell University Press

Sawyier, Fay. 1983. The case of the DC-10 and discussion. In *Engineering professionalism and ethics*, edited by James H. Schaub and Karl Povlovic, 276~284. New York: John Wiley

Unger, Stephen H. 1994. *Controlling technology: Ethics and the responsible engineer*. 2nd ed. New York: John Wiley

Vaghan, Diane. 1996. *The Challenger launch decision: Risky technology, culture, and deviance at NASA*. Chicago: University of Chicago Press

Vesilind, P. Aarne. 1988. Rules, ethics and morals in engineering education. *Engineering Education*, February, 289~293

Vincenti, Walter. 1990. *What engineers know and how they know it*. Baltimore: Johns Hopkins University Press

Weil, Vivian, ed. 1983. *Beyond whistleblowing: Defining engineers' responsibilities: Proceedings of the Second National Conference on Ethics in Engineering*, March 1982, Chicago: Center for the Study of Ethics in the Professions, Illinois Institute of Technology

Werhane, Patricia H. 1991. Engineers and management: The challenge of the Challenger incident. *Journal of Business Ethics* 10:605~616

—, 1987. Integrating ethics teaching into courses in engineering design. *Science, Technology & Society* 62/63:12~17

Whitbeck, Caroline. 1987. Experience with the project method of teaching ethics in a class of engineering design. Unpublished manuscript

—, 1995. Teaching ethics to scientists and engineers: Moral agents and moral problems. *Science and Engineering Ethics* 1:299~308

—, 1997. Using problems and cases in teaching professional ethics: Theory and practice. In *Teaching criminal justice ethics: Strategic issues*, edited by John Klienig and Margarte L. Smith. Cincinnati, OH: Anderson

Wynne, Brian. 1988. Unruly technology: Practical rules, impractical discourses and public understanding. *Social Studies of Science* 18: 147~167

3장 공학기술과 윤리

김유신(부산대 전기전자컴퓨터공학부 교수)
성경수(동서대 국제관계학부 교수)

1. 엔지니어와 공학적 실천

현대 사회를 과학기술 사회라 할 정도로 과학기술은 삶의 모든 영역에 널리 퍼져 있다. 과학기술은 의식주의 기본 욕구를 충족시켜주고, 나아가 우리의 삶에 편리와 행복을 가져다주며, 자연의 위협을 극복하고 질병을 퇴치하여 삶을 아름답게 구성하는 데 큰 역할을 해오고 있다. 그러나 이러한 과학기술은 인간 사회의 어려운 문제를 해결해주는 면도 있는가 하면, 동시에 환경 파괴, 대량살상무기 생산, 기계화 · 자동화로 인한 인간성 파괴 등과 같은 위기 상황을 초래하기도 한다. 기술이 지니는 이러한 총체적 역기능의 주원인은 여러 요소로 나눌 수 있는데 그 중 하나가 공학자의 잘못된 윤리적 판단이다. 공학자는 기술을 생산하고 적용하고 운용한다. 여기에는 기술의 적용과 운용에 대한 타당성이라는 가치 평가가 항상 개입되어 있다. 과학과 기술은 과학자나 기술자에 의해 주도되는 것 같지만 실제로는 사회적, 정치적, 경제적 제도를 통하여 생산되고 통제되고 운용된다. 이때 공학자나 과학자가 그러한 제도를 반성하지 못하고 제도에 종속되어 그릇된 판단을 할 경우가 많다. 이는 결국 엄청난 비극을 초래하게 된다. 비록 이러한 제도화된 구조하에서 기업주나 경영진에서 최종 판단을 내리지만, 기술적으로 안전과 위험의 문제가 개입되어 있는 한, 그 책임을 전문가가 아닌 사람에게 돌리기는 힘들다. 자연히 엔지니어가 그 책임을 떠안게 된다.

1-1. 엔지니어의 딜레마

엔지니어는 기술적인 전문지식을 가진 자이다. 현대의 기술적 지식은 복잡하고 거대하여 전문가가 아닌 사람은 이해하기 힘들다. 따라서 그 지식의 생산과 운용과 적용은 전문가의 판단에 의해 이루어지지 않으면 안 된다. 동시에 우리의 삶 대부분은 이러한 기술에 크게 의존하고 있다. 기술에 문제가 생기면, 삶이 불편한 정도가 아니라 생존이 크게 위험에 처하기도 한다. 그러므로 우리는 전문가들이 전문적 지식을 양심껏 사용하도록 윤리 훈련을 쌓도록 해야 하고 동시에 그들의 판단에 일반인들이 승복하도록 그들에게 어떤 독립적 권위와 지위를 주어야 한다. 그러나 오늘날 엔지니어는 그러한 위치에 있지 못하다.

거의 대다수의 엔지니어는 자영이 아니라 연구소나 기업 혹은 대학 등에 고용되어 있다. 이들 엔지니어는 상사의 지시를 받는다. 상사의 지시가 엔지니어가 보기에 공공의 안전에 해를 주는 비윤리적인 것이라고 생각될 때 문제가 발생한다. 이러한 상황에서 정상적인 논의로 문제가 해결되지 못할 때 엔지니어는 어려운 상황에 처하게 된다. 원칙에 충실할 것인가 아니면 자신이 속한 조직의 지시에 충실히 따를 것인가라는 선택의 문제에 직면한다. 엔지니어의 기술적 원칙은 전문 영역에 속하기 때문에 상사가 이해하기 힘든 경우도 많다. 또 기술 사회에서 이러한 기술의 문제는 직접적으로 그리고 당장은 아니더라도 차후에 엄청난 문제를 야기할 수 있는 경우가 많기 때문에 엔지니어의 딜레마는 다른 경우보다 훨씬 심각하다. 거의 모든 전문직에는 윤리적 주제를 다루고 적절한 윤리적 판단을 수행할 수 있는 교육 프로그램이 있다. 의료 윤리, 법 윤리 등이 대표적인 예이다.

그럼에도 불구하고 그 동안 공학에는 그러한 윤리 교육과 연구를 매우 등한시 해왔다. 아마도 엔지니어는 자신이 생산한 기술은 가치중립적이고 자신은 기술만 생산하고 운용하지, 가치와 관련된 판단은 공학자, 기술자, 과학자의 영역 바깥에서 이루어진다고 생각하는 경향 때문이 아닌가 여겨진다. 대부분의 사람들은 상사의 지시에 따라 기술적 문제만 해결하는 것이 엔지니어의 몫이고 그 이상은 다른 영역에 종사하는 사람들의 몫이라고 생각하고 있는 경우가 많다. 기술은 가치가 내재해 있는 것이 아니라 외부에서 주어지므로 기술은 외부적으로 주어진 가치 판단에 충실해야 한다는 이분법을 기술의 가치중립적 입장이라 부른다. 이 입장은 이미 여러 학자들에 의해 잘못되었다고 비판받아왔다. 실제 현장에서 기술적 판단을 할 경우, 윤리적 판단이 내재해 있는 경우가 허다하다. 이 윤리적 판단은 전문지식을 가진 자가 전문적 판단을 내려야만 하는 복잡한 기술적 판단인 것이다. 챌린저 호 참사, DC-10 재난, 스리마일 섬 사고 등은 이를 잘 대변해주고 있다. 이 사건들은 대체로 엔지니어가 전혀 윤리적 훈련을 받지 못해 기술의 가치중립적인 입장으로 후퇴하여 결국 경영자의 주장에 밀려났기 때문에 일어난 것들이다.

직접적 사고와 관련되지 않은 경우를 생각해보자. 고속전철이 경주를 통과할 경우 경주의 유적 보호에 영향을 미치기 때문에 고고학자들은 이를 반대해왔다. 그러나 정치가나 지역 상인과 주민들은 발전을 위해 찬성했으며, 학자들을 무시하는 일도 서슴지 않았다. 공학학회나 엔지니어들, 고고학회는 이러한 문제에 대해 중요한 판단을 내려야 하고 그 결정은 정부나 주민들이 따르고 신뢰할 수 있어야 한다. 그러한 판단 자료 위에서 논쟁을 해야 한다. 그러나 엔지니어들은 이러한 문제에 대해 훈련이 안 되어 있기 때문에 기술 윤리적 판단에 개입하기를 꺼리고 판단을 회피해버린다. 그러다보니 사회도 그들의 판단 능력을 무시해버린다. 그리하여 중요한 기술이 관련된 중요한 문제들이 기술을 전연 알지 못하는 정치가나 상인, 사업가에 의해 그릇 판단되기 일쑤다. 그럼에도 불구하고 엔지니어는 윤리적으로 책임을 지지 않을 수 없는데, 책임을 회피하는 엔지니어에 대해 사회가 더욱 무시하기 때문이다. 특히 피고용인으로서의 엔지니어는 전문지식을 가졌음에도 불구하고 그 지식은 철저히 도구적 지식으로 평가되고, 사회에서 엔지니어의 역할은 엄청나게 큼에도 불구하고 중요한 의사결정에 소외되어 자신의 책임을 다하지 못한다. 이것이 한국 사회에서 엔지니어와 공학자가 안고 있는 딜레마이다. 특히 정보혁명에 의해 기술의 영향력이 엄청나게 증대한 현대 사회에서 엔지니어의 딜레마는 더욱 커진다.

1-2. 엔지니어와 의사결정

기술적 영역에서 현실 세계의 의사결정은 종종 모호하고 부정확한 자료, 불완전한 지식, 불확실한 확률 평가 그리고 논쟁적인 가치판단에 의존한다.

기술의 운용을 결정하는 의사결정에는 다양한 부류의 사람들이 영향력을 행사한다. 그러나 사실상 언제나 중추적 역할은 엔지니어가 한다. 기술이 기초가 되는 기업에 종사하는 엔지니어들은 매우 특수한 부담을 진다. 무엇보다도 그들은 작업 과정에서 최종 생산품의 중요한 측면을 결정하는 사람들에게 영향을 준다. 나아가 무엇이 잘못되어가는지 제일 먼저 인식하는 사람이 바로 현장에 있는 엔지니어들이다. 바로 이 현장성은 종종 매우 결정적이다. 왜냐하면 시간이 갈수록 중요한 실수를 고치는 비용은 급격히 증가하는 반면에 올바른 대책이 취해질 수 있는 기회는 그만큼 줄어들기 때문이다. 현대 기술의 힘은 워낙 커서 약간 잘못된 선택이나 실수라도 엄청난 파괴와 손실을 가져올 수 있다. 따라서 엔지니어의 책임 있는 활동은 이러한 치명적 잘못을 예방하는 데 중요한 요소이고, 기술의 운용에 절대적으로 필요한 조건이다.

그러나 엔지니어들은 고용되어 있기 때문에 올바르게 일한다는 것이 개인 경력에 손해가 될 수 있다. 그렇다고 전문가로서의 양심을 포기하면 사회에 막대한 피해를 줄 수 있다. 법적 체계의 개선점을 다루기 위해 고용조직 내부에 여러 과정을 도입하는 등의 메커니즘이 형성되어 윤리적 엔지니어가 일할 수 있도록 해야 한다. 엔지니어의 윤리적 행동은 기술 개발의 본성과 방향에 심각한 영향을 주기 때문이다.

예제 1) 성공 사례 : 파나마 운하

파나마 운하는 정치적인 그리고 이데올로기 관점에서 보면 비판적인 소지가 많다. 소위 약소국에 대한 무력 외교의 전형적인 결과이기 때문이다. 그러나 엔지니어링 관점에서 보면, 이것은 매우 화려한 성취이다.

파나마의 지협을 가로지르는 운하를 건설하는 것은 진실로 아주 도전적인 기획이었다. 프랑스 회사에 의해 웅대하게 추진된 이 계획은, 그러나 열대병, 독사뱀, 깊은 정글, 어려운 지형, 폭우, 물집이 생기게 하는 열 등의 복합적인 문제로 인해 좌절되었다. 미국 정부가 1904년 이를 넘겨받은 후, 수석 엔지니어 존 스티븐스와 조지 괴설은 이 거대한 프로젝트를 수행하는 데 우수한 조직력과 비상한 수완, 강인한 성격을 보여주었다. 운하 자체에 대한 작업에 들어가기 전에, 모기가 전염시키는 질병인 말라리아, 황열병에 관한 대책 수립, 노동자와 장비에 대한 적절한 시설 건설, 노동자나 공급품뿐만 아니라 굴착을 통해서 나오는 어마어마한 양의 흙과 바위를 제거하기 위한 철도 건설 등이 필수적이었다. 윌리엄 조거스 박사는 이 중 첫번째 임무를 책임지게 되었다. 그는 이를 위해 최신 의학과 생물학 지식을 동원했다. 18개월 동안 실시된 모기 박멸 프로그램은 황열병과 말라리아를 사소한 문제로 만들어버렸다. 2,500여 종이 넘는 특정 모기들이 전염시키는 병들을 일일이 다 확인하고 그들의 주기를 연구하여 얻은 지식을 바탕으로 정확하고 집요하게 모기들을 공격했던 것이다. 실제로 운하를 파는 작업은 수많은 새롭고 거대한 기계와 무게를 지탱할 수 있는 정교한 철도 시스템 제작을 동반하는 토목공학의 무훈이다. 반복되는 산사태는 어려움을 한층 가중시켰다. 파낸 흙과 바위는 가히 상상을 초월한다. 토목기사들은 거대한 댐과 큰 배들을 올리고 낮추는 수문을 건설하는 임무를 맡았다. 그들은 일찌기 경험해본 적 없는 거대한 규모의 구조로 콘크리트를 사용하는 구체적이고 새로운 다양한 방법들을 개발해야만 했다. 그들의 해법들은 가히 성공적이었다. 거대한 수문과 그 수문을 제어하는 메커니즘을 설계하는 것은 기계공학과 전기공학 엔지니어들의 임무이다. 여기에서도 문제는 많다. 금속학, 롤베어링, 전기모터, 전기제어 등등에서 최신 아이디어들이 세밀한 기술과 더불어 채용되었다. 이 중 안전장치 전기제어 메커니즘이 주로 쉴드하우어에 의해 개발되어 오늘날까지 동작의 부정확한 연속에 기인하여 일어나는 사고를 막는 데 성공적으로 사용되고 있다. 관련된 주요 제조회사는 생긴 지 얼마 안 된 제네럴 일렉트릭(GE)사였는데 이 프로젝트를 잘 수행하여 명성을 더욱 더 얻었다. 1914년 개통되었을 때, 파나마 운하는 대서양과 태평양 사이의 짧은 운항로로서 그 설계 목적을 충분히 만족시켰다. 모든 하부 시스템은 부드럽게 잘 작동했다. 가장 큰 탱커와 벌크 캐리어를 제외하고는 운하는 가치 있는 운항로가 되었다.

계속적인 산사태와 같은 예기치 못한 문제들에도 불구하고 공사는 6개월 앞서 끝났다. 초기에 프랑스 회사에 일한 대가로 4천만 달러, 파나마에 천만 달러를 지불하고 난 다음, 미국 정부가 부담한 비용은 약 3억 달러에 불과했다. 놀랍게도 이것은 주요 공사가 착수된 1907년에 추정한 것보다 2천3백만 달러나 적은 금액이었다. 이에 비해 프랑스 회사는 약 3억 달러를 소비한 후 파산했다. 이 거대한 프로젝트를 미국이 수행하는 동안 부패나, 뇌물, 사기, 부당이득 취득과 같은 심각한 문제와 관련된 그 어떤 믿을 만한 증거도 없었다. 바람직하지 못한 요소는 미국이 주도한 10년 동안 발생한 사고나 질병에 의한 5천6백여 명의 인명 손실이었다. 평균 대략 4만 명의 사람이 항시 일하고 있었다. 이러한 통계는 오늘날에는 받아들이기 힘든 것이지만, 그 당시 지배적인 표준으로 보면 과도한 것은 아니었다. 초창기 프랑스의 작업에서는 약 2만 명의 사람이 죽었다.

예제 2) 실패 사례 : 챌린저 호 참사

1986년 1월 27일 밤, 모턴 치오콜(Morton Thiokol)사와 마샬 우주센터를 포함한 발사 전 원격지간 통신회의장은 긴장감으로 가득했다. 모톤 치오콜사의 엔지니어 14명이 우주왕복선 챌린저 호를 다음날 아침에 발사하는 것에 대해 재고할 여지가 있다는 사실을 전달했다. 이러한 권고는 저온에서 봉인할 수 있는 오-링(O-ring)의 성능에 대한 엔지니어들의 우려에서 나온 것이었다. 오-링은 추진로켓의 마디들을 구성하는 봉합 메커니즘의 한 부품이다. 만약 오-링이 복원력을 잃어버리면 마디들 사이를 밀봉하는 데 실패할 수 있다. 그 결과는 고온의 가스가 새고 저장 탱크에서 연료가 점화되면서 전체적인 폭발로 이어질 것이다. 추운 날씨의 낮은 온도는 고체연료 추진로켓들 사이를 결합하는 오-링들을 유연하지 못하게 만들어 작동하지 않게 할 위험이 있었다. 게다가 이 오-링들은 이전의 발사에서도 걱정스러운 부식을 보여 다시 설계된 것이어서 그들은 오-링에 얽힌 문제점을 잘 알고 있었다. 오-링의 수석 엔지니어인 로저 보이스졸리(Roger Boisjoly)는 이미 수년 전에 자신의 동료들에게 이 문제가 심각하게 대두될 것이라고 경고했다.

그러한 기술적인 증거는 불완전하지만 불길한 징조였던 것이다. 기온과 복원력 사이에는 상관관계가 있는 것으로 나타났다. 비록 다소 높은 온도에서 봉인물 주위에서 누설이 일어났지만 최악의 누출은 53° F에서였다. 발사시에 예상한 기온은 26° F였는데 오-링들은 29° F로 측정되었다. 이것은 이전의 다른 어떤 비행 때보다도 더 낮은 온도였다.

원격회의도 일시적으로 중단되었다. 우주센터에서는 모턴 치오콜의 발사 중지 요청에 대해서 질문했고, 모턴 치오콜에서는 엔지니어들의 요청에 대해서 재검토할 시간을 갖도록 발사 연기를 요청했다. 우주센터에서는 모턴 치오콜의 승인 없이는 비행을 하지 않으려 했고, 모턴 치오콜의 관리는 자신들의 승인 없이는 발사하도록 권고하지 않으려 했다.

모턴 치오콜의 선임 부회장인 제럴드 메이슨은 미 항공우주국에서 몹시 성공적인 비행을 원하고 있다는 것을 알았다. 그는 또한 모턴 치오콜이 미 항공우주국과의 새로운 계약이 필요하다는 사실과 발사에 반대하는 건의는 필시 계약이 체결될 전망을 흐리게 할 것이라는 사실을 알았다. 결국 메이슨은 공학적 자료가 확정적이 아님을 의식했던 것이다. 엔지니어들은 비행하기에 적합한 정확한 온도에 대한 정확한 숫자를 제공하지 못했다. 그들은 기온과 복원력 사이의 피상적 상관관계에 의존하고 있었기 때문에 오-링의 안전 문제에 대해 보수적일 수밖에 없었다.

우주센터와의 원격회의는 곧 재개되고 의사결정을 내려야만 했다. 감독직에 있는 엔지니어인 로버트 룬드를 돌아보면서 메이슨은 그에게 "엔지니어의 입장에서 벗어나 관리자로서의 입장이 되시오"라고 지시했다. 그러자 초기의 발사 불가 요청은 번복되고 만다.

로저 보이스졸리는 엔지니어의 건의가 뒤집힌 것 때문에 심히 기분이 상했다. 한 인간으로서, 당연히 우주조종사들의 안녕에 대해 걱정하지 않을 수 없었다. 그는 죽음과 파괴를 초래하게 될 사건의 관련자가 되는 것을 원치 않았다. 하지만 그는 단지 걱정만 하는 시민이 아니었다. 그는 엔지니어였다. 오-링들이 신뢰할 수 없다고 결정하는 것은 그의 전문 직업인으로서의 공학적 판단에 의한 것이었다. 그는 또한 공공의 건강과 안전을 보호해야 하는 전문 직업인의 책임도 가지고 있었으며, 명백히 이러한 책임이 우주비행사들에게까지 미쳐야 한다고 믿었다. 하지만 그의 전문 직업인의 판단이 뒤집혀버린 것이다.

그는 또한 그러한 상황에서 엔지니어로서의 직함을 벗어던지는 것은 적절하지 않다고 믿었다. 그의 엔지니어로서의 직함은 자신감의 근원이었고, 그것은 또한 책임감을 수반하게 했다. 그는 엔지니어로서 최선의 공학기술적 판단을 내리고 우주비행사들을 포함한 공공의 안전을 보호할 책임을 지녀야 한다고 믿고 있었다. 그래서 그는 마지막 시도로서 발사 중지안에 대해 역행하려는 결정에 대하여 항의하기 위해 치오콜 경영진에게 저온에서의 문제점들을 지적했다. 그는 거의 필사적으로 원래대로 발사를 중지해야 한다고 설득을 시도했다. 하지만 그의 주장은 받아들여지지 않았다. 치오콜의 관리자들은 당초의 발사 중지 결정을 번복해버렸다.

다음날, 발사된 지 겨우 1분이 지나자마자 챌린저 호는 폭발했고, 6명의 우주비행사와 같이 탑승한 1명의 여학교 선생님의 목숨을 앗아가버렸다. 비극적인 인명 손실뿐만 아니라 그 참사는 수백만 달러의 값어치가 나가는 장비를 파괴시켰으며 미 항공우주국의 명성에 심한 손상을 가져다주었다. 비록 보이스졸리가 그 참사를 막는 데는 실패했지만, 그는 전문 직업인으로서의 자신의 책임을 실천했던 것이다.

2. 전문직과 공학 윤리

2-1. 전문가란 무엇인가?

전문가란 한마디로 전문직에 종사하는 사람을 일컫는다. 그렇다면 전문직이란 무엇인가. 오늘날 우리가 사용하는 전문가라는 용어는 프로페셔널(professional), 즉 소위 프로인데, 프로라면 프로 레슬링 선수도 전문가의 범주에 드는 셈이 될 것이다. 그러나 '전문직(profession)'의 원래 사전적 의미는, 공언하는 행위나 사실이란 의미이다. 즉 학문의 어떤 분야에 관해 공언한 지식이 다른 사람의 일에 적용되어 사용되거나, 또는 그 지식에 기초한 기술의 실천에서 사용되는 직업을 의미한다.

전문직의 특성을 더욱 자세히 알기 위해 전문직을 다른 직업과 구분짓는 다음과 같은 전문직의 특징들을 알아볼 필요가 있다.

1) 전문직에 입문하기 위해서는 상당한 시간의 훈련이 필요하다. 전문직에게 전형적으로 요구되는 훈련은 실무적인 기술보다 지적인 내용에 더 초점이 맞춰져 있다. 전문직의 지식과 기술은 이론이라는 뼈대에 바탕을 두고 있다. 이러한 이론적 기초는 보통 고등교육기관에서 정식 교육을 통해 습득된다. 오늘날 대부분의 전문직은 적어도 학사 학위를 가지고 있으며, 많은 전문직은 더 높은 학위를 필요로 한다.
2) 전문직의 지식과 기술은 사회복지에 핵심적이다. 과학기술 사회는 전문직 엘리트에게 특히 의존한다. 예를 들면 우리는 건강을 회복하기 위해 의사의 지식에 의존하고 있다. 기소당하거나 사업이 파산 직전이거나 혹은 이혼을 원할 때 변호사의 지식이 우리의 복지에 더 없이 중요하다. 마찬가지로 우리는 안녕 복지를 위해 과학자와 공학자의 지식에 의존한다.

3) 전문직은 전문적인 서비스를 제공하는 데 있어 대개 독점성이 짙다. 이러한 조정은 두 가지 방식에 의해서 달성된다. 우선, 전문직 학교를 졸업한 사람들에게만 전문직 자격을 허락해야 한다. 또한 전문직은 전문직 학교의 인가 기준을 제정함으로써 전문직 학교에 상당한 통제력을 지닌다. 그 다음, 전문직을 가지려는 사람에 대해 면허를 주는 시스템이 존재해야 한다. 면허 없이 개업하는 사람은 반드시 법적인 처벌을 받게 된다.

4) 전문 직업인은 직장에서 종종 보기 힘들 정도의 자율성을 누린다. 전문 직업인은 고객이나 환자까지 선택할 수 있는 자유를 가진다. 큰 조직에서 일하는 전문 직업인조차도 일을 수행함에 있어서 상당한 정도의 개인적인 판단과 창의력을 발휘할 수 있다. 이러한 자율성을 정당화시키는 근거는 전문직만이 적절한 전문적 서비스를 하기에 충분한 지식을 가지고 있다는 것이다.

5) 전문직은 윤리헌장에 구현된 윤리적 표준에 의해 규제되어야 한다. 공동체의 복지에 지극히 중요한 서비스를 장악하고 있는 전문직이 가지는 통제력은 남용의 유혹을 받게 마련이다. 그러므로 많은 전문직 종사자들은 공익을 위해 스스로를 규제함으로써 이러한 남용을 제한하려 한다.

우리의 목적에 필요한 전문직이라는 용어는 공공의 선을 도모하는 전문적 지식을 이수하여 소정의 자격을 획득한 직업을 의미한다. 이 같은 정의에 따르면 엔지니어야말로 이러한 기준에 일순위로 해당되는 사람이다.

오늘날 공학적 산물들은 과거보다 훨씬 더 공개적으로 드러나 있다. 게다가 매스컴은 주요 실책들을 백일하에 드러내며, 공적인 조사를 받도록 만든다. 오늘날 과거 어느 때보다 엔지니어들이 더 많이 존재하지만 엔지니어들은 이전 시대보다 대중들에게 훨씬 더 드러나지 않고 숨어 있어 직접적인 접촉과는 거리가 멀다.

엔지니어들의 이러한 비가시성(非可視性)은 엔지니어들로 하여금 대중과의 교감이나 대중에 대한 책임 감각을 흐리게 만든다. 따라서 엔지니어들이란 대중의 보호자라기보다는 어떤 조직체의 봉사자라는 것이 그들의 지배적인 이미지가 되고 있다. 하지만 대중에 대한 책임감은 전문인이기 위해 본질적인 것이다.

2-2. 전문직 정신

엔지니어들이 스스로에게 가지는 자아상(自我像)을 잘 도식화하기 위해 다음과 같은 극단적인 두 가지 태도를 언급해볼 수 있다. 엔지니어 각자는 자신의 이미지를 이 두 극단 사이의 스펙트럼 어딘가에 놓게 될 것이다. 하나는 '독립적인 전문직 정신'이고 다른 하나는 '복종적인 전문직 정신'이다.

'독립적인 전문직 정신'은 강제에서 벗어나 독립과 자유를 전문직 정신으로 여긴다. 이 견해는 독립을 전문직 정신의 본질로 여기는데, 이것은 고용주에 대한 관료적인 복종과 극명히 대비된다. 이러한 독립의식과 피고용인이라는 지위는 양립 불가능하다. 한마디로 개인을 자유로운 숙련공이 아니라 피고용인으로 간주하는 한, 전문가적 지위는 존재하지 않는다는 것이다. 이 견해에 따르면 오직 자문 엔지니어만이 전문가로서 자격이 있다. 이러한 자유는 비윤리적인 활동들을 거부할 수 있는 권리라고 하겠다. 따라서 공공선과 관련된 문제를 단지 고용주가 명령한다고 해서 무조건 복종한다면 그는 전문 엔지니어가 아니다. 전문직 정신은 자기 판단에 따라 업무를 수행할 수 있는 자유를 포함한다. 이는 경영권의 권위에 의해 과도히 억압당하고 있는 엔지니어들의 현실에 대한 반발적인 견해라고 할 수 있다.

이에 반해 '복종적인 전문직 정신'은 고용주나 의뢰인들에 대한 복종을 전문직 정신의 핵심으로 본다. 전문가는 자신의 의뢰인이나 고용주의 기대를 충족시켜야 한다. 따라서 직업적 금기는 개인의 양심이라기보다는 법률이나 정부의 규제들이다. 엔지니어는 자신이 무엇을 수행하든지 간에 성실과 역량을 보여야 한다. 이 견해는 엔지니어링 전문직 정신에 있어서, 경영자측의 견해를 대변하는 것으로 보인다.

이 두 극단적 견해는 각각 중요한 입장을 대변하고 있다. 아마도 우리는 이 두 입장 가운데 어디쯤인가 적정 지점인 중도적 입장을 찾는 지혜가 필요할 것 같다.

고용된 엔지니어는 고용주와 대중 양쪽 모두에 도덕적 책임을 지니며, 어느 한쪽의 책임만을 전문직 정신의 본질로 여겨서는 안 된다는 것이다. 따라서 봉급받는 피고용인이란 점을 솔직히 인정하고, 또한 법의 한도 내에서 고용주에게 복종하는 것만을 직업적 책임으로 보는 견해를 거부해야 할 것이다. 사실상 이는 교묘한 공중 외줄타기이다. 양쪽 다를 봐야 균형을 잃지 않고 줄 위에 서있을 수 있는 것처럼 위의 양 극단의 입장은 어느 쪽도 균형을 유지하는 데 없어서는 안 될 중요한 입장이다. 따라서 이러한 비유는 엔지니어가 제대로 전문가로서의 자기 역할을 다하려면 형평을 유지하기 위한 고도로 전문적인 긴장감과 균형감각이 필수적이라는 것을 보여주는 단적인 예라고 하겠다. 이것은 엔지니어가 처한 현실과 문제가 사실상 고도로 윤리적이라는 것을 반영하고 있다.

이처럼 어느 입장에 서느냐에 따라 사물을 대하는 각도가 전혀 달라지므로 같은 대상도 보는 입장에 따라 다른 의미를 지니게 되어 심지어 다양한 이름으로 불릴 수 있다. 어쩌면 한 사물에 다양한 이름이 주어져 있다는 것은 그만큼 건강한 현상인지도 모른다. 그것은 적어도 하나의 부분적 측면 혹은 전체적 측면만을 강조하는 미시적 혹은 거시적 시각에서 벗어나게 해주며 다양한 입장 바꾸기에 의한 다양한 측면을 드러내주기 때문에 스스로 균형을 찾을 수 있게 해주기 때문이다. 이것은 상황 윤리적 태도와 유사하나 상황 윤리가 그대로 상대주의 도덕은 아닌 것과 같이 다양한 입장에 따른 상황 윤리적 측면을 지니고 있기도 하며 그런 점에서 역할 윤리적 태도를 보인다고 말할 수 있다.

2-3. 공학 윤리란 무엇인가?

우선 공학 윤리란 단어의 의미부터 한번 고찰해보자. 도덕 혹은 윤리를 도덕적 쟁점에 대한 판단을 정당화하기 위해 사용하는 이유라고 정의한다면, 어떤 행위가 도덕적으로 옳다고 말하는 것은 단순한 느낌을 말하는 것이 아니라, 가장 최선의 도덕적 이유들을 지지하는 것이다.

도덕적 이유란 우리가 다른 종류의 가치판단을 정당화할 때 부여하는 이유와는 상당히 다르다. 어떤 그림이 왜 좋다고 판단되느냐고 묻는다면, 인상적인 선, 색채, 통일성, 상징성, 기타 등의 이유 때문이라고 답변할 것이다. 판단을 지지하는 이런 이유들은 그 판단이 도덕적 판단이 아니라는 것을 명백히 해준다. 도덕적 이유는 우리가 자신뿐 아니라 다른 사람도 존중하도록 요구하며, 우리의 선과 마찬가지로 타인의 선도 보살피기를 요구한다.

이제 공학 윤리에 대한 정의를 내려보자. 공학 윤리는 공학에 종사하는 개인과 조직이 직면하는 도덕적 문제와 도덕적 결정에 대한 연구이다. 그리고 도덕적 쟁점과 도덕적 이상에 대한 탐구로서, 기술적 활동에 관련된 사람과 기업 간의 관계에 관한 문제들을 연구한다. 따라서 공학을 실천하면서 생기는 도덕적 문제, 특히 복잡하게 얽힌 도덕적 딜레마에 열중하는 게 불가피할 것이다.

공학 윤리는 전문직 윤리이지 개인 윤리가 아니다. 물론 이 두 가지 윤리가 전적으로 분리될 수 있는 것은 아니지만, 이들 사이에는 중요한 차이점이 있다. 가장 분명한 차이점은 바로 전문직 윤리는 전문가 공동체에 의해 받아들여진 윤리적 표준에 부합되어야 한다는 점이다. 전문 직업인이 된다는 것은 다른 전문 직업인들의 공동체에 가입함을 의미한다. 엔지니어 윤리헌장들의 표준은 엔지니어가 대중, 의뢰인, 고용주, 고객에게 가져야 할 의무를 강조하고 있다. 공학 윤리 헌장들의 기본 원리는 아주 유사하며, 엔지니어의 전문 직업적 책임에 관련해서 고도의 의견일치를 보여주고 있다.

전문직 윤리는 전문가들이 자신을 전문가로 여기는 한에 있어서, 전문가들에 의해 채택된 표준들의 집합이다. 개인 윤리는 주로 성장기의 가정에서나 종교적인 훈련에 의해서 형성되고 나중에 반성에 의해서 종종 수정되는 개인 자신의 윤리적 참여의 집합이다. 일반 윤리는 어떤 문화나 사회에 속한 대부분의 구성원들이 공유하는 도덕적 이상들의 집합이다.

이러한 세 유형의 윤리간의 관계는 복잡해질 수 있다. 비록 그들은 서로 기원은 다르지만, 종종 서로 중복된다.

전문직 윤리헌장은 전문직 윤리의 공통된 기준을 명확히 표현한다. 실제로 전문적인 지위를 가지고 있다고 하는 모든 직업 단체는 윤리헌장을 가지고 있다. 공학 분야에도 많은 헌장이 있고 그 헌장들은 각각 중요한 기능을 수행한다.

전문직 윤리 헌장들은 전문 직업인의 행동을 위한 공통의 그리고 서로 동의하는 표준들을 제공한다. 이러한 표준들의 존재는 전문 직업인과 일반 대중 모두에게 이익이 된다. 개개 전문 직업인은 자신의 어떤 행동이 적절한지 알아내기 위하여 혼자 애쓰도록 방치되지 않는다. 헌장들은 적어도 일반적인 용어로 이야기한다. 나아가 전반적으로 전문 직업인은 자신과 같은 분야에 있는 다른 전문 직업인들도 동일한 기준에 따라 행동할 것이라고 추정할 수 있다.

우리가 의사 진료실에 들어갈 때 비록 그 의사들을 이전에 한 번도 만난 적이 없더라도 우리가 그들에게 말하는 것들은 비밀로 지켜질 것이라고 암묵적으로 믿고 있다. 우리는 또한 의사들이 우리가 정보에 입각한 자유로운 의사결정을 할 수 있도록 우리에게 선택 사항들을 미리 알려줄 것이라고 가정할 수 있으며, 또 그러한 선택 사항들이 가장 최근의 의학 발전에 부응하는 것이라고 추정할 수 있다.

2-4. 공학 윤리를 왜 배우는가?

무슨 이유로 공학 윤리를 공부하는가? 공학 윤리란 미덕을 설교하여 비도덕적인 사람들을 도덕적 믿음을 지니게끔 훈련시키는 게 결코 아니다. 더구나 우리는 윤리를 얘기하면 진부한 설교로 생각하여 우선 귀부터 막는 경향이 있다. 이는 그러한 것들을 이미 다 안다고 생각하는 까닭이며 게다가 그러한 문제의 결정은 개개인 나름대로의 자유 선택이므로 취향에 따라 다를 수 있다고 생각하는 경향도 팽배하다.

우리는 무엇이 옳고 그른지 대충 알고 있으며 사실상 그냥 느낀다고 해도 과언이 아니다. 그러니 느낌을 왜 배워야 하느냐는 말도 일리는 있다. 윤리란 결국 더불어 살기 때문에 발생하는 것이므로 공유하는 질서와 편의를 위해 신뢰를 기초로 하는 규약이 생기게 마련이다.

그렇지만 다 알면서도 아는 대로 행하지 못하는 게 사람이고 보면, 인간은 이성적 동물이면서 동시에 감성적 동물이다. 옳지만 하기 싫은 것이 있는 반면에 뻔히 잘못인 줄 알면서도 하고 싶어 못 견디는 것이 있으니 지행합일이 그렇게 말처럼 쉬운 게 아니다. 어떤 때는 무엇이 더 중요한지 무엇을 먼저 해야 하는지 헷갈릴 때도 있으며, 어떤 사람에게는 중요한 것이 다른 사람에게는 전혀 그렇지 않아 서로 이해가 충돌할 때가 많다.

우리는 옳고 그른 것을 잘 안다고 하면서도 타인과의 이해관계가 엇갈리면 타협이나 협상으로 나아가지 못하고 충돌로 비화되기가 십상이고 그 충돌조차도 제대로 풀지 못해 제삼자인 재판관에게 떠넘기는 일이 다반사이고 보면 과연 우리가 옳고 그름을 안다고 말할 수 있는지 궁금하다. 공식이나 원리를 안다고 해서 실제로 다 아는 것이 아니다. 매시간 달라지는 상황에 그 공식과 원리가 잘 적용되도록 적절하게 분석하여 그것을 풀어내는 힘이 있어야 진정 안다고 말할 수 있을 것이다.

의사는 환자의 건강을 회복시키고, 변호사는 의뢰인의 권리를 보호해주는 전문가라고 한다면 엔지니어는 대중의 안녕과 복지를 신장시키는 전문가이다. 게다가 엔지니어는 전문가가 되기 위한 가장 중요한 조건인 공익적인 측면에서 볼 때 다른 전문직에 비해서 생산에 이바지하는 정도가 가장 크다. 많은 사람에게 영향을 끼치는 전문적인 사태에서는 고도로 전문적인 선택과 결정인 전문적인 윤리가 요구된다. 모든 올바른 선택과 결정은 필연적으로 윤리적 차원의 것이기 때문이다.

게다가 엔지니어는 자신의 전문적 실천에 혜택을 입는 사람들과의 관계가 직접적이지 않고 간접적이라는 점과 전문가이면서도 익명성과 비가시성 때문에 대중과의 직접적인 교감이나 의사소통이 단절되어 있다는 점에서 책임을 피부로 느끼지 못할 우려가 있다. 바로 이런 점에서 일상생활에 가장 편의를 제공하는 공학적 산물의 창조자이면서 전문적 지식의 소유자인 엔지니어는 상대적 박탈감과 소외감을 느끼기 쉽다. 따라서 엔지니어라는 직업은 자신의 가공할 생산력이 곧바로 파괴력으로 연결될 수도 있는 양면적 잠재력 때문에 누구보다도 더 윤리의식이 요구되는 전문직이다.

따라서 공학 윤리를 배우는 것은 공학과 관련된 도덕적 쟁점들에 대해 책임 있게 대처하기 위한 능력 배양과 관련이 있다.

오늘날 엔지니어들은 과거 어느 때보다 더 큰 힘을 갖추고 있어 그만큼 더 막중한 윤리적 책임을 지니고 있다. 그런데 엔지니어들이 처한 현실은 어떠한가? 그들의 의견이 공학적 실천에서 자신들이 지닌 실제 영향력의 정도만큼 반영되고 있는가? 만일 그렇지 않다면 그들의 의견이 제대로 반영되도록 하기 위해서는 어떻게 해야 하는가? 이는 바람직한 엔지니어의 정체성 혹은 위상과도 관련이 있다.

1) 도덕적 딜레마

공학에서 도덕적 문제의 해결이 항상 단순하고 분명하다면, 대학에서 윤리를 공부하는 것이 정당화되지 않을 것이다. 몇 가지 복합성과 불분명함이 도덕적 상황에 관련될 수 있다.

첫째, 모호성의 문제가 존재한다. 각 개인은 자신이 처한 상황에 어떠한 도덕적 고려나 원리들을 적용해야 하는지에 대해 분명하지 않을 수 있다. 예를 들어 신참 엔지니어는 그의 회사가 사업상 관계하는 판매원으로부터 고급 명품 핸드백을 받는 것이 도덕적으로 허용되는지를 의심할 수 있다. 이러한 고가의 명품을 받는 것은 뇌물이 아닌가? 이것이 이익의 갈등을 초래하지 않을까? 아마 동료와의 대화를 통해 답을 얻을 수도 있을 것이다. 아마 그 동료는 과거에 적용되었던 테스트를 기억해낼지도 모른다. "만약 날마다 먹거나 마실 수 있는 일상적인 것이라면, 그것은 뇌물이 아니다!" 그러나 선물이라는 것이 정직한 교제상의 예의인지 아니면 받을 수 없는 뇌물인지가 상당히 모호한 경우가 늘 있게 마련이다.

둘째, 더 빈번하게 존재하는 것은 충돌 문제이다. 각 개인은 자신이 처한 경우에 어떤 도덕적 원리들을 적용할 것인가는 분명히 할 수 있다. 그러나 명백히 적용 가능한 둘 또는 그 이상의 도덕적 원리들이 충돌할 때 어려움에 처하게 된다. 또는 하나의 원리가 동시에 서로 다른 방향으로 향할 수도 있다. 이러한 종류의 도덕적 문제들을 도덕적 딜레마라고 부른다.

더 자세하게 말하면, 도덕적 딜레마는 두 개 혹은 그 이상의 도덕적 책무, 의무, 권리, 선(善), 혹은 이상들이 서로 충돌하는 상황인데, 그것들 모두가 다 존중될 수는 없는 상황이다. 나아가 하나의 도덕적 원리도 주어진 하나의 상황에서 둘 또는 셋 이상의 양립 불가능한 적용들을 가질 수 있다.

도덕적 딜레마는 빈번하게 일어난다. 예를 들어 우리가 친구들과 약속을 하면, 그것으로 인해 약속한 것을 행해야 하는 의무도 생긴다. 그런데 부모가 갑자기 아파 간호를 위해 집에 머물러야 한다면 약속을 지키지 못하게 된다. 약속을 지켜야 한다는 의무와 부모에 대한 의무 사이의 갈등으로 구성되는 딜레마는 대개 친구에게 양해 전화 한 통화면 해결된다.

그러나 딜레마가 항상 이렇게 쉽게 해결되지는 않는다. 어떤 딜레마는 조사를 요구하고, 번민과 반성과 성찰이 요구한다. 불가피하게도 오늘날의 공학적 실천은 대부분의 엔지니어들로 하여금 그들의 경력 동안 도덕적 딜레마에 직면하게 만든다. 이것은 내과의사나 법률가, 그리고 교사를 포함한 모든 직업에서 마찬가지다.

셋째, 불일치 문제가 존재한다. 이성적이고 책임 있는 개인과 그룹들은 구체적이고 특수한 상황들에서 도덕적 이유들을 어떻게 해석하고 적용하고 균형 맞출 것인가에 대해 서로 일치하지 않을 수 있다. 이 불일치 문제는 개인이 권위 구조적 관계 안에서 함께 일해야만 하는 회사 내에서는 더 복잡해진다.

2) 도덕적 자율성

이러한 도덕적 딜레마를 해결하기 위해 공학 윤리가 특수한 도덕적 믿음들을 고취하는 것을 목적으로 해야만 한다고 생각하지는 않는다. 물론 공학 윤리가 기본적인 직업적 가치들에 대한 헌신적 서약 속에 이미 스며들어 있는 정직, 동료에 대한 존중, 그리고 공공선에 대한 관심 같은 것을 강화할 것이라는 믿음을 가지고 시작한다. 그럼에도 불구하고 직접적인 교육학적 목적은 개인들에게 도덕적 문제들에 대해 더 분명하고 신중하게 추리할 수 있는 능력을 주는 것이어야 한다. 한마디로 공학 윤리 교육의 목표는 도덕적 자율성을 증진시키는 것이 되어야 한다.

윤리 문제에 대한 독자적 반성만이 도덕적 자율성에 해당하는 것은 아니다. 도덕적 자율성은 도덕적 관심의 기초와 관련된 윤리적 쟁점들에 대하여 합리적으로 생각하는 기량이나 습관으로 여겨질 수도 있다. 도덕적 관심의 토대나 도덕적 가치들에 대한 일반적인 감응성은 무엇보다도 각자의 권리와 마찬가지로 타인의 권리에도 민감하도록 교육받았던 어린 시절 훈련으로부터 획득된다. 학대받고 멸시받은 어린이에게서는 그러한 훈련을 볼 수가 없다. 그러한 훈련의 결여에서 나타날 수 있는 비극적 결과는 양심의 가책 없이 살인을 하는 반사회적인 성인일 수 있다. 도덕적 관심이나 죄의식이 결여된 사람으로 판정된 반사회적인 사람은 결코 도덕적으로 자율적이지 않다.

공학 윤리 과정의 주요 목표는 도덕적 쟁점들에 관해 비판적으로 반성하는 능력을 개선시키는 것이다. 이것은 도덕적 쟁점들에 대한 독립적 사고를 효과적으로 산출할 수 있도록 도움으로써 성취될 수 있다.

우리 대부분은 도덕적 자율성을 그 자체로 가치 있는 것으로 여긴다. 도덕적 자율성의 행사는 성숙한 도덕적 조망을 소유한 것이다. 그러나 그것을 가치 있게 여기는 다른 이유는 도덕적 자율성이 도덕적으로 책임 있는 행동을 계속 할 수 있게끔 한다고 믿으며, 또한 그것이 책임 있는 인간이 되기에 필수적인 것이라고 믿기 때문이다. 분명한 것은, 도덕적 쟁점에 대해 반성할 수 있는 사람은 도덕적 자율성을 갖추고 있다고 전제해야 윤리적 문제에 대해 진지한 대화를 할 수 있다. 바로 이러한 의식을 가지고 공학 윤리를 연구하고자 하는 것이다.

3. 윤리 이론은 어떤 것이 있는가?

거의 대부분의 엔지니어들이 월급받는 피고용인이라는 사실을 고려할 때, 경우에 따라 고용주에 대한 책임과 대중에 대한 책임이 서로 충돌할 것이다. 비록 이러한 책임의 대부분이 양립 가능할 뿐 아니라 상호보완적이라도 충돌하는 경우가 종종 있다.

윤리 이론들은 그러한 책임들을 기본적 이상과 원리의 넓은 맥락 안에 정립시켜 도덕적 딜레마들을 이해하는 데 큰 역할을 한다. 물론 윤리 이론들이 복잡한 딜레마들을 간단히 해소하리라고는 기대할 수는 없다. 윤리 이론들은 혼란을 제거하기 위해 기계적으로 적용될 수 있는 도덕적 연산방식이 아니지만, 도덕적 딜레마들을 이해하고 반성하기 위한 구성체계를 제공하기도 하며 최소한의 어떤 지침을 제공하기도 한다.

이제 몇 가지 윤리 이론을 소개할 것이다. 우선 공리주의, 의무 윤리, 권리 윤리를 다루고 끝으로 덕 윤리를 다룰 것이다.

3-1. 공리주의

공리주의는 우리가 영향받을 모든 사람을 똑같이 고려하면서 최대 다수의 최대 선을 산출해야만 한다고 주장한다. 옳은 행위의 기준은 선(善)의 극대화이다. 그러나 극대화될 선이란 무엇인가? 그리고 어떻게 선의 '생산'이 평가되는가? 이러한 질문이 어떻게 답변되는가에 따라, 공리주의는 여러 다른 방향으로 전개될 수 있다.

공리주의에 의하면, 영향받는 사람들에게 전체 최대량의 공리(功利), 즉 유용성을 낳는 개인적 행동이나 규칙은 옳은 것이다. 공학 헌장은 공공의 안전과 건강과 복지를 증진시키라고 명하는데, 이 원리는 공리주의적 요소를 지니고 있다. 심지어 복지라는 용어는 공리와 동의어로 해석될 수 있을 정도이다. 그러나 공리, 즉 유용성을 정확히 정의하기가 어렵다. 가장 흔한 정의는 행복이다. 그러나 어떤 사람에게 행복한 것이 다른 사람에게는 행복이 되지 않을 수도 있다.

공리주의자들은 대부분의 사람들이 효과적으로 행복을 좇으려면 적어도 자유와 복지라는 두 가지 조건이 필요하다고 한다. 자유는 우리가 더 좋아하는 것을 쫓는 데 있어서 비강제적으로 선택하는 능력이다. 이것은 타인의 간섭을 받지 않는 것을 가리킨다. 복지는 자유를 효과적으로 사용하는 데 필요한 조건들의 집합이다.

일부 공리주의자들은 행동의 특정 과정을 평가하는 데 있어서 비용 · 이익 분석의 사용을 옹호한다. 그들은 비용과 관련하여 가장 큰 이익을 내는 행동 과정을 선택해야 한다고 주장한다. 대개 이익은 직업을 산출한다든지 사회에 가치 있는 어떤 일을 산출한다든지 하는 비교적 특정한 방식으로 정의되지만, 공리주의자들은 이러한 이익이 자유나 복지의 조건을 제공하는 보다 더 일반적인 유용성의 개념으로 정당화된다고 주장한다.

그러나 공리주의에는 몇 가지 난점이 있다.

첫째, 때때로 공리주의적인 관점에서 행동방침을 따르는 것이 어렵다. 공리주의적인 관점에서 우리가 무엇을 해야 하는지 알기 위해 우리는 어떤 행동 과정이 단기적 관점에서뿐만 아니라 장기적 관점에서 최대의 유용성을 산출할 것인지를 알아야 한다. 불행히도, 이 지식은 때때로 획득하기 불가능하다. 우리가 할 수 있는 것이라고는 행동 과정을 시험적으로 시도해보는 것이지만 이러한 시도는 어떤 상황에서는 매우 위험한 것이다.

공리주의자들은 우리가 어떤 행동의 결과를 모른다면, 그것의 도덕적 지위를 확신해서는 안 된다고 답한다. 문제는 공리주의적 표준이 아니라 인간지식의 한계에 있는 것이다. 이런 어려움은 어떤 상황에서는 공리주의적 관점이 명료한 실천적인 지침을 제공해줄 수 없다는 것을 의미한다.

공리주의적 기준이 지닌 두번째 문제는 청중의 범위를 결정하는 것이다. 공리주의자들은 가능한 한 최대의 선을 초래하길 원한다. 우리는 선이 최대화 되는 모집단을 청중(audience)이라고 지칭할 것이다. 청중은 영향받을 수 있는 모든 인간을 포함해야 한다. 그러나 어떤 행위가 그렇게 많은 청중에게 최대 선을 산출하는지를 계산하는 것은 실제로 불가능하다. 만약 우리가 청중을 제한하여 우리 지역, 우리 회사, 우리 공동체만을 포함한다면, 다른 사람들을 임의로 배제했다는 비판에 직면하게 된다.

공리주의적 기준이 가지는 세번째 어려움은 때때로 개인에게 저지르는 부당 행위를 정당화하는 것처럼 보인다는 점이다. 따라서 혜택과 책임을 정당하게 배분해야 하는 문제가 있다. 많은 사람들은 공리주의적 해결책이 이런 이유 때문에 거부되어야 한다고 말한다. 이처럼 공리주의적 추론은 때때로 일반 도덕에 대한 우리의 이해에 의해 비교 판단되는 것처럼, 받아들이기 어려운 도덕적 판단으로 귀착되는 것처럼 보인다. 이제 두 가지 공리주의를 검토해보자.

행위공리주의(act-utilitarianism)는 일반 규칙보다 오히려 개별 행위에 초점을 맞추어 행위해야 한다고 말한다. 한 행위는 특수한 상황에 관련된 최대한의 사람에게 최대한의 선을 산출하는 것과 같을 때 옳은 행위이다. 특수한 상황에서 규칙을 지키지 않음으로써 최대 선을 산출할 수 있을 때마다 그 규칙은 파기되어야만 한다. 이때 선(善)이란 무엇인가? 밀(J. S. Mill)은 행복만이 선이라고 믿는데, 그것은 그 자체로서 좋은 것으로 그 자체로서 바랄 만한 것이다. 밀의 견해에 의하면, 행복한 삶이란 또한 '더 높은 수준의 쾌감' 속에서 풍부해진다. 더 높은 쾌감은 다른 쾌감보다 질에 있어서 혹은 본성적으로 더 선호할 만하다. 그러나 더 높은 쾌감이라는 것을 어떻게 알 수 있는가?

규칙공리주의(rule-utilitarianism)는 도덕 규칙을 일차적으로 주요한 것으로 간주한다. 즉 우리는 항상 최대 다수의 최대 선을 산출하게 될, 그러한 규칙들에 따라 행위해야만 한다. 개별적 행위들은 그것들이 그러한 규칙들에 순응하여 따를 때 옳다. 그러므로 우리는 약속을 지키거나 뇌물을 받지 않는 행위가 특별한 상황에서 가장 좋은 결과를 가져오지 않더라도, 일반적으로 약속을 지키는 실천이나 뇌물을 받지 않는 실천이 다른 실천들과 비교할 때 최대한의 전체적 선을 산출하기 때문에 그렇게 행위해야만 한다.

행위공리주의와 규칙공리주의는 어떤 상황에서는 상당한 차이가 나는 결론으로 이끌어지는 것 같다. 예를 들어 규칙공리주의는 뇌물 수수에 가담한 것을 더 직선적으로 비난한다. 이와 반대로, 행위공리주의는 뇌물 수수에 가담하는 것이 전체적인 선을 산출하는지 어떤지에 관하여는 미결정인 채로 놔둔다. 그런 것은 모두 다음과 같은 특별한 맥락에 근거한다. 누가 다치게 되며 얼마큼 다치게 되는지, 그리고 체포될 가능성은 어떤지 등이다. 이처럼 행위공리주의는 불공평한 예외를 허락해주는 '도망갈 구멍'을 열어놓는 것 같기 때문에 많은 공리주의자들은 규칙공리주의를 선호하며 행위공리주의를 포기한다.

게다가 현대의 많은 공리주의자들은 행복만이 오직 유일하게 본래적으로 좋은 것이라는 밀의 견해에 동의하지 않는다. 그들은 우정, 사랑, 깨달음과 같은 것들도 비록 행복을 가져오지 않더라도 본래적으로 좋은 것이라고 생각한다.

3-2. 의무 윤리

의무 윤리는 의무를 좋은 결과보다 더 근본적인 것으로 간주한다. 칸트(Kant)에 따르면, 옳은 행위들이란 일련의 의무들에 의해 요구되는 행위들이며, 의무는 세 가지 조건을 충족시키기 때문에 의무가 된다. 그 조건은 인간 존중, 보편화 가능성, 정언적 명령이다. 이제 이 세 조건을 더 자세히 검토해보자.

첫째, 의무의 타당한 원리들은 인간에 대한 존중을 보여야 한다. 인간은 자율성을 행할 능력을 가지며, 그리고 선의지(善意志)를 실행할 수 있는 능력을 지니는 이성적 존재로서 본래적으로 가치 있기 때문에 존중받을 만하다. 칸트는 의무를 충족시키기 위한 정직하고 양심적인 노력을 매우 가치 있게 여겼으므로, 도덕적 동기와 의도들이 훨씬 더 중요한 역할을 수행한다. 행복만이 유일한 본래적 가치라고 말한 밀과는 대조적으로 칸트는 오직 선의지만이 무조건적으로 좋은 것이라고 한다.

자율성과 선의지에 대한 능력이 사람들을 존중할 만한 가치가 있는 존재로 만들며, 그들에게 인간의 존엄성을 부여한다. 그러므로 인간을 존중한다는 것은 자율성과 의무를 충족시키려는 인간의 노력을 존중하는 것이다. 자기 자신에 대한 존중 역시 마찬가지로 중요한데, 이것은 자신에게 의무를 다하도록 양심적으로 노력하는 것이다. 자신에 대한 의무는 기본적이다. 우리가 그 의무들을 다하려고 진실되게 노력하지 않는다면 우리는 인격적 청렴과 자기 존경을 결여하게 된다.

둘째, 의무란 모든 사람들에게 적용될 때만이 우리에게 구속력을 갖는다. 도덕적 이유와 원리들은 모든 사람이 그에 따라 행위할 수 있고 모든 사람이 유념할 수 있는 것으로 우리가 기꺼이 받아들일 수 있는 것들이다. 즉 보편화가 가능해야 한다.

일상생활의 도덕 규칙들은 대부분 이 테스트를 통과한다. 예를 들어 우리는 '약속을 지켜라'는 명령에 모든 사람이 복종하는 것을 상상할 수 있고 이것을 더 선호할 수 있다. 반대로 '그렇게 하고 싶지 않을 때는 제외하고 약속을 지켜라'는 명령을 보편화할 수는 없다. 만약 모든 사람들이 그렇게 한다면, 약속이란 더 이상 가능하지 않을 것이다.

셋째, 의무는 무제한적이고 무조건적으로, 즉 정언적(定言的)으로 어떤 행위들을 규정한다. 의무의 타당한 원리들은 정언적 명령이다. 이러한 명령들은 이른바 칸트의 '가언적(假言的) 명령'과 대조된다. 가언적 명령이란 '만약 죽지 않으려면, 네 돈을 건네라'처럼 어떤 조건이나 가정을 근거로 한 명령이다.

도덕적 명령은 그러한 조건을 부가하지 않는다는 점에서 무조건적이다. 그것은 우리가 원하든 원하지 않든 간에 어떤 일을 하도록 우리에게 요구한다. 그것은 우리를 행복하게 할 것인가와 무관한 우리의 의무이다.

칸트의 의무 윤리의 한 가지 난점은, 정당화할 수 있는 예외가 없다는 의미에서 의무의 원리를 절대적인 것으로 생각하고 있다는 점이다. 그는 의무의 원리들이 어떻게 서로 갈등할 수 있으며, 따라서 어떻게 도덕적 딜레마들이 산출될 수 있는지에 대해 민감하지 않았다. 현대의 의무 윤리는 단지 의무의 원리에 대해 예외만 허용해도 대다수의 도덕적 딜레마가 해소될 수 있다고 한다. 그러므로 '속이지 마라'는 의무이지만, 그것이 '죄 없는 생명을 보호하라'는 도덕 원리와 상충할 때, 그것은 예외를 가진다. 인질을 계속 살릴 수 있는 유일한 방법이 범인을 속이는 것이라면, 유괴범을 속여야만 한다.

의무들이 충돌할 때 어떤 의무가 다른 의무들을 기각시켜야 하는가? 최근의 몇몇 의무 윤리론자들은 각 상황에 대한 주의 깊은 성찰의 중요성을 강조한다. 즉 모든 사실들에 비추어 모든 적절한 의무들의 비중을 재고, 그 다음 건전한 판단이나 직관에 도달하도록 노력하는 것이 중요하다고 강조한다. 그것은 또한 '살인하지 마라' 그리고 '죄 없는 생명을 보호하라'와 같은 몇몇 원리들은 '약속을 지켜라'와 같은 원리들보다 인간에 대한 더 절박한 존중을 포함하고 있다고 강조한다.

3-3. 권리 윤리

권리 윤리는 의무 윤리와 쌍대(雙對)적인 것이다. 권리 윤리학자들은 의무는 사람들이 권리를 갖기 때문에 발생하는 것이며, 그 역은 아니라고 주장한다. 즉 개인들은 타인들이 그들을 죽이지 않아야 하는 의무를 갖기 때문에 생명권을 갖는 것이 아니다. 오히려 개인들이 생명권을 갖는다는 것이 타인들이 그들을 죽이면 안 되는 데 대한 이유이다.

존 로크(John Locke)는 '인간임'은 생명과 자유, 그리고 자신의 노동에 의해 발생한 소유에 대한 권리, 즉 인권을 갖는다는 것을 함의한다고 주장한다. 그의 견해는 프랑스와 미국 혁명 시대에 지대한 영향을 주었으며, 독립선언문 안에 두드러지게 나타나 있다. "이러한 진리들은 자명하다. 모든 사람들은 평등하게 창조되었다. 모든 사람들은 그들의 창조주에 의해 본래적이며 양도할 수 없는 권리들을 선사받았다. 이러한 것들 중에는 생명, 자유, 그리고 행복에의 추구가 있다."

권리 윤리에 대한 로크의 견해는 매우 개인주의적이다. 그는 권리를 다른 사람들이 그 자신의 삶을 간섭하는 것을 금지할 수 있는 가장 기본적인 권한들로 여긴다.

이 같은 로크의 사상은 사유재산 보호를 강조하고 복지 체계들을 비난하는 자유주의적 이데올로기의 현대적인 정치적 배경에 반영되고 있다. 자유주의자들은 국가 방위와 자유경쟁의 보호에 필요한 거의 최소치를 넘어서는 세금과 정부의 관여에 대하여 매우 가혹한 견해를 취한다.

권리 윤리의 이러한 약점을 보완하기 위해 멜든(A. I. Melden)은 인간 권리를 사람들의 공동체와 밀접하게 관련된 것으로 파악한다. 그는 도덕적 권리를 가짐은 도덕 공동체 안의 타인들에게 관심을 보일 수 있는 능력과 해명할 책무를 다할 수 있는 능력을 전제한다고 주장한다. 그의 견해에 의하면, 권리의 한도는 항상 사람들간의 상호관계들과 관련해 결정되어져야 한다. 그는 복지권을 최소한 일정 수준의 인간적 삶을 살아가기 위해 필요한 공동체 이익에 대한 권리들로 정의한다. 그러므로 그것은 최근에 미국이 갖게 된 사회복지 시스템을 인정하는 토대를 마련한다.

3-4. 덕 윤리

전문직 정신은 전문직이 추구하는 도덕적 이상 속에 나타난다. 이러한 이상은 덕을 상술하고 있다. 다시 말해 바람직한 성격의 특징을 상술하고 있다. 덕이란 다른 존재자와 관련 맺는 바람직한 방법들이다.

책임 있는 행위의 토대를 이루는 기본적 가치들에 대한 '올바른 인식'은 우리가 성장기 동안에 획득한 것이다. 그리고 어떤 문제가 발생할 때, 통상적으로는 그러한 올바른 인식의 결여가 문제되기보다는 오히려 특수한 상황 안에서 갈등하는 가치들간의 우선 등급을 매기는 어려움이 더 문제가 된다.

덕 윤리는 가장 오래된 유형의 윤리 이론이며, 고대 그리스 사상과 전통적인 종교세계에서 대부분 두드러진다. 그러나 그것은 최근에 새로운 관심을 많이 불러일으키고 있다.

모든 덕 윤리 이론가들에게 가장 영향을 준 아리스토텔레스는 『니코마커스 윤리학』에서 덕을 이렇게 정의했다. 덕은 우리를 인간으로 정의해주는 이성적인 활동들에 효과적으로 관여할 수 있게 하는 획득된 습관들이다. 그러므로 그는 당연히 지혜 또는 좋은 판단을 가장 중요한 덕으로 간주했다. 좋은 판단은 공학에서부터 철학적 탐구에 걸쳐 행해지는 성공적인 이성적 활동을 위해 필수적이다.

도덕적 미덕이란 습관의 형성에 의해 획득된 것으로서 행위나, 정서, 욕구 그리고 태도의 양극단 사이에서 적절한 균형에 도달하려는 경향성이다. 그의 이론은 말하자면, 덕이란 너무 많음(과도)과 너무 적음(결여)이란 양극단 사이에서 중용을 찾는 경향성이다. 예를 들어 용기란 저돌적임(과도)과 비겁함(결여) 사이에 있는 적절한 중간 지점이다. 관대함이란 낭비(과도)와 구두쇠(결여)의 중간에 놓여 있는 덕이다.

덕 윤리에 새로운 관심을 갖도록 자극했고 그것을 직업 윤리와 관련된 생각에 적용했던 현대 윤리학자 맥킨타이어(Alasdair MacIntyre)는 사회적 실천이란 이념으로 논의를 시작한다. 사회적 실천이란 그렇지 않았으면 적어도 그 정도만큼 이룰 수 없었던 공공선의 획득을 목표로 하는 협동적 활동이다. 이러한 선은 어떤 실천이 무엇에 관한 것인가를 규정한다는 점에서 실천에 있어서 본래적인 선이다. 따라서 그것을 돈이나 명성처럼, 다른 많은 활동을 통해서 획득될 수 있지만 어떤 특정 실천을 정의하지 못하는 선과는 다르다.

예를 들어 의학의 최우선적인 내적 선은 환자의 자율을 존중하는 것과 부합하는 건강의 증진이다. 법의 최우선적인 내적 선은 사회 정의이고, 가르침의 내적인 선은 배움과 자기 발전이다. 이러한 방식으로 사람들의 선에 관한 도덕적 목표들은 전문직과 전문직 정신 속에 구축되어 있다. 전문직 정신은 더 진전된 지식의 실천과 더불어 공공선의 어떤 중요한 측면에 대한 봉사로 규정된다.

공학적 선

공학적 선은 무엇인가? 그것은 특히 위험을 무릅쓰는 사태 속에서 의뢰인과 대중의 자율성을 존중하는 가운데 유용하고 안전한 기술제품들을 창조하는 것이다. 엔지니어들에게 특히 중요한 덕과 이상들은 이러한 목표들과 관련하여 규정된다. 오직 양심적이고 안전을 의식하며 상상력이 풍부한 책임 있는 엔지니어만이 공학에서 기대되는 좋은 결과를 성취할 것이다. 따라서 가장 기본적이고 포괄적인 전문적 덕은 전문직 책임, 즉 전문가로서의 도덕적 책임을 질 수 있는 것에 있다.

전문직 책임은 특별한 상황들 안에서 더 중요성을 지니는 광범위하게 다양한 특수한 덕들을 포함한다. 덕들은 서로 겹치고, 어떤 덕은 그 경계를 넘나들기도 하고 어떤 덕은 다른 덕을 자신의 한 부분으로 구현한다. 청렴과 자기 존경은 각각 여러 개의 다른 덕들을 구현하고 내포하고 있다.

청렴(integrity)은 도덕적 관심, 특히 정직에 근거한 인격의 통일이다. 이 통일은 정당화된 도덕적 가치들과 관련된 우리들의 태도, 정서, 그리고 행위간의 일관성이다. 청렴은 개인적 책임과 전문가적 책임 사이를 이어주는 다리이다. 도덕은 근본적인 가치들이 흔들리고 있는 곳에서 우리의 삶이 서로 관계없이 나뉘지 않고 통합되기를 요구한다. 사람들이 "내가 그것을 하지 않았더라면, 다른 사람이 했을 것이다" 라고 말하면서 자신의 그릇된 행동을 정당화하려고 노력할 때, 그들은 자신들의 행위에 대한 책임을 회피하고 있다. 이 책임은 다른 사람들이 무엇을 하든지에 관계없이 그에게 주어지는 것이다.

청렴이란 한 사람의 일 속에서 자기 존경과 자긍심의 덕을 가능하게 한다. 그것은 그 자신이 한 일에 대해 개인적으로 해명할 의무는 없다는 식의 태도를 배제한다. 그것은 일의 기술적 측면에서 탁월함을 획득하려는 관심과 그 일을 잘 해내려는 강한 욕구를 포함한다. 다시 말해 이 욕구는 일의 전문적 수행을 위한 효력 있는 자극을 만든다.

청렴이 유지하기가 어렵고 복잡한 이유는 한 사람의 개인적인 이상들과 그의 직업적 활동들이 완전히 맞물린 직업은 거의 없기 때문이다. 대부분의 전문가들이 증언하는 것은, 협력작업은 물론 타인과의 책임 공유가 일의 본질적 측면이 되는 기업 안에서는 어떤 타협이 그들의 경력에서 불가피하고 때로는 바람직하기조차 하다는 것이다.

어떤 타협이 합리적이고 이성적인지를 확인하는 능력과 이성적인 타협을 행하고자 하는 의지는 도덕적 청렴을 유지하는 데 필수적이다.

도덕적 통일에 덧붙여, 청렴은 기본적인 정직을 포함한다. 정직이란 엔지니어들, 그들의 고용주, 그리고 의뢰인들 간의 관계들에 종사하고 있는 사람들에게 근본적인 덕이다. 이러한 관계들은 고용된 엔지니어들이 서비스를 효과적으로 수행할 것이라는 신뢰에 근거하고 있다.

자기 존경이란 도덕적으로 적절히 스스로를 가치 있게 여기는 것이다. 이보다 더 중요한 덕은 거의 없다. 스스로를 적절히 가치 있게 여기는 것은 삶의 의미를 찾는 데 필수적이다. 그것은 또한 다른 도덕적 이상과 덕들을 추구하는 데 없어서는 안 될 필수물이다.

우리가 타인에 대한 존경을 보여야 하는 책임을 지니는 것과 마찬가지로 타인에 대해 도덕적으로 적절한 방법으로 행위할 의무를 지닌다. 그리고 우리는 타인의 권리를 존경해야만 하는 것과 마찬가지로 우리 자신의 권리에 대해서도 존경해야 한다.

어떤 사람은 좋은 성품 때문에 보다 높은 존경을 받을 만하고, 우리 자신에 대한 존경 역시 비슷한 방식으로 우리의 성품에 근거하여 높거나 낮게 평가를 받을 만하다.

자기 존경은 여러 가지 방식으로 다른 모든 주요한 덕목들과 연결된다. 자기 존경은 청렴을 유지하는 데 주요한 동기를 제공한다. 게다가 자기에 대한 존경을 인정하지 않고 타인에 대한 존경을 인정한다는 것은 부적절하다.

4. 윤리 이론과 공학적 실천

도덕적 문제에 대한 다소 다른 두 가지 접근법이 있을 수 있는데, 하나는 전체 복지의 최대화를 일차적 관심사로 고려하는 것이고, 다른 하나는 각 개인의 권리 보호를 일차적 관심사로 고려하는 것이다. 이 두 접근법은 실제적인 도덕적 문제를 해결하는 데 유용한 정책과 조처의 정당성에 대한 수많은 테스트의 근거를 제공한다. 공리주의 접근법과 인간 존중 접근법은 공학 윤리에서의 많은 문제에 유용하게 적용될 수 있다.

4-1. 공리주의적 접근법

여러 한계들에도 불구하고, 공리주의적 관점은 때때로 도덕적 문제 해결에 매우 유용하다. 이제 공리주의적 도덕적 표준에 의해서 제안된 세 가지 접근법을 고찰해보자.

1) 비용 · 이익 접근법

비용 · 이익 분석은 공학에서 종종 사용된다. 이 접근법은 가능한 한 양적인 방식으로 공리주의적 표준을 적용하려고 시도한다. 부정적인 그리고 긍정적인 공리를 화폐 단위로 번역하려고 시도한다. 그러나 이것은 매우 복잡한 과정이다. 일터에서 일어나는 어떤 건강 문제의 가능성을 감소시키기 위해 장비를 설치하는 데 드는 실제 비용을 정하는 것은 가능하다. 그러나 이러한 건강 문제가 다른 요인으로부터이거나 혹은 장비가 설계대로 작동되지 못한 이유로 어쨌든 발생하지 않으리라는 것을 이러한 장비 설치가 보장해주지 않는다. 게다가 우리는 장비가 설치되지 않으면 무슨 일이 일어날지 정확히 모른다. 아마도 장비가 반드시 필요하지는 않았다는 사실이 드러날 것이기 때문에 아니면 아마도 실제 결말이 예상보다 훨씬 더 나쁜 것으로 드러날 것이기 때문에 어쩌면 장비를 설치하지 않은 것이 금전을 절약시킬 것이다. 그래서 확률상에 있어서 요인을 분석하는 것이 비용 · 이익 분석을 매우 복잡하게 한다.

큰 화학공장 하나가 주택가 근처에 있다고 가정해보자. 그 공장은 유독성 냄새를 방출하는데, 그 가운데 어떤 것은 건강에 가벼운 문제를 일으킬 소지가 있는 것이다. 우리는 그 공장이 환경에 영향을 끼치는 것을 허용할 수 있는 공해의 수위를 어떻게 결정하는가?

첫째, 우리는 선택들을 평가해야 한다. 그 공장은 공유지의 일부인 대기로 오염물질을 내뿜고 있다. 경제학자들은 말하기를 그 공장은 공해를 처리하는 비용을 이를테면 주위 거주자와 같은 다른 사람들에게 강제로 부담시킴으로써 공해비용을 외부로 돌린다. 즉 주위의 거주자들로 하여금 악취 나는 곳에 살며 건강에 시달리면서 냄새를 중화시키기 위해 비용을 지불하게 한다는 의미에서 말이다. 우리는 그 공장이 이러한 행위를 계속하게 허용하든지 아니면 그 공장이 문을 닫는 한이 있더라도 공해의 총비용을 그 공장에 부담시킬 것인지를 선택할 권리를 가지고 있다.

둘째, 우리는 오염의 비용과 이익을 산정해야 한다. 불쾌한 냄새의 비용을 측정하기 위해 우리는 몇 가지 요소를 고려한다. 우리는 공장 근처의 주택비용과 오염원이 존재하지 않는다는 것을 제외하고는 다른 조건이 같은 지역의 주택비용을 비교한다. 이러한 차이는 우리에게 하나의 비용을 제시해준다. 그 다음 우리는 오염물질이 건강에 미치는 영향을 측정하는 어떤 척도를 획득한다. 우리는 하루 쉼으로써 잃게 되는 소득, 고통에 시달리는 비용, 그리고 더 악화된 건강으로 인한 다른 비용들을 산정한다. 만약 다른 비용들이 이것들을 적절하게 설명하지 못하면, 우리는 또한 악취가 끼치는 부정적인 효과에 대한 금전적인 가치를 산정한다. 이런 비용들과 혹시 있을 다른 비용들을 합산해서 우리는 악취의 총비용을 얻게 된다.

공해로 인한 이익도 또한 있다. 왜냐하면 공장이 공동체에 혜택을 베풀기 때문인데, 이를테면 직장과 실제적인 세금소득원 같은 것을 제공한다. 공해를 제거하는 비용으로 인해 생기는 직장 또는 세금소득원의 감소에 대한 측정도 이루어져야만 한다. 이를테면 비효용의 형태로 한다든지 해서 말이다.

셋째, 우리는 공해를 제거하는 데 드는 비용과 이익을 비교해야 한다. 그 공장은 어쩔 수 없이 공해 자체를 제거하거나 공해세금을 정부에 낼 수도 있는데, 이 공해세금은 정부가 공해를 제거할 수 있게 해주거나 공해의 악영향을 받은 거주민들에게 보상토록 해줄 것이다. 그런 다음에 공해는 제거의 비용이 이익을 능가하는 그 지점까지 제거해야 한다. 그때에야 오염이 안 된 최적의 상태에 도달할 것이다. 최적의 상태는 '완벽하게' 오염이 안 된 환경이 아니라 비용 · 이익 분석이 허용할 만큼 오염이 안 된 환경이다.

건강에 위협을 가하는 공해로부터 대중을 보호하기 위한 유일한 해결책으로서 비용 · 이익 분석을 사용하는 것에는 심각한 문제가 있다. 그것은 비용 · 이익 분석이 비용 · 이익이라는 경제적 잣대가 다른 모든 고려사항들에 우선한다고 가정하는 것이다. 비용 · 이익 분석은 경제적으로 효율적인 방법으로 행해질 수 있을 때에만 오염물질의 제거를 촉진시킨다. 그러나 우리가 고찰하고 있는 화학공장이 공장 방출물질 중의 하나에 의해 손상된 황폐한 지역 근처에 있다고 가정해보자. 이때 비용 · 이익의 관점에서 오염물질을 제거하는 것은 경제적으로 효율적이지 않을 수도 있다. 물론 황폐한 지역에 끼친 손해는 반드시 공해 비용에 포함해야 한다. 그러나 이러한 비용은 비용 · 이익 관점에서 오염물질의 제거 혹은 감소를 여전히 정당화하지 못할 수도 있다. 그러나 제거가 그러한 분석에 의해서는 정당화되지 않는다 할지라도, 오염물질을 제거해야 한다고 주장하는 것이 반드시 비합리적인 것은 아니다. 황폐한 지역을 위험에서 지키는 데 경제적 가치로만 따지는 것은 가치의 진정한 척도는 아니다.

또 다른 문제는 비용·이익 분석에 들어가야만 하는 많은 요소들의 비용·이익을 알아내기가 종종 매우 어렵다는 사실이다. 가장 큰 논쟁거리는 어떻게 인간 삶의 손상, 심지어 심각한 부상을 비용·이익이라는 값으로 산정할 수 있는가 하는 것이다. 많은 사람이 묻듯이, 어떻게 돈의 가치를 인간의 삶과 함께 고려할 수 있는가? 즉사 또는 부상과 같은 이미 알고 있는 요소의 비용과 이익을 결정하는 어려움은 별도로 하고, 무슨 요소들이 미래와 관련될 것인가를 예측하는 것 또한 어려운 일이다. 만약 어떤 물질 때문에 인간의 건강이 위협에 처해 있는지 알려져 있지 않다면, 적절한 비용·이익 분석을 실행하는 것은 불가능하다. 만약 우리가 그 대부분을 예측하거나 측정하기가 불가능한 장기간의 비용·이익을 고려한다면, 이 문제는 특히 심각하게 된다.

게다가 때때로 비용·이익 분석은 비용·이익의 불공평한 분배를 고려하지 않는다. 예를 들어 공동체의 보다 가난한 구성원들 대부분이 강에서 고기를 잡아 그 고기로 식단을 차리는 그러한 강에 오염물질을 투기하는 공장을 가정해보자. 더 나아가 모든 비용·이익을 계산해본 다음에, 계속되는 강의 수질오염이 정당화된다고 가정해보자. 다시 말해 오염을 제거하는 비용이 가난한 사람들의 건강을 위한 비용보다 더 크다고 가정해보자. 그렇지만 만약 가난한 사람들에게 그 비용을 지불하고 부자들이 그 이익을 누린다면, 비용·이익이 동등하게 분배된 것이 아니다. 가난한 사람들이 건강의 손상에 대해 보상받을지라도, 많은 사람들은 여전히 부당하다고 말할 것이다. 어쨌든 그 공동체의 부유한 구성원들은 자신들의 건강에 대해 똑같은 위협으로 고통받을 필요는 없는 것이다.

이러한 문제점들에도 불구하고, 비용·이익 분석은 도덕적 문제 해결에 중요한 기여를 할 수 있다. 예를 들어 우리는 정교한 비용·이익 분석을 수행하지 않고서는 댐과 같은 거대한 공학 프로젝트 건설을 상상할 수조차 없다. 비용·이익 분석은 언제나 바르게 나타내는 방식으로 가치들을 양화하는 데 성공하는 것은 아니지만, 공리주의적 분석에서 중요한 역할을 할 수 있다. 단일한 척도인 화폐 가치로 상충하는 많은 고려 항목들을 평가할 수 있는 비용 · 이익 분석의 능력은 어떤 상황에서는 그 분석을 매우 귀중하게 만든다. 그러나 도덕적 분석을 위한 다른 모든 도구들과 마찬가지로, 그 분석의 한계를 염두에 두어야만 한다.

2) 행위 공리주의적 접근법

비록 행위 공리주의적 접근은 가치들이 언제나 양적인 용어로 정확히 표현되어야 할 것을 요구하진 않지만, 좋은 결과가 최대화되도록 결정하려고 애쓸 것을 요구한다. 그것은 다음과 같은 기본적인 질문을 제기하면서 특정 행동의 결과에 초점을 맞추고 있다. "이 행동 과정이 내가 취할 수 있는 어떠한 다른 대안적 방침보다 더 큰 이익을 산출할 수 있을까?"

행위 공리주의적 테스트는 도덕적 문제를 해결할 때 선택들에 대한 유용한 형태의 분석이다. 비록 공리주의적 결정들은 몇몇 특정 사례들에서 결정적인 것이 아니라고 판명될지라도 상당한 도덕적 중요성을 지니고 있는 것처럼 보인다. 그리고 이 결정들에 얼마만큼 무게를 실어야 할지를 결정하려면 반드시 우선적으로 면밀한 공리주의적 계산을 행해야 한다.

3) 규칙 공리주의적 접근법

공리주의자는 특정 상황에서 추천되는 어떠한 행동 과정이라도 기꺼이 보편화해야만 한다. 이것은 한 상황에서 옳은 혹은 그른 것은 무엇이라도 그와 관련된 유사한 상황에서 마찬가지로 옳다 혹은 그르다는 일관성의 요구이다.

많은 영역에서 규칙들을 공통적으로 받아들임으로써 가장 잘 해결되는 문제들이 있다. 명백한 예가 교통법규이다. 교통법규는 안전하고 효율적인 교통을 촉진시킨다. 일반적으로 매 상황에서 이를테면 빨간 신호등에 지나가는 것이 안전한지의 여부를 결정하려고 애쓰는 것보다 차라리 그저 이 규칙에 따르는 것이 우리 모두가 운전하는 데 더 낫다.

규칙들이 합리적으로 잘 이해되고 대체로 인정될 때, 우리는 규칙이 적용되는 상황들에서의 다양한 대안적 행동 과정의 있음직한 결과를 곧바로 계산하려고 하기보다는 차라리 규칙들을 행동지침으로 이용해야 한다.

규칙 공리주의적 접근은 공리주의자들이 개인의 권리를 소홀히 한다고 비판하는 사람들에게 대답하기 위하여 종종 사용된다. 비판자들은 공리주의적 사고가 다수의 더 큰 이익을 위해 몇몇 개인 집단의 권리가 침해되는 것을 승인할 수 있다고 말한다. 이에 대해 일반적으로 공리주의자들은 사람들에게 개인의 권리를 존중하고 공정하게 대우하는 규칙과 관례에 따라 그들이 대우받을 것이라는 확신을 줌으로써 전체적으로 보다 큰 선을 이루게 된다고 대답할 것이다.

그러나 많은 사람들은 권리에 대한 공리주의적 설명은 부적합하다고 생각한다. 그들은 이렇게 반격한다. 단지 개인의 권리가 마치 있는 것처럼 대우하는 것이 전체적인 공리성을 최대화하기 때문이 아니라 개인으로서 존중받을 자격이 있기 때문에 개인은 권리를 지닌다는 것이다.

4-2. 인간 존중 접근법

인간 존중 도덕의 기준은 모든 사람들을 도덕적 행위 주체자로 동등하게 대할 것을 요구한다. 이것은 보편화 가능성의 원리를 제안한다. 공리주의적 사고도 또한 보편화 가능성 원리를 사용한다. 비록 일관적이기 위하여, 공리주의적 접근법과 인간 존중 접근법 둘 다 이 원리를 사용해야만 하지만 그 근본적인 목표는 다르다. 하나는 전체 공리를 최대화하는 것이 목표이고, 다른 하나는 평등한 인간 존중을 목표로 한다.

1) 보편화 가능성과 황금률

도덕적 판단들을 정당화하기 위한 모든 노력들 가운데 특히 중요한 기본적인 도덕 원리가 있다. 그것은 보편화 가능성(universalizability)이다. 즉 한 상황에서 옳은 혹은 그른 것이 무엇이든, 어떤 관련된 유사한 상황에서 마찬가지로 그것은 옳은 혹은 그른 것이다. 비록 이것은 그 스스로 무엇이 옳고 그른지를 규정하지 않더라도, 우리의 사고에서 일관성을 가질 것을 요구한다. 이와 같은 통찰은 우리로 하여금 공평함과 동등한 대우에 관한 다음과 같은 질문들을 던진다. "모든 사람이 그것을 한다면 어찌 될 것인가?" "왜 당신은 당신 자신을 예외로 취급해야 하는가?" 이러한 질문들은 보편화 가능성 원리의 근본 요지를 두드러지게 하지만, 이 요지를 한 가지 방식 이상으로 공식화할 수도 있다.

이 보편화 가능성에서 파생되는 개념인 가역성(reversibility)은 거의 모든 문화의 종교적, 윤리적 저술에서 찾을 수 있는 원리인 황금률에서 표현된다. 그것은 적극적으로는 "다른 사람이 너를 대우하기를 바라는 대로 너도 다른 사람을 대우하라"(성서)로 표현되며, 소극적으로는 "다른 사람이 네게 하지 않기를 바라는 것을 너도 다른 사람에게 행하지 말라"(논어)라는 말로 표현되는 것으로 입장 바꿔 생각해보는 역지사지(易地思之)의 정신이다. 따라서 가역성 개념은 보편화 가능성 개념의 특별한 적용으로서 생각되어야 한다. 이 개념은 단지 그 역할들이 반대로 되었다는 이유로 나의 판단이 바뀌어서는 안 된다는 것을 함축한다.

황금률은 서로간의 입장을 기꺼이 바꿀 수 있는지 없는지를 물어봄으로써 다른 사람들에 대한 우리 행동의 영향을 평가하도록 요구한다.

그러나 도덕적으로 허용 가능한 행동에 대한 테스트로 황금률을 이용하는 결과들은 당사자들의 가치와 믿음에 따라 다양한 것처럼 보인다. 이런 문제들의 일부를 피하고자 하는 하나의 방법은 내가 나 자신을 상대방의 입장에 놓는 것으로 생각할 뿐만 아니라, 상대방의 가치와 개인적 상황까지 받아들이는 것으로 황금률을 해석하는 것이다. 불행하게도 이러한 방책이 모든 문제를 해결하지는 못한다. 다른 상황에서는, 나 자신을 남의 입장에 놓는 것과 그들의 가치를 취하는 것이 일련의 새로운 문제를 야기하기 때문이다.

따라서 황금률에 대한 적절한 해석을 위해서는 당사자 상호간의 관점이 다 중요한 것처럼 보인다. 단지 특정 개인이 원하는 것에만 초점을 맞추기보다는 차라리 우리가 공유할 수 있는 표준에 따라 남을 대하려고 애쓰는 좀 더 일반적인 시각으로 문제들을 고찰할 필요가 있다. 명심해야 할 것은 어떤 표준들이 채택되든 간에 영향받는 모든 당사자들을 존중해야 한다는 것이다. 이러한 과정은 확실히 양쪽 당사자의 시각을 이해하려고 애쓸 것을 요구한다. 그리고 황금률은 우리에게 이러한 것을 상기시키는 유용한 기능을 제공한다. 그러나 이러한 시각들을 이해하는 것이 우리에게 그것들을 받아들일 만한 것으로 생각하도록 요구하지는 않는다. 어떤 점에서는 이러한 시각들은 인간 존중의 기준에 의해 평가되어야 한다.

황금률 자체가 인간 존중의 표준을 만족시키기 위해 충족되어야 할 모든 기준을 제공하지는 않는다. 그러나 그것이 지닌 보편화 가능성과 가역성이라는 요구조건은 그러한 기준을 만족시키는 데 극히 중요한 과정이다.

비록 공리주의와 인간 존중의 기준이 다르다 하더라도, 종종 특정 경우에 무엇을 해야만 하는가에 대해서는 같은 결론에 도달한다. 그러나 이따금 이 기준들은 결국 상충하는 결론으로 끝나기도 한다. 서로간의 이러한 차이는 우리로 하여금 그런 경우에 무엇을 해야 하는지에 관해 약간 의심에 빠지게 할 수 있다.

몇몇 제안들은 서로간의 이러한 차이 문제들을 푸는 데 도움을 줄 수 있다. 첫째, 개인적인 권리의 위반이 최소한이거나 의심스러운 정도일 때 공리주의적 고려가 가끔 유력할 수도 있다. 둘째, 서로 차이가 나는 경우에는 뒤에 언급할 LD(Line-Drawing) 기법이나 창조적인 중도 해법을 사용하는 것이 유용할 수 있다. 셋째, 개인적인 권리의 위반이 심각할 때, 인간 존중적 고려가 더 큰 비중을 가질 수 있고, 공리주의적 고려는 유지하기가 더 힘들다.

그렇지만 어떤 주어진 경우에 어느 접근법이 유력한지를 결정하는 알고리듬은 없다. 그러나 윤리적 사고에 숙달된 사람들은 서로 차이가 나는 문제를 가장 잘 해결하는 방법에 대하여 자신만의 관점을 가질 것이다.

4-3. 공학적 상황과 윤리 이론의 적용

1) 세 가지 탐구

윤리 일반과 마찬가지로 공학 윤리도 가치와 의미, 그리고 사실에 대한 탐구가 결합되어 있다. 규범적 탐구는 가장 핵심적인 것으로 지침이 되어야 하는 가치들을 확인하고자 한다. 개념적 탐구는, 일단 중요한 개념들을 명확히 하고자 한다. 사실적 탐구는 가치적 쟁점들을 이해하고 해결하기 위해 필요한 사실들을 제공하고자 한다.

첫째, 공학 윤리는 개인과 그룹들의 지침이 되어야만 하는 도덕적으로 바람직한 규범과 기준들을 확인하고 정당화하는 것을 목표로 하는 규범적 탐구를 포함한다. 규범적인 질문들이란 무엇이 있어야만 하는지 그리고 무엇이 좋은지에 관한 것이다.

규범적 탐구는 또한 구체적이고 특별한 도덕 판단들을 정당화한다는 이론적 목표도 갖는다. 예를 들면 다음과 같은 질문이다. 엔지니어들은 어떤 이유로 인해 그들의 고용주, 의뢰인, 그리고 일반 대중에 대해 의무를 지니는가? 어떻게 전문 직업적 이상이 보다 근본적인 도덕적 이상에 의해 정당화될 수 있는가? 정부가 자유로운 기업을 규제하는 것은 언제 그리고 왜 정당화되는가?

둘째, 개념적 탐구는 공학 윤리 속의 개념, 원리 그리고 쟁점의 의미를 명확히 한다. 예를 들어 '안전'의 의미는 무엇인가, 그것은 어떻게 '위험'이란 개념과 연결되는가? 안전과 복지의 의미는 무엇인가? 도덕적 개념들이 문제가 되는 곳에서는 항상 규범적이고 개념적인 쟁점들이 밀접하게 연관되어 있다.

셋째, 사실적 탐구는 가치적 쟁점들이 지닌 정보를 밝혀내고자 한다. 이러한 사실에 대한 탐구는 도덕적 문제가 산출되는 배경조건에 대한 이해를 제공하며, 도덕적 문제의 해결을 위한 대안적 방법을 현실적으로 다루게 해준다.

이러한 세 가지 탐구 유형은 상호보완적이고 상관적이다. 그러나 이러한 탐구 등으로 윤리적 문제가 항상 해결되는 것은 아니다. 가끔 사실적, 개념적 쟁점들이 해결된다고 하더라도, 여전히 어떤 일이 이루어져야 하거나 결정될지에 대한 불확실성이 존재한다. 이런 경우에 용어의 전체적인 의미 안에 도덕적 쟁점이 일어나게 된다. 다시 말하면, 사람 혹은 행동의 도덕적인 평가에 대한 불일치 또는 불확실성이 있다. 따라서 우리는 이러한 종류들의 도덕적인 쟁점에 좀 더 직접적으로 초점을 둔다. 그리고 그것들을 해결하는 것에 대하여 몇 가지 기법을 생각해본다.

두 가지 일반 기법은 LD 기법과 창조적 중도 해법이다. 판단성과 창조성은 문제 해결에 있어 귀중하며 경험은 어떤 것과도 대체할 수 없다. 비록 경험이 없다 할지라도 가설적, 실제적 사례의 범위를 연구하는 것과 LD 기법과 창조적 중도 해결 기법을 연습하는 것 그리고 이해를 발전시키는 것은 도움이 된다. 어쨌든 이러한 기법들을 이용하여 문제를 해결하는 데 있어서 쉬운 공식은 없다.

4-4. LD(Line-Drawing) 기법

LD 기법은 의미들을 결정짓는 것에 대한 기법과 개념의 적용이다. 이 기법은 가장 확연한 사례들을 양끝에 지닌 하나의 스펙트럼에 알고자 하는 문제 사례들을 정렬시켜 우선순위를 살펴보는 기법이다. 그것이 하는 작용은 논쟁의 여지가 있는 관련 사례〔=테스트 사례〕가 명백히 옳은 쪽〔=긍정적 패러다임(positive paradigm)〕 사례에 가까운지 아니면 명백히 잘못된 쪽〔=부정적 패러다임(negative paradigm)〕 사례에 가까운지를 결정하는 것이다.

비록 LD 기법이 종종 유용할지라도, 일반적인 몇 가지 주안점이 필요하다.

첫째, 모호한 상황일수록 그것이 일상생활에서 도덕적으로 받아들일 만한지 아닌지를 알아야 한다. 예를 들어 돈의 지불을 뇌물로 간주할지의 여부는 지불의 액수와 시기, 그 지불을 받아들이는 사람의 영향력, 그러한 행위의 취득과 출현, 그리고 그 밖의 다른 요소들에 달려 있다.

둘째, 한 스펙트럼의 사례들 사이에 경계선을 설정하는 것은 임의적인 요소를 포함한다. 한 스펙트럼 위에 있는 사례들 사이에는 실제로 어떠한 도덕적인 차이도 없다. 밤과 낮 사이에 명확한 선은 근거가 없을지도 모른다. 그러나 이것이 밤과 낮 사이에 차이가 없다는 것을 의미하지는 않는다. 그럼에도 불구하고 잘못된 행위와 받아들일 만한 행위를 구분해내는 임의적인 규약도 때로는 질서가 있다.

셋째, LD 기법을 사용하는 데 있어서 한 가지 특징에만 집중하는 것은 스펙트럼 위의 어디에다 주어진 사례를 놓는가를 결정하기에 불충분하다는 것을 명심하는 것이 중요하다. LD 기법은 일련의 사례들의 다양한 예들 사이에서 유사점과 차이점의 확인에 근거한다. 불행하게도, 우리는 모든 예들에 일관되게 적용되는 어떤 단 하나의 유사점 또는 차이점에 의지할 수는 없다.

넷째, 우리는 하나의 사례에서 결정한 것이 유사한 사례들을 위한 선례로 법처럼 이바지한다는 점에서 LD 기법이 '일종의 관습 윤리'와 닮았다는 것을 명심할 필요가 있다. 그래서 어떤 사람이 특정 사례와 함께 시작하여 그것과 비교, 대조할 관련 있는 패러다임들을 결정하려고 노력한다고 하더라도, 결국은 문제되는 사례를 관련 도덕 규칙이나 원칙에 연결시키는 것이다. 즉 유사한 사례들은 유사하게 취급하라는 일관성의 중요성에 특별히 주의를 집중하는 것이다.

4-5. 창조적 중도(中道) 해법

창조적 중도 해법은 가능한 한 모든 관계있는 의무를 만족시키는 데 가장 접근하는 상반되는 가치들의 해결책을 찾는 것과 관련 있다. 일반 도덕의 가치들은 왕왕 서로 충돌할 수 있다. 두 가지 혹은 그 이상의 도덕적 규칙이나 의무가 적용되는 것처럼 보이고, 그것들이 서로 다르고 양립할 수 없는 도덕적 판단을 함축하는 상황들이 있다. 이러한 상황은 다른 분야에서처럼 종종 공학 윤리에서도 일어난다.

우리가 그러한 상황들을 더 자세히 보면, 우리는 어떤 한 가치가 다른 것보다 분명히 더 높은 순위를 가지고 있음을 알 수 있다. 쉬운 선택이라 부를 만한 것이 있는 것이다. 만약 당신이 저녁 약속 모임에 가려고 고속도로를 운전하고 있다고 하자. 그때 갑자기 집에서 부인이 쓰러져 병원에 실려 갔다는 전화를 받았다면 당신은 저녁 약속 모임에 갈 수 없을 것이다. 비록 선약이 있었다 하더라도, 부인의 생명을 보살펴야 할 필요성이 약속시간을 지키는 것보다 더 높은 순위를 갖고 있기 때문이다.

이처럼 인간 생명의 가치는 대개 다른 고려 사항들을 압도한다. 그러나 이것은 우리가 흔히 직면하는 선택의 문제가 아니다. 다른 가치들에 반대해서, 둘 사이의 균형을 취하는 거래는 인간생활에 약간의 위협만을 증가시킨다. 그리고 우리는 항상 이와 같은 균형을 취하는 거래를 한다. 자동차 생산자가 자동차 가격을 십만 달러로 책정하면 자동차를 훨씬 더 안전하게 만들 수 있다. 그러나 그런 자동차를 살 수 있는 여유가 있는 사람은 거의 없다.

가끔 우리는 어쩔 수 없이 어려운 선택들을 해야 할지 모른다. 모든 충돌하는 요구를 적어도 부분적으로 충족시키는 해법인, 충돌하는 가치들 사이에 어떤 창조적인 중도를 찾아보는 것이 가장 좋을 때가 종종 있다. 많은 상황에서 가치의 모든 것은 우리에게 합리적인 요구를 하므로 그 충돌의 이상적인 해결책이 그들 각각을 존중하는 어떤 방법을 찾는 것이다.

또 다른 예를 들어보자. 엔지니어인 김(Kim)씨는 뇌물이 일상사인 외국에 있는 회사의 대표자이다. 만약 그가 뇌물을 주지 않는다면, 가치 있는 사업 기회를 놓치게 될지 모른다. 만약 그가 뇌물을 준다면, 그는 외국부패실무법(Foreign Corrupt Practices Act)에 저촉되는 불법적인 어떤 것을 하거나, 아니면 적어도 자신의 양심에 위반할지도 모른다. 이러한 매력적이지 않은 대안들 대신에 어떤 사람이 기부 전략을 제안했다. 그것에 의하면, 기부를 개인에게 하는 것보다 지역 공동체에다 하는 것이었다. 즉 병원을 건설하거나 혹은 새로운 우물을 개발할 수도 있다. 예를 들면 1983년 영국은 탄자니아에 수천 달러의 기계와 자동차 부품을 조립함으로써 혼자 힘으로 영업권을 얻었다. 그들은 또한 탄자니아 사람들이 자동차를 수리할 수 있게 교육시켰고, 탄자니아 사람들이 그들의 약한 경제 때문에 거의 중단했던 야생동물 보호구역 순찰을 계속할 수 있도록 했다. 이러한 선물은 현금 기부의 형태로 일어나는데, 그것이 뇌물과 같은 것으로 해석될 충분한 가능성은 있었다.

물론 이러한 해결책에 반대할 수 있다. 모든 창조적인 중도가 다 만족스러운 것은 아니거나 적어도 똑같이 만족스럽지는 않다. 우리는 그런 선물들이 여전히 실제로는 뇌물이며 도덕적으로 그릇된 것이라고 논변할 수 있다. 그 증거로 그러한 선물의 결과가 노골적인 뇌물의 결과와 같다고 하는 것이다. 선물을 준 사람은 원하는 사업 계약을 얻는다. 게다가 선물을 주는 사람의 동기가 사업을 안정하게 하려는 뇌물 주는 사람의 동기와 같다. 또한 어떤 차이점, 즉 선물을 주는 것이 비밀스럽지 않고, 한 개인의 이익보다는 더 많은 어떤 것을 만족시키는 것과 같은 어떤 차이점이 있다.

여기에 또 다른 예가 있다. 젊은 공학자 박(Park)씨가 첫 직장으로 들어간 공장에서 하고 있는 화학처리 공정이 매우 위험하고 환경오염을 일으킨다는 사실을 알았다고 하자. 그는 덜 위험하고 환경오염을 덜 일으키며 장기적으로 볼 때 공장에도 이로운 또 다른 처리 공법을 대학에서 배워 알고 있었다. 그리하여 그는 상사에게 새로운 처리 공정을 제안함으로써 공공의 안전을 보호하고 고용주의 신임을 얻는 두 가지 책무를 모두 달성했다.

만약 사실적이고 개념적인 쟁점의 해결책이 도덕적 충돌을 해결하는 데 충분하지 않다면 우리는 도덕적으로 관련 있는 갈등하는 가치들을 세세히 열거함으로써 시작할 수 있다. 그 다음 우리는 우리가 쉬운 선택을 할 것인지, 어려운 선택을 할 것인지 또는 창조적 중도 해법을 위한 기회를 선택할 것인지를 결정해야 한다. 이러한 더 깊은 분석에서, 우리는 더 많은 사실을 필요로 하고 좀 더 개념적인 문제들과 만날지도 모른다.

5. 공학에서의 안전과 위험

우리는 잠재적인 해악을 당하기를 원치 않기 때문에 안전한 제품과 서비스를 요구한다. 그러나 이러한 안전에는 대가를 지불해야 한다. 문제를 복잡하게 만드는 것은 어떤 사람에게 충분히 안전한 것이 다른 사람에게는 안전하지 않을 수 있다는 것이다. 그것은 안전과 해악에 대한 인식의 차이 때문이다. 예를 들어 유아의 손에 있는 칼은 결코 어른의 손에 있는 것만큼 안전하지 않다. 그리고 아픈 사람은 건강한 사람보다 대기오염으로 더 많은 고통을 받는다.

모든 조건 아래에서 모든 개인과 집단을 만족시키는 의미에서의 절대 안전이란 없다. 그러나 안전이 의미하는 것에 관해 몇 가지 이해에 도달하는 것이 중요하다.

5-1. 안전이란 무엇인가?

'안전'을 정의하는 한 가지 접근방식은 그 개념을 완전히 주관적인 것으로 만드는 것이다. 우리는 안전을 '허용 가능하다고 판단되는 위험도(危險度)'라고 정의할 수 있다. 이러한 접근은 허용 가능한 위험이 무엇인가에 대한 암묵적 판단을 강조한다.

그러나 이러한 정의는 보완될 필요가 있다. 먼저 어떤 것에 대한 위험이 과소평가된 경우를 생각해보자. 예를 들어 중고 시장에서 안전하다고 여겨서 전기다리미를 하나 샀다. 그런데 집으로 가져와 다리미를 켜자마자 전기충격과 화재를 일으켰다. 우리는 앞서 내린 판단이 잘못되었다고 결론지을 것이다. 그 다리미는 전혀 안전하지 않았다. 보다 일찍 그 위험은 허용 가능하다고 판단되지 않았어야 했다. 그러나 앞서의 정의에 의하면, 그 사고 이전의 다리미는 우리가 그 위험을 허용 가능하다고 판단한 그때부터 완전히 안전했다고 말해야 할 것이다.

이와는 반대로, 위험에 대해 완전히 과대평가한 경우를 생각해보자. 예를 들어 우리는 상수도 속에 포함된 불소 화합물이 인구의 1/3을 죽이게 될 것이라고 비이성적으로 생각한다. 앞에서 먼저 내린 정의에 따르면, 불소를 넣은 물은 우리가 그 위험을 허용 가능하지 않다고 판단한 그때부터 위험하다. 게다가 어떤 사람이 그 물이 실제로 안전하다고 우리를 설득하는 것이 불가능해질 수 있다. 우리가 그 물을 사용하는 위험이 허용 가능하지 않다고 판단한 순간부터 그 물은 안전하지 않게 된다. 그러나 물론 우리의 통상적인 안전 개념에 따르면, 그 물은 그러한 비이성적인 판단에도 불구하고 계속 안전했다.

따라서 우리는 안전의 정의를 다음과 같이 수정 보완해야 한다. 즉 만약 어떤 것의 위험이 충분히 알려져 있고 그 위험들이 허용 가능하다고 판단된다면, 그것은 안전하다. 안전은 자주 정도와 비교의 용어로 생각되어진다. 우리는 어떤 것이 '꽤 안전하다'거나 '상대적으로 안전하다'고 말한다. 이것은 어떤 위험이 다른 위험과 비교해서 다소 허용 가능하다는 것을 뜻한다.

5-2. 위험이란 무엇인가?

좋은 공학적 실천은 항상 안전과 관련되어왔다. 그러나 사회에서 기술의 영향력이 증대함에 따라 기술적 위험에 대한 대중의 관심도 증대해왔다. 자연재해는 끊임없이 인류를 위협한다. 기술은 홍수와 같은 위험을 엄청나게 감소시켰다. 그러나 동시에 지진과 같은 재해에 대한 우리의 취약성을 증가시켰다.

어떤 것이 우리를 허용할 수 없는 위험에 노출시킨다면, 그것이 안전하지 않다고 우리는 말한다. 위험이란 원하지 않은 어떤 해로운 것이 발생할 수 있는 잠재력이다. 우리가 안전하지 않은 물질이나 제품을 사용할 때 우리는 위험을 받아들인다. 따라서 미래의 있을 법한 해악의 발생이 가정된다.

해악과 마찬가지로 위험은 원치 않은 다양한 발생을 포함하는 광범위한 개념이다. 기술과 관련해서, 그것은 신체적 상해의 위험, 경제적 손실의 위험, 환경적 피해의 위험을 포함할 수 있다.

위험을 평가하기 위해서, 엔지니어는 먼저 그것을 인지해야 한다. 대부분의 사람들은 위험의 개념은 해로운 결과와 해악의 개념을 포함한다는 것에 동의할 것이다. 해악을 자유나 안녕 복지의 침해로 정의할 수 있다.

공학과 관련된 위험은 육체적 안녕과 경제적 안녕과 관계가 있고, 기술과 관련된 일은 우리를 건강에 대한 위험과 사고나 상해에 영향을 받게 한다.

위험에 대한 이러한 설명은 많은 위험 전문가들의 생각과 일치한다. 위험은 두 가지 요소로 구성되어 있다(Lowrance). 하나는 해악의 크기이고 다른 하나는 해악의 발생 확률이다. 따라서 위험이란 해악의 크기와 발생 확률의 곱이다. 발생 확률이 높은 비교적 가벼운 해악은 발생 확률이 훨씬 적은 비교적 큰 해악보다 더 큰 위험을 구성할 수도 있다.

위험에 대한 전문가적 접근은 대개 공리주의적이다. 공리주의는 어떠한 도덕적 문제에 대한 해답도 안녕 복지를 최대화할 수 있는 행동방침을 정함으로써 얻어질 수 있다고 주장한다. 공리주의는 위험 평가에 있어서 '비용 · 이익 분석'을 중요한 도구로 자주 이용한다. 위험을 적용함에 있어서, 이 기법은 '위험 · 이익 분석'이라 불린다. 왜냐하면 위험을 비용으로 환산해 측정되기 때문이다.

1) 이익 최대화로서의 위험

위험의 정의를 해악의 크기와 발생 확률의 곱이라고 한다면, 허용 가능한 위험이란, 해악의 위험이 이익을 창출할 확률과 적어도 같게 되는 그런 경우라고 말할 수 있다.

그러나 허용 가능한 위험을 결정할 때 이 방식에만 의존하는 것은 공리주의의 특징적인 한계를 드러낸다.

첫째, 각각의 선택과 관련되는 이익이나 비용 전부를 예상하기는 불가능하다.

둘째, 모든 위험과 이익을 금전적으로 환산하는 것은 항상 가능한 것이 아니다. 어떻게 우리가 새로운 기술이나, 습지대를 제거하는 것과 관련된 위험을 평가할 수 있는가? 그리고 우리가 어떻게 다른 사람들의 삶의 가치를 측정할 수 있는가? 한 가지 방법은 장래에 벌어들일 수입을 예상하는 것이다. 하지만 이것은 정년퇴직한 사람이나 실직자는 쓸모없는 존재라는 것을 내포하고 있다. 그래서 좀 더 타당성 있는 접근법은 사람들의 삶에 동일한 가치를 부여하려고 노력하는 것이다. 한 예로, 흔히 사람들은 보다 위험한 일을 할 때는 거기에 걸맞은 임금을 요구한다. 더 위험한 일에 대해 사람들이 요구하는 증가한 임금과 증가한 위험도를 계산함으로써, 몇몇 경제학자들은 사람들이 자신들의 생명에 부여하는 금전적 가치를 예상해낼 수 있다고 말한다. 그러한 계산을 이용하여, 경제학자들은 인간 생명에 대해 매우 다른 금전적 평가를 해왔다. 그 금전적 가치는 몇십만 달러에서 수백만 달러까지 다양하다.

셋째, 대개의 이러한 적용방법은 비용과 이익의 분배를 고려하지 않는다. 공장에서 근로자를 병과 사망에 이르는 심각한 위험에 노출시킴으로써 좀 더 전반적인 실리가 창출된다면, 그 노출은 정당화될 수 있을 것이다. 대다수의 선이 근로자의 고통과 사망에 관련된 비용보다 더 가치가 있다면, 그 위험은 정당화된다. 하지만 아마 우리 대다수는 허용 가능한 위험에 대한 이러한 설명을 받아들일 수 없다고 할 것이다.

넷째, 그 방법은 기술이 부과하는 위험에 대한 정보에 입각한 동의를 위한 여지를 주지 않는다. 대부분의 사람들은 정보에 입각한 동의가 정당화된 위험의 가장 중요한 면이라고 생각한다.

이러한 제한에도 불구하고, 비용 · 이익 분석법은 위험 평가에 적법한 입지를 가지고 있다. 개인의 권리에 대해 심각한 위협이 안 될 때, 비용 · 이익 분석이 결정적일 수 있다. 게다가 비용 · 이익 분석은 체계적이고, 어느 정도 객관성을 제공한다.

2) 위험의 최소화

우리는 어떤 공학적 프로젝트가 충분한 이익을 약속하는 동안에는 어느 정도의 위험은 기꺼이 받아들인다. 예를 들어 종두 접종 프로그램은 몇몇 사망자를 만들 수 있다. 그러나 절박한 전염병을 막음으로써 더 많은 생명이 구해진다면 위험을 허용할 만한 가치가 있다.

미래에 있을 위험과 이익 둘 다 불확정적이기 때문에 우리는 기대치를 구해야 한다. 다시 말해 잠재적 해악의 크기와 발생 확률을 곱해야 한다. 이익의 경우도 마찬가지다. 그러나 누가 어떻게 이 기대치를 세울 것인가?

이러한 어려움에도 불구하고, 오늘날 기술 사회가 잠재적으로 위험한 프로젝트의 허용 여부를 판단할 때, 진행 과정상 일반적으로 동의하는 것이 있다. 어떤 조건하에서 나머지 사람들의 추정 이익을 위하여, 사회의 어떤 사람이 다른 사람에게 위험을 강제할 권리가 있는가? 최소한의 이익을 얻고 최대한의 위험에 노출된 최악의 시나리오의 사람들을 고려해야 한다. 그들의 권리가 침해되는가? 그들에게 더 안전한 대안이 제시되고 있는가? 이런 점들이 통계적 위험의 연구만큼 심각하게 고려되어야 한다.

6. 재난과 공학 윤리

6-1. 예방 윤리로서의 공학 윤리

공학 윤리는 일종의 예방 윤리(preventive ethics)이다. 의사가 환자를 치료하는 과정은 우선 환자를 면밀하고도 정확하게 진찰한 후에 그 진찰을 토대로 처방과 치료가 뒤따르는데 경우에 따라서는 환부를 도려내는 수술까지도 하게 된다. 그러나 이 모든 과정은 병이 일어나고 난 이후의 이야기이다. 가장 이상적인 경우는 병이 없어 병원에 가본 적이 없고 의사를 만나본 적도 없는 경우일 것이다. 이상적인 대처법은 사후 대처법이 아니라 사전 대처법이라고 하겠다. 이처럼 가장 바람직한 공학 윤리는 마치 예방 주사처럼 예방 윤리가 될 것이다. 크게 병들기 전에 미리 유의함으로써 심각한 병을 예방할 수 있다. 내버려두면 자칫 윤리적 위기로까지 발전할 수 있을 윤리적인 문제들을 미리 예상해봄으로써 위기가 발생하지 않도록 미리 대처할 수 있다.

각자의 전문 직업이 미치는 범위 안에서, 엔지니어들은 중대한 도덕적 선택에 직면할 수도 있다. 어떤 이들은 엔지니어가 중대한 도덕적 선택에 직면하는 그때 이미 엔지니어의 내면에 도덕적 성격이 존재한다고 주장한다. 하지만 적어도 책임 있는 공학은 윤리적 감수성과 심사숙고를 요구하는 공학적 실천의 여러 상황들에 정통할 것을 요구한다. 또한 그것은 공학에 있어 윤리적 판단에 필수적인 개념과 원리에 대한 보다 명확한 이해를 요구한다.

많은 전문직 엔지니어들이 증명하듯, 윤리 수업은 자주 어떤 일이 간과되었거나 잘못된 후에야 이루어진다. 공학교과 프로그램들이 학생들에게 윤리적 관심사들을 소개하도록 요구함으로써, 한국공학교육 인증원(ABEEK)은 윤리적으로 잘못된 일이 발생하기 전에 공학에 있어서 윤리적 관심사들에 대해 학생들이 생각해볼 필요가 있다고 하는 입장이다.

본질적으로, ABEEK는 일종의 예방 윤리를 옹호하고 있다. 예방 윤리는 두 가지 차원으로 이루어진다. 첫째, 엔지니어들은 전문 직업인으로서 자신들의 행동이 일으킬 가능한 결과를, 특히 중요한 윤리적 차원을 지닐 수 있는 결과를 미리 예측할 수 있어야 한다. 둘째, 엔지니어들은 그러한 결과에 대해 효과적으로 판단할 수 있어야 하며, 윤리적으로 무엇이 타당한지 결정할 수 있어야 한다.

6-2. 재난의 설명

현대는 공학적 산물을 너무 많이 사용하기 때문에 공학적 실패가 일어나면, 대개 재난이 발생한다. 이때 우리는 재난이 왜 일어나는가를 설명해야 한다. 그 설명 이론에는 여러 가지가 있을 수 있지만 기본적으로 인과적 설명이어야 한다고 생각한다. 재난에 있어서 중요한 것은 해석보다는 예방이기 때문이다. 인과적 설명의 경우 원인을 우리가 통제할 수 있기 때문에 예방을 위해 효과적인 설명 이론이 된다. 재난의 설명을 위해서 저 유명한 챌린저 호 사례와 최근에 국내에서 발생한 대구 지하철 참사를 고려해보자.

1) 챌린저 호 참사

1986년 1월 28일, TV를 지켜보던 세계의 수많은 사람들 눈앞에서 우주왕복선 챌린저 호가 발사된 지 76초 만에 공중 폭발하였다. 이 참사는 다단계 로켓들을 결합시키는 부품이 제 기능을 다하지 못하면서 비롯되었다. 그러나 그 부품인 오-링의 기능이 발사 날짜의 예상 기온에서는 제대로 동작하지 않을 수 있다는 것이 이륙 9일 전에 엔지니어들에 의해 인지되었고, 14명의 엔지니어들은 일제히 발사에 반대했다. 발사 하루 전날에도 발사 연기를 권고했지만 최고경영진에 의해 무시되었다. 아이러니는 그 최고경영진도 한때는 엔지니어였다는 사실이다.

이 참사에 대한 하나의 설명은 다단계 로켓트의 부품의 설계 실패 또는 다른 엔지니어링 실패에 초점을 두는 것이다. 다른 하나의 설명은 부적절한 경영적 판단에 초점을 두는 것이다. 또 다른 설명으로는 그 재난을 계약자의 비윤리적인 행위에 초점을 둘 수 있다. 그밖에 여타 우연적 결합에 의해 설명될 수도 있다. 이때 재난을 어떻게 설명하는가에 따라 재난의 책임 소재가 달라지고 대응방식도 달라진다.

재난의 설명을 위해 필요한 인과 목록은 마치 정상과학에서의 인과 설명적 표준 패턴 속에서 찾을 수 있다. 챌린저 호의 경우에 우선 엔지니어링 실패, 즉 부품 오-링의 설계 실패에 초점을 둘 수 있다. 낮은 온도에서 오-링의 동작이 적절하지 못했다는 것과 다른 실링의 부재, 연료의 누설 등으로 사건의 발생을 설명할 수 있다. 다른 방식으로는 경영적 실패를 들 수 있다. 엔지니어의 권고를 받아들이지 않은 경영자의 판단, 일찍 발사하면 다음 프로젝트 수주에서 유리하다는 것과 선전에도 효과적이라는 것 등이 발사 결정을 내렸고 그 결과 챌린저 호가 폭발했다고 설명할 수 있다.

또 다른 방식으로, 윤리적 태도를 들 수 있다. 만약 그들이 챌린저 호의 승무원이라면, 엔지니어의 권고를 듣고도 발사를 승인할 수 있었겠는가? 그리고 승무원들에게 엔지니어의 권고를 전달했을 때, 승무원들이 과연 탔겠는가라는 질문을 할 수 있다. 아마 아무도 타지 않았을 것이다. 발사를 명령한 경영자나 그것을 허가한 엔지니어는 '황금률'을 어긴 셈이 된다. 그렇다면 그들의 비윤리적인 태도가 재난에 대한 주요한 원인이 된다. 그러면 어느 것이 타당한 설명인가? 이러한 세 가지 유형의 설명은 자연히 한쪽으로 수렴된다. 왜냐하면 엔지니어링 설계의 실패는 이미 알고 있었고, 그러한 정보를 이용하는 사람인 경영자의 결단이 설계의 실패보다 훨씬 깊은 원인이 된다고 보아야 할 것이다. 그리고 그러한 경영자의 결단은 그들 자신이 챌린저 호의 승객이라면 거절할 것이라는 판단은 곧 그들의 비윤리적인 태도가 경영적인 판단에 앞선다고 할 수 있다.

재난에 대해 인과적으로 설명할 경우, 비윤리적인 태도 및 행위는 재난의 발생에 대한 중요한 인과적 요소가 된다는 것을 알 수 있다. 이것은 재난의 원인이 비윤리적인 행위가 될 경우가 많을 수 있다는 것을 보여주는데, 챌린저 호가 전형적인 경우이다. 그러나 많은 경우에는 비윤리적 행위가 원인이 된다고 인정되지만, 그것이 여러 곳에 분산되어 있어, 정작 중요한 것을 찾기 힘들 경우가 있다. 재난의 예방을 위한 쪽으로 우리의 설명방식을 수렴시킬 때, 이 분산은 책임을 회피하기 위해 설명을 예방과 관련 없는 방향으로 이끌 수가 있다. 다음에 나올 대구 지하철 참사에 대한 설명에서는 이러한 현상이 잘 나타난다.

2) 대구 지하철 참사

얼마 전 발생한 대구 지하철 참사를 살펴보자. 이 참사는 우리가 흔히 생각하듯 우연한 사고가 아니라 어떤 의미에서는 구조적으로 일어날 수밖에 없었던 필연적 사고였다. 이 참사가 왜 일어났는지 앞에서 논의한 세 가지, 즉 엔지니어링적 실패, 경영적 실패, 윤리적 실패 등에 입각하여 설명하기로 한다.

우선 엔지니어링적 실패의 관점에서 본다면, 챌린저 호의 경우처럼 분명하지 않다. 오-링 기능의 실패는 매우 직접적이다. 그런데 대구 지하철 참사의 경우, 최소한의 동작 환경 속에서는 아무런 문제가 없기 때문에, 엔지니어링 설계의 실패라고 보기에는 실패의 정의에 따라 달라진다. 지하철은 수많은 승객이 타고 내리는 것으로 대중 접촉이 많다. 따라서 운영의 최소 환경이라는 것도 챌린저 호와는 다른 각도에서 정의되어야 한다. 지하철의 경우, 대중의 안전이 가장 중요하다. 따라서 화재나 폭발 같은 원인이 제공될 때, 어떻게 지하철이 보호되어야 대중의 안전이 확보될 수 있는지를 고려해서 설계되어야 한다. 동시에 대중의 접촉이 많아 화재나 유사 원인들에 노출될 가능성이 높기 때문에, 그러한 위험이 발생되더라도 초기에 이를 제거할 수 있는 장치들을 고려하여 설계해야 한다.

이렇게 본다면, 전동차에 불이 붙는다는 것 자체가 문제가 된다. 외국으로 수출하는 전동차는 내부에 불연재를 쓰게 되어 있지만 내수용 전동차에는 쓰지 않았다는 사실은 설계 실패의 주요 요인이다. 또한 피해를 한층 가중시킨 전력 자동차단 시스템은 어떤 화재 시나리오에 의해 설계되었는가? 화재가 감지되는 즉시 전력이 차단되도록 고안된 이 안전 시스템은 화재 확산을 막기 위해 만들어졌지만 전력 차단으로 마주오던 전동차의 운행이 중단된 것은 물론 출입문의 자동개폐, 조명, 환풍 기능까지 중단돼 탈출과 구조를 불가능하게 했다. 게다가 전력이 끊기면서 지령실과 전동차 간의 통신망까지 작동되지 않는 바람에 최악의 상황이 초래됐다. 그뿐만이 아니다. 수익성만을 고려한 중층구조의 공간설계로 대합실과 상가 밑 지하 3층에 승강장이 있어 승객의 지상대피를 더 어렵게 했을 뿐 아니라 유독가스를 배출시키지도 못했고 밖의 공기를 유입시킬 수도 없었다. 이 사건은 이러한 엔지니어링 설계의 실패를 가지고 설명할 수 있다.

경영적 실패를 가지고도 이 사건을 설명할 수 있다. 이러한 형태의 엔지니어링 설계를 용인하고, 값싼 내장재를 사용하고, 출입문의 자동개폐기와 조명, 환풍 기능의 작동 실패, 전력이 끊기면서 지령실과 전동차 간의 통신망까지 작동되지 않는 등의 최악의 상황은 경영적 실패에 의한 것으로 볼 수 있다.

그리고 윤리적 실패의 관점으로 설명이 어떻게 가능한지 살펴보자. 사실상 이 전동차가 이렇게 화재에 취약하고, 조그만 화재가 일어나도 수많은 인명이 위험에 처할 우려가 있음을 감지했다면, 그 사실을 통보받았을 때, 엔지니어들이나 경영자들은 지하철을 타겠는가? 경영자는 그 사실을 알고서는 결코 지하철을 타지 않고 자가용을 탈 것이다. 엔지니어들은 결코 타고 싶지 않지만, 대안이 없기 때문에 지하철을 탈지도 모른다. 그렇다면 이것은 경영자나 엔지니어의 비윤리적 태도가 이러한 재난을 가중시킨 것으로 설명할 수 있다. 이와 같이 '역지사지'에 의해 황금률을 위반했다고 하는 것으로 윤리적 설명이 가능한 것은 물론이다. 그런데 직접적으로 윤리적 설명을 할 수 있는 상황이 실제로 있었다.

1080 기관사로부터 화재 사실을 통보받은 종합사령실에서는 무슨 일이 일어났는가? 사령실의 폐쇄회로 TV감시원들은 화재를 통보받고도 왜 사태를 파악 못 했는가? 지하철공사의 '종합안전 방재관리 계획서'에는 불이 났을 때, 진입열차는 무정차로 통과시키고 후속열차는 운행 중지시켜야 하는데 왜 이러한 기본 안전수칙을 무시한 지시를 내렸는가? 등을 보면, 윤리적 설명이 바로 큰 힘을 얻음을 알 수 있다.

이 세 가지 설명은 어디로 수렴되는가? 엔지니어의 설계는 표준적 안전수칙을 위반하고 있었다. 그리고 그것은 정보의 부재가 아니라 알면서도 위반했다고 볼 수 있다. 경영자 역시 경영 이익을 위해 그것을 용인하거나, 아니면 그렇게 설계하도록 강요했을 것이다. 그렇다면 이 재난의 원인은 이 사건에 직·간접적으로 관련되어 있는 엔지니어들, 이를테면 지하철 역사와 전력 자동차단 시스템을 비롯해 지하철을 설계한 엔지니어들과 전동차를 설계하고 제작한 엔지니어들, 그리고 그것들을 감독하고 감리한 엔지니어들과 지하철과 전동차를 점검, 관리, 운용하는 엔지니어들을 비롯해 이들을 지휘할 책임이 있는 경영자들에게 있음이 분명하다. 경영자들은 자신들의 이익을 위해 비윤리적 경영을 하고 그것을 엔지니어에게 전가시킨 것으로 추정할 수밖에 없다. 이 사건 역시 윤리적 설명이 중요한 설명이라고 생각된다.

여기서 우리는 공학적 재난은 비록 인과적 설명을 하더라도, 설명방식에 따라 선출되는 인과 목록이 달라진다는 것을 알 수가 있다. 공학적 재난의 설명은 공학적 장치들의 복잡한 구조들을 염두에 두고 동시에 예방한다는 차원에서, 우리가 통제할 수 있는 방식으로 재난을 설명할 때, 많은 경우 재난의 설명은 윤리적 설명으로 수렴한다. 그때, 선택할 인과 목록 속에 비윤리적 행위를 중요한 요소로 찾아낼 때, 촉발적인 행위나 원인보다 전체적인 구조를 찾아서 인과적으로 깊이 있는 목록들을 선택해야 한다. 그러기 위해서는 공학 윤리는 규범 윤리와는 달리, 항상 공학적 상황에 대한 이해를 전제해야 한다.

위의 두 가지 재난에 대한 설명에서 우리는 윤리적 설명의 중요성을 부각시켰다. 동시에 윤리적 설명은 곧 예방을 위한 설명으로 수렴될 수 있음을 볼 수 있었다. 그렇다면 대재난이 가능한 공학적 상황에서 윤리는 예방을 위한 윤리로 가야 한다고 볼 수 있다. 인과적 설명을 논할 때, 수많은 인과 목록에서 어떠한 인과 목록을 선택할 것인가는 표준적인 인과 패턴이 있을 경우에 가능하다고 하였다. 그러나 재난의 원인에 관한 설명에서 엔지니어링적 실패, 경영적 실패는 비교적 그와 관련한 경험과학이 발달해 있기 때문에 표준적 인과 패턴의 구성이 용이하다. 그러나 윤리적인 설명에서는, 비록 위에서 제시된 두 사례는 비교적 그것이 용이하지만, 윤리적 상황이란 여러 형태의 경험과학들, 사회과학, 인문과학, 관행, 이익집단 등이 개입되기 때문에, 표준적인 인과 패턴의 구성은 쉽지 않을 경우가 허다하다.

6-3. 행위 평가를 위한 기본 원리

재난에 대한 윤리적 설명이 가능하지만, 공학에서의 비윤리적인 행위가 직접 사건을 일으키는 것은 아니다. 그것이 원인이 되어 중간 과정을 거쳐 결국은 설계의 실패, 또는 설계 적용의 실패로 나타나 재난을 일으킨다. 그때 재난은 가공할 만한 규모인 것이 많다. 게다가 공학적 상황이란 항상 재난이 발생할 소지를 안고 있기 때문에, 공학적 행위에 대한 평가도 재난의 예방에 초점을 두어야 한다.

의무론자 로스(W. D. Ross)는 의무들에 순위를 매김으로써 칸트의 절대적 의무론의 결점을 보완 수정하고자 하였다. 그에 의하면 악행 금지나 타인에게 해를 끼치지 말아야 할 의무는 선행의 의무나 타인을 도와주어야 할 의무보다 훨씬 강력한 의무이고 우선하는 상위의 의무이다. 마치 내과의사가 지켜야 할 의무인 '해를 끼치지 말아라'가 말해주듯이 전문가 윤리는 남에게 선을 베풀어야하는 것이지만 그보다 앞서 해를 끼치지 않는 것이 보다 우선적이라고 하겠다. 마찬가지로 공학 윤리는 재난의 예방을 선의 극대화보다 우선적으로 취하는 것이 낫다는 주장을 취해야 한다.

공학 과정에서나 결과물의 적용에서 나타나는 위험은 확률적으로 나타난다. 따라서 공학이 주는 유익과 더불어 위험이라는 모험(risk)을 항상 인정해야 한다. 이러한 상황에서 재난을 예방하는 것을 주요 목적으로 하는 공학 윤리는 피해 위험의 정도를 가능한 양화시킬 수 있어야 하고 또 이것을 도덕적 차원과 결합시킬 수 있어야 한다.

이를 위해서 공학 윤리는 특정한 공학기술을 수용 또는 사용하게 될 때, 다음과 같은 네 가지 원칙을 그 출발점으로서 반드시 고려해야 할 것이다.

1) 특정한 공학적 기술의 사용 또는 수용에서 얻을 수 있는 피해와 유익의 크기를 측정하거나 계산할 수 있는 원리를 확정한다.
2) 사람들이 위험에 대한 자유로운 정보를 무상으로 받을 수 있어야 하고 동시에 이러한 위험에 대한 동의를 했는지를 고려해야 한다.
3) 피해와 유익이 어떠한 방식으로 분포가 되는지를 계산하거나 측정할 수 있는 원리를 확정한다.
4) 공학기술 사용 또는 수용에 의한 위험의 부여가 정당한 과정 아래에서 일어났는가를 고려해야 한다.

1) 과 3) 은 피해의 위험을 평가하기 위한 것이고, 2) 와 4) 는 도덕적 차원의 기초가 된다.

만약 부안이나 안면도의 핵폐기장 사태에 대해 이러한 원리를 가진 공학 윤리적 입장에서 진지하게 출발했더라면, 지금과 같은 큰 어려움은 없었을 것이라고 생각한다. 위의 네 가지 원리를 고려하면, 상대방을 설득할 수 있는 근거를 제시하기가 쉽다. 뿐만 아니라 그 근거들은 다른 지역을 선택할 수 있는 근거가 되기도 한다.

윤리는 행위와 결과 그리고 인격의 평가 모두에 적용되지만, 공학 윤리는 대재난과 관련이 있기 때문에 특수한 경우를 제외하고는 인격의 평가보다 행위의 평가에 강조점을 두어야 한다. 예를 들면 원자탄을 개발하는 데 참여하는 엔지니어들의 인격에 관해서는 여기서 고려하지 않고, 위험을 초래하는 행위를 어떻게 윤리적으로 평가하는가를 문제로 삼는다.

위에서 제시한 네 가지 원칙을 적용하여, 대재난이 초래될 수도 있는 사건의 예방을 우선적으로 하기 위해서, 공학적 행위의 평가를 위한 기본 원리의 구성은 적어도 공리주의, 의무론, 계약주의 세 이론이 모두 동의할 수 있는 최소한의 기본 원리에서 출발해야 할 것이다.

1) 행위의 유익과 피해가 무엇인지를 어떻게 결정하는가? 이것은 세 가지 원리에 따라 다를 수 있다. 계약주의는 최빈층(worst-off group)이 어느 정도 해를 입는가에 초점을 둘 것이고, 공리주의는 등가적인 계산을 할 것이며, 의무론자는 피해를 가져오는 것을 금하는 의무에 더 관심을 기울인다. 따라서 "유익(선) 보다 더 많은 해를 가져오는 행동을 해보다 더 많은 선을 가져오는 행동보다 윤리적으로 옹호하기 어렵다" 는 것을 기본 원리로 본다. 이것은 세 이론 모두 동의할 것이다.
2) 피해의 위험이 있음을 자유로운 상황에서 알려주고 동의했는가? 이것은 의료 윤리와 연구 윤리에서는 기둥과 같은 것이다. 칸트나 로스의 윤리학을 따르는

사람에게는 동의 없이 피해를 일으키는 것은 어떠한 사회적, 경제적 이익을 제공해도 보상될 수 없다. 공리주의자는 조금 다를 것이다. 따라서 아래의 원칙을 기본 원리로 삼는다. 여기에 대해서는 세 이론 모두 동의할 것이다. "다른 모든 것이 동일하다고 하면, 동의하지 않은 위험 감수의 부과는 동의를 얻은 위험 감수 부과보다 윤리적으로 옹호되기 힘들다."

3) 행위의 피해와 유익의 분배는 동등한 것인가? 유익을 받는 사람과 피해를 받는 사람이 동일할 때, 공리주의자, 의무론자 그리고 계약주의자 모두 유익과 피해의 균형을 취하는 데에는 별 문제가 없다. 그러나 다른 사람을 유익하게 하기 위하여 사람들에게 피해를 입히는 것은 비도덕적이라고 의무론자는 이야기할 것이다. 공학적 재난은 피해를 받는 사람과 유익을 얻는 사람이 다를 경우에는 심각한 문제가 된다.

4) 정당한 과정 없이 부과되는 위험이 공정한 과정의 결과로서 부과되는 것보다 윤리적으로 옹호되기 힘들다. 이것 역시 세 이론 모두 동의할 것이다.

이 네 가지 원리는 효용성, 자유, 평등 그리고 공평이라는 윤리의 네 가지 기둥을 반영하고 있다. 앞서 엔지니어의 딜레마에서 이야기했듯이 엔지니어에게는 기업에 충성이라는 덕목을 지키는 것이 여러 면에서 중요하다. 그러나 엔지니어가 행위를 할 때는 기본적으로 다음 세 가지를 우선적으로 고려해야 한다. 첫째, 위험의 부여에 대한 다른 대안이 고려되었는가? 둘째, 최빈층 그룹이 보상되는가? 셋째, 문제가 되는 위험에 대해 사람들이 정보를 가지고 인간적인 통제를 가할 수 있는가이다.

기업에의 충성이란 덕목과 관련하여 엔지니어는 이 세 가지 원리를 고려한 후에 기업의 이익을 마지막으로 고려해야 한다. 이때 기업이 만약 위의 세 가지보다 기업의 이익을 우선으로 고려해야 한다고 하면, 엔지니어는 심각한 딜레마에 빠진다. 엔지니어는 전문가로서 공학적 과정의 위험 가능성에 대해 인지하고 있어야 하는데, 그 위험의 정도가 공중으로 향할 때, 엔지니어는 위험과 이익의 균형에 대해서 논의할 것이다. 그런데 이익은 회사이고 피해는 공중이다. 따라서 세번째 원리에 저촉된다. 이 경우 엔지니어는 기업의 결정에 저항해야 하는데, 이때 엔지니어는 기업의 구성원으로서 기업에 충성해야 한다는 원리와 상충하지만, 재난이 다가올 가능성이 높은 안전의 문제에서는 엔지니어는 자신의 전문가적 권위를 지킬 수 있도록 사회가 보장해주는 장치를 만들어야 한다. 뿐만 아니라 엔지니어링에서 발생되는 이러한 윤리 문제는 전문 분야에 관한 지식만으로 해결할 수 없고, 상황에 따른 윤리적 판단에 대한 충분한 연구와 훈련이 필요하다. 사회는 제도적으로 기업에게 전문가로서 엔지니어에게 적절한 권한이 부여되도록 만들어야 할 것이다. 이 점에서 공학 윤리는 엔지니어와 기업과 사회 전체가 만들어가야 한다.

7. 공학 윤리와 범세계적 쟁점

미국 자동차가 일본 차에게 밀리고 있던 1990년에 제네럴 모터스(GM)사의 폰티악 르망(Pontiac Le Mans)을 구입한 대부분의 미국 가정들은 그들의 구매가 외국차를 구입하는 것보다 미국인 노동자를 돕는 것이라고 믿었다. 그러나 노동부의 평가에 의하면, 희망 소비자가격 만 달러 중 단지 4천 달러만이 미국인에게로 간다. 그리고 실제로 그 4천 달러도 미국인 노동자들에게 가기보다는, 경영에 참여하는 디트로이트 전략가, 뉴욕 은행가와 법률대리인, 전국에 걸쳐 퍼져 있는 보험노동자, 그리고 미국과 비미국인 외국 투자자를 포함한 GM 주주들에게로 간다. 나머지 6천 달러는 다음과 같이 분배된다. 약 3천 달러는 단순 노동과 조립을 담당하는 한국으로, 1,750달러는 기술 부품을 담당하는 일본으로, 750달러는 부품 설계를 담당하는 서독으로, 250달러는 광고와 마케팅 서비스를 담당하는 영국으로, 그리고 약 50달러는 데이터 처리를 담당하는 아일랜드와 바바도스로 간다. 비록 GM에 좋은 것이 대개 미국에 좋을지라도, 이 경우는 명백히 세계의 나머지 나라에 더 좋아 보인다.

우리의 삶은 전세계 사람들의 삶과 엮여 있고, 노동자로서 그리고 소비자로서 우리 모두는 점점 더 넓어져가는 세계적 시장에서 살아간다. 한국인 소비자이건 외국인 소비자이건 간에 그들은 회사로 하여금 범세계적 시장에서 경쟁하도록 강요할 것이다. 범세계적(global) 상황에서 책임 있는 사회실험가로서, 엔지니어의 공학적 결정은 보다 복합적이고 다원적인 윤리적인 판단을 수반한다. 여기서는 세계화의 대명사인 다국적 기업이 직면하는 윤리적 문제가 매우 정치적이고 사회구조적인 것부터 순수한 기술적 문제에 이르기까지 다양하다.

7-1. 다국적 기업

다국적 기업은 한 나라 이상에서 광범위한 사업을 한다. 예를 들면 1984년 유니온 카바이드는 본사가 있는 미국은 물론 37개 외국에서도 공장을 경영하였는데, 그것은 규모면에서 볼 때 미국 기업들 중 35번째로, 단지 중간 규모에 해당하는 거대 기업이었다. 일반적으로 다국적 기업은 주식의 51%는 보유하고 나머지는 외국의 투자가들이 소유하도록 허락하는 외국 자회사들을 설립하는데, 몇몇 나라들은 미국에 있는 모(母)회사가 49%의 소유권을 소유하도록 제한하기도 한다. 몇몇 경우, 기업의 운영은 전세계에 걸쳐 아주 얇게 퍼져 있어서, 그들의 공식적 본부가 어떤 나라에 있는지가 부차적인 문제가 되는 경우도 있다. 최근 한국도 세계 곳곳에 현지 공장을 설립하는 다국적 기업이 많다.

경제적으로 덜 개발된 나라에서 사업하는 회사들의 이익은 명백하다. 값싼 노동, 천연자원의 유효성, 혜택적인 세금 조정, 그리고 제품을 위한 신선한 시장… 개발도상중인 국가들에 참여하는 이익 또한 명백하다.

그러나 다국적 기업이 활동하는 국가의 문화 사회적 관습들은 모기업이 속한 국가와 다르다. 공학적 입장에서 기업이 다루는 새로운 기술의 개발과 적용은 거기에 관한 경험이 풍부한 모기업 국가가 요구하는 안전 규정을 위시한 공학 윤리적인 원칙들에 의해 이루어져왔다. 여기에 기업들이 많은 비용을 지불해온 것도 사실이다. 그러나 경제적으로 덜 개발된 안전 규정이 미비한 나라에서 다국적 기업은 자연히 비용이 적게 드는 방식으로 그 국가에서 통용되는 허술한 안전 규정을 따를 것이다. 이때 발생되는 공학 윤리적 문제는 심각하다. 사회의 관습과 문화가 다를 때 책임과 가치 역시 달라진다. 이들 상대적인 가치를 어떻게 평가해야 하는가는 다국적 기업을 위해서는 기본적인 문제이다.

7-2. 상대적 가치의 세 가지 의미

기업과 개인이 외국에서 어떻게 행동해야 하는가를 규정하는 상투어가 "로마에 가면 로마 사람처럼 행동하라" 이다. 그러나 이 문제는 쉽지 않다. 공학적 기술은 위험성이 보다 보편성을 띠고 고도의 안전성을 요구하기 때문에, 개발과 적용이 단순히 수용 국가의 관습에 따를 경우 큰 위험이 발생한다. 또한 가치들이 상대적이라는 주장 역시 애매모호하기 때문에 그 의미를 살펴볼 필요가 있다.

가치들이 상대적이라고 여기는 방법에 따라 상대주의에 대한 서로 다른 세 견해가 있다.

1) 윤리적 상대주의: 행위들은 그것들이 하나의 특수한 사회 안에서 그 사회의 법률, 관습, 또는 다른 규약들에 의해 승인될 때만 도덕적으로 옳다.
2) 서술적 상대주의: 실제로 가치에 대한 믿음과 태도는 문화마다 다르다.
3) 도덕적 상대주의(맥락주의): 도덕적 판단은 경우마다 다른 요소들과 관련되어 결정해야 하며, 단순하고 절대적인 규칙들을 공식화하기란 통상적으로 불가능하다. 특히 관습과 법률들은 항상 반드시 고려해야 할 도덕적으로 관련된 요소들이다.

첫번째 견해인 윤리적 상대주의는, 부조리를 함축하기 때문에 거짓이다. 그것은 나치 독일, 러시아 스탈린주의, 보스니아에서 자행된 대량학살과 그리고 미국에서 한때 자행되었던 노예 제도를 정당화할 수 있을 것이다. 그러나 법률과 규약들은 도덕적으로 자기 보증적이지 않다. 오히려 인권, 공공선, 인간 존중 의무, 그리고 미덕과 관련된 도덕적 이유들에 비추어 항상 비판해야 한다.

두번째 견해인 서술적 상대주의는, 명백하게 참이다. 그것은 다만 다양한 문화들의 도덕적 믿음과 태도들 간에는 차이들이 존재한다는 것을 말한다. 서술적 상대주의는 반드시 윤리적 상대주의를 수반하지는 않는다. 다시 말해 단지 사람들의 믿음에서 나타나는 다양성은 문화적 경계를 가로질러 보유할 수 있는 객관적인 도덕적 진리가 과연 존재하는가라는 문제와는 별개의 문제이다. 어떤 문화가 아내 학대, 강간, 여성의 외음부 절단을 승인한다는 사실은 이런 여성 차별적 실천들이 도덕적으로 정당화된다는 것을 보여주는 것이 아니다. 더욱이 성차별적 관습과 법률들을 평가하고 비판하는 데 사용될 수 있는, 여성의 동등한 도덕적 가치에 대한 객관적 진리란 존재하지 않는다는 것을 보여줄 수 있는 것도 아니다.

세번째 견해인 도덕적 상대주의도 역시 명백하게 참이다. 본질적으로 그것은 도덕적 판단은 맥락적이라는 조언이다. 도덕적 판단들은 상당히 다양한 요소들과 관련하여 행해지고, 그리고 결과적으로 단순하고 예외 없는 절대적 도덕 규칙을 공식화하는 것은 불가능하다. 예를 들면 "거짓말은 비도덕적이다"와 같은 규칙은 많은 예외를 가진다. 침입자로부터 그들의 프라이버시를 보호하거나 생명을 구하기 위하여 거짓말을 해야만 하는 특별한 경우들이 발생할 수 있다.

그러면 어떤 표준들이 외국에서 일하는 엔지니어들의 행동 지침이어야만 하는가? 윤리적 상대주의는 "로마에서는 로마인처럼 행하라"는 금언을 지지한다. 즉 그것은 그 지역에서 지배적인 규약들을 따르는 데 아무런 문제가 없다는 것을 믿으라고 한다. 똑같이 극단적인 반대 견해는, 새로운 문화와는 어떤 조정도 행하지 말고, 본국에서 승인된 것과 정확하게 동일한 실천들을 계속 행하라고 한다. 그러나 이 두 가지 선택은 모두 받아들이기 어려워 보인다.

이탈리아에서 사업함으로써 미국과는 상당히 다른 세금 시스템에 직면하게 된 공학회사와 다른 회사들이 과거에 직면했던 선택을 고려해보자. 한 조사에 따르면, 그 회사들은 통상적으로 실제 이익의 단지 30~70% 정도만 나타내는 세금신고서를 제출했다. 일반적으로 정부 관료들은 어느 기업이건 간에 그 기업이 지불해야 할 의무가 있다고 자체 보고한 것의 몇 배를 기업의 세금으로 평가했다. 그런 다음 양쪽은 절충하여 마지막 세금 과표를 협상했다. 이탈리아 세무대행자들은 회사의 대표자로부터 직접적으로 보고되지 않은 현금을 그들의 비용으로 지불한다. 이 지불의 규모는 세무 대행자들이 기업에게 이탈리아 정부를 위한 세금을 얼마나 요구할 것인가에 영향을 준다.

물론 미국에서는 그런 실천 같은 것은 부패일 것이다. 그것은 허위 진술된 실제 이익, 비밀스런 지불, 그리고 왜곡된 과세 평가를 포함한다. 어떤 이는 그것을 속임수, 부정직, 뇌물 수수, 그리고 이해 충돌이란 점에서 묘사한다. 그러나 이윤을 정확하게 보고하는 이탈리아 사업체들은 그들이 내야 하는 것보다 더 높은 과세를 사정받을 것이다. 결코 그러한 실천에 참여하기를 거부하면서 사업을 할 수는 없을 것이다.

물론 그런 실용적인 고려가 그 실천에 참여하는 것을 자동적으로 정당화하지 않는다. 그러나 도덕적으로 몇몇 관련 특징들은 주목되어야 한다.

첫째, 그 실천은 정부에 의해 공식적으로 인가받은 것이며 또한 아마도 이탈리아 국민에 의해 용인된다. 이탈리아에서는 그것의 합법성에 관해 공유된 이해가 존재했다. 둘째, 어떤 점에서 그 실천은 시장에서의 할인과 노름에서의 허세와 유사했다. 최소한 모든 참여자가 그것을 받아들이며 또한 심각한 도덕적 해악을 야기하지 않을 때, 속임수는 때때로 허용될 수 있을 것이다. 셋째, 아마도 가장 중요한 것으로, 그 실천에 의해 어떤 기본적 인권도 침해되지 않는다는 것이다. 분명한 것은, 그러한 관습은 여러 방식으로 바람직하지 않았는데, 왜냐하면 그것은 악습들을 허용했기 때문이다. 의심할 여지 없이 관습은 공적 삶에서의 진실성에 대해 모호함을 조장했으며 효율적인 정부에 필요한 공적인 신뢰를 감소시켰을 수 있다. 그러나 그 실천에 참여한 외국 회사들이 실제로 어떤 해악을 행하였는지는 분명하지 않다.

7-3. 정당한 수단의 장려

다국적 기업은 그들이 사업하는 나라의 국민들의 기본적 권리들을 존중해야만 하지만, 특히 부유한 국가의 기업들이 경제적으로 덜 발달한 나라에서 사업하는 경우에는 그 기본적 권리들보다 더 많은 것을 요구한다. 최대 다수의 최대 선을 증진시키기를 요청하는 공리주의 정신 안에서, 다국적 기업의 활동이 그들이 사업하는 외국에서도 이익이 될 것을 요구한다.

더 자세히 말하면, 다국적 기업의 사업활동들이 독재정권의 몇몇 부패한 지도자들에게 이익이 되기보다는, 그 나라의 전체 경제와 그 나라의 노동자들을 돕는다는 의미에서, 악보다 전체 선을 더 이행해야 한다. 다국적 기업들은 그들의 공정한 세금 부담액을 반드시 납부해야 할 뿐 아니라, 그들이 제조하는 제품들로 인해 쉽게 예방할 수 있는 해악이 유발되지 않게 해야 한다.

인권의 원리들을 적용하는 것이나 사업하는 나라의 선을 증진시키는 것에 있어서는 맥락적이며 개별 사례적인(case-by-case) 접근법이 요구된다. 예를 들어 매우 가난한 나라의 노동자들에게는 무엇이 '공정한 임금'인가? 만약 다국적 기업이 외국의 지불비율과 똑같이 지불한다면, 그들은 노동자를 착취했다고 고발당할 것이다. 그 비율이 인간으로서의 존엄성을 지키며 살기에 충분한 최저생활임금 이하일 때는 특히 그렇다. 만약 그들이 그 비율 이상으로 많이 지불하면, 그들은 그 사회에서 숙련된 노동자들을 불공정하게 훔치고 있다고 고발당할 것이다. 이런 지침은 비록 지역의 회사들이 최저생활임금을 지불하지 못할지라도 다국적 기업은 최저생활임금을 지불하라는 것이며, 그렇지 않을 경우, 단지 적임의 노동자들을 매료시키기에 충분할 만큼만 지불하라는 것이다.

또 다른 예로서, 매우 위험한 화학물질을 제조하는 회사들에서의 노동자 안전 문제를 고려해보자. 미국이 석면제조 같은 위험한 기술을 다른 나라로 이전하고 난 다음, 오직 그 나라의 안전 법률들을 채택하는 것이 허용되는 때는 언제인가? 노동자들은 정보에 입각한 동의권을 갖는다. 비록 외국이 그 권리를 인식하지 못하더라도, 기업들은 노동자들에게 석면 위험에 대해 통지할 것이 요구된다. 그것은 필요조건이지 충분조건이 아니다. 노동자들은 가족을 부양하기 위해 거의 어떤 조건 아래에서도 일할 것이다. 기업들은 계속 합리적인 이윤을 창출하는 동안 큰 위험들을 제거해야만 한다. 기업들은 또한 노동자들이 감내하는 특별한 위험에 대해 그들에게 비용을 지불해야만 한다. 이것이 정확히 의미하는 것은 도덕적 선한 판단과 협상의 문제이다.

7-4. 기술 이전과 적정 기술

기술 이전이란 기술을 새로운 설치환경으로 옮겨서 기술을 거기에 심는 것이다. 친숙한 환경에서 새로운 환경에로의 기술 이전은 대개 복잡한 과정이다. 기술은 기계와 기구 같은 하드웨어와 운영과 절차와 같은 기량 둘 다를 포함한다. 새로운 설치환경은 주어진 기술의 성공과 실패에 관련된 새로운 변수를 적어도 하나 이상 포함하는 어떤 상태이다. 설치환경은 그 기술이 이미 여러 곳에서 사용되고 있는 한 나라 안에서나 혹은 현재 우리가 관심을 두는 외국에서 있을 수 있다. 또한 다양한 대리인들이 기술 이전을 수행할 것이다.

적정 기술이라는 표현은 다양한 의미로 널리 사용된다. 우리는 그것을 포괄적 의미에서 조건들의 새로운 설치환경에 가장 적합한 기술의 확인, 이전, 구현을 지시하기 위해 사용한다. 전형적으로 그 조건들은 재정적이고 기술적인 일상의 공학적 제한을 넘는 사회적 요소까지 포함한다. 따라서 적정성은 규모, 기술적 · 운영적 기량, 재료 · 에너지, 물리적 환경, 자본기회 비용, 그러나 특히 인간적 가치의 측면에서 세밀히 조사될 것이다.

농기계와 장거리 전화의 예를 들면, 가난한 농업국에서는 집단농장이나 기업형 농장에서 요구되는 거대한 디젤 트랙터보다는, 바퀴 달린 작은 트랙터의 사용이 더 나을 것이다. 반면에 같은 나라라도 구식의 전선 전송 방식으로 장거리 전화 서비스를 하는 대신 최신 마이크로파 기술로 전화 서비스를 널리 실행하는 것이 더 이익을 가져올 것이다.

적정 기술은 또한 외국의 지속적 발전에 기여해야만 하며, 기술 수행능력을 넘어 환경을 훼손시키지 않고 천연자원을 보호함으로써 그 나라의 지속적 발전을 저해하지 않아야 함을 포함한다.

적정 기술은, 산업화된 국가의 가장 진전된 형태와 저개발 국가들의 비교적 원초적 형태 사이에 놓여 있는 중간 기술과 중첩되기도 하지만 그것으로 환원되지는 않는다. 최첨단 기술은 지방에서 기업이 있는 도시로 대중을 이주시키는 해로운 부작용을 낳기 때문에 중간 기술이 오히려 낫다는 견해도 있다. 이러한 이주는 인구과잉을 초래하며, 더불어 빈곤, 범죄, 질병을 야기한다.

적정 기술은 기술을 이전할 때 더 넓은 사회적 요소들을 강조하는 모든 시도들에게 적용되는 포괄적인 개념이다. 이 개념은 사회적 실험으로서의 공학에 대한 우리의 견해를 강화하고 증폭시킨다.

〔쓰기 과제〕

1. 위험 전문가의 연구에 따르면, 일반인들은 사망의 원인과 관련하여 확률이 낮은 위험의 가능성을 과대평가하거나 확률이 높은 위험의 가능성을 과소평가하는 경향이 있다고 한다. 여러분의 견해는 어떠한가? 이를테면 암은 과소평가하고 감기는 과대평가하고 있지 않은가? 이와 비슷한 예를 들면서 자신의 생각을 피력하라.
2. 얼마 전 고층 아파트에서 놓친 장난감을 잡으려다 실족한 어린아이의 경우처럼 대개 재난은 발생 가능한 시나리오의 범위 내에서 일어나기 마련이다. 왜냐하면 언제나 논리적 가능성이 실제 가능성보다 더 크기 때문이다. 나쁜 일은 한꺼번에 밀어닥친다고 하는 머피의 법칙을 곁들여 최소한의 이익을 얻으려다 최대한의 위험에 노출된 최악의 재난 시나리오를 만들어보라.

〔토의 및 토론 주제〕

1. 여러분이 가까운 장래에 자신이 사망할 위험도를 한번 산출해보라. 아울러 자신의 목숨값을 한번 산출해보고 그 근거를 설득력 있게 제시해보라.
2. 주위에서 여러 보험에 들라는 권유를 종종 받을 것이다. 생명보험, 상해보험, 암보험을 보면 나이와 성별에 따라 보험액이 다 다르다. 이러한 보험금의 산출 근거를 추정하여 논해보라.
3. 인과적 설명은 결과론적이다. 그것은 결과에 준하여 원인을 찾는 역추적 방식을 취하는 경향이 있다. 따라서 실제로 아직 다치지 않은 재난을 예방하기 위해서는 재난의 가상 시나리오를 필요로 하는 리허설적인 측면이 있다. 그러나 이러한 가상적 측면을 허구라고 무시할 수 없는 이유는 반드시 대처해야 하는 재난의 파괴력 때문이다. 완벽한 안전이란 없는 것이고 보면 우리가 할 수 있는 최선책은 위험의 요인을 최소화하는 것이라고 하겠다. 이런 관점에서 대구 지하철 참사를 재

조명하여 위험의 크기와 발생 확률을 최소화하는 방안을 모색해보라.

4. 공학적 실패와 경영적 실패가 대부분 윤리적 실패로 수렴되는 이유를 논하라. 아울러 윤리적 실패가 아닌 공학적 실패와 경영적 실패의 사례를 한번 조사해보라.
5. 빵소니차의 가해자의 입장과 피해자의 입장, 두 입장으로 윤리를 논하라.
6. 일전에 핵폐기물을 북한에 수출 형식으로 옮기는 어떤 선직국의 폐기물 처리방식을 신문보도로 접한 바 있다. 이러한 문제에 대해 공학 윤리적 측면에서 논하라.
7. 적정기술은 가장 발달된 기술과 가장 원시적 기술 사이에 있는 중간기술과 겹칠 수 있지만 동의어는 아니다. 어떤 학자의 주장에 따르면 가장 발달된 기술은 대중을 기업이 있는 도시로 이주시키는 그러한 부작용을 낳기 때문에 중간기술이 오히려 낫다고 한다. 우리 주위에 아직도 남아 있는 중간기술은 어떤 게 있는지 토론해보라.

[참고문헌]

존 호스퍼스(John Hospers), 최용철 옮김, 『인간행위의 탐구』, 지성의 샘, 1994

찰스 해리스(Charles E. Harris), 김유신 · 성경수 외 옮김, 『과학과 공학윤리: 개념과 사례』, 학술정보, 2004

Boisjoly, Roger, "The Challenger disaster : Moral responsibility and the working engineer", in *Ethical Issues in Engineering*, Prentice Hall, 1991

Boyd, Richard, "Moral Realism" in *Moral Realism*, Cornell University Press, 1988

Harman, Gilbert, *The Nature of Morality*, Oxford University Press, 1977

Harris Jr., Charles E., *Engineering Ethics : Concepts and Cases*, Wadsworth, 1999

Hempel, Carl, *Aspects of Scientific Explanation and Other Essays in the Philosophy of Science*, New York : The Free Press, 1965

Kitcher, Philip, "Explanatory Unification" in *Philosophy of Science*, 1981

Lewis, David, "Causal Explanation" in *Explanation*, ed. David Hillel Ruben, 1993

Martin, Mike W., *Ethics in Engineering*, McGraw-Hill, 1996

Miller, Richard, *Fact and Method*, Princeton University Press, 1987

Rogers, William P., "Report to the President by the Presidential Commission on the Space Shuttle Challenger Accident", Washington, DC. June 6. 1986

Unger, Stephen H., *Controlling Technology*, Wiley, 1994

van Fraassen, *The Scientific Image*, Oxford Clarendon Press, 1980

Whitbeck, Caroline, *Ethics in Engineering Practice and Research*, Cambridge University Press, 1998

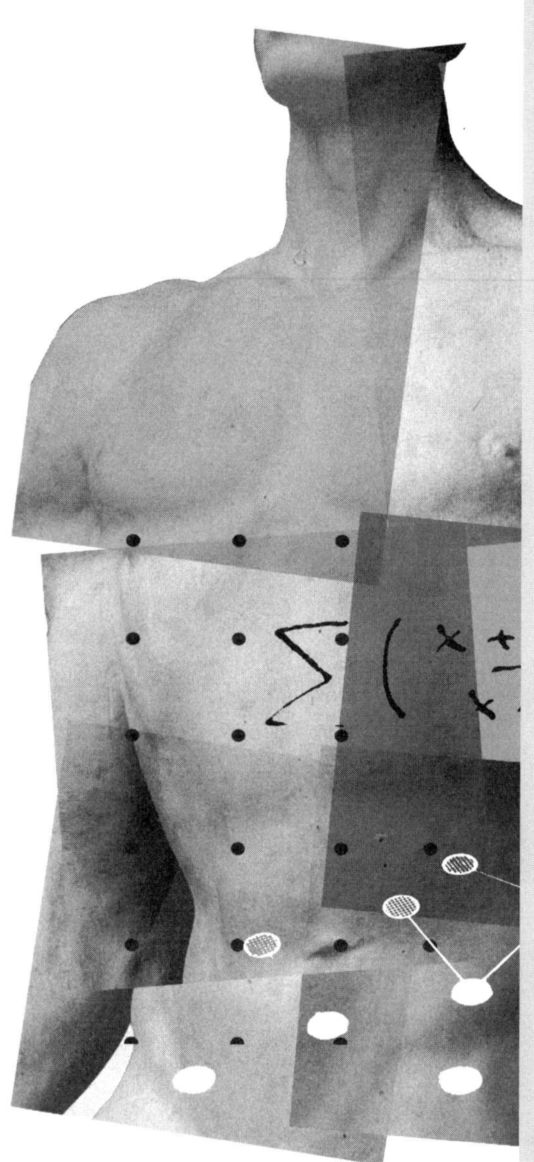

2부

4장 공학기술과 경제

허은녕(서울대 지구환경시스템공학부 교수)
배위섭(세종대 지구환경과학과 교수)
최성호(경기대 서비스경영대학원 교수)

1. 공학기술과 경제의 관계

18세기 산업혁명 이후 공학기술은 농업기술을 제치고 국가경제 발전의 원동력으로 자리잡았다. 21세기 역시 정보화 사회, 지식 기반 사회로 불리는 등 공학기술의 발전은 국가경제 발전의 중심축으로서의 위치를 더욱 굳건히 하고 있다. 특히 수출이 국가경제 발전에 큰 비중을 차지하고 있는 우리나라의 경우 공학기술의 국제경쟁력 확보는 경제 발전에 가장 중요한 요소로 인식되고 있다. 이러한 기술과 경제의 유기적인 관계로 인하여 최근 IT, BT 등 신기술 분야의 공학기술 직종은 물론, 변리사와 기술가치평가사 등 공학기술 지식을 배경으로 하는 공학기술 관리 및 경영과 관련된 새로운 인기 직종들이 생겨나고 있다. 이처럼 밀접한 관계를 가지고 있는 공학기술과 경제와의 관계를 좀더 자세히 알아보기 위하여 다음과 같이 세 가지 부분으로 나누어 살펴보도록 하자.

먼저, 거시적(巨視的)인 부분, 즉 공학기술의 발전과 국가경제 발전과의 전반적인 관계이다. 우리나라를 비롯하여 세계 선진 각국들은 국가경제 발전을 위하여 공학기술의 발전에 많은 예산을 투입하고 있다. 우리나라의 경우, 2003년에 정부의 적극적인 추진 의사와 함께 선정, 발표한 차세대 성장동력(Growth Engines of Korea : GEOK)이 대표적인 사례이다. 두번째는 보다 미시적(微視

的)인 부분으로, 개별 공학기술의 경제적 성공과 경제 발전 간의 관계이다. 에디슨의 축음기와 전구의 경우나 빌 게이츠의 MS-DOS/Windows와 같은 대표적인 사례 이외에도 하나의 공학기술의 탄생과 성공이 경제 성장은 물론 생활방식마저 바꾸어놓은 사례는 셀 수 없을 만큼 많다. 그러나 이들은 먼저 '경제성'이라는 문턱을 넘어설 수 있었기에 가능한 일이었다. 마지막으로, 20세기 후반부터 일어나기 시작한 환경운동 등 경제 성장과 관련된 사회의 다른 부분들과 공학기술과의 관계이다. 공학기술의 발전으로 인한 경제 성장이 환경 파괴적이라는 비판적 시각이 커지면서, 환경을 보호하면서도 경제 성장을 가져올 수 있는 이른바 '지속 가능한' 공학기술의 개발과 발전이 새로운 성장 동력으로 각광받고 있다. 즉 보다 나은 경제 발전을 위해서는 공학기술 이외의 다른 분야에 대한 이해를 바탕으로 상호협력해야 한다는 점이 강조되고 있다.

이 장에서는 먼저 위와 같은 구분에 따라 공학기술의 발전과 국가경제 성장간의 관계, 경제성과 기술의 선택, 경제를 이루는 타 분야에 대한 이해 등의 세 부분으로 나누어 이들의 특징과 대표적인 사례들을 아래 1절에 수록하였다. 2절부터 6절까지는 공학기술과 경제와의 관계를 잘 살펴볼 수 있는 사례를 뽑아 자세히 수록하였다. 먼저 1960년대 이후 우리나라의 공학기술과 경제 성장 간의 역사를 2절에 담았다. 3절과 4절은 경제성과 기술의 선택에 대한 부분으로, 기업의 기술 투자를 활성화하기 위한 제도인 기술담보금융에 대한 내용을 3절에, 올바른 기술평가와 활발한 기술 거래를 위한 제도인 기술거래사와 기술가치평가사 제도의 내용을 4절에 담았다. 5절 및 6절은 타 분야에 대한 이해에 관한 부분으로, 대표적 사례인 기후변화협약에 대한 국내 산업계의 인식을 5절에, 해외사업들의 환경친화적 공정개발 성공 사례를 6절에 담았다.

1-1. 공학기술의 발전과 국가경제 성장 간의 관계

과거 군사력이나 정치력이 국력이었던 기존의 국제질서가 오늘날에는 경제력과 기술력 위주로 재편되고 있으며 기술, 정보, 문화 등을 기반으로 국가의 경쟁력이 결정되고 있다. 우리나라는 지난 1960년대 이후 국가 중심의 경제 발전 전략하에 경제개발 5개년 계획을 추진하여 성공적인 경제 성장을 이루어왔다. 1990년대 이후에는 WTO 체제의 출범, 시장 자유화로 인하여 세계경제가 무한 경쟁체제로 개편됨에 따라 새로운 국가간의 분업체제가 수립되고 산업구조조정이 불가피하게 되었으며 이에 따른 새로운 패러다임의 국가 경제정책이 필요하게 되었다. 1960년대 이후의 경제 발전은 공학기술의 급격한 발전과 축적을 가져왔으며 이를 통하여 각국이 경쟁의 우위를 점하기 위하여 기술보호주의로 자국 기술의 무차별적인 확산을 방지하고 있었지만 우리나라는 선진국으로부터 기술 이전 혹은 자체 기술 개발 등을 통하여 지속적인 기술의 축적을 이룰 수 있었다.

현대 사회에서는 산업이 성숙되고 소비자가 다양한 가치와 삶의 질을 추구함에 따라 이에 따른 생산체제와 기술 개발의 필요성이 더욱 절실해졌다. 즉 품질의 우수성은 물론 다양한 디자인 개발, 소규모 다품종 개발의 소비 패턴에 대응하는 기술 개발의 필요성이 증가한다. 따라서 최근 우리나라도 국민소득의 증가와 수명 연장에 따른 노인산업 증가, 핵가족화, 여성 인력의 경제활동 참여증가 등의 환경 변화에 부응하는 공학기술의 개발이 어느 때보다 필요한 상황이다.

과거 풍부한 노동력 공급을 바탕으로 발전하였던 국가경제는 임금 상승의 꾸준한 압박으로 더 이상 저가제품의 수출로는 우리 경제를 지탱할 수 없게 되었다. 우리 경제의 지속적인 성장을 이루기 위해서는 공학기술의 발전이 필수적이며 국제정세 역시 경제와 환경을 중요시하고, 국제경제의 블록화, 남북한의 정세 변화 등의 경제질서로 전환하게 되었다. 이에 따라 공학기술의 발전과 이의 사회적 확산이 더욱 중요한 시점에 이르렀으며 국가도 중장기적으로 경쟁력 증진을 위한 기술정책을 펼쳐야 할 것이다.

노동요소의 양적 확대, 물적 자본의 증가에 의한 성장의 지속은 한계점에 달할 것이며 공학기술의 연구개발과 기술 진보 등을 통해서만 생산성이 향상되고 경쟁력이 확보될 것이다. 우리 경제는 1980년대 이후 기술 개발투자를 지속적으로 확대하면서 최근에는 민간 중심의 기술 개발체제가 점차 정착되고 있으며 이는 국가, 기업, 각 연구소에서 기술의 중요성에 대한 인식하에 기술 개발에 투자를 아끼지 않은 결과이다. 향후에도 지속적으로 풍요로운 경제사회를 건설하기 위해서 선진국형의 산업구조로의 개편이 필요하며 이를 제공하기 위한 공학기술의 발전이 필요충분조건이라고 할 것이다.

차세대 성장동력은 21세기를 맞이하며 우리 정부가 내놓은 대표적인 공학기술 개발 프로그램이다. 그 추진 배경을 보면 국가경제의 발전과 공학기술의 발전 간의 밀접한 관계를 확인할 수 있다. 정부의 차세대 성장동력 추진보고자료(재정경제부 외, 차세대 성장동력 추진계획, 2003. 8)에서 밝히고 있는 추진 이유는 바로 IMF 외환위기 이후 계속하여 국민소득이 1만 달러에 묶여 있고 선진국과의 격차는 줄어들지 않는 상황에서 후발국의 추격이 거세지고 있는 것에 대한 우려이다. 또한 지식정보 혁명, 글로벌 경제체제에 따른 세계경제의 불확실성 증대와 중국의 급부상 등에 따른 우리 주력산업과의 경쟁 격화로 우리 경제의 미래에 대한 불안감의 확대가 그 이유이다. 이에 따라 소득 2만 달러의 선진경제로 도약하기 위해서는 국가 역량을 집중하여 미래의 성장 잠재력을 확충하는 것이 시급하다고 판단, 이를 위해 우리에게 강점이 있고 부가가치가 큰 성장동력을 발굴하여 5~10년 후 우리 경제의 버팀목으로 삼고 6T 등 신기술 개발 노력과 함께 이를 전통산업에 접목시켜 전체 산업의 고부가가치화를 병행할 필요가 있음을 밝히고 있다.

다음은 2003년에 정부가 선정한 10대 차세대 성장동력으로, 정부가 밝히고 있는 이들의 선정 기준은 향후 5~10년 후에 곧바로 생산, 수출 등을 통해 이른바 Cash Cow(재원, 주 수입원) 역할을 담당하고, 일자리 창출을 선도할 수 있는 분야이다. 이들을 선정한 기준으로는 ① 세계시장 규모 ② 전략적 중요성 ③ 시장 기술의 변화 추세 ④ 경쟁력 확보 가능성 ⑤ 경제 · 산업에 대한 파급효과 등을 사용하였다. 즉 차세대 성장동력의 선정 이유는 무엇보다도 새로운 공학기술의 발전을 통하여 국민소득 2만 달러 시대의 도래를 앞당기기 위한 것이다.

디지털 TV / 방송	차세대 이동통신
디스플레이	지능형 홈 네트워크
지능형 로봇	디지털 콘텐츠 / SW솔루션
미래형 자동차	차세대 전지
차세대 반도체	바이오 신약 / 장기

〔표 1〕 10대 차세대 성장동력

새로운 변화도 나타나고 있다. 과거의 성장전략이 노동자본 등 생산요소의 투입량을 늘려 생산량을 증대하는 데 초점을 맞추었다면, 차세대 성장동력은 R&D 투자, 인력 양성 등 생산 시스템의 혁신과 고부가가치화에 주력하고 있다는 것이다. 즉 공학기술이 경제 성장에 기여하는 방식이 보다 더 고급화되고 있음을 보여주고 있다. 정부는 이러한 변화에 맞추기 위해 예산, 세제, 금융 등 정책수단들을 유기적으로 연계 · 조정할 수 있는 체계를 구축, 신기술과 전통산업의 접목을 통해 '제조업과 지식 기반 서비스산업'을 선순환 발전시켜 국민소득 2만 달러 시대의 도래를 앞당길 수 있도록 노력하고 있다.

1-2. 경제성과 기술의 선택

세계경제 환경의 급격한 변화에 대응하여 선진국들은 국가경쟁력의 핵심 요소가 기술 개발에 있음을 직시하고 국가 기술혁신체제 구축, 국책기술 개발사업 수행 등 적극적인 기술 개발을 추진하고 있다. 선진국들은 기술패권주의와 기술보호주의 전략으로 자국의 기술을 보호하고 있으며 미국, 유럽 등 선진국들의 기술 과점화 현상이 가속화되고 있다.

기술 개발, 기술 이전, 기술 학습 등 기술 전파의 과정에서 국가, 기업, 연구소간의 유기적인 협조체제가 필수적이며 그 체제의 효율성에 따라 국가의 기술수준이 결정될 수 있다. 우리나라의 산업화 과정을 살펴보면 수출주도형의 경제정책으로 국제분업체계 속으로 편입됨에 따라 선진 다국적 기업의 생산라인과도 같은 역할을 해왔으나 최근 국가경제의 확대에 따라서 기술 수준이 제고됨으로써 독자적인 기술 개발체제를 구축하고 있다.

남태평양 원주민들이 원숭이를 사냥할 때 사용하는 방법을 이야기해보겠다. 8자형의 호리병에 줄을 매달아 나무에 묶어놓고 호리병 안에 음식을 넣어둔다. 호리병의 입구는 원숭이의 앞발이 겨우 들어갈 정도의 크기이다. 원숭이들은 호리병 안에 먹이가 들어 있는 것을 알고 손(앞발)을 호리병 안에 집어넣고 급히 자리를 떠나려고 한다. 하지만 손을 호리병 안에 넣기는 쉬워도 먹이를 쥔 주먹은 이미 호리병 입구보다 크기가 커져서 원숭이들이 아무리 손을 빼려고 해도 빠지지 않는다. 호리병은 나무에 묶여 있어서 원숭이는 나무 주위를 맴돌 뿐 멀리 도망갈 수는 없다. 이때쯤 원주민들은 원숭이들을 잡아서 사냥에 성공하는 것이다. 로마와 중국의 역사를 예로 들어보자. 모든 길은 로마로 통한다는 말이 있듯이 로마인들은 문물 교류에 힘써서 현재 서구 문명의 뿌리가 되는 로마 문화를 건설하였다. 반면에 만리장성을 쌓고 이민족과의 교류를 두려워한 중국의 현재는 서구 문명과는 정반대의 길을 걷고 있다.

공학기술 이전과 경제 발전과의 관계도 이와 크게 다르지 않다. 국가와 국가 간, 기업과 기업 간에 서로 필요한 기술은 이전하고 기술 거래를 활발히 하는 국가, 기업은 기술, 경제가 발전할 것이고 그렇지 않는 국가, 기업은 차츰 쇠락의 길을 걸을 것이다. VCR 테이프 기술의 경우, 기술 이전을 꺼려한 소니와 달리 파나소닉은 VHS(Video Home System) 기술을 적극적으로 이전한 결과 시장의 대부분을 석권할 수 있었다. 기술은 소니의 베타 방식이 더욱 우수하였지만, 기술 이전을 꺼려하여 일반 소비자들은 시중에 널리 펴져 있는 VHS 타입의 비디오를 구입하게 되었고, 따라서 테이프도 베타 타입보다는 VHS가 장기적으로 더욱 확산되게 되었다. 결국 소니는 베타 테이프의 생산을 중단하게 됨으로써 기술 이전과 마케팅에 실패한 기업의 미래를 보여준다. 무조건적인 기술 이전이 아니라, 기술의 가치를 정확하게 파악하고 이의 전파 및 이전에 노력하는 기업은 더욱 경쟁력을 가질 것이다. 다른 예를 들어보면 마이크로소프트사의

DOS(Digital Operation System) 시스템을 들 수 있다. IBM이라는 공룡기업에 무료로 윈도를 공급함에 따라 IBM 소형 컴퓨터가 많이 팔릴수록 마이크로소프트사의 영향력은 커지게 되었다. DOS보다 더욱 발전된 시스템을 사용하던 맥킨토시는 기술 이전을 꺼린 탓에 결국에는 마이크로소프트사에 지고 말았다.

기술도 경제재이다. 경제적 가치평가의 대상인 동시에 이러한 평가를 기초로 경제적 거래의 대상이 된다는 것이다. 새로운 기술의 개발은 항상 그 자체로 의미를 가지지만 중요한 것은 시장에서 높은 가치를 평가받는 수요 지향적인 기술개발인 것이다. 특히 21세기의 지식경제에서는 기술적 지식이 가장 중요한 생산요소가 되므로 기술가치의 적절한 평가와 이에 입각한 기술의 거래와 활용은 국민경제의 성장 · 발전에 핵심적인 역할을 수행할 것이다.

21세기에 들어 우리나라에서도 기술시장의 활성화에 대한 관심이 커지고 있다. 우리 정부는 공학기술에 의한 경제 발전의 효과를 더욱 높이기 위하여 제도적으로 기술시장을 활성화시키고 있다. 공학기술 발전의 주요 요소 중 시장성(수요자의 선택)에 의한 부분이 확대됨을 인식하게 하는 부분이다. 기술시장에서 기술의 거래를 관리하고 기술의 가치를 평가하는 전문가의 자격은 기술공학과 경제학, 그리고 경영학에 대한 지식과 경험을 요건으로 한다. 공학과 법이 만나 변리사라는 직업이 만들어져 변호사보다도 더욱 각광을 받고 있듯이 기술 이전 또는 기술 가치평가 관련 전문가 역시 공학과 경제 · 경영이 만나 공학 전공자가 전문지식을 바탕으로 국민경제의 지속적 성장에 주도적으로 기여하는 동시에 자신의 경력을 발전시킬 수 있는 미래의 유망 분야이다.

1-3. 경제를 이루는 타 분야에 대한 이해

자연과학 및 공학과 인문 및 사회과학을 구분짓는 가장 큰 특징 중 하나는 바로 '정답'의 존재이다. 공학은 대부분 자연현상을 연구하여 어떤 '정답'을 찾아내는 학문이기에 정답을 제외한 다른 것은 틀린(wrong) 것으로 취급한다. 반면, 경제학이나 경영학 등 사회과학에서는 정답이라는 개념보다는 보다 많은 사람이 공유하는, 또는 보다 효율적인 해법을 찾는다. 다수결 원칙이 가장 대표적인 사례이다. 이 경우, 소수의 의견을 '틀렸다(wrong)'라고 하기보다는 '다르다(different)'고 말하게 된다.

경제 발전에는 공학 이외에도 다양한 사회과학적인 요인들이 함께 기여하고 있다. 법, 정치, 행정은 물론 문화, 환경 등 실로 모든 분야의 발전이 함께 해야 한다. 그러나 최근 공학기술로 인한 경제 발전이 이러한 타 분야에 대한 고려의 미흡으로 인해 공격받는 일이 많아졌다. 대표적인 사례가 환경오염이다. 20세기 중반 이후 산업 발전으로 인한 환경오염의 폐해가 늘어나면서 공학기술에 대한 인식은 매우 나빠져, 이제 고등학교 환경 교과목의 교과서에 공학기술의 발전이 환경 부문에 나쁜 영향을 준 것으로 기술되는 상태에 이르렀다. 지금까지 사용되어온 공학기술의 옳고 그름의 문제가 아니라 공학기술 발전으로 인한 환경 문제를 걱정하는 의견이 이제 소수 의견에서 다수 의견으로 바뀐 것이다.

이러한 환경 인식의 변화가 공학기술과 경제 발전의 관계에 직접적인 영향을 끼친 대표적인 사례 중 하나가 바로 기후변화협약이다. 산업 발전을 위해 사용되는 화석연료로 인해 대기중 이산화탄소의 농도가 높아져 발생하는 기후온난화 현상은 기후변화협약 등의 환경규제를 통해 기존의 산업 및 경제 발전 방식에 치명타를 날릴 수 있게 되었다. 그러나 이러한 환경 문제 역시 공학기술의 발전으로 상당 부분 해결할 수 있다. 일부 학자의 경우는 공학기술의 발전만이 유일한 해결책이라고까지 강조하고 있다. 환경 문제의 해결을 포함하는 공학기술의 발전 필요성은 바로 '지속 가능한 발전(sustainable development)'이라는 개념으로 표현되고 있다. 즉 환경 문제의 해결과 경제 성장이라는 두 마리 토끼를 한꺼번에 잡으려는 것이며, 이러한 개념의 한가운데에 바로 공학기술의 발전이 있다. 이른바 경제 발전에 대한 공학기술의 '다른' 역할이 필요하게 된 것이다.

우리나라 역시 기후변화협약 대응책의 상당 부분을 기술 개발에 할애하고 있다. 우리나라 정부가 추진하고 있는 기후변화 관련 대책의 기본 방향은 정보통신 · 미래첨단기술 등 에너지 저소비형 산업으로의 이행을 가속화시켜 나가면서 산업 · 수송 · 가정 등 각 부문에서의 에너지절약 노력을 일층 강화하여 '에너지 절약형 경제구조'를 조기에 구축하고, 이를 바탕으로 지구온난화 방지를 위한 국제적 노력에 기여하는 한편, 우리의 에너지 소비 현실을 온실가스 감축부담 협상에 적극 반영하는 것이다.

주요 추진 내용으로는, 중 · 대형 에너지 절약기술, 대체에너지 기술 등 온실가스 감축기술 및 연구 개발을 촉진하여 통합관리형 에너지 절약체제를 구축하는 등 산업 · 수송 · 가정 · 폐기물 · 농축산 등 각 부문에서의 온실가스 감축시책을 대폭 강화하며, 온실가스 국가등록 시스템, 청정개발제도(CDM) 및 배출권 거래제 도입 등 교토메카니즘의 대응기반 구축 및 활용에 관한 것 등이다. 세부 추진 과제 역시 온실가스 감축기술 및 환경친화 에너지 개발 촉진, 통합관리형 에너지 절약정책, CNG(Compressed Natural Gas) 차량 및 경차 보급, 매립가스 자원화사업 등을 통한 온실가스 감축대책, 교토메카니즘 및 통계기반 구축 등 기술 개발이 중점을 이루고 있다.

온실가스 배출 감축은 단기에 이루어질 수 있는 성질의 것이 아니므로 미리 대비하지 않으면 막대한 타격을 받을 가능성이 매우 크기에 정부는 기반기술 부분에서도 적극적인 기술 개발정책을 내세우고 있다. 대표적인 것이 과학기술부의 21세기 프론티어사업에서의 이산화탄소 저감처리 분야 및 수소에너지 분야 국가 R&D 사업단의 확대와 산업자원부의 대체에너지 5% 목표 달성을 위한 기술 지원 확대 노력이다. 이러한 노력 덕분에 그나마 국민에게 분담되는 고통을 감소시키고 대신 양질의 기술을 활용하여 에너지 문제를 해결할 수 있을 것이라는 미래에 대한 낙관적인 전망을 가질 수 있었다.

공학기술과 경제와의 관계에서 또 하나의 이해관계로 나타나고 있는 환경의 문제는 모든 공학도들이 해결하여야 할 과제이다. 새로운 분야와의 적극적인 협력을 시도하여 그 해결책을 찾는 것이 바로 공학기술의 발전이 보다 더 국가경제 발전에 기여하는 길이다. 특히 환경 문제의 해결을 위한 투자는 민간기업의

R&D 우선순위에서 뒤쳐질 수 있기에, 이 부분에 대한 적극적인 공학기술 개발이 필요하다. 이러한 노력은 무엇보다도 공학기술에 대한 긍정적인 시각을 불러와, 공학기술과 경제 발전의 관계를 보다 더 밀접하게 만들어줄 것이다.

2. 공학기술과 경제 성장

경제나 산업은 서서히 발전되어가는 것 같지만 자세히 살펴보면 단계별로 급성장하는 계단함수(step-function)와도 같은 양상을 보인다는 것을 알 수 있다. 예를 들어 우리나라의 정밀가공기술이 1/10mm에서 1/100mm로 향상되는 순간 갑자기 기계공업이 발전되었다. 이에 따라 각종 산업기계가 국산화되기 시작하고, 수출이 증가함에 따라서 기계공업뿐 아니라 다른 산업까지도 발전하게 되는 형태를 나타내게 된다. 여기서는 우리나라의 경제가 정부 주도의 경제정책하에 있었던 1960년대부터 1980년대 초반까지의 경제와 공학기술과의 관계 위주로 살펴보았다.

2-1. 자동차공업

우리나라의 자동차공업은 1995년까지는 내수 위주의 생산이었으나 1996년부터는 수출 주도의 산업체계를 이루게 된다. 1995년에 우리나라의 자동차 생산 대수는 263만 1,289대로서 세계 5위의 자동차 생산국이 되었다. 1995년 당시 176만 대를 생산하여 세계 8위의 생산국인 영국을 제친 것이다. 자동차를 발명한 다임러나 벤츠는 독일이지만 자동차가 실용화된 곳은 영국이다.

1995년에 이미 국내 자동차산업에 종사하고 있는 인원은 제조모(母)기업에 8만 5,610명, 부품제조업에 27만 2,678명으로 총 35만 8,300명이며 관련 소재산업에 6만 9,400명이 종사하고 있었다. 뿐만 아니라 3차 산업인 판매 및 정비

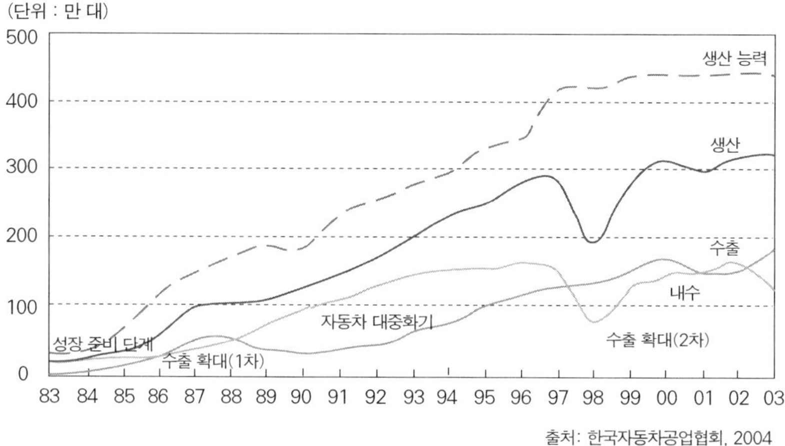

〔그림 1〕 우리나라 자동차 생산, 내수, 수출 장기 추이

계통, 운수, 이용 부문에서 일하고 있는 사람을 모두 합하면 126만여 명이 자동차라는 물품으로 인해 일자리를 가지고 있었다. 물론 1995년 이후 우리나라 자동차산업은 확대일로에 이르러 경제에 미치는 영향은 훨씬 커지게 되었다.

자동차산업의 중요성은 이루 말할 수 없이 크다. 제조업의 10%를 차지하며 기계공업의 23%를 차지하는 큰 산업이다. 현재 우리나라의 자동차산업은 자동차산업의 원조이며 초강대국인 미국과 기술 우위의 일본, 두 나라와의 치열한 경쟁을 이기고 기적과도 같이 발전하여 대만이나 동남아 국가는 물론 전세계적으로 경쟁력을 가진 산업이 되었다. 우리나라에 자동차가 최초로 도입된 것은 1903년이었으니 겨우 백여 년 이후의 일이다.

해방 직후 미국의 군용차를 개조하여 자동차가 거리에 활보하게 된 이후 수공업적으로 제작된 우리나라 최초의 조립자동차인 시발자동차가 출품되었다. 모양은 촌스러웠지만 엔진은 미군 지프의 엔진을 모델로 국산화하였고 자체는 철판을 두드려 조립한 승용차였다. 1961년 5·16 군사정변 이후 경제개발 5개년 계획에 자동차공업의 지원은 자연스럽게 포함된다. 당시 우리나라 경제정책 입안자들은 자동차공업 육성에는 관심이 없었고 어떻게 하면 휘발유를 절약하느냐 하는 문제에 대한 관심이 컸다. 이후 화물자동차와 버스 같은 중대형 차종과 승용차 등의 소형 차종으로 분류하여 중대형 자동차들은 휘발유 엔진에서 디젤 엔진으로 교체하도록 하였다.

1962년에 자동차공업보호법이 제정되어 국가 주도로 자동차공업을 육성하게 되었다. 자동차의 수요가 많지 않아서 일감을 모아주기로 하는 자동차공업의 일원화 정책이 추진되었고 이는 독점을 하게 하는 한이 있더라도 생산성을 높이자는 의도로 추진되었다. 1969년에는 자동차의 국산화 정책의 추진이 시작되어 자동차 부품의 국산화에 노력하였다.

1970년대 초반부터는 자동차공업을 수출산업으로 일대 전환하기 위하여 부품 국산화를 강력히 실시하고 한국형 고유모델 승용차를 양산하는 계획을 수립하였으며 이는 1986년 현대그룹의 포니가 미국에 최초로 수출되어 현재에는 세계 유수의 자동차 수출국에 이르는 기반이 되었다. 현대의 포니는 1974년 이탈리아의 토리노 자동차박람회에서 가장 관심을 끈 자동차였다. 고유모델 포니의 출품으로 한국이 세계 자동차공업계에 처음으로 고유모델 차를 선보여 국력을 과시하였으며 국제박람회에서 관심을 끌게 됨으로써 해외 수출의 가능성을 열게 되었다. 박람회가 열리는 동안 영국, 네덜란드, 프랑스 등 14개국의 수입상들이 판매에 대한 상담을 하였으며 이후 현대자동차는 우리나라의 자동차공업 기술 수준을 국제 수준으로 올리는 데 절대적인 공헌을 하였다.

우리나라 자동차산업의 성공 요인을 살펴보면 무엇보다도 정부의 적극적인 육성정책이 큰 영향을 미쳤음을 알 수 있다. 국내에서 생산되는 부품에 대해서는 수입금지 조치를 취하여 국내 산업과 기술의 육성에 힘썼다. 기아와 현대 같은 기업에서도 정부의 시책에 순응하여 연구 개발에 노력하였으며 외국회사와 합작하지 않는 정책이 주효했다. 이후, 자동차 설계까지 우리나라의 기술에 의해 완성된 완전한 의미의 국산화가 이루어졌으며 이는 군용차에서 출발하였다.

2-2. 전자공업

우리나라의 반도체산업은 세계 최고 수준으로 발전하였으며 휴대폰, 액정표시장치(LCD, Liquid Crystal Display) 등의 생산이 국내 경제에 미치는 수준은 막대하다. 흔히들 말하기를 인간은 불을 발견하여 동물과 구분이 되었으며, 금속제조법을 발명하여 야만인과 구분되었고, 화약과 총기를 발명하여 강대국과 약소국으로 갈라졌으며, 원자력을 발명하여 동과 서로 나누어지게 되었다고한다. 또한 현시대는 정보산업을 포함한 전자과학의 발달로 인하여 부자 나라와 가난한 나라로 갈라지게 되었다.

전자공업이란 무엇인가? 사전을 찾아보면 '전자공학과 전자기술에 관한 공업'이라고 소개되어 있다. 일반적으로 화학공업이란 화학물질을 제조하는 공업이고 섬유공업은 섬유에 관한 공업이며, 금속공업의 대상은 금속으로서 모두 물체가 대상이 되지만 전자공업은 대상이 기존의 공업과 같지 않다. 한마디로 답하기가 쉽지 않지만 '진공관이나 반도체를 사용하여 제품화하는 공업'이라고 하면 거의 정확한 답이 될 것이다.

1906년 진공관이 발명되어 1920년 미국에서 라디오 방송이 시작된 후부터 전자공업이 시작된 것으로 간주한다. 제2차 세계대전이 끝나고 1948년 미국의 벨연구소에서 트랜지스터의 원리가 발견되고 1950년에 실용화되기 시작하였다. 트랜지스터는 충분히 소형화되고 진공관의 단점을 대부분 처리하였다. 1950년대 이후의 전자공업은 라디오와 텔레비전의 가정용 기기의 보급과 동시에 마이크로파통신, 전자현미경, 자동제어기, 전자계산기의 보급을 가져왔다. 우리나라의 전자공업은 석유화학공업과 더불어 20세기 후반의 기술혁신을 대표하는 인기산업이 되었다. 1960년대에 들어와서 전자계산기의 제조기술이 발전하여 정보산업의 기초가 되었으며 자동차, 우주선, 기타 산업 각 부분에 걸쳐 전자공업의 기술이 미치지 않은 분야가 없을 지경에 이르렀다.

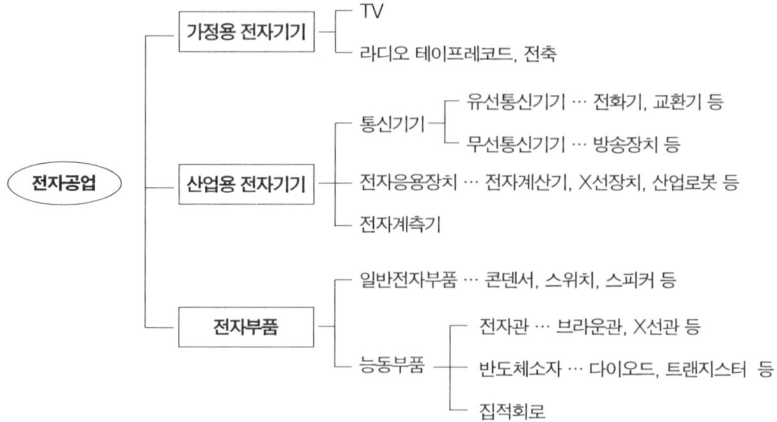

〔표 2〕 전자공업의 품목 구성

전자공업은 가정에서 사용되는 가정용 전자기기, 통신 자동제어 의료시설 등에 사용되는 산업용 전자기기, 이들에 필요한 전자부품공업의 3가지로 대별할 수 있다(〔표 2〕 참조).

1960년대 초까지 불모지였던 우리나라의 전자공업은 1970년대 중반부터 비약적으로 발전하였는데, 그 시발점은 진공관을 생산할 때부터였다. 우리나라는 1959년 금성사에서 국산 1호 라디오를 생산하였으며 1960년대 초반까지 진공관을 수입하여 사용하였고 전자공업기술 수준도 열악하여 단순조립공업에 불과하였다.

1960년대 경제개발 5개년 계획으로 전자공업 육성계획이 마련되었으며 전자제품 수출진흥계획이 확정되어 정부의 전폭적인 지지하에 빠른 발전을 하게 되었다. 미국은 우리나라 국군을 월남에 파견한 데 대한 보답으로 과학기술연구소(KIST)를 지어주겠다는 제안을 하게 되고 당시 박대통령은 과학기술진흥에 관련된 정부기관의 필요성을 느껴서 선진국 정부기관의 실태를 조사받고 이후 과학기술처가 탄생하였다. 1968년 12월에는 정부와 업계에서 바라던 전자공업진흥법이 제정되어 정부는 전자공업진흥에 대하여 강력한 시책을 펴나가게 되었다.

1967년에는 전자업계에서 일본, 미국, 그리고 우리의 경쟁국인 대만을 시찰하였는데, 이미 게르마늄 트랜지스터가 이선으로 물러나고 실리콘 트랜지스터와 IC가 제일선으로 나서는 것을 목격하였다. 인건비가 많이 든다는 이유로 트랜지스터 제조가 해외의 저임금 국가로 이전되고 있음을 보는 등 선진국에 대한 산업시찰은 우리나라의 사업방향을 잡는 데 도움이 되었으며 전자공업의 발전이 앞으로도 지속되리라는 확신을 갖게 해주었다. 제조공정에 수작업이 많이 필요한 노동집약적인 산업이어서 우리나라의 고용 증진에도 적합한 산업이라는 사실을 깨닫게 해주었던 것이다.

1969년에는 상공부에서 전자공업 육성방안을 수립하였다. 그때까지만 해도 전자산업은 단순조립 후 재수출이었기 때문에 여공들의 임금만이 유일한 수익원이었다. 정부는 1971년까지 집중 개발해야 할 품목 62개를 정하고, 이 품목을 개발하고 공장을 지어 수출하겠다는 기업에 대한 지원정책을 확정하였다. 이로써 국내 전자공업은 비약적인 발전을 하게 되었다.

삼성도 전자산업에 투자하기로 결정하고 일본의 산요전기와 합작투자계약을 체결하였다. 삼성전자가 전자단지의 대형화, 공정의 수직계열화, 기술 개발능력의 조속한 확보라는 3대 기본원칙을 정하고 전자산업에 뛰어듦으로써 그때까지 국내 가전시장을 독점하다시피 한 금성(현 LG)과의 치열한 경쟁이 시작되었다. 이후 우리나라의 전자산업은 승승장구하게 되었고 수출도 늘어나게 되었다. 전자공업진흥 8개년 계획에서는 1976년도에 4억 달러의 수출 목표를 세웠지만 이미 10억 달러 수출을 달성하였다.

연도	1962	1966	1971	1976	1981	1986
제조업체 수	19,475	22,718	24,963	24,564	33,431	50,087
전자업체 수 (비중, %)	21 (0.1)	70 (0.3)	241 (0.9)	482 (2.0)	810 (2.4)	1,170 (2.4)

〔표 3〕 우리나라 전자산업 기업수

1962년에 우리나라 총 제조업체 수는 19,475개였으며 이 중 전자업체는 21개로 0.1%를 차지하지만 1976년에는 2%를 점유하게 된다. 1981년에는 2.4%를 차지하게 되고 이후 변동이 크게 없는 등 1971년을 전후하여 전자업체 수가 급격히 증가한 상황을 고려해볼 때 전자공업진흥 8개년 계획기간 중에 전자공업이 우리나라에 정착하였다는 결론을 내릴 수 있다.

2-3. 제철공업

제철산업은 막대한 설비투자가 소요되는 자본집약적 장치산업으로서 각국이 보호 육성하고 있는 기간산업이다. 에너지 다소비산업으로서 물류비의 비중이 높으며 핵심 기초산업으로서 관련 산업의 경쟁력을 좌우하는 중요한 산업이다. 또한 자동차 등 전방산업과 원료에너지 등 후방산업의 생산을 유발시키는 산업 간 연관효과가 큰 산업이다. 제철공업이 육성되면 '중공업의 자주독립'을 이룩하게 된다.

1960년대 국가에서는 철강산업의 중요성을 인지하고 공장을 건설하고자 하였으나 경제성 문제로 고민하고 있었다. 우리나라가 1백 년 전에 제철소를 건설하여 연간 생산 10만 톤 규모의 소공장이라도 건설하였다면, 그리고 규모를 매년 조금씩 증가하였다면 어려움이 없었을 것이다. 유럽에서는 오랫동안 이 같은 방식으로 산업이 발전하여 현대적인 대규모 제철소가 건립되었다.

우리나라는 다른 나라에서 이미 제철소 기반을 닦고 규모가 커진 후에 시작하려고 했기 때문에 경제성 문제가 대두되었다. 1960년대 경제개발계획 수립 당시 상황을 살펴보면 한국 철강재의 장기 수요 예측을 수립해야 제철소의 규모를 결정할 수 있었다. 다수의 관련기관에서 철강 수요 예측을 내놓았지만 수요 예측기관의 자료가 모두 달랐기 때문에 고충이 적지 않았다. 너무 작게 책정하면 국내 수요도 감당 못 하는 실패작이 되고 너무 크게 짓는다면 재고품이 쌓이게 되어 적자수출을 할 수밖에 없었다.

경제기획원에서는 국제 규모의 5분의 1에 불과한 연 60만 톤 규모의 제철소를 건설한다는 결정을 내렸다. 1968년 4월 포항종합제철주식회사(이하 포철)가 설립되었고 당시 대한중석 사장이었던 박태준씨가 사장으로 선임되어 100만 톤 규모의 산업으로 착공되었다. 포철은 완공되던 해(1973년) 오일쇼크로 철강재 값이 덩달아 뛰어서 첫해부터 큰 흑자를 기록하였다. 철강산업과 같은 대규모의 기간산업은 국가의 적극적인 협조 없이는, 특히 당시 우리나라와 같은 개발도상국에서는 불가능하고 힘이 드는 산업이었다.

자유경쟁 원칙이란 공업이 발달하고 산업체계가 잡힌 선진국에서나 효율적인 것이다. 개발도상국에서는 정부에서 단계별로 육성하고 지원을 해야 한다. 선진국은 민간주도형이고 자유경쟁이 경제원칙이 된다. 반면 우리나라의 공업은 1960년대에는 걸음마 수준이어서 정부가 산업을 보호하였으며 이런 방식은 2차 대전 직후 독일에서도 활용한 경제정책이었다. 제철산업과 달리 PVC산업은 산업 초기에서부터 경쟁을 시켜서 실패한 경우이다. PVC와 종합제철이 후진국에서 새로운 공업으로 출발하는 데는 많은 문제점이 있는데 PVC는 경쟁업체가 많아서 힘이 들고 제철소는 규모가 커서 출발시키기 힘이 드는 산업이다.

포철을 건설하는 자본은 한일 국교정상화 당시 무상원조 3억 달러와 유상원조 2억 달러의 청구권자금이 큰 역할을 하였다. 당시 추진한 여러 형태들의 사업으로 인하여 포철을 제외한 사업은 여러 갈래로 나뉘어 투자가 이루어짐에 따라 소규모 사업으로 찢겨졌다. 따라서 대부분의 사업 결과는 미비하게 되어버렸다. 하지만 포철은 이러한 자금투자의 배경을 추진 주체들이 명심해 사업에 임한 결과 성공적으로 마무리되어서 오늘날의 포항제철이 있게 된 것이다. 당시 일본은 기술훈련생들을 정기적으로 받아들였는데, 후지제철소의 나가노 사장은 과거 일본의 식민통치를 사죄하는 뜻에서 최선을 다하여 제철소를 짓겠다는 말을 하였다고 한다. 또한 중국이 일본에게 포철과 같은 제철소를 중국에 지어달라고 말하자, 일본측에서는 중국에도 박태준과 같은 사람이 있다면 가능하다고 말했다고 하는 일화도 전해진다. 포철은 사업을 추진한 우리의 경제 주체뿐 아니라 기술 이전을 한 일본측에서도 성실한 자세로 임하여 세계적으로 성공한 사업에 속하며 기술인력, 경영인력의 역할이 얼마나 중요한지를 보여준 사업이다.

2-4. 석유화학공업

석유화학공장은 단일공장이 아니라 10여 개의 공장이 한 그룹으로 건실하게 건설되어야 전체 그룹, 즉 석유화학공단이 가동될 수 있다. 각 공장마다 국내 수요가 있어야 하고 제품 생산이 원활하게 처리되어야 경제성이 있다. 어떠한 이유든지 한 공장이라도 가동이 중지되면 전체 공장에 막대한 영향을 미치며 특히 중심 공장인 나프타 분해공장이 고장나면 전체 공장이 정지하게 된다.

석유화학에서 나오는 제품은 모두 중간제품으로서 소비처는 공장이다. 품질과 생산비가 국제 수준이어야만 경쟁력을 갖추어 외국기업의 덤핑에 맞설 수 있다. 투자 규모도 대규모여서 당시 경부고속도로에 4백억원의 공사비가 소요되었는데 울산 석유화학단지의 건설에 당시 환율로 712억원이 소요될 정도였다.

석유화학공업이란 합성수지, 합성섬유공장 등 여러 공장에서 필요한 원료를 만들어내는 공업으로서 정유공장에서 생산되는 나프타를 원료로 사용하여 각종 공업에 필요한 원료를 만들어내는 공업이다. 석유화학공업의 육성으로 경공업 제품이 원유로부터 제품까지 완전 국산화되는 것으로 '경공업의 자주독립'을 이룩하게 되는 것이다. 석유화학산업과 제철공업은 국가의 양대 기간산업으로서 그 나라 공업의 기초원료를 공급한다.

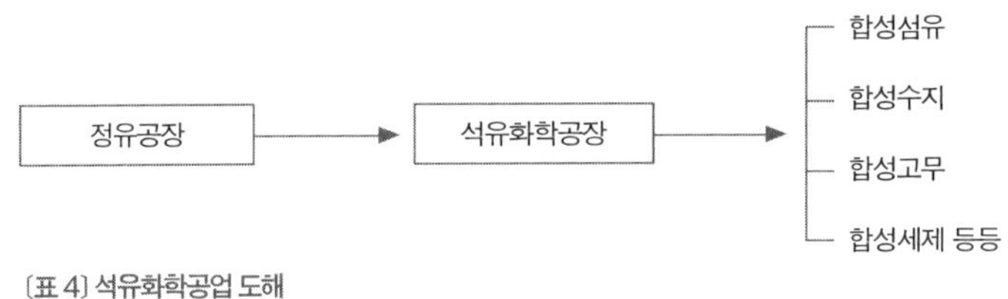

〔표 4〕 석유화학공업 도해

석유화학과 제철공업이 건실하지 못하면 그 나라 공업 발전의 기반이 부실해진다. 따라서 이 양대 기간산업은 모든 후진국에서 꿈꾸는 산업이 아닐 수 없다. 이들은 20세기 후반에 들어서 '공업의 꽃'이라고 불리게 되었으며 그 나라의 공업능력의 지표가 되고 경제력 내지는 국력의 바로미터가 되고 있다.

석유화학공업은 규모의 경제가 잘 적용되는 분야로서 선진국에서 집중적으로 투자함에 따라 우리나라에서는 규모가 작은 공장은 지어보았자 국제경쟁력이 없다는 결론이 나왔다. 1965년 당시 석유화학공업의 규모는 국제적으로 최대가 30만 톤이었으며 종합제철은 3백만 톤이었다. 우리나라에서는 초창기에 석유화학은 10만 톤, 종합제철은 1백만 톤 규모의 공장을 건설하였다. 당시 일본의 석유화학규모가 30만 톤이나 되어서 수요가 작은 우리나라로서는 후진국의 입장에서 고생했으며 5년 내지 6년의 시간 차이가 커다란 부담을 주었다. 다른 산업과 마찬가지로 열악한 기술 수준의 후진국은 항상 선진국에 눌려 살 수밖에 없는 상황이었다.

기술 수준을 이야기해보자. 마치 부산에서 서울까지 가는데 운송수단이 버스밖에 없다고 가정할 때 버스를 타는 사람과 타지 못하는 사람과의 차이는 하늘과 땅 차이이다. 어떤 수단으로든 버스를 타는 사람은 서울로 갈 수 있지만 버스를 타지 못하면 서울에 가는 것은 거의 불가능하다. 소규모의 공장을 지으면 초기의 투자비용이 많아져서 생산가격이 높아질 수밖에 없다. 생산가격이 높아지면 제품의 값이 높아지고 수출경쟁에서 이길 수 없다. 이러한 공학기술 배경에 따라서 당시 우리나라가 지을 수 있는 공장의 규모가 3만 톤에 불과했지만 우리나라도 이러한 이유로 선진국과 같은 30만 톤 규모의 석유화학건설에 착수하게 된 것이다.

당시 열악한 석유화학 수요로 인하여 규모가 작은 공장을 지을 수밖에 없었는데 규모의 경제가 적용되는 석유화학산업에서 이는 커다란 핸디캡이었다. 이러한 상황에서 건설된 우리나라 최초의 울산석유화학단지는 많은 어려움을 극복하고 건설한 것이다. 이후 우리나라 공업도 발달되고 수요도 늘어난 상황에서 건설된 여천 석유화학은 국제 규모인 35만 톤 규모의 공장을 보유할 수 있었다.

석유화학을 건설하는 국가계획은 1965년 설립되었으며 제2차 5개년 계획사업의 중추사업은 석유화학공업이 되었다. 1966년 미국의 ADL사에서 건설 타당성 조사를 하였고 2차 5개년 사업의 핵심사업으로 결정되었다. 당시 우리나라와 같은 경제 발전 초기 국가에서 수요 예측은 힘들었으며 선진국의 경제와 같은 예측은 불가능한 것이었다. 산업 규모를 당시 우리나라 경제 규모에 부합되게 소규모로 설계하면 석유화학산업의 미래는 어려울 것이 뻔한 상황이었다.

산업이 살아남아 성공할 수 있는 최소 단위를 찾아서 정부 지원으로 산업을 육성하는 것이 첫 단계였다. 최소 단위는 연산 10만 톤으로 산출되었지만 생산품의 수요를 알아보니 제품의 수요처가 없었다. 이를 타개하기 위한 방책으로 수직적인 사고의 개념이 도입되고 합성수지 가공공장, 합성섬유공장 등과 같은 계열공장의 육성도 함께 하여서 도저히 이론으로서는 적용이 되지 않는 공업정책이 수립 추진되었다.

이는 한국의 고유한 경제개발 모형으로서 수요에 맞추어 공장 규모를 정하는 것이 아니라 국제적인 최소 규모의 경쟁단위 공장을 건설하고 그 규모에 맞추어 수요를 개발하는 것이었다. 마치 현대건설의 정주영 회장이 조선소를 건립함과 동시에 유조선을 수주하듯이 우리나라의 석유화학산업이 추진되었다. 우리 국민을 천지신명이 도우셨는지 대부분 성공적으로 완성되었다. 1968년에 기공식을 거친 울산 석유화학단지는 1972년 준공되어 그때까지 수입에 의존하던 화학공업의 원료를 자급하여 개발도상국으로서는 건설하기 어려운 석유화학공업을 성공리에 완수하였다. 이에 따라 우리나라의 석유화학공업기술의 계단식 상승은 말할 것도 없으며 일본에 이어서 아시아에서는 두번째로 석유화학을 보유한 나라가 되었다.

3. 공학기술과 기술담보금융의 활용

공학기술을 개발하여 이를 보유한 개인 또는 기업이 개발된 기술을 경제활동에 활용하기 위하여 필수적으로 해결해야 하는 과제가 바로 적정한 조건의 자금조달이다. 경제 발전을 위하여 기술력을 가진 중소 · 벤처기업의 자금 조달이 원활하게 이루어질 수 있도록 뒷받침함으로써 개발된 공학기술이 활발히 거래되어 그 가치를 최대한 활용할 수 있도록 하여야 한다. 이를 위한 대표적인 제도가 바로 기술을 담보로 대출을 실시하는 기술담보 금융이다.

3-1. 기술담보 시범사업

1997년부터 2001년까지 5년간 산업자원부는 '산업기술 기반 조성에 관한 법률'에 의거하여 기업이 보유한 산업재산권의 기술가치를 평가하여 평가된 기술을 담보로 자금을 융자해주는 기술담보 시범사업을 한시적으로 시행하였다. 이 사업은 단순한 금융상품 추가라기보다 기술가치 평가체계의 구축과 금융제도에의 연계를 통한 기술시장 확충과 기술확산 인프라 구축이라는 의미를 가진다. 이에 따라 5년 동안, 265개 업체 272건에 대하여 566억원의 자금이 대출되어 실물자산 담보가 부족한 기술집약 중소기업의 자금난 해소에 기여한 것으로 평가된다.

금융지원의 대상은 중소기업기본법이 규정하는 중소기업으로 한정하였고 대상 기술도 특허권, 실용신안권 또는 프로그램 저작권을 대상으로 하되 출원중인 지적재산권은 제외하였다. 지원 조건은 2년의 거치 기간(원금을 상환하지 않고 이자만 납부하는 기간)과 3년의 원리금 분할상환 기간을 포함하여 5년 이내로 하고 융자금리는 기술담보 대상 자금의 융자금리에 0.5% 가산금리를 적용하였다. 접수된 기술은 공공기관인 산업기술평가원이 기술담보평가위원회의 기초평가, 기술담보성 평가, 기술담보가치평가의 3단계 기술가치 평가를 거쳐 기술담보가치 평가증서를 발급한다. 이 경우 가치평가를 받은 지적재산권 등이 대출 은행에 의하여 양도담보(채권의 담보가 되는 담보물, 여기서는 기술의 소유권을 채권자에게 양도하고, 일정 기간 내에 변제하면 그 담보물의 소유권을 반환받는 방법에 의한 담보)로 설정되는 것이다.

이러한 절차를 거쳐 이루어진 대출자금을 받아 경영한 사업이 실패하여 대출 손실이 발생하는 경우에는 대출 은행은 사업 수행기관인 산업기술평가원에 대하여 손실보전을 신청한다. 이때 산업기술평가원은 재정 책임은 지지 않고 산업자원부 규정에 의하여 손실을 보전한다. 이때 손실보전율은 기술담보대출 잔액과 손실보전신청서 제출 전일까지의 대출원금에 대한 이자, 그리고 기술매각 소요비용의 합계에서 기술매각 대금을 차감한 금액의 90%이다. 한편 대출 은행은 손실보전을 위하여 공매를 위한 신문공고와 매수자 물색을 통하여 반기별 1회 담보 제공 기술의 매각을 시도하도록 하고 있다.

이러한 기술담보 시범사업은 기술의 사업화 성공, 기술을 이용한 기업의 매출액과 수출액 증대 등의 성과를 거둔 것으로 평가된다. 특히 사업 초기 단계에 있는 기업의 경우에는 각종 설비를 구입할 수 있는 자금을 조달하는 유용한 수단이 되었던 것이다. 또한 기술 개발을 위하여 정책자금이 적시에 이용되어 연관기술을 계속하여 개발하는 동시에 새로운 제품이 지속적으로 출시될 수 있었으며 고용 증대 측면에서도 상당한 성과가 있었던 것으로 지적된다. 물론 기술시장이 충분히 활성화되지 않은 상태라서 기술담보금융사업에 존재하는 한계는 중장기적인 과제로 남겨두어야 할 것이다.

기술담보 시범사업의 성공 및 실패 요인에 대해서는 사업의 성패에 영향을 미치는 기술담보제도, 사업관리, 기업경영 여건 등 3가지 측면을 살펴볼 필요가 있다. 첫째, 기술담보제도의 측면에서 보면 현물담보보다는 지적재산권을 담보로 활용하여 유형자산을 보유하고 있지 않은 중소기업을 대상으로 대출을 시도한 점이나, 기술가치 평가방식이나 대출금액 산정방식 등 기술가치평가를 통한 자금지원 방식이 원활하게 작동했던 점을 성공 요인으로 들 수 있다. 그러나 담보기술의 평가에 있어서 기술주기나 기술매각 가능성에 대한 고려를 소홀히 한 점, 손실보전방식에 있어서 평가기관, 취급 은행 등 사업 당사자 부담 원칙보다는 정부에 의한 보전이 이루어져 사업 당사자들의 책임성이 약화되고 도덕적 해이의 여지를 남긴 점, 아직 기술가치평가에 대한 체계가 정립되지 못하였으며, 대상기술을 산업재산권을 취득한 기술로 한정하고 대출 기간도 5년으로 제한적인 점 등이 실패 요인으로 작용한 것으로 평가된다.

둘째, 사업관리 측면에서 보면 기업체의 사용실적 보고 등 사후관리가 제대로 이루어지지 않은 점, 공매가격 비현실화 등 기술의 매각이 원활히 이루어지지 않은 점, 사업 당사자들에게 문제 발생시 재정적 책임을 분담토록 하지 않은 점 등이 실패 요인으로 작용한 것으로 보인다. 마지막으로 기업경영 여건 측면에서는 초기 기업 위주로 지원되어 높은 위험에도 불구하고 잠재력이 높은 기업에 지원된 점은 성공 요인으로 꼽힌다. 그러나 IMF 직후의 시기라서 기술이 우수함에도 불구하고 계약과 판매가 성사되지 않아 실패한 사례, 기업의 경영능력 취약 및 경영자의 도덕적 해이(moral hazard) 등은 실패 요인으로 작용하였다.

3-2. 기술가치평가 보증제도

정부는 기술담보 시범사업의 시행 성과에 대한 평가를 기초로 기술가치평가 보증제도와 기술가치평가 투자연계제도의 도입을 모색하고 있다. 기술가치평가 보증제도는 기술가치평가 후에 해당 기술의 가치에 대한 평가보증서를 발급하여 이를 통해 기업이 대출, 투자 또는 기술 거래 등 기술확산사업에 활용하고 이 사업의 경영에 의하여 손실이 발생하는 경우 기술평가기관과 기업 등 사업참여자들이 손실을 분담하는 제도이다. 이 제도는 기술담보 시범사업과 비교할 때 손실 발생시 대부분 정부자금으로 보전하던 방식에서 사업참여자들이 분담하는 방식을 취하는 점, 기술 위주로 평가하던 방식에서 기술을 기업에 따라 차별적으로 평가하는 방식을 채택하는 점, 정책자금 대출에 한하여 활용되던 것이 대출, 투자, 기술 거래 등 다양한 용도로 활용되는 점, 산업재산권을 취득한 기술에 한정되던 것에서 산업재산권, 출원중인 권리 등 대상 기술이 확대되는 점 등에서 더욱 진전된 제도라고 하겠다.

기술가치평가 보증제도는 시범 운영 단계와 본격 운영 단계로 나누어 단계적으로 시행될 수 있을 것이다. 먼저 시범 운영 단계에서는 사업 초기 공공기관인 기술거래소가 기술가치평가기관으로 사업을 주관하고 일부 기관들이 참여하는 형태로 제도의 도입 실효성을 파악하고 사업에 대한 인지도를 높이는 동시에 관련 기관들의 참여의지를 고취시키게 된다. 대상 기업은 역시 사업 초기의 중소·벤처기업을 위주로 할 것이다. 대상 기술 또한 우선적으로 산업재산권과 출원중인 권리를 대상으로 하되, 다만 기술가치를 금액으로 환산할 때 출원중인 권리는 이에 해당하는 위험이 존재하므로 보수적으로 할인하여 평가하게 될 것이다. 또한 기술의 수명 주기를 평가하는 일이 어려운 점이 있으나 가급적 기술 수명 주기에 맞게 융자 기간을 차별화하는 것이 필요할 것이다.

적격기업을 심사함에 있어서는 예를 들어 매출 규모가 일정 수준을 넘어서는 기업의 경우 기술 40%, 경영자 20%, 기업 40% 비중으로 평가하여 60점 이상인 경우 적격 판정하고 매출 규모가 일정 수준에 미달하는 기업의 경우 기술 60%, 경영자 20%, 기업 전반 20% 비중으로 평가하여 60점 이상인 경우 적격 판정할 수 있을 것이다. 이 경우 구체적인 가치금액 평가는 소득접근법(미래수익에 대한 예측을 기초로 장래 발생할 수 있는 위험 요소들을 고려하여 할인율을 산정하고 이 할인율에 의해 미래수익을 할인함으로써 가치를 산정하는 방식)을 중심으로 접근하되 필요시 시장접근법과 비용접근법(기술을 개발하는 데 소요되는 비용을 기준으로 하는데 기술을 현재 시점에서 다시 개발한다면 얼마나 소요될 것인가를 계산한 후 가치 변동 요인을 반영하여 산출하는 방식)을 혼용하게 될 것이다.

이렇게 하여 측정된 기술가치평가금액에서 기업의 신용도(Credit Risk), 경영자 평가(Company Risk), 기술의 매각 가능성(Technology Risk) 등 여타 요인을 고려하여 일정 비율 할증 또는 할인하는 방식으로 최종 금액을 산출하게 되는 것이다. 그런데 사업의 실패에 의하여 손실이 발생한 경우 보험금이 지급되며 담보권을 보유한 기술거래소가 1년 동안 기술 매각 노력을 실시한다. 이 기간 동안 매각이 성사되면 보험기관은 매각 금액을 기술거래소로부터 지급받게 되지만 만약 1년 이내에 매각에 성공하지 못할 경우 기술거래소 및 보험기관이 상호협의하여 해당 기술의 공개 활용 등 필요한 조치를 취하도록 할 것이다. 이 경우 보험료는 평가기관과 기업이 분담하고, 시범 운영 단계에서는 정부가 개입하여 손실보전을 일정 부분 부담하게 될 것이다. 이 경우 직접적인 손실보전금의 지급보다는 인프라 성격이 강한 보험료의 보전과 기술가치평가비용을 지원해주는 방안이 강구되고 있다.

시범운영 보험기관으로 공보험인 수출보험공사를 선정하여 사업 초기 안정성을 도모하는 방안이 검토되고 있다. 손실발생률을 다른 비율로 각각 가정한 추정 모형을 만들어 사업참여자들이 지불해야 할 보험료는 구체적으로 산정해야 할 것이다. 한편 기술평가기관이 부과하는 기술평가료는 가치평가 금액 중 일정 비율 금액으로 결정된다. 이 경우 이자, 보험료, 기술평가료를 종합한 금액이 사업에 참여하지 않고 은행으로부터 대출을 받을 때 소요되는 비용과 거의 비슷한 수준이 되도록 금액을 결정할 필요가 있다. 이를 위하여 정부가 기술가치평가료와 보험료 일부를 지원하는 노력이 필요하다.

다음으로 본격 운영 단계에서는 시범 운영 단계에서 축적된 노하우를 바탕으로 시범 운영 기간 동안 제기된 문제점들을 보완하여 제도를 확장하게 된다. 사업 참여기관을 확대하고 제도의 원래 취지에 부합할 수 있도록 시스템을 정비하고 완성하게 될 것이다. 이 경우 투자 유치, 기업간 M&A를 위한 적격기업은 예를 들어 기업의 매출 규모나 역사가 일정 수준을 넘어서는 경우에는 기술 30%, 경영자 20%, 기업 50%의 비율로 평가하고, 기업의 매출 규모나 역사가 일정 수준에 미달하는 경우 기술 40%, 경영자 20%, 기업 40%의 비율로 평가하여 평가점수가 60점 이상인 기업을 선정할 수 있을 것이다. 기술가치 평가금액에 대한 할인과 할증은 투자 유치시에는 기업의 신용도(Credit risk)와 경영자 평가(Company risk)가 기준이 될 것이며, 기업간 M&A는 기업의 신용도, 경영자 평가와 함께 기술의 매각 가능성 평가(Technology risk)가 기준이 될 것이다.

한편 시범 운영 단계에서 본격 운영 단계로 진전함에 따라 기술가치평가 보증제도를 확장해나가게 되는데, 특히 점차 정부 지원을 줄여나가고 사업참여자들이 적극적으로 손실을 분담하도록 하며 수혜자 부담원칙의 구현에 중점을 둘 것이다. 또한 본격 운영 단계에서는 평가 결과를 대출뿐 아니라 투자, 기술 이전 · 거래에 참조하도록 유도하고 기술가치평가기관으로는 기술거래소만이 아니라 민간 평가기관도 폭 넓게 참여하게 될 것이다. 보험기능도 수출보험공사와 같은 시범 보험기관이 수행하던 단계에서 모든 민간 보험회사도 참여하는 단계

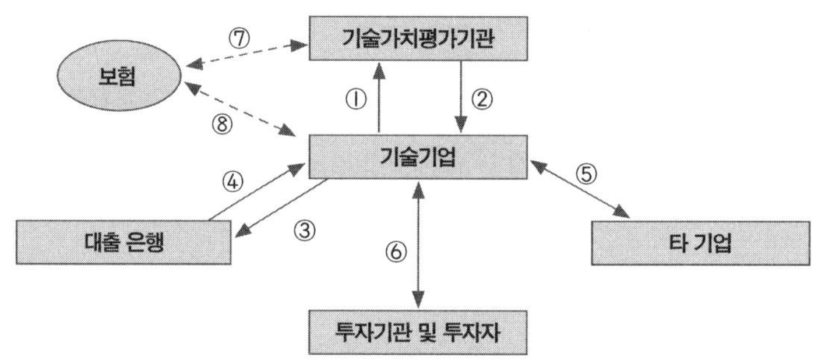

①: 기술을 보유한 기업이 기술가치평가기관에 기술가치평가를 의뢰
②: 기술가치평가기관이 기술가치를 평가하고 보증서 및 금액확인서를 발급
③: 기술가치평가보증서 및 금액확인서를 발급받은 기업은 취급 은행에 대출 의뢰
④: 보증서를 통해 은행은 자금을 대출
⑤: 금액을 기준으로 기업간 기술 이전 및 거래, M&A 목적으로 활용
⑥: 기업은 보증서를 토대로 투자기관이나 투자자들의 자금을 유치
⑦, ⑧: 기술가치평가기관과 기업은 보험에 가입하여 위험을 절감

〔그림 2〕 기술가치평가 보증제도의 운영 구조(본격 운영 단계)

로 진전될 것으로 보인다. 물론 대출취급기관도 협약 대상 은행에서 모든 은행으로 확대될 것이다.

구분 \ 단계	시범 운영 단계	본격 운영 단계
손실보전	정부가 손실보전에 일부분 참여	정부의 참여 비율을 낮추거나 불참
평가 결과의 활용	보증에 의한 대출	대출, 투자, 기술 이전 · 거래 참조 등
기술평가기관	기술거래소	기술거래소를 포함한 다른 기술가치평가기관
보험 운영	시범 보험기관	시범 보험기관을 포함, 민간 보험회사도 참여
은행	취급 은행을 선정하여 운영	사업 참여를 원하는 모든 은행
지원 대상 기술	산업재산권 및 출원중인 권리	모든 기술로 단계적 확대

〔표 5〕 기술가치평가 보증제도의 단계별 확장

3-3. 기술가치평가 투자연계제도

기술가치평가 투자연계제도는 기술평가기관이 기업의 보유 기술의 가치평가를 시행한 결과 우수기술로 평가된 경우 기술평가기관과 여타 투자기관(은행, 창투사, 증권사, 개인 투자자 등)들이 적극적으로 투자하고 투자 성과(또는 손실)를 공동배분(부담)하는 제도이다. 제도 시행 초기에는 정부가 공공기관인 기술평가기관으로 하여금 기술가치평가의 신뢰성을 높이는 차원에서 일부 공동 투자하도록 하여 신호 효과(signalling effect)를 유발함으로써 다른 민간 투자기관의 투자 활성화를 유도할 수 있을 것이다. 또한 투자기관 및 평가기관이 투자시 보험사의 기술가치평가 투자보험에 가입하도록 함으로써 투자 유인을 제공한다거나, 민간 투자기관의 투자시 각종 세제 감면 등의 지원 방안을 강구해야 할 것이다.

이 제도는 벤처투자에 따른 수익과 위험을 평가기관, 투자기관, 보험회사가 공동부담함으로써 각 기관이 부담하게 되는 위험의 분산을 통해 중소 · 벤처투자의 활성화를 달성하려는 취지를 가지고 있다. 이 제도의 활성화를 위하여 필수적인 기술가치평가 투자보험은 보험가입자가 투자한 비상장주식에 대해 보험사업자가 인수위험 등을 평가하여 보험계약을 체결하는 제도이다. 이에 따라 투자대상기업에 보험사고가 발생하는 경우 부보율에 따른 보험금을 평가기관이나 투자기관 등 보험가입자에게 지급하고, 기업 공개 등으로 보험가입자에게 투자이익이 발생하는 경우 보험사가 일정 부분을 성과보험료로 환원받는 제도이다.

기술가치평가 투자연계제도도 기술가치평가 보증제도 운영 방안과 마찬가지로 시범 운영 단계와 본격 운영 단계로 나누어 점진적으로 제도를 확충할 수 있을 것이다. 먼저 시범 운영 단계에서는 기술평가기관을 기술거래소로 한정하고 기업은 협약을 맺은 투자기관과 기술거래소로부터 투자를 유치하게 되며 이익이 발생할 경우 투자지분만큼의 이익을 공유하도록 할 것이다. 한편 손실이 발생할 경우 기술가치평가 투자보험에 의해 손실을 보상받게 된다. 적격기업을 선정하는 방법은 예를 들어 매출 규모가 큰 기업의 경우 기술 30%, 경영자 20%, 기

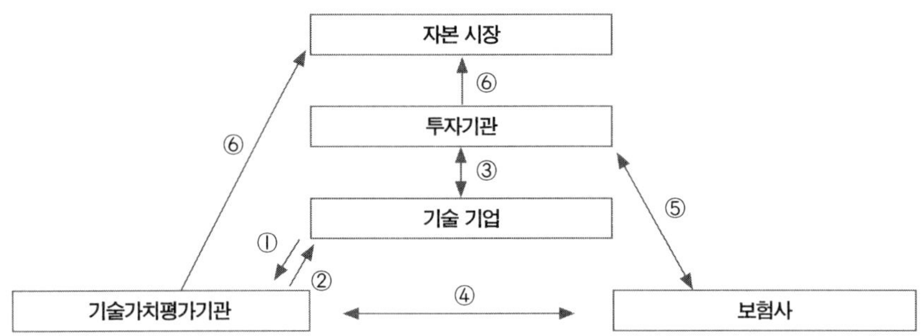

① 대상 기업 : 기술가치평가 신청

② 기술평가기관 : 기술가치평가 결과 통보 및 투자협의(평가 결과에 따라 부분투자)

③ 투자기관 : 투자 조건 협의, 투자 약정

대상기업 : 투자 조건 협의, 신주 발행(또는 구주 매각)

④⑤ 투자기관 및 기술평가기관 : 기술가치평가 투자보험 가입, 보험사고 발생시 보험금 수취, 투자 성공시 성과(성공불)보험료 납부

보험회사 : 대상 기업 인수위험 평가, 보험사고 발생시 보험금 지급, 투자 성공시 성과(성공불)보험료 수취

⑥ 투자회사 : 코스닥 등록, M&A, 주식장외매각 등을 이용한 투자이익 실현

〔그림 3〕 기술가치평가 투자연계제도의 운영구조

업 50%의 비중으로, 매출 규모가 작은 기업의 경우 기술 40%, 경영자 20%, 기업 40%의 비중으로 평가하여 총점 60점 이상인 기업에 대해 기술가치금액을 평가하고 투자를 시행할 수 있을 것이다. 이 경우 기술가치금액 산정 결과에서 기업가치 평가 결과를 반영하여 할인, 할증을 통해 최종 평가금액이 확정된다.

한편 시범 운영 단계에서 본격 운영 단계로 진전함에 따라 정부의 투자참여 비율을 줄여나가고 사업참여자들이 적극적으로 손실을 분담토록 하며 사업의 수혜자가 손실을 부담하여야 한다는 수혜자 부담원칙을 구현하게 될 것이다. 기술평가기관도 기술거래소에서 다른 기관으로 확산될 것이며 보험 운영도 시범 보험기관만이 아니라 민간 보험회사가 참여하게 될 것이다. 본격 운영 단계에서는 원하는 모든 은행이 참여할 수 있도록 취급 대상 금융기관을 개방하고 지원 대상 기술도 산업재산권 획득이나 출원중인 권리만이 아니라 경제적 가치가 있는 모든 기술로 확대될 것으로 보인다.

구분 \ 단계	시범 운영 단계	본격 운영 단계
기술평가기관 (투자 병행)	기술거래소	기술거래소를 포함한 다른 기술가치평가기관
투자 펀드 규모	제한적 규모	규모의 점진적 확대
투자기관	기술거래소 협약 투자기관	기술거래소와 협약을 맺은 투자기관 외에 참여를 원하는 투자기관, 벤처캐피탈, 기업, 개인

〔표 6〕 기술가치평가 투자연계제도의 확장

3-4. 기술담보금융 관련 3가지 제도의 비교

기술담보금융에 대한 위의 세 가지 제도를 비교하면 〔표 7〕과 같다. 먼저 기술담보 시범사업은 이미 5년간 시행한 제도이며 나머지 두 가지 제도는 정부가 시행을 준비하고 있는 정책 제안 상태의 방안이다. 무엇보다 자금대출에 의한 기업경영 결과 손실이 발생하면 기술담보 시범사업은 정부가 대부분을 보전한 데 비해 기술가치평가 보증제도는 사업참여자들이 분담하게 된다. 나아가 기술

구분 \ 단계		기술담보 시범사업	기술가치평가 보증제도	기술가치평가 투자연계제도
제도 현황		기시행	준비중	준비중
손실보전		정부가 대부분 보전	사업참여자들이 분담	투자자가 분담
기술가치 평가기관		기술가치만을 평가	기술가치평가 및 손실보전 참여	기술가치평가 및 투자 참여
투자기관	은행	기술을 담보로 대출	평가 결과를 바탕으로 대출, 필요시 투자 참여	기업에 대한 투자 참여
	창투사등	무관	평가 결과를 바탕으로 자발적으로 투자 참여	평가 결과를 바탕으로 자발적으로 투자 참여

〔표 7〕 세 가지 기술담보 금융제도의 비교

가치평가 투자연계제도는 투자자 책임의 원칙을 적용하되 기술가치 평가에 대한 보험을 이용하여 위험을 완화하게 된다. 기술담보 시범사업에서는 기술가치 평가기관은 기술가치 평가만을 담당하고 은행은 평가된 기술을 담보로 대출을 시행하였다. 그런데 기술가치평가 보증제도에서는 기술가치평가기관이 기술가치 평가를 수행하고 그 결과 손실이 발생하는 경우 손실보전에 참여하게 되며, 은행은 대출 외에도 필요시 투자에 참여하며 창투사 등 투자기관도 평가 결과를 바탕으로 자발적으로 투자에 참여하게 된다. 기술가치평가 투자연계제도에서는 평가기관이 투자에도 참여하게 되며 은행과 창투사 등 투자기관이 평가 결과를 바탕으로 자발적으로 투자에 참여하게 된다.

기술담보 시범사업의 평가를 기초로 정부가 구상중에 있는 기술가치평가 보증제도와 기술가치평가 투자연계제도는 상호보완적으로 동시에 실행하는 정책결합(Policy mix)으로 구성될 수 있을 것이다. 이 경우 사업의 특성에 따라 각 제도를 활용할 수 있을 것이다. 예를 들어 투자 유치 목적이되 보증서를 발급받지 않고 기술가치평가기관의 투자를 받는 경우는 '기술가치평가 투자연계제도'가 적절하다. 한편 투자유치 이외의 목적이나 투자유치 목적이되 기술가치평가기관의 투자를 받지 아니하고 확인서 및 보증서를 지급받는 경우는 '기술가치평가 보증제도'를 이용하게 된다. 한편 고수익을 얻을 수 있는 산업이되 그만큼의 위험부담이 따르는 산업에 속하는 기업의 경우는 '기술가치평가 투자연계제도'를, 매출이 꾸준하고 경기의 영향을 받지 않는 편이나 고수익을 올리기는 힘든 산업에 속하는 기업의 경우는 '기술가치평가 보증제도'를 활용하는 것이 적절할 것이다.

4. 기술거래사와 기술가치평가사

4-1. 기술거래사

최근 국내 기술시장에서 전문인력이 담당하는 역할은 정부의 사업화 지원제도의 대상 기술 선정이나 금융기관의 기술사업화 자금 융자의 전제조건으로서의 기술등급 평가 정도에 불과하다. 또한 국내 기업들의 주요한 기술 이전 형태였던 해외 기술의 도입과 활용에 있어서도 국내 전문인력의 역할은 국내 수요에 적합한 기술 탐색의 곤란, 탐색된 기술의 가치평가 능력 미흡, 협상력 열세에 따른 과도한 로열티 등 글로벌 스탠더드에 현저하게 미치지 못하고 있다. 이런 상황을 타개하면서 해외 기술의 도입뿐 아니라 국내 기술의 이전과 활용을 통한 산업경쟁력 강화를 위하여 기술거래 중개 등 기술거래 관리 전문인력의 양성이 시급히 필요하다. 기술거래사는 기술거래의 절차 전반에 걸쳐 기술의 이전과 사업화에 관한 전문적인 컨설팅과 함께 기술의 매매를 관리하는 전문가에게 부여하는 자격이다. 구체적으로 이전 · 거래 대상 기술의 파악 · 조사와 분석, 기술의 이전 · 거래와 사업화 관련 자문 · 지도와 중개, 이전 · 거래 대상 기술의 기술성과 사업성 평가, 기업의 거래 및 인수 · 합병(M&A)의 자문 · 지도와 중개, 그리고 기술거래소가 구축한 기술정보의 활용 등의 업무를 수행한다.

우리나라의 기술거래사 제도는 기술이전촉진법에 근거를 두고 있는데, 기술거래에 관하여 일정한 전문적 자격과 식견을 갖춘 자로 하여금 한국기술거래소에 기술거래사 등록을 마치고 기술거래 업무를 수행하도록 하고 있다. 아직 국가 시행의 자격시험을 통하여 자격을 취득하는 것이 아니어서 자격 보유에 따른 배타적 업무 영역은 인정하지 않고 있고, 다만 기술거래소가 기술거래사에 대하여 기술업무 수행을 위한 정보 제공 및 자금 지원 등 필요한 지원을 할 수 있도록 하고 있다. 기술거래사의 등록 자격은 ① 변호사, 변리사, 공인회계사, 기술사, 조교수 이상, 선임연구원급 이상, 5급 이상 공무원, 중간관리자급 이상 등에 해당하는 자로서 ② 3～5년 이상 기술 관련 분야에 재직하였고 ③ 등록신청일 전 3년 이내에 기술거래나 이와 관련된 실적이 3건 이상인 자로 규정되어 있다. 기술거래 전문가가 기술거래사 자격을 등록하면 한국기술거래소 사장 명의의 등록증을 발급받게 된다.

기술거래사 자격의 등록 · 지원 및 관리 업무는 기술이전촉진법에 의하여 2000년에 설립된 한국기술거래소가 담당하고 있는데 2004년 4월 현재 173명의 기술거래사가 업무를 수행하고 있다. 기술거래사는 한국기술거래소에 등록한 후 소양 교육과 전문 교육을 이수하여야 하고 매년 2회 기술거래 실적을 보고하여야 한다. 최근 한국기술거래소는 기술거래이전비용 지원, 기술거래사 파견 지원, 기술거래착수 지원 등 기술거래사 지원 프로그램을 시행하고 있다.

선진국의 유사자격 사례를 보면 미국의 공인기업중개사(CBI: Certified Business Intermediary) 자격은 국제기업중개협회(IBBA)가 주관하고 있는 민간자격으로 기업의 구매자와 매도자가 거래 목적을 달성할 수 있도록 도와주는 중개인으로서 기업가치를 평가하고 적정 구매조건을 제시하는 역할을 수행한다. 미국에서 비즈니스 브로커로서 경력을 추구하기 위해서는 CBI 취득이 필수적이다. 이 자격을 취득하려면 3년 이상의 기업중개 경력, IBBA회원, 60학점의 교육훈련 이수, 이수과목 당 75점 이상으로 시험 통과 등의 요건을 갖추어야 한다. 또한 미국 지식자산경영원(IPMI)이 주관하는 지식자산관리사(CIPM)는 지식자산 경영 분야 전문자격증으로 기업의 지식자산 관리부서, 법률회사, 지적재산권 거래 컨설팅사, 회계 컨설팅사, 투자 컨설팅사, 은행 · 벤처 캐피탈 등 금융기관, 조세 · 국제무역 등 관련 정부기관 등 각 분야의 전문가가 소정의 시험에 합격하여 취득하는 전문자격이다. 이 자격 보유자는 지적재산권 거래 분쟁, 지적재산권 침해소송 등의 분야에서 상사중재 또는 소송대리 업무를 수임할 수 있다.

현행 기술거래사 제도는 여러 숙제를 안고 있다. 무엇보다 국내의 기술시장이 미성숙하여 전문인력의 활용이 미흡한 점도 있지만, 자격 보유자에 대한 법적, 제도적 혜택이 거의 없어 자격 등록의 실익이 미미하고 자격의 유지, 관리와 자격 보유자의 능력 발전 체제가 미비하다. 대다수의 기술거래사 자격 보유자가 독립적인 기술거래 관리업무를 수행하기보다 대규모 공 · 사기업, 금융기관 등 기관에 소속되어 있어 상시적으로 기술거래 업무를 수행하지 않고 있다. 이러한 실정임에도 경력과 실적 요건이 엄격하여 타 자격증에 비해 자격 취득연령이 높다는 점도 지적되고 있다.

이러한 제도 운영의 한계를 극복하기 위하여 기술거래가 일어나며 기술거래사에 대한 수요가 파생되는 기술시장 자체의 확대를 위한 노력이 시급하다. 또한 유사자격 관련 규정을 참고하여 기술거래사에 대한 자격, 등록과 등록 갱신, 교육과 시험, 자격 취소와 자격 정지, 업무 범위 등을 규정할 필요가 있다. 또한 기술거래사의 전문성과 업무수행 능력의 신뢰도 향상을 위하여 자격 등록 및 취득 과정에서의 의무교육을 내실화해야 한다. 교육 내용은 중개 등 기술거래의 관리에 필요한 기술거래원론, 기술거래 재무분석, 기술거래 법규, 기술거래 마케팅, 기술거래 조세 등의 과목을 포함하여 전일 교육기준 1주일(5일) 정도의 교육프로그램으로 구성하되 특히 기술거래 관련 법규에 대한 교육을 강화해야 할 것이다. 기술시장 전문자격의 인프라적 성격을 감안하여 교육비용을 상당 부분 정부 재정에서 지원해야 할 것이다. 한편 현행 3～5년 이상 기술 관련 분야 재직의 경력 요건과 실적 요건을 완화하는 방안을 검토할 필요가 있다. 이는 기술거래의 법률적 관리를 담당하는 기술거래사 공급을 확대하는 것이 기술시장의 초기 확충에 필요하다는 고려에 기인한다.

변리사나 감정평가사 등 국가자격 시험과 같이 매우 경쟁성이 높은 시험은 현 단계에서는 불필요한 것으로 보이나 향후 기술시장이 성숙되어 기술거래사의 국가자격화가 이루어지는 단계에서 검토해야 할 것이다. 등록제로 운영하고 있는 현행 제도하에서는 별도의 자격시험은 부과하지 아니하고 기술거래사 양성과정의 일환으로 기술거래사의 전문성 확보를 위하여 자격 취득에 필요한 소양 · 지식이나 실무 능력 등에 대한 의무교육의 이수를 확인하는 정도의 검정시험은 실효성 있게 부과할 필요가 있다. 중장기적으로 국가 자격화가 이루어지면 기술거래사 업무의 공신력과 전문가 윤리를 확보하기 위하여 기술거래 관리계약의 형식, 기술거래사의 거래 대상 기술의 확인 · 설명의무, 기술거래사의 손해배상책임, 거래관리수수료, 기술거래사 업무에 대한 정책 지원 방안 등을 법규에 명시해야 할 것이다.

기술거래사 자격 취득 후에도 기술시장의 동향에 대한 최신 지식과 정보를 제공하고 보수교육과 평가를 통하여 전문성을 유지시키는 사후관리를 강화해야 하며, 일정 기간마다 자격을 갱신하도록 해야 할 것이다. 자격 갱신의 요건은 예를 들어 매년 일정한 내용의 공신력 있는 기술거래 워크샵에 최소 3회 이상 참여, 최소 1개의 보수교육 프로그램(약 3일) 이수, 기타 기술거래 실적이나 기술거래사 협회 기여 또는 기술거래 관련 논문 발표 등 활동 실적을 반영하는 것이 필요할 것이다. 한편 기술시장의 글로벌화에 대비하여 국제적으로 통용되는 자격을 창출하는 노력이 필요하며 기술거래사의 전업(full-time job)이 가능하도록 자립 기반을 지원해야 할 것이다. 이를 위해 기술거래사의 공동창업 유도, 대학과 연구소의 기술 이전 업무 아웃소싱, 기술 이전 기관의 의무고용 등을 추진하거나 기술중개 수수료의 재정 지원을 확대하는 등 기술거래사의 중개업무 수행에 대한 인센티브 제공을 강화하는 방안을 강구해야 한다. 지속적인 자격제도의 홍보활동을 통하여 기업 및 기관에서 채용, 승진 등 인사관리에서 기술거래사 자격 보유자를 우대하도록 유도하는 노력도 필요하고 자격 보유자 유휴인력이 발생하지 않도록 현장에서 최소한의 실적을 쌓아야 하는 강제규정을 도입할 수 있을 것이다. 기술시장 발전을 위하여 기술거래사의 전문성을 제고하고 활용을 촉진하는 다양한 정책 지원 프로그램이 확충되어야 할 것이다.

4-2. 기술가치평가사

1990년대 이전까지는 기술의 가치평가와 기술을 보유한 기업의 가치평가 업무가 크게 주목받지 못했다. 그러나 날이 갈수록 기술과 기술보유 기업에 대한 가치평가 수요가 세계적으로 급속하게 확대되고 있다. 특히 미국 정부가 1980년대 중반 이후 지적재산권 보호정책을 강화함으로써 전세계에서 기술가치 평가업무의 중요성이 크게 부각되었던 것이다. 우리나라에서도 1998년 이후 벤처창업 붐에 따라 기술의 가치 및 기술기반 기업의 가치에 대한 평가수요가 급증하고 있다.

기술가치평가는 직접적인 기술거래의 기초로서뿐 아니라 광범위한 쓰임새를 가지고 있다. 기술 개발자나 보유자가 자신의 기술을 바탕으로 기업을 설립하고 운영하기 위한 사업화 자금을 조달하는 과정에서 대출 대상이 되는 기술의 담보가치 산정은 필수적이다. 또한 기술보유자와 자본투자자가 협력하여 기업을 설립하고 운영하는 과정에서도 이들 사이의 주식지분율 배분을 결정하기 위해서 기술가치를 파악하여야 한다. 이러한 대표적인 기술가치 평가필요 사례 외에도 기술기반 벤처기업의 주식시장 상장에 있어 주식가치 산정, 그리고 기업의 M&A · 분사 · 분할 과정에서의 기업가치 결정, 특허 침해 등 법정소송의 손해배상 산정, 상속세 · 증여세 등 조세 부과의 과세액 결정, 심지어 이혼소송에 있어서 위자료 협의에까지 실로 다양한 수요를 가지고 있다.

기술가치평가 전문자격인 기술가치평가사는 기본적으로 기술과 기술보유 기업의 가치평가 업무를 수행하며, 기업 투자 · 경영 컨설팅, M&A · 분사 · 분할 등 기업거래에 관한 기업가치 평가, 특허 침해 등 법정소송 등의 업무 흐름에 전문가로서 참여한다. 나아가 특정 기업에 소속되어 있으면서 그 기업의 경영전략과 가치 향상 방안을 수립하고 집행하는 업무에 참여하기도 한다. 미국의 대표적인 기술가치평가 전문자격인 공인가치분석사(CVA; Certified Valuation Analyst)는 미국 기업가치평가사협회(NACVA; National Association of Certified Valuation Analysts)가 주관하고 있는 민간 자격이다. 이 자격을 보유한 전문인력은 기업의 매수 · 합병, 매매계약, 자본거래, 스톡옵션 및 직원복리 프로그램 산정, 법정전문가 증언, 상속과 증여, 지급능력 평가, 담보가치 평가, 합병가액 할당, 부도손실액 결정 등 다양한 용도를 위하여 타인이 의뢰한 기업가치평가 업무를 수행한다. 이 자격은 공인회계사(CPA) 자격증, NACVA 회원, 2년의 실무경험, 협회에서 주관하는 5일 동안의 훈련 프로그램 이수, 추천서 제출 등을 자격 요건으로 규정하고 이러한 자격을 갖춘 전문인력 중에서 두 단계의 시험(4시간의 출석시험과 60시간의 사례연구 재택시험)을 통과한 자에 한하여 자격을 부여한다. 자격 보유자가 CVA 자격을 유지하기 위해서는 3년마다 기업가치 평가, 소송지원, 평가응용기법 등에 대한 유지보수 교육을 이수하고 윤리성, 전문성 제고 등을 위한 8시간의 인터뷰 검토를 거쳐야 한다.

그런데 이러한 선진국의 제도에 비해 우리나라의 자격 보유자는 자격 보유의 실익이나 경제적 인센티브가 작은 것으로 평가되고 있다. 국내의 유사 전문자격 제도인 변리사나 감정평가사 등과 비교해서도 자격 보유자가 자격제도에 의한 인력 공급의 비탄력성으로 누리는 경제적 지대(economic rent)를 누리지 못하고 있는 것이다. 전혀 법규적 근거가 없어 자격의 인지도나 공신력이 미흡할 뿐 아니라 감정평가사나 손해사정인에 비해 독점적 업무 영역이 보장되지 못하여 자격 취득에 대한 경제적 인센티브가 미약한 데도 그 원인이 있다. 또한 민간 자격임에도 불구하고 선진국의 유사 자격에 비해 사전교육이나 시험제도가 미흡하여 기술시장의 요구에 부응한 전문성의 확보가 이루어지고 있지 못하다. 기술가치평가의 전문성이 매우 높은 국제적 추세를 반영하여 엄격하게 자격제도를 운영해야 할 필요가 있는 것이다.

우리나라의 기술가치평가사 자격의 사례로는 한국기업기술가치평가협회가 부여하는 기업기술가치평가사 자격이 있다. 사단법인 기술가치평가협회(KVA; Korean Valuation Analysis)는 2000년부터 산학연 전문가를 중심으로 기술가치평가사 양성을 위한 교육 및 시험을 실시하여 교육 이수와 시험 통과의 요건을 갖춘 전문인력에게 자격증을 부여하고 있다. 이 자격은 기본적으로 민간 자격이기 때문에 특별한 법규적 근거는 없으며 이 협회의 정관 제5조(회원의 종류, 자격 및 입퇴)에 그 근거를 두고 운영되고 있다. 기술가치평가사 자격은 2000년 이후 양성교육 참가자 538명 중 2002년 12월 현재 302명이 자격을 취득하여 활동하고 있다. 이 외에도 한국능률협회, 기술신용보증기금, 한국원가원 등 여러 전문가 단체나 대학 등 교육기관에서 자격증 수여 과정을 개설하여 운영하고 있다.

현재의 기술가치평가사 자격제도는 기본적으로 민간 자격증으로서 제도적 공신력이 인정되고 있지 못하기 때문에 여러 한계를 내포하고 있다. 이에 따라 자격 보유자의 대부분이 석사 이상 고급인력이지만 가치평가 업무에 대한 이들 전문인력의 활용 실적이 극히 부진하다. 자격 보유자 개인의 입장에서도 자격 유지관리 시스템에 관한 공신력이 미흡하고 업무 독점성이 인정되지 않아 자격 취득의 경제적 실익이 미미한 실정이다. 기술가치평가에 대한 법적인 근거를 규정한 기술이전촉진법에서 기술가치 평가업무를 담당하는 인력의 업무 범위, 자격, 등록 절차 등을 명시할 필요성이 있음에도 불구하고 이에 대한 체계적인 규정이 결여되어 있다.

기술가치평가사 자격 운영에 새로운 패러다임이 필요하다. 단기적으로 기술가치평가사 자격을 국가 자격화하는 것보다 민간 자격으로 운영하여 다수의 민간 자격간의 경쟁체제를 구축하되 정부가 평가업무의 표준화를 유도하고 시장에서 인정받는 자격에 대하여 어느 정도의 공신력을 인정하는 새로운 패러다임이 바람직하다. 다만 민간 자격으로 운영하는 기술가치평가사의 업무 범위와 방법, 그리고 자격의 운영 · 관리에 대하여 공통적으로 준수하여야 할 표준을 법률과 하위법규에 규정하는 방안이 가능할 것이다. 이 경우 기술이전촉진법을 개정하거나 기술가치평가사법을 제정하여 기술가치평가사의 자격 요건, 업무 범위, 방법과 절차, 기술가치평가준칙, 기술가치평가서 표준양식, 손해배상책임, 가치평가수수료 등을 상세하게 규정할 수 있을 것이다. 나아가 중장기적으로 기술시장의 성숙과 기술가치평가 시스템의 정립 동향을 주시하면서 기술가치평가사법의 제정을 통하여 자격제도의 법률적 근거를 마련하고 정부가 자격시험을 시행하는 방안으로 진전시키는 것이 합리적일 것으로 보인다. 이에 따라 기술가치평가사 자격을 보유한 인력은 독점적 영업권(franchise)을 향유하게 되어 자격 취득에 대한 공신력과 경제적 유인이 강화될 것으로 보인다.

이를 위하여 자격유지 관리를 내실화하여야 할 것이다. 무엇보다 교육 이수 요건을 강화하여 중장기적으로 국제 자격화의 준비를 해야 하며 교육훈련 내용에 있어 선진국 유사 자격의 교육 내용을 벤치마킹하고 외국어 요건을 강화하여 국제자격 상호인증을 확보할 수 있도록 대비해야 할 것이다. 기술시장 전문자격의 인프라적 성격을 감안하여 일정 기준을 충족하는 자격 운영기관의 교육비용 상당 부분을 재정에서 지원하는 것이 요구된다. 자격시험의 내용도 더욱 내실있게 정비하여 필기시험과 프로젝트 수행시험과 같은 검정 절차가 필요하고, 사례연구를 통한 평가보고서 작성 · 제출과 심사위원회의 인터뷰를 통하여 전문성과 업무수행 능력을 명확하게 검증할 필요가 있다. 나아가 국가기관의 공신력 부여가 시급한 과제이다. 이를 위하여 기술이전촉진법을 개정하여 기술가치평가사 자격에 대한 법률적 근거를 마련하고 민간 자격으로 운영되는 다수의 기술가치평가사 자격 중에서 일정 기준을 충족하는 자격을 산업자원부가 고시함으로써 이들 자격 보유자의 의견을 법원, 국세청 등의 업무수행에 참고하도록 하는 업무관행을 정립해야 할 것이다.

저명한 경제학자인 로버트 솔로(Robert Solow)는 20세기 후반 선진국의 지속적인 성장이 생산성 상승에 기인했으며 실제로 미국 일인당 국민소득의 장기적 성장은 80%가 기술 진보에, 나머지 20%만이 자본투자에 기인하였다고 추정하였다. 국민소득 2만 달러 시대로의 도약을 꿈꾸는 한국 경제는 생산성 향상이 주도하는 경제 성장과 산업경쟁력 강화를 달성하는 것이 긴요한데 이러한 과정에서 시장수요에 부응하는 신기술 개발과 활용이 관건이 될 것이다. 기술은 개발 자체도 중요하지만 시장에서 높은 평가를 받는 기술을 개발하는 것이 중요하고 이렇게 하여 개발된 기술을 최적 용도로 활용하는 것이 결정적이다. 이러한 점에서 기술시장에 기술과 경제 양면에 대해 깊은 이해와 식견을 갖춘 전문인력이 기술가치를 평가함으로써 기술시장의 거래비용을 절감하고 기술의 활용을 촉진하는 것이 매우 중요할 것이다. 이를 위하여 기술가치평가사 자격을 제도적으로 확충하여 자격 취득과 보유의 전문성 제고와 공신력의 인정이 이루어짐으로써 자격 보유의 경제적 가치를 제고해야 할 것이다. 이러한 여건이 조성되는 경우 학부에서 공학을 전공하고 기술경제나 기술경영 석사 과정을 이수한 인재와 같이 기술적 지식과 경제학, 경영학 지식의 양 부문을 함께 공부한 전문인력이 자격 취득에 의해 기술시장에 진출하고 기술시장을 주도함으로써 자신의 경력을 발전시킴과 동시에 한국 경제의 새로운 도약에 기여할 수 있게 될 것이다.

5. 기후변화협약에 대한 국내 산업계의 인식과 애로 사항

이산화탄소 저감 정책을 시행하고 있는 국가들은 이산화탄소 저감기술이나 흡수기술 개발에 상당한 노력을 경주하고 있음을 고려할 때 환경기술을 획득하는 최선의 방법은 국내 자체 개발이다. 하지만 이는 많은 시간을 필요로 할 뿐만 아니라 단기간의 국가 경쟁력을 떨어뜨리게 되므로 선진 환경기술을 보유한 국가와의 협력이 중요하다. 유럽연합의 경우 개도국과의 환경기술 이전 프로그램을 다양하게 실시하고 있는데, 이 프로그램을 최대한 활용하여 선진 환경기술에 대한 노하우를 습득하고 이를 환경산업으로 발전시키고 있다. 특히 EU 회원국 중 독일과 북유럽 국가, 일본의 환경기술이 가장 발전되어 있기 때문에 연구개발 분야에 대한 공동투자는 이들 국가에 집중되어야 한다.

우리 정부도 환경기술에 대한 개발과 보급을 촉진하기 위해서 G-7과제 이후에 '차세대 핵심 환경기술 개발(Eco-Technopia 21)'을 시작하였으며 주로 사전오염 예방, 생태계 보전과 복원, 지구환경보전, 통합환경관리, 환경관리 정보화 등 5개 분야의 20개 내외 세부기술의 개발을 목적으로 하고 있다. 특히 폐기물 재활용기술과 온실가스 배출 저감기술을 중점 개발하고 청정생산기술 보급 종합계획을 수립하여 산학연 등이 청정생산기술 개발을 지원하고 있다. 또한 환경개선 효과가 크고 타 업종의 파급효과가 높은 정밀화학, 철강, 자동차 등이 대상으로, 기업 차원에서도 이에 대한 기술 지원과 자금 조달을 적극 이용하려 하고 있다.

기후변화협약이 미국의 교토의정서 탈퇴 결정에도 불구하고 2005년 2월 16일에 발효되어 우리의 온실가스 배출저감 의무부담이 점차 현실화되고 있다. 이러한 전망이 가능한 것은 미국을 제외한 나머지 선진국들만 온실가스 배출을 줄이게 될 경우에는 이 국가들이 부담해야 할 경제적 비용이 지나치게 커져 EU, 일본 등 교토의정서 발효를 서두르는 선진국들이 어떻게 해서든 미국을 교토의정서 체제에 끌어들이려 할 것이라고 예측되기 때문이다. 미국의 교토의정서 체제 복귀는 그 동안 미국이 전제 조건으로 내걸어온 개도국 참여가 논의되지 않으면 가능하지 않을 것이기 때문에, EU와 일본 등 여타 선진국들은 개도국이 포함된 의무부담 방안을 적극 모색하게 될 것이다. 그러나 중국, 인도 등 제3세계 국가들의 의무부담 문제는 이들 국가들의 강력한 반대로 인해 타협점을 찾기까지 상당한 기간이 걸릴 것으로 예상된다. 따라서 개도국 참여 문제는 결국 한국과 같은 선발개도국의 참여로 귀결이 될 가능성이 대단히 크다고 할 수 있다. 대한상공회의소 설문조사 결과 국내 기업은 우리나라가 공식 표명하고 있는 2018년에 의무부담을 고려할 수 있다는 입장이 현실적으로 선진국들로부터 받아들여지지 않을 것을 우려하여 46.8%가 범국가적으로 미리 대비하는 것이 현실적이라고 보고 있다.

이에 따라 의무부담에 대비한 우리의 대응책 마련은 대단히 시급한 과제로 떠오르고 있다. 온실가스 배출 감축은 단기간에 이루어질 수 있는 성질의 것이 아니므로 미리 대비하지 않으면 막대한 타격을 입을 가능성이 매우 크다. 1992년부터 시행한 산업자원부 에너지절약기술 개발사업의 효과를 분석한 결과에 따르면, 직접적인 효과만 따지더라도 정부지원액의 80배에 이르는 등 에너지 관련 국가 R&D 사업은 상당한 효과를 거두고 있다. 이러한 노력 덕분에 그나마 국민에게 분담되는 고통을 감소시키고 대신 양질의 기술을 활용하여 미래 에너지 문제를 해결할 수 있을 것이라는 낙관적인 전망을 가질 수 있었다. 그러나 산업계는 여전히 부족함을 호소하고 있다. 환경부의 보고서에 요약된 기후변화협약에 대한 산업계의 인식과 애로 사항을 알아보자.

5-1. 기후변화협약에 관한 산업계 인식

대한상공회의소가 2002년 1월에 실시한 설문조사 결과, 기후변화협약에 따른 온실가스 배출 저감 의무부담의 부정적 영향에 대해 국내 산업계는 크게 우려하고 있는 것으로 나타났다. 대응 방안을 마련하고 있는 기업은 대기업의 경우 조사 대상 기업의 73.5%에 이르고 있는 데 비해 중소기업은 그 비중이 29.3% 정도에 그쳐 중소기업의 대응이 크게 미흡한 것으로 나타났다. 그러나 대기업의 경우에도 대응 방안의 질적 내용을 분석해보면, 대부분이 자발적 협약 체결과 물류 시스템 효율화에 의한 에너지 소비 감축, 그리고 폐기물 감량 및 재활용이 저감활동의 대부분을 차지하고 있는 것으로 조사되었다. 이에 비해 바람직한 에너지 소비 저감 방안인 ESCO 사업 참여와 장기적으로 지향해야 할 청정기술 개발을 위해 노력을 기울이고 있는 기업은 소수에 불과한 것으로 나타나 대응 방안의 질적 개선이 요구되고 있다.

국내 기업들의 기후변화협약 대응이 이와 같이 충분치 못한 가장 큰 이유는 자본 및 기술 부족과 기후변화협약에 대한 정보 부족인 것으로 조사되었다. 특히 청정개발체제와 온실가스 배출권거래제도 등 온실가스 배출 저감비용을 줄일 수 있는 수단에 대한 산업계의 이해가 크게 낮다는 사실에 대해 주목할 필요가 있다. 이 같은 결과는 정부의 향후 정책 방향이 기업의 온실가스 배출 저감을 위한 설비투자와 기술 개발에 필요한 비용 부담을 경감시키고 필요한 정보를 기업이 쉽게 접근할 수 있는 방안에 중점을 두어야 함을 시사한다.

한편 우리나라가 온실가스 배출 저감의무를 부담하게 될 시점에 대해서 산업계가 비교적 신축적인 입장을 보이고 있는 것으로 나타나 우리의 의무부담을 둘러싼 현실적 상황을 산업계가 어느 정도 이해하고 있는 것으로 나타났다. 그러나 의무부담 시점의 선택이 자사에 어떤 영향을 가져올 것인지 정확히 판단하지 못할 경우에도 '의무부담 시기에 대해 신축적인 것이 바람직하다'는 항목을 선택할 가능성이 높다는 점에도 유의할 필요가 있다. 이는 온실가스 배출 저감에 따른 경제적 타격으로 경쟁력이 약화될 것을 우려하여 의무부담 시점을 가급적 늦추어야 한다는 의견이 비록 전체 조사 대상 중 12%에 불과하지만 결코 이를 간과해서는 안 된다는 것을 의미한다.

5-2. 기후변화협약 대응과 관련한 국내 산업계의 애로 사항

1) 높은 한계 에너지 소비 저감비용과 이에 따른 국제 경쟁력의 약화

온실가스 배출 저감에 따른 비용 상승으로 세계시장에서 경쟁력이 크게 약화될 것으로 우려되어 이에 대한 정책적 배려가 요구되고 있다. 온실가스 배출저감의 비용 상승 효과는 물론 국내 산업에만 적용되는 것은 아니다. 즉 경쟁국에서도 온실가스 배출을 줄여야 할 경우 비용 상승 요인이 마찬가지로 발생할 것이다. 그러나 동일한 산업일지라도 세계시장에서의 경쟁 조건에 따라 비용 상승으로 인한 경쟁력 약화 효과는 크게 차이가 날 수가 있다. 제품 차별화에 따른 품질 등 경쟁력의 차이와 정부의 지원에 따른 가격 비탄력적인 공급구조 등이 그 요인이 될 수 있다. 우리나라 수출품의 경우 세계시장에서의 경쟁력이 저가격을 바탕으로 하고 있거나 또는 후발개도국으로부터의 추격으로 인해 매우 취약한 상태에 놓여 있는 경우가 아직 상당수 존재한다. 그 대표적인 예 중 하나가 철강제품이다.

철강산업은 공정 특성상 화석연료의 사용을 줄이기 어려운데다 국내 철강업의 경우 에너지 효율이 선진국 수준에 도달해 있어 화석에너지 사용을 감축하기가 매우 어려운 실정이다. 이는 바꾸어 말하면 온실가스의 단위 배출량 당 감축 비용이 대단히 높을 수밖에 없다는 것이다. 국내 철강산업은 세계시장에서 아직

까지는 높은 비교우위를 누리고 있으나 범용성 제품에서 저가격 경쟁력을 바탕으로 한 중국과 인도로부터 강력한 도전을 받고 있다. 특히 사회주의 국가인 중국의 경우, 경제성을 고려하지 않고 시설투자를 하면서 세계시장 확보를 위해 가격은 인상하지 않고 있어, 높은 가격 경쟁력과 품질 경쟁력을 동시에 갖추어 가고 있다. 이러한 가운데 중국과 인도는 우리와 달리 온실가스 배출 저감의무를 부담하지 않거나 또는 부담하게 되더라도 우리에 비해 부담이 훨씬 작을 것으로 예상되고 있어 우리 철강산업의 국제 경쟁력은 크게 압박을 받게 될 것이다. 한편 지금까지 우리의 주 경쟁 대상국이었던 일본의 철강산업은 백 년이 넘는 역사와 자체 기반기술을 바탕으로 고부가가치 제품을 생산하여 온실가스 배출 저감에 따른 경쟁력 약화 효과가 우리보다 작을 것으로 예측된다. 따라서 온실가스 배출 저감의무 부담에 따른 경쟁력 약화 효과는 우리가 경쟁 대상국인 일본과 중국에 비해 훨씬 크지 않을 수 없을 것이다.

2) 개별 업체 수준에서는 정확한 배출량 통계 작성이 극히 어려움

온실가스 배출을 저감하기 위해서는 우선 정확한 온실가스 배출량 측정이 필요하다. 에너지 사용 단계가 복잡한 석유화학산업의 경우 특히 온실가스 배출량 측정이 어려워 온실가스 배출 저감 방안의 추진을 어렵게 하고 있다. 석유화학 업종의 경우에는 온실가스 배출량 측정시 원료와 열원으로 사용되는 에너지 통계를 분리해야 하며 전체 열원의 60%에 이르는 부생연료의 이산화탄소 배출계수를 정확히 평가해야 보다 정확한 통계를 확보할 수 있다. 그러나 막대한 비용과 기술적 어려움으로 인해 각 기업 수준에서는 이와 같은 작업이 대단히 어렵다.

3) 온실가스 배출 조기 감축 인센티브 부재

온실가스 배출을 저감하는 데에는 많은 시간이 소요될 것이나 현재로서는 업계 스스로 조기 감축을 서두를 인센티브가 없기 때문에 자발적인 감축 노력이 미흡할 수밖에 없다는 지적이 석유화학업계, 반도체업계를 중심으로 제기되고 있다.

4) 기술장벽에 따른 막대한 기술 개발비용

반도체 생산업계의 경우 생산 증가로 인해 온실가스인 PFCs의 수요가 증가하고 있는 반면 선진국의 규제에 맞추어 PFCs의 사용을 줄여나가야 하는 상황이다. 그러나 PFCs는 국내 생산이 전혀 이루어지지 않고 있으며 관련 기술 수준이 낮아 대체물질의 개발에 많은 어려움이 따르고 있다. 따라서 PFCs의 사용량 절감기술과 사용 후 배출량을 최소화하는 장비의 개발을 시급히 추구해야 하나 여기에도 역시 상당한 비용이 요구되고 있다.

5) 폐자원 처리비용이 매우 큼

시멘트 산업의 경우 원료의 소성 과정에서 발생하는 이산화탄소 발생을 에너지 효율화 등 자체적인 노력만으로는 저감하는 데 한계가 있다. 따라서 소성연료를 화석연료가 아닌 폐기물로 대체함으로써 이산화탄소 발생을 줄일 수 있다. 폐자원은 단순히 소각되거나 매립될 경우 대기오염, 수질오염, 토양오염 등 많은 사회적 비용을 초래하므로 시멘트업계에서 이를 연료로 사용하여 완전 소각하는 것은 시멘트 업계의 연료비 절감과 사회적 비용을 동시에 절감할 수 있어 사회적으로 대단히 바람직한 방안임이 분명하다. 그러나 폐자원을 연료로 사용하기 위한 사전 처리비용이 현재에는 지나치게 많이 들어 폐자원의 연료화, 곧 시멘트업계의 이산화탄소 배출 저감을 가로막는 걸림돌로 작용하고 있다.

6. 해외 기업들의 기후변화협약 관련 환경친화적 공정 개발 사례

우리나라의 기업들과 마찬가지로, 이미 교토의정서에서 의무부담을 지기로 한 선진국의 기업들 역시 비슷한 어려움과 애로 사항을 가지고 있다. 이들 역시 많은 고민과 연구를 하여 나름대로의 해결 방안을 찾아 시행하고 있으며, 그 방안들 중 대부분은 공학기술을 적극적으로 기업의 생산공정에 활용하는 것이다.

따라서 이들 선진 기업들이 어떻게 공학기술을 활용하여 당면한 어려움을 헤쳐 나가고 있는지를 살펴보는 것은 앞으로 국제환경협약과 같은 다른 분야의 요구 사항들에 대해 공학기술이 어떤 역할을 수행해야 할 것인지를 살펴보는 데 많은 도움이 될 것이다. 아래에 수록한 해외 기업의 사례들은 에너지관리공단 기후변화협약 대책반 및 산업자원부와 환경부의 자료를 바탕으로 이 교재의 목적에 적절한 사례를 선정하여 정리한 것임을 밝힌다.

3M

세계적인 화학업체인 3M은 페인트 사용을 줄이는 한편 대체물질 개발을 통해 현재는 세계적 청정생산의 모범기업으로 인식되고 있다. 청정생산 도입의 내용을 살펴보면 유독성 냄새가 없는 환경을 만들기 위해 환경오염을 유발하는 알코올 인쇄약품 대신 다른 화합물을 사용했고, 이를 통해 기존 석유잉크 대신 콩으로 만든 잉크를 사용하였다. 이를 통해 VOC(휘발성 유기화합물) 악취를 제거할 수 있었으며, 부가 전기료를 내야 하는 오전 9시부터 오후 4시까지의 작업시간을 오전 6시부터 오후 2시까지로 앞당겨 3시간에 해당하는 부가료를 절약했고, 폐기물 최소화와 재고품을 줄이는 등 세세한 부문까지 환경적 성과를 거두었다.

GM(General Motors)

자동차제조업체인 GM은 온실가스 배출에 관한 실행안을 추진하고 있으며, 고정생산 설비와 자동차 생산에 따른 온실가스 배출에 관련한 실행안, 설비에서의 에너지 감축 프로젝트, 설비와 자동차로 인해 발생한 온실가스 감축을 위한 대기정화 협력안, 그리고 조림사업 추진에 의한 CO_2 흡수 등을 주요 사안으로 다루고 있다. 이러한 실행계획의 결과 GM의 전체 온실가스 배출량은 감소하여 1990년 51.66 Million Metric Ton에서 2000년에는 20.86 Million Metric

Ton으로 감축하였는데 이는 59.6%의 감축을 달성한 것이다. 한편 고정설비 부문의 온실가스 배출량 추이를 보면 미국 내 GM 설비에서 발생되는 CO_2 배출량 감소는 1990년 11.51 Million Metric Ton에서 2000년 9.83 Million Metric Ton으로 감축하여 10년 동안 14.6%의 CO_2 배출량 감소를 이루어냈다.

이러한 감축 성과의 요인은 석탄보다는 천연가스를 사용하여 온실가스 배출량의 최소화, 제조 과정에서 설비 효율성의 최대화에 따른 것이다. GM에서 생산되는 자동차의 온실가스 배출량을 보면 신형 자동차와 트럭의 경우 단위당 CO_2 배출량이 감소하여 신형 자동차의 경우 1.1% 감소(1990~2000년)하였으며 신형 트럭의 경우 5.8% 감소하였다.

GM은 CO_2 흡수 전략 프로그램인 'Geo Tree Planting Program'을 수립하여 추진하고 있는데 GM의 Geo 상표 자동차와 연관된 조림 프로그램을 실시하는 것으로 70여 개의 비영리 단체와 1천2백여 명의 판매업자가 참여하고 있으며 Geo 제품의 절판으로 활동이 중지되었으나, 나무의 성장은 계속되어 CO_2 흡수원의 역할이 증대하면서 온실가스 감축의 성과를 보이고 있다. 1990년 이후로 14,681 Million Metric Ton을 감축(흡수)하고, 2000년 한 해 동안 3,822 Million Metric Ton만큼 감축(흡수)하였다.

Ford

또 다른 다국적 자동차 제조업체인 Ford사는 공급업체에 기본적으로 ISO 14001(EMS) 취득을 요구하고 있으며 주요 부품 공급업체에 대해서는 2003년까지 ISO 14001을 획득할 것을 요구하고 있다. Ford는 환경경영을 추진하면서, 주요 지표관리를 통해 환경경영성과를 평가하고 있는데 여기에는 연비, 에너지 사용량, 물 사용량, CO_2 배출량 등이 포함된다.

한편 Ford사는 유럽의 CO_2 배출 기준 만족을 위한 지속적인 개선활동, 자동차 생산에 재활용된 제품의 채택 및 발굴에 노력, 제조 과정에서의 물 사용량 절감, 규제 이전에 자발적인 오염물질 배출 저감, 공급업체의 환경경영체제 구축 지원 및 관리물질의 제거에 공동노력 등을 기준으로 신차 모델 개발 과정에서도 환경친화적인 경영활동을 추진중에 있다.

Ford사의 녹색구매는 유럽의 대표 자동차 제조사인 Volvo사에서 시작된 제도로, Volvo의 자동차회사를 인수하면서 이를 확대하여 적용하기 시작한 것으로 자동차 생산 과정부터 환경영향을 고려한다는 의미에서 추진되고 있는 이 정책은 향후 최종 소비자의 의사결정에 결정적인 영향을 미쳐, 자동차 매출과 연계될 것이라는 기조 아래 추진되고 있다. Ford는 세계 각국 공급업체의 방대한 자료를 D/B화하고 있으며, Ford가 요구하는 환경요구가 결국 세계 각국 공급업체의 환경경영을 촉진하는 계기가 될 수 있을 것이라 생각하고 있다.

Toyota

일본의 대표적인 자동차업체인 Toyota는 1998년 5월 교토의정서에 의한 이산화탄소 배출 저감 목표를 달성하기 위해 '전(全) 도요타 지구온난화방지위원회'를 설립하고, CO_2 총배출량과 생산차 1대 당 배출량을 2000년 말까지 1990년 수준으로 동결할 계획이다. 자동차 생산 과정에서의 에너지 소비절감과, 부품 공급업체에 대한 환경친화적 활동을 유도하기 위해 생산성이 낮은 생산공정을 통합 · 정리하고, 에너지 효율을 높이기 위한 생산라인을 도입했다. 하이브리드 자동차(Hybrid Vehicle), 연료전지 자동차(Fuel Cell Electric Vehicle), 전기자동차(Electric Vehicle), 압축천연가스 자동차(Compressed Natural Gas), 저공해 자동차(Low Emission Vehicle) 등 환경친화형 자동차를 개발하고 있으며, 해외 조림사업을 온실가스 저감 목표를 달성하기 위한 유력한 수단으로 보고 1998년 1월 그룹 내 '바이오 · 녹화사업본부'를 설치, 산림 사업계획을 추진하였다.

특히 Toyota는 사용이 끝난 차량을 엔진, 기어, 타이어는 물론 배터리를 분해한 후 촉매 분리하는 등 차량 중량의 20~35%를 재이용 재자원화 하고 있으며, 나머지 차체는 절단기를 사용하여 철 비철금속(50~55%) 및 수지 등의 잔류물(dust, 10~25%)로 선별하여 처리하는 재활용 시스템을 구축하였다.

Royal Dutch/Shell Group

대표적인 석유회사인 Royal Dutch/Shell(이하 쉘)은 폐열회수와 에너지 효율 증대 등을 통해 2002년까지 온실가스 배출을 1990년 대비 10% 이상 줄이고, 시장 메커니즘이 온실가스 배출 저감을 위한 가장 비용 효과적인 수단이라는 인식 아래 교토메커니즘을 최대한 활용할 방침이다. 쉘은 이미 자회사들과 함께 3년간의 배출권거래 시범사업(Emission Trading pilot program)을 실시하고 있으며, 8개의 CDM 프로젝트를 추진하고 있고, 또한 24개 이상의 온실가스 저감기술 및 대체에너지 개발에 주력하고 있다.

BP Amoco

영국의 석유업체인 BP는 현실적이고 비용효율적인 해결방안을 찾는데 기업들이 앞장서야 한다고 믿고 있으며, 온실가스 배출을 2010년까지 1990년 수준 대비 10% 감축한다는 목표 아래, 1998년 9월부터 BP Amoco 사업장간 배출권 거래제 시범사업을 실시했다. 2000년 1월부터 실제 거래를 추진하여 2000년 상반기 중 120건 이상, 74만 CO_2톤에 달하는 거래를 기록했다. 이밖에 CDM, JI 등을 통한 배출 저감 방안도 연구중에 있으며, 장기적인 차원에서는 태양에너지사업을 확대하고 탄소 저감기술 개발에 주력하고 있다.

Taiheoyo

일본의 시멘트회사인 Taiheiyo는 2000년 4월 Zero Emission Promotion

부서를 설립하고, 자원의 순환을 통하여 생산공정에서 발생하는 유해화학 폐기물 제로화에 도전했다. 환경친화적 공정을 통해 '에코시멘트'를 생산하는 플랜트를 설립하고 생산공정에서 도시 폐기물과 소각장의 소각재를 대체연료와 투입원료로 활용하여 폐기물 및 유해물질 배출을 거의 제로화함은 물론, 에너지 소비 및 온실가스 배출 등을 저감할 수 있는 청정공정을 개발한 것이다.

이 에코타운 계획은 2001년 4월 최초의 에코시멘트 플랜트가 지바 현의 이치하라 시(市)에 설립되는 계기를 마련하였으며, 매년 도시 생활폐기물 소각장에서 발생하는 24만 톤의 소각재를 1,450도에 달하는 원료 용융 과정에 대체연료로 투입하여 환경에 무해하도록 활용하였고 초고온 공정 시스템 내에 다양한 폐기물을 대체연료로 투입하는 한편, 폐기물에서 발생하는 독성과 유해물질, 그리고 다이옥신 문제를 해결하는 성과를 얻었다.

지바 현의 지자체에서는 도로 공사에 필요한 콘크리트의 원료로 에코시멘트를 조달할 계획이며, 지바 현의 콘크리트 제조연합에서도 에코시멘트를 사용할 예정이다. 또한 Taiheiyo 시멘트회사가 도쿄와 주변 도시를 포함한 31개 시의 공동 프로젝트를 통해 2차 에코시멘트 플랜트 건설을 수행하고 있으며 이 회사의 13개 플랜트는 전력, 철강, 비철금속, 제지, 자동차 등의 생산공정에서 발생하는 620만 톤의 산업폐기물을 재자원화 센터를 통해 수거한 뒤 활용하고 있다.

Falconbridge

캐나다의 금속가공업체 Falconbridge는 정부와의 자발적 협약 프로그램인 VCR(Voluntary Challenge and Registry) 및 CIPEC(Canadian Industry Program for Energy Conservation)에 참여하고 있으며, 2005년까지 생산단위당 에너지 사용량과 탄소집약도를 각각 1%씩 줄이고(톤당 에너지 사용량 10.30MWH, 탄소사용량 1.87톤 절감) 2010년경 CO_2 배출을 1990년 대비 6% 감축한다는 목표 아래 관련 기술 개발 및 공정 개선에 노력하고 있다.

Falconbridge는 산업계의 자발적인 참여를 유도하는 것이 캐나다의 온실가스 감축 목표 달성을 위해 가장 효율적인 방법이라는 데 동의하고, 이를 적극 지지하고 있으며, 교토의정서에 대한 국가 차원의 대응과 환경적이고 경제적인 기후변화 방지 프로그램 개발을 위해 정부와 함께 노력할 것이라는 의사를 보이고 있다.

도시바

일본의 대표적인 전자제품제조업체인 도시바는 순매출액 대비 CO_2 배출 비율을 오는 2010년까지 1990년 대비 25% 감축한다는 목표를 설정했다. 이는 일본의 에너지저감법이 요구하는 연간 1% 감축 목표를 크게 상회하는 것으로, 에너지 이용 방법 개선, 에너지 저감 설비투자, 실내 공기정화에 소요되는 에너지 절감 등 3가지 방안을 ESCO 활동을 통해 일관성 있게 추진해왔다. 또한 산업계의 자발적 행동계획에 따라 반도체 및 전기기기에 사용되는 HFCs, PFC, SF6 등의 회수 및 재활용, 대체물질 개발 등에 노력한다.

Suncor Energy

캐나다 전력회사인 Suncor는 캐나다 정부와의 VCR 프로그램에 참여하고 있으며, 2010년까지 1990년 대비 6%의 온실가스 감축 목표를 수립했다. 1990~2002년까지 연간 1.5%, 2003~2008년까지 연간 1%를 감소시킬 계획이며, 이를 위해 에너지 효율 제고, 공정 개선, 천연가스사업 확대, 폐열 회수 등의 내부적인 조치와, 호주와 브라질 등지에서의 산림 조성, 배출권 거래 등 외부적인 조치들을 함께 실시해나가고, 대체에너지 개발 및 관련 연구에 대한 투자도 확대할 예정이다.

〔쓰기 과제〕

공학기술의 발전과 국가경제 성장 간의 관계

1. 차세대 성장동력의 사례와 기존의 경제개발계획과의 차이점을 알아보자. 이때, 중점 분야의 변화와 더불어, 정부 지원 방식의 변천을 알아보자. 그리고 이들 변천으로 인한 공학기술 발전과 경제 발전 간의 관계 변화 역시 살펴보자. 특히 차세대 성장동력 사업 이전의 공학기술 개발로 인한 경제 발전 성공 사례에 대한 자료를 찾아보고 관련 담당자를 찾아 인터뷰하고 이에 대하여 보고서를 작성해보자.
2. 또한 10대 차세대 성장동력 중 하나를 선정, 미래 경제 발전에의 기여도를 산출한 근거 자료를 찾아보고, 이들 자료들이 적절히 작성되었는지 검토해보자. 또한 차세대 성장동력에서 제외되어 있거나 상대적으로 빈약한 부분에 대한 사례들에 대한 정부지원책을 알아보자.
3. 선진국을 포함한 외국의 관련 사례들을 찾아보자. 특히 핀란드의 정보통신 분야 지원(예: 노키아)의 사례를 분석하여 한국의 경우와 비교해보자.

경제성과 기술의 선택

1. 앞으로 경제 발전에 크게 기여할 것으로 예측되는 신기술을 선정, 그 가치를 판단해보자.
2. 한국기술거래소의 『기술도 상품이다』 성공사례집을 참고하여 자신의 전공 분야에서 미래 유망한 기술을 개발하였다는 가정하에 간단한 사업화 계획안을 작성해보자.
3. 자신의 전공 분야에서 미래 유망한 기술을 스스로 개발하거나 타인이 개발한 기술을 매입하였다고 가정하고 이 기술을 사업화하기 위하여 필요한 자금을 조달하는 여러 가지 대안을 탐색하여 비교해보자(기술신용보증기금이나 중소기업진흥공단의 홈페이지 또는 기업은행 등 일반금융기관의 홈페이지를 참조).

경제를 이루는 타 분야에 대한 이해

1. 환경 이외에 공학기술과 경제 발전의 관계에 영향을 주는 요인들은 어떤 것이 있는지 알아보자.
2. 지구온난화의 원인에 대하여 알아보고, 이들 원인 중 공학기술의 발전과 관계되는 부분을 알아보자. 또 왜 해당 기술들이 개발될 때에는 환경에 대한 고려가 부족하였는지 알아보자.
3. 기후변화협약에 따른 산업 발전의 피해는 주로 어떤 산업에서 일어나는지 알아보고, 정부 및 관련 산업의 대책에 대하여 알아보자.

[토의 및 토론 주제]

공학기술의 발전과 국가경제 성장 간의 관계

1. 1960년대 정부 주도의 경제정책이 성공적으로 추진되었다고 생각하는가?
   - 성공 요인은 무엇이라고 생각하는가?
   - 공학기술이 경제 성장에 끼친 주요 영향 요소는 무엇이라고 생각하는가?
   - 언제까지 국가 주도의 경제정책이 효력을 발휘할 것으로 생각하는가?
2. 민간 주도의 경제 상황에서 국가의 역할은 무엇이라고 생각하는지 토의해보자.
3. 차세대 성장동력의 선정 및 기술 개발이 우리의 미래를 어떻게 바꿀 것이며, 새 시대의 공학기술 및 공학자의 역할은 어떻게 변할 것이라고 생각하는지 토의해보자.
4. 차세대 성장동력 선정기술 중 2~3개의 신기술을 선정, 찬반 의견을 제시해보자. 이때 에너지, 환경, 토목 등 공공재적인 기술을 선정, cash cow는 되지 못하지만 국가경제에 크게 기여할 수 있는 기술과 비교해보자.
5. 다음은 정부가 경제 발전을 위한 국가전략으로 제시한 10대 차세대 성장동력에 대하여 삼성경제연구소가 제시한 6가지 성공 조건이다. 이들의 적절성에 대하여 토의해보자.

– 성장동력과 서비스 · 전통산업의 동반 성장 : 성장동력산업, 굴뚝형 제조업, 서비스 산업이 삼위일체로 동반 성장할 수 있도록 하는 발전전략이 필요하다. 성장동력은 활력 부여 및 신분야 돌파의 선봉 역할을 수행하고 제조업과 서비스산업은 성장동력 발전에 필요한 수요, 인프라, 인력, 자금을 제공하는 기능을 담당해야 한다.

– 산업 특성에 맞는 발전전략 구사 : 산업별 수준, 국제 위상 등을 감안해야 한다. 차세대 반도체, 디스플레이, 차세대 전지의 경우 공급능력을 강화하기 위해 기초기술, 연관산업, 투자 등이 이뤄져야 하며 디지털TV · 방송, 차세대 이동통신은 연관산업, 표준화, 마케팅력 등을 고려해 시장 대응력을 높여야 한다. 또 지능형 홈네트워크, 지능형 로봇 등은 수요 발굴, 표준화, 기술 개발을 적절히 조화시켜 신수요 창출에 나서야 한다.

– 전략적 유연성 확보 : 개별 산업 육성이 아닌 연계성이 높은 사업 분야를 묶어 전후방 산업의 동시 강화를 추구해야 한다. 또 반도체, 디스플레이, 전지, 소프트웨어 등 핵심부품을 우선 육성해 타산업의 발전과 경쟁력 확보를 주도할 수 있는 여건 형성에 나서야 한다. 이와 함께 급변하는 산업환경을 반영해 추진방법, 목표 그리고 대상 조정 노력이 요망된다.

– 글로벌 경쟁력 제고 : FTA 등 무관세 환경에서 경쟁력을 갖출 수 있는 분야로의 주력이 필요하다. 또 역량 강화를 위해 성장동력 분야에 대한 글로벌 기업 및 연구소의 국내 유치를 촉진하고 아울러 해외 고급인력의 확보에도 노력해야 할 것이다.

– 민관 파트너십 구축 : 경쟁력 수준과 시장 형성 시기에 따라 민간과 정부의 역할을 구분해야 하며 아울러 상호간에 지속적인 대화를 통한 시너지 창출이 필요하다. 특히 정부는 민간에서 신분야에 도전할 수 있도록 기업이 연구개발 프로젝트를 제안하고 산학 컨소시엄 구성을 주도할 수 있는 여건 조성에 나서야 한다.

— 국가적 의지 결집 : 경제 주체들의 참여를 적극 유도하고 열정을 한 방향으로 통합할 수 있는 분위기를 만들어나갈 필요성이 있다. 이와 관련 성공사례를 조기에 만들어 긍정적 경험과 자신감을 타분야로 확산시켜 나가야 하며 또한 기업하기 좋은 나라 구현에 힘써야 한다. 이공계와 지식서비스 인력의 양성에도 매진해야 할 것이다.

경제성과 기술의 선택

1. 기술시장에서 기술가치를 평가하는 데 고려해야 할 사항이 무엇인지, 그리고 기술가치를 평가하는 전문가에게 꼭 필요한 자질이 무엇인지에 대하여 토론해보자.
2. 우리나라에서 기술가치를 평가하는 전문자격이 확립되지 못하여 기술거래와 평가에 있어서 변호사나 공인회계사, 감정평가사가 주도하고 있는 이유에 대하여 토론한 후 이공계 출신 공학도가 주도하는 전문자격을 창출하는 방안에 대하여 토의해보자
3. 자신의 전공 분야에서 개발한 기술을 담보로 금융기관에서 자금을 차입하거나 자본주로부터 투자를 유치할 수 있는 가능성이 다른 기술 분야에 비해 어느 정도인지를 비교하는 것을 내용으로 토론해보자.
4. 금융기관의 경영자가 잠재력이 큰 기술을 보유하고 있으면서도 자금 조달의 어려움을 겪고 있는 각 분야의 대표적인 기술기업을 발굴하여 세계적 기업으로 성장할 수 있도록 지원하여 국민경제 활성화에 기여하면서도 동시에 자기 금융기관의 수익성도 확보할 수 있는 방법에 대하여 토론해보자.
5. 10여 년 전만 해도 인기가 없었던 수의학 및 농업 분야가 이제 생물공학 분야의 발전으로 최첨단 학문이 되었다. 요업공학 등도 최근 재료공학 및 나노기술 발달로 인기 분야로 각광받고 있다. 이러한 공학기술의 순환이 현재 비첨단 분야로 인식되고 있는 분야에도 나타날 것이라고 생각하는지 토의해보자.

경제를 이루는 타 분야에 대한 이해

1. 최근 원자력발전으로 인한 폐기물 처리장 설립에 대하여 많은 사회적 논의가 진행되었다. 원자력을 비롯한 에너지 공급 분야의 공학기술의 발전은 우리나라 경제 발전에 크게 기여하였으나, 최근 환경단체 등으로부터 환영받지 못하고 있다. 이때 공학기술이 이러한 문제의 해결을 위해 어떻게 나아가야 할 것인지에 대해 토의해보자.
2. 지속 가능한 발전은 정말 가능할 것인가? 과연 공학기술의 발전으로 환경 문제를 해결할 수 있을지 논의해보자. 가능하다면 어떠한 형태의 공학기술이겠는지 토의해보자.
3. 지열, 풍력, 태양력 등의 대체에너지는 1970년대부터 화석에너지를 대체할 수 있는 환경친화적인 에너지원으로 인식되어왔으나 경제성의 부족으로 아직도 제대로 활용되지 못하고 있으며, 이러한 경제성의 문제는 상당 기간 동안 지속될 것으로 보인다. 비록 경제성이 앞으로 상당 기간 동안 떨어져 경제 발전에 무리를 준다 하더라도 환경에 대한 고려를 중시하여 대체에너지를 조기에 활용하여야 할지에 대하여 논의해보자.
4. 환경 이외에 공학기술과 경제 발전의 관계에 영향을 주는 요인들을 알아보고, 이들 요인들과 공학기술의 발전과의 새로운 관계를 어떻게 구축해야 할지에 대해 논의해보자.

[참고문헌]

1. 공학기술의 발전과 국가경제 성장 간의 관계

과학기술정책관리연구소, 「연구개발 성공사례분석」, 1997

과학기술정책관리연구소, 「21세기 과학기술발전방향」, 1997

오원철, 『한국형 경제건설』(제1권~제7권), 기아경제연구소

재정경제부 외, 「차세대 성장동력 추진계획」, 2003. 8

통상산업부, 「기술 개발의 반딧불」, 1996

과학기술부 홈페이지 www.most.go.kr

국가과학기술자문회의 홈페이지 www.pacst.go.kr

삼성경제연구원 차세대성장동력포럼 홈페이지 www.seri.org/forum/geok

재정경제부 홈페이지 www.mofe.go.kr

OCED 홈페이지 www.oecd.org

2. 경제성과 기술의 선택

과학기술정책연구평가센터, 「기술 개발 및 투자촉진을 위한 기술보험제도에 관한 연구」, 2003

한국기술거래소, 『기술도 상품이다』(기술거래 및 사업화 성공사례집), 2003

한국산업기술평가원, 「기술혁신의 선순환 촉진을 위한 기술담보사업 추진전략」, 2001. 4

한국산업기술평가원, 「기술담보사업 지원안내」, 1999. 6

한국수출보험공사, 「신뢰성보험도입을 위한 제도설명자료」, 2003. 1

기술신용보증기금 홈페이지 www.kibo.co.kr

중소기업진흥공단 홈페이지 www.sbc.or.kr

한국기술거래소 홈페이지, www.kttc.or.kr

한국수출보험공사 홈페이지 www.keic.or.kr

3. 경제를 이루는 타 분야에 대한 이해 : 기후변화협약

고등학교 환경 교과목 교과서

에너지경제연구원, 「기후변화협약에 의거한 제2차 대한민국 국가보고서」, 2003. 12

에너지경제연구원, 「지속가능발전을 위한 에너지부문 전략 연구(제1차년도)」, 2003. 12

환경부, 「기후변화대응 환경부문 종합계획 수립」, 2003. 4

환경부, 「기후변화협약에 대한 산업계 대응 방안」, 2002. 3

대통령자문 지속가능발전위원회 홈페이지 www.pcsd.go.kr

미국 환경청(EPA) 홈페이지 www.epa.gov

산업자원부 홈페이지 www.mocie.go.kr

에너지관리공단 기후변화협약대책단 홈페이지 co2.kemco.or.kr

에너지대안센터 홈페이지 climate.energyvision.org

환경부 기후변화협약 홈페이지 www.gihoo.or.kr

Global Climate Coalition(GCC) 홈페이지 www.globalclimate.org

4. 공학기술과 기술담보금융의 활용

한국기술거래소, 「기술사업화 촉진을 위한 제도개선 연구」, 2003. 5

기술이전 및 사업화정책 협의회, 「기술이전 및 사업화촉진 종합계획」, 2002. 12

한국산업기술진흥협회, 「기업연구소 연구결과의 효율적 활용방안」, 2001. 7

한국기술거래소, 「기술담보시범사업 성공 · 실패 요인 분석을 통한 기술가치평가보증제도 도입 방안에 관한 연구」, 2003. 5

한국산업기술평가원, 「기술담보사업 지원안내」, 1999. 6

산업자원부, 「기술담보제도 도입방안에 관한 연구」, 1997. 3

산업자원부, 「효율적 기술개발 촉진을 위한 기술보험제도 도입방안에 관한 연구」, 1996. 12

5. 기술거래사와 기술가치평가사

한국기술거래소, 「기술거래사 제도 활용촉진 및 기술가치평가사 제도 도입방안에 관한 연구」, 2003. 5

한국기술가치평가협회, 「업종별 기술가치평가 기본모델 구축 사업」, 2002

한국기술가치평가협회, 「기술 · 기업가치 평가기준」, 2000

한국산업기술진흥협회, 「산업기술백서」

Appraisal Foundation, "Uniform Standards for Professional Appraisal Practice", 2000

International Valuation Standards Committee, "International Valuation Standards", 2000

National Association of Certified Valuation Analysts, NACVA Professional Standards, 2000

국제 기업중개사 협회 홈페이지 http://www.ibba.org

미국 공인가치분석사 협회 홈페이지 http://www.nacva.com

5장 공학기술과 경영

정재용(정보통신대 경영학부 교수)
이병헌(광운대 경영학과 교수)

1. 기술경쟁력과 기술경영

1-1. 기업의 정의와 기술경영 : 누가 국부를 창출하는가?

21세기 국부의 원천은 기업이 얼마나 경쟁력을 유지하며 이익을 창출하는가 하는 문제와 직결된다. 기업은 노동, 자본, 토지를 근간으로 운영되지만, 그 무엇 보다도 경쟁력을 좌우하는 것이 기술이라는 점은 새삼 강조할 필요가 없을 것이다. 그러나 기업이 신기술 및 신제품을 개발하기 위해서는 많은 노력이 필요하며 효과적인 경영 및 관리가 필요하다.

이 절에서는 우리가 살고 있는 자본주의 패러다임에서 국부 창출의 중추적 역할을 담당하고 있는 기업에 대하여 이해하고, 21세기 기업경쟁력의 원천인 기술혁신과 기술경영에 대해 알아보기로 한다.

1) 기업이란?

기업이란 경제적 가치를 지닌 제품과 서비스를 생산, 유통하는 조직적인 경제단위를 말한다. 예를 들어 휴대폰, 냉장고, 컴퓨터, 이발, 소매, 도매 등 제품과 서비스의 생산과 유통에 참여하는 조직들을 기업이라고 한다. 일반적으로 기업은 영리를 목적으로 노동력, 자본, 물자, 기술, 에너지 등의 투입물을 물리적, 화학적으로 변환하여 소비자가 원하는 제품과 서비스를 생산하여 공급하게 된다. 기업이 생산한 제품과 서비스의 경제적 가치를 수익이라 하고, 이를 생산하기 위해 투입된 자원의 경제적 가치를 비용이라고 하며, 수익과 비용의 차이는 이윤이라고 한다. 기업이 영리를 추구한다는 것은 수익을 극대화하고 비용을 극소화하여 그 차액인 이윤을 극대화하는 것을 의미한다.

현대 사회에서 기업은 사회구성원들의 개인적인 삶뿐만 아니라 사회공동체의 모든 부분들과 깊은 관련을 맺고 영향력을 행사하고 있다. 한 사회에서 기업이 수행하는 일차적인 기능은 사회구성원들의 의식주를 해결하는 데 필요한 제품과 서비스를 생산, 공급하는 것이다. 〔그림 1〕에서와 같이 사회구성원들은 기업의 생산활동에 필요한 노동력, 토지, 자본, 기술 등을 제공하고, 기업은 그 대가를 사회구성원들에게 지불한다. 사회구성원들은 기업에 생산요소를 제공하고 얻은 소득으로 기업이 생산한 제품과 서비스를 구매하게 되므로 기업의 생산

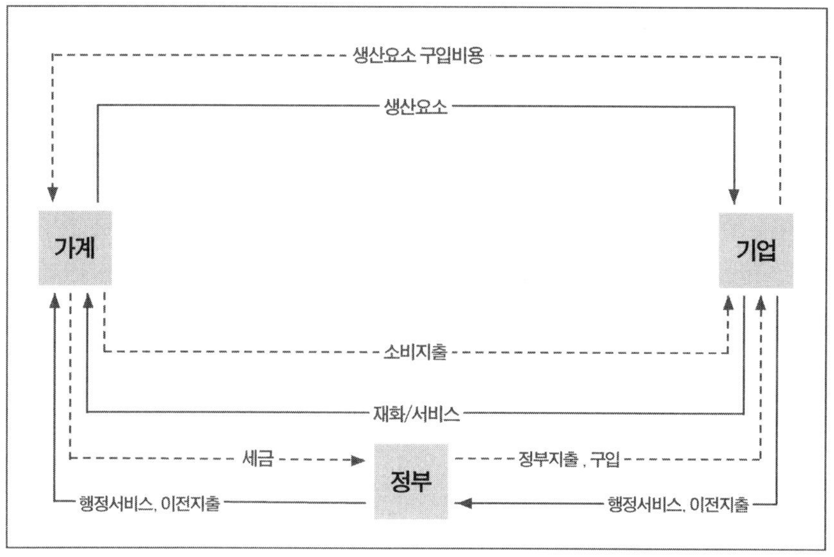

〔그림 1〕 자본주의 경제체계하에서 기업, 정부, 가계의 역할

활동과 사회구성원들의 소비는 상호 밀접하게 관련되어 있다.

자본주의 사회가 발전하면서, 기업은 제품과 서비스의 생산과 공급이라는 일차적인 경제적 기능 이외에 다양한 기능과 역할을 수행하고 있다. 기업은 지역사회의 유지 발전과 정치 문화에도 영향을 미치게 되었다. 또한 사회구성원들의 가치관, 욕구 수준, 사고방식에도 큰 영향을 미친다. 사회구성원들의 행동양식과 문화에도 영향을 미치는 것이다. 사회에 미치는 영향력이 크게 증가하면서, 기업이 사회가 기대하는 바람직한 역할과 기능을 다해야 한다는 기업의 사회적 책임도 커지고 있다. 기업의 일차적인 이해관계자들인 주주, 종업원, 소비자들에 대한 책임뿐만 아니라 정부와 지역 사회에 대한 책임도 중요하게 된 것이다. 예를 들어 실업이나 공해와 같이 현대 사회가 안고 있는 문제에 대해서도 기업은 일정 부분 책임을 져야 한다.

이와 같은 여러 기능과 역할을 수행하기 위해서 기업은 노동력, 자본, 지식과 정보, 물적인 자원 등을 활용하며 이를 유기적으로 결합하여 하나의 조직으로 운영되고 있다. 때문에 기업은 현대 사회의 여러 종류의 조직들 중 하나이며, 다음과 같은 특징을 갖고 있다.

첫째, 기업은 이윤을 추구하는 조직체이다. 조직이 만들어지는 가장 중요한 이유는 조직구성원들이 공동의 목적(common objectives)을 달성하기 위한 것이다. 공공의 이익을 실현하기 위해 정부가 투자하여 설립한 일부 공기업들을 제외한 대부분 기업들의 설립 목적은 이윤을 극대화하는 것이다. 물론 앞서 설명했듯이, 기업의 일차적인 목적이 사적인 이윤 추구에 있다고 해서 공공의 이익에 대한 기여를 도외시해도 된다는 것은 아니다. 기업은 기업이 속한 사회의 유지 발전에 기여하는 것 또한 중요한 목표로 삼는다. 다만, 이윤의 실현 없이는 다른 어떤 목적도 달성할 수 없다는 점에서 이윤의 극대화는 기업의 일차적이고 가장 중요한 목표가 되는 것이다.

둘째, 기업 조직은 경제기술적 생산 시스템이면서 동시에 사회심리적 협동 시스템이다. 기업은 자본, 인력, 자금, 기술 등의 투입 요소를 받아들여 이를 물리적, 화학적으로 변화하여 제품과 서비스를 생산하게 되는데 이 과정에서 기업은 기술적으로 타당한 방법을 동원하여 투입 대비 산출을 극대화하는 경제적인 효율성을 추구하게 된다. 때문에 기업은 경제기술적 생산 시스템이라고 할 수 있다. 그러나 기업 생산활동은 단순히 기술이나 경제적 원리에 의해서만 결정되지 않는다. 기업이 생산활동을 통하여 이윤을 실현하기 위해서는 주주, 종업원, 외부 협력업체, 소비자를 비롯하여 여러 사회구성원들의 협력을 필요로 하기 때문이다. 종업원들의 사기, 소비자들이 갖고 있는 기업 이미지, 회사 경영자와 주주와의 관계 등 사회 심리적인 요인들도 기업활동과 이윤 추구라는 목적 달성에 영향을 미치게 된다. 이는 기업이 사회심리적 협동 시스템이기 때문이다. 경제기술 및 사회 심리적인 복합 시스템인 기업 조직을 구성하는 요소들은 인간, 과업, 시설 및 자금, 조직구조 등으로 대별된다. 〔그림 2〕는 복합 시스템으로서의 조직의 내부 구성 요소들을 설명하고 있다.

셋째, 기업은 외부 환경과 끊임없이 상호작용하는 개방 시스템이다. 기업은 진공 상태에서 홀로 존재하는 폐쇄 시스템(closed system)이 아니라 기업이 활

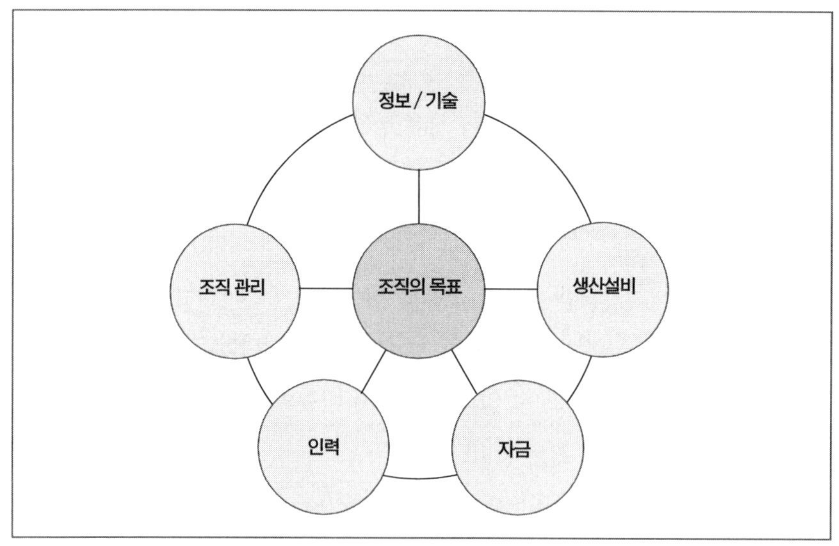

〔그림 2〕 조직의 내부 구성 요소

동하고 있는 국가나 산업 내의 타 구성 주체들과 끊임없이 상호작용을 하면서 영향을 주고받는 일종의 개방 시스템(open system)이다. 거시적으로는 국내외 정치, 경제, 사회, 기술, 문화적인 상황과 영향을 주고받으며, 미시적으로는 기업이 속한 산업 내에서 고객, 타 경쟁기업, 원재료 공급업체, 기술 공급원 등과 상호협력하거나 경쟁하면서 영향을 주고받게 된다. 이 과정에서 기업은 변화하는 외부 환경에 적합하도록 조직의 내부 시스템을 지속적으로 변화시켜야만 지속적인 생존과 성장이 가능하다.

넷째, 기업은 지속적인 생존과 성장을 추구하는 조직이다. 기업은 일회적 업무 수행을 위해 존재하지 않고, 계속 생존하면서 지속적인 성장을 추구하는 것이 일반적이다. 이는 기업에 관련된 이해관계자들의 요구를 만족시키기 위해서일 뿐만 아니라 사회적인 역할과 책임을 다하기 위해서 필요한 특징이다. 때문에 앞서 지적된 기업의 일차적인 목표인 이윤 극대화는 일회적이거나 단기적인 이윤 극대화가 아니라 장기적인 관점에서의 이윤 극대화를 의미한다. 예를 들어 어떤 기업이 한 해 동안 높은 이익을 실현하고 나서 바로 그 다음해에 도산하게 된다면, 그 기업의 주주나 종업원들의 기대와 요구를 충족시키지 못하게 되는 것이며, 사회적인 책임도 다하지 못하는 것이다. 기업의 이윤 극대화 목표는 중장기적인 관점에서 추구되어야 하는데, 앞서 설명되었듯이 변화하는 외부 환경과 끊임없이 상호작용해야 하기 때문에 중장기적인 이윤 극대화를 실현하기는 매우 어렵다.

우리는 주변에서 다양한 형태의 기업들을 볼 수 있다. 기업의 자산 또는 종업원의 수에 따라 삼성전자나 포스코와 같이 많이 알려져 있는 대기업들도 있고, 종업원 1인 회사 이거나 또는 중소 규모의 회사들도 있다. [그림 3]은 기업의 형태를 기업자본의 원천에 따라 구분하는 경제적 형태와, 실질적인 출자관계 및 이에 따른 출자자의 책임 정도에 따라 구분하는 법률적 형태를 기준으로 나눈 것이다. 민간인이 출자한 영리 추구를 목적으로 하는 기업을 사기업이라 하고 국가, 지방 자치단체 또는 공공단체가 출자하고 사적인 이익 추구를 목적으로

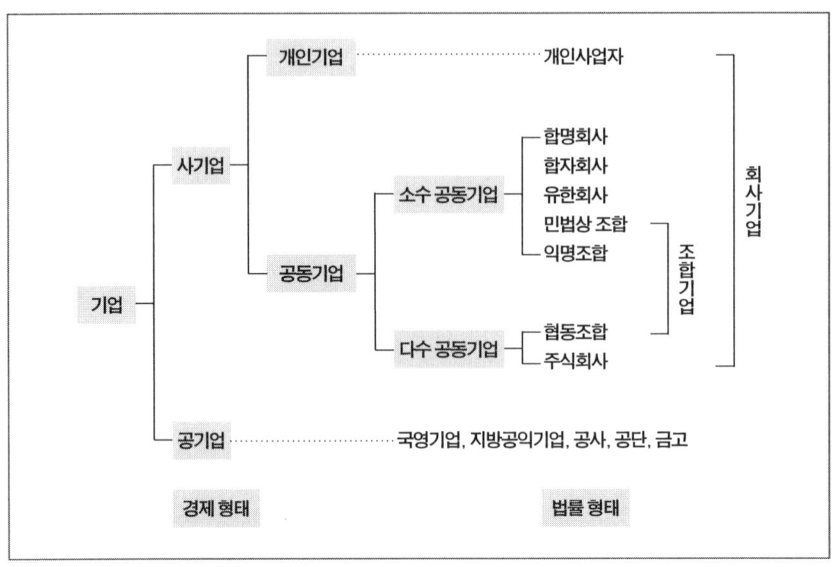

〔그림 3〕 기업의 종류(조동성, 『21세기를 위한 경영학』, 서울경제경영사, 2000)

하지 않는 기업을 공기업이라 한다. 공사합동 기업은 공기업의 성격과 사기업의 성격이 혼합되어 있는 경우를 말한다. 사기업은 다시 출자자가 1명의 개인인지 2명 이상의 공동인지에 따라 개인기업과 공동기업으로 나눌 수 있다. 또한 공동기업은 합명회사, 합자회사, 유한회사 등 소수의 사람들이 모여 구성한 소수 공동기업과 여러 사람이 모여 구성한 다수 공동기업이 있다.

2) 기업경영

우리는 일상생활에서 '경영〔또는 관리(management)〕'라는 용어를 자주 접하게 되는데, 경영이라는 용어는 일반적으로 매우 다양한 의미로 사용되고 있다. 때문에 경영에 관한 일반적인 정의를 내리는 것은 지극히 어려운 일이지만, "개인 또는 조직이 의도나 목표를 설정하고 이를 효과적이면서도 효율적으로 달성하기 위한 수단을 선택하여 실행하는 것"이라고 정의할 수 있다. 이러한 정의를 토대로 기업경영의 의미를 보다 구체화하면 다음과 같다.

앞서 설명되었듯이, 기업은 사회체계 속에서 요구되는 법적, 윤리적 책임을 다하는 한도 내에서 스스로의 목적을 추구한다. 사기업의 경우 기업의 궁극적인 목표는 이윤 극대화, 지속적인 생존과 성장 등이다. 이러한 목표를 달성하기 위해 기업의 최고경영자는 기업이 달성 가능한 중장기적인 수익 및 이윤의 설정, 사업 영역의 선택, 생산에 투입되는 자원의 조달과 배분 등을 행하게 되며 이를 경영전략이라고 한다.

기업이 이윤 극대화를 포함한 기업의 경영 목표를 달성하기 위해 선택할 수 있는 수단은 여러 가지가 있다. 우선 동일한 투입비용 조건하에서는 가능한 판매 수익을 증가시켜야 한다. 판매 수익은 제품이나 서비스의 판매량과 단위당 가격의 곱으로 계산되며, 판매량과 제품의 가격 간에는 서로 상충되는 관계가 존재한다. 즉 제품의 가격을 높게 책정하게 되면 판매량은 줄어들게 되며, 가격을 낮추면 판매량은 증가한다. 따라서 판매 수익을 최대화하기 위한 적정 가격을 책정하는 것이 중요한 문제가 된다. 또한 판매수량은 제품의 판매가격 이외에도 제품의 품질, 광고, 유통방식 등에 의해서도 영향을 받기 때문에 이들 또한 경영 목표 달성의 주요한 수단이다.

한편 비용 지출을 최소화하기 위해서는 원료의 구매, 제조 과정, 인력관리, 토지 임대 및 공장설비, 자금 조달 등 비용 요소들을 효과적으로 관리하여야 한다. 즉 제품과 서비스의 생산에 투입되는 요소 자원들을 효율적으로 사용하여야 한다. 생산요소 중 자본을 관리하는 기능을 재무관리, 원료와 부품의 구입과 이들을 이용한 제품 및 서비스의 생산과 관련된 기능을 생산(운영)관리, 인력의 효과적 조달, 교육, 배치 등에 관한 것을 인사관리라 한다. 그밖에 회계관리와 정보관리 등도 기업의 중요한 경영 기능이다.

이제, 과정적인 측면에서 기업경영이 어떠한 과정과 절차를 통해서 이루어지는가를 살펴보기로 하자. 일반적으로 경영활동은 계획, 조직, 지휘, 통제라는 기본적인 4가지 기능으로 구성되며, 경영 과정은 이들 4개 경영 기능의 반복적인 수행 과정이다. 계획은 목표를 설정하고, 이러한 목적을 어떻게 달성할 것인가를 결정하는 과정이다. 경영전략을 결정하는 최고경영층은 기업의 사명, 비전, 목적, 목표 등을 설정하고, 이들을 달성할 전략을 수립하게 되며, 하위 관리층은 이러한 전략 차원의 계획을 달성하기 위한 구체적인 운영계획을 마케팅, 기술, 인사조직, 생산, 재무회계 등 각 부분별로 수립하여 집행하게 된다. 조직화란 기업이 수립한 계획을 성공적으로 수행하는 데 필요한 인적, 물적 자원을 조달하고 배분하고 조정하는 기능을 말한다. 조직화를 통해 경영자는 해야 할 업무가 무엇이고, 이를 누가 어떠한 권한과 책임을 갖고 수행할 것이며, 이들 과업들을 어떻게 관리하고 조정할 것인가를 결정하게 된다. 지휘란 기업의 목표를 달성하도록 기업의 구성원들로 하여금 함께 과업을 수행하도록 영향을 미치는 기능을 말한다. 구성원들이 높은 성과를 내도록 지시하고, 이끌고, 동기부여하는 것을 의미한다. 통제란 계획된 결과와 실제의 결과 사이의 편차를 규명하여 계획, 조직화, 지휘의 내용이나 방법을 수정하는 기능을 말한다. 경영자는 전략적 및 운영적 계획을 실행하는 과정에서 진척 상황은 물론 현재의 성과를 감시할 필요가 있으며, 계획대로 이루어지지 않을 경우 시정 조치를 강구해야 한다.

이상 기업 경영의 세부 내용과 그 과정을 정리하면 〔그림 4〕와 같다.

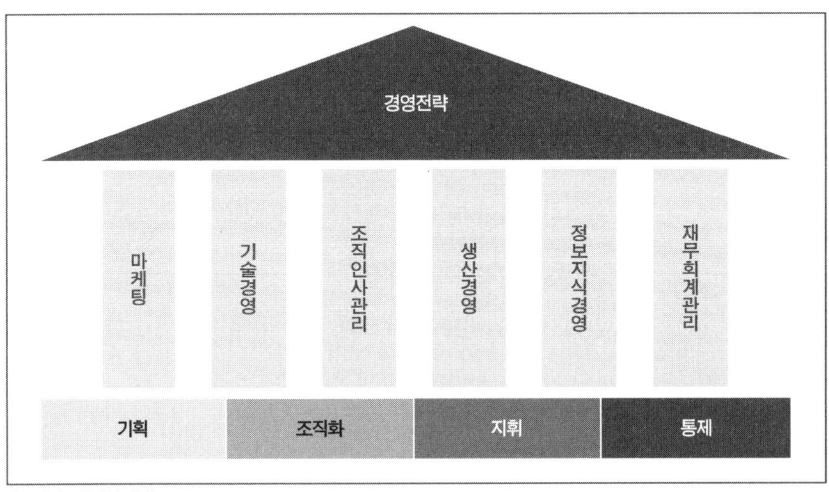

〔그림 4〕 경영의 체계

3) 기업의 경쟁력

기업을 영위하는 데 있어서 경영이 중요한 이유 중 하나는 기업이 시장에서 다양한 형태의 경쟁에 직면하기 때문이다. 일반적으로 기업들은 동일하거나 유사한 제품 또는 서비스를 생산하는 타 기업들과 경쟁하게 된다. 소비자들은 동일한 가격에서는 보다 높은 품질의 제품이나 서비스를 선호하고, 동일한 품질 수준에서는 낮은 가격의 제품이나 서비스를 선호한다. 따라서 같은 제품이나 서비스를 생산하는 기업들은 보다 높은 품질과 낮은 가격에 소비자들에게 제품과 서비스를 공급하기 위한 경쟁을 피할 수 없다.

기업간의 경쟁은 동일한 제품이나 서비스를 생산하는 기업들간에만 존재하는 것은 아니다. 예를 들어 휴대폰과 PDA, 영화와 컴퓨터 게임 같이 소비자들에게 대체재로 인식되는 제품이나 서비스의 경우 이를 생산하는 기업들이 전혀 다른 산업에 속해 있다고 해도 고객 확보를 위해 상호경쟁하게 된다. 또한 기업들은 투입 자원의 확보를 위해서도 경쟁하게 된다. 전혀 관계가 없는 제품이나 서비스를 생산하는 기업들간에도 우수한 인재, 독점적인 기술, 원부자재 등을 확보하기 위해 경쟁하게 된다. 나아가 국제간 교역이 확대되면서 기업간 경쟁은 국가의 테두리를 넘어서 전세계적으로 확대되고 있다. 때문에 한 국가에서 어떤 제품이나 서비스를 독점적으로 생산 공급하는 기업일지라도 기업간 경쟁을 피할 수 없다.

기업의 경쟁력(competitiveness)이란 경쟁 상대와 비교하여 품질과 가격 측면에서 우월한 제품과 서비스를 생산하여 소비자에게 공급할 수 있는 능력을 의미한다. 기업들은 품질과 가격 측면에 매우 다양한 제품과 서비스를 생산하게 되기 때문에 여러 기업들이 생산하는 제품과 서비스의 경쟁력을 하나의 기준으로 평가하기는 어렵다. 다만 동일한 가격 수준에서는 보다 우수한 품질의 제품과 서비스가, 동일한 품질의 제품과 서비스에 있어서는 보다 낮은 가격의 제품이 경쟁력이 있다고 말할 수 있다.

기업의 경쟁력은 기업의 생존과 성장을 결정짓는다. 동일한 제품이나 서비스를 생산하는 다른 기업에 비해 경쟁력이 떨어지는 기업의 제품과 서비스는 소비자들이 구매하지 않을 것이기 때문에 수익을 창출할 수 없다. 비록 국내에서 한 제품을 독점적으로 생산하고 있는 기업일지라도 동일한 제품을 생산하는 외국 기업이나 대체재를 생산하는 기업들에 비해 경쟁력이 떨어진다면 역시 수익을 창출할 수 없다.

어떤 기업이 어느 정도의 경쟁력을 갖고 있는가를 측정하는 경쟁력 지표(indicators)에는 효율성 지표와 효과성 지표가 있다. 효율성은 기업이 주어진 제품과 서비스를 얼마나 잘 생산하고 판매하는가를 나타내는 지표인 반면, 효과성은 기업이 고객을 포함한 이해관계자들의 요구에 부응하는 올바른 제품과 서비스를 생산하고 판매하는지 여부를 측정하는 것이다. 두 지표의 차이를 좀 더 알아보기로 하자.

효율성(efficiency)은 생산성(productivity)이라 불리기도 하는데, 기업의 생산활동에 투여된 투입물의 양 대비 산출물의 양을 의미한다. 제조업의 경우 투입물은 생산에 투하된 자본, 노동력, 에너지 등을 의미하고, 산출물은 생산된 제품의 수량을 의미한다. 예를 들어 자동차산업의 경우 자동차 생산공장 건설에 투입된 자금이나 생산에 종사하는 인력 대비 생산된 자동차의 수가 효율성 지표가 될 수 있다. 물론 구체적인 지표는 기업이 속한 산업이나 생산하는 제품, 서비스의 특성에 따라 다르게 적용될 수 있다. 그러나 보편적으로 효율성은 다음과 같은 식으로 표현된다.

$$효율성 = 산출물(양) / 투입물(양)$$

기업의 효율성은 동일한 자원을 투입하면서 제품과 서비스의 생산과 판매를 극대화하거나, 동일한 제품과 서비스의 생산과 판매에 투입되는 자원의 양을 최소화함으로써 달성된다. 결국 효율성을 높이기 위해서는 투입되는 자원의 낭비를 줄이고 활용도를 높여야 한다. 동일한 품질의 제품이나 서비스를 생산하는 기업들간의 경쟁에 있어서 기업간 효율성의 차이는 기업간 가격과 원가의 차이를 가져오게 된다. 보다 효율성이 높은 기업은 그렇지 못한 기업에 비해 판매가격을 낮추거나 많은 이윤을 남김으로써 경쟁에서 우위를 점할 수 있게 될 것이다.

한편 효과성은 기업에 기대하는 목표 대비 달성된 목표로 정의된다. 즉 기업목표의 성취 정도를 의미한다. 이윤 추구를 목적으로 하는 기업에서는 매출이나 이윤이 중요한 기업경영의 목표가 된다. 여기서 기업이 계획한 매출이나 이윤목표의 달성 정도를 효과성이라고 할 수 있다. 예를 들어 어느 기업이 올해의 매출과 이익 목표를 각각 1,000억원과 100억원으로 설정하였고, 연말에 올해의 실적을 점검해보니 매출과 이익이 각각 1,100억원과 80억원이었다면, 이 기업은 매출 목표는 효과적으로 달성하였으나 이익 목표 달성에 있어서는 효과적이 못했다고 할 수 있다. 효과성을 수식으로 표현하면 다음과 같다.

효과성 = 달성된 목표/기대된 목표

기업에 관계된 이해관계자들은 기업에 대하여 서로 다양한 요구를 하게 된다. 기업의 고객들은 제품과 서비스의 성능, 질, 가격 수준 등이 자신들의 요구에 맞는 경우에 한하여 구매를 하게 된다. 기업에 투자한 투자자들은 일정 수준의 투자수익률을 요구한다. 기업에 근무하는 종업원들은 일정 수준의 임금과 승진기회를 원하게 된다. 이러한 여러 이해관계자들의 다양한 요구를 수렴하여 기업이 달성하고자 하는 목표가 설정되어야 하며, 기업이 이러한 목표를 달성하지 못하게 되면 생존과 성장이 어렵게 된다. 만약 기업이 소비자가 원하는 제품과 서비스를 생산하지 못할 경우, 고객들이 이탈하게 되어 매출은 크게 감소할 것이다. 기업이 투자자들이 원하는 수준 이상의 이윤을 창출하지 못할 경우 투자자들은 그 기업에 더이상 투자하지 않을 것이다. 기업이 종업원들에게 일정 수준 이상의 임금과 승진 기회를 제공하지 못할 경우 유능한 직원들이 회사를 떠나게 될 것이다.

기업이 효과성을 높이기 위해서는 기업을 둘러싼 이해관계자들의 요구에 적절하게 대응할 수 있어야 한다. 이를 위해서는 우선, 기업이 직면하는 외부 환경에 대한 체계적인 분석을 통해 이해관계자들의 요구와 경쟁관계를 정확히 파악하여야 한다. 고객들이 제품과 서비스를 통해 충족하고자 하는 욕구(needs)가 무엇이고, 이를 충족시킬 수 있는 수단은 무엇인가? 다른 기업들은 어떠한 제품과 서비스로 고객의 욕구를 충족시키고 있으며, 제품의 질과 서비스 측면에서 어떠한 차별성을 갖고 있는가? 이러한 분석을 통해 외부 환경의 요구에 대응하기 위해 어떠한 제품과 서비스를 생산하고 판매하여야 하는가를 결정하여야 한다. 또한 효과성을 높이기 위해서는 제품과 서비스의 생산에 투입되는 자원에 대한 장기적인 관점에서의 투자 배분이 필요하다. 예를 들어 소비자들의 선호가 변화하고, 기존의 제품이나 서비스 생산에 활용되고 있는 기술이 진부화되고 있는 상황이라면, 기존의 생산설비에 대한 투자를 줄이고 새로운 기술을 확보하기 위한 연구개발에 충실하여야 할 것이다.

이상의 논의를 토대로 우리는 기업의 경쟁력이 크게 두 가지 관점에서 파악될 수 있다는 것을 알 수 있다. 첫째는 고정된 상황하에서 주어진 제품과 서비스의 생산을 효율적으로 함으로써 달성되는 경쟁력이다. 이를 정태적 경쟁력(static competitiveness)이라고 할 수 있다. 기업이 효율성 향상을 통해 정태적 경쟁력을 확보하는 경우, 기업의 외부 환경이 변화하지 않는다면 타 기업에 비해높은 이윤을 실현할 수 있을 것이다. 그러나 효율성에 기반한 정태적 경쟁력은 기업의 장기적인 생존과 성장을 보장할 수 없게 된다. 그 이유는 기업을 둘러싼 제반 환경이 고정적이지 않고 끊임없이 변화하기 때문이다. 기업이 생산하는 제품에 대한 수요가 크게 감소한다면, 아무리 그 제품의 생산원가를 낮추어 효율성을 높인다고 해도 매출과 이윤을 증대시킬 수 없을 것이다.

기업이 변화하는 환경하에서도 지속적으로 경쟁력을 확보하기 위해서는 중장기적인 관점에서 기업이 생산하는 제품과 서비스, 그리고 이를 생산하는 데 투입되는 자원의 배분이 외부 환경의 변화에 적합하게 이루어져야 한다. 기업이 변화하는 환경에서 지속적으로 기업의 목표를 달성할 수 있는 능력을 동태적 경쟁력(dynamic competitiveness) 또는 지속 가능한 경쟁력(sustainable competitiveness)이라 하는데, 이는 기업 경영활동의 효과성을 높임으로써 확보될 수 있다.

4) 기업 경쟁력의 결정 요인과 기술

우리는 현실에서 기업들간의 경쟁력에 차이가 존재함을 알 수 있다. 한 나라의 동일한 산업에서 경쟁하는 기업들 중에서도 어떤 기업은 매출과 수익이 높게 나타나는 반면, 어떤 기업은 매출과 수익이 낮게 나타난다. 예를 들어 초고속 인터넷 서비스를 하는 기업들 중에서 KT(한국통신)는 이익을 실현하고 있는 반면, 하나로통신을 포함한 다른 초고속 인터넷 서비스업체들은 적자를 면치 못하고 있다. 자동차산업에 있어서도 일본의 도요타나 우리나라의 현대자동차 등은 경쟁력을 갖추고 있으나 대우, 삼성, 기아자동차 등은 경쟁력이 없었기 때문에 국내외 다른 자동차기업에 인수되고 말았다.

그렇다면 이러한 기업간 경쟁력 차이의 근본 원인은 무엇일까? 경영학자들은 이러한 기업간 경쟁력의 차이를 다양한 관점에서 설명하고 있다. 첫번째 관점은 기업 경쟁력의 차이가 경영자의 능력과 자질의 차이에서 기인한다는 것이다. 기업이 경쟁력을 갖기 위해서는 기업의 경영자들이 기업의 효율성과 효과성을 높이는 데 필요한 자질과 능력을 갖추고 있어야 한다. 기업이 경쟁력을 갖기 위해서는 경영자들이 연구개발, 생산, 판매, 투자활동과 관련된 지식과 기술을 충분히 학습하여 이해하고 있어야 할 뿐만 아니라 기업경영에 필요한 의사결정 능력과 리더십을 갖추고 있어야 하는 것이다.

두번째 관점은 기업의 경쟁력의 차이를 외부 환경적인 요인의 차이로 설명하는 것이다. 기업들이 직면하는 경쟁 환경의 차이는 기업간 수익과 성장의 차이로 나타난다. 예를 들어 다수의 기업간에 치열한 경쟁에 직면한 기업들은 치열한 가격 경쟁을 피할 수 없기 때문에 소수 또는 독점적으로 서비스를 제공하는 기업에 비해 수익성이 낮게 된다. 국제 유가나 환율, 물가상승률, 임금상승률 등과 같은 외부 환경 요인들도 기업의 수익성에 영향을 미친다.

세번째 관점은 최근 들어 가장 활발하게 연구되고 있는 이론으로, 기업간 경쟁력의 차이가 기업이 내부적으로 보유하고 있는 자원의 양과 질의 차이에 기인한다는 설명이다. 기업이 제품 또는 서비스를 생산하기 위해서는 다양한 인적, 물적, 재무적 자산과 능력, 지식, 정보 등을 필요로 한다. 특히 기술혁신이 가속화되고 첨단기술을 기반으로 한 제품과 서비스의 생산이 증가하면서 자원 중에서도 연구개발 인력의 기술지식, 특허권 등과 같은 기술적인 자원의 필요성이 증가하고 있다. 기업들은 제품과 서비스의 생산 및 판매에 필요한 이러한 경영 자원을 외부로부터 구매하기도 하고, 기업 자체적으로 개발하여 활용하기도 한다. 그런데 기업간에는 경영 자원을 외부로부터 획득하거나 자체적으로 개발하는 능력에 차이가 나기 때문에 결과적으로 제품의 생산 및 판매활동에 투입하는 자원의 양과 질에 차이가 존재하게 된다. 또한 기업간에는 자원을 활용하는 능력에서도 차이가 나며, 자원활용의 효율성과 효과성의 수준도 기업마다 다르게 된다. 그 결과 기업간 경쟁력의 차이가 존재한다.

기업들이 제품과 서비스의 생산에 활용하는 다양한 경영 자원 중에서 기업간 경쟁력의 차이를 가져오는 자원은 다음과 같은 특징을 갖고 있다 (Barney, 1991). 첫째, 기업의 생산 및 판매활동의 효율성과 효과성을 높일 수 있는 유용성을 갖고 있는 자원이다. 예를 들어 어떤 기업이 대규모의 생산설비를 보유하고 있다고 해도, 그 생산설비가 구식이어서 생산성 향상에 도움이 되지 않는다면 경쟁력 향상에 도움이 되는 자원이 될 수 없다. 또한 기업이 아무리 많은 특허를 갖고 있다고 해도 그것이 제품이나 서비스 생산에 활용되지 않는다면 유용한 자원이라고 볼 수 없다. 둘째, 손쉽게 구할 수 없는, 희소성이 있는 자원이어야 한다. 어느 기업이 최신의 고성능 설비를 생산에 활용한다고 해도 만약 그 설비를 다른 기업들도 손쉽게 구매할 수 있다면, 경쟁 우위의 원천이 될 수 없을 것이다. 셋째, 경쟁기업들에 의해 쉽게 모방되지 않는 자원이다. 만약 어느 기업의 매출 증가가 단순히 가격을 인하하였기 때문이라면, 이는 경쟁기업들에 의해 쉽게 모방될 수 있기 때문에 경쟁 우위의 원천이 될 수 없다. 그러나 그 기업의 가격 인하가 생산 과정에서의 원가절감을 위한 여러 가지 기술혁신에 의한 것이라면, 경쟁기업들이 쉽게 모방할 수 없을 것이다. 넷째, 경영 자원이 경쟁력의 원천이 되기 위해서는 그 자원을 대체할 수 있는 다른 자원이 존재하지 않아야 한다. 예를 들어 기업의 원가 경쟁력이 낮은 임금을 받는 단순 노동력에 의존하고 있는 상황에서, 자동화 설비로 단순 노동력을 대체할 수 있다면 경쟁력을 유지할 수 없을 것이다.

위의 조건에 비추어 볼 때, 기업간 제품 및 서비스의 가격과 품질의 차이를 가져올 수 있는 핵심적인 경영 자원은 대개 시장으로부터 구매하거나 자체적으로 개발하기 어려운 기술들로 구성되어 있다. 예를 들어 인텔의 마이크로프로세서 칩 설계기술이나, 삼성의 DRAM 생산기술 등은 시장에서 거래되지 않는 그들 기업만의 특유의 자산이다. 이러한 핵심적인 기술은 기술을 보유한 기업들이 장기간에 걸쳐 지속적인 연구개발을 통해 축적한 것이기 때문에 희소성이 있으며, 단기간에 이를 모방하는 것은 불가능하다.

기업은 제품 및 서비스의 생산과 판매에 필요한 여러 가지 기술을 필요로 하며, 이를 다양한 형태로 보유하게 된다. 기업은 제품 및 서비스의 설계기술, 필요한 부품이나 원재료 제작기술, 제품의 조립과 같은 생산기술, 생산설비 제작기술 등 연구개발 및 생산에 직접적으로 관련되는 기술들 뿐만 아니라 원재료의 구매, 재고관리, 유통 등 물류에 관한 기술들도 필요하며 나아가 이를 효과적으로 관리하기 위한 경영 관련 지식과 기술도 필요로 한다. 이러한 다양한 유형, 무형의 기술들의 결합에 의해 기업의 경쟁력이 창출되는 것이다.

이러한 기술은 어떠한 형태로 기업 내부에 존재하는 것일까? 기술은 다양한 형태로 기업 조직에 체화되게 된다. 어떤 기술은 연구개발 인력의 지식과 경험 형태로 존재하고, 어떤 기술은 기술 개발 보고서나 기술 설명서와 같이 문서화된 형태로 존재하고, 어떤 기술은 제품, 장비, 설비로 구현되기도 한다. 또한 어떤 기술은 연구개발부서나 품질관리부서의 업무 수행 절차로 제도화되어 있기도 하고, 작업 지침서 형태로 존재하기도 하며, 심지어 최고경영자의 의식 속에 잠재되어 있기도 하다.

기업의 경쟁력 원천에 대한 위의 세 가지 이론들이 서로 다른 관점에서 기업간 경쟁력의 차이를 설명하고 있으나, 기술과 지식이 기업 경쟁력의 근간이라는 점은 세 가지 이론 모두에 의해 설명될 수 있다. 왜냐하면 최고경영자의 자질과 능력이 경쟁력의 원천이라는 첫번째 관점에서도 경영자의 자질과 능력으로 중요한 것은 그들이 보유하고 있는 기술과 지식이기 때문이다. 외부 환경적인 요인에 의해 기업의 경쟁력이 결정된다는 두번째 주장에서도 기업이 경쟁 기업과의 가격경쟁을 최소화하고 시장에서 독점적인 지위를 확보하기 위해서는 기업이 내부적으로 우월한 기술력을 확보하고 있어야 한다는 점에서 기술이 경쟁력의 근간이라는 주장과 배치되지 않는다.

5) 공학도로서의 기술경영이 필요한 이유

공학도는 자기가 관심이 있는 공학 분야에서 기술을 연구하고 개발하는 인력이며, 관련 분야에 대하여 새로운 기술을 탐색하고자 하는 성향을 가지고 있다. 대학을 졸업한 공학도(1세대)는 일반적으로 대기업 혹은 중소기업의 연구개발직으로 취직하여 공학기술에 대한 연구활동을 계속하고, 30대 중반에 가서는 엔지니어로서 기술 개발 프로젝트 리더(project leader)로 활동하며(2세대), 마지막으로는 경영인으로 회사를 운영하는 업무를 담당하게 된다(3세대).

이러한 경력을 쌓는 동안 공학도는 각 단계마다 새로운 경영 능력이 필요하게 된다. 1세대 및 2세대에 엔지니어로서 능력을 인정받게 되면 조직은 엔지니어에게 새로운 임무를 수행하도록 하게 한다. 기술 개발 프로젝트의 리더가 되거나 추후에 기술 중심 기업의 CTO(최고 기술경영자)로서 활동하게 될 때에는 각 책임의 위치에 따라 경영에 관한 지식이 추가적으로 요구된다. 이러한 지식은 보다 기술을 전략적으로 이해하는 능력, 연구개발부서의 기술 개발과 기업의 사업부서를 연계하는 능력, 더 나아가 조직의 비전을 기술 개발과 연계하는 능력을 필요로 하게 된다.

또한 기술집약적인 벤처기업 사장으로 미래를 설계하고자 할 때에도 기술경영 능력이 필요하다. 예를 들어 기술기획을 효과적으로 수행하고, 전략적으로 기술과 시장을 연계시키는 능력, 특허전략설계, 기술제품의 마케팅 능력 등이 요구된다. 이처럼 기술경영 지식은 공학도가 보다 효과적으로 기술 개발을 수행하고 시장과 연계된 기술을 개발하며 더 나아가 기술 중심의 회사를 운영하게 될 때 필요하다.

6) 기술경영의 이론적 검토 : 정의 및 역사, 연구 범위

기술경영이란 기업이 경쟁 우위를 확보하기 위하여 발명 및 기술혁신을 촉진하고 생성된 기술 및 제품을 상업화하는 활동을 말한다. 즉 기술경영은 기술을 기업의 목적에 부합할 수 있도록 통합하는 과정이라 말할 수 있다.

기술경영의 역사 기술경영은 전통 경영학(재무, 회계, 마케팅 등)보다 역사가 짧지만, 오늘날 치열한 경쟁 환경에서 기업이 생존하기 위해서는 기술이 중요하므로 기술경영의 중요성이 더욱 더 부각되고 있다. 1세대 R&D로 구분되는 백 년 전에는 연구개발 투자를 통한 가시적 성과 산출에 초점을 두었고, 2세대 R&D는 1960년대부터 시작되었으며, 기술 개발 프로젝트를 효율적으로 관리하여 사업화로 연결시키는 데 초점을 두었다. 3세대 R&D는 1970년대에 전사적 전략에 입각한 기술 개발에 초점을 두고 시작되었으며, 최근에는 시장통합을 통한 가치창출에 초점을 둔 4세대 R&D가 발전되고 있다.

기술경영의 범위 우리가 신기술 및 상품을 도출하기 위해서는 다양한 경영 노력이 필요한데, 현재 개발하고자 하는 것에 대한 탐색 과정, 개발 과정, 상품화 과정을 산업의 특성, 기술의 특성 및 기업 조직과 결합하여 경영해야 한다. 그렇다면 기술경영의 범주는 어디까지인가? 기술경영의 범주는 미시적 관점과 거시적 관점으로 구분될 수가 있는데, 미시적 관점의 기술경영은 연구개발에 관련된 일련의 활동들이 포함된다. 반면에 거시적 관점의 기술경영은 연구개발활동을 통하여 얻어진 결과를 제품화로 연결시키는 설계 및 제조 부문에서의 기술경영, 마케팅, 공급, 고객에 대한 서비스까지 포함된다.

그렇다면 기술경영의 실무적인 내용들은 무엇을 담고 있는가? 다양한 주제들이 기술경영에 포함되며 주요하게 다루는 실무적인 내용은 아래와 같다.

1) 아이디어 및 컨셉트 개발 단계: 기술 예측, 기술의 특성, 제품, 시장 분석

2) 평가: 자원, 제품, 공정, 시장, 조직의 능력, 생산성 평가

3) 투자의 당위성: 위험 분석, 기업의 전략적 적합도 분석

4) 프로젝트 경영: 설계, 기획, 수행, 평가

5) 불연속성: 불연속의 기술 - 제품 - 프로세스의 감지

6) 기술정보 : 신기술의 감지, 내외부 정보의 동향 파악

7) 혁신: 혁신조직 운영 및 창조

8) 기술 이전: 대학, 기업, 정부 출연 연구소 간의 기술 이전

9) 기타: 기업가 정신, 창업, 인력관리 등

이처럼 기술경영은 실무적인 측면에서 고려해야 할 사항이 많다는 것을 알 수 있다. 이러한 사항들을 하나의 기술로서 인식되어야 하는 관리 요소(인사, 재무, 정보, 특허, 구매 일반관리)와 통합적으로 추진하는 것이 실질적인 기술경영이다. 여기서 제기되는 문제는 기술경영의 실행에 있어서 산업, 기술, 규모의 특성을 고려해야 한다는 것이다. 일례로 제약산업과 정보통신산업의 기술경영 실행은 같은 요소에 의해 운영된다고 볼 수 없는데, 제약산업의 경우 장기적인 시각에서 기술 개발 및 제품 생산이 이루어지며, 정보통신제품의 경우 제품 수명 주기가 단축됨에 따라 제품 개발을 단축하는 데 초점을 둘 것이라는 추측이 가능하다. 이처럼 그 기술의 속성을 이해하고, 해당 산업의 특성, 혁신(novelty)의 정도, 기업의 규모 등을 고려하여 기술혁신을 실행한다면 보다 효과적으로 기술

경영을 달성할 수 있다.

관점	내용
산업	산업마다 기술 개발의 우선순위 및 특성이 다름
규모	중소기업은 자원 빈약으로 인하여 외부 연계에 초점
국가의 정책	국가마다 제도 및 정책의 차이가 있음
기술 및 산업 수명주기	기술 수명 주기의 단계에 따른 혁신
혁신의 정도	혁신의 정도에 따라 경영과 조직화가 달라짐

[표 1] 기술경영에 영향을 미치는 요인(Tidd et al, 2001)

7) 기술경영의 핵심인 기술과 혁신의 특성

우리가 기술경영을 실행하기 위해서는 기술의 원천은 어디에서 오고 어떠한 특성을 지니며 구분이 되는가에 관한 이해가 필요하다.

① 혁신 과정의 상호작용 모델

과학과 기술에 대한 이해는 선형모델에 의해 지배되어왔으며, 과학적 지식의 산출 → 신기술의 개발 → 생산에의 적용 → 시장 진출(상업화)이라는 시간적 순서에 의해 진행되는 것으로 이해되고 있다. 1950년대, 1960년대에 과학과 기술에 대한 지배적인 견해로 자리잡고 있던 과학추동론(science push)이나 그 이후 등장한 수요견인(demand pull)이론 모두 이러한 단선적인 선형모델에 의존하고 있다.

그러나 최근의 혁신 연구들은 혁신 과정이 지속적인 상호작용과 피드백에 의해 특징지워진다는 사실을 밝혀내고 있다. 상호작용모델은 혁신활동을 둘러싼 두 가지 차원의 상호작용을 구분해내고 있는데, 그 첫번째는 기업 내 혹은 긴밀히 결합된 네트워크 속에 위치한 일군의 기업들 속에서 나타나는 과정과 연관된 것이고, 두번째는 개별 기업과 보다 광범위한 과학기술체계와의 관계에 대한 것이다.

첫번째 상호작용의 차원인 기업 내 혹은 기업들 사이에서 나타나는 과정은 우선 새로운 시장기회나 새로운 과학기술적 발명을 포착함으로써 시작된다. 이러한 인식에 기초하여 새로운 상품이나 공정의 개발을 위한 '분석적 디자인' 과정을 수반하며 계속해서 개발과 생산 및 시장 진출로 연결되게 된다. 이 과정에서 다양한 피드백 관계들이 발생한다. 단기 피드백은 각 후방국면(downstream)을 바로 앞 단계의 국면과 연결시키고 장기 피드백은 포착된 시장수요와 사용자들을 상류부문(upstream)의 국면들과 연결시킨다.

기업 내 조직의 측면에서 볼 때 이러한 혁신 과정상의 특징은 기업 내 기능단위간 통합의 필요성으로 나타난다. 즉 기업 내 연구개발 부문과 설계, 생산, 마케팅 부문 간의 긴밀한 연계와 상호 정보공유 등을 통해 지속적인 혁신활동이 이루어질 수 있음을 의미한다. 1980년대를 거치면서 미국과 유럽, 일본 기업들에서 기업 내 관계에 대한 연구들이 이루어졌는데, 이를 통해 많은 미국 및 유럽 기업들의 기업연구소들이 생산의 역할을 경시하고 있을 뿐 아니라 생산 과정에서 발생하는 문제들로부터 상당 정도 단절되어 있는 데 반해 일본의 경우는 혁신 과정의 상호작용적인 성격을 잘 인식하고 연구개발과 생산의 통합이 원활히 이루어지고 있음이 밝혀졌다.

혁신 과정의 두번째 상호작용 측면은 기업 및 산업 내부의 혁신 과정과 대학 및 연구소의 과학기술적 지식 기반이나 연구활동과의 연계관계이다. 기업의 혁신 과정을 통해 발생한 문제를 해결하는 과정에서 기업은 우선적으로 물리적, 생물학적 과정에 관련된 기존의 지식 기반을 활용하고 만약 이러한 정보의 원천이 부족할 경우 연구활동을 통해 기존의 지식 기반을 수정하고 첨가하는 작업이 이루어진다.

이러한 기존 지식 기반의 활용과 수정이라는 과정 외에 과학체계는 기계장치나 계기, 기타 기술적 과정들과 연관된 지식을 생산함으로써 기술혁신에 기여하는 측면이 있고, 또한 발명이나 설계와 관련된 문제와 연구 사이에 직접적 연계관계가 성립하기도 한다.

기업은 직접적으로 혹은 비영리 재단을 통해 연구와 새로운 지식의 창조작업을 수행하는 데 재정적 지원을 하기도 한다〔이러한 지원은 산업생산과 공학이 기술적 문제를 해결하기 위해 '예측(prediction)과학'을 필요로 한다는 사실에 기인한다〕. 해당 분야의 과학적 기초지식이 부족한 경우 산업계 기술자들의 문제 해결 노력이 어려움에 봉착하게 되는 경우가 많다. 예를 들면 새로운 합금의 개발이 매우 더디게 진행되는 이유는 재료공학이 새로운 소재결합의 결과를 예측할 수 있게 해주는 적절한 이론적 기반이 없기 때문이고, 또 다른 예로서 연료효율 개선과 관련된 많은 문제들은 연소 과정의 특성과 같은 기초적인 것에 대한 과학적 이해가 제한되어 있기 때문이다. 따라서 기업들은 산업활동에서의 문제 해결 능력의 제고를 위해 기초과학에 투자하고 싶어한다.

② 과학기술적 지식의 누적성 / 학습활동의 누적성(cumulativeness)

과학기술적 지식의 축적은 누적적으로 이루어진다. 현재의 학습활동은 과거의 학습활동에 근거하여 이루어지기 때문에 누적적인 성격을 지닌다. 기술을 발전시키고 누적적 학습의 기반을 창출할 수 있는 기회를 충분히 가졌던 기업, 기관 및 국가는 새로운 기술 변화에 보다 잘 적응할 수 있다. 새로운 기술 변화가 추동하는 기술경제 패러다임이 변화하여왔음에도 불구하고 기술 주도국의 패턴은 거의 변함이 없다는 사실을 통해서도 잘 드러난다. 이는 앞서 밝힌 바와 같이 기술학습활동이 해당 기술 분야에서의 공학적, 기술적 노하우뿐 아니라 보다 조직적이고 제도적인 요인과 연관되어 있다는 사실에 연유하는 것이다. 즉 학습이 원활히 일어날 수 있는 조직적, 제도적 요인이 갖추어짐으로써 기술학습의 누적성이 나타난다고 볼 수 있다.

③ 혁신의 분류

기술경영으로 얻어지는 혁신에는 어떠한 것들이 있을까? 혁신에는 다양한 분류가 존재하지만 표준적인 혁신에 대한 분류는 점진적인 혁신, 불연속적인 혁신, 아키텍처적인 혁신, 시스템 혁신, 급진적인 혁신으로 구분된다. 점진적인 혁신은 기존에 존재하고 있는 제품, 공정, 서비스, 생산, 분배활동에 있어서 개량, 단순 조정하는 것을 말하며 대부문의 혁신이 이 범주에 속한다. 불연속적인 혁신은 기존 역량을 제거해버리는 혁신을 지칭하며 이는 새로운 패러다임을 준비하는 사람에게 기회를 주기도 한다. 아키텍처 혁신은 제품, 공정, 서비스 중에서 시스템 구성 요소를 재구성하는 혁신을 지칭한다. 시스템 혁신은 다양한 기술이 융합하여 장기간에 걸쳐 이루어지는 혁신을 말하여, 급진적인 혁신은 새로운 제품 및 서비스를 창출하는 혁신을 말한다.

혁신의 종류	예시
점진적인 혁신	소니(Sony)사의 워크맨의 다양한 모델 자동차의 지속적인 안전성, 엔진의 효율성, 사용자의 편리성
불연속적인 혁신	말에서 자동차로의 교통수단의 변화 양초에서 오일 램프(oil lamp), 매뉴얼 타이프라이터(manual typewriter)에서 전기타자기
아키텍처적인 혁신	진공관 튜브를 대체한 트랜지스터, 철을 대체한 플라스틱의 경우
시스템 혁신	교환기, 위성시스템, 월드와이드웹(WWW)
급진적인 혁신	인터넷 뱅킹

〔표 2〕 혁신의 종류

④ 산업의 혁신

서두에서 언급되었듯이, 기술경영에 영향을 미치는 요소는 산업이며 이는 산업마다 기술혁신이 다르게 나타난다는 뜻이다. 즉 산업별 혁신의 패턴은 기술혁신이 이루어지는 방식, 기술혁신 원천의 소재, 기술혁신의 주체 측면에서 다르게 나타난다. 파비트(Pavitt)는 1945년부터 1975년까지 영국에서 이루어진 중요한 기술혁신에 대한 2천여 건의 데이터에 기초하여 각 산업별로 기술혁신의 원천, 해당 산업에서 기업들의 규모 및 기술혁신 행태, 기술혁신을 창출하고 활용하는 부문 등이 서로 다르다는 것을 밝혀냈으며 다음의 4가지 산업군을 대별적으로 정리하고 있다.

산업 분류	공급자 주도형	규모 집약형	과학 집약형	전문 공급
핵심제품	농업, 섬유	재료, 소비재, 자동차, 철강	전자 화학	공작기계
기술의 원천	설비, 원재료 공급자 내부 R&D	생산 엔지니어링, 생산 엔지니어링	내부 연구개발, 생산 엔지니어링	설계, 사용자와의 관계
사용자	최종 수요자, 개인 소비자	중간 소비자, 최종 소비자	제조업체	제조업체
기술의 보호	상표, 광고 등 기술적인 요인	규모의 경제, 노하우	리드타임, 학습경제	노하우
기업 규모	중소기업	대기업	대기업, 벤처	중소기업

〔표 3〕 산업별 혁신의 특성 (Pavitt, 1984)

이처럼 기술경영의 주제는 다양한 학문적 접근에 의해 연구되었으며 기술의 속성과 산업의 특성에 따라 기술경영이 다루는 주제도 다양하게 나타난다. 전통적인 경영학에서는 기술이 기업의 성공에 주도적인 역할을 한다는 것에 동의하지만 기업의 전략적 목표와 부합하는 기술 개발 추진체계 확립에는 미흡하였다. 연구개발부서에서도 연구개발에만 치중한 나머지 전략적으로 연구개발 결과를 사업화하는 과정, 전략적으로 특허를 방어하는 데 소홀하여 신상품을 시장에 출시할 때나 상용화에 실패를 거듭하곤 한다.

1-2. 기술경영의 부재가 부른 메디슨기업의 실패 사례

지난 2002년 1월 29일 오후, 강남구 대치동 메디슨 별관에서는 메디슨 연방기업 사장단 긴급회의가 소집되었다. 이날 10여 명의 관계회사 사장들이 모인 자리에서 이민화 메디슨 연방체 회장은 메디슨의 최종 부도 사실을 통보하였다.

한때 메리디안, 메디페이스 등 40여 개의 사업 파트너와 연계하며 벤처 연방이라는 새로운 비즈니스 모델을 주장하여 재벌 위주의 한국 경제에 새로운 대안이라고까지 평가받았던 메디슨의 벤처신화가 무너지는 순간이었다. 과연 1985년

창립 후 17년간 거침없이 무서운 속도로 성장하며, 급기야 GE, 필립스, 도시바 등과 같은 영상진단기기 분야 세계 굴지의 기업들에 당찬 도전장을 내며 일약 세계적 명성을 얻었던 이 회사가 이러한 상황에 처하기까지 그 동안 내부적으로는 무슨 일이 벌어지고 있었던 것일까?

1985년 KAIST 출신 7명의 기술인력과 KTIC, KTB 등 벤처캐피탈의 결합으로 창업한 메디슨은 의료기기 전문 개발업체로서, 전자공학을 기반으로 한 제품 특장점 구비와, 우호적인 벤처 지원정책 및 국책 프로젝트의 지속적 수주를 통해 의료기기 시장에 성공적으로 진입하였다. 특히 1995년 오스트리아의 크레츠테크닉(Kretztechnich)을 인수하면서, 3D 프로빙, 디지털 빔포밍, 시그널 프로세싱 등 영상진단기기의 핵심기술을 획득하며 급속한 성장 가도를 달리게 되었다. 1997년부터는 당시 세계 최고 수준의 3차원 초음파 영상진단기술을 기반으로 3차원 초음파 시장에서 세계적인 브랜드로서의 명성을 보유하게 되었으며, 기존의 단순한 흑백/컬러 일색의 영상진단기 시장에 일대 충격을 가져올 정도로 놀라운 기술력을 보여주었다. 당시 전자기기 및 의료기기 산업 분야에서 축적된 기술 기반이 거의 전무하다시피 하였던 한국적 상황으로서는 대단히 혁명적인 일대 쾌거라고 볼 수 있었다.

하지만 이러한 기술적 쾌거에도 불구하고, 메디슨은 1998년 한글과컴퓨터의 주식을 매입하여 10배 이상의 대규모 시세차익을 올린 후 본격적인 벤처 투자의 길에 들어서게 된다. 대외적으로 돈을 빌려가며 무리한 투자를 감행하기 시작한 것이다. 2000년 벤처 붐이 갑자기 꺼지면서, 이미 눈덩이처럼 불어나고 있었던 차입금 문제가 대두되었다. 금융시장에서의 신용등급은 투기등급으로 분류되어 단기차입이자가 걷잡을 수 없을 지경에 이르렀다. 더욱이 보유 주식의 주가가 급격이 하락한데다가, 계열사들의 막대한 손실도 떠안아야 할 지경에 이르렀다. 뿐만 아니라, 적절한 시기에 신제품을 출시하지 못하는 상황에서도 밀어내기식 수출을 계속 시도하여, 미결제 잔액이 증가하고 각종 운영비용도 기하급수적으로 증가하게 되었다.

RF 포커싱, 펄스 콤프레싱, 하모닉 이미징 등 새로이 등장하는 기술에 대한 투자가 소홀해지면서 1997년까지 보유하였던 3차원 초음파 영상진단기 시장에서의 기술적 우위도 점차 사라지기 시작하였다. 또한 세계적인 의료기기업체인 GE, 지멘스, 도시바, 필립스, 히타치 등이 이미 3차원 초음파기술을 획득하게 되면서 지금까지 쌓아왔던 메디슨의 사업적 우위마저도 크게 흔들리게 되었다. 이로써 메디슨의 3차원 초음파 영상진단 기술력을 단적으로 증명하였던 소노에이스(SonoAce) 제품군들도 더 이상 시장에서 경쟁력을 가질 수 없게 되었다. 더욱이 초창기부터 주력해온 대학들과의 공동연구, 병원들과의 기술사업적 교류도 이미 현격히 줄어든 상황이었다. 뿐만 아니라 사업력을 높이고자 인수하였던 의료장비 분야, 유통 분야, 광고 분야 계열사들과의 협력은 벤처 연방제라는 느슨한 구조 속에서 더 이상 구심점을 찾을 수 없게 되었다.

이러한 총체적인 난국을 해결하고자 메디슨이 택한 길은 비관련 계열사의 분리 독립 및 매각이었으나, 이미 기업 보유 유동성은 회복하기 어려울 정도로 악화된 상태였으며, 초음파 영상진단기 시장은 3차원 기술을 넘어선 수준을 요구하고 있었다. 결국 이와 같은 상황은 겉보기엔 단순히 잘못된 M&A와 허약한 재무구조로부터 초래되었다고 사후적인 차원에서 결론지을 수도 있다. 하지만 오히려 메디슨이 보유하고 있었던 차별적 기술역량 속에 포함된 고유의 기술적 요소들을 파악하여 유기적으로 통합하고 활용하지 못했던 기술경영 과정상의 총체적 실패로부터 기인하였다고 보는 것이 더욱 바람직스럽다. 디지털 빔포밍, 3차원 프로빙 등 의료기기 분야에서 차별화된 기술들에 대한 지속적 연구개발의 부족, 대학, 연구소, 병원 및 각종 유관기관과의 유기적인 협조체계 구축의 미흡, 국내외 특허 출원, 기술업무 문서화 및 업무수행 절차의 구체화 등 조직적인 루틴(Routine) 형성의 부족, 그리고 X-레이, 병원종합영상시스템(PACS), 의료 마케팅 등 보완적인 자산의 확보 및 활용의 실패 등 고유의 기술력을 유지하고 향상시키려는 노력들이 전체적으로 미흡하였던 결과라고 볼 수 있다.

결국 다각화 경영, 차입 경영, 국제화 경영 등 나름대로 독특한 경영방식을 선보였던 메디슨은, 본래 사업의 기반이었던 3차원 초음파 영상기기 관련 핵심 기술들에 대한 집중적 투자와 개선을 소홀히 한 채, 무모할 정도로 많은 빚까지 내가며 몸집을 불리던 재벌들의 전통적 사업방식을 그래도 답습한 끝에 좌초하게 되었다. 이로써 전세계 3차원 초음파 진단기 시장 확대의 견인차 역할을 수행하였던 메디슨의 신화는 무너져 내렸다.

20세기 말 한국 사회는 벤처 붐에 따른 폭발적인 벤처 창업, 벤처기업의 주가 폭등을 비롯한 각종 경이로운 사회적 현상들에 대해서 대단한 기대와 찬사를 보냈었다. 하지만 그로부터 채 10년도 지나지 않아 벤처 붐의 붕괴와 갖가지 벤처기업 경영과 관련된 사회적 부작용들을 경험하기에 이르렀으며, 벤처기업이 갖는 사회문화적 의미마저도 부인하는 경향이 만연하게 되었다. 이러한 우울한 환경 속에서 오늘도 밤을 하얗게 지새우며 연구개발에 몰두하며 메디슨이 그랬던 것처럼 세계 일류의 꿈을 실현하고자 절치부심하는 사람들, 특히 고유한 기술 역량의 축적 및 활용에 따라 성공과 실패를 극명하게 드러내는 첨단기술 기업들에게 메디슨의 기술경영 실패 사례는 시사하는 바가 크다고 하겠다.

2. 기술경영의 실체

2-1. 신제품 및 기술 개발 과정

기업이 궁극적으로 연구개발에 투자하는 것은 기존의 기술 개발을 통해 제품을 개선하거나 새로운 제품을 개발하기 위해서라는 것은 당연한 사실이다. 그러나 신제품 및 기술을 개발하기 위해서는 효과적인 경영이 필요하다. 이를 위해서는 제품/기술기획, 획득전략, 개발, 상용화의 과정 등이 중요할 것이다.

이 절에서는 신기술 및 신제품 개발 프로세스를 중심으로, 어느 부서가 개발을 담당하며, 주요한 역할은 무엇이고, 주요 절차 및 조직간의 상호관계, 단계별 주요 성공 요인과 해결해야 하는 문제점은 무엇인지에 대해 학습하고자 한다.

1) 신기술 제품개발 프로세스는 어떻게 구성되어 있는가?

신제품은 어떻게 구별될 수 있는가? 신제품은 크게 새로운 제품(IBM laser printer), 세계시장에서의 새로운 제품(HP laser jet, Walkman, Post-it), 기존 제품의 개선(Microsoft window), 기존 제품 라인에 기능을 더함(HP laser jet IIp), 리포지셔닝 제품(두통 치료에서 심장치료 제품의 아스피린) 등으로 구별될 수가 있다.

일반적인 제품 개발 과정은 신제품 발상 및 기획(concept generation), 프로젝트 선정(project section), 개발(product development), 제품 상용화(product commercialization)의 절차를 거쳐 진행된다. 최근 기술경영에서는 신제품 개발을 위하여 통합적인 접근이 보다 효과적임이 연구결과를 통해 증명되었으며 보다 구체적으로는 신제품 개발을 위하여 조직적으로 R&D 부서, 마케팅, 제조, 특허팀, 재무팀, 기획부서가 참여해야 한다고 주장하고 있다. 이러한 통합적인 제품 개발 과정을 기능 통합형 제품 개발(cross functional product development) 과정이라 말한다. 아래의 표는 새로운 제품을 개발할 때 기획에서 상용화 단계까지 각 부서별로 통합적으로 추진될 수 있는 기능별 역할을 제시하고 있다.

	기획 단계	타당성	개발	검증	상용화
R&D	발명 보고	기술타당성	기술 개발	필드 시험	개선
마케팅	추측	소비자 수용	시장분석	시장조사	시장 진출 전략
생산		투입요소 추측	생산설계	생산 검증	생산
특허	선발명 검증	평가	특허 작성	특허 조건	추가 특허
재무	검토	분석	투입평가		
기획		자원 분석	사업계획 전략 조정	사업계획과 사업 검토	전략 및

〔표 4〕 부서간 통합 모델

신제품 개발의 성공은 위와 같은 통합적인 접근에 의한 신기술 개발 외에도 다음과 같은 요인에 의해 영향을 받는다.

제품 우위: 소비자 관점에서의 우위 제품 여부

시장지식: 초기에 시장의 존재 여부, 기술성 평가, 시장분석, 고객 및 사용자의 수요분석 등을 포함하는 분석

상품 정의: 목표시장 설정, 명확한 컨셉트 정의, 제품 사양의 개발 전 정의 여부

위험분석: 시장, 기술, 제조, 설계 측면의 위험분석

프로젝트 조직: 통합적 조직 및 다분야적 접근

프로젝트 자원: 자금, 재료, 인력

수행능력: 기술 및 생산능력, 상용화 전의 사업기획능력

경영층의 후원: 최고경영층의 지원

이처럼 기업의 기술경영 과정을 원활히 수행하기 위하여 다양한 지식 및 스킬(skill)이 필요하다. 성공적인 기술제품을 기획하기 위하여 기술/시장 예측, 경쟁사 벤치마킹이 일차적으로 추진되어야 하며, 도출된 기술을 어떻게 획득해야 하는가에 관한 전략을 구성해야 한다. 대표적인 기술전략의 예로 해당 기업은 어떠한 기술로 제품을 생산하여 소비자에게 공급할 것인가? 어떻게 그 기술을 확보할 것인가? 기술전략에서 도출된 연구개발 프로젝트의 선별, 수행, 평가는 어떻게 할 것인가? 프로젝트를 통하여 개발된 기술은 어떻게 상용화를 달성할 것이며, 이에 포함된 지적재산권의 보호와 개발된 기술제품의 마케팅은 어떻게 추진할 것인가? 또한 신기술 제품을 개발하기 위하여 연구개발 조직은 어떻게 구성되어야 하며, 해당 연구개발 조직 계층별(Project manger, CTO 등) 역할과 요구되어지는 스킬은 무엇인가? 등이 기술경영 관점에서 다루어야 할 이슈들이다.

2) 기획 과정은 어떻게 이루어지는가: 기술, 제품, 시장의 탐색 과정을 통한 기획

연구개발 프로젝트의 경우에는 탐색 및 기획, R&D 프로젝트의 선정 평가, R&D 프로젝트의 관리 등으로 나누어 추진된다. R&D 프로젝트를 탐색하여 기획하는 절차에는 크게 3가지 방법이 있는데, 첫째는 거시적 동향에서 압축하는 기획, 둘째 기획자의 의사와 주장에서 출발하는 기획, 시드(seed)에서 출발하는 기획 등이다. 첫번째 방법은 거시적 환경동향의 조사 및 예측 → 유망 분야 압축 → 자사의 R&D 능력의 평가 및 검토, R&D 프로젝트 기획의 절차를 밟는다. 반면에 기획자의 의사에서 출발하는 기획은 특별 주제에 대한 동향의 조사 및 예측 → 특별 주제에 대한 유망성 판단 → 자사의 R&D 능력 평가 → R&D 프로젝트 기획의 절차를 밟는다. 마지막으로 시드에서 출발하는 기획은 연구자와 기획 스태프와의 연대에 의한 절차를 말한다. 절차는 연구자 시드의 수집 → 스태프 자신의 의사 및 주장에 바탕을 둔 선택 → 시드의 컨셉트화 → 그것에 대한 동향 조사 및 예측 → 특별 주제에 대한 유망성 판단 → 자사의 R&D 능력 평가 → R&D 프로젝트 기획 순으로 추진된다.

3) 정보의 수집

이러한 연구개발 주제의 기획에서 없어서는 안 되는 것은 정보의 수집과 해석이다. 정보 수집의 절차는 일반적으로 기획을 함에 있어 개발하고자 하는 기술

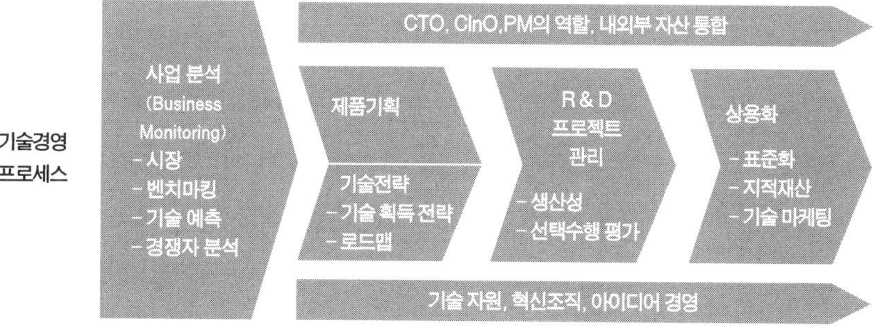

〔그림 5〕 기술경영 프로세스

의 동향을 파악하는 것이 중요하다. 수집한 정보에서 지향하고자 하는 핵심, 공통, 주변기술, 대체기술, 복합기술의 장래 동향을 분석하여 예측해야 한다. 두 번째는 시장분석인데, 연구개발 부문에서는 시장분석에 익숙해 있지 못하기 때문에 다른 부서의 도움을 받아 종합적으로 예측하는 것이 바람직하다고 본다. 추가로 시장정보의 수집을 통하여 연구개발 계획을 추진하고자 할 때 추가적으로 수집해야 하는 것은 관련 신제품의 품질, 기능, 신뢰성, 수명 가격 등을 고려해야 하며 제품의 디자인 조작성, 안정성 등의 정보를 수집해야 할 것이다. 상기의 관련 정보를 수집하기 위해서는 1차 사용자뿐만 아니라 2차 사용자, 즉 부품제조업체와도 유기적으로 연계하여 조사해야 한다. 일반 환경동향(정치, 경제, 산업구조)의 정보에 있어서는 연구개발 부문에서 분석하기에는 다소 역부족일 것임으로 경영기획 부문의 도움을 받아 추진하는 것이 좋을 것이다.

특히 거시적 산업의 동향에 대해 공학도가 지속적으로 관심을 가져야 하는 이유는 기술 중심으로 연구개발계획을 추진할 경우 시장이 없을 수가 있다는 것이다. 따라서 공학도는 지속적인 사회의 변화, 즉 경제, 사회의 동향, 산업의 동향, 과학기술의 동향에 대해 지속적으로 관심을 가지고 있어야 하며 이와 관련된 통계지표에도 관심을 가지는 것을 권유하고 싶다.

시장분석, 경쟁자의 분석은 물론 시드 정보를 수집하여 자사의 위치를 확인하는 과정에서 유용한 정보원은 어디에 있는지 혹은 새롭게 연구개발에 참여한 연구자는 어디서부터 찾아야 할지 막막할 수 있을 것이다. 이 절에서는 기술의 동향 및 경쟁기업을 파악하는 정보의 원천을 특허 및 학술지 문헌 및 학회를 중심으로 설명하도록 한다. 특허정보는 정보의 속성상 일반에게 공개된 기술자료 중 개인이 쉽게 접할 수 있고 비교적 상세하고 접근이 용이하게 구성되어 있는 것이 특징이다. 특허정보는 시간을 중심으로 기술 분류, 발명자 및 고안자, 기술 내용, 관련 특허가 명시되어 있어, 일정 기간의 시간을 두고 전체적인 기술 흐름을 파악할 수 있을 뿐만 아니라 경쟁기업의 기술 개발 활동분석이 가능하다는 것이다.

연구개발계획을 세우고 중요한 기술개발 분야에 대한 자사의 위치를 파악하기 위하여 자사가 해당 분야에서 선두를 유지하고 있는가 혹은 후발주자인가를 분석해야 할 것이다. 현시점에서 예상되는 경쟁대상은 누구인가, 기술적으로 분석해볼 때 자사의 기술 우위는 어디에 있으며 약점은 무엇인가를 파악한다. 특허조사시 유의 사항으로는 특허 분류는 변화하며, 어느 특정 기술을 조사할 때 특허 분류는 다양하며, 특허청에서 지정한 특허 분류만 의지하지 말 것을 권고하고 싶다.

세계지적재산권기구	www.wipo.int, IPC class
미국특허청	www.uspto.gov, USPTO class
한국특허청	www.kipo.go.kr, KIPO class
유럽특허청	www.epo.co.at

〔표 5〕 특허정보

4) 기술의 획득과 활용 전략

기술이 기업 경쟁력을 결정짓는 가장 중요한 요인이라고 해서 아무 기술이든 무조건 개발하여 상업화해서는 기업의 경쟁력을 유지할 수 없다. 앞서 설명했듯이, 기술이 기업 경쟁력에 도움이 되기 위해서는 고객에게 가치 있는 제품과 서비스를 제공하는 데 유용한 기술이어야 하고, 이를 효과적인 방법으로 획득하여 제품과 서비스의 생산 판매에 활용하여야 한다. 아무리 첨단기술을 활용하여 생산된 제품이나 서비스라고 하더라도, 소비자들이 원하는 기능을 갖추지 않았거나, 가격이 지나치게 비싸거나, 사용이 불편할 경우 판매가 이루어지지 않을 것이기 때문이다. 때문에 기업의 기술 담당 경영자들은 다음과 같은 세 가지 주요한 의사결정 문제에 직면하게 된다. 첫째, 기업이 기술을 기반으로 경쟁력을 확보하기 위해서는 어떤 기술을 활용할 것인가 하는 기술 선택의 문제이다. 둘째, 선택된 기술을 어떻게 확보할 것인가 하는 문제이다. 마지막으로 셋째는 확보된 기술을 어떻게 활용하여 수익을 창출할 것인가이다. 이제 기업의 경쟁력 확보를 위해 위의 세 가지 의사결정 문제를 어떻게 해결할 것인가를 논의하기로 한다.

5) 기술의 선택

기업이 어떤 기술을 획득하고 활용할 것인가는 기업의 경쟁력을 결정짓기 때문에 매우 중요한 의사결정임에 틀림없으나, 일률적으로 적용할 수 있는 최선의 의사결정 방법은 존재하지 않는다. 기업경영과 관련된 모든 문제에 있어서 최적의 의사결정 방법이 존재하는 것은 아니다. 때문에 기업의 경영자들은 주어진 시간과 자원의 제약하에서 선택 가능한 대안들 중에서 최적이 아닌 최선의 대안을 선택하는 합리적 의사결정을 추구한다. 따라서 여기서도, 기술 선택과 관련된 최선의 의사결정을 위한 방법들을 소개하기로 한다.

기술 선택이란 기업이 어떤 기술을 외부로부터 도입하거나 자체 개발하여 활용할 것인가를 결정하는 것이다. 이 문제에 대한 의사결정은 크게 세 가지 방법이 있을 수 있다. 첫째, 기업 전체 차원에서 필요한 기술에 대한 체계적인 분석이나 검토 없이 연구자나 엔지니어들이 자율적으로 기술을 선택할 수 있다. 즉 기업이 특정 기술을 개발하고자 하는 명시적인 사전 계획 없이, 기업 내 연구자나 엔지니어들에게 자신들 마음대로 자유로이 기술을 개발하게 하고, 이를 통해 얻어지는 기술을 무조건 제품과 서비스 생산에 활용할 수도 있다. 이와 같은 기술 선택 방법을 상향식 기술 선택(bottom up approach)이라고 한다. 이러한 기술 선택 방법은 기술 개발 실무를 담당하는 기술자들의 흥미를 유발하고, 그들의 창의적인 아이디어를 활용할 수 있다는 장점이 있다. 반면, 기술자들이 자신들의 과학기술 전문 분야에 대한 지식과 흥미만을 고려하여 기술을 선택할 경우, 시장의 고객들이 요구하는 제품이나 서비스를 개발하는 데 부적합한 기술이 선택되거나, 경쟁기업과의 경쟁에서 승리할 수 없는 기술이 선택될 수 있는 단점이 있다.

두번째 방법은 기술 경영진과 기술기획 담당자들에 의한 체계적인 분석을 통해 기업이 획득해야 하는 대상 기술과 목표 기술 수준을 결정하는 것이다. 하향식 기술 선택(top-down approach)인 이 방법은 〔그림 6〕과 같은 분석과 의사결정 과정을 통해 기술이 선택된다.

이 방법의 첫번째 과정은 기업이 직면하고 있는 외부 환경과 기업의 보유 자원에 대한 분석을 통해 기업의 중장기적인 사업목표를 설정하고, 이를 달성하기 위해 확보해야 하는 핵심 고객층과 그들에게 제공하고자 하는 제품과 서비스를 결정하는 것이다. 사업목표에는 기업의 중장기적인 비전과 매출 및 이익 목표 등이 포함된다. 기업의 사업목표를 설정하고, 이를 달성하기 위해 중장기적으로 어떤 사업을 영위할 것이며, 구체적으로 어떤 제품과 서비스를 어떤 고객들에게 제공하여 수익을 창출할 것인가를 계획하는 것을 기업의 사업전략 수립이라고 일컫는다.

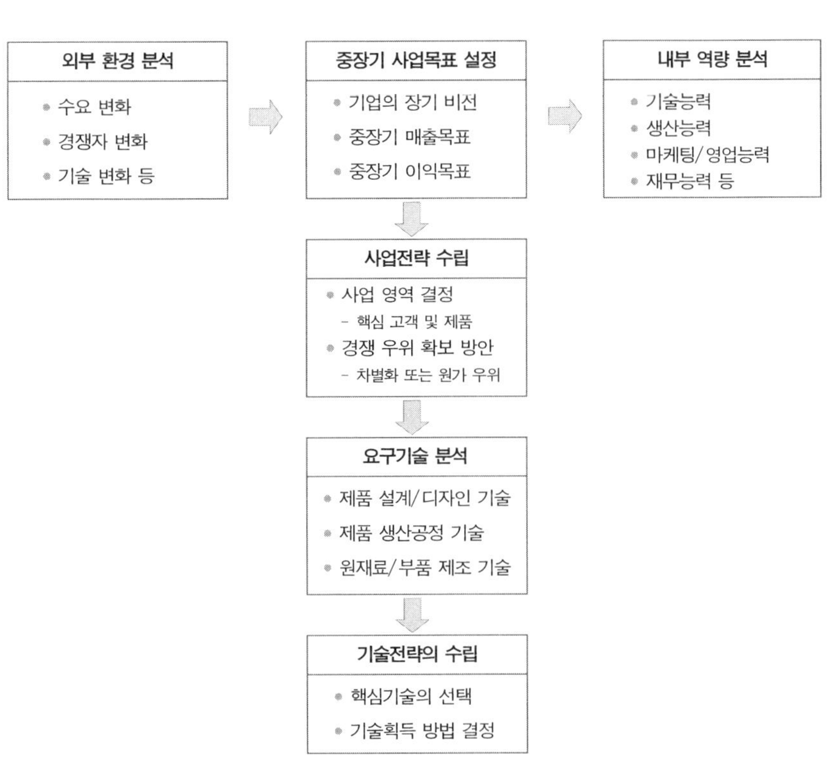

〔그림 6〕 하향식 기술 선택의 과정

기업의 사업전략에 따라서 사업을 성공적으로 수행하기 위해 요구되는 기술의 내용과 수준은 달라진다. 예를 들어 제품의 기능과 성능을 차별화하고자 하는 기업의 경우 신제품의 개발과 생산에 필요한 첨단기술의 필요성이 증가한다. 한편 경쟁자에 비해 낮은 제품 가격으로 경쟁하고자 하는 기업의 경우, 생산원가를 절감할 수 있는 공정기술을 필요로 할 것이다.

두번째 단계는 사업전략의 성공적인 수행을 위해 필요한 기술들을 열거하고, 각각의 기술에 대한 획득의 우선순위를 결정하는 것이다. 기술이 다음과 같은 특성을 갖고 있을수록 선택의 우선순위가 높다고 할 수 있다.

① 제품의 성능이나 원가에 미치는 영향력이 큰 기술

② 기술을 활용한 제품의 매출과 이익 창출 잠재력이 큰 기술

③ 쉽게 구할 수 없는 기술

④ 기업간에 모방이 어려운 기술

⑤ 기업이 생산하는 제품 및 서비스에 보다 광범위하게 활용할 수 있는 기술

⑥ 최신 기술로 진부화될 가능성이 적은 기술

위와 같은 조건을 만족하는 기술을 도출해내기 위해서는 기술 예측 기법, 기술체계도 분석, 제품-기술 매트릭스와 같은 기법들을 사용하는 것이 효과적이다. 기술 예측이란 특정 기술의 발전 속도나 방향 및 발전 범위, 미래에 출현할 신기술 등에 대하여 추정하는 것을 의미한다. 예를 들어 컴퓨터 메모리 칩의 집적도나 휴대폰 배터리의 충전 용량이 향후 시기별로 어느 정도 향상될 것이며, 이를 가능하게 하는 재료나 소자 기술은 무엇이 될 것인가를 추정해보는 것이다. 이러한 방법을 통해, 향후 기업 경쟁력의 원천이 될 신기술이 어떤 것인지를 가늠해볼 수 있을 뿐만 아니라 기업이 현재 보유하고 있는 기술이 언제 진부화될 것인지를 예측해볼 수 있다.

기술 예측을 통해 미래에 나타날 기술 진보 상황을 백 퍼센트 정확하게 인식

할 수 있다면 더 말할 나위 없이 바람직한 일이겠지만 현재로서는 그와 같은 정확도를 기하는 것은 불가능하다고 하겠다. 따라서 현재로서는 기술 예측의 진정한 목적은 미래의 과학기술 발전 수준을 확률적으로 평가하고 이러한 과학기술 진보의 중요성을 여러 가지 측면에서 분석하여 전문가로 하여금 보다 나은 의사 결정을 내리도록 돕는 데 있다. 기술 예측에는 과거의 기술 발전 데이터를 이용하여 미래의 기술혁신 추세를 통계적으로 추정하는 계량적인 기법도 있고, 그

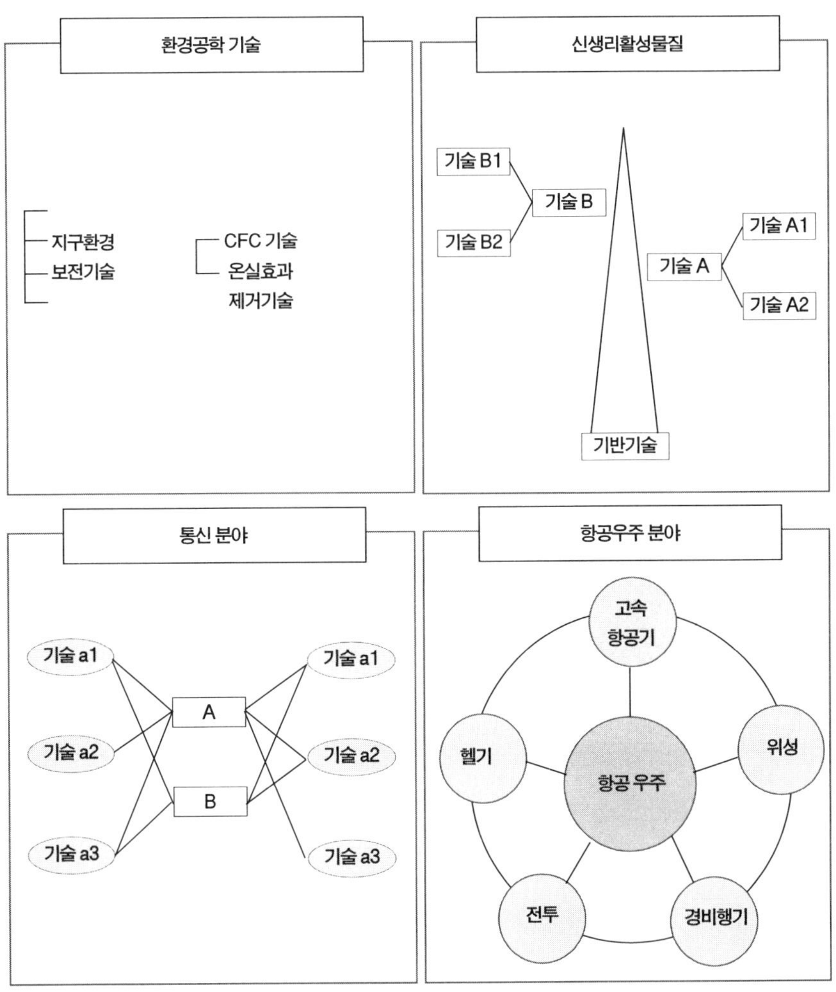

〔그림 7〕 기술체계도

기술 분야 전문가들의 경험과 직관에 의존하여 추정하는 방법도 있다.

기술체계도는 개발 대상 기술 또는 목표 기술의 전체적인 기술체계를 나타낸 것으로 〔그림 7〕에서 보는 바와 같이 여러 가지 유형이 있다. 기술체계도를 활용하면, 세부 기술 내역의 파악뿐만 아니라 각 세부 기술의 상대적 중요도를 파악하는 데도 매우 유용하다. 기술체계도의 작성은 ① 연구 분야를 세분한 횡적/정태적 기술체계도와, ② 연구 주기 및 제품 수명 주기를 고려하여 기술을 세분한 종적/동태적 기술체계도로 구분하여 작성할 수 있다.

제품-기술 매트릭스(product-technology matrix)는 〔그림 8〕과 같은 테이블에 의해 기업이 생산하는 제품이나 서비스와 이에 필요한 기술들 간의 관계를 한눈에 파악할 수 있게 해준다. 제품-기술 매트릭스를 그리기 위해서는 기업이 생산하고 있거나 앞으로 생산할 제품이나 서비스를 먼저 열거한다. 〔그림 8〕과 같이 이를 횡축에 나타낼 수 있다. 그 다음 각각의 제품이나 서비스를 구성하는

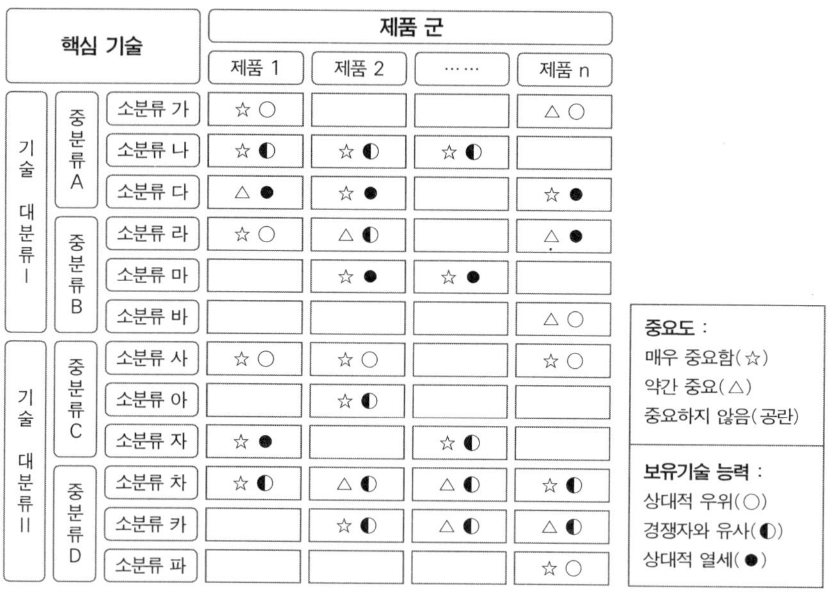

핵심 기술			제품 군			
			제품 1	제품 2	……	제품 n
기술 대분류 I	중분류 A	소분류 가	☆ ○			△ ○
		소분류 나	☆ ◐	☆ ◐	☆ ◐	
		소분류 다	△ ●	☆ ●		☆ ●
	중분류 B	소분류 라	☆ ○	△ ◐		△ ●
		소분류 마		☆ ●	☆ ●	
		소분류 바				△ ○
기술 대분류 II	중분류 C	소분류 사	☆ ○	☆ ○		☆ ○
		소분류 아		☆ ◐		
		소분류 자	☆ ●		☆ ◐	
	중분류 D	소분류 차	☆ ◐	△ ◐	△ ◐	☆ ◐
		소분류 카		☆ ◐	△ ◐	△ ◐
		소분류 파				☆ ○

중요도 :
매우 중요함(☆)
약간 중요(△)
중요하지 않음(공란)

보유기술 능력 :
상대적 우위(○)
경쟁자와 유사(◐)
상대적 열세(●)

〔그림 8〕 제품-기술 매트릭스

요소 기술들을 열거한다. 〔그림 8〕과 같이 제품이나 서비스 생산에 필요한 기술들을 종축에 열거하고, 횡축과 종축이 만나 형성되는 셀 중에서 기술과 제품간의 연관성이 있는 셀들을 선택하여 그 셀에 기술의 상대적 중요도와 기업의 기술 보유 수준과 능력을 표시하도록 한다. 이러한 매트릭스 분석을 통해 기업의 제품과 서비스에 광범위하게 적용되는 중요도가 높은 기술들을 도출하고, 그 중에서 상대적으로 기술 보유 수준이 낮은 기술이 획득의 우선순위가 높은 기술이라고 할 수 있다.

6) 기술의 획득

기술 획득(Technology Acquisition)은 기술 선택 과정에서 선택된 기술을 확보하여 이를 기업의 내부에 체화하는 과정이다. 선택된 기술을 확보하는 방법은 크게 두 가지로 나눌 수 있다. 첫째는 필요한 기술을 기업이 자체적으로 개발하는 것으로 이 방법은 자체 개발(Make 또는 In-house R&D)라 불린다. 이와 정반대의 방법은 외부에서 개발된 기술을 도입하는 것으로 외부 구매(Buy 또는 External Acquisition)이라고 불린다. 하지만 기업들은 이와 같은 양 극단에 있는 두 가지 방법뿐만 아니라 이들 두 방법을 적절히 혼합한 다양한 기술 획득 방법을 사용한다. 따라서 먼저 기술 획득 방법에 어떠한 종류들이 있는지와 이들 각 방법들에 대한 정확한 이해가 필요하다고 하겠다. 다음의 〔표 6〕과 〔표 7〕은 기술 획득 방법의 유형 및 이들간의 장점과 단점을 비교한 것이다.

한편 기술 획득 방법의 결정에 있어서 유의할 사항은 이러한 결정이 하나의 방법의 선택만을 의미하는 것이 아니라는 사실이다. 기업에서 얻고자 하는 대상기술은 여러 가지 하부 요소기술로 분해가 가능하며 따라서 요소기술별로 서로 다른 기술 획득 방법의 적용이 가능하다. 경우에 따라서는 외부 기술 획득시 협상력을 높이기 위해 전략적으로 내부의 자체 연구개발을 수행하는 경우도 있으며 다수의 기술 획득 방법을 동시에 사용하는 경우도 있다. 특히 최근 들어 기업들은 기업 단독의 자체 연구개발을 지양하고, 외부 기술의 구매나 대학, 연구

기술 개발 주체	기술 획득 방법			기술의 주요 원천
합작기업	합작회사 설립으로 기술 획득			다국적 기업
국내기업	외국기술 이전	공식적 기술 이전	기술 도입	다국적기업, 기타
			기술 구매	연구소, 기업
			외국회사 매입	기업
			위탁연구	연구소
			OEM	다국적 기업
		비공식적 기술 이전	하청	대기업
			자본재 구입	자본재 제공자
			모방	상품
			기술인력 확보	연구자
			기술 구매	연구소, 기업
	국내기술	자체 개발	공동연구	기업, 연구소, 대학
			위탁연구	기업, 연구소, 대학
			자체연구	기업, 연구소

〔표 6〕 기술 획득 방법의 유형

원천	방법	장점	단점
내부	**자체 개발**	독점적 기술지식의 획득 생산(운용) 전에 전문가 양성 가능 기술 개발 및 판매의 양면이득 큼 기대이익이 큼	대규모/장기간 개발비 지출 필요 위험부담이 큼 상업적 성공의 불확실성이 큼
	모방 개발	기술 개발비용이 적게 듦 자체 기술능력 배양 가능 기술 제공자의 횡포 및 예속 방지 기업 여건에 맞는 기술개발 가능	기술 격차가 클 경우 실패위험 큼 기술 구매보다 생산 개시에 시간 소요 어느 정도의 기술능력이 요구됨 장치산업, 고도기술 분야는 힘듦
외부	**기술 도입**	약간의 독점기술 획득 가능 투자 이전에 위험부담 예측 가능 개발비용이 적고 사전교육 가능 새로운 시장에서의 수급조절 가능 원천기술의 소재가치 하락	적합한 프로젝트의 탐색이 필요 기술 도입비용이 필요 자체 개발능력이 저하되는 경향이 있음
	기술 구매	R&D 노력이 거의 필요 없음 생산(운용)이 빠름 기술적 위험부담이 적음 원천기술의 소유가치 하락	독점기술의 획득이 곤란 전문가 양성은 생산 개시 후에 가능 경쟁적인 기술이득이 낮음 구매비용이 매우 낮음
합작		시너지 효과가 큼 필요자원에의 접근 용이 상대적으로 낮은 위험 및 비용 한 분야에의 집중도 높음	파트너에 대한 신뢰 및 정보 부족 문화/관리방침의 차이에서 오는 비효율성 협조적인 분위기 조성의 어려움

〔표 7〕 기술 획득 방법의 장단점 비교

소 및 타 기업과의 공동 연구개발을 통한 기술 획득을 강화하고 있다. 그 이유는 다음과 같다.

첫째, 전세계적으로 광범위한 기술 개발 활동 및 이의 누적된 결과들로 인하여 매우 광범위하고 접근이 용이한 기술자원군(Technology Pool)이 형성됨으로써 외부 획득(Buy)의 용이성이 증가하였다. 둘째, 기술 개발의 영역 및 비용이 증가함으로써 단순한 자체 개발보다는 기술시장에서의 거래를 통한 상호이익의 실현이 보다 효과적이게 되었다. 셋째, 제품 수명 주기, 기술 수명 주기의 단축화 경향이 심화됨에 따라 순수한 외부 기술 획득(Pure Buy)의 어려움이 증가하고 있으며 따라서 전략적 기술제휴 등의 다양한 방법을 모색하게 되었다. 넷째, 전통적인 기술 분야 또는 산업경계가 모호해지고 다분야간 복합기술이 급격히 증가함에 따라 단독적인 자체 기술 개발의 수행이 어려워지고 있다. 다섯째, 기술이 기초과학의 발전과 보다 밀접하고 직접적으로 연계됨으로써 대학과 기업의 공동연구 등에 대한 필요성이 보다 높아지고 있다.

이상과 같은 이유로 기술 획득 방법을 올바르게 선택하는 것이 기술 개발에 소요되는 비용과 시간을 절감하여 기업의 경쟁력을 확보할 수 있게 한다. 기술 획득 방법의 결정시 중요하게 고려하여야 할 사항으로 포드(Ford, 1988)는 ① 해당 기술 분야에 있어서 기업의 상대적인 기술력, ② 기술 확보의 시급성, ③ 기술 획득에 소요되는 비용의 크기, ④ 기술의 수명 주기, ⑤ 기술의 유형 등을 들고 있다. 이러한 요소들에 대한 평가를 토대로 다음 〔표 8〕에서와 같이 구체적인 기술 획득 방법을 결정하여야 한다.

기술 획득 방법	상대적 기술력	기술 확보의 시급성	투자 비용	기술 수명 주기	기술의 유형
자체 연구개발	매우 높음	매우 낮음	매우 많음	도입기	핵심기술
합작	높음	낮음	많음	성장기	핵심 또는 기반기술
위탁 연구	낮음	낮음	적음	성장기	핵심 또는 기반기술
라이센싱	낮음	높음	매우 적음	성숙기, 포화기모	핵심 또는 기반기술
완제품 구매	매우 낮음	매우 높음	매우 적음	든 단계	외부 기술

〔표 8〕 기술 획득 방법의 선택에 영향을 미치는 요인들

7) 기술의 활용

기업이 수익을 극대화하기 위해서는 외부로부터의 구매나 내부 개발을 통해 확보한 기술의 활용도를 높여야 한다. 많은 비용을 지출하고 획득된 기술이 경제적 가치 창출에 활용되지 못하고 실험실에 방치되어 있다면, 그만큼 기업 이윤을 감소시킬 것이다. 기업이 확보한 기술들은 자사의 제품이나 서비스를 생산 판매하는 데 직접 활용될 수도 있고, 타 기업에 이전되어 활용될 수도 있다. 대표적인 기술 활용 방법으로는 ① 자체 생산에의 활용, ② 하청 또는 판매계약, ③ 합작기업의 설립, ④ 라이센싱에 의한 기술 판매 등이 있다.

기술 활용 방법을 선택하는 경우에도 기술 획득 방법을 결정하는 경우와 유사하게 대상 기술과 관련된 여러 요인들을 고려하여 결정하여야 한다. 첫째, 그 기술 분야에 있어서 기업의 상대적 경쟁력이다. 기업이 경쟁기업에 비해 우위에 있는 기술의 경우 라이센싱에 의한 기술 판매가 성공할 가능성이 높으나 열위에 있는 경우 자체 생산에 활용할 수밖에 없다. 둘째, 활용의 시급성이다. 일반적으로 자체 생산에는 많은 시간이 소요되기 때문에, 기술의 변화 속도가 빨라 시급히 활용하지 않을 경우 가치가 떨어지는 기술은 라이센싱에 의한 판매가 효과적인 기술 활용 방법이 될 것이다. 셋째, 지원 기술의 필요 여부이다. 기술에 따라 제품이나 서비스 생산에 활용되기 위해서는 다른 기술이 추가적으로 필요한 경우가 있다. 이러한 경우에는 외부에 기술을 판매하는 것이 효과적이다. 이 밖에도 기술 개발에 투자된 비용의 규모, 기술 수명 주기, 기술의 전략적 중요도, 잠재적 응용 가능성 등이 기술 활용 방법을 결정하는 데 있어서 고려해야

기술 활용 방법	상대적 경쟁력	활용의 시급성	기술 지원 필요성	투자 비용	기술 수명 주기	기술의 중요도	응용 가능성
자체 생산	매우 낮음	매우 낮음	매우 낮음	매우 높음	도입기	매우 중요	매우 낮음
하청,판매계약	낮음	높음	높음	높음	성장기	중요	낮음
합작기업	높음	낮음	높음	낮음	성장기	보통	높음
기술 판매	높음	매우 높음	낮음	매우 낮음	성숙기, 포화기	덜 중요	매우 높음

〔표 9〕 기술 활용 결정의 영향 요인

하는 요소이다. [표 9]는 기술 활용 방법을 결정하는 데 있어서 고려해야 할 요소들과 선택 방법을 설명하고 있다.

한편 위에서 든 4가지 기술 활용 방법 중 가장 많이 언급되고 있는 방법으로는 기술 판매(License-out)를 들 수 있는데 이하에서는 이에 대해서 좀더 자세히 살펴봄으로써 기술 활용 전략의 이해를 돕고자 한다. 일반적으로 기술 제공 기업이 기술을 판매하는 목적으로는 ① 판매시장의 유지 또는 확장, ② 생산요소를 경쟁적 가격으로 획득, ③ 원자재의 규칙적 획득원 확보, ④ 경제성이 없어진 자산 활용의 극대화 등을 들 수 있다. 이와 같은 목적으로 수행되는 기술 판매는 기술이 경쟁적 우위의 중요한 원천이 되고 있을 경우 특히 그 의사결정이 중요하다고 하겠다. 즉 적절하지 못한 기술 판매는 해당 기업의 기술적 기반에 근거한 경쟁 우위를 상실하게 할 수도 있는 것이다.

기업이 언제, 어떤 경우에 기술 판매를 해야 하는가에 대해서 포터(Porter, 1985)는 다음과 같은 경우를 들고 있다. 첫째, 기술을 이용할 능력이 부족할 경우로서, 기술 개발 기업이 자본이나 능력의 부족으로 확고한 위치를 잡을 수 없을 때, 또는 관련된 사업단위를 철수하고자 할 때, 경쟁자들의 확고한 지위 구축으로 시장 점유의 가능성이 없을 때 기술 판매가 적절하다. 둘째, 접근 불가능한 시장을 이용하기 위한 경우로서, 기술 판매는 기업으로 하여금 접근이 불가능한 시장에서 이윤을 획득할 수 있도록 해준다. 즉 높은 가치를 지니는 기술이지만 기업이 진입하기 힘든 산업의 경우 또는 기업이 침투할 수 없거나 진입 의사가 없는 시장의 경우에 기술 판매를 이용한다. 셋째, 기술의 급속한 표준화를 위한 경우로서, 기술 판매는 해당 기술의 이용 기업수를 늘림으로써 특정 산업 분야에서 특정 기업의 기술을 표준화하는 과정을 가속화시킨다. 넷째, 산업 구조가 열악할 경우 기술 판매가 유리하다. 이런 상황에서 기업은 높은 수익을 보장하지 않는 시장개척에 투자하기보다는 로열티 수입을 확보하는 것이 보다 유리하다. 다섯째, 기술 판매는 유익한 경쟁자를 창출하는 도구가 될 수 있는데, 유익한 경쟁자는 수요의 촉진, 기술 개척비용의 분담, 타 기업 침투 억제 등의 역할을 수행한다. 여섯째, 크로스 라이센싱(Cross Licensing)의 경우로서, 기업은 타 기업의 기술을 제공받는 대가로 그 기업에게 자신의 기술을 제공할 수 있다. 이러한 크로스 라이센싱이 일어나기 위해서는 두 기업 모두 교환의 공정성을 확인할 수 있어야 한다.

이상과 같은 기술 판매 여부를 결정하는 것 외에, 기술 판매에 있어서 주의해야 할 점으로 판매 대상 기업의 선택을 들 수 있다. 판매 대상 기업으로는 비경쟁자나 유익한 경쟁자에 대해서만 기술 판매를 하여야 하며 이를 위해 계약조건 등을 명확히 할 필요가 있다. 기술 판매를 통해 불필요하게 경쟁자를 창출하거나 소액의 로열티만 받고 기업의 경쟁 우위를 상실해버리는 우를 범해서는 안 될 것이다.

기술 활용 전략은 개발도상국보다는 기술선진국에서 보다 중요하게 취급되어 왔는데, 그 이유는 개발도상국 기업들의 경우 상대적인 기술 수준의 열세로 인하여 필요 기술의 확보가 무엇보다도 시급하고, 기술 활용의 대상은 제한된 반면, 기술선진국의 기업들은 기술을 단지 생산의 수단으로서뿐만 아니라 기술 이전 등을 통한 기술료 수입과 그로 인한 여러 가지 부가적인 효과를 얻는 데 이용함으로써 최대의 효과를 추구하기 때문이다.

우리나라의 경우 최근에 들어서 일부 분야에서는 동남아 및 중국에 대해 기술 및 플랜트 수출 등이 증가하고 있고, 비록 소수이지만 신약이나 신물질에 관한 최신 연구개발 결과들도 기술 실시권 계약을 통해 수출하는 경우도 있다. 따라서 지금까지는 주로 기술 획득에 치중하여왔지만 이제부터는 기술 활용도 중요하게 되었다. 특히 우리가 기술을 전수해주거나 플랜트 등을 수출한 바 있는 동남아의 일부 국가들이 비록 하위 기술이기는 하지만 자국의 저임금 인력과 값싼 원재료와 결합하여 우리나라의 경쟁적 지위를 위협하는 사례도 있음을 감안할 때, 적절한 기술 활용 방법은 장기적인 안목에서 신중하게 결정되어야 한다.

8) 기술 개발의 선도자와 추종자

새로운 기술을 개발하고 활용하는 기술혁신에 있어서 기업들은 선도자(leader)가 될 수도 있고, 추종자(follower)가 될 수도 있다. 기술혁신의 선도자는 경쟁기업들보다 앞서서 새로운 기술을 획득하고 활용하는 전략을 취하는 기업을 일컫는 말이다. 기술혁신 선도 기업들은 연구개발 활동에 많은 투자를 하여 경쟁기업들보다 앞선 기술을 개발하고 시장에 신제품을 적극적으로 출시하며, 제품의 성능이나 품질을 차별화하여 고가에 판매한다. 선도 기업들은 기술 확보를 위해 자체적인 연구개발 활동을 활발히 전개한다. 반면, 기술혁신의 추종자는 선도자들이 기술혁신에 성공하여 새로운 제품이나 서비스를 생산하고 이를 판매하는 상황을 지켜보고, 선도 기업이 성공한 기술과 제품을 모방하는 전략이다. 기술혁신에 있어서 추종자들은 선도 기업에 비해 연구개발에 대한 투자를 적게 하고, 첨단기술보다는 이미 보편화된 기술을 활용하여 제품과 서비스를 생산하여 저가에 판매하는 정책을 고수한다. 추종 기업들은 기술을 주로 외부로부터 도입하거나 모방한다.

위의 두 가지 유형의 기업들 중 어느 기업이 보다 경쟁력이 있을까? 기술혁신에 있어서 선도자가 되는 것이 추종자에 비해 매출이나 이윤을 더 많이 얻을 것인가? 현실의 사례를 살펴보면, 두 가지 유형 중 어느 한쪽이 우월하다고 주장할 수 없음을 알 수 있다. 화학섬유 산업의 선도자인 듀폰사는 테플론 섬유를 최초로 상용화하여 대단한 성공을 거두었다. 반면 CAT(Computer Axial Tomography) 스캐너를 최초로 개발한 EMI는 상업적인 성공을 거두지 못하고 GE에 인수당하였다. IBM, 마쓰시다, 세이코 등은 각각 PC, VCR, 전자시계 분야에서 후발주자였음에도 불구하고 시장에서 성공을 거두었다. 그러나 코닥은 즉석사진기에서, DEC은 PC 산업에서 후발주자로 시장에 진입하였으나 성공하지 못했다. 이와 같이 선도자나 추종자 모두 시장에서 상업적인 성공을 거둘 수도 있고 그렇지 못할 수도 있는데, 그 이유는 각각의 전략이 장단점을 갖고 있기 때문이다.

우선 기술혁신에 있어서 선도자는 이른바 선발자 이익(first mover advantage)으로 여러 가지 이점을 누릴 수 있다. 첫째, 회사나 브랜드를 고객들에게 보다 손쉽게 알릴 수 있기 때문에 고객들의 인지도와 충성도를 확보할 수 있다. 흔히 클리넥스라는 브랜드는 휴지의 대명사로 통하고 제록스 역시 복사기의 대명사로 통하는 것은 이들이 모두 기술혁신을 선도한 기업의 브랜드이기 때문이다. 둘째, 산업의 기술적 표준을 자신에게 유리하게 설정할 수 있다. PC 운영체제의 기술적 표준이 윈도가 됨으로써 마이크로소프트는 문서 제작이나 인터넷 검색 및 서버 운영 체제 분야에서도 강자로 군림할 수 있게 되었다. 셋째, 시장 선도자는 후발자에 비해 보다 많은 경험을 축적하기 때문에 경쟁자들이 모방할 수 없는 지식과 기술을 더 많이 축적할 수 있다. 넷째, 초기 시장을 점유할 수 있기 때문에 경쟁기업에 비해 보다 양질의 고객을 더 많이 확보할 수 있다. 이 밖에도 제품 가격에 대한 통제력을 행사할 수 있다든지, 정부나 투자자들로부터 더 낳은 대접을 받을 수 있다든지 하는 부가적인 이점도 있다.

그러나 기술혁신의 선발자가 이러한 이점만 누리는 것은 아니다. 기술혁신의 선도자들은 위와 같은 이점을 누리기 위해 다음과 같은 대가를 지불하여야 한다. 첫째, 기술혁신의 선도자들은 기술 개발을 위해 많은 비용을 지출해야 한다. 둘째, 시장에서 기술의 우위를 유지하기 위해서는 연구개발에 끊임없이 많은 투자를 하여야 한다. 셋째, 신기술을 활용하여 신제품을 시장에 출시할 경우, 많은 불확실성이 존재하고 그에 따른 위험을 감수하여야 한다. 기업이 개발한 기술 및 제품과 시장의 수요가 다를 경우 기술 개발을 위한 투자자금을 회수할 수 없을 것이다. 한편, 기술혁신의 추종자들은 선도적인 기술혁신에 따르는 비용과 위험을 피할 수 있는 대신, 선도자가 누릴 수 있는 이점도 갖지 못하게 된다. 결국 각각의 장단점이 있다고 할 수 있다.

9) R & D 프로젝트 매니지먼트 추진 및 관리

서두에서 언급된 것처럼 기업에서 수행하는 프로젝트는 신제품 개발을 목표로 하는 프로젝트, 신제품 개발 이전의 연구개발 프로젝트, 외부와의 공동연구 프로젝트로 나뉜다. 기본적으로 프로젝트의 관리는 프로젝트 아이디어의 원천 관리, 프로젝트의 선정관리, 프로젝트의 조직관리, 프로젝트 일정관리, 프로젝트의 인력관리로 구분된다는 점에서 동일시되며, 선별된 프로젝트의 절차상의 관리는 크게 선정 단계, 수행 단계, 종료 단계로 나뉘어 진행된다.

연구개발 프로젝트는 3가지 관점에서 추진 및 관리되어야 하는데, 첫째로는 사업전략-기술전략-연구개발 프로젝트 포트폴리오-R&D 프로젝트 매니지먼트의 전략적 연계, 둘째로는 역량과 다른 필요자원과의 일치, 프로젝트 관리 시스템과 정보 공유, 셋째로는 인력이 중요한 성공 요인으로 지적되고 있다(EIRMA, 1998). 인력과 관련해서는 조직문화, 프로젝트 리더십(project leadership), 팀 워킹(team working)이 결정적인 역할을 한다.

조직문화 조직구조와 관리방식은 조직문화에 영향을 미치며 이와 아울러 일하는 방식에도 영향을 미친다. 자연발생적인 워크 플로(work-flow)가 있고, 효과적인 자원 공유 및 정보 교류가 있는 조직일 경우 연구개발 프로젝트가 성공할 확률이 높다는 것이다. 전통적인 계층조직의 경우에는 자기 보호적인 성향을 가지고 있기 때문에 적극적인 네트워킹, 자원의 공유, 부서간을 넘어선 팀 워킹에 제한을 받게 된다. 반면에 조직구조가 자원을 보호하기보다는 공유하고, 정보를 보호하기보다는 교환할 때, 부서간 경쟁보다는 협력할 때 기술혁신은 성공하게 된다. 모범이 되는 프로젝트 관리는 혁신적이며, 문제 해결과 계산된 위험 수용의 특성을 가진다. 관리의 방식이 비판 중심으로 진행이 될 경우 조직은 모험을 기피하는 성향을 보이며, 이는 결국에는 혁신과 창조성뿐만 아니라 실패로부터 학습할 수 있는 기회를 제한하게 된다. 혁신적인 생각과 계산된 위험을 수용하도록 지원하는 데 있어서 경영진의 핵심 역할은 지도를 통하여 개인의 스킬을 개발하고 결정이 잘못되었을 때 원인을 분석하는 데 도움을 주는 것이다.

프로젝트 리더십 프로젝트가 성공하기 위해서는 주어진 시간과 비용 내에서 완료될 수 있도록 추진력이 있어야 하고, 다른 부서의 참여와 통합을 이끌어낼 수 있어야 한다. 또한 프로젝트 관리자는 기술적인 지식과 프로젝트 관리 시스템 운영의 경험, 사람들과의 관계 관리능력을 갖추고 있어야 한다. 이외에도 훌륭한 프로젝트 관리자는 개인적인 노력을 통해서보다는 사람을 통하여 목표를 달성하고, 개별적인 목표보다는 전체적인 목표에 치중하며, 최적의 해결보다는 실질적인 해결책을 추구하는 것이 바람직하다.

팀 워킹 효과적인 팀 워킹에는 프로젝트 수행에 적합한 인력의 선택, 일을 추진하는 방식, 팀원간의 통합, 문제 해결, 외부 자원 등이 영향을 미치는 것으로 알려져 있다. 이외에도 뚜렷한 연구개발 목표, 최고경영진의 후원, 적절한 연구계획, 고객과의 교류, 적절한 기술정보, 적절한 통제, 원활한 의사소통, 자율적인 분위기, 적절한 예산, 연구개발 관리자의 권한, 연구개발 과제의 긴급성 등이 성공 요인으로 언급되고 있다(남영호 외, 1995).

2-2. 기술혁신을 가속화하기 위한 조직 관리

1) 기술혁신 업무의 특성

기술을 개발하거나 기술을 활용하여 새로운 제품과 서비스를 생산하고 판매하는 일은 기업이 수행하는 다른 업무들, 예를 들어 기존 제품의 반복적인 생산 판매나 회계 처리 등과는 다른 독특한 특성을 갖고 있다. 첫째, 기술혁신은 그 과정 자체가 매우 불확실하고 장기간의 시간을 필요로 한다. 새로운 기술을 개발하기 위한 아이디어의 원천이나 신제품에 대한 소비자의 수요, 기술 개발의 결과 등은 예측하기 어렵다. 따라서 기술 개발의 목표, 일정, 비용 지출, 수익 등에 대한 사전계획을 세우기 어렵다. 기술혁신의 성공이 사전의 의도나 계획보다는 우연에 의해 이루어지는 경우도 많다. 또한 기술 개발에 대한 기업의 투자가 가시적인 성과로 나타나기까지는 비교적 장시간을 필요로 한다.

둘째, 기술혁신은 지식 집약적인 활동이다. 인간의 개별적인 지능과 창의성, 상호학습을 통해 새로운 지식과 경험은 빠른 속도로 축적되고 학습되지만, 기술

개발에 참가한 엔지니어의 지식은 문서화되기 어렵기 때문에 다른 사람들에게 쉽게 전파될 수 없다. 따라서 연구개발에 참가한 연구원과 엔지니어들이 그 기업을 떠나는 경우 기술과 지식의 손실이 크게 발생하여 기술 개발을 지속할 수 없는 경우가 종종 발생한다.

셋째, 혁신 과정의 불확실성과 모호함은 기업 내에서 많은 논쟁과 갈등을 유발할 수 있다. 기술혁신은 기업의 기존 조직 운영 절차나 제품 구성, 생산방식, 나아가 조직의 권력구조 자체에도 새로운 변화를 야기함으로써 조직의 이해관계자간에 갈등이 구조적으로 존재하게 된다. 일례로 혼다모터(Honda Motor)에서 공냉식 엔진 개발을 새롭게 추진하면서, 수냉식 엔진을 개선하는 기존 부서로부터 연구 인력과 자원을 빼내어 공냉식 엔진 개발에 투입하였다. 이 과정에서 회사 내에서 이익을 보는 집단과 손해를 보는 집단이 생길 수 있으며, 이들간에 기술 개발의 대안을 놓고 상호대립하고 충돌하여 갈등을 일으킬 수 있다.

마지막으로, 기술혁신은 조직의 경계를 넘나드는 특성을 갖고 있다. 기술혁신은 연구개발 부서 단독으로 수행될 수 없다. 새로운 제품에 관한 아이디어는 마케팅 부서를 통해 고객으로부터 수집될 필요도 있으며, 구매 부서를 통해 원재료나 설비 공급업체로부터 얻어질 수도 있다. 또한 기술을 개발하는 과정에서도 생산 부서나 품질관리 담당자 혹은 외부의 전문가들의 자문을 필요로 하기도 한다. 또한 기술혁신은 상호의존성을 갖고 있어서, 하나의 기술이 개발되면 그 기술이 다른 기술 개발에 영향을 미칠 수도 있다.

기술혁신 업무가 갖고 있는 이러한 특성들 때문에 전통적인 관료제 조직은 기술혁신에 적합하지 못하다. 관료제 조직은 분명한 계층적 상하관계와 명령체계, 부서와 개인의 업무에 대한 분명한 사전적 정의와 분업체계, 사전계획과 계획대비 실적에 대한 엄격한 통제 등을 특징으로 한다. 우리는 정부조직이나 일부 공기업에서 이런 관료제의 특징을 관찰할 수 있다. 이러한 조직에서는 창의적인 아이디어의 생성과 위험을 감수하고 지속적인 노력이 필요한 기술혁신 업무를 수행할 수 없다. 기업이 기술혁신을 통해 지속적인 경쟁력을 확보하기 위해서는 이러한 관료제 특성을 버리고, 혁신에 적합한 조직관리를 행하여야 한다. 기술혁신을 보다 잘하기 위해서는 기업조직은 어떻게 만들어져야 하는가? 기술혁신을 위한 조직관리 방법을 경영자의 역할, 조직의 구조, 인적 자원 관리 방법 등 세 가지 측면에서 살펴보기로 한다.

2) 기술혁신을 위한 경영자의 역할

앞에서 기업 경쟁력의 원천에 대한 여러 가지 주장들을 소개하면서, 경영진의 자질과 능력을 기업 경쟁력의 주요 원천으로 파악하는 이론이 있음을 살펴보았다. 기술혁신을 포함한 기업의 모든 경영활동에 있어서 경영자들이 수행하는 역할의 중요성은 아무리 강조해도 지나치지 않다. 기업이 기술혁신을 성공적으로 수행하기 위해서, 기업의 기술혁신을 책임진 경영자들이 어떠한 역할을 수행하야 하는가를 보다 구체적으로 살펴보기로 하자.

아이디어 단계에서부터 시작하여 상업화 단계에 이르기까지 기술혁신의 전 과정이 성공적으로 수행되기 위해서는 다섯 가지 핵심적인 역할이 혁신에 참여하는 핵심 인력들에 의해 수행되어야 한다. 그것은 〔표 10〕과 같이 아이디어 창안, 챔피언, 프로젝트 관리, 정보 수문장, 후원 등의 역할이다.

아이디어 창안의 역할은 기존의 기술이나 제품이 갖고 있는 문제점과 소비자들의 새로운 욕구를 파악하여 기술혁신의 필요성과 해결 대안에 대한 새로운 아이디어를 제시하는 것이다. 챔피언의 역할이란 기술 개발 과정에 헌신적으로 몰입하여 기술 개발 수행 과정에서 부딪치게 되는 기술적인 문제들이나 사업상의 문제들을 주도적으로 해결해 나가는 것이다. 챔피언은 기술혁신을 이끌어나가는 항해사로서, 혁신을 위한 조직 내외부 이해관계자들과의 커뮤니케이션에 있어 중심적인 역할을 수행한다. 프로젝트 관리의 역할은 기술혁신을 위한 제반 활동과 인력을 기획하고 조정하는 기능으로, 기술혁신의 최종 목표를 효과적으로 달성할 수 있도록 자금, 인력, 시간을 관리하는 것이다. 정보 수문장의 역할은 기술혁신에 필요한 시장, 기술, 원재료, 설비 등에 관한 다양한 정보를 기업

주요 역할	혁신활동	필요한 자질과 능력
아이디어 창안 (idea generation)	아이디어를 창출하고 가능성을 검증 일을 수행하는 새로운 방법을 고안 혁신적인 진보를 위한 탐색	각 분야의 전문지식 추상화와 개념화 능력 새로운 분야의 일을 즐김
챔피언 (entrepreneuring or championing)	아이디어의 전파 혁신을 위한 자원 확보 아이디어의 실현을 위한 헌신	정력적이고 위험을 감수함 아이디어의 응용에 관심
프로젝트 관리 (project leading)	리더십 발휘 프로젝트의 기획 및 조직 프로젝트의 효과적인 진행 감독	의사결정 능력 업무 수행 방법에 대한 지식
정보 수문장 (gate keeping)	조직 외부의 정보를 내부 구성원들에게 전달 조직 내 정보원 기능	높은 수준의 기술적 역량 원만한 대인관계 능력
후원 (sponsoring or coaching)	혁신에 대한 격려와 안내 불필요한 제약에서 프로젝트 보호 혁신에 필요한 자원 획득을 지원	조직의 주요 의사결정에 대한 영향력

〔표 10〕 기술혁신 과정

외부로부터 획득하여 기업 내부의 기술 개발 담당자들에게 전파하여 공유하도록 하는 것이다. 후원의 역할은 혁신에 필요한 자원을 확보하여 지원해주는 것이다. 이는 좋은 아이디어와 상업적 잠재력이 있는 기술 개발 프로젝트가 회사의 지원을 받지 못해 사장되지 않도록 하기 위해서다.

위와 같은 다섯 가지 역할은 경우에 따라서 기업 내의 어느 한 사람에 의해서 모두 수행되기도 하고, 여러 사람들이 각각 분담하여 수행하기도 한다. 소규모 벤처기업의 경우라면 창업자가 위의 역할을 모두 수행하는 경우가 대부분일 것이다. 그러나 기업의 규모가 크고 사업 분야가 다양하며 수행하는 기술개발 프로젝트가 여러 개일 경우 위의 역할을 핵심 인력들간에 분담하게 된다. 특히 일정 규모 이상의 기업에서는 기술 개발 인력들이 연구원이나 엔지니어 ↔ 프로젝트 팀장 ↔ 최고 기술경영자(CTO : chief technology officer) 등 적어도 3단계 계층구조를 형성하게 되며, 이때 프로젝트의 관리 역할은 팀장이 하게 되고, 후원의 역할은 CTO의 몫이 된다.

3) CTO의 역할

21세기 기업 경쟁력의 원천으로 기술이 중요해짐에 따라 많은 회사들이 연구개발에 박차를 가함은 물론, 기업조직 내에서는 기술전략 조직을 신설하고 최고기술경영자(CTO, Chief Technology Officer)를 선임하고 있는 실정이다. 최고기술경영자는 경영전략과 기술전략의 일치성을 확립하는 역할을 담당하게 된다. 보다 더 구체적으로 CTO가 해야 할 일은 기술전략과 경영전략과의 일치성을 확보하고, 전략적 자산으로 연구개발 성과를 관리하며, 연구개발지표를 설정한다. 또한 혁신을 통하여 연구개발관리 프로세스를 합리화하고, 연구개발의 비전을 설정하고, R&D 조직문화를 설정하는 역할을 담당하게 된다(ADL, 2003). 이러한 임무를 수행하기 위하여 CTO는 어떠한 능력이 요구될까? 많은 회사들은 사업전략을 습득하고 미래에 적응할 수 있는 기술전문가들을 필요로 하고 있다. 효과적인 최고경영자가 되기 위해서는 회사 내의 기술전문가와 네트워크가 강해야 하며, 기술전문가로부터 사업전략가의 지식을 습득하여 전환해야 한다. 그리고 상당 시간 동안 인수합병, 정부규제, 특허 등에 관하여 학습하여야 하며, 연구개발에 있어서도 기술 탐색적인 사고보다는 부를 창출할 수 있는 관점으로 전환해야 한다. 또한 CTO는 연구, 제조, 판매, 회계부서와 원활한 커뮤니케이션을 행할 수 있는 능력을 가져야 하며, 이들에게 지속적으로 기술 개발과 회사의 비전이 같은 방향임을 설득해야 한다.

4) 혁신을 위한 조직의 설계

기업의 내부 조직구성원들간에 업무가 어떻게 분장되어 있고, 개개의 업무와 구성원들이 어떻게 집단화되어 있으며, 여러 부서나 개인들간에 업무에 관한 권한과 책임이 어떻게 배분되어 있고, 이들간의 관계가 어떻게 통합되고 조정되는지 등을 총괄하여 조직구조라 한다. 즉 기업의 업무와 구성원들이 조직화되어 있는 방식이 기업의 조직구조이며, 이를 어떻게 설계하는가에 따라서 기업의 업무 성과는 달라진다. 기술혁신을 효과적으로 수행하기 위해서는 조직구조를 설계하는 데 있어서 다음과 같은 몇 가지 원칙에 입각해야 한다.

첫째, 유연성(flexibility)의 원칙이다. 전통적인 관료제 조직은 개인들이나 부서간에 업무, 권한, 책임 등이 공식적인 규칙에 의해 매우 분명하게 구분되어 있으며, 한번 구분된 것이 잘 변화하지도 않는다. 기술혁신을 위해서는 이러한 경직적인 조직구조를 배제해야 하는데 하나의 방법은 조직의 규모를 가능한 소규모로 유지하는 것이다. 왜냐하면 기업의 규모가 커지게 되면 표준운영 절차나 규정, 규칙, 예산 및 관리 통제 등과 같은 관료화된 조직체계를 피하기 어렵기 때문이다. 미국의 3M이나 인텔사 등에서는 매출액이나 종업원 규모가 일정 수준으로 성장한 제품이나 서비스들은 하나의 독립된 기업으로 분사시키는 경우가 종종 있다. 그 이유는 조직의 규모를 작게 하고 자율적인 의사결정 권한을 부여하여, 환경 여건의 변화에 신속히 대응하고 개인의 창의성을 높이기 위해서다.

둘째, 다양성(diversity)의 원칙이다. 성공적인 기술혁신을 위해서는 기업 외부의 다양한 정보 원천인 소비자, 원자재나 장비 공급업체, 연구소와 대학 등과 긴밀하게 접촉하여 새로운 기술혁신 기회를 포착하여야 한다. 이를 위해서는 이들 외부 기관과의 다양한 협력관계를 구축하여야 하며, 조직 내부적으로는 다양한 배경과 능력을 가진 신입사원을 선발 채용하고, 조직의 각 부서 역시 다양한 기술과 지식을 가진 사람들로 구성되어야 한다. 최근 들어 기업들은 사회과학을 전공한 사람에게 연구개발 업무를 맡기거나 공학을 전공한 사람에게 마케팅이나 영업을 시키는 경우가 늘고 있는데 이는 기업들이 조직의 다양성을 통해 혁신을 가속화하기 위한 것이다.

셋째, 통합(integration)의 원칙이다. 기술혁신의 성공을 위해서는 앞서 말한 다양한 정보와 자원, 그리고 구성원들이 단지 물리적으로 한 조직에 속해 있는 것뿐만 아니라 서로 밀접하게 연결되고 교류함으로써 화학적으로 결합되고 상승효과(synergy)를 일으켜야 한다. 일본의 소니(Sony)나 카오(Kao)사 등은 기능 부서간의 직무 순환제(job rotation)나 인적 교류를 활성화하기 위한 연구교류회나 포럼 등을 회사 내에 운영하고 있다. 또한 하나의 신제품이나 생산 개발 프로젝트를 수행하기 위한 팀에 연구개발 부서의 인력뿐만 아니라 생산과 영업 및 마케팅 부서의 인력도 참여시키고 있는데, 이를 복합기능팀(cross-functional team)이라 부른다.

넷째, 기술혁신 과정에서 반드시 필요한 핵심 역할자에 대한 제도적 배려 원칙이다. 앞서 설명했듯이, 기술혁신의 성공을 위해서 수행되어야 할 핵심적인 역할들이 존재한다. 기술혁신을 선도하는 우량 기업들은 공통적으로 혁신 과정에서 주요한 역할을 수행하는 사람들이 기존의 조직 제도나 질서, 그리고 핵심 세력들에 의해 혁신적 시도가 좌절되고 포기되지 않도록 여러 제도를 운영하고 있다. 예를 들어 특별한 연구 과제나 연구자들에게 자율적으로 사용할 수 있는 별도의 연구자금을 지원하거나, 사내 벤처와 같이 독립적인 업무 수행이 가능한 조직을 마련하는 것이다.

5) 연구개발 인력의 관리

기업에서 기술 개발 업무를 수행하는 사람들은 대학에서 공학이나 자연과학의 어느 한 분야를 집중적으로 탐구한 과학기술자들이다. 박사급 연구자들의 경우는 적어도 10여 년 이상을 한 분야의 과학기술 지식을 연구한 사람들이다. 이러한 기술 개발 인력은 다른 사람들에 비해 몇 가지 독특한 특성을 갖게 된다. 과학기술자들은 일반인들에 비해 지적 수준이 높은 편이고 독립성이 강하며 성취욕구가 높은 반면, 내성적이며 어느 한 조직에서 높은 지위에 오르기보다는 자신의 학문 분야에서 전문가로 인정을 받고 싶어한다(이진주, 1985).

전문가를 지향하는 과학기술자들은 기업의 목표인 이윤 추구보다는 개인적인 업적을 이루기 위한 연구와 기술 개발 성과를 중시하는 경우가 많다. 또한 과학기술자들은 학회활동 등을 통해 자신과 전공이 다른 과학기술자들과의 학문적인 교류를 중시하고, 그들 사이의 사회적인 네트워크를 유지하기를 원한다.

이윤을 극대화하는 것을 중요한 목표로 삼고 있는 기업에서 연구 개발을 담당하고 있는 과학기술자들이 사업성이나 이윤을 무시하고 자신의 학문적 욕구를 충족시키기 위한 연구개발에만 몰두한다면, 기업은 시장에서 고객이 원하는 신제품의 서비스를 제공하지 못하게 될 것이고 그 결과 이윤 창출에 실패할 것이다. 그렇다고 기업에 소속된 과학기술자들이 자신의 학문 분야에서 전문가가 되고자 하는 성향을 억누르는 것도 바람직하지 못하다. 기업이 장기적으로 기술 경쟁력을 갖기 위해서는 첨단 과학기술 지식을 탐구하는 과학기술자들이 기업 내에 존재해야 하고, 이들이 끊임없이 외부의 대학이나 연구소와 협력관계를 유지하면서 최신의 과학기술 연구 성과를 흡수해야 하기 때문이다. 결국 단기적인 이윤 창출을 목적으로 하는 실용적이고 상업적인 개발활동과 과학기술 분야의 최신 이론에 대한 연구활동이 조화를 이룰 수 있어야 한다. 이를 위해서는 기업의 기술 개발을 담당하는 과학기술자들이 자신의 관심 분야에 대한 학문적 탐구를 자율적으로 할 수 있도록 하면서도 동시에 기업이 사업에 활용할 수 있는 상업적 가치를 지닌 기술이 개발될 수 있도록 유도해야 한다.

이를 위해서는 기업이 연구개발 인력을 채용하거나, 업무 성과에 대한 평가와 보상을 실시하는 데 있어서 다음과 같은 노력이 필요하다.

첫째, 신입 직원을 선발하고 채용하는 데 있어서 강한 개성과 높은 성취욕, 다양한 경험과 특정 분야의 전문지식을 갖춘 인력을 선발해야 한다.

둘째, 업무 성과에 대한 평가에 있어서 새로운 아이디어나 도전의식을 고취하기 위한 평가방법을 채택하여야 한다. 연구개발 인력이 얼마나 성실하고 안정적으로 일하는가를 평가하기보다는 얼마나 창의적이고 자발적으로 업무를 추진하는가를 평가한다. 또한 개개인의 업무 성과뿐만 아니라 팀 단위의 업무 성과를 평가하여 고과에 반영한다.

세째, 연구개발 인력에 대한 보상은 급여를 포함한 금전적인 보상뿐만 아니라, 자신의 연구개발 테마를 스스로 정할 수 있는 권한을 부여하거나 해외 교육 및 연수 기회를 제공하는 것과 같이 전문가로서 개인적인 욕구를 충족할 수 있는 보상을 실시한다.

넷째, 기업에서 관리직으로 승진하지 않고 계속해서 연구 업무에 종사하고자 하는 연구개발 담당자들에게는 연구개발 전문직의 직제를 운용한다. 연구개발 전문직 제도는 관리직으로 승진하지 않고도, 그에 상응하는 대우를 받으면서 연구개발에 전념할 수 있게 해주는 제도이다.

6) 기술경영 관리자의 필요 역량

훌륭한 연구개발 관리자가 되기 위한 요건은 무엇일까? 일반적으로는 연구개발이 결과 지향적으로 수행되도록 유도하는 능력을 갖추어야 하고, 연구과제의 세부사항까지 파악할 수 있을 정도로 치밀해야 하며, 연구개발 과제의 전 과정을 전체적으로 조망할 수 있는 능력을 가져야 한다고 볼 수 있다. 그러나 이러한 능력만으로 충분하지 못하다. 사람이 중심이 되어 진행되며, 기계적인 관리보다는 조직 및 인간 행동상의 요인들이 더 중요하게 작용하기 때문이다. 구체적으로 오늘날의 기술 기반 조직의 경영자들은 다양한 도전을 해결하기 위하여 아래와 같은 폭 넓은 능력을 지니고 있어야 한다.

- 기술을 기업의 전반적인 전략 목표에 통합시키는 능력
- 빠르고 효과적으로 새로운 기술을 습득하고 기존의 기술에서 탈피하는 능력
- 기술을 효과적으로 평가할 수 있는 능력
- 기술 이전을 효과적으로 할 수 있는 능력
- 새로운 제품개발 시간을 단축할 수 있는 능력
- 크고 복잡하고 서로 다른 분야에 걸쳐 있는 프로젝트를 수행할 수 있는 능력
- 조직 내의 기술 이용을 수행할 수 있는 능력
- 기술 전문인력을 운용할 수 있는 능력

위에 열거한 것처럼 기술경영을 효과적으로 수행하기 위해 기술관리자가 갖추어야 할 요건은 리더십, 기술적인 스킬, 행정능력으로 요약될 수 있다. 리더십의 경우 방향 설정 및 기획, 조직간 원활한 소통 등 다양한 능력이 요구된다.

주요한 요소를 나열하면 아래와 같다.

- 조직화되지 않은 업무 환경을 경영할 수 있는 능력
- 행위 지향적이며 자기 주도적인 능력
- 집단의 의사결정을 도울 수 있는 능력
- 문제 해결을 도울 수 있는 능력
- 다양한 분야에 걸쳐 있는 팀을 조직할 수 있고 우선순위를 세울 수 있는 능력
- 경영 방향을 명확하게 할 수 있는 능력
- 의사소통 능력, 모든 단계에 인력을 적절히 배치할 수 있는 능력
- 명확한 목표를 정의할 수 있는 능력
- 상부의 경영 지원이나 헌신을 얻어낼 수 있는 능력
- 분쟁을 해결할 수 있는 능력
- 사람에게 동기부여할 수 있는 능력
- 전문적인 필요를 이해할 수 있는 능력

오늘날 업무의 성격은 복잡하며, 일반적인 관리자들이 기술적 전문성을 전부 가지고 있다고 볼 수 없다. 관리자가 기술의 성격 및 이와 관련된 시장 동향, 사업 환경 등을 이해할 때 통합적인 문제 해결과 기술혁신을 달성할 수 있다고 생각된다. 관리자의 기술적인 전문성이 팀원들간에 대화를 효과적으로 이끌어 내는 데 필수적이다. 기술관리자로서 기술적인 능력을 요구하는 주요 테마는 다음과 같다.

- 기술을 운용하거나 문제 해결을 할 수 있는 능력
- 기술직과 의사소통을 할 수 있는 능력
- 혁신적인 환경을 조성할 수 있는 능력
- 기술적, 사업적, 인간적인 능력을 통합할 수 있는 능력

- 시스템적인 관점
- 공학적 도구나 지원방식에 대한 이해
- 기술이나 추세에 대한 이해
- 기술팀을 통합할 수 있는 능력

기술경영자가 되기 위하여 리더십 및 기술적인 능력 외에 추가로 필요한 것은 계획서 작성, 인력, 예산, 일정 관리 등을 포함하는 행정 능력이라고 할 수 있겠다.

- 다기능적인 프로그램을 계획하고 조직할 수 있는 능력
- 우수한 인력을 유인하고 확보할 수 있는 능력
- 자원을 측정하거나 협상할 수 있는 능력
- 타 조직과 협력할 수 있는 능력
- 업무의 상태, 진행 및 실적을 측정할 수 있는 능력
- 다양한 분야에 걸쳐 있는 업무를 계획할 수 있는 능력
- 정책이나 운영 절차를 이해할 수 있는 능력
- 권한 위임을 효과적으로 할 수 있는 능력
- 의사소통을 효과적으로 할 수 있는 능력(구두 및 서면)

역할	기술경영 분야에서 경력을 구축하기 위한 실행 계획	기술경영자가 되기 위한 실행 계획
개인적 준비	특정한 목표와 계획 수립 경험적 학습 습득, 행정적 업무 수행 팀 동기부여 및 리더십 실행 테스크포스 팀 참여 다기능 과제 추구 전문 저널의 발행 및 컨퍼런스 참가 기술적 전문지식 획득, 교육, 세미나 참여 경영 문헌 참조 M.B.A 매니저와 대화	경영자로서의 행동 실행 비즈니스 관점의 발견 및 발전 동기부여 및 리더십 기술 확립 신뢰성 확립 대표단 훈련 경영 스타일 개발 다른 매니저 관찰 충고 및 상담 동료들로부터 지원 팀 및 하급자들에게 신뢰 및 존경 구축

〔표 11〕 개인 차원의 기술경영

역할	기술경영 분야에서 경력을 구축하기 위한 실행 계획	기술경영자가 되기 위한 실행 계획
관리자를 통한 지원	경영 훈련 격려 및 지원 학습 경험을 제공할 수 있는 업무 촉진 리더십을 통한 경영진에게 도움 제공 2개의 경력 활용 경영학습의 지원 및 격려 프로젝트 관리를 통한 훈련 지속적 기술 발전을 위한 일시적 업무 및 직위 이용 기술적 업무를 위한 경영기술의 가치 인식	개인적 도움을 통한 변화 촉진 업무의 책임감 제공 의사소통 채널 형성을 위한 도움 다른 부서들간의 상호작용을 위한 도움 중요 수행 목적들 형성 새로운 매니저들을 위한 존경과 신뢰성 형성

〔표 12〕 관리자 차원의 기술경영

3. 사례 연구

3-1. 우리나라 중소기업의 전략 변화와 기술능력 학습

E전자는 각종 전자기기에 사용되는 자성체를 전문적으로 생산하는 기업으로 1981년에 한 엔지니어에 의해 소규모 개인회사로 창립되었다. 이 회사의 설립자인 K씨는 한국공업시험연구소 연구원을 거쳐, 우리나라의 대표적인 정부 출연 연구소인 KIST의 소재공학 부문에서 연구원으로 근무한 경험을 갖고 있다. K씨는 연구소에서 자성체에 대한 연구를 수행하던 중 당시 고무 자석을 생산하던 한 중소기업의 연구개발 책임자로 직장을 옮기게 되면서 현장의 생산기술을 학습하게 된다.

이 회사는 창업 당시부터 최고경영자 주도로 기술 개발에 나서게 된다. 1982년 컬러 TV용 집속 마그네트 자석을 자체 개발하여 국내 기기업체에 수입 대체용으로 공급했을 뿐만 아니라 연간 4백만 달러의 수출 실적을 기록하였고, 1985년에 개발된 플라스틱 자석 소재 및 이를 응용하여 1986년에 개발된 VTR, 컴퓨터, 카메라 및 자동차용 플라스틱 자석제품은 연간 3억원의 내수 판매를 통한 수입 대체와 연간 9백만 달러의 수출을 기록하였다. 1988년에도 컴퓨터 모니터용 브라운관의 핵심 부품인 전자 빔 집속자석을 개발하여 연간 2백만 달러의 수출 품목으로 성장시켰다. 이 연구의 본격적인 조사 시점인 1990년에 이르러서 이 회사는 20여 명의 연구개발 인력을 포함한 250명 규모의 중견 전자 부품업체로 성장해 있었으며, 1988년부터 자체 연구소를 설립 운영하면서 매출액 대비 4.9%의 높은 연구개발 투자로 20여 건의 특허를 취득하거나 출원하여 자석류 분야에서는 국내에서 경쟁자가 없을 정도로 최고의 기술력을 확보하였다.

1990년대 들어서 이 기업이 실행한 환경변화에 대한 대응전략은 다음과 같다. 첫째, 제품시장 영역 측면에서 이 기업은 그 동안의 기술혁신 과정에서 축적된 자성체 소재 분야의 기술을 응용한 신제품 개발을 통해 극히 제한된 형태의 품목 다변화를 추진했다. 1991년에 개발된 전자회로의 온도보상 소자인 PCT(Positive Temperature Coefficient)와 초정밀 자기센서, 1992년의 Nd-Fe-B계 Bonded Magnet, 1993년의 정온 발열체용 소재, 1994년 개발된 적산전구계용 Magnet, 1995년 개발된 극소형 과전류 보호 소자 및 그 재료 등 연간 3~4건의 신제품을 개발 상업화에 성공하였다. 이들 제품은 1990년대 이후 수요가 급증한 정밀모터, 자동차의 전자제어계, 컴퓨터의 HDD, 복사기와 레이저 프린터 등 정보통신 및 산업용 기기의 핵심 부품들이다.

두번째는 개발된 신제품의 판매를 위한 고객을 확대해 나가는 것이었다. E기업은 연구개발에 착수하기 전 고객인 대규모 기기업체의 연구개발팀과 공동으로 국산화에 의한 수입 대체효과가 큰 개발 품목을 선정함으로써 미리 고객을 확보하는 전략을 구사하였다. 이러한 방법으로 국내 굴지의 전자기기 제조업체들을 모두 고객으로 확보하였을 뿐만 아니라, 개발된 제품의 가격 경쟁력을 무기로 일본의 히타치, 도시바, NEC, 미국의 RCA, 덴마크의 LEGO, 핀란드의 노키아(Nokia) 등 일반인들에게 잘 알려진 세계적인 전자회사를 고객으로 확보하였다.

셋째, 부가가치가 낮은 품목들을 해외로 이전하기 위해 1995년에 중국의 텐

진과 말레이시아 두 곳에 해외 공장을 설립하고 국내에서 공급되는 소재와 반제품을 조립하여 수출하거나 국내에 재반입하는 국제적인 생산 네트워크를 구축하였다. 이들 통해 가전기기용 자성체와 같이 제품 자체나 제조공정이 비교적 단순한 부문들에 대한 외주를 확대하고, 노동집약적 단순작업 공정을 가능한 한 줄였다.

지속적인 연구개발, 기술을 기반으로 한 제한된 생산 품목 다변화, 해외시장의 적극 진출, 국내와 해외 생산의 유기적 네트워크 구축으로 요약되는 이 회사의 대응전략은 성과 면에서 매우 성공적인 것으로 평가된다. 1990년에서 1995년 사이 이 회사의 매출은 연평균 36% 성장하여 1990년 46억 5천6백만원이었던 매출이 1995년 223억 9천2백만원으로 증가하였고, 투자수익률 측면에서 경쟁기업들이 평균 2.6%의 낮은 수익률을 기록한 반면 이 기업은 13.42%의 높은 수익률을 실현하였다. 이러한 지표들은 이 기업이 우리나라 전자부품 산업에서 몇 안 되는 성공적인 중소기업 중 하나라는 사실을 입증하는 것이다.

이 기업이 산업환경의 변화에도 불구하고 경쟁력을 지속적으로 유지할 수 있었던 것은 앞서 설명한 대로 지속적인 기술 학습을 통해 기술능력의 축적과 활용이 효과적으로 이루어져왔기 때문이다. 그렇다면 이를 가능케 한 요인들은 무엇이었을까? 다음과 같은 점들이 주요 성공 요인으로 지적될 수 있다.

첫째, 가장 중요한 요인은 최고경영자의 자질과 역할이었다. 이 회사의 최고경영자는 대학과 정부 출연 연구소에서 기술개발에 필요한 과학적 지식을 체계화하였을 뿐만 아니라 동종업체에서의 실무 경험을 토대로 이를 산업에 적용하고 응용할 수 있는 능력을 학습하였다. 지식과 능력을 바탕으로 회사 설립 이후 K씨는 회사의 사장인 동시에 기술개발의 최고책임자로서, 프로젝트 리더로서, 그리고 아이디어 챔피언으로서의 역할을 동시에 수행하였다. K 사장은 '기술개발이 곧 마케팅이다'라는 자신의 신념과 비전을 일관되게 실천해온 것이다. 회사 규모가 어느 정도 커진 1990년 이후에도 기술연구소는 사장인 K씨가 직접 책임을 맡고 회사의 연구개발을 진두지휘하고 있다.

둘째, 외부의 지원과 협력을 효과적으로 활용하였다는 점이다. 설립 당시 자금력이나 수요 기반이 취약한 상태에서 신제품의 상업화에 성공할 수 있었던 것은 정부, 출연 연구소, 대기업 등으로부터 제공되는 지원과 협력의 기회를 적극 활용했기 때문이라고 할 수 있다. 이 회사의 신제품 개발을 위한 자금 확보 과정을 살펴보면 대부분의 신제품 개발 프로젝트들이 상공부의 공업발전기금, 과기처의 특정연구개발 사업자금, 중소기업진흥공단의 기술개발자금, 한국전력의 생산기술 개발 사업과제 등 다양한 기관으로부터 각종 지원자금을 제공받았음을 볼 수 있다. 또한 이 회사는 신제품 개발 아이디어를 형성하는 과정에서 대기업의 제품개발 담당자와 구매 담당자들과의 협력을 통해 기기업체가 필요로 하는 제품의 기술적 특성과 목표 생산 가격에 관한 정보를 획득하고 이들 제품의 개념설계에 반영하였다.

특히 PTC 서미스터나 정밀 센서와 같은 신제품을 개발하는 과정에서는 내부에 축적된 기술과 지식뿐만 아니라 외부의 다양한 기술 원천을 적극적으로 활용하였다. 일본의 기술자를 초빙하여 지도를 받기도 하였으며, 경북대와 오랜 기간 동안 산학협동 연구를 지속적으로 수행하였다. 또한 한국표준연구소, KIST 등 정부 출연 연구기관으로부터 부족한 연구 인력과 실험장비를 지원받기도 하였다. 1990년부터는 병역특례업체로 지정받아 공과대학원을 졸업하는 신진 기술인력을 확보하였고 이들의 출신 대학과의 산학협동 연구를 통해 기술개발과 인적자원의 지속적인 훈련을 병행하였다. 이밖에도 1991년에는 중소기업진흥공단의 소개로 외국의 생산설비업체 기술자를 초빙하여 76일간의 기술 지도를 받는 등 생산기술 개발을 위한 외부협력도 병행하였다.

셋째, 관리적인 측면에서 중소기업이 소홀하기 쉬운 종업원의 체계적인 교육, 인사관리의 공정성과 투명성, 경영 성과의 공정한 분배와 복리후생제도 등을 확충하기 위한 노력을 지속적으로 펼쳐왔다는 점이다. 이러한 노력의 결과 중소기업으로서는 비교적 양질의 기술인력을 확보할 수 있었고 종업원의 이직률도 대기업 수준으로 낮게 유지할 수 있었다. 이러한 관리 측면에서의 노력의 결과 이

회사는 작지만 조직 전체가 기술혁신을 효과적으로 수행할 수 있는 학습조직으로 변신할 수 있었던 것이다.

3-2. TDX와 CDMA 제품개발 사례를 통해 본 기술경영

통신 시스템인 TDX(Time Division Exchange)와 CDMA(Code Division Multi Access)는 한국 정보통신 산업의 대표적인 기술개발 성공사례로 인식되고 있다. 이 두 제품군에서의 기술개발 사례는 후발산업국의 기술경영에 많은 시사점을 던져주고 있다. 첫번째로는 이들이 복합제품 시스템(Complex Product System)으로서 개발도상국이 접근하기 어려운 기술적 성격을 가지고 있다는 측면에서 어떻게 한국이 복합기술 분야에서의 기술개발에 성공할 수 있었는가, 복합제품 시스템은 한국이 기존에 추구하던 대량생산 제품과는 어떤 차별성이 있는가 하는 문제를 제기한다. 두번째로는 TDX와 CDMA 제품개발 과정에서 TDX 개발에서의 기술사용 단계에서 CDMA 개발시에는 기술창출능력으로 확대되는 기술능력 확장의 패턴을 보여주고 있으며 이는 TDX와 CDMA의 기술적 연관성에 근거한 핵심역량 구축으로 해석할 수 있다는 점이다. 세번째로는 이러한 기술능력 확대는 연구개발 활동의 조직적 진화와 밀접히 연관되어 있다는 점이다.

1) 복합제품 시스템에서의 기술경영 이슈

첫번째로 복합제품 시스템은 한국이 기존에 능력을 축적해온 대량생산 제품에서의 기술과 완전히 다른 성격을 지니고 있다. 대량생산 제품은 대부분의 경우 단일 기능을 가지고 있는 제품으로서 비교적 표준화된 부품들간의 단순한 인터페이스로 연결되어 있는 경우가 많다. 따라서 지식/숙련의 집약도가 상대적으로 낮고 설계가 단순하며 단위당 생산비용도 낮은 경우가 많다. 대량생산 제품은 소비재인 경우가 많으며 상대적으로 짧은 제품 수명 주기를 특징으로 한다. 반면 복합 시스템 제품은 주문 생산된 수많은 부품들이 복잡한 인터페이스로 연결되어 있고 다기능을 지니고 있으며, 제품의 개발 및 생산에 있어 높은 수준의 숙련과 지식의 투입을 요구하는 경우가 많다. 복합 시스템 제품은 대부분의 경우 자본재인 경우가 많고 제품 수명 주기가 상대적으로 길다(Hobday, 2000).

시장거래의 방식도 상이한 특징을 보인다. 대량생산 제품의 경우 다수의 판매자와 구매자가 거래하는 경쟁적 시장거래를 특징으로 하고 있는 데 반해 복합 시스템 제품의 시장은 과점적이며 거래가격이나 조건이 협상을 통해 결정된다. 정부나 규제기구가 이 과정에서 개입되어 개별 거래를 규제하거나 정치화하기도 한다. 정부가 복합 시스템 제품의 거래에 개입하게 되는 데에는 안전 문제(대규모 공공교통 시스템, 핵발전소 등의 사례), 국가표준 설정의 문제(정보통신 시스템), 그리고 독점력의 남용을 방지하기 위한 목적이나 전략적 혹은 군사적 목적 등 여러 가지 이유가 있다. 이러한 특성 때문에 복합 시스템 제품의 거래는 정부나 공기업의 구매정책에 크게 영향을 받는 경향이 있다(Rosenkopf and Tushman, 1998).

제품 및 시장 특성의 차이로 인해 복합 시스템 제품의 개발 과정에서 혁신 주체들이 보여주는 기술혁신 행태 및 기술경영상의 이슈는 대량생산 제품의 그것과는 다르다. 복합 시스템 제품의 경우 기술 변화는 수요자와 공급자의 상호작용을 통해 이루어지는 경우가 많다. 수요자가 복합 시스템 제품의 연구개발 활동을 자금 지원하는 경우도 많으며 혁신의 경로도 수요자의 요구에 따라 변화하는 경향이 있다. 통신교환기나 여객기와 같은 몇몇 복합 시스템 제품의 경우에 있어서는 수요자가 직접적으로 연구개발 활동 및 제품설계에 참여하여 사용자 주도로 혁신활동을 이끌기도 한다. 수요자가 대부분 일반 소비자인 대량생산 제품과는 달리 복합 시스템 제품의 수요자는 대규모 조직인 경우가 많다. 복합 시스템 제품 수요자는 연구개발, 생산, 유지보수, 재설계 등의 혁신활동을 둘러싼 다양한 측면에서 공급자와 지속적으로 상호작용을 한다. 복합 시스템 제품 수요자는 사업을 효율적으로 추진하기 위해 시스템 설계기술이나 설계에 관한 지식을 학습하고 있으며 이에 따라 이미 해당 분야에서 상당한 기술적 지식을 내부화하고 있는 경우도 있다. 대규모 통신사업자가 통신 시스템의 기술혁신 경로에 주요한 영향을 미치고 있는 것도 이러한 맥락에서 이해할 수 있다.

한편 공급 측면에서 보았을 때, 복합 시스템 제품의 제품설계 및 기술적 특성으로 인해 복합 시스템 제품을 개발하는 조직은 '프로젝트 방식'으로 진행된다. 복합 시스템 제품의 프로젝트는 한시적으로 형성된 연합조직에 의해 추진되며 많은 경우 다양한 기업 및 이해집단들이 참여하게 된다. 복합 시스템 제품 프로젝트의 라이프사이클은 입찰 → 개념 및 상세 설계 → 제조가공 → 인도 및 설치 → 생산 후 혁신 → 유지보수 → 서비스 및 해체작업 순으로 진행된다(Hobday, 2000).

따라서 가장 중요한 기술경영상의 이슈는 다양한 혁신 주체간의 조정 문제, 불확실성에 대한 대응 문제, 프로젝트 방식의 관리 문제 등 대량생산 제품과는 확연히 다르다. 우선 조정의 문제부터 살펴보면 대량생산 제품에서는 주로 단일 기업의 혁신 과정에 초점이 맞추어지지만 복합 시스템 제품에서는 다수 기업 및 연관조직들간의 상호작용을 조정하는 것이 중심적인 이슈가 된다. 공급자, 사용자 및 규제기관을 효과적으로 조정할 수 있는 능력이 프로젝트의 성패를 가늠하는 중요한 요인이 된다. 서로 다른 목표와 기술자원을 가지고 있는 조직들을 조직하여 공동의 기술학습을 이끌어내는 능력이 기술경영의 중요 이슈가 되는 것이다.

두번째 이슈는 불확실성에 대한 대응능력이라고 할 수 있다. 복합 시스템 제품 개발에서 나타나는 불확실성은 대량생산 제품의 그것과 차원을 달리한다. 복합 시스템 제품의 경우 하나의 부품이나 서브 시스템이 개선되면 그와 관련된 부품과 서브 시스템도 전부 바뀌게 되는 특성을 지니고 있다. 따라서 특정 부품이나 서브 시스템의 기술 변화가 어떤 결과를 가져올 것인지는 매우 불확실한 경우가 많다. 또한 복합 시스템 제품의 기술개발 과정에서는 사용자의 요구 사항이 불확실하거나 프로젝트 진행중에 요구 사항이 변화하는 등 불확실성의 요소가 상존하고 있다(조황희, 1998). 이로 인해 프로젝트 실행상의 각 단계에서 다양한 피드백 경로를 활용하여, 사용자와 부품 공급업자, 시스템 통합기업 간의 상호관계를 고양하여 불확실성의 요소를 줄여나가는 능력이 중요해진다.

세번째로는 프로젝트 관리능력을 들 수 있다. 시스템 통합기업은 복잡한 진행 일정과 엔지니어링 업무를 관리하는 능력을 필요로 한다. 특히 프로젝트 단위로 진행되는 복합 시스템 제품의 경우 개별기업 단독의 기술개발 활동은 프로젝트의 원활한 진행에 큰 영향을 미치지 못한다. 관리의 초점은 개별기업의 기술개발 활동이기보다는 전체 프로젝트의 효과성과 효율성을 제고시키는 데에 모아진다.

다양한 기술적 원천들간의 조정과 대형 프로젝트 중심의 사업추진 방식 등 복합제품 시스템의 특성으로 인해 개발도상국에서 추진하기에는 한계가 많다. 그럼에도 불구하고 복합제품 시스템 개발에서 한국이 기술적 능력을 축적한 사례는 대만의 경비행기 개발이나 중국의 유인우주선 개발 등과 함께 매우 드문 성공 사례의 하나라고 할 수 있다.

2) 기술적 연속성에 근거한 핵심능력 축적

한국이 기존에 추진해온 대량생산 제품에서의 기술능력 축적과 다른 패턴을 갖는 복합제품 시스템에서도 성공적으로 기술을 축적할 수 있었던 원인은 앞에서 제시한 기술적 연속성에 기초한 핵심능력 축적이라는 측면과 복합제품 시스템 개발을 위한 조직적 배열에 의해 설명될 수 있다. 우선 기술적 연속성에 근거한 핵심능력 축적의 측면을 살펴보도록 하자. TDX와 CDMA는 유선과 무선의 차이는 있지만 통신 시스템이라는 측면에서 공통점을 가지고 있다. TDX개발은 1970년대 말 급증하는 전화 수요에 대응하기 위해 기존의 아날로그 시스템을 디지털 교환 시스템으로 전환하기 위한 목적으로 개시되었다. TDX의 개발에 있어서는 통신 시스템에서의 기술능력 축적이 선행되어 있지 못했기 때문에 통신회사인 ITT의 자회사인 BTM과 에릭슨으로부터의 일괄기술도입

(turnkey-based)과 엔지니어의 훈련 프로그램에 의해 기술지식을 획득하였다. TDX 개발은 3단계의 개발 과정을 거치며 진행되었는데 1단계에서의 이전기술의 습득에 기반하여 2단계에서는 내부능력에 근거하여 자체 개발을 진행하였다. 이 당시 정부 출연 기관인 한국전자통신연구원(ETRI)을 중심으로 LG, 동양, KTC 등의 기업과 수요자인 한국통신(KT) 등이 참여한 대규모 공동연구 개발 프로젝트가 개시되었다. ETRI는 1984년 TDX-1의 개발에 성공하였고 연구 성과를 4개 민간기업에 기술 이전하여 상업화가 개시되었다. ETRI는 TDX-1의 성과에 기반하여 1987년 상위 모델인 TDX-10의 개발에도 성공하였다.

CDMA의 개발에 있어서는 TDX와는 다른 양상을 나타내고 있다. 외형적으로는 CDMA의 원천기술 획득에 있어서도 퀄컴이라는 외국 기업으로부터의 기술 이전과 이에 근거한 개발 과정이라는 점에서 유사한 과정을 거친 것으로 인식될 수 있으나 기술 제공 기업과의 관계 측면에서 보면 두 제품군의 개발은 매우 다른 메카니즘에 의해 진행되었다. TDX의 경우에는 이미 검증된 성숙 단계의 기술을 도입한 반면 CDMA에 있어서는 기술이 안정화되지 않은 벤처기업의 초기 단계의 기술을 도입하였다. 또한 파일럿 단계의 설계를 안정화시키기 위해 국내 통신환경에서 지속적인 시험 과정을 거치는 등 실제적으로 해외 기술공급자와 공동개발의 과정을 거쳤다는 점에서 TDX 개발과는 다른 기술적 지위를 보여주었다. 이러한 CDMA 시스템 개발에서의 기술능력은 이미 선행된 TDX 개발에서의 기술능력 축적과 밀접한 연관이 있다. 따라서 TDX에서 획득된 통신 시스템 개발 노하우를 핵심 역량으로 하여 기술적 연관성이 있는 CDMA에서 단순기술 사용능력이 아닌 기술창출능력으로까지 발전하는 것이 가능했다고 할 수 있다.

3) 복합제품 시스템에 조응한 조직적 배열과 조직능력의 진화

복합제품 시스템의 개발 경험이 전무했던 한국의 정보통신 기술개발 체계에서 새로운 분야의 개발을 위해 대규모 공동 연구개발 프로그램이라는 조직모델이 채택되었다. TDX 개발시에 정부 출연 연구기관인 한국전자통신연구원을 중심으로 시스템 개발업체, 부품공급업체, 수요자인 한국통신 등이 참여하는 공동연구개발 체제가 형성되었다. 공동 연구개발 체제하에서 ETRI는 시스템 설계 및 전체 개발 과정의 총괄 관리는 물론 연구개발 주체들간의 조정 역할을 담당하였다. KT는 제품 세부 사양을 정의하고 기술적 요구를 상세화하는 역할, 개발 과정에서 기술시험에 중요한 역할을 담당하였다. 통신 시스템 부문에서의 산업경험이 부재했던 상황에서 제조기업 및 부품공급업체들은 대규모 공동연구개발 프로젝트에의 참여를 통해 통신 시스템 기반기술을 습득하였으며 연구 성과의 확산을 통해 개별 기업별 상업화를 추진함으로써 산업 기반을 형성하는 성과를 거둔 것으로 평가되고 있다. TDX 개발에서의 조직 운영을 통해 프로젝트 관리 및 세부작업 지시에 대한 관행이 정립되어 나갔으며 이러한 조직적 노하우 및 조직능력은 CDMA에서 그대로 재생산되었다. TDX에서의 경험은 이후 고집적반도체 개발 등 많은 국가 연구개발 사업에 조직적 원형을 제공하였다.

즉 후발산업국 중 하나인 한국이 선진국이 독점하고 있는 복합제품 시스템 부문에서 기술 축적이 가능했던 것은 기술적 연속성에 근거하여 핵심 역량을 축적함으로써 기술습득을 통한 기술활용능력에서 새로운 기술적 표준을 생산하는 기술창출능력으로까지 기술능력의 도약을 달성하였다는 점에 기인하고 있다. 또한 복합제품기술의 특성에 조응하는 조직적 배열을 설계, 실행함으로써 학습기간을 단축하고 기업의 해당 분야 기반기술능력을 진작시킴으로써 산업 기반을 형성하였으며 더 나아가 기술개발을 위한 조직능력을 축적하여 새로운 제품군에서 기술창출능력을 달성할 수 있는 조직적 기반을 제공하였다는 점도 중요한 요인으로 지적될 수 있다.

〔쓰기 과제〕

1. 기업의 경쟁우위 원천으로서 기술경영의 중요성이 점차 증대하고 있다. 많은 기업들의 성공적인 신기술/제품 개발이나 반대로 경쟁력 상실이 기술경영능력의 유무에 기인하고 있는 사례를 발견할 수 있다. 경제신문의 기업 기사를 통해 사례기업의 성공 혹은 실패를 기술경영적 관점에서 서술해보도록 하자.
2. 혁신활동은 점진적 혁신, 불연속적 혁신, 아키텍처 혁신 등 혁신의 정도와 성격에 따라 다양한 분류가 가능하다. 자신의 전공 분야나 관련 분야의 기술적 동향을 참고하여 혁신의 분류에 따라 사례를 제시해보자.
3. 산업의 특성에 따라 혁신의 정도 및 원천, 혁신이 일어나는 방식 등에서 차이점을 나타낸다. 산업의 사례를 들어 기술의 특성 및 혁신이 조직되는 방식 등 혁신체제 상의 특수성을 서술해보자.
4. 제품 사이클이 단축되고 수요자의 요구가 다양화함에 따라 점차 신제품 개발능력이 경쟁 우위 창출에 갖는 중요성이 커지고 있다. 세계적 경쟁기업들의 신제품 개발 및 경쟁 우위 확보 사례를 경제신문이나 경제경영 관련 자료를 통해 찾아 서술해보고 성공 요인을 분석해보자.
5. 기술경영의 중요성이 인식되면서 많은 기업들이 CTO(Chief Technology Officer) 제도를 도입하고 있다. CTO의 역할 및 자질에 대해 사례를 통해 서술해보자.

〔토의 및 토론 주제〕

1. 자본주의 사회에서는 기업이 경제활동의 중심이 되며 기술혁신체제 내에서도 중추적인 역할을 담당한다. 그러나 기업의 규모에 따라 혁신활동의 패턴과 강점 및 약점이 다르게 나타나고 있다. 즉 대기업과 중소기업은 추구하는 시장의 성격, 동원할 수 있는 자원의 양, 조직구조 등의 측면에서 차이가 있으며 이것이 혁신활동에

미치는 영향이 다르다는 것이다. 대기업과 중소기업이 혁신활동상에 어떤 차이점을 나타내고 있으며 강점과 약점에 어떠한 것들이 있을 수 있는지 사례를 들어 토론해보자.

2. 1절에서 우리는 혁신 과정은 혁신을 담당하는 각 주체들간의 상호작용에 의해 특징지어진다는 것을 배웠다. 특히 과학과 기술 간의 관계가 밀접해짐에 따라 기업 및 산업 내부의 혁신 과정과 과학기술적 지식 기반과의 긴밀한 연계가 매우 중요한 현상으로 부각되고 있다. 그러나 과학과 기술, 기초연구와 응용연구 간의 관계에 대해서는 연구자들간에 명확한 합의가 이루어지고 있지 못한 현실이다. 과학과 기술, 기초연구와 응용연구 간의 관계에 대해 현대 기술의 사례를 들어 토론해보자.

3. 과학기술은 과학기술자 공동체 내의 규범 및 조직방식에 의해 발전한다는 주장과 과학기술활동도 사회적 활동의 일환이므로 과학기술자 공동체 외부의 사회적 변수에 의해 영향받고 사회적으로 형성된다는 대립된 의견이 있다. 과학기술활동의 사회적 독립성 혹은 사회적 형성 가능성에 대해 토론해보자.

4. 불연속적 혁신은 기존 경쟁체제에 위협이 된다는 주장, 즉 기존 주도기업은 경쟁에서 탈락하고 새로운 표준을 개발하거나 채택한 신생기업이 경쟁을 주도한다는 의견과 기존 주도기업은 새로운 기술을 잘 받아들이고 학습할 수 있는 인적, 물적 자원을 가지고 있으며 생산 및 마케팅 기반이 잘 갖추어져 있으므로 새로운 기술적 표준이 등장하더라도 또 다시 경쟁 우위를 지켜나갈 수 있다는 상반된 의견이 있다. 불연속적 혁신, 새로운 표준의 등장은 기존 경쟁체제에 어떠한 영향을 미칠 수 있는지 토론해보자.

5. 기술획득 전략에는 크게 내부지식에 근거하는 자체 개발 전략(Make)과 외부로부터 들여오는 외부 획득 전략(Buy)이 있을 수 있다. 각각의 기술획득 전략은 장점과 단점이 있으며 기술의 성격에 따라 획득 전략에 차별성을 가져야 하기도 한다. 기술획득시 양 전략이 가질 수 있는 장점과 단점에 대해 토론하고 어떤 전략이 유효할 것인가를 기술 특성에 비추어 토의해보자.

6. 기업의 경영진을 구성할 때 어떤 입장에서는 기술의 궁극적 목표는 제품이기 때문에 경영적 입장이 중요하다고 주장하고 다른 입장에서는 기술의 중요성에 비추어 기술적 특성을 잘 알아야 경영이 가능하다는 주장을 하기도 한다. 현대 경영에 있어 일반 경영적 자질과 공학적 자질, 각각의 중요성에 대해 토의해보자.
7. 후발산업국의 경우 기술경영의 범위 및 방식이 선진국과는 다를 수 있다. 후발산업국과 선진국의 기술혁신활동의 정도 및 방식, 패턴의 차이점과 공통점에 대해 토의해보자.

[참고문헌]

남영호 · 김치용 · 김완민, 『기업 R&D 프로젝트 관리』, 과학시루정책관리연구소, 1995

손찬 · 정재용, 「첨단기술 기반기업의 지속적 성장을 저해하는 주요요인 분석」, 『기술혁신학회지』 제6권 2호

신용하 · 채명철, 『기술경영과 도입』, 남양문화, 2002

이병헌 · 김영배, 「우리나라 중소기업의 전략변화와 기술능력 학습」, 『전략경영연구』 제2권 2호, pp.1, 2000

이진주, 「연구개발요원의 인사관리」, 『기술관리』 제3권 3호, pp.119 ~ 124, 1985

조황희, 「공공연구기관에서의 복합제품 개발을 위한 기술혁신 시스템」, 『기술혁신학회지』 제1권 3호, 1998

황안숙, 『혁신전략』, 형설출판사, 2004

ADL, *Innovation management: process manual*, 1995

ADL, " The CTO / R&D Director as an Enabler of Strategic Growth" , *Prism*, September, Arthur D. Little, 2003

Barney., J. B., "Firm Resources and Sustainable Competitive Advantage", *Journal of Management*, Vol. 17, pp. 99 ~ 120

David Ford, "Develop Your Technology Strategy", *Long Range Planning*, Vol. 21, No. 5, p. 91, 1998

EIRMA, *Project Management in R&D*, European Industrial Research Management Association, 1998

Gerard H. Gaynor, *Handbook of Technology Management*, 1995

Hobday, M., Rush, H. and Tidd, J., "Complex product systems", *Research Policy*, 2000

J-Y Choung, H-R Hwang, "The co-evolution of Technology and Institution in Korean Information and Communication Industry, International Conference on Technology, Policy and Innovation"(Monterrey, Mexico), 2003

Kim, Y., Min, B. and Cha, J., "The role of R&D team leaders in Korea: A contingent approach," *R&D Management*, Vol. 29, No. 2, pp. 153~165, 1999

KITA, 『실천 R&D Management』, 한국산업기술진흥협회, 2000

Mark Dodgson, *The Management of Technological Innovation: An International and Strategic Approach*, Oxford: Oxford University Press, 2000

Pavitt, "Sectoral Patterns of Technical Change", *Research Policy*, V. 13, pp. 343~373, 1984

Robert G. Cooper and Elko J. Kleinschmidt, *Benchmarking the Firms's Critical Success Factors in New Product Development* (Journal of Product Innovation Management, 1995)

Rosenkopf. L. and M. Tushman, "The Coevolution of Community networks and Technology", *Industrial and Corporate Change*, Vol. 7, No. 2, 1998

Tidd, J., Bessant, J. & Pavitt, K., *Managing Innovation: Integrating technological, market and organisational change*, Chichester : John Wiley & Sons, Second edition, 2001

Utterback. J., 『기술 변화와 혁신전략』, 김인수 · 김영배 · 서의호 공역, 경문사, 1997

6장 공학기술과 정책

이정동(서울대 공과대학 기술정책전공 교수)

1. 공학기술과 정책은 무슨 관계가 있는가?

공학기술과 정책의 관계를 논의할 때 우선적으로 눈에 띄는 점은 공학기술과 정책이 각각 서로 다른 대상을 취급한다는 사실이다. 일반적으로 공학기술은 물질세계에서 일어나는 다양한 문제의 해결에 초점을 두고 있지만, 정책은 인간과 사회의 문제를 푸는 데 초점을 두고 있다. 그래서 공학기술과 정책의 개념은 이처럼 서로 다루는 대상이 극히 다르기 때문에 별개로 생각되는 것이 당연하다. 실제로 우리 주변에서 정책이라는 단어가 포함된 많은 용어들, 예를 들어 사회복지정책이나 금융정책 등을 접하면서 실험실이나 생산현장의 공학기술을 떠올리기란 쉽지 않다.

그러나 조금만 깊이 생각해보면 공학기술과 정책의 관계가 아주 긴밀하다는 것을 쉽게 알 수 있다. 예를 들면 현재 자동차산업에서는 연비가 아주 높고 환경친화적인 엔진의 개발, 특히 전기자동차의 조기 상용화가 초미의 관심사이다. 누가 먼저 이와 관련된 기술을 획득하느냐가 자동차회사의 사활을 좌우하기 때문에 전세계 모든 자동차회사들은 현재 이 분야에 엄청난 연구개발비를 쏟아 붓고 있다. 자동차회사들은 왜 더 빠른 차가 아니라 더 환경적인 차를 개발하는 데 혼신의 노력을 다하는 것일까? 그 해답은 미국 캘리포니아 주의 환경 '정책'에서 찾을 수 있다. 왜냐하면 캘리포니아는 전세계 자동차회사들이 판매경쟁을 벌이는 대표적인 국제무대이고, 이곳에서의 승리는 세계시장 제패의 가능성을 의미하기 때문이다. 캘리포니아 주는 1990년도부터 환경정책을 강화하면서 1996년도의 오염배출량을 1990년도보다 80% 저감시킨 저공해 자동차와 90% 정도 저감시킨 초저공해 자동차를 의무 판매하도록 명문화하였다. 2005년 하반기부터는 캘리포니아 내에서 자동차 판매 대수가 연간 3만 5천 대를 넘는 자동차회사는 판매 대수의 4%를 유해 배출가스가 전혀 없는 무공해차(ZEV: Zero Emission Vehacle), 6%를 공해가 거의 없는 초저공해차(near ZEV)로 판매해야 한다. 규정을 만족시킬 수 없는 업체는 캘리포니아 시장에서 입지를 잃을 수밖에 없는 것이다. 따라서 모든 자동차회사는 곧 다가올 미래에 국제시장에서 쫓겨나지 않기 위해 친환경 자동차의 기술 개발에 최선의 노력을 기울이고 있다. 캘리포니아의 사례에서 우리는 정책이 공학기술의 발전 방향을 제어하고 있다는 것을 알 수 있다.

〔사례 1〕 캘리포니아 주의 환경정책과 자동차 기술 개발의 방향

(전략) 전세계적인 환경규제 강화에 대비한 환경기술 개발도 급물살을 타고 있다. 고연비 차량을 비롯한 저공해 차량 개발은 세계 자동차업체들이 사활을 걸고 집중하고 있는 핵심 기술이다. 유럽에 가보면 이산화탄소 배출량을 줄이기 위해 경유 승용차 보급 확대 등 디젤 차량을 적극 활용하고 있고 자동차업체가 의무적으로 폐차를 처리해야 하는 강력한 법규들도 시행한다. 미국도 예외는 아니다. 캘리포니아에선 매년 저공해차 비율을 정해놓고 기준을 만족시키지 못하면 판매에 불이익을 준다. 그래서인지 저공해차 비율이 갈수록 높아지고 있다. 기존 내연기관으로는 대응이 어려워 가솔린 또는 디젤과 모터를 혼용한 하이브리드차와 수소 연료전지차 개발을 서두르는 것도 이 때문이다. 특히 수소 연료전지차는 대체 연료차의 대표선수로 15년 안에 자동차의 주류로 자리잡을 전망이다(후략). (《매경Economy》 2003년 4월 4일)

매년 1월 초 미국 자동차산업의 메카 디트로이트에서 열리는 '북미 국제오토쇼'는 모든 자동차 메이커들이 연간 1,700여만 대의 거대 시장을 놓고 건곤일척의 한판 승부를 벌이는 격전장인 동시에 한 해 자동차 시장의 흐름을 꿰뚫어볼 수 있는 자리이다. 올해 북미 국제오토쇼를 통해 드러난 핵심 트랜드 역시 친환경과 크로스오버(장르 파괴), 그리고 고성능과 고급화로 요약된다(중략).

환경에 대한 고려라고는 전혀 없이 성능 높이기에만 바쁜 스포츠카들과 대조를 이루는 차종은 SUV다. '친환경 메커니즘'의 선두주자 도요타는 미국 시장에서 인기 높은 미들 사이즈 SUV 하이랜더에 V6 3.3 ℓ 휘발유 엔진과 전동 모터를 조합해 얹은 하이랜더 하이브리드를 선보였다. 함께 데뷔한 렉서스 RX400h도 도요타의 앞선 하이브리드 엔진 기술을 담아낸 모델. 엔진은 하이랜더와 같고, 미국 캘리포니아 초저공해차 배기 규정을 만족시킬 정도로 '환경까지 고려한 고성능'을 강점으로 내세운다. 벤츠도 사상 첫 하이브리드차인 비전 GST를 선보였다. 이밖에 사브의 첫 SUV인 9-7X를 비롯해 르노와 알파로메오 등 SUV와 거리를 두었던 유럽 메이커들이 향후 1~2년 안에 일제히 장르 파괴 성향의 소형 SUV를 내놓을 전망이다. 세계 각 메이커들의 새차는 저마다 친환경성과 고성능, 탁월한 활용성을 내세운다. 고성능과 친환경성은 양립할 수 밖에 없는 성격. 하지만 도요타의 하이브리드차들에서 볼 수 있듯 '친환경 고성능 차'의 시대도 머지않은 느낌이다. 한 발 더 나아가 수소전지를 쓰는 BMW 연료전지차 745h는 저공해가 아닌 무공해차 시대의 서곡이다(후략).(〈주간조선〉 2004년 3월 31일)

한편 공학기술이 발전하면서 이전에 불필요하던 정책이 새롭게 생겨나야 하는 경우도 있다. 예를 들면 최근 급속도로 발전하고 있는 인간배아 복제기술은 그 기술이 존재하지 않던 시기에는 생각조차 못 했던 새로운 윤리적 문제들을 제기하고 있다. 과거에 관련 기술이 없었고, 기술로 인해 야기되는 인간 사회의 문제도 없었을 때는 기술과 관련된 어떤 정책도 존재하지 않았다. 그러나 최근 들어 기술이 발전하면서 새로운 종류의 문제가 제기되고 있고, 이 문제들을 사전에 예방하면서 기술 발전의 혜택을 계속 누리기 위해 전세계 각국에서 배아 복제기술과 관련된 정책이 수립되고 있는 것이다.

위의 사례들을 통해 공학기술과 정책이 완전히 별개의 것이 아니라 긴밀한 관계에 있다는 것을 확인할 수 있지만, 이 둘의 관계를 보다 논리적으로 이해하기 위해서는 각각의 정의에 대해 먼저 생각해볼 필요가 있다. 관점에 따라 여러 가지 정의가 있을 수 있으나 공학기술은 기본적으로 자연과학에 대한 이해를 바탕으로 인간의 삶을 이롭게 하기 위한 여러 가지 도구적 지혜의 총합이라고 볼 수 있다. 반면 순수 자연과학은 인간의 삶에 도움이 되는가 그렇지 않은가와 상관없이 자연의 원리를 밝혀놓은 지식의 총합이라고 볼 수 있다. 순수 자연과학과 달리 공학기술은 자연의 원리에 기초하고 있기는 하지만 인간의 삶에 도움이 되도록 이를 활용한다는 측면에서 중요한 차이가 있다.

한편 정책은 사회 각 분야의 문화, 가치, 규범, 질서, 구조, 행태 등 사회적 상태나 조건들을 유지하거나 변경시키고자 할 때 사용하는 개입의 수단들이다. 따라서 정책이라는 말에는 달성해야 할 바람직한 사회가 무엇인가라는 '가치판단'과 어떤 사회를 만들겠다고 하는 '비전', 그리고 그것을 어떻게 달성할 것인가라는 '전략'이 모두 포함된다. 정책은 적용되는 대상에 따라 경제정책, 사회정책, 문화정책 등으로 차별화되기도 하고, 대상의 범위에 따라 미시정책, 지역정책, 국가정책, 국제정책 등으로 나뉘기도 한다. 특히 정책은 정부가 주체인 경우가 많은데, 이때의 정부란 국가를 구성하는 국민 전체가 합의한 것을 대리 실현하는 존재이기 때문에 정부정책은 공공정책으로서의 의미를 갖는다.

공학기술 및 정책과 관련된 정의를 종합적으로 정리하면 인간 사회에서 어떤 문제가 발생했을 때 이 문제를 해결하기 위한 도구가 공학기술이며, 공학기술에 대한 가치를 부여하고 활용 방향을 결정하는 것이 정책임을 알 수 있다. 따라서 공학기술이 도구이자 수단이라면 정책은 그 도구가 활용되는 방향을 결정하는 것이기 때문에 둘은 불가분의 관계에 놓이게 되는 것이다. 공학기술이 존재하되 정책이 존재하지 않으면 인류 사회의 발전에 도움이 되지 못하는 공학기술이 활개치게 되고, 반대로 공학기술이 고려되지 않는 정책은 문제 해결의 가장 중요한 수단을 생각하지 않는 것이기 때문에 공허하게 된다.

공학기술과 정책의 관계는 기술이 국가 발전의 핵심이 된 20세기에 들어 더욱 긴밀하게 되었다. 기술이 큰 관심사가 되지 못했던 중세 시대에는 종교와 관련된 각종 정책이 가장 우선시되었을 것이다. 그러나 지금 우리의 삶은 공학기술을 빼놓고 이야기할 수 없는 상황이 되었다. 우리가 매일같이 접하는 의식주의 형태가 공학기술이 고도로 활용된 제품들로 가득 차 있고, 멀리 볼 것도 없이 하루에도 수십 번씩 활용하는 휴대폰도 첨단공학기술의 결정체라고 할 수 있다. 이들을 제외하고 하루도 살아갈 수 없는 환경이 된 오늘날의 경제 사회 환경에서는 각종 정책이 공학기술을 고려하지 않고는 올바로 수립될 수도, 시행될 수도 없음을 알 수 있다. 더구나 정책이란 것이 우리 사회의 가치판단과 비전과 전략의 요소를 포괄하고 있는 것이라면 공학기술이 각 요소에 미치는 영향을 제대로 이해하고서야 올바른 정책이 있을 수 있다.

매일 아침 신문을 읽어보아도 수없이 많은 기술과 관련된 정책이 발표되고 있고, 또 정책에 대한 찬반 양론, 성과에 대한 논란이 가득 차 있음을 알 수 있다. 즉 우리가 매일같이 접하는 수많은 정책들의 이면에 공학기술과 관련된 문제가 깔려 있는 것이다. 일례로 교육인적자원부가 중고등 과정의 사교육 부담을 경감시키고자 인터넷 강의를 시작하겠다는 정책을 발표한 바 있고, 현재 시행중이다(사례 2 참조).

〔사례 2〕 교육부 정책 사례

교육인적자원부가 1년간 준비해 17일 발표한 '사교육비 경감대책'은 학생 · 학부모들의 사교육 수요를 공교육에서 거의 모두 충족시켜주겠다는 발상으로, 사교육에 의존하던 기존 교육 시스템에 큰 변화를 가져올 것으로 보인다.

특히 EBS방송을 통해 수능 강의를 하고, 실제 수능문제를 그 강의 내용 안에서 출제하겠다는 방안은 어떤 식으로도 해소되지 않는 사회의 입시과외 욕구를 현실로 받아들이면서 차라리 그 과외를 정부가 대신 해주겠다는 획기적 아이디어다. 지금까지 발표된 역대 사교육 대책 가운데 속칭 '약발' 이 가장 높은 처방이라 할 만하다. 따라서 이 대책이 제대로만 실행된다면 천문학적 규모의 사교육 시장이 쇠퇴기에 들어서고, 사회 · 경제적으로도 큰 파장을 몰고 올 전망이다.

이번 대책으로 가장 큰 변화를 겪을 곳은 서울 강남 지역을 중심으로 한 '학원시장' 일 것으로 교육전문가들은 예측하고 있다. EBS가 수능 강의 전문 24시간 채널을 운영하고, 교육부가 수능 문제를 그 강의 내용에서 출제한다면 학생들은 굳이 학원이나 과외를 찾을 필요가 없게 된다. 특히 EBS가 인터넷 강의에 출연할 강사진으로 서울 강남에서 '최고' 로 인정받는 '스타 강사' 들을 이미 확보, 기존 사교육 시장에 큰 타격을 줄 전망이다. 언어 영역은 서울 화곡고 출신의 디지털 대성학원 강사 이석록씨, 수리 영역은 강남대성학원에서 수학을 가르치는 박순동씨, 사회탐구 영역은 사탐 전문 최강학원의 최강씨, 과학탐구 영역은 메가스터디에서 최근 사직한 이범씨가 영입됐다. 학생 · 학부모들로부터 각 영역별 '국내 최고' 임을 인정받고 있는 이들은 최근 학원 강의료보다는 낮지만 상당한 수준의 강의료를 받고 EBS에 출강하기로 약속한 것으로 알려졌다.

교육부는 현재 EBS 교육방송의 수능 강의 고교생 시청률 56%를 수능 전문 채널 특화를 통해 80%까지 올릴 계획이다. 이렇게 하면 연간 2조 4천여억원에 달하는 고교생 사교육비를 초기 단계에서만도 4분의 1 가까이 줄이는 효과가 있을 것으로 교육부는 기대하고 있다.

서울 강남의 한 대형 학원 운영자는 "앞으로 학원들은 EBS 수능 강의의 틈새시장을 잘 개발해 적응하면 살아남고, 그렇지 못할 경우 망할 것으로 본다" 고 말했다. 학원가에선 EBS 수능 강의를 보충 · 보완하는 식의 사교육 시장이 새로이 형성될 것으로 전망하고 있다. 또 수강생들에게 EBS 강의를 듣게 하고 이를 예습 · 복습시키는 교육상품이 새로 등장할 것으로 보고 있다.

교육계에선 EBS 수능 강좌가 지방 등 사교육의 혜택을 받지 못했던 지역에서는 큰 영향력을 발휘할 것으로 보고 있다. 서초 · 강남 · 송파 등 소위 8학군에서도 지방만큼은 아니지만 사교육 시장에 큰 변화를 가져올 것으로 보고 있다.

특히 전교 30등 안에 속하는 최상위권 학생들은 인터넷 강의를 듣는 게 학원에 나가는 것보다 오히려 효율적일 것으로 점쳐지고 있다. 반면 중상위권 학생들은 스스로 공부하는 훈련이 부족해 EBS TV나 인터넷을 진중히 시청하지 못할 가능성도 많다. 이 같은 특성을 간파해서 학생들을 한 공간에 모아 EBS 수능 강좌나 인터넷 강좌를 보게 관리해주는 공부방이 등장할 것이라는 전망도 나오고 있다.

기존 학원시장이 대폭 개편되면서 '강남 교육 특구' 라는 말도 사라질 것으로 교육계 · 경제계에서는 점치고 있다. 이번 대책은 학교 사회에도 큰 변화를 가져올 전망이다. 학교에 평가를 바탕으로 한 경쟁체제가 도입되기 때문이다. 안병영(安秉永) 교육부장관은 이번 '사교육비 경감 대책'을 설명하면서 동료 교사 및 학부모에 의한 교사 다면 평가, 학교 평가에 의한 교장 평가, 교사에 의한 학생 평가 강화 등을 약속했다. 사교육에 교육을 의존하며 안이하게 지내온 학교 사회에 단계적으로 메스를 들이대겠다는 의도다.

하지만 '일관된 추진'이 없으면 이 같은 기대효과는 대번에 사라질 것이라는 걱정도 함께 나오고 있다. 교육부는 지난 1997년에도 'EBS 수능 강좌와 그 강의 내용에서 수능 출제'를 골자로 하는 사교육비 절감대책을 만들어 시행, 어느 정도 효과를 봤지만 학교 방송시설과 컴퓨터 보급이 지금처럼 광범위하지 않은데다 교육부장관마저 20개월 만에 바뀌자 흐지부지돼버려 실패한 전례가 있다.

또 교사 평가에 대해 반발 움직임을 보이는 교원단체들을 잘 설득하고, 내신 위주 대입제도 도입의 전제조건인 학교별 학력 격차 해결 방안 등도 세밀하게 만들어야 하는 과제가 있다. 오히려 사교육이 더 성행할 것이라는 우려도 일부 나오고 있다. KDI 이주호 박사는 "남들보다 더 좋은 점수를 받으려면 누구나 듣는 EBS 강좌는 기본으로 듣고, 학원이나 과외를 통해 점수를 더 높이려는 시도가 일어날 것으로 본다"고 말했다.(〈조선일보〉 2004년 2월 17일)

이 정책은 인터넷이라는 공학기술이 존재하지 않던 시기에는 아예 고려대상이 될 수도 없었던 정책이다. 과거 교육정책이 중고교의 등록금을 걷고 시험을 치르게 하던 것이었다면, 이제 새로운 공학기술에 근거하여 우리가 당면한 문제를 해결하고자 하는 정책이 시행될 수 있게 된 것이다. 이처럼 언뜻 보아서 공학기술과 상관없는 것처럼 보이는 대다수의 정책이 아주 긴밀한 상호관계 속에서 만들어지는 것임을 알 수 있다. 이런 점을 고려한다면 하나의 정책이 올바로 만들어지고 목적하였던 성과를 제대로 거두기 위해서는 공학기술자와 정책전문가가 긴밀한 관계를 갖는 것이 중요하다. 정책전문가는 우리 사회의 문제를 인식하여 올바른 해결 방향을 제시하고, 공학기술자는 수립된 정책의 목적을 달성하기 위해 공학기술을 만들어나가는 노력이 필요하다. 더 나아가 정책전문가가 공학기술의 발전 상황을 이해하고 동시에 공학기술자도 정책의 필요성과 형성 과정을 이해하는 것이 필수조건이라고 할 수 있다. 인터넷 강의의 사례를 다시 살펴보면, 이와 관련한 정책이 이루어지기 위해서는 교육정책 담당자가 인터넷 기술의 발전 상황에 대해 이해하고, 공학기술 개발자는 교육정책에 대하여 기본적인 인식을 가지고 있으면서 양자가 긴밀히 논의할 때 올바른 정책이 수립될 수 있다.

2. 공학기술정책이란 무엇인가?

앞서 우리는 공학기술과 정책이 긴밀한 관계에 있다는 점을 살펴보았다. 또 오늘날 우리 삶에서 기술은 점점 더 중요해지고 있고 앞으로 양자를 떼어놓고서는 올바른 정책이란 존재할 수 없다는 것을 알게 되었다. 그렇다면 이 두 가지 개념을 함께 묶어놓은 '기술정책'이란 무엇을 말하는 것일까? 간단히 정의한다면 공학기술적 고려 사항과 직간접적으로 연관되어 제기되는 각종 문제를 인류사회의 발전에 유익한 방향으로 풀어가기 위한 정책적 시도들의 총체라고 할 수 있다. 이를 좀더 자세히 이해하기 위해서는 공학기술과의 관련성을 염두에 두고 협의와 광의로 나누어 살펴보는 것이 도움이 될 수 있다.

먼저 협의의 기술정책은 공학기술의 탄생과 활용의 전 과정에 이르는 각종 정책들을 일컫는다. 즉 공학기술을 직접적인 대상으로 하여 이루어지는 정책들을 말하는데, 예를 들어 생명공학 분야의 기술을 발전시키기 위해 시행되는 바이오산업정책 등을 생각할 수 있다. 현재 정부부처의 경우 과학기술부, 산업자원부, 정보통신부, 특허청 등 주로 기술 개발과 관련이 많은 부처들에서 만들어지는 여러 정책들이 여기에 속한다. 이런 정책들의 주 대상은 공학기술연구의 현장에 있는 연구자들이 되는 경우가 많다.

광의의 기술정책을 생각한다면 공학기술적 고려 사항이 요구되는 각종 정책들이라고 볼 수 있는데, 사실 오늘날의 거의 모든 정책이 이런 의미에서 기술정책이라고 할 수 있다. 예를 들어 과거 기술적인 고려 사항이 거의 요구되지 않

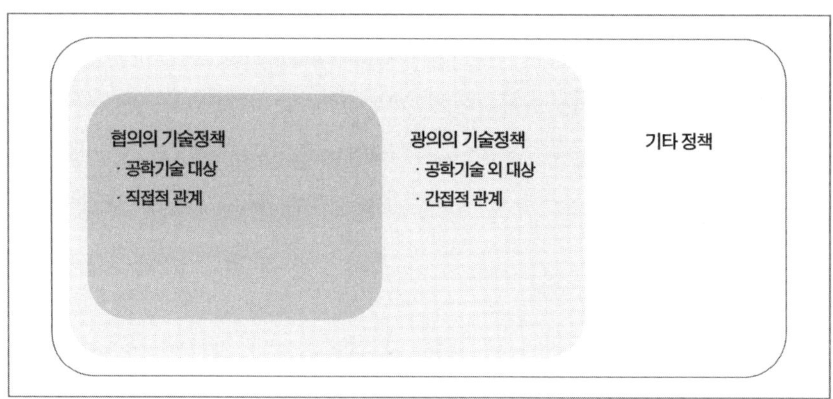

〔그림 1〕 기술정책의 개념도

던 문화관광부의 영화산업정책도 콘텐츠 관련 기술의 발전 상황을 고려하지 않고는 수립될 수 없고, 재정경제부의 금융정책도 정보통신에 기반한 자본투자의 국제화라는 상황을 염두에 두지 않고는 이루어질 수 없다.

이러한 논의를 종합하면, 공학기술과 직접적인 관계를 가지면서 공학기술 자체의 발전과 규제를 목표로 하는 협의의 기술정책과 공학기술 자체를 다루는 것은 아니지만 기술적인 이해를 필수적으로 요구하는 광의의 기술정책을 생각할 수 있고, 그 외 공학기술과 직간접적으로 연관되지 않은 기타 정책이 있을 수 있다. 그러나 오늘날 인류가 살아가는 모든 양식에서 공학기술이 차지하고 있는 막대한 영향력을 감안할 때 직접적이든 간접적이든 공학기술과 무관하게 이루어지는 정책이란 찾아보기가 어렵다고 할 것이다.

〔사례 3〕 협의의 기술정책 사례

9대 IT 신성장 동력의 하나인 텔레매틱스 사업에 정부가 올해부터 2007년까지 4년간 1,945억원을 투입할 계획이다. 또 현재 1천억원 내외의 시장 규모를 2007년까지 3조 2천억원으로 육성하는 한편 5백만 대의 차량이 텔레매틱스 단말기를 탑재토록 보급률을 높여나갈 방침이다. 정보통신부는 8일 이 같은 내용을 골자로 한 '텔레매틱스 서비스 활성화 기본계획'을 확정 발표했다.

계획대로라면 우리나라는 2007년 세계 5위 텔레매틱스 선도 국가로 부상하게 된다. 이를 위해 정부는 정부예산만 1,945억원을 투입하고, 지자체와 연구소, 민간기업 등 관련기관간 역할 분담을 통해 체계적으로 시행해 나갈 예정이다. 우선 이용자에게 다양한 텔레매틱스 서비스 체험 기회를 주기 위해 제주도와 공동투자 방식으로 시범 도시를 구축, 올 11월 시범 서비스에 들어갈 계획이다. 또 이용자 부담을 줄이기 위해 세제와 요금 혜택 정책을 추진한다. 경찰과 우편차량, 고급차량을 중심으로 단말기를 적극 보급할 예정이다.

특히 시장 공급 기반을 조성하기 위해 교통정보 표준화, 항법맵, POI, 기상정보 등을 제공하는 텔레매틱스 정보센터(TELIC)를 구축, 서비스 고비용 구조를 개선하고 중복투자를 방지해 중소기업의 시장진입 장벽을 낮춰간다는 방침이다. 아울러 개발된 기술의 시험 검증 인증을 위한 테스트베드를 구축하고, 민간 포럼과 TTA를 통해 표준화 과제를 발굴해 국내 및 국제 표준화를 추진해 나갈 계획이다.

기술 개발 및 지원사업으로서 개방형 단말 플랫폼 및 차량용 서버, 다양한 무선망(셀룰러, DMB, DSRC, 휴대인터넷 등) 통합프로토콜 등의 텔레매틱스 기반 및 응용기술 개발을 ETRI, 국내외 통신사, 자동차사, 단말장비업체 등이 공동으로 추진하고 있다.

정통부는 "텔레매틱스 시장은 7조 3천억원의 생산유발 효과와 1조 1천억원의 부가가치 유발 효과 그리고 3만 명의 고용창출 효과가 예상된다"면서 "자동차, 이동통신, 단말, 소프트웨어, 위치기반서비스(LBS), 콘텐츠, 방송 등 관련 산업의 경쟁력 강화 및 신규 수익 창출 등도 기대된다"고 했다.(〈머니투데이〉 2004년 4월 8일)

차세대 디스플레이 산업의 주도권 확보를 위해 한국과 일본, 대만, 중국 등 동북아 지역 국가 정부가 앞다퉈 지원활동을 강화하고 있다. 26일 업계에 따르면 최근 한국 정부가 PDP, LCD, 유기EL 등 차세대 디스플레이 사업을 10대 신성장 동력사업으로 선정하고 대대적인 지원을 약속한 것처럼 일본과 대만, 중국 등에서도 차세대 디스플레이 사업에 대한 정부 차원의 지원이 잇따르고 있다. 디스플레이 산업을 가장 먼저 시작한 일본은 경제산업성 산하 연구기관인 NEDO(신에너지 산업기술 개발기구) 주도로 최근 정부와 기업간 협력이 크게 강화됐다. 후지쓰와 히타치, 파이어니어, NEC, 마쓰시타의 공동출자 회사인 APDC(차세대 PDP 개발센터)가 최근 정부 지원으로 설립된 데 이어 NEDO는 APDC가 올해 1년간 사용할 사업비 15억 엔의 절반인 7억 5천만 엔을 지원할 계획이다. NEDO는 또 유기EL의 발광효율 제고와 수명 연장을 위해 스미토모 화학과 토키사가 주도하고 있는 고성능 유기EL 발광재료 개발에 올해 4억 3천만 엔을 지원한다고 최근 발표했다. 이밖에 일본 정부는 탄소나노튜브 FED 개발에 6억 9천백만 엔을, 고강도 나노 글라스 개발에 2억 1천 5백만 엔을 각각 해당 기업에 지원할 것으로 알려졌다.

전세계 PC 모니터 생산의 절반 이상을 차지하고 있는 대만의 경우도 최근 정부가 TFT-LCD를 정부 주도 육성 3대 하이테크 산업 중 하나로 선정, 디스플레이 업체에 대한 자금 대출이자를 0.4%로 크게 낮추는 등 자금 지원을 강화하고 있다. 대만은 지난 1997년부터 정부 차원에서 대만 공업기술연구원 및 전자공업연구소에 기업들을 참여시켜 디스플레이 기술 개발을 추진해왔으며, 최근에도 ▲대만 내 미생산 설비 및 원료의 수입시 관세 면제 ▲공장건설비 2% 저리융자 ▲디스플레이 산업의 5년간 법인세 면제 등 강력한 지원정책을 확대 실시하고 있다. 이밖에 중국은 TFT-LCD와 PDP에서는 한국과 일본, 대만에 크게 뒤처졌으나, 개발 초기 단계인 유기EL은 세계 최대 휴대폰 시장의 잠재력을 바탕으로 최근 정부 지원이 부쩍 활발해지고 있다. 중국은 국무원이 작년 10월 차세대 디스플레이 육성 일순위 산업으로 유기EL을 지정한 뒤 푸티안, 창춘연구소, 상하이광전, 야스밍, 실리반도체 등 14개 기업이 정부의 공식 인증을 받아 제품 개발 및 생산 프로젝트에 돌입했다.

업계 관계자는 "디스플레이 산업은 성장성과 국내 여건 등에서 신성장 동력으로 가장 확실하게 기여할 수 있는 산업"이라며 "치열한 국가간 경쟁 속에서 경쟁력 제고를 위한 정부 차원의 실질적인 발전 대책이 뒤따라야 할 것"이라고 말했다. 전세계 차세대 디스플레이 시장 규모는 올해 616억 달러에서 오는 2007년 906억 달러, 2012년에는 1천 4백억 달러로 급성장할 것으로 업계는 전망하고 있다.(〈연합뉴스〉 2003년 8월 26일)

국제적인 환경규제에 대응하기 위해 전자, 자동차, 화학 등 9개 업종별로 수립한 '장기 청정기술 로드맵'이 2012년까지 추진된다. 기술파급 효과가 큰 수소 · 연료전지, 태양광, 풍력 등 이른바 '신 · 재생에너지'의 기술 개발이 본격 추진되고, 신축 공공건물에 이 같은 에너지 설비 설치가 의무화된다. 산업자원부는 성장 위주 일변도였던 산업정책을 환경과 산업이 양립하는 방향으로 대폭 바꾸기 위해 이런 내용의 환경친화적 산업구조 구축 방안을 시행할 계획이라고 11일 밝혔다. 추진안을 보면 130여 차례의 전문가회의를 통해 작성한 청정기술 로드맵을 통해 향후 기술개발 전망과 주요 국제환경규제 시기를 파악함으로써 기업의 대응능력을 높일 수 있도록 할 방침이다. 전자산업의 경우 납, 카드뮴, 크롬 등 중금속 함유량을 없애고, 도금공정은 습식도금에서 폐수를 방류하지 않는 건식도금으로 바꾸는 한편, 제품별 재활용률은 지난해 55~70% 수준에서 2007년에는 75% 수준으로 높이도록 했다. 자동차의 경우 제품 해체와 폐기물이 전혀 발생하지 않는 설계를 통해 재활용률을 같은 기간 75%에서 2015년에는 95%로 끌어 올리기로 했다. 특히 하이브리드 무공해 자동차는 올해 시험운행을 시작, 2006년 상용화에 들어가고 시험운행 중인 연료전지 무공해 자동차는 2010년 양산체제에 돌입할 계획이다. 산자부는 이와 함께 연내 3곳의 생태산업단지 지정과 산업단지 오염관리 등의 산업환경정책을 추진하는 한편, 기업환경경영 및 혁신 지원활동도 확대해 추진키로 했다. 에너지 분야도 신 · 재생에너지의 기술 개발 및 보급을 본격화하고, 기존 대체에너지법을 신재생에너지법으로 개편해 사업추진을 위한 법적 기반을 강화하기로 했다. (〈파이낸셜뉴스〉 2004년 3월 11일)

〔사례 4〕 광의의 기술정책 사례

수출은 우리 경제의 원동력이다. 개발연대를 거쳐 지금도 수출입은 우리 GNP의 거의 70%를 차지하고 있다. 다른 나라와의 수출 경쟁에서 이기기 위해선 우리 제품에 비교 우위가 있어야 한다. 경쟁력을 잃은 분야에 투여된 재원은 경쟁력 있는 분야에서보다 효과적으로 사용될 수 있어야 한다. 자유무역은 산업구조를 합리화하고 자원도 효율적으로 사용하게 만든다. 따라서 개방화를 통해 성장역량을 키우는 것은 대외 의존도가 큰 우리 경제에는 숙명이기도 하다. 칠레와의 자유무역협정(FTA)이 지난 2월 16일 국회를 통과했다. 협상이 개시된 지 4년 5개월 만이다. 이 과정에서 우리 사회가 치른 비용은 매우 컸다. 그러나 우리 국민이 농업 문제를 제대로 알게 된 계기가 됐다. 정부와 각 경제 주체가 애정을 갖고 우리 농업이 갖고 있는 문제를 해결하는 데 힘을 모아야 할 때다.

다음 논의는 한일간 FTA가 될 것이다. 이미 지난 2월 말 도쿄에서 한일 FTA 2차 협상이 개최됐다. 일본과의 교역은 436억 달러로 칠레와 의 교역 16억 7천만 달러의 26배나 된다. 일본은 우리나라 국내총생산(GDP)의 9배에 달하는 세계 2위의 경제대국이다. 그리고 일본은 우리보다 190억 달러나 더 많이 우리에게 수출하고 있다. 칠레는 자원과 일부 농산물에만 경쟁력이 있고 지리적으로 우리와 멀리 떨어져 있다. 그러나 일본은 지리적으로 가까울 뿐 아니라 거의 모든 업종에서 우리와 치열하게 경쟁하고 있다. 한일 FTA의 여정이 순탄치만은 않을 것이다. 부품 · 소재를 생산하는 중소기업은 물론 기계 전자 자동차 조선 철강 등 대부분의 업체들이 한일 FTA가 맺어질 경우 일본 기업이 우리 시장을 잠식할 것으로 우려하고 있다. 그러나 일본과 FTA를 체결할 경우 경제적 이점도 많다. 일본을 통해 선진 기술과 경영기법을 더 빨리 배워 세계시장에서 우리 기업이 강해질 수 있다. 그래야 우리가 동북아의 주요 국가로 발돋움할 수 있고 국민소득 2만 달러도 빠른 시일 내에 달성할 수 있다.

그러나 한일 FTA가 체결되기 전에 우리가 준비해야 할 사항도 많다. 경쟁력이 취약한 산업에 대해서는 관세 인하를 유보하고 그래도 어려운 분야에 대해선 정책금융, 세금감면 등 각종 지원 대책이 마련돼야 한다. 특히 부품과 소재 부문에 대해서는 일본의 한국 투자를 유치하고 협력을 이끌어내는 것이 절실하다. 이를 위해 기업들은 부품에서 완성품에 이르기까지 철저하게 경쟁력을 분석해야 한다.

우리와 일본의 장단점을 확인하고 버릴 것은 과감히 버리되 필요한 것은 반드시 챙겨야 한다. 선택과 집중 전략을 통해 일본과의 FTA에 대비해야 한다. 이러한 차원에서 전경련도 업종별 단체, 연구기관을 망라한 한일 FTA 업종별 대책반을 구성해 기업의 어려운 입장을 수렴할 계획이다.

중국은 우리를 바짝 쫓아오고 일본은 더 멀리 달아나고 있다. 일본과의 거리는 좁히고 중국과는 넓히기 위해 업종별은 물론 기업별 행동계획이 수립돼야 한다. FTA 협상은 그 자체가 목적이 될 수 없다. FTA는 우리 한국을 한 단계 업그레이드하고 삶의 질을 높이는 수단이다. 그러나 무엇보다 중요한 것은 부가가치를 창출하는 기업들이 관세 인하가 유보되는 동안 경쟁력을 제고해야 한다. 우리 기업이 뼈를 깎는 노력이 전제돼야 한다. 보다 나은 미래를 위해 기술 개발 투자와 지속적인 구조조정 등 철저한 준비를 갖추지 못하면 FTA의 경제적 효과는 반감될 수밖에 없다.(〈헤럴드경제〉 2004년 3월 3일)

환경부는 16일 국가 환경정책의 장기 비전과 추진전략을 제시하는 국가환경종합계획(2006~2010년) 시안을 올 연말까지 마련키로 했다고 밝혔다. 기존의 장기 국토개발계획에 대응하는 식으로 환경정책을 펴나가자는 뜻이다. 이번 종합계획은 국토개발 · 에너지 · 교통 · 해양 등 환경정책과 밀접한 관계에 있는 분야를 포함하는 범정부적 환경계획의 성격을 띠게 된다. 환경부는 이번 시안을 바탕으로 내년에는 건설교통부와 산업자원부 등 관련 부처와의 협의를 진행하고 시 · 군 · 구별, 시 · 도별로 환경계획을 수립토록 해서 내년 말까지는 전체 계획을 완성할 방침이다.(《중앙일보》 2004년 3월 6일)

3. 기술정책에서 고려해야 할 기술의 특성

과거의 정책이 기술을 크게 염두에 두지 않고서도 수립될 수 있었다면 오늘날 대부분의 정책은 기술을 염두에 두지 않으면 안 된다. 따라서 정책이라는 관점에서 보았을 때 기술만이 가지고 있는 중요한 특성을 생각해볼 필요가 있다.

기술의 공공재적 성격

무엇보다 기술은 공공재로서의 특성을 가지고 있다는 점에 대해 생각해야 한다. 공공재란 누가 만들었든 그것을 활용할 때 자신말고도 다른 사람이 사용하는 것을 막을 수 없으며, 또한 다른 사람이 사용한다고 해서 자신의 활용으로 인한 효용이 감소하지 않는 것이다. 기술은 특허, 논문, 시제품 등으로 구체화되어 있거나 아이디어, 노하우 등의 무형적 형태로 존재하게 되는데, 어떤 형태이든 기술이 세상이 등장하게 되면, 그 기술을 아는 사람이면 누구나 활용할 수 있고, 또 다른 사람이 기술을 사용한다고 해서 내가 그것을 활용하는 데 지장을 받는 것은 아니다. 따라서 기술은 정도의 차이는 있으나 공공재적 성격을 가지고 있다고 말할 수 있다. 이를 쉽게 이해하기 위해 어떤 연구자가 심혈을 기울여 훌륭한 공학기술적 성과를 담은 논문을 어떤 학술발표회장에서 발표했다고 해보자. 그 논문에서 제시된 방법에 따르면, 100층 건물을 기존 비용의 반으로 지을 수 있다고 한다. 그렇다면 100층 건물을 건축하고자 하는 나는 그 발표회장에서 신기술을 습득하고, 내가 건설할 건물에 적용하여 비용을 반으로 절감하여 막대한 수익을 올릴 수 있다. 그런데 그 발표를 들은 사람이 1천 명이라고 할 때 1천 명 모두가 그 신기술을 적용할 수 있을 것이며, 다른 사람들이 그렇게 하는 데 대해 내가 그렇게 하지 말 것을 요구할 수 없다. 또한 다른 사람들이 신기술을 적용한다고 해서 내가 기술을 활용하는 데 방해가 되는 것도 아니다. 이러한 점은 공공재가 아닌 사적 재화인 경우와 극명하게 대조되는 점이다. 예를 들어 내가 시장에서 사과 하나를 사서 먹게 되면 다른 사람들은 먹을 수 없게 되는 것이 사적 재화의 특성이다.

기술이 갖는 공공재적 특성은 여러 가지 문제점을 제기하는데 그 중에서도 기술 개발자의 기술 개발 의욕이 크게 저하될 수 있는 문제점이 있다. 모든 사람들이 위와 같이 신기술을 무상으로 마음껏 활용하게 되면 연구자들의 관점에서는 기술을 개발함으로써 벌어들여야 할 수익이 없어지는 것이기 때문에 연구할 의욕이 없어지는 것이다. 이를 막기 위하여 신기술이 개발되면 특허로서 보호하게 되는데, 이것은 기술의 공공재적 성격을 일부 제한하여 사적 재화로서의 성격을 강화하려는 것으로 볼 수 있다.

그러나 특허로서 정형화될 수 있는 기술도 있지만 많은 기술들이 여전히 정형화되지 않은 형태로 존재하기 때문에 다른 사람들이 활용할 가능성은 여전히 남아 있게 된다. 특히 기술이 갖는 공공재적 성격 때문에 개발에 참여하지 않은 다른 이들이 그 기술을 활용하게 되는 현상을 기술의 확산(spillover)이라고 하는데, 기술의 확산이 연구자의 의욕을 떨어뜨리는 것도 사실이지만 다른 한편으로 기술 발전을 촉진하는 측면도 있다. 예를 들어 최근의 바이오인포매틱스(Bioinformatics)는 생명과학 분야와 정보과학 분야에서 발전된 각각의 기술이 영역을 확산하면서 생겨난 새로운 분야이다. 따라서 정보과학 분야의 기술이 발전하면서 등장하게 된 신기술들을 생명과학 전공자들이 기술 확산 현상에 따라 학습한 다음 활용함으로써 바이오인포매틱스가 더욱 발전하게 되고, 이에 따라 생명과학이 발전하는 새로운 계기를 얻을 수 있었다.

따라서 기술이 가진 공공재적 성격은 한편으로 문제를 야기하기도 하지만 다른 한편으로 기술 개발의 촉진재 역할도 하기 때문에 이를 감안하여 정책을 수립해 나가는 것이 중요하다.

시장실패

시장실패라는 개념은 기술의 공공재적 성격과 밀접히 관련되어 있다. 자본주의 시장경제체제에서는 모든 재화가 적절한 가격하에서 수요와 공급이 일치하도록 '시장'에서 거래가 이루어지는 것이 기본이다. 수요와 공급이 가격이라는 신호를 바탕으로 적절히 거래가 이루어지는 시장환경하에서는 별도로 정부가 정책이라는 이름으로 개입할 필요가 없다고 할 수 있다. 그러나 공공재적 성격을 가진 재화의 경우에는 가격이 없거나 합리적인 수준이 아닐 수 있기 때문에 정책적 개입이 필요하게 된다. 예를 들어 나라를 지키는 일(국방)이나 가로등을 설치하는 일 등은 어느 개인이 그것을 제공한다고 하더라도 다른 사람들이 무상으로 활용하기 때문에 그것을 제공하는 생산자가 적절한 이윤을 가질 수 없게 되고, 따라서 아무도 공급하지 않는 상황에 도달하게 된다. 그러나 한 사회가 움직이기 위해서는 이런 기능이 없어서는 안 될 것이므로 정부가 공급을 담당하게 되고, 그를 위한 정책이 존재하게 된다. 이런 경우를 '시장실패'가 일어났다고 한다. 시장실패가 일어나면 자율적으로 생산자가 사회에서 필요로 하는 양만큼을 생산하지 못하기 때문에 정책으로써 개입하게 되고, 따라서 정부의 정책적 개입은 시장실패가 일어나는 영역에서 시장을 보완하거나 대리하는 역할을 하게 된다.

앞서 설명했듯이 기술의 공공재적 성격을 고려할 때 기술 역시 생성과 분배의 전 과정에서 시장이 실패할 가능성이 크기 때문에 기술과 관련된 여러 영역에서 정책이 필요하게 되는 것이다. 기술과 관련한 시장실패의 사례로는 최근 문제가 되었던 P2P 서비스 기반의 미디어파일 공유 사이트의 경우를 생각해볼 수 있다. 이전에는 전혀 문제가 되지 않았으나 새로운 기술이 발전하면서 미디어의 생성과 거래 전반에 새로운 시장실패가 나타났고, 정부가 공공의 이름으로 어떤 형태로든 실패한 시장을 보완하기 위해 개입하게 되는 것이다(사례 5 참조).

(사례 5) P2P 음악파일 공유 사이트의 경우

침체에 빠진 음반시장을 활성화하기 위해 정부가 온라인 음악 불법복제 및 불법파일 공유를 근절하는 데 적극 나섰다. 문화관광부는 5일 정보통신부 한국음반산업협회 등의 협조로 온라인 음악 불법복제 근절을 위한 세부 시행 방안을 마련하고 이를 강력히 추진해 나갈 계획이라고 밝혔다. 정부는 우선 다음(www.daum.net), MSN메신저(www.msn.co.kr), 마이리슨닷컴(www. mylisten.com) 등 인터넷사이트의 배너광고로 저작권법상 위법성과 불법복제로 인한 음악산업의 폐해를 알리며 정품 사용을 유도하는 홍보용 CD 1만 장을 제작해 전국의 콘서트 현장 등에서 배포할 예정이다. 이어 온라인상 불법음악 사이트에 대해 일차로 양성화를 유도한 뒤 불법운영을 계속할 경우 온라인상 침해행위에 대한 강력한 단속과 함께 사법 규제를 강화하게 된다. 이와 함께 음반 · 비디오물 및 게임물에 관한 법률 개정을 통해 새로운 디지털 네트워크 환경 변화로 인한 온라인상의 불법음원 유통에 대해 강력한 단속 근거를 마련할 계획이다.

그 동안 단속의 사각지대에 있던 청소년 이용 불가 및 외국 음반의 무분별한 유통을 근절하고자 정통부와 함께 강력한 단속도 펼쳐나갈 계획이다. 박경춘 한국음반산업협회장은 이와 관련해 "불법복제 행위를 근절하기 위해 소리바다 등 P2P 서비스를 이용하는 개인에 대한 고소 · 고발도 시작하게 될 것"이라고 밝혔다.(〈매일경제〉 2003년 11월 5일)

디지털음악 저작권 분쟁은 음반 · 서비스사 · 이용자 등 관련 당사자간 이해관계가 얽혀 벌어진 일이지만 가장 큰 원인은 현행 저작권법의 한계 때문이다. 매일 새로운 디지털음악 기술이 등장하고 있지만 저작권법은 IT기술의 발전속도를 따라가지 못하는 것이다. 음반업계 한 관계자는 "현행 저작권법상으로 소리바다나 벅스는 물론 MP3폰 저작권 분쟁도 제재할 근거가 없어 벌어진 일"이라며 "정부가 이통사와 저작권자 간 협상을 통해 합의를 추진했지만 어디까지나 권고 사항일 뿐 강제적인 것은 아니어서 실천 역시 자율에 맡길 수밖에 없는 실정"이라며 어려움을 토로했다. 현재 저작권법 개정을 추진하고 있는 문화부는 지난 3월 각계 의견수렴을 마쳤으며 오는 5월까지 개정 초안을 마련하고 6월 공청회를 거쳐 내년 초 개정안을 국회에 상정한다는 계획이다. 지금까지 정부는 현행 저작권법상으로도 온라인 무료 음악 제공은 불법이라고 하면서도 음반업체간 법적 소송이 걸린 문제라는 이유로 법원의 판결만 주시해왔다.

◇복제권 침해 여부=디지털음악 저작권 분쟁에서 가장 문제가 되고 있는 것은 현행 저작권법상 실연자와 음반제작자 등 저작인접권자에게는 전송권이 없어 복제권만으로 P2P 사이트나 스트리밍 사이트에 권리를 주장하기 어렵다는 점이다. P2P사이트 이용자가 MP3파일을 공유하기 위해 PC에 저장하는 행위, 스트리밍 사이트 업체가 음악파일을 전송하기 위해 서버에 저장하는 행위가 음반사의 복제권을 침해하는 것인지가 논란이 되고 있는 것.

음반사와 실연자들은 현재로서는 P2P 방식이든 주문형 스트리밍 방식이든 보조기억장치에 음악파일을 저장하지 않고는 전송하기 어렵기 때문에 저장행위를 복제권 침해로 간주, 처벌해야 한다고 주장하고 있다. 반면 음악서비스 업체는 전송권도 없는 저작인접권자의 권리주장을 인정할 수 없다는 입장이다. 이에 따라 실연자와 음반제작자에게도 WIPO 실연음반조약상의 이용제공권에 상응하는 전송권을 부여하는 저작권법 개정이 추진되고 있지만 쉽지 않을 전망이다.

◇배포권 침해 여부=P2P나 스트리밍 사이트 모두 인터넷을 통해 무료로 음악서비스를 제공한다는 점에서 같지만 저작권법상 P2P는 배포권 침해에 해당하는 반면, 스트리밍은 그렇지 않다는 점도 논란이 되고 있다. 현행 저작권법에 의하면 MP3의 다운로드든 주문형 스트리밍이든 명백히 배포에 해당한다고 보기 어렵다. 하지만 우리나라 재판부는 직접 파일을 다운받는 P2P는 배포권 침해에 해당하고, 서버에 접속해서 음악을 듣는 스트리밍은 배포권 침해가 아니라고 판결한 바 있다.

◇공동불법행위 책임 또는 방조죄 성립 여부= P2P와 스트리밍 사이트에 대한 판결이 서로 다른 것도 논란이 되고 있다. 스트리밍 사이트는 직접 음반을 주문형 방식으로 제공해 침해행위

에 대한 직접적인 책임을 묻는 데 문제가 없지만, P2P 사이트의 경우 직접 MP3 파일을 주고받는 것이 아니어서 민법상 공동불법행위 책임 또는 형법상 방조죄가 성립된다는 것. 이에 대해 업계는 직접 파일 교환자를 색출해 소송을 제기함으로써 위축효과를 노리거나 낮은 음질의 파일을 유포해 P2P 방식을 통해서는 좋은 음악파일을 구하기 어렵다는 인식을 심어주기 위해 노력하고 있다.

◇DRM 솔루션 장착 의무화 여부=현재 저작권법에는 MP3 기기에 대한 DRM(디지털저작관리) 솔루션 의무 장착 규정이 없다. 최근 출시된 MP3폰의 경우 대부분 불법 파일을 원천 차단하는 솔루션을 채택하고 있지만 이미 많이 보급돼 있는 MP3플레이어의 경우 상당수가 DRM을 장착하고 있지 않다. 의무 장착을 법으로 강제하더라도 이용자들이 DRM을 무력화시킬 수 있는 프로그램을 쉽게 개발할 수 있어 얼마나 효과를 거둘지도 미지수다. 최근 음반업계와 MP3업체는 무료 MP3파일의 경우 '제한된 시간 동안, 낮은 음질로 들을 수 있도록 하자'는 데 합의, 구체적인 협상에 들어갔지만 일부 제조업체가 '소비자 권리 침해'를 이유로 거부하고 있는 실정이다.(〈디지털타임스〉 2004년 4월 9일)

4. 기술정책의 내용

수많은 기술이 있고, 이들이 활용되는 산업도 수없이 많으며, 각각의 상황에서 제기되는 문제점들도 다양할 것이기 때문에 기술정책 역시 다양한 모습을 띠고 있다. 그렇다면 이처럼 복합적인 모습을 가진 기술정책을 어떻게 구분할 수 있을까? 구분하기 위한 다양한 기준들로는 기술의 생성과 활용 과정에 따른 분류, 기술 및 산업 분야를 중심으로 한 분류, 대상 규모에 따른 분류 등이 있을 수 있다.

기술의 생성과 활용 과정에 따른 분류

기술은 사람의 머릿속에서 아이디어로 출발해 연구실에서 실험을 거쳐 완성되며, 산업에 활용되면서 원래의 목적을 달성한다. 그리고 신기술이 등장하게 되면 과거의 기술은 수명가치를 다하고 더 이상 활용되지 않고 소멸한다. 이런 일련의 생성, 소멸의 전 과정에서 기술정책과 관련한 다양한 요구 사항들이 제기된다.

구체적으로는 기술이 생성되는 단계에서 시장분석, 기술예측, 기술기획, 기술선택 등의 과제가 제시되며, 기술 개발이 완료된 시점에는 기술(가치)평가, 기술 이전 등의 문제가 발생한다. 산업에서 기술을 채택하면 신기술의 등장에 따른 산업조직의 문제, 규제, 산업정책 등이 고려되고, 상품이 국제거래의 대상이 되면 무역과 관련된 과제들이 제기된다. 이러한 여러 정책과제들이 모두 기술정책의 구체적인 내용들이 될 수 있다.

기술 및 산업 분야를 중심으로 한 분류

기술 분야에 따른 분류는 정보통신관련 기술정책을 포함, 생명공학, 나노기술, 우주항공기술, 환경기술 등 각 분야별 기술정책을 생각할 수 있다. 기술 분야들은 나름대로의 특성과 발전 방향이 있기 때문에 이들을 감안한 정책이 필요하게 되는 것은 당연하다. 앞서 예를 든 첨단기술들과 관련된 정책도 있으나 기계기술, 조선기술, 석유화학기술 등 소위 전통기술과 관련된 정책도 있을 수 있다.

조금 다른 관점에서는 여러 기술들이 활용되어 하나의 생산물을 만들어내는 산업을 중심으로 볼 수도 있다. 자동차산업, 보건의료산업, 조선산업, 반도체산업 등 각 산업별로 기술정책들이 있을 수 있다. 각 산업에서는 앞서 기술 분류에서 언급한 여러 가지 기술들이 복합적으로 활용되는데, 예를 들면 자동차산업에서는 기계기술을 비롯하여 정보통신기술, 각종 소재기술 등 수많은 기술들이 다양하게 얽혀 있다.

기술 분야 중심의 기술정책이 주로 기술의 발전을 촉진하는 데 초점을 두고 있다면, 산업 분야 중심의 기술정책은 산업의 전반적 기술 수준을 높여 생산물의 경쟁력을 제고하거나 새로운 기술 발전에 따른 산업의 행태를 규제하는 데 초점을 두고 있다. 예를 들어 정부가 나노기술을 발전시키기 위하여 1,180억원의 예산(민자 유치 1,720억원 등 총 2,900억원)으로 나노팹(fab) 시설을 구축하는 것은 기술을 발전시키기 위한 정책의 대표적인 사례라고 할 수 있다.

대상 규모에 따른 분류

기술정책의 대상은 연구실에서 연구자가 방금 개발에 몰두하기 시작한 작은 연구과제 하나에서부터 몇 개의 연구과제가 묶여진 연구 프로그램, 연구자들이 모여 있는 연구소나 대학, 기술을 채택하여 활용하는 기업, 기업들이 묶여진 산업 혹은 지역, 산업과 산업생산물의 소비자인 국민이 함께 있는 국가, 그리고 여러 국가가 함께하는 국제 사회에 이르기까지 아주 다양하다. 각각의 적용 대상은 그 범위가 다르기 때문에 기술로부터 받는 영향도 다르고, 정책적 과제 또한 상이하다. 가령 국가 단위에서는 한 국가가 얼마나 많은 예산을 연구개발에 투자해야 하는지, 그리고 어떤 분야에 투자해야 하는지를 결정하는 문제가 전형적인 정책과제인 반면, 기업에서는 기술을 라이센스라는 형태로 도입해야 하는지 아니면 직접 개발해야 하는지를 결정하는 문제가 전형적인 기술정책 과제라고 볼 수 있다.

정책분석의 도구에 따른 분류

기술정책은 세부 학문 분야로서 기술경제학, 기술행정학, 기술경영 및 관리학, 기술법학 등을 포괄한다. 각각의 학문 분야들은 경제학, 행정학, 정책학, 경영학, 법학 등의 고유한 분야에서 나름대로의 규정된 논리에 따라 정형화되어 왔고, 최근 기술이 사회에 미치는 영향이 커지면서 새로운 방향으로 발전하고 있다. 각 분야의 전문가들은 학제적 지식을 갖추어야 하는데, 예를 들어 기술경제학 전문가의 경우 경제학을 전공한 후 기술적 노하우 혹은 기술이 응용된 산업에 대한 이해를 갖추기 위해 많은 노력을 기울이거나 공학기술 전공자가 경제학적 분석도구를 익히는 노력을 하여야 한다.

진흥 관련 정책과 규제 관련 정책

기술정책에는 기술을 발전시키고 활용을 촉진하는 데 목적을 둔 정책과 기술과 관련된 일련의 활동과 상황을 통제하는 데 목적을 둔 정책이 있을 수 있다. 전자를 진흥정책이라고 하고, 후자를 규제정책이라고 한다. 하나의 기술에 대해 진흥과 규제가 함께 있는 경우가 있고, 기술 수명의 초창기에는 진흥, 후반기에는 규제와 관련된 정책이 주류를 이루는 경우가 있다. 예를 들어 인터넷이나 휴대폰과 관련된 기술이 처음 개발되기 시작할 때는 시장의 확산을 위해서 여러 가지 보조 정책들이 많이 등장하다가 최근 들어 스팸메일, 광고 문자메시지와 관련된 규제나 실명제와 같은 규제적 요소를 포함한 정책들이 많이 등장하는 것을 볼 수 있다.

균형적 관점에 입각한 정책과 진화적 관점에 입각한 정책

기술정책이 기술에 대한 이해를 바탕으로 정책적 문제를 해결하고자 하는 시도라고 할 때 문제분석의 수단이나 정책처방이 균형적 관점에서 제시될 수도 있고, 진화적 관점에서 제공될 수도 있다. 균형적 관점이란 기술을 포함한 사회시스템이 원래 갖추어야 할 균형적 상태가 있는데, 현실이 항상 불균형 상태이기 때문에 그 불균형 상태의 정도를 파악하고 이를 교정하기 위한 최적의 정책개입을 설계할 수 있다는 관점을 말한다. 다소 과장해서 비유하자면 한 사회를 하나의 기계로서 간주하고 기계가 잘 움직이기 위해 각 분야에 대해 적절히 개입함으로써 균형 상태로 조절해 나갈 수 있다는 생각을 기본으로 한다. 이에 반하여 진화적 관점이란 사회 시스템은 원래부터 항상 변화하는 불균형 상태에 있으며, 어떤 방식으로 변해나갈지를 정확히 예측하는 것은 불가능하다는 사고방식에서 출발한다. 따라서 기술과 관련한 문제에서도 어떤 기술이 어떤 경로를 통해 개발되어 사회에 어떤 영향을 미칠지를 정확히 아는 것이 불가능하므로 여러 기술들이 생겨나고 사라지는 진화 과정이 좀 더 활발하게 일어나도록 환경을 조성하는 일이 중요하다고 생각한다.

균형적 관점에 입각한 정책은 예를 들어 최적의 연구개발 지원자금의 규모와 같이 정확한 정책 개입의 규모를 결정하고자 하지만, 진화적 관점에 입각한 정책은 기술혁신 시스템을 건강하게 함으로써 스스로 개선되어가는 체제를 구축하는 데 초점을 둔다.

기술정책 문제의 식별

앞서 다양한 기술정책의 구분에 대해 생각해보았는데, 현실에서 나타나는 모습은 이들 여러 분류 기준들이 종합된 형태로 제기된다. 즉 한 기업이 신기술을 개발함으로써 시장에서 독점적 위치를 갖게 되면서 독점적 횡포를 부릴 경우 이를 어떻게 제어할 것인가의 문제가 제기되었다고 하자. 이 문제는 기술이 산업에 적용된 단계의 문제이면서 산업을 대상으로 하고 있고, 시장구조의 문제로서 인식된다. 이 문제를 풀기 위한 주요한 방법론은 기술경제학적 도구를 활용한 산업구조 분석이 될 것이다. 이 문제를 인식하고 해결책을 제시하는 것은 전형적인 기술정책의 사례라고 할 수 있다. 문제가 복합적이고 해결책을 만들기 위해서도 여러 가지 사항들을 동시에 고려해야 하므로 올바른 기술정책을 수립하기 위해서는 다양한 분야의 지식이 결합되어야 할 것이다.

5. 기술정책 전문가는 누구인가?

기술정책 전문가는 우리 사회가 당면한 기술과 관련한 문제의 해결자로서 공학적 지식과 정책적 지식이 결합된 학제적 인력이라야 한다.

우선 공학적 지식이 부족할 경우 문제 자체를 인식하지 못하기 때문에 다음 단계인 원인 분석과 정책적 해결방안이라는 문제를 논의할 수 없게 된다. 예를 들어 디지털방송의 기본 원리를 전혀 이해하지 못하는 사람이 휴대용 디지털멀티미디어방송 관련 정책을 수립하겠다고 한다면 그 어려움이 어떠할 것인지를 쉽게 이해할 수 있다.

〔사례 6〕 공학적 전문지식이 부족하여 정책 혼선이 빚어진 사례

최근 다시 불거진 특허 공방은 지난해 이후 줄곧 제기된 기술표준 관련 핵심 쟁점이었다. 기술표준 채택 과정에 참여한 정통부와 업계가 이미 지난해초 위성DMB 기술표준으로 도시바의 '시스템E' 방식을 결정했다. 하지만 KT 쪽에서 표준선정 과정의 문제점과 기술적 취약점을 설파해 유럽식 '시스템A'로 맞불을 놓았다.

◇기술표준의 이견=SK텔레콤을 견제하는 통신업계와 일부 방송사들은 일본 도시바의 특허료 징수가 국내 위성DMB 산업 발전의 걸림돌로 작용하며, 심지어 '제2의 퀄컴'이 될 것이라는 주장도 나왔다. 지금까지 티유미디어는 시스템E 방식 특허권자인 일본 도시바가 다수의 유사특허를 보유한 삼성전자와 상호 기술공유를 통해 국내업계에 호혜적인 조건을 제시하기로 합의했다고 반박해왔다. KT 관계자는 "기술협약 당사자인 SK텔레콤 · 티유미디어 · 삼성전자 3사가 어떤 협약을 했는지 몰라도 특허권자인 일본 도시바의 특허료 수준이나 조건 등에 대해 전혀 알려진 바가 없다"며 "앞으로 사업 개시 후 일방적인 고액의 특허료를 제시했을 때 낭패를 보는 것 아니냐"라고 되물었다.

결국 이해당사자간의 협상 내용이 일본측과 동일한 수준으로 국내 모든 제조업체에 적용될지 불투명하다는 지적이다. 이에 대해 티유미디어 관계자는 "결코 그런 일은 없을 것"이라며 "도시바는 SK텔레콤이 지정한 제조업체들에 특허료를 한국이나 일본 내의 제3자보다 더 많이 부과할 수 없도록 명시했다"고 해명했다.

티유미디어는 그 근거로 최근 삼성전자가 위성DMB용 칩을 개발했으나 도시바로부터 로열티를 내라는 요구를 받지 않았으며, 만약 요구가 온다 해도 삼성전자의 유사특허 등을 통해 충분히 대응할 수 있다고 밝혔다. 나아가 특허료가 문제라면 KT 측이 주장하는 시스템A 방식이 근본적으로 더 불리할 수 있다고 반격했다.

시스템E는 특허보유 업체가 소수여서 협상 자체가 용이하나, 시스템A의 경우 6개 기관이 42건에 대해 특허권을 나눠 갖고 있어 일괄 협상이 곤란하다는 것이다. 결국 도시바 측의 확답만 있다면 특허료 공방을 매듭지을 수 있는 셈이다.

◇복수표준 논란=특허료 공방과 아울러 KT가 지난해부터 줄기차게 주장해온 '복수표준' 방안도 여전히 쟁점거리다. 복수표준은 시스템A와 시스템E를 공존시키자는 주장이다. 여기엔 SK텔레콤에 맞서려는 KT나 지상파DMB와 연계를 원하는 일부 방송사, 정통부 주도로 결정된 기술방식에 대한 방송위의 견제논리까지 가세하면서 논쟁에 불을 지폈다. 방송위 관계자는 "시스템E 방식의 기술표준이 완전히 확정되지 않았을뿐더러, 국내 장비업계에 타격을 줄 특허료 문제도 깔끔하게 매듭짓지 않았다"면서 복수표준이 충분히 가능하다고 강조했다. 이에 대해 정통부는 표준 선정 자체가 시장논리에 따라 사업자들 스스로 결정한 사안이며, 무엇보다 국내 상황에 가장 적합한 기술로 이미 지난해 시스템E 방식이 합의됐다고 복수표준 논의를 일축했다.

티유미디어 관계자도 "디지털TV 전송방식을 둘러싼 소모적인 논쟁이 결국 국내 산업계의 혼란과 어려움만 가중시키지 않았느냐"며 "복수표준 논의는 이미 표준으로 정해진 기술을 다시 뒤집으려는 시도나 다를 바 없다"고 말했다. 복수표준 공방은 정부와 사업자들 간의 약속을 어기는 것과 다를 바 없다. 그럼에도 불구하고 지상파 DMB와의 호환 등 주변의 상황논리에 따라 앞으로 상당 기간 공방이 지속될 것으로 예상됐다.(〈전자신문〉 2004년 3월 22일)

그러나 공학적 지식만을 갖추고 있는 경우에도 올바른 정책이란 기대하기 어렵다. 공학기술은 사회 속에서 활용될 때 비로소 그 가치를 인정받는 것이기 때문에 기술이 어떠한 파급효과를 갖는지에 대해 이해하지 못할 경우 사회를 대상으로 한 정책 역시 수립될 수 없다. 1990년대 말 등장했다가 사라진 발신 전용 휴대전화 시스템의 경우 공학기술적 관점에서는 비록 새로운 기술이었다고는 하지만 소비자의 효용과 차세대 기술의 확산 가능성을 정확히 가늠하지 못했기 때문에 잘못된 정책이 시행되었고, 그 결과 국가적으로 막대한 손실을 입은 대표적인 사례라고 할 수 있다.

[사례 7] 공학적 전문지식이 부족하여 정책이 잘못 수립된 사례

말썽 많던 시티폰(발신 전용 휴대전화; CT폰)이 서비스 시작 2년여 만에 수천억원을 날리고 용도폐기될 처지에 놓였다. 대표적 정보통신정책 실패의 산물인 시티폰은 지난 1997년 7월 논란 속에서 서비스를 시작했지만 디지털 휴대폰과 개인휴대통신(PCS)에 밀려 변변히 활용되지도 못하고 3천억원 이상의 투자비만 날린 채 수명을 다하는 것이다. 한국통신에 따르면 대부분 가입자들의 의무사용 기간(2년)이 끝나는 오는 6월 이후 단계적으로 서비스를 중단할 계획이다. 한통 관계자는 "더 이상 시티폰 사업을 유지하는 것은 무리라는 결론을 내렸다" 면서 "현재 32만 명인 가입자는 한국통신프리텔(016)의 PCS로 전환토록 유도하는 방안을 강구중" 이라고 말했다. 이 밖에 한통은 전국 4만 6천여 곳에 설치된 기지국 등 장비와 시설을 활용하고 대리점을 다른 사업으로 전환토록 하는 방안을 마련중이다. 한통이 이런 결론을 내린 것은 지난해 초 50만 명이던 가입자가 현재 32만 명으로 준데다 의무가입 기간이 끝나면 해지 사태가 줄을 이을 것이 확실시되기 때문이다. 그나마 남은 가입자도 대부분 의무사용 기간 대상자로 기본료(월 3천5백원)만 내고 거의 이용은 않고 있으며 아예 기본료도 안 내는 가입자도 30%를 차지하고 있다. 한 한통 관계자는 "이용료 수입은 극히 미미한 반면 시설 관리 · 보수에만 연 1천억원이나 들어가 더 이상 운영이 불가능하다" 고 말했다. 서울 대방동 시티폰 대리점인 S통신 박신욱(42) 사장은 "찾는 사람도 없고 권하지도 않는다" 고 말했다. 사실 시티폰은 시작부터 실패가 예고된 사업이었다. 시티폰은 받지는 못하고 걸기만 하는 이동전화. 기지국이 설치된 공중전화 부스 반경 50~100m 내에서만 통화가 가능한 대신 휴대폰보다 값이 훨씬 싼 장점이 있다. 정보통신부는 국민이 부담 없이 이동통신을 이용할 수 있도록 한다는 명분으로 1997년 7월부터 서비스하도록 했고, 나래이동통신 등 10개 사업자가 서비스를 시작했다. 그러나 불과 몇 달 후(1997년 10월) PCS 서비스가 시작되는 바람에 관심을 끌지 못했고 참여업체들은 엄청난 손실을 보았다. 이에 정부가 나서 지난해 말 모든 가입자를 한통으로 일원화했으나 결국 한통도 두 손을 들고 만 것.

정통부와 한통은 정책 실패에 대한 비판과 대리점 반발 등을 우려, 공식 사업 포기를 미뤄왔고 누적 적자만도 지난해 말 현재 1천8백68억원에 이른다. 정통부 관계자는 "정부가 PCS, 시티폰 사업을 동시에 허가한 것은 한치 앞도 내다보지 못한 말도 안 되는 정책 오류"라고 스스로 인정했다.(《중앙일보》 1999년 4월 7일)

올바른 기술정책이 수립되기 위해 공학기술과 정책의 서로 다른 분야에 대한 지식이 필요하다고 한다면 두 분야의 전문가들이 긴밀하게 협조하거나 혹은 두 분야의 지식을 모두 갖춘 전문가, 즉 다학제적 전문가(multidisciplinary specialist)가 필요하게 된다. 최근의 경향은 다학제적 전문가를 양성함으로써 복잡하기 짝이 없는 기술정책적 문제를 해결하는 데 초점이 모아지고 있다. 따라서 선진 각국에서는 여러 교육집단을 통해 공학을 전공하고 경제학, 정책학 등의 학문을 추가해 다학제적 전문가를 양성하기 위한 노력을 많이 기울이고 있는 중이다.

한편 일반적인 공학기술자들도 기술정책의 전문가가 되기 위한 목적에서가 아니라 자신이 대상으로 하고 있는 기술이 사회에서 어떻게 활용되는지에 대해 비전과 전략을 갖기 위해서도 정책에 대한 최소한의 지식을 갖추는 것이 중요하다. 간혹 공학기술자들 스스로 정책과 같은 골치 아픈 문제보다 실험실에서 열심히 연구하거나 현장에서 열심히 일하는 것이 더 가치롭다고 생각하는 경향들을 보이고 있다. 그러나 정책은 어떤 공학기술들이 개발되고, 공학기술들이 어떻게 활용되어야 하는지 등을 결정하는 역할을 하기 때문에 인체의 눈이나 머리와 같이 중요한 역할을 하는 것으로 비유해볼 수 있다. 따라서 눈이나 머리가 없이 무작정 열심히 기술을 개발하는 것만이 능사가 아니다. 열심히 개발하던 기술이 잘못된 정책에 의해 사장되거나 왜곡될 때 정책전문가의 무능을 탓할 일이 아니라 공학기술자 스스로 정책적 사고를 하면서 바람직한 정책을 유도해나가는 지혜가 필요하다.

〔쓰기 과제〕

1. 공공정책 수립에서 공학기술 기반지식이 필요한 분야, 범위와 수준에 관해 합리적 이유를 들어 논하라.
2. 협의의 기술정책이 시장경제의 자율성에 미치는 영향에 대해 논하라.
3. 광의의 기술정책의 예를 들고, 그 예에서 활용되어야 하는 공학기술에 대해 열거하라.
4. 새로운 산업 분야를 육성하고 관련된 규제를 마련하는 데에 있어 기술정책 측면에서 고려해야 할 점들에 대해 써보자.
5. 한 국가의 기술정책이 국가경쟁력에 미치는 영향에 대해 사례를 중심으로 논하라.
6. 기술정책의 실패 사례를 들고, 정책적 실패위험(risk) 요인과 대비방법에 대해 논하라.
7. 기술정책과 산업정책, 국가혁신체계(연구개발정책), 과학육성정책을 비교해 설명하라.

〔토의 및 토론 주제〕

1. 다음 그림은 1990년대 세계 여러 나라의 국민 일인당 연구개발 총투자와 일인당 국민소득을 표시한 것이다. 검은색 원으로 표시된 우리나라는 선진국들과 비교할 때 연구개발투자비에 비하여 국민소득이 그렇게 높지 않은 것으로 나타나 있다. 이 상황을 놓고 볼 때 우리나라가 당면한 기술 개발의 문제와 그 해결책이 무엇인지 생각해보자.

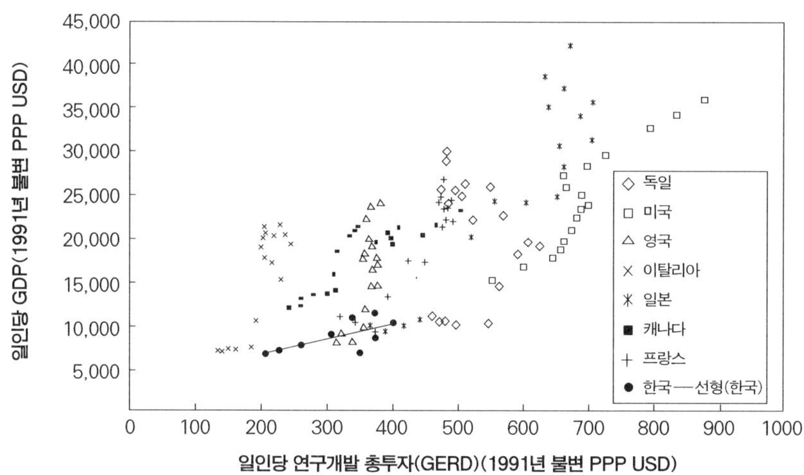

2. 수퍼컴퓨터 분야에서 5백억원의 예산을 어떻게 쓸 것인지를 논의하는 회의에서 김갑돌과 홍길동은 서로 다른 의견을 놓고 싸움을 벌이고 있다. 김갑돌은 "이 비용으로 선진국 기업으로부터 기술을 삽시다"라고 주장하고, 홍길동은 "자체적으로 기술을 개발합시다"라고 주장하고 있다. 이 두 사람의 의견을 종합하여 의사결정을 해야 할 당신은 어떤 판단기준하에 결정을 할 것인가?
3. 다음의 표에 의하면 2001년 우리나라의 나노기술 관련 정부투자가 미국의 1/8.6, 일본의 1/8에 불과하다. 이런 환경하에서 나노기술을 개발하기 위한 정책이 미국, 일본과 어떻게 달라야 할지 생각해보자.

국가	나노기술 정부투자 (백만 달러)
한국	49
일본	396
미국	423

〔표〕 나노기술 관련 정부투자 국제비교표(2001년)

〔참고문헌〕

김정홍, 『기술혁신의 경제학』(제2판), 시그마프레스, 2003

김종범, 『과학기술정책론』, 대영문화사, 1993

박우희 외, 『기술경제학 개론』, 서울대학교출판부, 2001

성소미, 『기술혁신의 경제 분석: 혁신의 경제성과 제고를 위한 국가전략의 모색』, 한국개발연구원, 1995

송위진, 『국가혁신체제에서 정부의 역할과 기능: 혁신체제론적 접근』, 과학기술정책연구원(STEPI), 2004

OECD 편, 기술과 진화의 경제학 연구회 옮김, 『과학과 기술의 경제학』, 경문사, 1995

이공래, 『기술혁신이론 개관』, 과학기술정책연구원(STEPI), 2000

이공래 외, 『한국의 국가혁신체제』, 과학기술정책관리연구소, 1998

이근 외 기술과 진화의 경제학연구회, 『한국산업의 기술능력과 경쟁력』(서남한국경제연구 4), 경문사, 1997

황혜란 · 송위진, 「과학기술정책연구에 대한 새로운 접근」, 『과학기술동향』 통권 50권, 1993

Ahrens, J., *Governance and the Implementation of Technology Policy in Less Developed Countries*, The UN Univ. International Workshop, Oct. 1999

Edquist, C., *Systems of Innovation: Technologies, Institutions and Organizations*, Cassel, 1997

Roessner, D. (ed.), *Government Innovation Policy*, St. Martin' s Press, 1988

Sorensen K. H. and Williams R., *Shaping Technology, Guiding Policy*, Edward Elgar Publishing, 2002

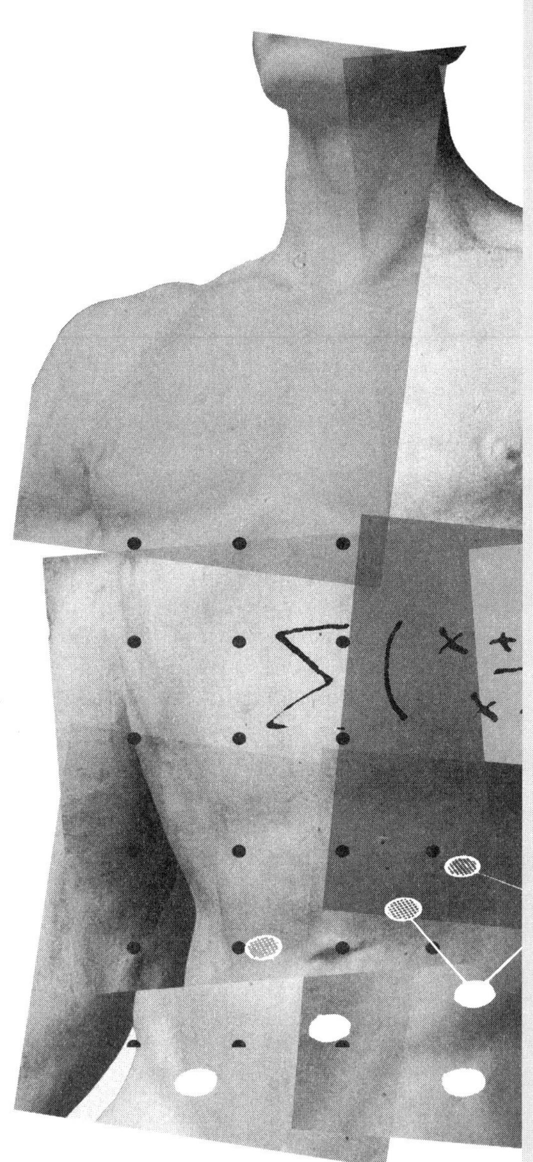

3부

7장 공학도와 의사소통

최재선(한국산업기술대 교양학과 교수)

1. 의사소통의 이해

의사소통이란 한 사람이 다른 사람에게 자신의 생각, 정보, 감정, 경험, 가치관 등 의도하는 바를 의미 있게 전달하거나 이해시키기 위해 상호교섭하는 과정이라고 할 수 있다. 의사소통을 의미하는 커뮤니케이션(communication)이라는 말은 라틴어 '코무니카레(communicare)'에서 유래한 것으로, 이 단어는 '나눔'(sharing 또는 partaking)이라는 의미를 담고 있다. 이처럼 커뮤니케이션에 있어서 중요한 것은 말하는 사람과 듣는 사람이 서로의 생각과 감정, 경험, 가치관 등을 나누는 과정을 통해 '나'와 '너'의 공통성을 발견하고 완전한 일치를 이루어가는 것이라고 할 수 있다.

우리가 살아가면서 하는 모든 행위는 의사소통적 가치를 지니며, 의사소통 과정을 통해 우리는 서로 영향을 주고받는다. 언어적 혹은 비언어적인 형태로 이루어진 다양한 의사소통은 사람 사이의 관계를 전제로 하며 지속적인 의미를 전달하는 상호교섭의 과정이다. 이러한 의사소통에서는 의사소통의 내용뿐만 아니라 의사소통의 주체가 되는 화자와 청자의 관계와 태도가 중요하다. 그러므로 효과적인 의사소통을 위해서는 다른 사람의 관점을 이해하고 그의 사상과 견해, 감정에 관심을 갖고 대화하려는 열린 마음이 필요하다.

의사소통을 잘한다는 것은 타인과의 관계 속에서 자신의 감정을 효과적으로 전달할 뿐 아니라 내용도 체계적으로 조리 있게 전달하는 것을 의미한다. 분명한 의사소통은 불필요한 오해를 방지하고 지속적인 인간관계를 가능하게 한다. 의사소통 능력이 탁월한 사람들은 자신감이 넘치며, 좋은 인간관계를 형성하고, 매사에 강한 의욕과 자부심을 지닌다. 또한 적극적이고 긍정적인 사고를 하며, 주체적이고 개방적인 행동양식을 보인다.

현대 사회에서 의사소통의 중요성은 점점 커지고 있다. 의사소통은 우리가 살아가는 데 필요한 요소이며, 대화자들 사이에 서로 인격을 교류하는 것이다. 세계적인 지식경영학자인 미국의 피터 드러커(Peter Drucker)는 "인간에게 있어서 가장 중요한 능력은 자기 표현이며, 현대의 경영이나 관리는 커뮤니케이션에 의해서 좌우된다"고 하면서 오늘날 인간이 가지고 있는 여러 가지 능력 중에서 가장 중요한 것이 바로 의사 전달(communication) 능력이라고 역설하고 있다.

인간 중심의 지식 기반 사회에서 의사소통 능력은 중요한 생존 전략이다. 현대 사회는 정보와 지식을 활용한 아이디어가 귀중한 자원이 되고 있으며, 타인과의 의사소통을 통해 새로운 아이디어의 창출을 필요로 한다. 현대의 사회조직은 과거의 하향 전달식 의사소통 방식을 지양하며, 구성원 사이의 수평적 커뮤니케이션을 중시한다. 이런 측면에서 커뮤니케이션은 일종의 조직 형태이기도 하다. 조직성을 바탕으로 인간은 아이디어, 상징, 단어, 개념 등을 결합하여 이전에 없었던 것에 대한 창조를 이루어간다. 이때 나와 타인이 공유할 수 있는 경험 영역을 넓혀가며 서로에 대한 이해를 통해 진정한 일치를 얻고자 노력하는 과정이 커뮤니케이션이다. 따라서 올바르게 계획되고 행해진 의사소통 행위는 인간 상호간의 발전을 가능하게 해준다.

2. 공감적 효율적 의사소통의 원리

공감적 커뮤니케이션이란 상대방과의 대화에서 상호간에 전개되는 주제에 대해 일방적으로 전달하는 것이 아니라 서로 깊은 공감대를 형성하면서 대화해 나가는 것을 말한다. 무엇보다 효과적인 의사소통을 위해서는 의사소통의 두 가지 수준, 즉 내용적인 면과 감정적인 면을 분리하는 것이 필요하다. 상대방에 대해 긍정적인 느낌과 신뢰하는 마음이 생기지 않은 관계에서는 내용적 수준의 의사소통은 공허하게 되고, 오히려 서로에 대해 부정적인 느낌을 악화시킬 수 있다. 그러므로 내용적 측면의 가시적인 문제 해결보다는 서로에 대한 감정을 먼저 변화시키도록 노력하는 것이 중요하다. 그러나 우리는 상대방에 관한 부정적인 느낌을 서로가 잘 아는 제3자에게 전달함으로써 상황을 악화시키는 경우를 보게 된다. 이러한 경우 오히려 객관적인 입장에 있는 전문 상담가를 찾는 것이 도움이 된다.

감정적인 수준의 의사소통에 도움을 주는 몇 가지 기술은 다음과 같다. 첫째, 자신에게 초점을 맞춤으로써 스스로의 감정 중립화를 위해 노력해야 한다. 둘째, 상대방과 계속적으로 언어적 소통을 하려는 노력은 가능한 한 피하고 상대방이 준비될 때까지 관심 어린 태도로 지켜봐야 한다. 마지막으로, 가시적인 문제 해결을 시도하거나 중요한 결정을 성급하게 내리지 말아야 한다. 우선 서로의 마음이 준비된 상태에서 상대방 마음의 문을 열 준비를 해두는 것이 좋다. 인간의 감정은 합리적이거나 논리적이기보다는 지극히 주관적이기 때문에 의사소통을 할 때 감정을 다스리지 못하면 상대방 마음의 문을 열 수 없다. 의사소통 기술이 탁월하다는 것은 어떤 경우에도 상대를 위해 마음의 문을 열 수 있다는 것을 의미하기도 한다.

그렇다면 공감적 의사소통을 이루기 위해 가장 중요한 것은 무엇일까? 바로 훌륭한 경청이라고 할 수 있다. 경청이야말로 대화자 상호간에 공감적 의사소통을 이끌어내는 가장 기본적인 의사소통 기술 중 하나다. 경청의 중요성을 강조한 것으로 예로부터 전해 내려오는 말이 있다. "가장 말을 잘 하는 사람은 바로 가장 말을 잘 듣는 사람이다.(Best Speaker is Best Listener!)"

인간의 능력 개발과 리더십 분야에서 세계적으로 유명한 미국의 스티븐 코비(Stephen R. Covey) 박사 또한 그의 저서에서 경청의 중요성에 대하여 강조하였다. 『*The 7 Habits*(성공하는 사람들의 7가지 습관)』에서 그는 7가지 중요한 습관 중 5번째 습관으로 "경청한 다음에 이해시켜라"를 들고 있다. 이처럼 경청이란 대단히 중요한 의사소통 기술이다.

누구나 대화에서 효과적인 커뮤니케이션을 지향하려고 노력한다. 그러면 과연 어떠한 요인들이 효과적인 커뮤니케이션을 형성하는 데 중요한 역할을 하는지 알아보자.

첫째, 정보를 찾는 일이다(Information Seeking). 대화를 전개하고자 하는 부문에 대하여 사전에 충분한 정보를 수집하고 준비해두면 대화를 한결 쉽게 이끌어갈 수 있다.

둘째, 정보의 공급이다(Information Giving). 혼자서만 많은 것을 얻으려 하면 안 된다. "주고받는(Give and Take) 원칙"에 따라 상대방에게도 무언가 도움이 되는 정보를 제공할 때 원활한 의사소통이 이루어진다.

셋째, 상호공존 분위기의 형성이다(Interview Controlling). 대화가 일방적으로 진행되는 것은 대화가 아닌 의사전달이다. 적절한 분위기에 의해 조절된 대화의 진행은 효과적인 결과를 이끌어내는 데 아주 중요한 역할을 한다.

넷째, 공감대의 형성이다(Building Rapporting). 가장 좋은 대화는 대화자 상호간에 도움이 되는 윈-윈(Win-Win)의 결과를 얻는 것이다. 경청의 태도로 상호간의 깊은 공감대를 형성하며 대화를 이끌어가는 것이 중요하다.

3. 의사소통의 모형[1]

의사소통의 모형은 학자에 따라 다양하게 정의되어왔다. 의사소통의 초기 모형으로는 라스웰(Lasswell)이 의문문 형태로 제시한 것을 들 수 있는데, 이는 "Who? Says What? To Whom? Through What Channel? With What Effect?"의 과정으로 전개되며, 많은 학자에 의해 수용되고 보완되었다. 이 모형은 발신자(who), 수신자(whom), 전언(what), 경로(channel), 효과(effect)의 다섯 가지 요소를 의사소통 행위의 기본적인 구성 요소로 제시하며 의사소통 과정을 간결하게 설명하고 있다. 그러나 이 모형은 의사소통을 하나의 과정으로 이해하지 못하고 정보를 체계화하거나 지각하는 방법에 대한 설명이 부족하다.

벌로(D. K. Berlo)는 의사소통을 능동적이고 진행적이며 변화하는 일련의 과정으로 인식한 최초의 모형을 제시한다.

발신자(Source)	전언(Message)	경로(Channel)	수신자(Receiver)
소통기술	내용	시각	소통기술
태도	요소	청각	태도
지식	처리	촉각	지식
사회체계	구조	후각	사회체계
문화배경	기호	미각	문화배경

이 모형은 네 가지 구성 요소의 첫 문자를 따 'SMCR 모형'이라고 부른다. 벌로는 의사소통을 발신자에서부터 전언, 경로를 거쳐 수신자에 이르는 일련의 과정으로 이해한다. 그리고 각각의 요소에 대해 세부적인 설명을 덧붙이고 있다. 발신자와 수신자는 소통기술, 태도, 지식, 사회체계, 문화배경에 따라 정보를

1. 임영환 · 김규철 · 김종윤 · 이기윤 · 정재민 · 박형우, 『화법의 이론과 실제』(집문당, 2000), pp. 42~44에서 인용.

조직하고 이해한다. 전언은 내용을 비롯하여 이를 체계화하고 기호화하는 제반 과정을 포함한다. 경로는 기호화된 전언을 지각하는 오관(五官)을 의미한다.

그러나 SMCR 모형은 의사소통을 연속적인 과정으로 이해하기는 하였지만, 의사소통 과정을 한 번의 송수신으로 완결되는 일회적인 것으로 보았다는 아쉬움이 있다. 즉 의사소통 과정은 송·수신자 간에 지속적으로 일어나는 상호교섭적인 과정이라는 점을 간과하고, 수신자가 보여주는 피드백을 비롯한 수신자의 각종 반응이나 행위를 고려하지 않고 있다.

맥크로스키(James C. McCroskey)는 정보의 조직과 해독에 중점을 둔 'Encoding-Decoding' 모형을 제시했는데, 이는 의사소통 과정에 대한 발전적인 이해를 보여주며 차후 다양한 응용을 가져오게 하였다.

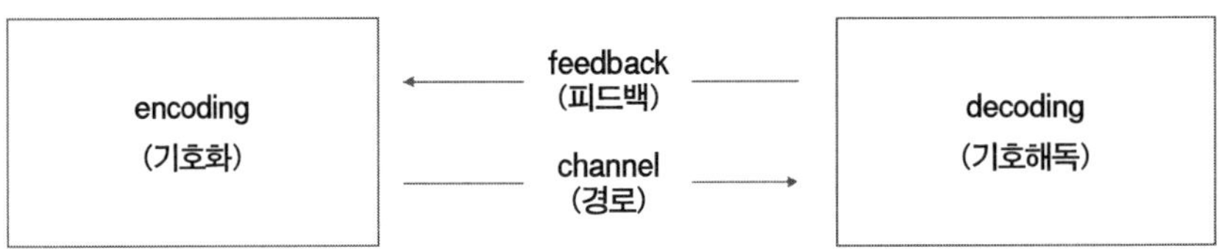

Encoding-Decoding 모형은 크게 기호화, 경로, 기호해석, 피드백의 네 가지 구성 요소로 이루어져 있다. 기호화(encoding) 과정은 정리된 생각을 수신자에게 전달하기 위해 전언으로 조직하는 과정으로, 전언의 형성, 수신자를 고려한 적용, 수신자에게로의 전달 과정을 포함한다. 기호화 과정은 수신자가 전언을 지각하는 방법을 우선 고려해야 한다. 이는 수신자가 어떻게 지각할 것인지를 염두에 두는 것을 의미한다. 그러므로 발신자는 수신자에게 형성될 효과를 예견하고, 이에 따라 자료를 정리 배열해야 한다. 단어나 어구의 선정도 수신자가 생각하는 의미를 염두에 두어야 한다.

경로(channel)는 기호화된 전언이 수신자에게 전달되는 통로 혹은 수단을 말한다. 경로는 인간이 지닌 오관을 기초로 한다. 상황과 청중에 따라 다양한 경로가 이용될 수 있다. 그러나 상황에 따라서 가장 효율적인 경로가 있게 마련이므로 이에 대한 고려가 필요하다.

기호해독(decoding)은 경로를 통해 전달된 기호화된 전언을 해독하는 과정으로, 지각 · 해석 · 평가 · 반응을 포함한다. 지각은 전언을 보고 듣고 느끼는 과정으로, 매개물에 따라 단일하게 혹은 복합적으로 이루어진다. 해석은 전언을 통해 발신자가 전달하고자 하는 의미를 추출하는 수신자의 행위이며, 평가는 전언을 수신자의 입장에서 평가하는 과정이다. 반응은 평가 결과에 따라 수신자가 드러내는 변화를 말하는데, 외적인 반응과 내적인 반응으로 나누어볼 수 있다. 외적인 반응은 구체적으로 나타나는 행위를 말하며, 내적인 반응은 신념의 변화나 욕구의 생성 등을 말한다. 이러한 내적, 외적 반응은 따로따로 나타나기도 하고, 경우에 따라서 동시에 나타나기도 한다.

피드백(feedback)은 수신자의 이해를 드러내는 과정을 말한다. 경우에 따라서는 발신자의 전달 행동을 수정하는 수신자의 공공연한 반응이다. 그러므로 전언을 정확하게 이해시키기 위해서 화자는 청자의 피드백을 적절하게 파악하여 활용할 필요가 있다.

4. 의사소통의 기능

의사소통의 기능은 개인적 차원과 조직적 차원으로 나누어 살펴볼 수 있는데, 개인적 차원에서는 자신과의 의사소통을 통해 자신과 주위 환경을 인식하고, 자신에 대한 올바른 인식을 토대로 자아 정체성을 형성하며, 자아를 존중하게 하는 기능을 한다. 사람은 누구나 자기 자신과 의사소통을 하는데 이를 통해 자신에 대한 기본적인 신뢰감을 형성하게 된다. 뿐만 아니라 타인과 사회에 대해 이해하고 바람직한 관계를 맺게 되어 심적인 안정과 자아 충족감을 느끼게 된다.

조직적 차원에서는 개인에 대한 기능과 조직 전체에 대한 기능으로 나누어볼 수 있다. 개인에 대한 기능으로는 구성원에게 조직이 추구하는 공동의 목표를 성취하기 위해 다양한 의사소통 과정을 통해 동기를 부여하거나, 구성원의 행위를 조직화하거나 통제하는 기능을 한다. 이때 기계적 구조에서는 명령, 지시, 보고의 커뮤니케이션이 주로 행해지고, 유기적 구조에서는 토론, 토의, 회의 등의 상호작용적 의사소통이 선호된다. 조직 전체에 대한 기능으로는 조직 업무가 다원화되고 정보의 양이 증가하면서 관리자의 입장에서 다각적인 커뮤니케이션이 필요하고 외부와의 커뮤니케이션 역시 중요하게 된다. 이때 조직이 당면한 문제에 대한 해결책을 모색하거나 조직 발전에 필요한 주제, 안건을 논의하고 공동의 목표를 향해 나아갈 수 있도록 필요한 여러 사안에 대해 일방향적 또는 양방향적 집단 의사소통을 행하는 것이다.

5. 의사소통의 배경

의사소통에는 말하는 이(화자)와 듣는 이(청자)가 존재한다. 그러나 말하는 이와 듣는 이를 중심으로 이루어지는 대화의 장면에는, 말하는 이와 듣는 이 이외에 이들이 존재하기 위한 시간적, 공간적 조건들이 필요하다. 이를 의사소통의 장면적 배경이라고 한다. 그러므로 의사소통이 이루어지기 위해서는 화자와 청자, 의사소통의 내용(메시지) 등의 중심 요소와 의사소통이 이루어지고 있는 시간과 장소와 같은 배경 요소들이 필요하다. 이러한 것들은 의사소통이 실제로 이루어질 때 각 요소의 특징에 따라, 예를 들면 화자가 누구인지, 의사소통의 목적이 정보 전달인지 문제 해결인지, 내용을 전달할 때 언어적인 방법을 사용하는지 비언어적인 방법을 사용하는지, 의사소통이 폐쇄적인 공간에서 이루어지고 있는지 개방적인 공간에서 이루어지고 있는지, 의사소통에 주어진 시간이 제한적인지 자율적인지에 따라 서로 다른 의사소통 배경을 형성하게 된다. 이러한 의사소통 배경을 언어적 배경과 장면적 배경으로 나누어보면 〔그림 1〕과 같다.

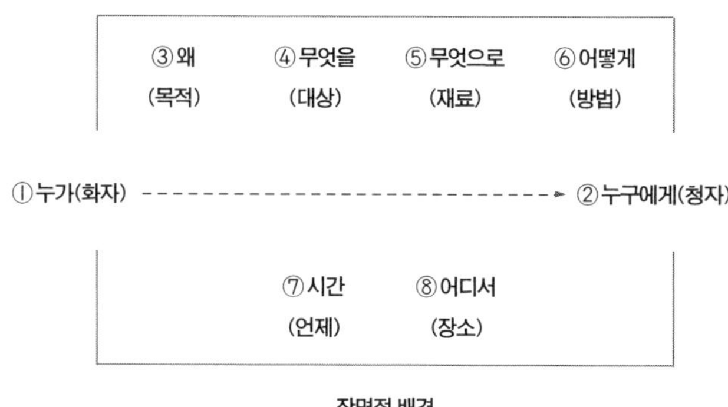

〔그림 1〕 의사소통의 언어적 배경과 장면적 배경[2]

이 모형은 의사소통의 배경이 누가, 누구에게, 어떤 목적을 가지고, 무엇을, 무엇으로, 어떻게 말하는가 하는 등의 기본적인 요소로 이루어져 있다는 것을 보여준다. 아울러 의사소통이 이루어지고 있는 시간은 언제이며 장소는 어떤 곳이냐 하는 것도 의사소통의 배경을 이루는 구성 요소라는 것을 나타내주고 있다.

여기서 의사소통의 목적과 내용, 의사소통의 도구, 의사소통의 방법 등을 언어적 배경이라고 하고, 의사소통이 이루어지고 있는 시간과 장소를 장면적 배경이라고 부른다.

다양한 의사소통 환경 속에서 원활한 의사소통을 위해서는 화자와 청자가 서로의 입장을 바꾸어 생각하고 이해하려는 자세를 지녀야 한다. 또한 화자와 청자는 의사소통을 하는 목적, 상황, 분위기 또는 장소나 시간 등을 고려하여 의사소통을 해야 한다. 이상적인 의사소통을 위해서는 의사소통의 여러 요인을 분석하고 이를 적절히 사용하여 효과적으로 의사소통을 하려는 노력이 필요하다.

2. 김경수, 『화술의 이론』(전남대출판부, 1994), p. 18을 재구성하였다.

6. 의사소통 방식의 분류

의사소통의 방식은 다양하게 분류될 수 있다. 의사소통이 형식적인가 비형식적인가, 직접적인가 간접적인가, 언어적 형태인가 비언어적 형태인가, 화자와 청자의 역할이 미리 정해졌는가, 그리고 의사소통 참여자의 태도가 어떠한가 등에 따라 나누어질 수 있다.

여러 사람 앞에서 말하는 발표와 연설 등의 형식적 의사소통의 방식은 대화의 목적이 분명하다. 정보를 주기 위한 것과 설득을 위한 것이다. 발표, 강의, 보고, 지시 등이 정보를 제공하는 것이라면 연설, 유세, 캠페인 등은 설득을 위한 것이다. 특정한 주제에 대해 청중에게 말하는 발표와 연설은 철저한 준비 과정을 필요로 한다. 먼저, 주제를 분명히 정하고 주제에 따른 자료를 충분히 수집한 후에 발표에 필요한 개요를 작성하고 그에 필요한 자료를 안배하여 발표문을 작성한다. 이때 필요한 것이 기술적 글쓰기이다. 그런 후에 청중의 특성과 발표 시간, 장소 같은 배경적 요인을 고려하여 진행 과정을 계획한다. 형식적인 의사소통은 공식 석상이나 토론, 토의, 연설 등에서 화자의 의도와 목적에 맞게 의사소통이 준비되며 일정한 틀에 맞게 진행된다.

그러나 사적인 자리에서는 비형식적인 대화가 오고간다. 대화는 단순히 정보 전달이나 습득의 차원을 넘어서 원만한 인간관계를 통한 자기 성숙의 수단이 되기도 한다. 비형식적인 의사소통이라는 것은 대화의 목적이 개별적인 친교에 있으며, 대화의 상황이 일대일이거나 소수의 인원이 모여 서로 말을 주고받는 상호작용 방식을 의미한다. 일상생활에서 일정한 격식 없이 가족이나 친구, 동료 간에 사사롭게 주고받는 말하기는 비형식적인 사적 대화에 포함될 수 있다. 이러한 대화의 목적은 사적인 인간관계를 바탕으로 정서적 교감을 나누는 데 있으며, 그 내용은 주로 상호간에 관심 있는 정보의 교류나 충고와 격려, 칭찬과 질책, 부탁과 거절 등이다. 그러나 이러한 사적 대화 역시 공적인 목적을 수행하거나 설득적인 말하기 형식으로 나타날 수도 있다. 그러므로 비형식적인 대화에 있어서도 대화의 상황과 목적을 잘 알고 대화를 효과적으로 이끌 수 있도록 노력해야 한다.

이 경우 무엇보다 중요한 것은 화자와 청자가 서로 예의를 지키는 것이며, 상대방의 말을 경청하고 상대방의 입장에서 이해하려는 자세다. 또한 상대방의 말이나 행동에 대해 자신의 감정을 솔직하게 표현하는 것도 필요하다. 이때 필요한 것은 '나-대화법(I-message)'의 대화방식이다. '나-대화법'의 방식은 상대방의 자존심을 상하게 하지 않으면서 문제가 되는 행위나 언어, 인식 태도 등을 바꿀 수 있는 방법으로 상대방에게 화를 내지 않고, '나'를 주어로 자신이 느끼는 감정을 솔직하고 부드럽게 표현하는 것을 말한다.

이러한 자세는 인간관계에서 갈등이 생길 때 타협할 수 있는 방법을 제시한다. 타협점을 찾는 대화는 서로의 욕구를 동시에 충족시킬 수 있는 방법을 찾는 것으로 인간관계를 회복할 뿐 아니라 일의 효율성도 높여준다. 타협점을 찾아가는 대화의 단계는 다음과 같다. 첫째, 서로의 욕구를 솔직하게 표현함으로 갈등의 원인을 찾는다. 둘째, 서로가 원하는 해결책을 제시한다. 셋째, 각자 제시한 해결책에 대해 자신의 감정과 의견을 표현한 후에 상호 수용할 수 있는 해결책을 찾는다. 넷째, 결정된 해결책을 어떻게 실행할 것인가 구상한 후에 결정된 해결책을 평가한다.

인간의 의사소통은 언어적인 것만으로 이루어지는 것이 아니다. 언어적 요소 외에 억양, 성량, 어조, 몸짓, 표정 등과 같은 비언어적인 요소를 통해서도 이루어진다. 예를 들어 화자의 말과 행동이 일치하지 않을 때 청자는 화자의 전달 내용을 어느 정도 신뢰할지에 대해 의문을 갖게 되고 의사소통에 장애를 겪게 된다.

이렇듯 의사소통에서 언어적 의사소통과 비언어적 의사소통은 상호보완적인 역할을 수행한다. 즉 의사소통에서 언어적인 내용을 보충하는 비언어적 의사소통은 친밀감, 열정, 호감, 조롱, 비난 등 다양한 신호를 전달할 수 있다.

일대일로 말하거나 또는 여러 사람과 직접 대면하여 의사소통을 하는 경우,

상대방의 몸짓이나 표정 등의 보조수단을 통하면 서로의 감정 상태, 의사소통의 목적이나 상황 등을 이해하는 것이 용이하다. 그러나 전화나 컴퓨터 또는 방송매체 등의 도구를 이용할 경우 상대가 보이지 않아 심리적 부담감은 덜하겠지만, 서로의 상황을 정확히 알지 못하면 의사소통의 장애가 생길 수 있다는 단점이 있다.

7. 의사소통의 장애 요인과 극복 방안

효과적인 의사소통을 위해서는 무엇보다 화자와 청자 간에 긍정적인 관계를 형성하고 이해하려는 마음자세가 필요하다. 다음은 일반적인 의사소통의 장애 요인과 극복 방안이다.

화자의 입장에서 말하고자 하는 주제나 의견이 분명하지 않고 자신의 중심 사상을 전개할 정확한 정보나 자료가 부족할 때, 논리적이고 일관된 사고가 부족하고 자신감이 부족하여 효과적으로 자신의 의견을 개진할 수 없을 때 의사소통에 장애를 겪게 된다.

이를 극복하기 위해서는 화자가 의사소통의 목적, 중심 내용을 명확히 알고 준비해야 한다. 필요한 자료를 미리 수집하여 정확히 분석, 이해하고 효과적으로 이용할 수 있어야 한다. 미리 예행연습을 하여 자신의 장·단점을 보완하고 피드백을 통해 이를 차후 의사소통 진행에 반영해야 한다.

전언의 장애 요인으로는 화자가 보낸 정보가 명확한 목적이나 중심 사상이 결여되었거나 논리적으로 일관성 있게 조직되지 않아 청자가 혼란을 일으킬 수 있는 내용일 때, 전언의 표현이 미흡하고 문장력이 부족할 때, 그리고 청자의 입장에서 흥미와 중요도가 떨어지는 내용이거나 전언을 담고 있는 매체가 효과적이지 않을 때 등으로 이 경우 의사소통이 원활하지 않을 수 있다.

이를 극복하기 위해서는 의사소통 행위의 목적과 중심 사상을 분명히 하고 전언의 내용을 긴밀하게 조직해 논리적으로 전개시켜야 한다. 또한 적절한 단어와 문장 구조를 선택해야 하며, 청자의 흥미와 주의를 지속적으로 집중시킬 수 있는 내용을 고르고 적절한 예화나 시청각 자료를 이용하여 청자의 주의를 환기시켜야 한다.

경로의 장애 요인으로는 소음이 있거나 거리가 너무 멀어 음파가 전달되지 않을 때, 광파의 경우 방해되는 광파가 있거나 거리가 적합하지 않을 때, 그리고 대중매체를 이용할 경우 전달매체의 기계적인 결함이 있을 때 등으로 의사소통 과정에 장애를 일으킬 수 있다.

이를 극복하기 위해서는 음파나 광파의 저해를 방지하여야 한다. 소음을 방지하고 양질의 매체를 선택하고 청중과의 적절한 거리를 유지하도록 해야 한다. 또한 화자의 전언을 전달하는 도구와 장비를 미리 점검하여 효과적으로 사용해야 한다.

청자의 장애 요인으로는 청자가 주의를 집중하지 않는 것이 의사소통의 가장 큰 장애가 된다. 청자의 듣기 기술이 부족하거나 자신감이 결여되었을 때, 단어나 상징을 이해하지 못할 때, 청자의 경험이 부족하여 전언을 이해할 수 없거나 화자와 정보에 대해서 편견을 가지고 있을 때 역시 의사소통에 장애가 생긴다.

이에 대한 극복 방안으로는 청자 역시 화자의 전언을 이해하기 위해 적절한 지식과 경험을 갖추어야 하고 미리 입수 가능한 자료를 섭렵하여 심도 있는 이해를 도모해야 한다. 화자의 원활한 의사소통 진행을 위해 청자는 이해한 내용에 대해 적당히 반응해야 한다.

8. 의사소통 기술의 분류

의사소통 기술(Communication Skill)은 모든 의사소통의 언어적, 비언어적 형식, 씌어진 표현과 이해, 말하기와 듣기 등의 모든 영역에 관련된 기술을 포괄한다. 다양한 방식의 분류가 가능하나 여기서는 단호한 의사소통 기술, 비단호한 의사소통 기술, 공격적 의사소통 기술로 나누어 살펴본다.

단호한 의사소통 기술(assertive communication skill)

말을 많이 한다고 해서 의사소통을 잘하는 것은 아니다. 말이 많은 사람일수록 오히려 의사소통을 제대로 하지 못하는 경우가 많다. 단호한 의사소통 방식을 취하는 사람들은 자신이 원하는 것을 분명하게 말하고 상대방이 말하는 것을 경청해주며, 갈등이 생겼을 때 합리적인 토의 과정을 거쳐 문제를 풀어나가려 한다.

그렇다면 단호한 행동이란 무엇인가. 그것은 자신이 생각하고 느끼는 것을 상대방에게 분명하게 표현하는 것을 말한다. 진정한 자기 모습에 대한 표출은 상대방이 주는 상처를 기꺼이 받아들이겠다는 의도를 포함하며 또 다른 의미로는 상대방이 자신에게 말하고자 하는 권리 역시 존중하겠다는 의지를 포함하는 것이다. 이처럼 단호한 의사소통 기술은 자기 존엄과 평등은 서로를 존중하는 가운데 생겨난다는 것을 인식하고 행동하는 태도를 의미한다.

단호한 의사소통 행위는 나와 상대방 모두가 중요하다는 인식을 토대로 다른 사람의 권리를 침해하지 않으면서 자신의 권리를 존중하는 것이며, 자신이 원하는 것을 명쾌하게 표현하기 때문에 자신의 가치를 높여준다.

비단호한 의사소통 기술(non-assertive communication skill)

의사소통을 할 때 자신의 권리나 의견을 제시하지 않고 수동적으로 상대방의 의견에 따르거나 상대의 권리를 우선하는 의사소통 기술을 말한다. 이러한 사람들은 "No"라고 말하기보다는 "Yes"의 반응을 쉽게 보이며 상대방의 의견에 쉽게 동의하고, 화가 나더라도 참음으로써 자신의 감정을 감추고자 하며, 자신의 요구 사항을 이야기하지 않는다.

이런 유형의 사람들이 가지고 있는 공통적인 믿음체계는 자신을 가치 없는 존재로 여기며 다른 사람들을 자신보다 더 가치 있게 평가한다. 타인과의 비교 속에서 자신의 모습을 보기 때문에 자신의 욕구를 말하지 못하고 항상 수동적인 자세를 보인다.

그렇다면 위와 같은 태도를 통해 얻게 되는 것은 무엇일까. 단호하지 못한 의사소통 행위를 보이는 사람들은 갈등을 일으키지 않음으로써 '평화로운 감정'을 소유할 수 있고 다른 사람의 의견을 따름으로써 거부당하지 않는다. 따라서 책임에 대한 부담감이 없고 불안과 긴장의 감정을 느끼지 않아도 된다. 이런 사람들은 무조건 "Yes"라고 말하면 상대방이 자신을 좋아할 것으로 믿고 상대방에게 상처를 주지 않으니 자신 또한 상처받지 않을 것으로 여긴다.

그러나 단호하지 못한 행동을 함으로써 결과적으로는 더 많은 것을 잃게 된다. 단호하지 못한 행동은 상대방으로부터 공격받을 수 있는 기회를 제공하고, 자신의 행동이나 감정, 사고에 대해 알 수 있는 기회를 잃고, 자신감이 저하되며 스스로 '화'를 안고 살게 된다.

대부분 나 자신에게서 느끼는 힘은 나를 당당히 표현하는 능력에서 나온다. 또한 사람들이 내 감정과 의견에 대해 알 수 있는 것은 내가 하는 말과 행동을 통해서이다. 따라서 단호하지 않은 행동은 나를 확실하게 드러내지 못하므로 나의 존재가 무시되는 경우를 불러일으키고 무엇보다 자기 확신과 자존감의 상실이라는 큰 손실을 가져온다.

공격적 의사소통 기술(aggressive communication skill)

공격적 의사소통 기술은 단호한 행동과는 다르다. 공격적 의사소통 행위는 항상 자신의 권리만을 찾고 상대방보다 자기 자신을 우위에 두는 태도로부터 나온다. 남에게 피해를 주더라도 자신이 원하는 것만 취하려는 이기심이 바탕이 되며, 어떤 경우에서든지 자신의 욕구를 우선으로 삼고 다른 사람을 괴롭히는 것을 목적으로 한다. 항상 자신이 피해를 입는다고 생각하며, 자기 욕구를 우선순위에 둠으로써 부정적 감정을 순환시킨다.

공격적 의사소통 행위를 해결하기 위해서는 자기 감정의 흐름을 인식하여 분노의 원인을 분석하고, 감정이 폭발하기 전에 시간적 여유를 갖고 다른 사람의 조언을 듣는 것이 필요하다.

9. 효과적인 의사소통 훈련

의사소통은 대화자 상호간의 열린 관계를 전제로 한다. 열린 관계는 신뢰를 바탕으로 한 내포의 관계이다. 그러나 인간이 사용하는 의사소통의 수단은 그 나름대로의 약점을 갖고 있기 때문에 완벽한 관계의 성립은 거의 불가능하다. 어떤 사람이 전달하고자 하는 내용은 결국 받아들이는 사람에 의해 결정된다. 흔히 의사소통 현상을 '수신자 현상(Receiver Phenomena)'이라고 부르는 것은 이 때문이다. 결국 화자와 청자 사이의 신뢰관계와 화자가 갖는 설득력은 의사소통의 성패를 결정하게 된다.

따라서 효과적인 의사소통을 위해서는 의사소통 현상을 이해하고 기존의 고정관념(stereotype)을 깨뜨리는 데 주안점을 두고 훈련하는 것이 필요하다. 특히 인간관계 훈련을 통해 화자와 청자의 의사소통을 원활히 하여 공동의 이해에 도달하고자 해야 한다. 올바른 의사소통 기술을 배우고 익힘으로써 인격적 성숙을 도모하고 삶의 의미를 확충할 수 있다. 그러나 의사소통 역시 부단한 노력을 통해 향상시킬 수 있는 것임을 알아야 한다. 먼저 우리가 행하는 일반적 의사소통 양상을 살펴보면 다음과 같이 나타낼 수 있다.

- 자신의 관점에서 말을 하게 된다.
- 자신의 생각, 감정 등을 표현하는 능력이 부족하다.
- 상대방을 배려하지 않는 일방적인 의사소통을 한다.
- 상대가 말을 할 때 깊은 의미를 파악하지 못하는 경우가 있다.

- 상대의 말을 진지하게 인내하면서 경청하지 못한다.
- 그러므로 의사소통을 통해 오히려 관계가 악화되거나 부정적인 분위기를 조성한다.

위와 같은 상황을 극복하고 효과적인 의사소통을 수행하기 위해서 숙지해야 할 내용을 생각해보자. 먼저 말하는 화자의 입장에서는 다음과 같은 사항을 주의해야 한다.

- 의사소통을 할 때 항상 자신의 행위와 반응에 대해 책임을 진다.
- 정확한 자기 생각만을 말한다.
- 경청해준 사람에게 고마움을 표한다.
- 듣는 사람을 고려하여 그의 스타일에 맞게 말을 한다.
- 듣는 사람의 비언어적 태도를 확인하면서 이야기한다.
- 자신의 관점, 의견만을 주장하지 않고 상대방의 입장도 듣는다.
- 대화의 양과 질, 시간 등을 고려하여 상대방이 지치지 않게 배려한다.

청자의 입장에서는
- 상대방의 전언을 정확히 듣고 이해해야 한다.
- 상대방을 이해하는 마음으로 대화에 임하고, 부정적인 의도와 동기를 캐내려고 하거나 중간에 말을 자르지 않는다.
- 상대방에게 공감과 확신을 주는 반응을 보이면서 듣는다.
- 정확히 이해되지 않는 부분은 예의를 지켜 질문하면서 듣는다.

보다 효과적인 의사소통 기술을 얻기 위해 훈련해야 할 내용은 다음과 같다.

관심 기울이기

타인과의 좋은 관계를 형성, 발달시키는 데 중요한 요건은 상대방이 전달하고자 하는 의사를 정확히 이해하려고 노력할 뿐만 아니라 자기가 관심을 기울이고 있다는 사실을 상대방에게 보여주는 것이다.

효과적인 관심 기울이기 행동은 상대방을 인격체로 존중하며, 그가 말하는 것에 깊은 관심을 가지고 있다는 사실을 나타내주는 것이다. 관심 기울이기를 통하여 타인에게 미치는 자신의 영향을 관찰할 수 있을 뿐 아니라, 인간관계에서 일어날 수 있는 문제들을 미연에 방지할 수도 있으며, 또한 상대방의 경험을 공감적으로 이해할 수도 있게 된다.

좋은 자세, 시선의 접촉, 즉각적인 언어 반응 등은 모두 바람직한 관심 기울이기의 특징을 나타내는 기본적인 행동이다. 언어적 표현 이외에 비언어적 태도 역시 상대방에 대한 관심을 표현하는 방법이 된다. 몸을 상대방 쪽으로 향하고 적당히 고개를 숙이며 다정한 몸짓을 보이는 것은 상대방에 대한 관심을 전달해준다. 사람들과 상호작용을 하는 동안 신체적으로 이완되고 편안하고 자연스러운 자세를 취하는 것은 매우 중요하며 상대방과의 부드러운 시선의 접촉 또한 관심 기울이기 행동의 핵심적인 부분이다. 이와 같은 태도는 상대방에 대한 관심과 존경을 보여주는 것으로 효과적인 의사소통에 도움이 될 뿐 아니라 생산적인 인간관계 형성과 발달에 유익하다.

의사 확인

의사 확인은 상대방의 생각을 나 자신의 말이나 개념으로 바꾸어 진술하여 확인하는 것으로 상대방이 무엇을 말하려고 하는가에 대하여 보다 정확히 이해하는 것이다.

지각 확인

지각 확인은 의사 확인에 보충하여 말이나 개념의 이해 단계를 넘어서 상대방의 느낌과 경험을 확인하는 것이다. 또한 지각 확인은 화자(또는 청자)로 하여금 상대방에 대한 오해를 미연에 방지할 수 있도록 한다.

경청하기

바람직한 인간관계의 형성과 발달은 상대방의 이야기를 경청하려는 노력에서부터 시작된다. 그러나 일상의 대화에서 우리는 상대방의 이야기에 귀를 기울여 그가 전하려는 말의 의미를 완전히 파악하려고 하기보다는 건성으로 들어 넘기거나 혹은 그 말의 결함을 찾아내는 데 전념하여 상대방의 이야기나 행동을 왜곡하고 오해하는 경우가 많다.

효과적인 의사소통을 위해서는 적극적 경청이 중요하다. 적극적 경청(Active Listening)은 상대방이 말하는 것에 숨겨진 원래의 의도까지 들어주는 것으로 표면적으로 드러난 메시지와 더불어 말하는 사람이 속에서 느끼고 있는 것까지 파악하면서 듣고 반응하는 것이다.

다른 사람의 이야기를 잘 들어주고 받아주게 되면 자기 자신도 더 잘 이야기할 수 있게 되어 상대방을 이해하는 것은 물론 자기 자신의 성장에도 큰 도움을 준다. 올바른 경청 자세는 상대방의 자기 주장, 자기 인정, 자기 불만이나 요구를 다 들어보고, 이야기하는 도중에 상대의 말을 중단시키지 않고 상대방의 말을 귀담아 들어주는 자세를 의미한다.

적극적인 경청 자세

- 상대방이 말하는 것에 온 정신을 집중한다.
- 팔짱을 끼거나 다리를 꼬는 자세를 피한다.
- 상대방 쪽으로 약간 기울인 자세를 취한다.
- 말하는 사람에게 따뜻한 시선을 보낸다.
- 편안하고 자연스러운 자세를 취한다.
- 진지한 태도를 보인다.

- 잘 듣고 있다는 표시로 고개를 끄덕인다.
- 이해가 안 되면 상대방에게 질문한다.
- 말을 중간에서 자르지 않는다.

공감하기

공감이란 상대방의 경험, 감정, 사고, 신념 등을 상대의 준거체계에 맞춰 상대방의 마음으로 듣고 이해하는 것을 말하는데, 감정이입적 이해라고 부르기도 한다. 이렇게 공감적으로 이해하는 것은 실제에 있어서 다음과 같은 여러 가지 측면을 포함하고 있다.

상대방이 하는 말의 내용을 이미 표현된 언어의 의미를 넘어서 그 이면에 포함된 감정적 의미까지 이해하는 것이다. 즉 상대방의 말에 포함되어 있는 정서, 의도, 동기, 갈등, 고통 등을 이해하지 못한다면 공감적 이해는 불가능하다.

상대방이 말로 표현하지 못하고 있는 마음의 소리는 행동이나 자세, 또는 음의 고저나 색깔 등을 통해서 표현되는 경향이 있기 때문에 대화자의 비언어적 표현에 담긴 의미와 감정을 이해해야 한다.

상대방의 행동을 통해서 추구하는 궁극적 동기가 어떤 것인가를 이해해야 한다. 대부분의 경우 상대의 갈등과 고통은 잘못된 목적에 기인되기보다는 잘못 선택된 행위 때문에 생기게 된다. 상대가 추구하는 궁극적 동기를 이해하게 되면 수단과 목적을 혼동해서 생기는 심리적 문제와 또 문제를 현실적으로 해결할 수 있는 실마리를 찾을 수 있게 된다. 주의 깊게 경청하면서 상대방이 진심으로 말하고자 하는 바를 이해하려고 노력해야 한다.

긍정적 사고와 능동적 자세 갖기

긍정적인 사고는 모든 일에 자신감을 갖게 하고 누구하고나 신념이 있는 대화를 나누게 하며, 상대방에게 신뢰감을 주게 된다. 매사에 적극적이고 긍정적인 사고와 자신감을 갖고 생활해 나갈 때 비로소 확고한 신념을 가진 인간으로서 성장하게 된다.

효과적인 의사소통을 위해 말하는 사람은 자신이 무엇을 말하는지, 어떻게 말하고 있는지, 자신의 비언어적 태도가 전달하고 있는 메시지는 어떠한지에 대해서 잘 알아야 한다. 또한 듣는 사람이 메시지를 잘 이해하고 있는지를 관찰해야 한다. 듣는 사람 역시 말하는 사람을 관찰하고, 필요하면 질문을 하고, 무엇을 말하고, 어떻게 전달하고 있는지에 주의를 기울이는 능동적인 자세가 필요하다.

주장하기

주장하기란 어떤 상황에서 자신에게 도움이 되는 결정을 하도록 설득하는 대화 방법이다. 상대방의 감정과 입장을 고려하지 않고 계속해서 자기 생각과 입장을 강력하게 주장하는 공격적인 표현과는 다르다.

주장하는 요령

- 주장할 때는 상황에 따라 구체적으로 한다.
- 상대방의 인격이나 입장, 감정을 충분히 고려하면서 솔직하게 상대에게 자신의 권리를 주장한다.
- 분명한 어조와 안정된 태도로 말한다.
- 상대의 시선을 피하지 말고 자신 있게 말한다.
- 두려움과 불안감은 먼저 단호하게 주장함으로써 벗어날 수 있다.
- 주장을 통해 의도한 대로 이루지 못해도 자신감을 얻게 되는 계기로 삼고 훈련한다.
- 설득적 행동에는 타인에 대한 좋은 점을 얘기하는 것도 포함된다.

거절하기

들어주기 어려운 것을 거절하는 것은 상대방 자체를 거절하는 것이 아니라,

그 요구 사항만을 거절하는 것이다. 거절에 앞서 상대가 현재 느낄 수 있는 감정을 이해하고, 그것을 미리 전달한 후 거절 의사를 밝히는 게 좋다.

거절하는 요령

- 가부를 확실히 밝힌다. 만일 가부를 밝히기 어려울 때는 생각할 시간을 가진 후 솔직하게 표현한다.
- 대답은 간단히, 많은 변명은 필요 없다.
- 미안하다는 말은 꼭 그렇게 느낄 때만 한다.
- 상대가 나의 말을 받아들이지 않을 때는 나 역시 대화를 끝마칠 수 있다.
- 필요할 때는 침묵한다.
- 일단 가부를 밝혔더라도 나의 말을 바꿀 수 있다.
- 조용한 목소리로 말하고 몸짓으로 표현한다. 대안을 제시하는 것도 한 방법이다.

10. 의사소통 수단으로서의 토의 및 토론

민주주의 사회에서는 다수결의 원칙에 따라 의사결정이 이루어진다. 그러나 중요한 의사결정 이전에 토의 · 토론을 충분히 한다면 자신의 주장을 명확하게 하고 상대방의 관점 역시 잘 이해하게 되어 균형 잡힌 시각으로 올바른 판단을 할 수 있게 된다. 한 사람의 의견보다는 여러 사람의 지혜를 모아 주어진 문제에 대해 최선의 해결 방안을 찾기 위해 토의가 필요하며, 서로 다른 견해로 맞서기보다는 양방향의 의사소통을 통해 올바르게 주장하고 설득하여 최선의 결론을 도출해내기 위해 토론이 필요하다.

토의(discussion)

1) 개념

두 사람 이상이 모여 집단적 사고 과정을 거쳐 어떤 문제의 해결을 시도하는 논의 방식을 말한다. 이는 문제의 공정한 해답을 찾는 것으로 설득이나 토론이 아니라 협력해서 생각하는 협동적인 사고 과정이며, 여러 사람들이 모여서 공통된 문제에 대해 서로의 의견을 개진하여 가장 바람직한 해답을 얻기 위해 협의하는 의사소통 방식의 하나이다.

2) 목적

토의 참가자들이 각기 다른 의견이나 생각의 교환을 통하여 협동적인 사고를 함으로써 특정 문제에 대하여 공통의 해결점에 도달하는 것이다. 다시 말하면 토의란 효율적인 문제 해결을 그 목적으로 한다.

3) 특징

- 공통의 이해를 기반으로 한다.
- 공정한 문제 해결을 시도한다.
- 소수의 지식과 의견도 존중한다.
- 가능한 모든 안을 검토하여 최선의 해결안을 택한다.
- 공동 협의하는 집단사고의 민주적 과정을 취한다.
- 토의의 의의는 비록 완전한 해결책을 찾지 못한다 할지라도 문제에 접근하는 방법과 적절한 해결책을 모색하는 과정에서 주어진 문제에 대한 이해의 폭을 넓히는 데 있다.
- 문제 해결과 정책 결정에 있어 최상의 결론을 가능하게 하고, 구성원의 자발적 참여의식을 높여주어 최대의 효율성을 얻을 수 있다.

4) 토의 과정

- 도입 과정: 토의 논제의 성격과 범위를 한정하고 토의 목적과 배경, 필요성에 대해 언급한다.
- 전개 과정: 토의 문제의 본질을 파악, 토의 활동이 본격적으로 전개되는 과정.
- 해결 방안 검토 과정: 가능한 모든 해결 방안이 제시되고 구체적 목표가 달성되는 단계로 전체 참가자의 중지를 결론으로 정리한다.
- 종결 과정: 토의의 전 과정을 요약하고 종합함으로써 최선의 해결책을 선택하고 실천할 수 있는 방법을 결정한다.

5) 토의 참가자의 태도

- 상대방의 의견을 경청한 후 발언한 내용에 대해서만 비판하고 반박한다.
- 토의 주제에 대해 해박한 지식을 가져야 한다.
- 사전에 준비한 자료를 적절하게 제시해야 한다.
- 토의 방법에 익숙해야 한다.
- 다른 참가자의 인격을 존중하고 다른 의견도 수용할 수 있어야 한다.

6) 토의 사회자의 할 일

- 사회자는 토의에 임하기 전에 토의 제목과 토의에 참가할 단체나 개인에 대해 미리 연구하고, 참가자들이 제시할 수 있는 의견을 추측하여 문제 해결 방안을 탐구해야 한다.
- 토의의 방향을 잡아준다.
- 문제를 분명히 부각시키기 위해 질문을 할 수 있으나 자신의 의견을 내세우면 안 된다.
- 참가자에게 공평하게 발언 기회를 주고, 적극적인 참여를 유도한다.

- 토의 시작 전 진행 사항을 요약하여 참석자에게 알리고 일반 청중에게도 논제의 내용을 알린다.
- 토의의 진행 방향을 토의 목적에 부합하도록 유도한다. 앞사람이 발표하고 나면 그와 관련하여 다음 발표자를 지적한다.
- 의견이 대립될 경우 견해의 차이점과 일치점을 제시하고 토의의 목적과 방향에 맞게 정리한다.
- 토의의 질서를 유지한다. 발표자로 하여금 할당된 시간을 지키게 한다. 이야기 도중 남은 시간을 알려주고 시간이 초과하면 사회자의 권한으로 발표를 중단시킨다.
- 부적합한 문제는 배제하고 협동적 사고를 유도한다.
- 토의를 지나치게 도맡아서 지배하려는 참가자를 견제한다.
- 소극적인 참가자를 격려하여 적극적으로 토의에 참여하도록 한다.
- 논의된 것 중에서 중요하고 적합한 문제들을 정리한다.
- 토의 참가자들이 의견 일치를 찾아내 최종적인 결론이나 해결을 도출하도록 한다.
- 토의 참가자들의 이야기가 모두 끝난 다음 청중으로 하여금 발언하도록 한다.
- 토의를 마치기 전 전체 토의 내용을 요약하고 정리한다.

7) 토의의 종류

토의는 토의의 목적, 주제, 참가자의 수, 청중의 유형에 따라 심포지엄(symposium), 패널토의(panel discussion), 포럼(forum), 원탁토의(round table discussion), 계발식 토의(developmental discussion), 회의(meeting) 등으로 나뉜다.

종류	주제	참가자	사회자	청중	진행상의 특징
심포지엄	학술적, 전문적, 포괄적인 문제	연사 3~6명의 전문가	토의 문제, 연사 소개 청중 질의 응답에 크게 개입 안 함	주제에 관심이 있는 사람	토의자 서로 의견교환이 거의 없음 특정 결론 도출을 꾀하지 않음
포럼	사회 일반의 공동 관심사 (공공의 문제)	전문가 1~2명, 청중	역할, 비중이 큼 질문 시간 조정 산회 시간 조정	주제와 이해관계가 얽힌 사람	상충된 의견을 지닌 사람 토의 청중 질의 응답(토론 성향이 짙음)
패널 토의	시사적이거나 전문적인 문제	경험, 정보, 지식을 가진 배심원 4~6명	의견 제시 못 함 배심원(발표자)들에게 질문 청중 질문 1인 1회	주제에 관심과 의견을 가진 사람	한 문제에 대한 다양한 의견을 들어 해결 방안 모색
원탁 토의	토의의 여지가 있는 모든 문제	10명 내외의 평등한 자격의 참가자 (소집단 구성원 전원)	사회자 없는 것이 일반적(필요시 의장을 정함) 토의의 원활한 진행	없음	비공식회의에 널리 쓰임 토의의 순서에 따라 평등한 입장에서 자유롭게 토의

토론(debate)

1) 개념

쟁점이 되는 논제에 대해 대립하는 두 팀이 정해진 규칙에 따라 사실, 논거에 의한 주장을 하고 이에 대한 검증과 반박의 과정을 통해 이성적이고 합리적인 판단을 내리려는 의사소통 방식의 일종이다.

2) 특징

논리적인 일관성과 객관적 자료에 바탕을 둔 주장으로 어떤 특정 문제에 대한 의견, 해결안, 결론 등에 대하여 찬성 측과 반대 측이 각기 논리적인 근거로 상대방의 논거가 부당하고 자신의 주장이 명백함을 밝혀 최종적으로 하나의 의견을 결정하기 위한 의사소통 과정이다.

토론도 넓은 의미에서는 토의에 속하나 차이점은 토의가 문제 해결을 위한 의견의 일치를 얻으려고 서로 협동하는 형식이라면, 토론은 의견의 일치를 구하려는 점에서는 토의와 같지만 문제의 대립이 전면에 나타나는 것이 다르다.

3) 토론의 요건

- 긍정이나 부정의 입장을 취할 수 있는 토론 주제
- 토론을 공정하게 진행할 사회자와 청중
- 찬반 주장이 분명한, 서로 대립하는 의견을 가진 토론자
- 공정한 진행을 위한 규칙과 형식

4) 토론할 때의 유의점

- 시간과 순서를 지켜야 한다.
- 논점에서 벗어나지 않아야 한다.
- 상대 주장을 수용하면서 자기 주장을 펼쳐야 한다.
- 상대방의 인격을 무시하거나 감정적으로 흥분하지 않아야 한다.

5) 토론의 효과

- 토론은 다양한 정보 및 지식을 근거로 논거를 주장하며 생산적인 탐구를 한다.
- 토론 참가자의 경우 의사소통 능력과 자료를 분석하고 종합하는 능력을 향상시킬 수 있다.
- 토론 과정에서 논증의 오류가 드러나며 객관적인 자료가 제시되어 공정한 판단이 가능해진다.
- 상대의 의견과 자신의 견해를 비교하여 자신이 미처 생각하지 못한 사실을 깨달을 수 있다.
- 부정적 측면으로는 각자 입장의 당위성만을 맹목적으로 주장하는 방향으로 전개된다면 상대방의 감정을 상하게 할 수 있고, 비록 토론에서 이기더라도 상대를 설득하지 못하면 토론 후에 갈등이 심화될 수 있다.

6) 토론의 전제 조건

- 참가자들에게 동등한 발언권과 발언 시간을 부과해야 한다.

- 상대방의 주장을 존중하는 태도를 가져야 한다. 상대방의 주장이 비록 자신의 것과 다르더라도 상대에게 감정적으로 대하지 않고 침착하게 토론에 임한다.
- 토론자는 토론의 목적과 주제를 명확하게 인식하고 자기 주장을 해야 한다.
- 상대방을 논리적으로 설득할 수 있는 명료하고 적절한 화법을 구사해야 한다.
- 토론이 공정하게 이루어지기 위해 토론에 참가하는 양측은 사전에 많은 정보를 공유해야 한다. 논쟁 중인 문제를 판단하는 데 필요한 재료를 가능한 여러 각도와 방면에서 수집하고 정리해두어야 한다. 구체적인 수치와 사례는 더욱 설득력이 있다.
- 토론이 전개되어 상대방의 의견이 합리적인 대안인 경우에는 비록 자신의 의견과 다르더라도 수용할 수 있어야 한다.

7) 토론 참가자의 태도

- 토론 규칙을 숙지하고 정확히 지킨다.
- 토론의 목적을 정확히 알고 정확한 논거 및 자료를 준비한다.
- 상대방의 의견을 존중하는 태도로 예의를 갖춘다.
- 결론에 따르려는 방관자적인 입장을 버리고 적극적으로 참가한다.
- 열린 마음으로 토론에 임하고 최종 판결에 승복한다.

8) 토론 사회자의 태도

- 가치중립적인 태도를 유지해야 한다.
- 자연스런 어조로 말하고, 참석자에게 위화감을 주어서는 안 된다.
- 토론자의 발언 시간을 적절하게 배분하고 관리해야 한다.
- 논제와 관련된 최대한의 지식을 확보하고 토론의 맥을 잡아야 한다.
- 토론의 흐름을 위해 분위기에 신경을 쓰며, 문제가 혼란해지거나 의견의 대립이 생길 경우 논점을 정리하여 참가자에게 주지시킨다.

9) 토론의 규칙

- 토론은 함께 토론하는 상대방에 대한 비판이 아니라 서로의 주장과 입장에 대해 비판적 입장을 취한다는 점을 주지하고 정확한 논거로 상대의 주장을 비판해야 한다.
- 발언 시간과 순서의 규정을 지킨다.
- 긍정 측부터 발언하며, 마지막 발언도 긍정 측이 먼저 하도록 한다. 이것은 긍정 측이 여러 면에서 불리한 점이 많기 때문이다.
- 논제는 하나의 주장을 포함하는 긍정 명제로 한다.
- 논박의 시간은 양측이 똑같게 한다.
- 토론이 끝나면 심판관이 판정한다.

10) 토론의 유형

토론은 넓은 의미에서 토의에 속하는 것이므로 대담, 브레인스토밍, 세미나 형태를 모두 포함할 수 있으나 대립되는 논제에 관한 것으로 한정한다면 대체적으로 직파식, 반대신문식, 칼 포퍼식, CEDA식으로 나뉜다.

직파(直破)식 토론

각자의 논거를 하나씩 반박하면서 논파(論破)해가는 방식으로, 사회자 또는 심판자가 결론이 나왔다고 판단하면 어느 순간이라도 토론을 끝낼 수 있고 토론자는 이 지시와 판정에 따를 의무가 있는 형식.

반대신문(反對訊問)식 토론

긍정(부정)의 입장에 있는 토론자에게 상대방 토론자가 질문을 통해 상대방의 논지를 반박하는데, 질문을 받는 쪽에서 상대편의 질문에 대해 자신의 입장을 방어하지 못하면 자신의 주장을 철회하는 '청문회'식의 토론 형태.

칼 포퍼(Karl Popper)식 토론

철학자 칼 포퍼의 이념에 기초를 둔 것으로 비판적 사고와 다른 의견을 수용하는 자세를 기르는 데 유용한 토론 방식이다. 토론 논제가 미리 발표되며 토론 참여자는 찬반 양측을 모두 준비해야 하고 입장 구분은 토론 당일 추첨을 통해 결정하는데, 이는 찬반 양측의 논리를 함께 이해함으로써 논리의 유연성을 기르고 균형감 있는 시각을 갖게 할 수 있다.

CEDA(Cross Examination Debate Association)식 토론

미국의 대학간 토론 대회에서 가장 보편적으로 사용되는 토론 형식으로 토론자들의 직접적인 의사소통을 강조하는 방식이다. 논제와 관련된 자료 조사와 논거를 뒷받침해주는 증거 제시가 중요하다. 찬반 양 팀은 각각 두 사람으로 구성되며 토론자들은 각각 세 번의 발언 기회를 갖고 한 번씩의 입론과 반박, 상대방에 대한 심문 과정으로 한 번씩 교차 조사를 할 수 있다.

11) 토론의 평가

토론은 찬반 양측 중 어느 편이 보다 설득력 있게 논거를 제시했으며 공동체의 구성원이 어느 편의 의견을 지지했는가를 평가함으로써 마무리된다. 토론의 평가는 토론자의 논거, 태도, 논변 등이 모두 포함된다.

평가 기준

토론 평가에 있어 중요한 것은 합리적이며 객관적으로 평가할 수 있는 평가자의 자질이다. 평가자는 토론의 전 과정을 통해 토론자들이 합리적인 사고와 유연성, 논리성과 창의성을 갖추고 진지하고 설득력 있게 토론에 임하였는지를 종합적으로 검토해야 한다. 다음과 같은 사항을 고려하여 평가한다.

- 토론 주제에 대해 다방면으로 충분히 검토되었는가.

- 논거가 확실하고 일관성 있는 주장을 했는가.
- 팀원들의 주장은 일치하는가.
- 주제에 대한 인식이 합리적이며 독창적인가.
- 상대방 주장에 대한 문제점 지적이 정확한가.
- 설득력 있고 올바른 화법을 구사하는가.
- 토론의 규칙을 준수하고 예의바른 태도를 유지했는가.

11. 의사소통으로서의 글쓰기

공과대학 출신 직장인에게 직업활동에서 가장 필요로 하는 지식이 무엇인가를 묻는 질문에 많은 사람들이 의사소통 능력을 언급하고 있다. 이는 사회적 경쟁력이 의사소통 능력과 비례하고 있는 현실을 보여주는 것으로 이 분야에 대한 교육과 훈련이 필요한 것을 알 수 있다.

의사소통 영역의 여러 부문 중에서 전반적으로 공과대학생들이 어려워하는 분야가 '글 읽기와 쓰기'이다. 물론 말하기나 듣기에 해당하는 부문이 수월한 것은 아니지만 보다 기초가 되는 정확히 읽고 이해하는 능력과 언어 표현 능력은 인문·사회계열 출신 학생들에 비해 부족한 것이 사실이다. 이러한 상황은 대학 졸업 후 사회생활에서 이공계 출신 학생들이 전공 외의 분야에서 인문·사회계열 졸업자에 비해 상대적으로 낮은 평가를 받는 현실로 나타난다.

미국의 경우 거의 모든 대학과 과학 공학교육에서 끊임없이 글쓰기와 발표 기술을 강조하고 있는데[3] 이는 아무리 훌륭한 과학지식과 연구 결과를 갖고 있더라도 이를 효과적으로 표현하지 못하면 유용하게 사용할 수 없다는 현실을 반영

3. 한국공학교육기술학회, 공학소양교육자료집 『공학교육의 필요성과 방향』(2003. 6), pp. 29~33 참조.

한 것이다.

우리나라의 경우도 사회가 세분화되어감에 따라 다양한 형식의 전문 분야의 글쓰기가 요구되고 있다. 공과대학의 영역에서도 전문화되고 있는 기술 이론을 전수하거나 비전문가에게 전문적 기술의 응용이나 사용 방법 등을 설명할 때 글쓰기는 필요하다. 공과대학생들은 앞으로 전문 분야의 업무와 관련된 기술적 글쓰기(Technical Writing)가 필요할 뿐만 아니라 장차 기술경영자가 되기 위해서도 문서를 통한 업무관리에서 보다 다양한 글쓰기 형식을 알고 있을 필요가 있다. 나아가 자신의 의견과 감정을 글로 표현해야 하는 기회가 많은 현대 사회에서 문자매체의 의미와 그 파급효과는 점차 증대되고 있기 때문에 할 수만 있다면 대학 시절 훈련을 통해 자신만의 글쓰기 노하우를 갖는 것은 필요한 일이다.

글쓰기에도 나침반이 있다

이제 필요에 의해 글쓰기 훈련을 해야 한다. 대학생으로서 과목마다 주어지는 과제 수행을 위해 각종 보고서, 요약문과 발표 자료, 연구 기획서에 이르기까지 다양한 강좌와 목적에 맞게 글쓰기를 수행해야 한다. 때로는 감상적인 글도 써야 하고 창의력을 요하는 독창적인 글도 써야 한다. 그러나 대부분 논리적 판단과 정확한 이론을 정리하고 증명하는 글이 요구될 것이다. 공과대학생들은 자신이 말하고자 하는 바를 얼마나 정확하고 설득력 있게 표현하는가에 관심을 갖고 글쓰기 훈련을 해야 한다. 그러므로 글쓰기의 방법론이 필요하다. 마치 낯선 지역을 등반할 때 나침반이 유용한 것처럼 글쓰기의 기본 지식을 숙지한다면 좀 더 쉽게 글을 쓸 수 있을 것이다. 이제 좋은 글을 쓰기 위해 알아야 할 몇 가지 사항을 요약해본다.

먼저, 글을 쓰기 전에 글을 쓰는 목적과 읽을 대상을 명확히 인식해야 한다. 논증하기 위한 글인지, 설명하기 위한 글인지, 설득하고 감동을 주기 위한 글인지 담론의 종류를 분명히 정해야 한다. 이어서 독자를 명확하게 설정하는 것이 필요하다. 기술적이고 전문적인 용어가 통용될 수 있는지, 글을 읽는 대상이 가장 관심을 갖는 부분은 무엇인지를 정확히 파악한 후 목적에 맞게 글을 써야 한다. 대부분 과학자나 엔지니어의 글은 전문적인 용어나 기술적 표현이 많아 동일한 분야의 독자들에게는 쉽게 이해되나 일반인들이 읽기에는 어려운 경우가 많다. 그러므로 일반 대중들에게 설명할 경우 보다 쉬운 용어로 풀어쓰는 것이 필요하다.

둘째는 글을 쓰기 전에 전체적인 개요를 작성해야 한다. 개요 작성은 서론, 본론, 결론의 삼단구성이 대표적인데, 각 부분에 필요한 내용을 간략하게 개조식으로 정리하면 서술하기에 편리하다. 주제에 따른 하위 내용을 상세하게 분류하고, 각 항목에 들어갈 자료 등을 함께 기록해둔다.

서론에는 글을 쓰는 목적, 필요성, 다룰 범위나 방법론 등이 포함되며, 기존 연구의 문제점과 개선 방향 등을 정리하면서 자신의 연구 방향 혹은 논지를 명확히 제시한다. 본론의 경우 핵심 내용을 순서에 따라 정리해 나가는데 문자로 설명하기 어려운 부분은 도표나 그림 자료 등을 사용한다. 결론은 서론에서 제기한 문제에 대한 해결 방안이나 연구 결과를 간략하게 정리하고, 남은 과제를 제시한다. 이러한 과정을 통해 글쓴이의 독창성과 주장을 논리적으로 기술하는 것이 필요하다.

셋째, 내용에 따라 단락을 나누고 한 단락에는 하나의 중심 주제만을 드러내야 한다. 소주제문이 정해지면 그 문장을 뒷받침할 수 있는 문장을 배열한다. 논리의 비약을 방지하고, 지나친 수식이나 과장된 표현보다 간결하고 명확하게 쓰는 것이 좋다.

넷째, 문장은 되도록 짧게 쓴다. 특히 주의해야 할 것은 문장의 호응관계이다. 주어와 술어를 일치시켜야 하는데, 이를 위해 주어를 생략하지 않는 것이 좋다.

다섯째, 올바른 글쓰기를 해야 한다. 한글맞춤법 규정에 따라 국어문법에 맞는 글쓰기를 해야 한다. 표준어를 사용하고 문맥에 맞는 어휘를 선택하며, 띄어쓰기를 잘해야 한다. 요즘은 통신매체를 통해 언어의 오남용이 심해 자신도 모르는 사이에 문법에 맞지 않는 글을 쓰는 경우가 많은데, 특히 소유격 조사

'의' 대신 '에'를 사용한다거나 '많이'를 '마니'로 표기하는 것은 자주 발견되는 오류이다. 외국어를 쓸 때는 사전을 참고하고 철자가 틀리면 부끄러워하면서도, 우리글을 제대로 쓰지 못하는 것에 대해서는 전혀 부끄러워하지 않는 자세는 지양해야 할 것이다.

마지막으로, 글을 쓰고 난 후에 반드시 퇴고(推敲)의 과정을 거쳐야 한다. 자신이 직접 읽고 교정한 후에 다른 전문가에게 교정을 받을 수 있다면 더욱 좋다. 저자 자신은 발견할 수 없는 오류도 다른 사람이 읽을 경우 드러나는 경우가 종종 있기 때문이다.

좋은 글은 훈련을 통해 얻어진다. 많이 쓰고 애써 다듬어본 경험이 있는 사람만이 얻을 수 있는 열매인 것이다. 공과대학생들에게 요구되는 글쓰기는 작가의 창작과는 달리 조금만 주의를 기울여 훈련한다면 수고한 만큼 결과를 얻을 수 있는 것이다.

12. 발표를 통한 의사소통 준비

발표 내용은 글쓰기 원칙(Technical Writing)을 기준으로, 듣는 사람 위주로, 알기 쉽게, 간략하게 작성한다.

발표 내용 구성

PREP법을 활용하여 서론, 본론, 결론의 삼단구성 방식으로 한다.

- Point : 청중에게 요구 사항을 지적
- Reason : 이유 제시
- Example : 사례 입증
- Point : 해결 방안을 포함하여 요점 재강조

1) 서론(10% 내외)

- 도입부분 : 청중의 주의를 집중(유머 사용)
- 목적 설명 : 청중에게 주는 이점에 초점
- 본문 개요 설명 : 주요 논의 사항 소개와 순서

2) 본론(80% 내외)

- 논리적으로 전개
- 중요한 사항을 먼저 언급
- 결과-원인 또는 연역적 배열이 바람직
- 체계적으로 전개하되, 복잡하고 추상적인 것보다는 단순하고 구체적인 것을 중심으로 기술하고 잘 아는 것과 미래의 사안과 대조 비교하여 표현한다.

3) 결론(10% 내외)

- 요약 : 다시 한번 청중에게 중요 내용을 강조
- 행동 유도 : 청중이 해결 방안에 동참토록 유도
- 마무리 : 돌아서서 잊지 않도록 긴 여운을 제공

도구 활용 방법

대중적인 의사소통의 경우 청중에게 적절한 시청각 자료를 제시하는 것이 유익하다. 우리는 정보를 주로 귀와 눈을 통해 받아들이는데, 각 감각의 비율은 시각 83%, 청각 11%, 후각 3.4%, 촉각 1.5%, 미각 1.0%라고 한다. 따라서 말과 더불어 시각 자료를 함께 이용하여 정보를 전달하는 것이 효과적이다.

- 사진, 슬라이드, 그림
  - 주제를 선명하게 제시하는 데 효과적임
  - 한 장의 슬라이드에 한 가지 주제(One Slide, One Topic) 원칙을 준수함

- 여러 장을 제시하는 것은 관심의 긴장도를 저하시킴
- 두 장 정도 제시하는 것이 적절함

• 도표
- 수식과 계산, 통계자료 등을 일목요연하게 보여줌

• 비디오
- 연속된 화면을 통해 사실성을 높여줌. 발표 시간의 10~20% 정도가 적당함

• OHP/파워포인트
- 발표 내용 압축 제시, 간결한 문장, 제목은 6단어 이내로 함
- 시각 자료에는 마침표를 생략함
- 한 줄은 7단어 이내, 한 화면은 7줄 내외로 함
- 큰 글자는 24포인트, 보통 글자는 18포인트, 작은 글자는 12포인트로 함
- 내용은 왼쪽 정렬, 제목과 부제는 가운데 정렬로 함

발표를 위한 준비

1) 사전 준비

• '생각의 속도'를 따라잡는 구성
- 말은 분당 180단어로 하나 생각 속에는 그 4~5배의 단어를 담아둠
- 흥미진진한 내용으로 관심 유도
- 행간의 의미를 부여하여 긴장감 유지
- 청중의 주의 집중과 참여 유도
- 발표자의 감정을 신속하게 청중에게 이입

- 주제와 관련된 자료의 수집
  - 객관성이 약한 자료는 배제

- 논리 전개도 작성
  - 주제, 소주제, 뒷받침 자료 등을 안배

- 내용별 시간 배분
  - 돌발적인 발표 시간 단축에 대비

- 초안 작성
  - 일찍 작성하여 한동안 방치한 후 보완

2) 훈련

- 자신의 발표를 비디오로 녹화하여 결점 보완
  - 목소리, 자세 등 비언어적 전달 요소에 유의

- 동료 앞에서 예행연습 실시
  - 자신이 발견하지 못한 결점 개선

- 무대 공포증 해소를 위한 연습
  - 발표 때의 긴장은 자연스런 현상으로 이해
  - 주요한 내용을 숙지하고 자신감을 가질 것
  - 사전에 발표 장소를 점검하고 청중과 접촉
  - 유머와 제스처로 긴장 이완

- 단조로운 음성 교정
  - 중요 사항 지적 및 내용 전달 시 큰 목소리
  - 청중의 동감을 유도할 경우 낮은 목소리
  - 다소 느리고 명확한 언어가 효과적
  - 발표 내용과 호흡을 맞추는 속도 훈련

- 안정되고 당당한 자세가 중요
  - 가슴을 펴고 턱을 약간 앞으로 당김
  - 미소를 띠며 시선을 전방에 고정
  - 당당하게 입장하는 훈련

- 효과적인 제스처 훈련
  - 자연스런 태도 훈련
  - 손 모양, 손 위치 훈련
  - 내용과 일치된 명확한 동작 훈련
  - 습관성 행동 지양

- 밝고 자신감 있는 표정 연습

3) 점검

- 주제 부각 여부
  - 자연스런 논리 전개

- 내용의 단순, 명쾌함 추구

- 청중의 호기심과 공감 유도
  - 적절한 유머, 예화 삽입

- 예정 시간의 2/3로 마치도록 준비
  - 돌발 상황 대비

- 시간 안배를 잘할 것
  - 청중의 일정 관리에 유의
  - 청중의 관심이 집중되는 부분은 처음과 결론임
  - 중간 상세 내용은 과감히 생략
  - 짧은 시간에 핵심을 전달하는 능력이 경쟁력
  - 질문 가능성에 대비

- 단정한 외모도 경쟁력
  - 첫인상이 좋아야 발표자를 신뢰

- 복장은 청중보다 단정히
  - 화려한 것, 원색 복장은 자제
  - 주머니 점검
  - 보석 장신구 피할 것
  - 단추, 지퍼 확인
  - 흰 양말은 금물

4) 질의 응답

• 질문을 끝까지 듣고 내용을 간략히 반복
  - 적절한 질문임을 지적하여 질의자를 칭찬
  - 짧은 내용은 즉석에서 답변
  - 긴 답변은 요지 소개 후 별도로 취급
  - 답변에 대한 만족도 확인

• 비우호적인 질문에 사전 대비
  - 예상 질문에 대한 답변 준비
  - 방어적 태도 지양, 성실한 답변 제시
  - 곤란한 질문은 즉답 회피
  - 정직한 물음에 정직한 대답으로 마무리

5) 평가

• 발표 후 성과를 정직하게 평가
  - 자기 평가, 반성 및 개선 방향 모색
  - 타인(전문가)에게 평가 의뢰, 차후 발표에 적용

읽기 자료

사고(思考)를 위한 언어

먼 하늘을 우두커니 바라보면서 만약에 내가 광속으로 달리는 기차를 타고 있다면 나는 어떻게 될 것인가? 이런 공상을 하면서 소년 시절을 보낸 아인슈타인은 중학교 시절 담임선생님으로부터 "아무 짝에도 못 쓸 놈"이라는 꾸지람을 들었다는 이야기는 너무나도 유명한 에피소드이다.

노벨상을 받은 스위스의 발달심리학자 피아제도 중학 시절은 평범한 학생에 불과했다. 그러나 그의 뛰어난 재능을 일찍이 알아낸 담임선생은 그에게 일절 숙제를 주지 않았으며 그가 흥미를 느끼고 있는 생물 이외의 과목에 대한 그 어떤 정신적 부담을 주는 일을 삼갔다고 한다. 그리고 생물에 있어서 이 학생의 지도에 자기 힘이 부친다고 느낄 때는 서슴없이 박물관의 동물학부장을 소개해주는 데 조금도 주저하지 않았다고 한다. 아인슈타인의 경우와는 매우 대조가 된다고 하겠다.

"나는 생각한다. 고로 나는 존재한다"라는 유명한 말을 남겼던 중세기 이후의 대철학자인 데카르트는 아침 9시 이전에 기상하는 법이 없었다고 한다. 아마도 그는 밤늦게까지 빛나는 별을 바라보며 사색에 잠기다가 잠들곤 했는지도 모른다.

지금 우리나라에서도 번역이 되어 『인간 등정의 발자취』라는 제목으로 시판되고 있는 불후의 명작을 남긴 제이콥 브로노프스키는 『과학과 인간의 가치*Science and Human Value*』라는 저서를 1956년에 세상에 내놓았다. 그는 이 책을 원자폭탄 투하로 폐허가 된 일본 나가사키 시의 참혹한 광경을 목격하는 순간에 착상하였다고 그 책의 서두에서 밝히고 있다. 이 저서에서 브로노프스키는 다음과 같은 매우 시사적인 이야기를 우리에게 전해주고 있다.

그는 17세기의 과학혁명의 주인공이었다고 말할 수 있는 케플러와 뉴턴의 업적을 다음과 같은 세 단계로 나누어서 해석하고 있다. 첫 단계를 말하자면 데이터의 수집 단계로 보았다. 아마도 예부터 여러 천문학자들에 의한 천체 관찰로부터 수집된 여러 가지의 데이터를 가리키고 있는 것으로 생각된다. 두번째 단계는 이 데이터의 정리 단계라고 말할 수 있다. 즉 여러 가지 데이터에서 비슷(likeness)함을 가려내는 일이다. 이렇게 가려낸 데이터를 분석해서 그 안에서 일정한 질서를 발견하는 과정을 말하고 있는 듯하다. 이와 같은 두번째 단계로서 집대성된 것이 케플러의 행성운동 3법칙이라고 그는 풀이한다. 이 두번째 단계는 어디까지나 데이터의 분류에서 하나의 질서를 발견하는 데 그치고 있다고 볼 수 있다. 이 두번째의 단계로부터 세번째 단계로의 도약이 창조적, 자유로운 상상력을 필요로 한다는 것이다. 따라서 세번째의 단계는 두번째 단계까지 정리되고 분석된 모든 현상을 설명할 수 있는 중심 개념이 탄생되는 단계라고 보아야 할 것이다. 이 세번째의 단계가 바로 뉴턴의 중력(重力)이라는 개념의 출현으로 완성된다고 그는 해석하고 있다. 즉 중력이라는 개념을 천문학의 중심 개념으로 설정하였다.

브로노프스키는 중력이란 우리가 만져볼 수도 없을 뿐만 아니라 볼 수도 들을 수도 없지만 그러나 중력이라는 개념은 사실이고 또한 진실이라고 말하고 있다. 그리고 이와 같은 새로운 개념의 탄생이야말로 인간의 창조적 정신이 있음으로써 비로소 가능한 것이며 따라서 인간의 창조물이며 인간정신의 승리라는 것이다.

그리고 그는 한 발 더 나아가서 다음과 같이 말하고 있다. 뉴턴의 물리학에서는 물체의 질량은 관성질량(慣性質量)과 중력질량(重力質量)으로 나뉘는데 이 두 질량이 뉴턴의 역학계(力學係)에서는 같다는 사실을 알고 있었다. 그러나 당연히 같은 것으로 생각되어왔던 이 두 종류의 질량이 어째서 같단 말인가?라는 질문이 아인슈타인에 의해서 던져졌을 때, 그때 아인슈타인의 일반상대성 원리는 탄생되었다고 말하고 있다.

위와 같은 브로노프스키의 설명에서 우리는 과학의 본래적인 속성을 보게 된다. 즉 과학이란 세번째 단계에서 발휘되는 인간의 자유분망한 상상력에서 비롯된다는 사실을 알게 된다. 이와 같이 인간의 창조적인 발상에서 탄생된 새로운 개념 그리고 상징(symbol)이 바로 과학이라는 것이다. 그래서 그는 과학이란 인간이 만나는 세계를 기술하는 언어(言語)라고도 다른 곳에서 말하고 있다.

1950년대에서 1960년대 소련의 컴퓨터기술은 미국에 결코 뒤지지 않았다고 한다. 1957년 10월 4일에 발사된 소련의 스푸트니크 1호라는 우주선이 미국보다 앞서서 발사되었다는 사실이 이를 뒷받침해주고 있다. 그 당시만 하더라도 컴퓨터는 아직 군사적 탐색의 대상에 머물고 있었다. 그런데 이 컴퓨터가 일반화되는 경향을 띠게 되자 정보의 국가 독점 관리가 어렵게 된다는 사실을 알게 된 소련 정부는 소련의 과학 아카데미에서 컴퓨터 연구부를 완전히 없애버리기로 결정했다는 것이다. 그 결과로 오늘날 소련 내의 컴퓨터 보유 대수는 50만 대 안팎이며 서방 세계에 한창 보급되고 있는 32비트 퍼스널 컴퓨터도 아직 생산하지 못하고 있을 뿐만 아니라 우리나라를 위시해서 서방 국가들은 벌써부터 100만과 40만 비트의 기억용 칩을 만들고 있는데 소련은 25만 6천 비트 이상의 기억용 칩은 손도 못 대고 있다는 것이다.

과학이라는 낱말의 영어 'science'라는 말은 약 백 년 전에 일본 사람들이 번역한 신조어라고 한다. 따라서 과학이라는 단어의 어원을 따지자면 'science'라는 영어 단어의 어원을 찾게 되는데 이 말은 라틴어인 'scientia'에서 비롯되었다고 한다. 그리고 'scientia'라는 라틴어의 뜻은 단순한 '앎'이라는 것이다. 이렇게 어원적으로 따져보아도 과학은 그 기원을 사람의 지식에다 두고 있다. 사람의 지식은 물론 인류의 기원으로부터 축적된 경험을 재정리하여 만들어낸 새로운 개념에서 그리고 그 개념을 표상하는 상징에서 비롯되었다고 말할 수 있을 것이다. 따라서 인간이란 과학하는 동물이라고 말해도 크게 어긋남이 없겠다고 생각해본다. 그리고 바로 그 과학하는 일이란 사람에게 있어서 엄청나게 크게 발달한 대뇌에서 작동되는 사고작용(思考作用)이라는 사실을 알게 된다.

그래서 브로노프스키는 모든 생물은 같은 종족간에 교통할 수 있는(communicable) 언어를 반드시 가지고 있지만 인간은 이밖에 또 하나의 언어를 가지고 있는데 그것은 사고(思考)를 위한 언어이며 사고를 위한 언어가 바로 과학이라고 말하였던 것이다.(김용준, 『사람의 과학』, 통나무, 1994, pp. 340~343)

〔읽기 과제〕

1. 본문에서 저자는 '과학'의 의미를 언어와 연관하여 언급하고 있다. 저자가 정의하는 과학의 의미는 무엇이며, 이에 대한 자신의 이해와 견해를 덧붙여 정리해보자.
2. "과학이란 존재하는 것을 발견하는 일, 기술이란 그 지식으로 지금까지 존재하지 않았던 것을 만들어내는 일"이라고 폴 칼만이라는 학자는 말했다. 이에 대해서 부연 설명해보자.

쓰기 자료

의사소통의 경우 다양한 어려움에 직면하기 쉽다. 그 중에서도 전문적 지식을 가진 사람이 비전문가에게 자신의 전문 분야를 설명하는 의사소통은 쉬운 일이 아니다. 특히 불특정 다수의 일반인을 대상으로 하는 언론에 낼 보도 자료나 제품의 사용설명서를 적는 것은 쉽지 않은 일이다. 위의 글에서도 알 수 있듯이 엔지니어는 자신의 전공 분야를 일반인들에게 설명할 경우 전문용어나 어려운 기술적인 내용은 알아들을 수 있는 말로 설명하는 것이 필요하다.

다음은 이공계 전문직 종사자들이 범하기 쉬운 글쓰기의 오류에 대해 지적한 글이다(임재춘, 『한국의 이공계는 글쓰기가 두렵다』, p. 35, 58에서 인용).

국민 지지를 받지 못하는 과학기술

과학부 기자로서 연구자를 자주 만나는데 어쩌면 그렇게도 대화가 통하지 않을까? 마치 〈해리가 샐리를 만났을 때〉라는 영화 내용 같다. 한 명의 기자를 이해시키지 못하는 연구자가 어떻게 정책 입안자에게 그 연구의 중요성을 알릴 수 있을까. 정책 입안자를 설득하는 방법은 바로 국민에게 이 연구가 중요하다는 것을 알리는 것이다. '일반 사람들이 이렇게 어려운 연구내용을 뭘 알겠어' 라고 생각한다면 오산이다. 사람들은 단순하지만 미래를 볼 줄 한다. 대중에게 과학적 관심을 불러일으키는 것, 이를 위해 대중적 용어를 구사할 줄 아는 것은 과학자들의 책임이다.(한국일보 김희원)

골치 아픈 과학기술

이제까지 연구 내용을 쉽게 기자에게 설명하는 과학자를 한 명도 보지 못했다. 한 번은 어떤 연구소에서 '디셀포비브리오로 폐수 속 중금속의 침전 성공' 이라는 보도자료를 냈다. 우리 국민 가운데 '디셀포비브리오' 균을 아는 사람이 몇 명이나 있겠는가. 남이야 알아듣든지 말든지 이런 보도 자료를 내놓는 과학자가 답답할 뿐이다. 이 보도자료를 가지고 신문과 방송은 사람들이 잘 이해할 수 있도록 다음과 같이 제목을 고쳤다. (신문) '광산 폐수 미생물로 정화', (방송) '중금속 먹는 세균 발견'. (SBS 이찬휘)

다음 예문을 참고로 주어진 문제의 내용을 설명해보자.

스위스는 힉스 입자 발견을 목표로 둘레가 27km나 되는 초대형 입자가속기를 2006년에 완공한다. 우주의 근본 원리를 설명하는 '표준 모델'은 힉스 입자를 비롯해 쿼크, 타우 입자, Z입자 등 기본 입자를 예견하였다. 그리고 지금까지의 실험을 통해 힉스 입자만 남기고는 다 찾아냈다. 힉스 입자를 발견하지 못한 것은 양성자보다 2백 배 이상 무거워 초대형 가속기가 필요하기 때문이었다. 힉스 입자는 다른 기본 입자들의 질량을 결정하는 역할을 하는데, 1993년 영국 과학부장관은 '힉스 입자의 작용을 쉽게 한 페이지로 설명하기' 공모를 했다.

다음은 당선작의 요지이다.

방 안에 사람들이 가득 차 있고 당신이 이 방을 가로지른다고 가정하자. 빼빼라면 힘 안 들이고 방을 빠져나갈 수 있다. 그러나 뚱뚱한 사람이라면 이리저리 부딪히며 힘겹게 나아갈 것이다. 만일 이 방에 동창들이 모여 있고, 당신이 몇 년 만에 모습을 나타냈다면 악수하고 껴안고 하다 방을 나서면 완전히 지쳐버릴 것이다. 여기서 방을 가로지르는 사람이 쿼크 등 기본 입자이고 방을 가득 채운 사람들이 힉스 입자이다. 움직이는 입자에 상호작용을 많이 일으킬수록 그 입자의 질량이 커지는 것이다.

〔글쓰기 과제〕

1. 자신의 전공 분야에서 중요하게 여기는 이론을 하나 선택하여 비전공자에게 알기 쉽고 흥미 있게 설명하는 글을 써보시오.
2. 컴퓨터의 원리에 대해 설명하시오.

창의력 훈련 및 쓰기(즉흥적으로 생각하기)

즉흥 사고란 깊이 생각하지 않은 그때그때의 느낌이나 직관을 뜻한다. 즉흥 사고를 키우는 훈련은 우리의 의식 속에 파묻혀 있는 기발한 생각을 발굴하는 데 목적이 있다. 따라서 이 훈련은 어떤 문제를 논리적, 과학적으로 분석하여 해결하지 않고, 다양한 해결 방법을 자유롭게 제시하여 사고력을 키우는 방법이다. 이 훈련은 어떤 생각이 좋은 것인가를 판단하기보다는 다양한 생각을 통해 참신한 글을 만들 수 있는 자신감과 능력을 기르는 것이다. 예컨대 '하늘이 왜 파란가?' 라는 질문에 '빛이 뭐 때문이라고 했는데…' 라는 지식을 생각하기보다는 다른 관점에서 자유롭게 말해보자.

- 파랗다는 언어가 존재하기 때문이다.
- 희다 못해 파란색을 띠기 때문이다.
- 파란 바닷물에 반사되었기 때문이다.
- 하나님이 파란색을 좋아하기 때문이다.
- 우리들 마음에 빛이 있기 때문이다.
- 파랗다니, 난 희거나 붉던데.

* 이기종 편저, 『작문의 이론과 실제』(학문사, 1998) 참조

〔글쓰기 과제〕

다음 문제 중 하나를 택하여 창의적인 글쓰기를 하시오.

1. 심각한 교통 문제를 해결할 수 있는 방안을 제시하라.
2. 앞으로 개발될 전자제품에는 어떤 것이 있을까?
3. 북극 사람들에게 냉장고를 팔 수 있는 방법을 제시하라.
4. 미래 사회에서 필요로 하는 새로운 직업은 무엇일까?

좋은 문장을 쓰는 훈련을 하자.

좋은 문장은 간결하고 명확하게 충실하게 쓴 글을 의미한다.

〔글쓰기 과제〕

다음에 주어진 문장을 의미가 명료히 전달되도록 간결하게 고쳐 써보자.

1. 대학에 입학하면서 정보화 시대라고 일컫는 요즈음에는 컴퓨터가 필수이기 때문에 컴퓨터 동아리에 들어갔는데, 컴퓨터에 대한 관심이 높아지기 시작하여 컴퓨터를 전공하는 학과를 선택하지 않은 것이 후회가 되었으며, 과를 옮긴 지금은 그것에 대해 아무런 후회도 없고 나는 너무 너무 컴퓨터를 사랑한다.
2. 사회 생활과 학교 생활은 많은 다른 점이 있다. 그런 사회에 있어 우리는 특별한 것을 준비하기보다는 모든 것을 해 본다. 그 일이 황당해도 좋다. 그리고 마무리하는 과정을 해결해 본다. 계획에 의해 행한 일보다 그 기쁨도 클 것이다. 대학을 졸업한 후의 차이는 그러한 일의 처리와 실천에 따라 상당한 차이를 보일 것이다.

창의적 문제 해결을 위한 활동: 브레인스토밍

브레인스토밍(Brain Storming)이란?

- 미국 광고회사 사장 오즈번에 의해 고안된 아이디어 발상 기법으로, 구성원이 자발적으로 제출하는 아이디어를 축적해서 어떤 구체적인 문제를 해결할 방법을 찾아내려는 집단적인 시도이자 실제적인 회의 기법임.
- 브레인스토밍의 근본적인 사고방식은 '발상 능력은 누구에게나 있다'는 것임. '나에게는 발상 능력이 없다. 발상이란 골치 아프고 힘든 일이다'라는 의식의 굴레를 뛰어넘어 발상력은 누구에게나 있다는 강한 확신에서 출발.

브레인스토밍의 원칙: 지적인 검열을 감소시킬 수 있는 원칙

- 무비판의 원칙: 모든 아이디어가 나오기 전에 비판하지 말 것.
- 자유분방의 원칙: 현실의 틀, 테두리를 벗기기 쉽게 하여 보다 참신한 아이디어를 제출하도록 할 것. 자유로운 사고를 부추기고 더 괴짜 아이디어를 수용함.
- 양산의 원칙: 더 많은 아이디어에 더 좋은 아이디어가 있을 가능성이 있음.
- 결합개선의 원칙: 이미 나온 아이디어들을 결합해보면 더 좋은 아이디어가 될 수 있음.

브레인스토밍의 진행 순서

- 문제를 정확히 진술한다.
- 6~12명 정도의 브레인스토밍 그룹을 형성한다.
- 모든 참여자들이 볼 수 있도록 칠판이나 차트에 문제를 써 보임으로써 브레인스토밍을 시작한다.
- 브레인스토밍의 원칙과 규칙을 참여자들에게 다시 한번 상기시킨다.
- 아이디어가 떠오른 사람은 손을 들고 아이디어를 제출하되 한 번에 한 가지씩의 아이디어만을 제출하도록 한다.
- 20~30여 분 정도(45분을 넘지 않는 것이 좋다) 아이디어 산출이 끝나면 아이디어 발견 단계를 끝낸다.
- 아이디어 평가 기준을 정한 후 제시된 아이디어들을 평가하면서 우선순위를 정한다.
- 최종 선정된 아이디어를 활용할 구체적 실행 방안을 정한다.

브레인스토밍의 적용

- 아래의 주제에 대해 브레인스토밍을 하고, 나온 결과를 발표해보자.

(조별로 아래 주제를 선택하거나 자체 주제를 정해서 발표해보자.)

1) 대학생으로서 리더십을 키우거나 경험하는 데 가장 도움이 될 것이라고 생각하는 것은?

2) 최근 캠퍼스 생활이나 기타 우리 사회에서 이슈가 되는 문제를 하나 정하고 이의 해결을 위한 브레인스토밍 하기.

〔토의 과제〕

1. 학교와 직장에서의 왕따 문제에 대한 해결 방안을 토의해보자.
2. 생태계의 질서를 파괴하지 않으면서 식량 문제를 해결할 수 있는 방안에 대해 토의해보자.

다음 예문을 읽고 우리 사회의 토론 문화에 대해 생각해보자.

세계적 토론 단체 : 영국 English Speaking Union

ESU는 1918년 제1차 세계대전 종전과 함께 영어를 통한 국제간 상호이해를 목표로 결성된 유서 깊은 비영리 단체이다. 일본과 태국, 홍콩 등 50여 개국의 해외 지부에 4만여 명의 회원을 두고 있는데, ESU에 위한 영국의 토론 문화는 게임에 가깝다. 주제당 4~8명씩 찬반자가 토론에 나서고 한 사람당 발언 시간은 5분으로 제한한다. 토론자에게는 보통 20분간의 작전 시간이 주어진다. 토론자만 발언권이 있는 게 아니라 5분 발언 시간 중 3분은 상대 토론자는 물론 청중석에서의 즉석 질의 응답에 할애해야 한다. 그래서 청중의 폭소를 끌어내는 데 순발력 있는 재치가 특히 강조된다. “주제에 대한 찬반이 아니라 얼마나 조리 있게 사고하는지, 얼마나 다른 사람의 이야기를 귀기울여 듣는지, 얼마나 지식이 폭 넓은지, 마지막으로 청중을 얼마나 즐겁게 해주는지로 승패가 갈린다.” 영국은 2002년부터 14~16세 정규교육 과정에 토론을 의무 과목으로 편성했다. 상대방의 입장을 경청하고 자신의 주장을 설득력 있게 펼치는 것만큼 민주시민의 덕목으로 중요한 것은 없다.(〈동아일보〉 2002년 10월 4일)

〔토론 과제〕

1. 정부는 이공계 출신 고급 두뇌 확보를 위해 이공계 출신 대학생들의 해외유학 지원을 발표했다. 이에 대해 찬반 토론을 해보자.
2. 최근 '기여입학제 도입을 강행하겠다'는 사립대학 측과 '절대불허'라는 교육부 사이에 팽팽한 신경전이 오가고 있다. 현실적 사립학교 재정 확보와 교육의 평등권 논쟁으로 진행되는 기여입학제에 대해 찬반 토론을 해보자.

〔참고문헌〕

강길호 · 김현주, 『커뮤니케이션과 인간』, 한나래, 1995

고재갑, 『선거연설』, 화숲, 1991

구현정, 『대화의 기법』 한국문화사, 1997

김경수, 『화술의 이론』, 전남대출판부, 1994

김광수 · 신명숙 · 이숙영 · 임은미 · 한동승 공저,『대학생과 리더십』, 학지사, 2003

김양호 · 조동춘, 『화술과 인간관계』, 시몬, 1986

김종택 외 3명, 『화법의 이론과 실제』, 정림사, 1998

나가사키 카즈노리(永崎一則), 장홍자 옮김, 『당신도 강사가 될 수 있다』, 하서출판, 1986

데일 카네기(Dale Carnegie), 정성호 옮김, 『효과적인 대화와 인간관계』, 삼일서적, 1988

래니 어래돈도(Lani Arredondo), 하지현 옮김, 『커뮤니케이션의 기술』, 지식공작소, 2002

로버트 치알디니(Robert B. Cialdini), 이현우 옮김, 『설득의 심리학』, 21세기북스, 2002

문세창, 『화법과 연설』, 이사야, 1989

숙명여자대학교 의사소통능력개발센터, 『말』, 숙명여대출판국, 2003

숙명여자대학교 의사소통능력개발센터, 『글』, 숙명여대출판국, 2003

여용덕, 『스피치 종합대백과』, 새빛문화사, 1994

이기종 편저, 『작문의 이론과 실제』, 학문사, 1998

이정춘, 『커뮤니테이션 과학』, 나남, 1988

임영환 외 6명, 『화법의 이론과 실재』, 집문당, 1996

임태섭, 『스피치 커뮤니케이션』, 연암사, 1996

임재춘, 『한국의 이공계는 글쓰기가 두렵다』,마이넌, 2003

전성일, 『화술의 심리작전』, 시몬출판사, 1990

존 그레이(John Gray), 김경숙 옮김, 『화성에서 온 남자, 금성에서 온 여자』, 친구미디어, 1997

차배근, 『커뮤니케이션학개론(상)』, 세영사, 1988

최윤희 · 김숙현, 『문화간 커뮤니케이션의 이해』, 범우사, 1997

캐슬린 리어든(Kathleen K. Reardon), 임칠성 옮김, 『대인의사소통』, 한국문화사, 1997

피터 노스하우스(Peter G. Northouse), 김남현 · 김정원 옮김, 『리더십』, 경문사, 2001

8장 공학도와 리더십

김석우(한국기술교육대 인력개발대학원 교수)

1. 왜 리더십이 중요한가?

요즘 대학을 졸업하는 학생들은 사회로부터 이전보다 더 많은 자질과 자격을 갖출 것을 요구받는다. 산업체에서 공과대학생들에게 멀티 플레이어 능력을 갖출 것을 요청하고 있기 때문이다. 전공 분야의 지식과 기술은 물론 능통한 어학 실력과 의사소통 능력, 대인관계를 잘할 수 있는 사교성과 친화력, 창의적 사고력과 리더십에 이르기까지, 이전에는 입사 후에 업무나 조직생활을 통해 배울 수 있는 부분들까지 미리 검증받기를 원하고 있다.

이러한 사회적 요구의 압력이 점증되고 있는 이유는 대체 무엇 때문일까. 어쩌면 공학이라는 이공계 학문이 가지는 학문적, 사회적 특성과도 적지 않게 관련이 있을 것이다. 의사나 법률가가 세계를 유지한다면 엔지니어나 과학자는 세계를 창조하고 이끌어간다는 말이 있다. 글로벌 무한경쟁이라는 냉엄한 사각의 링에 맞설 수 있는 사람은 실제적으로 의사나 법률가라기보다는 첨단 기술력으로 무장한 전문기술 인력이라 해도 과언이 아니다. 그런데 막상 공학을 비롯한 이공계 출신자들이 활동해야 할 산업 현장에서의 비판적인 목소리들은 결코 가볍게 흘려버릴 수 없는 것이 현실이다. 이공계 출신은 넘쳐나지만 정작 필요한 사람은 부족해서 구인난을 겪고 있다고 한다. 심지어 공대생들은 한마디로 '단무지'라는 혹평을 서슴지 않는 사람들도 없지 않다. 단순한데다 무식하고 지루하기까지 하다는 말의 줄임이다. 물론 모든 공대 출신자들이 그렇다는 뜻은 아니지만 부정적인 이미지가 그렇다는 표현일 것이다. 다시 말해서 현장이 요구하는 제대로 된 교육을 받은 인재가 부족하다는 의미로 요약할 수 있을 것이다. 이를 개선하기 위해서는 나라의 교육정책도 바뀌고 교과 과정도 바뀌어야 한다. 그러나 무엇보다 중요한 것은 실제 주역이 될 공대생 스스로가 자신의 의지와 신념으로 미래를 개척하겠다는 자기 개발 노력이 절실하게 요구되고 있는 것이 사실이다. 자신들이 원하는 세상에서 진정으로 필요한 인물이 되겠다는 자각으로 끊임없이 자신의 능력을 연마하고 꿈을 키워가는 사람을 일컬어 우리는 21세기가 요구하는 인재, 즉 리더십을 갖춘 인재라고 부른다.

다른 선진국들에 비해 부존자원이 부족한 우리나라가 국민소득 1만 달러 시대를 열 수 있었던 것은 그나마 선배 이공계 출신들의 피땀 어린 노력과 기술이 있었기 때문이다. 그러나 이제 2만 달러를 넘어 명실공이 선진국 대열에 진입하기 위해서는 다시금 새로운 성장의 동력 원천을 발굴해야 한다. 이러한 시대적 요구의 한가운데에 이공계 대학생들이 있으며, 이들에게 바라는 핵심적인 학습 과제가 다름아닌 리더십의 배양과 관련된 주제이기 때문이다.

2. 어떻게 리더십을 이해할 것인가?

리더십은 매우 다양하게 정의되지만 일반적으로 '공동의 이익을 위해 설정된 목표를 향해 자발적 매진이 가능하도록 사람들에게 영향력을 행사하는 능력'이다. 다르게 표현해서 기대 역할에의 부응 능력이라고도 말할 수 있다. 여기서 말하는 기대 역할은 공공선(公共善)을 지향하는 역할, 즉 바람직한 기대 역할을 의미한다.

또한 리더십은 지식이 아니라 행위로 나타나는 활동으로서, 리더 개인의 성숙한 인격 · 재능 · 경륜 등에 의한 신뢰감 있는 영향력, 즉 감동을 불러일으키는 것을 말한다. 따라서 리더는 자신과 조직의 정체성을 바탕으로 끊임없이 성찰하여 공동체 내에서 다른 사람들과의 조화와 협력으로 공감대를 창출해야 한다. 나아가 리더십은 더 이상 리더들만의 문제가 아니라 모든 사람들의 문제로 새롭게 인식해야 할 필요도 있다. 왜냐하면 사람들은 어느 누구 할 것 없이 그들이 속한 사회나 조직을 위해 어떤 역할을 잘해주길 기대받고 있고 동시에 기대할 수밖에 없는 사회적 존재이기 때문이다.

따라서 리더십은 사회, 조직 등에서 개인의 역할이 무엇인가에 의해 대통령 리더십, CEO 리더십, 장군 리더십, 관리자 리더십, 축구감독 리더십, 대학생 리더십, 신입사원 리더십 등 으로 다양하게 부를 수 있다. 한편 오늘날은 변화(change), 고객(customer), 경쟁(competition)의 3C 시대로 끊임없는 역동과 불확실성이 상존하고 있는 만큼 적합한 리더십 모델을 정립하는 것이 생각처럼 쉽지 않을 수 있다. 그러나 인류의 역사를 크게 각 시대의 상황적 특성을 대변하는 패러다임의 역사로 구분해볼 때 리더십의 흐름은 쉽게 이해될 수 있다. 왜냐하면 인류의 역사는 바로 리더십의 역사로 볼 수가 있기 때문이다. 세상을 바꾼 패러다임의 변화는 물론 크고 작은 역사적 사실에는 반드시 주인공들이 있었고, 그 주인공들을 일컬어 리더라고 부른다. 아울러 그러한 리더들이 꿈꾸며 추구했던 가치들이 바로 리더십의 방향이었으며 그들이 남긴 성과와 발자취가 다름아닌 역사인 것이다. 이에 이 절에서는 지금까지 그 어느 때보다 개개인의 창의적 발상과 협력적 분권이 중시되는 시대적 가치에 비추어 이공계 대학생들이 특히 이해하고 있어야 할 리더십의 패러다임과 원리를 학습토록 하는 데 의미를 두고 있다.

다음의 〔표 1〕에서 제시되는 내용은 시대적 변천에 따라 리더십의 바탕이 되어온 역사 패러다임의 변천 내용을 요약한 것이다.

구분	농업화 사회	공업화 사회	정보화 사회	창조화 사회
기간(시대)	3000년	300년(18세기)	30년(20세기 후반)	21세기 현재
힘의 원천 및 특성	토지 군사력 소품종 소량 공동화 과거 지향	자본 · 기계 정치력 소품종 대량 표준화 현실 지향	정보 · 지식 경제력 다품종 소량 시스템화 미래 지향	창의력 문화력 다품종 단품 네트워크화 미래 지향
주역	이집트 · 중국	영국	미국	?

〔표 1〕 역사 패러다임의 변천

* 학자의 견해에 따라 오늘날의 시대를 아직 정보화 시대로 보는 경우도 있음.

3. 리더십 패러다임의 변화와 대학생 리더십

리더십 패러다임

앞에서 살펴본 바와 같이 리더십은 역사와 시대적 요구에 따른 시대정신의 발로로 정리할 수 있다. 이러한 시대정신의 표현인 리더십 패러다임을 간단히 과거의 전통적인 개념과 현재의 21세기형 리더십으로 구분하면 〔표 2〕와 같다.

리더십 유형의 구분

인류의 역사와 함께 발전해온 리더십의 형태는 역사적 인물들의 숫자만큼이나 많고 다양하다. 그러나 수많은 리더십의 형태를 대표적인 특성과 유형을 토대로 분류해보면 다음과 같이 독재형 리더십, 거래형 리더십, 비전형 리더십, 슈퍼 리더십 등 네 가지로 구분 할 수 있다.[1]

전통적 리더십	21세기형 리더십
■ 조직의 안정 · 합의를 중시하는 조화 지향적 리더십 ■ 수직적 조직계층하에서 발휘하는 권위주의 리더십 ■ 부하를 대상으로 하는 직위 중심의 리더십 (Position Power) ■ 리더십 원천의 일원화: 리더 한 사람의 능력과 자질에서 유래(One Big Brain) ■ 얼굴을 맞대고 영향력을 행사하는 대면적 리더십 중심(Face to Face Leadership)	■ 변화 · 혁신 · 위기에 대처하는 난국 돌파형의 변화 추구 리더십 ■ 수평적 팀제하에서 셀프리더를 키워내는 슈퍼리더십 ■ 전문능력의 효과적인 발휘를 전제로 하는 전문가적 셀프 리더십(Personal Power) ■ 리더십 원천의 다원화: 전문성을 보유한 다수로부터 발원(Many Small Brain) ■ 네트워크 공간에서의 영향력 행사를 중시하는 네트워크 리더십 중심(Network Leadership)

〔표 2〕 리더십 패러다임의 변화

1) 독재형 리더십

리더십의 첫번째 유형은 독재형 리더십이다. 서부영화의 주인공으로 많이 등장했던 존 웨인(John Wayne)의 강한 이미지를 생각해보면 독재형 리더십의 유형은 쉽게 이해가 될 것이다. 그는 사람들이 자기가 원하는 대로 따르게 하기 위해 부하들을 꾸짖는 일을 예사로 한다. 우리들은 흔히 명령과 지시에 의존해서 다른 사람들을 리드해가는 사람들을 보게 된다. 이 같은 사람들은 보스(boss)에 해당한다. 이들은 다른 사람들에게 영향을 미치기 위해 지위적 권한을 즐겨 사용하고 공포감을 조성하기도 한다. 만약 명령한 대로 일이 수행되지 않으면 즉시 처벌이 뒤따르게 한다. 이 같은 리더들의 대표적인 행동 특성은 지시, 명령, 작업 목표의 할당, 위협, 협박, 질책 등으로 분류할 수 있다. 독재형 리더십이 단기적인 성과를 만들어내는 측면에서는 유리한 점도 있지만 장기적으로는 불리할 수 있다. 특히 창의적 노력이 성공의 관건이 되는 경우에는 더욱 그러하다.

1. C. Manz & P. Sims Jr., *The New Super Leadership*, 2001, pp. 53~62.

2) 거래형 리더십

리더십의 두번째 유형은 거래형 리더십이다. 거래형 리더는 다른 사람들과의 거래적 교환관계를 맺는다. 이 같은 리더는 부하나 사람들이 자신의 요구에 부응하면 그 대가로 보상을 배분함으로써 영향력을 행사한다. 이들이 흔히 보이는 행동 특성은 개인의 심리적 보상이나 물질적 보상의 제공에 의존한다는 것이다. 이때 주어지는 보상은 부하의 노력, 업적, 리더에 대한 충성심의 대가에 따라 달라진다.

거래형 리더의 부하들은 일처리에 있어서 매우 계산적이기 쉽다. '보상이 있는 한 리더가 원하는 일을 하겠다'는 식이 된다. 이 같은 거래형 리더십은 오늘날의 기업 조직에서 가장 흔히 찾아볼 수 있는 보편적인 리더십의 형태라 하겠다. 아울러 이러한 거래형 리더십이 비전형 리더십이나 독재형 리더십과 결합하게 되면 단기적으로 리더십의 효과를 제고시킬 수 있는 특성도 있음을 이해할 필요가 있을 것이다.

3) 비전형 리더십

리더십의 세번째 유형은 비전형 리더십이다. 오늘날 가장 인기 있는 리더십 유형 중 하나로 사람들을 고무시키고 동기를 유발케 하는 카리스마형 리더들이 주로 여기에 해당된다. 이 같은 리더들의 특성은 한마디로 사람들을 고도로 동기화하고 열중케 할 비전 창출 능력을 가지고 있다는 점이다. 그리고 이들은 다른 사람들에게 활기를 불어넣어 스스로 비전을 추구하도록 하는 역량을 동시에 가지고 있다.

따라서 이들은 리더 자신의 특출한 능력에 의해 신화적인 평판을 받고 있는 게 사실이다. 대표적인 예로 21세기 최고의 CEO로 꼽혔던 GE의 웰치 회장이 여기에 해당된다. 이 같은 리더십의 유형이 매혹적으로 사람들에게 활력을 불어넣는다는 점에서는 매우 긍정적인 면이 있다. 그러나 이러한 비전형 리더십이 주로 하향식 영향 과정이라는 점을 간과해서는 안 된다. 자칫 리더만 부각되어 부하들이 그늘에 가리게 되는 경향이 있을 수 있다. 리더의 권력, 즉 영향력의 기반이 리더가 설정한 비전과 주역인 리더 자신에 대한 부하들의 헌신을 유도하는 쪽으로만 경도되어 흐를 수 있음을 경계해야 한다.

하지만 비전형 리더십이 개인과 조직이 추구해야 할 비전의 설정과 전달, 개인적 감화와 고무 및 설득 등으로 지금까지의 어떤 리더십보다도 강력한 성과와 도전을 지향한다는 점에서 그 유효성이 높게 인정되기도 한다.

4) 슈퍼 리더십

리더십의 네번째 유형은 슈퍼 리더십(super leadership)이다. 슈퍼 리더는 사람들이 각자 자기 스스로를 리더하게 하도록 하는 리더이다. 쉽게 말해서 부하들에게 최대한의 자율권을 부여하는 엠파워먼트(empowerment) 형 리더인 것이다. 이 같은 리더십의 유형에서는 리더십의 초점이 대부분 부하인 조직구성원들에게 있다.

슈퍼(super) 란 어떤 것을 뛰어나게 하는 지혜나 능력을 가리키는 말인데, 많은 사람들이 이미 이 같은 지혜나 능력을 가지고 있다는 점을 전제로 하고 있다. 슈퍼 리더는 주위에 있는 사람들이 자신들의 능력을 이끌어내도록 도와줌으로써 셀프 리더(self leader)가 되게 한다. 슈퍼 리더는 부하들의 솔선수범, 자기 책임, 자신감, 자기 목표 설정, 긍정적 기획사고, 스스로의 문제 해결 등을 고무시키는 일을 주로 한다.

한편 슈퍼 리더십의 시각은 비전형 리더십을 초월한 개념을 내포하고 있다. 비전형 리더십의 경우 각광은 주로 리더가 받았지만 슈퍼 리더십은 조직이나 팀의 구성원인 부하들이 받는다. 그래서 부하들은 기대 이상의 헌신과 더불어 자신들의 일에 대한 강한 주인 의식을 가지게 된다.

바람직한 대학생의 리더십

우리는 경쟁 사회에 살고 있기 때문에 어떤 견해나 관점에 대해 흔히 경쟁적인 시각에 빠지기 쉽다. 예를 들어 지금까지 논의된 리더십의 네 가지 유형 중에서 '어떤 리더십이 가장 최선의 유형인가'라는 질문을 한다면 바로 여기에 해당된다. 결론적으로 말해서 앞에서 설명한 리더십의 유형들은 〔표 3〕과 같이 각기 나름대로의 장점과 단점들이 있기 때문에 어느 하나를 최선이라고 말하기는 어렵다. 그러나 여기에서 논의하고자 하는 주제의 대상이 일반 사회인이 아닌 대학생이란 점과 개개인의 창의와 자율권을 최대한 존중해야 하는 오늘날의 시대적 패러다임에 비추어 볼 때, 대학생 시기에 함양해야 할 가장 바람직한 리더십으로는, 셀프 리더의 육성을 전제로 한 슈퍼 리더십의 유형에 많은 비중을 두어야 할 것이다.

독재형 리더십	비전형 리더십
단기적 업적 단기적 학습 낮은 유연성 불만족 증대 높은 이직률 낮은 개혁성 순응과 복종	높은 업적 열정 장기간 헌신 정서적 몰입 리더에의 높은 의존성 리더 부재시 이직 가능성 리더의 비전이 옳지 않거나 비윤리적인 경우의 문제점
거래형 리더십	**슈퍼 리더십**
안정적인 좋은 업적 임금에 대한 만족감 낮은 이직률 낮은 개혁성 낮은 유연성 계산적 이기적 시각 순응과 복종	장기간 높은 업적 단기적인 혼란과 불만 부하의 높은 개발 수준 높은 유연성 높은 개혁성 리더 부재시에도 자율성 발휘 팀워크 개발

〔표 3〕 리더십 유형의 장점과 약점 분석

4. 리더십과 관련하여 무엇을 어떻게 개발할 것인가?

무엇을 개발할 것인가?

리더십의 의미를 간단히 '공동체의 비전과 목표를 달성하기 위해 사람들에게 영향을 미치는 능력' 또는 '공동체 구성원들의 바람직한 기대 역할을 실천해가는 능력'으로 정의한 바 있다. 이외에도 리더십의 패러다임이 전통적 개념에서 새로운 개념으로 변화되었으며, 리더십의 대표적인 유형 역시 시대의 흐름에 따라 그 형태와 강조점이 달라지고 있음을 알 수 있었다. 따라서 리더십의 크기는 리더가 지닌 권력이나 힘(power)의 크기에 의해 비례적으로 달라진다고 볼 수 있을 것이다.

앞에서 언급한 영향력이나 능력은 물론 리더 자신이 추구하는 비전이나 가치관 또는 신념의 크기 등이 리더와 팔로워(follower) 간의 신뢰 형성에 결정적인 변수가 되고 있는 것이다. 따라서 리더십을 개발한다는 것은 효과적인 리더십 발휘에 필요한 힘의 개발을 의미하게 된다. 그런데 이러한 리더십의 원천인 효과적인 힘의 종류나 크기 역시 시대의 변천에 따라 달라지고 있음을 알아야 한다. 과거에는 사회적 지위나 조직 내 직위 또는 성별, 나이, 학력 등 지위적 힘(position power)이 절대적이었으나, 오늘날에는 점차 개인의 역할 수행능력과 관련된 전문 지식과 인적 네트워크 및 구성원과의 상호신뢰 등 개인적 힘(personal power)에 더 많은 비중이 실리고 있다. 다시 말해서 리더십과 관련된 힘의 이동(power shift)이 이미 상당 부분 진행된 셈이다.

성공적인 리더십 개발을 위해 무엇을 비중 있게 고려해야 할 것인가에 대해서는 〔표 4〕의 내용을 살펴볼 필요가 있을 것이다.

구분	내용
성공하는 리더	부하들을 믿고 신뢰함(trust) 매력적인 비전을 개발함(vision creating) 이성과 냉정을 유지함(rationality) 도전과 위험을 감수함(risk taking) 비판적인 의견을 수용함(acception criticism) 간소화하고, 넓은 시야를 가짐(simple big picture)
실패하는 리더	부하들을 믿고 신뢰하지 못함(betrayal trust) 대인관계가 좋지 못함(inability get along) 권한 이양의 실패(inability delegation) '나 혼자만' 현상(me only syndrome) 변화 적응 실패(failure adaption) 행동에의 공포(fear of action) 자기 사람에게만 의존(overdependence on few advocates) 인맥 개발의 실패(failure to development network)

〔표 4〕 성공하는 리더와 실패하는 리더

어떻게 개발할 것인가?

사람들은 누구나 불확실한 상황에 놓이게 되거나 도전을 받고 곤경에 처하게 되면 도움을 구하게 된다. 무엇이 중요한지, 무엇을 해야 하는지, 어떤 방향을 선택해야 하는지, 무엇을 하지 말아야 하는지 등을 알아야 하기 때문이다. 이처럼 곤란한 문제를 안고 있는 사람들에게 정말 필요한 것이 바로 리더십의 존재 이유가 되는 것이다. 그런데 이러한 리더십은 태어나면서 갖추기보다는 가꾸고 개발하면서 점차 배양이 된다. 누구든지 마음만 먹으면 리더십 역량과 기술을 배울 수 있고 성공적으로 사람들을 리드할 수 있다. 그러나 문제는 리더십의 배양이 그렇게 단시일 내에 쉽게 이루어지는 것이 아니라는 점을 이해해야 한다. 리더가 되는 법을 학습하는 데는 헌신적인 노력과 시간이 필요하다. 리더십은 교실에서 책이나 강의로 배우는 것이 아니다. 무엇보다도 현실적인 문제와 과제에 맞서 이겨낼 수 있는 기본적인 자질이 요구된다. 이러한 인간적 기본 자질이란 끊임없이 자기 자신을 변화시키려는 실험과 실패를 받아들이는 용기를 바탕으로 한다. 나아가 진정한 리더로 성공한다는 것은 과감하게 일을 추진하고, 프레젠테이션이나 연설을 멋지게 하고, 팀원간의 결속을 공고히 하는 것을 포함한다. 따라서 어떻게 팀원이나 부하들을 이끌어 리더 자신을 따르게 할 것인가에 특별한 관심을 기울여야 한다. 그리고 더욱 중요한 것은 모든 팀의 구성원들이 각자 자신들이 속한 팀의 비전과 목표를 위해 스스로의 책임과 헌신을 다하게 하는 이른바 셀프 리더가 되도록 격려하고 지원해야 하는 것이다. 아울러 이상과 같은 리더십을 보다 효과적으로 개발하기 위해서는 구체적인 학습 포인트로서 아래의 내용을 적극 참조할 필요가 있을 것이다.[2]

- □ 상황을 이해하고 항시 팀원들에게 설명할 수 있어야 한다.
- □ 신념을 나타내어 행동화할 수 있는 의지가 필요하다.
- □ 개인 개발을 위한 자기 학습과 팀 학습을 실천해야 한다.
- □ 효과적인 의사소통 방법과 팀워크 개발 훈련이 필수적이다.

〔표 5〕 대학생 리더십 개발 포인트

1) 상황의 이해와 설명

리더십의 개발과 관련하여 상황이 갖는 의미는 조직에서 무엇이 중요한지, 방향과 목표가 무엇인지, 어디서 출발해서 어디로 가야 하는지, 리더로서 자신의 가치가 무엇인지, 넓게 보아 그것이 조직의 가치와 어떻게 부합되는지, 팀원들에게 기대하는 것이 무엇인지 명확하게 하는 것을 포함한다. 다시 말해서 팀원이나 조직원들이 일을 하고 성취해가는 데 있어서 이들을 이끌어줄 틀(frame)을 의미한다. 이러한 틀이 없다면 팀원들은 단조롭고 평범한 일에 매달려 성과를 내지 못하거나 개인주의적인 경향으로 흘러 팀원들간에 불필요하고 낭비적

2. Paul Taffinder, *The Leadership Crash Course*, 2000, pp.17~25.

인 경쟁을 유발할 수 있다. 리더와 팀원들이 그들의 미래 비전과 현재 및 과거의 상황을 연결하는 실마리를 인식하지 못하게 되면, 어떤 행동을 취하고 어떻게 변화해야 할지 갈피를 잡지 못하게 된다.

- 리더는 항상 상황을 이해하고 팀원들에게 쉽게 설명할 수 있어야 한다.

왜	• 조직이나 팀의 나아갈 방향과 지향 가치를 제시하기 위해 • 중요한 목표가 구체적으로 무엇인지 알려주기 위해 • 팀 활동 중에서 무엇이 중요하고 중요하지 않은지를 구별하게 하는 균형감을 일깨워주기 위해
어떻게	• 거시적 관점(macro)에서 상황 변화의 맥락을 정리하여 주요 이슈를 구분해내고 가치를 부여하는 방법으로 • 주요 이슈들에 대한 팀원들의 관심과 에너지가 집중될 수 있는 시각적 이미지를 효과적으로 활용

2) 신념과 행동화의 의지

성공한 리더들의 두드러진 특징은 확고한 신념을 가지고 행동한다는 점이다. 그들은 자신들이 하는 행동을 진심으로 옳다고 믿는다. 그러나 그것만으로는 충분하지 않다. 확고한 신념이 있더라도 그것을 드러내어 보여주지 못하면 다른 사람들을 이끌 수가 없다. 리더는 자신의 신념을 행동으로 입증해 보여야 한다. 이를 위해 리더는 자신이 달성하고자 하는 목표에 대해 자주 이야기해야 한다. 그리고 그 목표를 얼마나 이루고 싶어하는지 그 열정을 드러내기 위해 때로는 흥분하기도 하고 초조해하기도 하며 결단력을 보여줄 필요가 있다.

- 리더는 자신의 신념을 나타내어 행동화할 수 있는 의지를 보여야 한다.

왜	• 리더 자신의 결심과 결정을 알려주기 위해 • 팀원들이 리더를 따르도록 고무하기 위해 • 장애물과 저해 요인들을 극복하고 해소하기 위해 • 리더 자신의 신념과 입장을 지켜낼 용기를 갖기 위해 • 팀원 스스로가 자신들을 신뢰할 수 있도록 하기 위해
어떻게	• 자신이 반드시 이루고자 하는 일에 대한 성취감과 열정을 드러내는 방법으로 • 자신의 신념에 대한 일관된 믿음과 행동을 솔선수범하여 자신 있게 표현하고, 결과를 통해 의미를 부여하는 방법으로

3) 개인 개발과 팀 학습의 실천

개인적인 능력 개발 노력은 개인의 비전과 현재 수준 사이의 차이에 의한 창조적 긴장이 있을 때 생겨난다. 진정한 변화 노력은 이 같은 창조적 긴장(creative tension)에서부터 출발 하지만, 단순히 부족한 지식이나 기술을 습득하는 것만을 의미하지는 않는다. 오히려 평생 학습이라는 차원에서 전문가로서의 높은 열망을 지속적으로 추구하는 것을 뜻한다. 그리고 팀 학습은 스포츠 경기에서와 같이 팀플레이의 중요성을 일깨워준다. 스포츠 경기에서의 승리는 개개인의 전문적인 기술을 통합하여 팀플레이로 승화시킬 때 비로소 이루어진다. 마찬가지로 공동체의 비전과 목표가 효과적으로 달성되기 위해서는 팀원 개개인의 지식과 경험들이 팀 학습의 장을 통해 서로 공유되어야 한다. 이러한 팀 학습의 핵심적인 요소는 다름아닌 대화와 토론 문화의 정착이다.

대화와 토론은 팀원들의 상생적 학습활동을 가장 실질적으로 촉진시켜주는 활동이다.

- 리더는 개인 개발과 팀 학습을 활성화시켜야 한다.

왜	• 팀원 모두가 분야별 프로페셔널이 되도록 하기 위해 • 사물을 보는 관점이나 세계관, 멘탈 기반을 키우기 위해 • 비전을 공유하고 직무로서의 대화가 일상화되게 하기 위해 • 전체와 부분 간의 역동적인 관계를 이해하여 체제적 사고(systemic thinking)을 가질 수 있게 하기 위해
어떻게	• 개개인의 창조적 긴장 유발과 공개적인 학습 및 검증 과정에 개방적인 태도로 • 자기 개발 목표에 의한 자기 주도 학습과 토론, 토의 등에 의한 팀 학습을 촉진하여 학습조직을 지향하는 방법으로

4) 의사소통 능력과 팀워크 훈련

의사소통과 팀워크는 공동체의 삶을 유지하고 발전시키는 데 가장 중요한 수단이라고 볼 수 있다. 사람들과 더불어 일을 하거나 그들을 통해 뭔가를 성취하려 할 때 반드시 몇 가지 문제와 부딪히게 된다.

첫째, 사람들은 생김새가 다르듯이 각자의 가치관이나 성격이 다르다는 것이다.

둘째, 사람들의 가치관이나 성격만큼 그들의 능력이나 일을 하는 방법이 다를 수 있다.

셋째, 이처럼 서로 다른 사람들이 같은 목적과 목표를 향해서 공통의 가치를 공유해야 하는 만큼 계획적이고 의도적인 노력이 필수적으로 요구되는 특성이 있다.

따라서 이 같은 특성에 비추어 공동체의 구성원들이 가장 먼저, 그리고 중요하게 취해야 할 자세는 각자가 자신의 생각과 뜻을 남에게 알려야 하고 동시에 다른 사람들의 생각과 뜻을 경청해서 이해하는 것이다. 그리고 서로의 뜻과 생각을 공유해서 목표를 세우고 우선순위를 정한 뒤, 각자의 역할로 공헌하는 것이다. 아울러 예상치 못한 상황이나 중요한 일에 대해서는 수시로 정보를 교환하고 협조를 주고받아야 한다. 이러한 일련의 과정들은 매우 빈번하여 마치 일상생활의 전부인 것처럼 보이기도 하며, 우리가 호흡하는 공기 중의 산소처럼 소중한 존재인 것이다. 우리들은 자신들이 속한 조직이나 공동체가 일류가 되기를 갈망한다. 이를 위해서는 최고의 의사소통과 팀워크의 의미를 반드시 이해해야 한다. 그리고 이러한 의사소통과 팀워크는 생각만 가지고 되는 것이 아니라 반드시 적절한 학습과 훈련이 요구되는 특성이 있다.

• 리더는 효과적인 의사소통 방법과 팀워크 개발을 할 수 있어야 한다.

왜	• 팀원 개개인의 창의성을 살리고 함께 일하는 방법을 공유하기 위해 • 팀원들의 에너지를 최대화시킬 수 있는 조직력을 확보하기 위해 • 탁월한 성과를 내는 최고의 살아 있는 조직을 만들기 위해
어떻게	• 팀원 개개인의 성격과 가치관을 이해하고 이를 조직의 공동 목표와 가치에 부합되도록 하는 방법으로 • 탁월하고 효과적인 의사소통 방법과 팀워크 개발의 경험을 통해서 조직의 시너지가 창출되는 방법으로

5. 리더십 개념의 확장 이해

리더십이란 개념은 학문적으로도 매우 다양하게 이해되고 있다. 스톡딜(R. M. Stogdill, 1974)에 의하면 리더십은 이를 정의한 학자들의 수만큼이나 많다고 한다. 이렇듯이 리더십이란 말은 인류의 역사와 함께 가장 오래된 개념이면서도 가장 이해가 덜 된 것으로 받아들여지고 있다. 왜냐하면 리더십이 개인적인 삶이나 조직의 성공과 직접적인 관련이 있기 때문이다.

세상에는 성공을 거둔 개인이나 조직이 무수히 많다. 그만큼 성공에 대한 나름대로의 비결이나 노하우가 있기 마련인데, 이러한 성공담들의 핵심은 대개 리더십이란 말로 정리가 되곤 한다. 어떤 점에서 리더십은 아름다움〔美〕에 비유되기도 한다. 아름다움이란 말을 무엇이라고 정의하기는 쉽지 않다. 정의 그 자체가 어렵기도 하지만 개인적인 관점에 따라서 표현도 달라지기 때문이다. 그렇지만 우리는 대개 아름다운 것과 그렇지 않은 것은 그냥 보면 알 수 있다. 마찬가지로 리더십이 있는 사람과 그렇지 못한 사람은 설명을 하지 않아도 대개는 그냥 알 수가 있다. 그리고 리더십은 일상의 유지보다는 창조적인 활동을 추구한다는 측면에서 예술과도 통한다.[3]

창조의 의미 안에는 예술적인 아름다움만이 아니라 혁신이나 새로움도 포함되기 때문에 자연히 변화와 관련이 깊다. 가정이나 조직에 새로운 분위기를 불러일으키고, 이끄는 법을 배우는 것은 바로 변화를 관리하는 법을 배우는 것과도 다르지 않다. 그렇지만 이러한 리더십의 개념을 현실적으로 이해하고 적용하는 데는 많은 어려움이 있다. 실제로 리더십이 요구되는 현장에는 항상 이럴 수도 저럴 수도 없는 '딜레마'적 상황이 따라다니기 때문이다. 개인적 성공과 조직목표의 딜레마, 현재와 미래 수익 사이의 갈등 등이 바로 그러한 딜레마 요인들의 좋은 예이다.

3. Warren Bennis Inc, *On Becoming a Leader*, 1989, pp. 19~20.

더욱이 리더십은 일반적으로 경영(management)이나 권력(power)의 의미와도 유사하게 사용되고 있다. 뿐만 아니라 제학문적 관점에 따라서도 각기 바라보는 시각이 달라 더욱 혼란을 가져오기도 한다. 이에 이 절에서는 리더십과 유사한 개념인 경영과 권력의 관계를 알아보고 마지막으로 제학문적 관점에 대해서도 간략히 소개하고자 한다.

경영과 리더십

경영과 리더십은 '개인이나 조직 등 사회적 존재의 생존과 발전에 관련된 지식체계'라는 관점에서 보면 같은 개념이다. 그리고 둘 다 아주 오래 전부터 우리 주위에 있어왔지만, 학문적 차원에서 본격적으로 논의되고 하나의 원리로 인식되기 시작한 것은 제2차 세계대전 이후라는 공통점을 가진다. 그런데 경영은 인적, 물적 제자원의 통합적 관리를 통한 목표 달성에 초점을 두고 있으며, 일련의 활동을 계획, 조정, 지휘 및 통제와 관련지어 이해하려고 한다. 한편 리더십의 영역을 전체 경영활동의 일부인 지휘(directing)에 한정시키려는 시각도 있어왔다. 더욱이 기존의 전통적 개념에 의하면 생산의 3요소를 토지, 자본, 노동이라 하여 사람을 단순히 생산이나 경영의 수단으로 인식하려는 경향도 없지 않았다.

그러나 오늘날의 사회가 지식 기반 사회로 이전하기 시작하면서부터는 사람의 비중이 그 어느 때보다 중요하게 인식되기 시작했다. 생산요소로서의 인적자원의 의미가 단순히 육체노동의 '블루칼라(blue collar)'였다면, 이제는 사람들의 창의와 두뇌를 더욱 소중히 여기는 '골드칼라(gold collar)' 시대로 바뀌고 있다. 경영의 성패도 이제는 사람에 의해서 좌우되는 이른바 사람 경영 시대로 바뀐 셈이다. 따라서 이러한 사람 경영 시대에는 사람을 단순히 수단적 가치로서만이 아니라 본원적 목적가치로서 바라보는 인식의 전환을 요구하게 된다. 이러한 인식의 전환은 결과적으로 새로운 변화에의 능동적인 대응과 혁신적인 성과의 창출이라는 관점에서 자연스럽게 리더십의 문제로 옮겨가게 되었다.

오늘날 경영의 문제는 결국 사람을 어떻게 인식할 것인가에서 출발해서, 어떻게 그들의 힘을 창조적으로 발휘하게 할 것인가라는 리더십의 문제로 상당 부분 대체되고 있다고 해도 과언이 아니다.

권력과 리더십

권력(power)이란 어느 개인이나 집단이 다른 개인이나 집단으로 하여금 원하는 방향으로 행동하게 하거나 행동을 변경하도록 영향을 줄 수 있는 힘을 의미한다. 그런데 사람들에게 권력은 조작이나 정치적 행위 등과 같이 부정적 의미로 받아들여지는 경향이 적지 않다. 그러나 권력이 반드시 이를 가진 자들만의 만족을 위한 통제적 힘이 아니라, 조직 전체의 이익을 위한 영향력의 행사와 통제를 의미할 수도 있다. 이 점이 바로 권력이 갖는 양면적 특성이다.

한편 리더가 과업의 수행과 관련하여 리더십을 발휘하려면 반드시 기본적으로 필요로 하는 힘(power)을 가지고 있어야 한다. 따라서 권력과 리더십의 개념은 영향력의 원천인 힘을 어떻게 활용하는가에 따라서 구분될 수 있는 특수한 관계이다. 사람들의 행동에 영향을 주어 '변화를 이끌어내는 힘'이라는 관점에서는 양자의 개념을 동일하게 취급할 수 있다. 그러나 리더십이 조직이나 사회의 공동이익과 관련하여 추종자들의 자발적인 수용과 변화를 의미하는 것에 비해, 권력은 추종자들의 의사에 관계없이 강제적으로 작용하기도 하며 권력자 개인의 이익을 앞세울 수도 있다. 이렇게 볼 때 권력과 리더십 그 자체는 선(善)이나 악(惡)의 개념이기보다는 어떤 의도로 사용할 것인가 하는 용도의 개념으로 볼 필요가 있다고 하겠다. 그리고 지금까지 연구된 바에 의하면 일반적으로 권력은 지위적 권력(position power)과 개인적 권력(personal power)으로 구분되고 있다. 지위에 의한 권력은 조직 내 직위에 따라서 자연스럽게 주어지는 것인 데 비해, 개인적 권력은 개인의 전문적인 지식이나 정보력 또는 개인적 네트워크 등 개개인의 특성이나 노력에 의해 영향력의 정도가 달라지는 것이 특징이다.

그런데 오늘날의 사회가 전통적 권위 사회에서 수평적 정보화 지식 사회로 변화함에 따라 리더십의 원천인 힘도 자연히 지위적 권력보다는 개인적인 자질과 노력을 바탕으로 하는 개인적 권력에 의존하는 경향이 높아지고 있다. 이외에도 권력과 리더십을 구분짓는 중요한 기준으로 소유와 공유의 개념이 있다. 권력은 힘의 차이, 즉 소유와 무소유의 관계에서 생겨난 사회적 현상이기 때문에 그 힘의 공유가 원칙적으로 불가능한 특성이 있다. 반면에 리더십은 리더와 추종자들이 각자 가지고 있는 힘을 어떻게 서로 공유할 것인가에 초점을 두고, 그 공유된 힘으로 무엇을 어떻게 이루어낼 것인가를 기본 전제로 한다.

이러한 개념적 차이를 나무의 관리와 관련지어 보면 쉽게 이해할 수 있다. 먼저 권력의 개념은 자신의 취향에 맞추어 나무를 자르고 구부리고 때로는 철사로 묶어 성장을 변형시키는 정원사 또는 분재에 비유될 수 있다. 이에 비해 리더십은 각각 서로 다른 나무들이 충분히 다 자랄 수 있도록 하고, 또 각기 적절한 환경을 조성해서 전체적인 조화를 이루도록 하는 데 목적을 두는 원예가나 산림조림에 비유될 수 있다.

제학문적 관점과 리더십

시대가 변하면 사람도 변하고 리더십 스타일도 변하게 된다. 17세기 이후 약 3백여 년을 풍미했던 기계론적 뉴터니안 패러다임(Cartesian-Newtonian paradigm)이 양자 패러다임(quantum paradigm)의 등장으로 급격히 설명력을 잃기 시작했다. 인과론, 결정론, 확정론이 비인과론, 비결정론, 불확정론으로 바뀐 것이다. 세상을 보는 눈이 달라져서 영혼과 몸이 별개가 아니며, 기업과 정부 그리고 시장도 하나라는 일원론적 인식이 점차 자리잡아가고 있다. 그간 리더십의 학문적 영역이 주로 사회과학적 입장에서 이해되어왔지만, 언제부터인가 양자물리학, 생물학, 화학 등의 경계를 넘나들면서 현대 과학과의 자연스런 연계가 시작되고 있다.[4] 모든 학문의 존재이유는 진리를 탐구하는 데 있다. 그리고 그러한 진리가 궁극적으로 우리 인간들에게 어떤 의미로든 전달되어야 한다. 지금까지 리더십을 이해하기 위해 시도된 제학문적 시각은 다음과 같다.

먼저 리더십에 관한 철학적 접근은 삶의 본질과 존재이유에 대한 근거를 정립하는 데 주력했다고 볼 수 있다. 이어서 윤리학은 도덕적 가치와 의무의 이행에 관해서, 인류학은 공동체로서의 인류의 생활과 문화적 시각에 대해서, 정치학은 권력적 행위의 정당성과 갈등의 관리 및 조정에 대해서, 군사학은 전략과 전술적 행위에 관해서, 사회학은 사회적 관계의 형성과 유지 및 발달에 관해서, 경영학은 생산성을 주요 관심사로 다루었고, 교육학은 학습과 성장이라는 시각에서, 이외에도 심리학은 모티베이션 등을 중심으로 제각기 리더십을 이해하고 조명하려는 노력들을 기울여왔다. 이러한 제학문들의 노력이 있었기 때문에 우리는 어느 정도 리더십의 실체에 점점 더 다가갈 수 있었다. 마치 종합예술로서의 영화가 관객들에게 감동을 전달하기 위해서 수많은 배우들과 스텝들의 피나는 노력이 뒷받침되는 것과 같은 맥락이다.

끝으로 지금까지 논의되고 설명된 내용들을 토대로 리더십을 이해하는 데 필요한 주요 내용들을 정리하면 다음과 같다.

첫째, 리더십은 인간의 삶과 관련하여 가장 근본적인 물음에 대한 접근으로 볼 수 있다. 즉 무엇을 바라며 살 것인가와 그것을 어떻게 이룰 것인가의 문제인 것이다.

둘째, 인간들이 바라는 보편적인 삶의 실체는 대개 '생존과 발전 그리고 의미 있음'으로 귀결된다. 아울러 이를 위한 인간적인 고뇌와 갈등 그리고 일관된 노력의 투입은 필수적이며, 그 결과 한 편의 영화나 예술처럼 감동의 이야기로 전달되는 특성을 지니고 있다.

---

4. Margaret F. Wheatly, *Leadership and The New Science*, 1999, pp. 11~12.

셋째, 리더십이 리더십다운 중요한 기준은 무엇보다도 유사 개념들과의 차별성에 있다. 먼저 리더십은 인간을 단순히 수단적 가치로만 보는 것이 아니라 목적적 가치로서의 인간을 재인식해야 한다는 점이다. 아울러 개인이나 집단의 이기심을 위해 영향력을 행사하는 것이 아니라 개인과 전체의 공공선을 지향해야 한다는 명확한 원칙에서 자발적인 추종과 몰입을 담보로 해야 한다.

넷째, 진리를 탐구하는 학문적 노력과 열정이 끊이지 않는 것처럼 리더십 역시 끊임없는 모색과 학습의 연속이다. 진정으로 바라고 추구하는 그 무엇에 대한 자기 검증과 더불어 이의 달성과 관련된 효과적인 방법론에 대한 끊임없는 성찰과 학습이 바로 그것이다.

따라서 리더십의 실체는 어떤 정지된 현상이나 일시적인 모습이 아니라, 최종 종착지를 향해 달려가는 열차처럼 움직이는 동사형이다. 이 같은 리더십의 개념적 특성을 다음과 같은 문장으로 간결하게 정리할 수 있다.

"리더십이란 올바른 일을 올바르게 행하는 것이다(Leadership is doing the right things, right)."

—워렌 베니스(Warren Bennis) · 버트 나너스(Burt Nanus), 『리더들*Leaders*』

리더십 순환구조의 이해

다음에 소개되는 '숲 속의 세 아이' 이야기를 참조로 하여 동태적으로 순환되는 리더십의 구조와 의미를 개인적 차원에서 이해해보자.

어느 날 숲 속에서 아이 셋이 놀고 있었다. 평온하기만 하던 숲 속 어디선가 호랑이 울음소리가 들렸다. 아이들은 겁에 질려 도망치기 시작했다.

한참을 달리는데 갑자기 한 아이가 걸음을 멈추고 신발 끈을 고쳐 매고 있는 것이 아닌가. 다급해진 다른 아이들이 물었다. "야 뭐해, 빨리 도망가지 않고…" 그러나 아이는 신발 끈을 단단히 묶고 난 뒤 다시 뛰면서 혼자말로 이렇게 대답했다. "그래 맞아, 뛰어야지. 그런데 호랑이 밥이 되지 않으려면 미안하지만 너희들보다 빨리 뛰어야 돼. 그리고 더 오래 달려야 하기 때문이야. 그게 이유야, 미안해 친구야."

어느새 호랑이는 세 아이를 바짝 따라붙었고, 이윽고 맨 뒤의 한 아이가 물리고 말았다. 이제 남은 두 아이는 있는 힘을 다해 계속 달렸다. 이렇게 뛰기만 하다가는 언젠가는 모두 죽고 말 것이라는 절박함이 들었지만 선택의 여지가 없었다. 그러다가 문득 달리는 방향에서 멀지 않은 곳에 큰 나무들이 있는 것이 보였다. 이제 둘 다 살아남는 방법은 호랑이 보다 먼저 큰 나무가 있는 곳까지 최선을 다해 뛰어가는 수밖에 없다고 생각했다. 그래서 둘은 젖 먹던 힘을 다해 뛰었고 아슬아슬하게 나무위로 올라갈 수 있었다.

이렇게 일단 한숨을 돌리는 사이에 다시 나타난 호랑이는 아이들을 노려보면서 언제까지고 그 자리를 떠나지 않을 태세였다. 이제 조금만 더 있으면 해가 질 테고, 그렇게 되면 밤새 추위를 이겨낼 방법이 없을 것 같았다. 상황은 점점 더 심각해지기만 했다.

그런데 한 아이가 이런 생각을 하게 된다. 물려 죽으나, 얼어 죽으나 죽기는 마찬가지 아닌가, 생각이 여기까지 미치자 '차라리 저 호랑이 등으로 뛰어 내려 올라타자.' 라고 제안했다. 그러나 다른 아이는 친구의 제안을 받아들일 용기가 생기지 않았다. 그렇지만 용감한 아이는 결심을 굳힌 뒤 호랑이의 동태를 예의 주시하다가 잽싸게 뛰어 내려 올라타는 데 성공했다. 그러자 호랑이는 난데없는 아이의 행동에 놀라 혼비백산해서 달아나기 시작했다. 이제 아이는 등에서 떨어지지 않으려고 안간힘을 쓰며 호랑이의 목과 배를 닥치는 대로 힘껏 감싸 안았다. 호랑이는 더욱 놀라 정신없이 달리다가 마침내 아이들을 찾아 나선 마을 사람들에 발견되어 아이는 무사히 구출되고, 호랑이는 다시 숲 속으로 돌아갔다.

1) 리더십 기승전결

앞에서 소개한 이야기를 단순히 개인적 차원에서 리더십의 작동 원리와 연결시켜볼 때 〔그림 1〕과 같이 기승전결 구조로 정리될 수 있음을 알 수 있다.

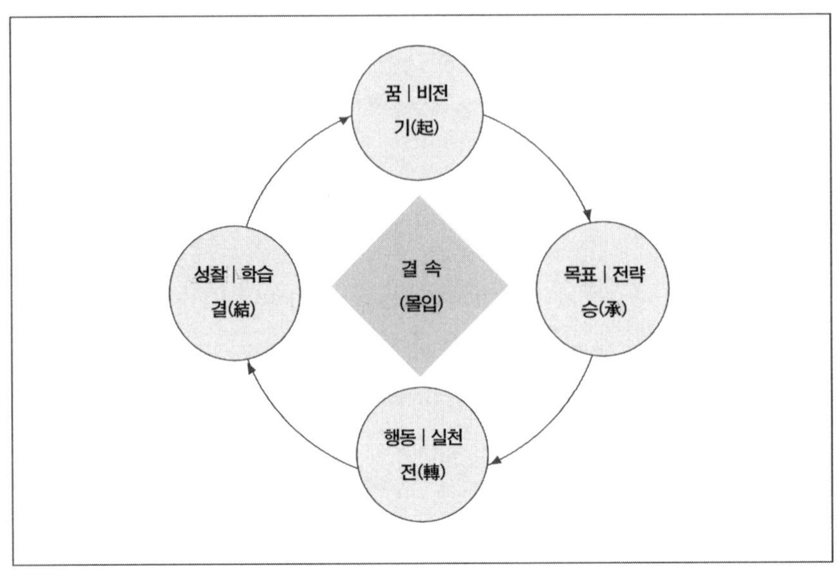

〔그림 1〕 리더십 기승전결 구조

먼저 기(起)에 해당되는 부분은 아마도 한 아이가 '신발 끈을 고쳐 매는 것'이 아닐까 한다. 호랑이에게 쫓기는 상황에서 누구 할 것 없이 살고 싶은 생각은 같겠지만, 한 아이는 꼭 살겠다는 신념이 유난히 강했음을 알 수 있다. 막연히 바라는 꿈이나 욕망이 아니라, 꼭 이라는 소망이 담긴 희망은 그만큼 더 실현 가능성을 높여주는 행동을 하게 한다. 이처럼 신념이 내재된 꿈을 흔히 비전(vision)이란 말로 대신할 수 있다.

다음으로 승(承)에 해당되는 부분은 어디인가. 이 부분은 아마도 '큰 나무가 있는 곳까지 달려 나무에 올라가는 것'일 것이다. 여기서 특기할 사항은 혼자만이 아니라 같이 살려는 생각을 하게 되었다는 점이다. 어쩌면 다른 한 친구의 죽음이 계기가 되었을 수도 있다. 어쨌든 둘은 큰 나무가 있는 데까지 뛰어간다는 목표를 가지게 되었고, 서로 다른 나무에 올라가서 지켜보겠다는 나름대로의 전략을 공유했던 셈이다.

다음으로 전(轉)에 해당되는 단계는 '호랑이 등에 올라타는 부분'이 아닐까 한다. 당초에 생각했던 목표와 전략은 어느 정도 효과가 있었지만, 여전히 최종 목적에 이르지는 못했다. 상황은 더욱 악화되어 새로운 국면 전환을 위한 모험을 시도하게 된다. 이 단계에서 특히 주목해야 할 점은 어려움을 극복하려는 창의적 발상과 도전의식 및 이를 실행에 옮기는 결단력이라 하겠다. 뿐만 아니라 어려움을 끝까지 이겨내려는 행동의지가 있음으로 해서 시시각각 클라이맥스를 경험하며 자연스럽게 종결로 이어진다.

마지막으로 결(結)에 해당되는 부분은 이 이야기에서 나타나지 않아 잘 알 수 없지만 어렵지 않게 상상이 가능하다고 본다.

우선 마을 사람들은 죽은 아이의 부모와 함께 슬픔을 나눈 다음 살아 돌아온 아이들로부터 상황에 대한 이야기를 듣는다. 이로써 이전에는 잘 몰랐던 호랑이와 관련된 사실들을 보다 생생하게 알게 되고, 나아가 공통의 퇴치법을 강구하는 등 새로운 움직임이 일어날 것이다. 한편 호랑이의 입장에서도 적지 않은 변화가 있었을 것이다. 지금까지는 사람을 단순히 먹잇감으로만 보았겠지만 이후로는 생각이 많이 달라졌을 수도 있다.

2) 리더십 구조의 의미와 의의

'숲 속의 세 아이' 이야기는 비록 짧은 내용이지만 리더십과 관련하여 적지 않은 시사점을 던져준다. 쫓기는 긴급한 상황에서 생각할 수 있는 생존의 문제는 결국 선택의 문제였던 것이다. '신발 끈을 맨다든지', '나무에 오른다든지', '호랑이의 등에 타는' 행위들은 비록 순간적이고 혼자만의 결정이지만 철저한 삶의 의지를 나타내주고 있다.

사회적 동물로서 우리 인간들은 크고 작은 일상의 일들로 인해 힘들어하고 고민하며 방황하기도 한다. 문제의 일차적인 원인은 결국 선택을 해야 한다는 데서 비롯된다. 이러한 선택의 문제는 아주 사소한 개인적인 것에서부터 바람직한 대학생활의 결정, 직업 및 진로의 선택, 배우자의 선택은 물론 삶의 질을 정해주는 모든 일상의 일들이 결국은 선택의 문제로 귀결된다. 그리고 선택의 문제는 여러 복수의 대안 중에서 소수를 선택하는 경우도 있지만, 대게는 양극성(polarity) 중에서 어느 한쪽을 택하는 경향이 많다. 죽느냐 사느냐를 비롯해서 보수냐 혁신이냐, 안정이냐 발전이냐 등 개인이나 회사 및 국가의 운명을 결정짓는 많은 사실들이 이를 잘 대변해주고 있다. 그런데 선택, 즉 의사결정을 하려면 우선 기준이 명확해야 한다. 그리고 그 기준은 가치(value)와 관련이 깊다. 일반적으로 가치라는 의미에는 소중한 것, 필요한 것, 의미 있는 것이 포함되어 있다. 이를 To Have(갖고 싶은 것), To Do(하고 싶은 것), To Be(되고 싶은 것)로 표현하기도 한다. 만약 어떤 사람이 주관이 뚜렷하고 인격을 갖추고 있을 때 우리는 흔히 가치관이 정립되어 있다고 한다. 다시 말해서 사물을 판단하고 행동하는 데 있어 가치의 우선순위, 즉 가치관이 정해져 있음을 의미한다.

그런데 사람들은 대부분 자신이 무엇을 가장 가치 있게 생각하고 있는지를 잘 모른다고 한다. 이와 관련하여 어느 저명한 사람이 50년 동안 한결같이 기도했다는 기도문을 소개하고자 한다. 이 기도 덕분에 그는 결코 평범을 뛰어넘은 위대한 인물이 될 수 있었다. 그가 바로 미국의 유명한 과학자이자 정치가인 벤저민 프랭클린이다. 매일 아침 일어나서 평생을 읊었다는 그의 기도문은 이렇다.[5]

> 전능하사 만물을 주관하시는 주님, 저를 인도해주십시오. 제가 진정으로 바라는 것이 무엇인지 알아낼 수 있는 지혜를 허락해주십시오. 이 지혜가 저에게 명하는 것을 실천할 수 있도록 저의 결심을 더욱 강하게 만들어주십시오. 저를 향한 당신의 끝없는 사랑에 대한 보답으로 제가 다른 사람들에게 보내는 진심 어린 기도를 허락해주십시오.

5. 구본형, 『그대, 스스로를 고용하라』, 김영사, 2001, p. 97.

지금까지 논의한 것처럼 선택의 기준이 되는 가치의 문제는 개인적 차원과 사회적 차원의 문제로 대별해볼 수 있다. 개인의 가치 기준은 사람에 따라 얼마든지 다를 수 있다. 그러나 사회나 조직이 유지되려면 다수의 보편적 가치가 기준이 되어야 한다. 이러한 기준을 우리는 흔히 도덕이나 법, 관습 또는 문화라는 이름으로 이해하고 있다. 혼자가 아니라 더불어 사는 사회에서 개인이 갖는 가치가 의미를 가지려면 반드시 자신이 속한 사회나 조직의 보편적 가치 또는 공유된 가치(shared value)와 조화를 이룰 필요가 있다. 개인의 창의와 자율을 최대한 권장하면서 동시에 다수의 이익을 지향하는 것, 이것이 바로 민주주의의 원리인 것이다. 이러한 민주주의의 원리는 바로 우리가 이해하고자 하는 리더십의 원칙과도 일맥상통하는 점이 있다. 한편 가치의 문제는 그 것이 개인적이든 사회적이든 간에 선택의 기준이 되기 때문에, 항상 선택되지 못한 다른 요인 또는 다른 사람들과의 사이에서 갈등의 원인이 되기도 한다는 점을 놓치지 말아야 할 것이다. 예를 들어서 우리가 아무리 탁월한 선택, 즉 의사결정을 했다손치더라도 거기에는 일말의 아쉬움이나 후회가 따르기 마련이다.

따라서 우리가 어떤 일을 결정하거나 실행을 하고 난 뒤에는 자연스럽게 또는 반드시 성찰(reflection)하는 습관을 잊지 말아야 할 것이다. 이러한 성찰을 계기로 우리는 학습(learning)이라는 배움의 의미를 깨닫게 되는 것이다.

다시 '숲 속의 세 아이'이야기로 돌아가보자.

한 아이가 신발 끈을 고쳐 매어 자기는 살아남고 대신 친구 중 한 명이 희생되었다. 우선은 살아남게 되어 기쁘기도 하였지만 친구의 죽음이 오래도록 마음에 걸렸을 것이다. 아이는 자라면서 계속 이 문제를 깊이 고민하게 되고 결국은 자기만이라도 살아야겠다는 가치관에서 다 함께 살아야겠다는 생각으로 발전하고 나아가 사람을 위협하는 맹수들마저도 함께 어울려 사는 세상을 꿈꾸게 되었다면… 그리고 그 꿈이 훗날 디즈니랜드와 같은 꿈동산을 만들어낼 수 있었다면…

이야말로 리더십에서 추구하는 변화와 성취, 그리고 의미가 있는 이야기가 아닐까. 이처럼 작은 리더십을 더욱 큰 리더십으로 만들어주는 이 힘의 원동력이 바로 성찰과 학습이라는 과정을 통해서 이루어진다는 중요한 사실을 알아야겠다. 성찰과 학습, 이는 곧 어떤 한 리더십의 종결이자 동시에 새로운 리더십의 문을 열게 해주는 성장의 열쇠인 것이다.

다시 말해서 리더십의 문제는 결국 우리가 얼마나 가치 있게 살 것인가에 대한 선택의 문제이며 동시에 선택되지 못한 부분들에 대한 학습의 기회로 보아야 한다. 이러한 내용을 토대로 이미 앞에서 설명한 리더십 구조와 관련지어 다시 한번 재조명해보자.

이 중에서 특히 '꿈과 비전'은 바로 이러한 가치관의 첫번째 발로인 셈이다. 그런데 여기서 말하는 비전의 의미는 막연히 바라는 꿈이나 이기적 욕심이나 욕망이 아닌 보편성과 주관성이 조화된 바람직한 소망이다. 따라서 이와 같은 비전은 심리적인 면에서 볼 때 반드시 이루고야 말겠다는 개인적인 신념을 수반하는 특성이 있다. 확고한 믿음이나 신념이 있는 경우에는 자연히 자신의 생각이나 행동을 보다 쉽게 조율할 수 있게 되어 인생을 보다 자신 있게 살 수 있게 해준다. 리더십에서 가장 중요한 것이 바로 방향의 설정인데, 이것이 정립되면 이후의 문제인 목표 설정과 전략 수립, 행동과 실천, 성찰과 학습도 자연스럽게 이어지게 되며, 결과적으로는 사람들간의 결속과 함께 바람직한 몰입이 이루어지게 된다. 이러한 일련의 순환적 흐름 구조를 일반적인 리더십의 기본적인 원리로 이해할 필요가 있겠다.

읽기 자료

1) 변화와 리더십

가. 세상에 변하지 않는 것은 하나도 없다

리더가 항상 변화를 추구하는 데 앞장서야 하는 이유는 일종의 운명이다. 왜냐하면 우리를 둘러싸고 있는 삼라만상이 잠시도 쉬지 않고 변화하고 있기 때문이다. 더 넓은 우주에서부터 극미의 세계인 원자에 이르기까지 그냥 가만히 있는 것이 하나도 없다. 파인만(Richard P. Feynman)의 지적처럼 지금까지 우리에게 알려진 과학적 지식들을 송두리째 와해시키는 일대 혁명이 일어나서 다음 세대에 물려줄 과학지식이 단 한 문장밖에 남아 있지 않다면 그 문장엔 어떤 내용을 담고 있을까.[6]

그것은 아마도 '원자가설(atomic hypothesis)'일 것이다. 즉 '모든 물질은 원자로 이루어져 있으며, 이들은 영원히 운동을 계속하는 작은 입자로서 거리가 어느 정도 떨어져 있을 때는 서로를 잡아당기고, 외부의 힘에 의해 압축되어 가까워지면 서로 밀어낸다'는 가설이 그것이다. 한편 우리가 살고 있는 지구는 어떤가. 견고해 보이는 지각도 서서히 아주 조금씩 그러나 끊임없이 움직이고 있음이 관찰되고 있지 않은가.

처음부터 아시아와 아메리카가 대륙이 떨어져 있었던 것일까. 히말라야의 높은 산꼭대기에서 발견되는 조개 껍데기의 화석은 또 무엇인가.

이뿐이 아니다.

지구의 둘레가 약 4만 킬로미터인데 하루에 한 번씩 자전하니 계산적으로는 적어도 시속 1천 6백 킬로미터가 넘는다. 우리들 중에 이렇게 빨리 움직이는 물체를 타본 적이 있는가. 단지 의식을 하지 못하고 있을 뿐이다.

6. Richard P. Feynman, *Six Easy Pieces*, 1995, pp. 42~43.

시간이 흐르고 계절이 바뀌어 시시각각 꽃 피고 새 우는 소리는 어떻고, 사람으로 태어나 늙고 죽음은 또 어떤가.

사람들이 생명을 유지할 수 있는 유일한 이유는 오직 제멋대로 떠돌던 원자들이 기적처럼 정교한 방법으로 협력하고 있기 때문이다. 원자들이 헌신적으로 협력하고 있는 소중한 단 하나의 목표는 오직 우리를 살아 있게 하기 위함이다. 그런데 변덕스럽기 짝이 없고 눈에 보이지 않을 정도의 미세한 원자들이 헌신하는 기간은 길어야 65만 시간 정도이다.(평균수명을 72년 정도로 할 경우) 정말 순간에 지나지 않는다. 그리고 어느 시점이 되면 원자와 우리의 관계도 영원히 끝나버린다. 화학적으로 볼 때 생명체는 놀라울 정도로 평범하다고 한다. 탄소, 수소, 산소, 질소, 약간의 칼슘, 소량의 황, 그리고 평범한 원소들이 조금씩만 있으면 된다. 동네 약국에서도 쉽게 구할 수 있는 것들이다. 그렇지만 유일하게 특수한 점은 그것들이 우리 몸을 구성하고 있다는 엄연한 사실뿐이다. 그리고 이 모든 것은 생명의 기적으로밖에 달리 설명할 방법이 없다.[7]

한편 길어야 5만 년도 안 되는 인류의 역사이지만 근래에 느껴지는 변화의 속도는 놀라울 정도여서 자연적 변화와는 비교도 되지 않는다.

IT를 비롯한 정보화의 기술은 이전엔 꿈도 꿀 수 없었던 새로운 세상을 이미 만들어내지 않았던가. 훗날 역사가들이 시대를 구분지을 때 어쩌면 인터넷 발명 이전의 구시대와 인터넷 이후의 신시대로 나누어 설명할지 모른다고 할 정도이다.

나. 계란과 개구리 이야기

이처럼 지금 우리는 세계사적 대변환기를 살아가고 있다. 잠시만 한눈을 팔아도 따라가기 힘들 정도로 사회는 거듭거듭 변화를 계속하고 있다.

국제화와 정보화, 기업 및 국가 간의 무한 경제 · 기술전쟁으로 상징되는 21세기의 대변혁은 우리에게 새로운 환경과 질서에 적응하지 못하면 도태하고 만

7. Bill Bryson, *A Short History of Neary Everything*, 2003, pp. 11~13.

다는 준엄한 생존논리를 시시각각 일깨워주고 있다. 변화하지 않으면 생존 자체가 불가능한 시대, 변화 없이는 아무런 발전도 기대할 수 없는 시대가 우리 앞에 가로놓여 있는 것이다.

어차피 피할 수 없는 변화가 사실이라면 수동적으로 변화하기보다는 보다 능동적이고 적극적으로 변화할 필요가 있지 않을까?

이 같은 수동적 변화와 능동적 변화 사이에는 큰 차이가 없어 보이지만 이의 참뜻을 제대로 이해하는 것이야말로 오늘날을 살아가는 삶의 지혜이자 발전의 지름길이 아닐까 한다. 이와 관련하여 재미난 일화가 있다.

'계란 이야기'다. 계란을 밖에서 깨면 잘해봐야 계란 프라이밖에 안 된다. 그러나 달걀 스스로가 깨고 나오면 병아리가 되고 닭이 된다는 이야기이다. 만약 그 알이 계란이 아니고 다른 새의 알이라 해도 마찬가지다. 필요한 시기에 스스로 깨고 나왔을 때와 그렇지 못할 때의 결과는 삶과 죽음만큼이나 차이가 난다는 이야기이다.

변화의 진정한 의미는 무엇인가, 왜 변해야 하는지, 무엇을 변화시켜야 하는지, 어떻게 변화해야 하는지를 정확하게 아는 것이 바로 변화의 출발점이다.

그리고 앞서 지적한 '계란 이야기'에서처럼 스스로 변화하려는 능동적인 자세가 중요하다. 나부터, 작은 것부터, 쉬운 것부터 꾸준히 실천해 나갈 때 미래가 창조될 것이다.

이와 관련하여 아래의 '끓는 물과 개구리 이야기'를 읽고 변화와 리더십에 대한 생각을 추가해보도록 하자.

끓는 물과 개구리 이야기(boiled frog story)는 하나의 실험에 기초하고 있다. 실험실 용기에 물을 가득 채운 다음 개구리를 넣고 서서히 가열한다. 점차 물의 온도가 올라가고 개구리는 열을 견디지 못해 결국 죽는다, 이와는 대조적으로 찬물에 있던 개구리를 이미 가열된 뜨거운 물에 넣으면 개구리는 곧바로 뛰쳐나가고 결과적으로 목숨을 건진다. 실험은 여기까지다.

- 개구리가 죽었을 경우 그 원인이나 이유를 두세 가지로 나누어 나름대로 상상해 볼 수 있다. 자신의 생각을 말해보라.
- 실험 용기 안에 몇 마리의 개구리와 올챙이가 있었다면 어떤 현상이 일어났을까?
- 가열되어가는 물 속에서 용케 개구리 한 마리가 살아났고, 나머지 개구리와 올챙이는 모두 죽었다면 그 이유는 무엇인가?
- 어느 대기업의 연구 결과 중간관리자의 75%가 무사안일(peace and pay) 자세를 택하고 있다고 한다. 이러한 현상과 위의 사례의 연관성에 대해 의견을 나누어보자. 그리고 자기 자신과 주위 동료들의 입장은 어떤지 솔직하게 얘기해보자.
- 피동적이고 안일한 생각은 자기 자신은 물론 주위의 사람들에게도 짐이 되고 고통이 된다. 이제 점진적 죽음이 아닌 근본적인 변화를 위한 구체적인 자기 탐색을 시작해보자.

2) 역사 속의 인물과 리더십

모든 민족들은 각기 자신들의 영웅, 즉 훌륭한 리더가 탄생되기를 기대한다. 그들은 민족의 자부심이자 희망이며 동시에 그들 자신의 힘이기 때문이다. 사람들은 리더를 통해서 스스로의 가능성을 믿으며 미래의 꿈에 희망을 걸게 된다. 몽고인들은 칭기즈 칸을 통하여 세상을 보았고, 미국 사람들은 링컨과 킹 목사를 통하여 자신들의 미래를 그렸다. 마찬가지로 우리나라 사람들은 세종대왕을 통해서 진정한 백성 사랑법이 어떤 것인가를 알았고, 이순신 장군에게서는 철저한 구국정신을 배웠다. 인기 드라마 〈태조 왕건〉으로부터도 주인공인 왕건은 물론 궁예와 견훤의 개성 있는 캐릭터를 통해 다양한 리더십의 스타일과 교훈을 배울 수 있다. 이처럼 리더십은 역사 속의 인물들처럼 그들이 추구한 가치와 목표가 무엇인가에 따라서 또 주어진 상황이 어떤가에 따라 다를 수 있다. 그러나 한결같은 점은 그들 모두가 현재의 어려움을 극복하여 새로운 세상의 지평을 열게 한 빛나는 스승이었다는 것이다.

가. 태조 왕건의 리더십

변화추구형 리더 왕건은 실리를 위주로 국가를 경영하여 궁극적인 승리를 이끌어낼 수 있었다. 카리스마형 리더 궁예는 뛰어난 선견력에도 불구하고 자아도취적인 카리스마에 빠져 대세를 넘겨주고 말았다. 한편 진두지휘형인 리더 견훤은 뛰어난 솔선수범의 전술가였지만 민심을 읽는 전략적 사고의 결여로 결국 왕건에게 무릎을 꿇고 말았다. 이 같은 리더십 사례를 통해서 각기 세 리더들의 개성과 성장 배경 및 강 · 약점을 새롭게 분석해보자. 그리고 각자 자신의 리더십 개발에 어떤 시사점을 얻을 수 있을지 의견을 나누어보자.

최근의 베스트 셀러 중에 피에르 상소의 『느리게 산다는 것의 의미』란 책이 있다. 너무 바쁘게 사는 현대인들에게 삶의 여유를 찾게 하고 인생의 의미를 새삼 깨우치게 하려는 작자의 의도가 역력하다.

이 책을 읽으면서 여러 생각을 할 수 있겠지만 독자에 따라서는 학창 시절의 미분(微分), 적분(積分)을 떠올리는 사람도 있을 것이다.

수학하면 먼저 미분과 적분이 연상될 정도로 학창 시절에는 매우 비중 있게 배웠던 과목이다. 복잡한 공식과 함께 다양한 응용문제들 때문에 적지 않은 어려움을 겪을 수도 있었을 것이다.

주어진 구간 내에서의 전체 면적을 재빨리 구하는 것이 '적분' 이고, 반대로 일정 구간을 최대한 잘게 쪼개어 단위면적의 기초를 확인하는 과정이 '미분' 이다. 흔히 말하는 결과 위주의 사고는 적분에 가깝고, 과정 위주의 사고는 미분에 관련지어 생각할 수도 있다고 본다.

디지털 시대란 이름하에 정신없이 바쁘게 사는 사람들의 머릿속에는 대체 어떤 종류의 생각들로 꽉 차 있을까!

성인들이 하루 동안 머릿속에서 떠올리는 생각들의 가지 수는 줄잡아 만여 가지가 넘는다고 한다. 그래서 '오만 가지 생각이 난다' 라는 말이 있을 정도이다. 그만큼 우리는 자신도 모르게 수없이 많은 생각들을 하면서 산다는 뜻이다. 그런데 그렇게 많은 생각들의 대부분이 어쩌면 남과는 다른 자기만의 성공이나 성과 또는 일의 결과만을 생각하는 적분적 사고에 빠져 있는 것은 아닐는지…

우리는 지금 우리가 만나고 있는 사람과 하고 있는 일, 그것들이 비록 사소해 보여도 나름대로 의미를 부여해서 느리게 살 필요성을 제기한 것이다. 사이버 공간을 동반한 전방위 디지털 시대, 이러한 시대를 살아가는 우리들에게 있어 가장 바람직한 리더십은 대체 어떤 것일까. 많은 사람들이 이러한 문제로 고민을 하고 있는 것이 사실이다. 그런데 마침 이러한 고민을 해결해주려는 듯이 드라마 〈태조 왕건〉이 있었다.

맨땅에서 일어나 미륵을 자처하며 일거에 세력을 규합한 궁예, 청년장교의 피끓는 애국심으로 새로운 국가를 만들겠다고 결심한 견훤, 뛰어난 선견력과 전략적 제휴로 끊임없이 기회를 창출한 왕건, 이들이야말로 당시 패스파인더였음에 틀림이 없어 보인다. 그리고 이들의 리더십 스타일이 매우 흥미롭다.

'세계는 넓고 삼킬 땅은 많다' 형의 궁예는 창업형 카리스마 리더이고, '후퇴는 없다. 오로지 전진' 형의 견훤은 진두지휘형의 솔선수범 리더에 가깝다. 이에 비해 왕건은 기본적으로 큰 변화를 읽을 줄 아는 변화유도형 리더로 분류될 수 있다. 특히 왕건은 궁예의 전략적 선견력을 가지고 있으면서도 이를 독식하지 않았고, 솔선수범 함으로써 주위의 사람들을 저항 없이 참여케 하는 견훤의 강점을 동시에 가졌다고 본다. 다르게 표현해서 궁예는 '적분형 리더' 이고, 견훤은 '미분형 리더' 에 가까우며, 왕건은 '미 · 적분형 리더' 라고 할 수도 있지 않을까. 미분도 중요하고 적분도 중요하지만 수학에서 높은 점수를 받기 위해서는 미분과 적분을 동시에 다 잘할 필요가 있다. 많은 사람들이 새삼 태조 왕건의 리더십에 주목하는 이유가 바로 여기에 있다고 하겠다. 항시 나아갈 때와 물러날 때를 생각하면서 늘 새로운 기회를 모색하는 인내심 있는 자세가 돋보이기 때문이다.

한편 이러한 왕건의 리더십을 더욱 생생하게 해주는 사례로서 정글 속의 타잔을 비유해보자.

경제 한파 속에서의 생존전략은 어쩌면 정글 속에서 꿋꿋이 살아난 타잔의 생존법칙과 다를 바 없다. 자신의 핵심 역량만을 남기고 군살을 걷어내는 컴피턴시의 경영은 팬티만을 입은 타잔의 모습에 비유될 수 있다.

일찍이 바다에서 자란 왕건은 막강한 해군력을 바탕으로 절대적인 전략적 우위를 점하게 된다. 나주성 공략이 그것이다. 뿐만 아니라 매번의 전투에서는 화려한 대군을 이끌기보다는 소수 정예의 양동 작전으로 소기의 성과를 지향했던 점이 그렇다.

한편 타잔 영화를 보게 되면 타잔은 위기의 순간에 다른 힘센 동물들을 불러모아 그들의 도움을 받는다.

이처럼 우리 역시 때때로 누군가의 도움을 받아야 한다.

그런데 도움을 받기 위해서는 평소 타인과의 긴밀한 협조관계가 필수적이다. 왕건은 후삼국 통일에 있어 전략적 제휴를 절묘하게 이용했다. 그의 대표적인 전략은 2:1전략으로 대변된다.

신라를 항상 자기편에 묶어둠으로써 견훤의 군대를 견제하는 전략이 그렇다. 궁예는 자신의 콤플렉스 때문에 신라를 아예 상존치 않았으며, 견훤 역시 신라왕을 제거하여 신라인의 민심을 잃게 된다.

힘있는 동물들과 친하면서 전략적 제휴를 잊지 않았던 타잔의 지혜가 연상되는 부분이기도 하다.

그리고 타잔에게는 사랑스런 애인격의 제인이 있었다. 제인을 만날 때마다 타잔은 새로운 지혜와 용기를 얻었다. 개인은 물론 조직 역시 세상을 향해 항시 열린 창을 가지고 있어야 한다. 끊임없이 세상을 배우려는 학습경영의 지혜가 바로 이것이다. 이를 위해서는 무엇보다도 리더 스스로가 공부하는 리더십의 전형이 되어야 한다. 우리는 세종대왕의 지칠 줄 모르는 학습 열의가 어떻게 집현전 학사들을 감동시켜 몰입케 했는지 잘 알고 있다. 왕건 역시 평생을 전장에서 보낸 군인왕이었지만 스스로 공부하고 배우려는 남다름이 있었다. 궁예나 견훤에게도 제인과 같은 소수의 책사들이 등장하기도 하였지만 왕건과 같지는 않았다.

최응, 박유, 최지몽, 최언위를 비롯하여 태평과 같은 모범형 책사들이 왕건 주위에는 유달리 많았다. 그리고 이들과의 격의 없는 커뮤니케이션은 학습경영과 벤치마킹 경영의 지혜를 생생하게 보여주는 장면이 아닐까 한다.

이외에도 타잔의 곁에는 항상 침팬지 조수 치타가 따라다녔다. 마찬가지로 기업에서의 핵심인력도 충성스러워야 한다. 최고경영자에 대한 맹목적인 복종이 아니라, 비전을 공유하면서 동고동락하는 인재의 확보야말로 기업의 가장 큰 자산이다. 왕건에게는 궁예나 견훤에게서 찾기 어려운 덕이 있었다. 덕이 있는 리더는 부하를 신뢰하고, 맡긴 일에 대해서는 전폭적인 지지를 아끼지 않는다. 리더의 신뢰에 대해 추종자는 존경으로 응답한다. 이것이 바로 신뢰를 바탕으로 하는 리더십의 생명이다.

태조 왕건을 가장 돋보이게 하는 부분이 바로 이 대목이다.

신숭겸 장군은 대구 팔공산 전투에서 주군인 왕건을 탈출시키기 위해 스스로 죽음을 택했다.

유금필 장군 역시 비슷했다. 그들이 없었다면 고려의 천하통일은 불가능했을 것이다. 태조 왕건이 마지막 숨을 거두기 직전 그의 유언을 받아 적은 박술희도 같은 맥락에서 이해할 수 있다.[8]

나. 세종대왕의 리더십

리더십과 관련하여 세종대왕의 관심 사항은 칭기즈 칸이나 나폴레옹, 알렉산더 대왕과는 매우 달랐다. 그들의 주된 관심사가 영토의 확장을 위한 정복 전쟁이었음에 비해, 세종대왕은 어떻게 하면 백성들의 삶의 질을 높일 수 있을까 하는 것이었다. 그로부터 수백 년이 지난 오늘날, 과연 어떤 리더십의 이슈가 바람직했는지 다시 한번 생각해볼 일이다. 자국의 박물관에 남의 나라 물건들을 전시해놓고 스스로 자랑스러워하는 모습과 일상의 생활언어를 통해 여전히 살아 있는 세종대왕의 그것과는 어떤 차이가 있는지 연구해보기로 하자.

세종대왕 하면 우리가 이미 다 알고 있는 이야기인 것처럼 생각되겠지만 사실 그에 대해서 제대로 파악하고 있는 사람들은 의외로 많지 않다. 그는 한마디로 리더십의 화신이었다. 끊임없이 이슈를 발굴해서 집현전을 통하여 연구시키고, 또 시스템적으로 연구 결과들을 실천해 나갔다.

그는 우선, 이슈를 개발해내는 능력에서 탁월한 면모를 보여주었다. 그가 22세의 나이에 조선의 4대 왕으로 즉위했을 때, 이미 학문적으로 그와 대화가 될 만한 신하들은 두 명(윤회, 변계량) 정도밖에 찾아볼 수 없을 만큼 역량이 뛰어난 임금이었다. 따라서 인재육성의 필요성을 느낀 세종은 집현전을 강화하고 학사로 채용하면 장기간 근무토록 하여 능력의 개발과 활용에 온 힘을 기울였다. 최장 근무자는 한글 창제를 극구 반대했던 최만리로서 22년간 근속하였다.

8. 김석우, 『왕건에게 배우는 디지털 리더십』, 느낌이 있는 나무, 2001, pp. 175~178.

한글 창제를 반대했던 최만리가 최장 근속할 수 있었다는 것이 아이러니컬하다.

주지하다시피, 세종대왕은 이 집현전을 통해서 한글을 창제하고 민생현안에 대한 연구를 수행하였으며, 아악을 정리하고 고서를 번역하는 사업을 수행하는 등 많은 업적을 이루었다. 또한 천문학을 연구하고 과학적 발명을 하였으며 아악을 정리한 것도 커다란 업적이라고 볼 수 있을 것이다.

사실 기능적으로 볼 때, 집현전은 오늘날의 국책연구소에 해당한다. 이 연구소에서는 과연 몇 명의 학사들을 데리고 이 많은 업적을 이룩했던 것일까. 지금까지 문헌에 나타나는 인원은 96명이다. 백 명도 안 되는 인원을 가지고 그렇게 위대한 업적을 이룩했다는 것은 오늘날의 국책연구소들의 역량과 비교해볼 때 많은 것을 느끼게 한다. 이들은 대개 과거시험에서의 성적과 출신 성분을 위주로 선발되었다. 과거시험의 문과에서 뽑는 인원이 1회에 33명 정도였는데 그들 중에서 1, 2, 3위에 해당하는 사람들이 등용의 첫째 대상이었으니 Top 10%에 해당하는 수재들을 선발하여 학사로 썼다는 얘기가 된다.

세종은 학사들로 하여금 끊임없이 이슈를 개발하고 탐구하도록 독려하였으며 그 스스로도 이슈 개발에 혼신의 노력을 다했다. 재임 32년 동안 수많은 연구를 수행하였는데 그 주제들 중 상당 부분이 세종이 직접 하사한 것들이었다고 한다. 그는 또 경연을 통하여 자유롭게 학사들과 함께 각종의 현안들에 대해서 토론을 하곤 하였다. 세종 재임기간 동안 총 1,835회를 개최함으로써 태종의 8회 정조의 21회에 비하여 비교가 안 될 정도의 정열을 보였다. 이 토론회에서는 누구나 자유롭게 의견을 개진할 수 있게 함으로써 결국 집현전이 언론의 역할까지 수행하는 결과를 가져오게 된다.

또한 세종은 학사들의 안위를 위해서도 커다란 배려를 아끼지 않았다. 소위 사가제도라고 하는 일종의 안식년제도를 실행하여 능률이 오르지 않는 학사들로 하여금 1년씩 전국을 돌며 식견을 넓힐 수 있는 기회를 주었다. 오늘날의 국책연구소들이 이런 제도를 실행했다가는 아마도 국고 낭비를 이유로 구설수에 오르지 않을까 싶다. 집현전의 위치도 강령전 옆에 두어 항상 쉽게 드나들 수 있도록 하였다.

집현전 학사들의 실력은 날로 향상되었고 급기야 관료들도 그들의 권위를 인정하기에 이른다. 한번은 사헌부가 조직이 방만하다고 하여 구조조정을 실시하려고 하였으나 해당 관원들이 강력히 반발하는 사태가 벌어졌다. 고민 끝에 세종은 관료들에게 집현전에 용역을 주어 그 연구 결과에 따라 처리하자고 제의하여 동의를 얻어냈다. 연구 결과가 구조조정을 지지하는 쪽으로 나오자 사헌부도 승복할 수밖에 없었으며 이를 근거로 구조조정을 실행하게 된다.

그의 이슈들은 상당 부분 백성들의 안위를 위한 것들이었다. 한글을 만들게 된 경위부터가 그랬다. 어느 날 밤에 그는 민정시찰을 나갔다가 어느 평민의 집에서 모녀가 "한자가 어려워 배울 수가 없다"는 대화를 하는 것을 듣고는 모두가 쉽게 배워 쓸 수 있는 한글을 창제하기로 마음먹었다고 한다. 또한 일가친척 없이 남의 집에서 기거하는 90세 이상 된 노인들에게는 사철 의복과 식료를 주도록 하는 복지제도를 도입하였으며, 산모와 산모의 남편에게 공식적으로 휴가를 주는 놀라운 제도를 세종이 벌써 도입하고 있었다.

> 경외(京外)의 여종으로서 아이를 배어 산삭에 임한 자와 산후 1백 일 안에 있는 자는 사역시키지 말라 함을 일찍이 법으로 세웠다. 그러나 그 남편에게는 휴가를 주지 아니하고 그 전대로 구실을 하게 하면 산모를 구호할 수 없게 되니, 한갓 부부가 서로 구원하는 뜻에 어긋날 뿐만 아니라 이 때문에 혹 목숨을 잃는 일까지 있으니 진실로 가엾은 일이다. 이제부터는 사역인의 아내가 아이를 낳으면 남편도 만 30일 후에 구실을 하도록 하라. (세종실록)

그는 또한 세금을 올리는 문제에 대해서 설문조사를 실시할 정도로 주도면밀하게 국정 운영에 임했으며 국방에 있어서도 태평 시대에 성을 쌓아야 한다는 주장을 받들어 성을 쌓고 국경을 튼튼히 하였다. 백성들이 지나치게 나태하거나 사역에 동원되어 에너지를 소진하는 일이 없도록 국가 사업을 조절하였다. "백성은 오랫동안 노고하고 휴식하지 않으면 그 힘이 피곤하게 되고 오랫동안 휴식하고 노고하지 않으면 그 뜻이 방탕해진다. 그러므로 백성은 반드시 때로는 노력시키고 휴식하게 해야 하는 것이다."

세종은 신하나 주변 사람들과의 관계에서도 합리적으로 풀어나가는 면모를 보여주었다. 자신의 즉위를 반대하여 낙향해 있던 황희를 다시 불러 정승의 자리에 앉혔는가 하면, 한글 창제를 극구 반대하는 최만리를 가장 오래 집현전 학사로 묶어두었고, 자신에게 왕위를 넘겨주고 홀연히 떠났던 양녕대군을 다시 서울로 데려와 형제의 도리로 대한 것 등은 그의 스타일의 일면을 잘 보여주고 있다. 술이 과한 신하에게는 술을 끊으라고 권면하고 집현전 숙직을 하다가 잠이 든 신숙주에게는 어의를 벗어 덮어줄 정도로 따뜻한 면모도 보여주었다.

1443년에 훈민정음이 완성되었는데 훈민정음이 반포된 것은 1446년이었다. 그렇다면 완성된 글자를 왜 3년 동안 묵혀두었던 것일까. 그 이유는 당시 훈민정음의 창제를 반대하던 사람들 때문이었다고 한다. 일반적으로 전체군주 아래에서 임금의 의견에 반대한다는 것이 쉽지 않은 일이었으나, 세종대왕의 경우에는 조선 시대 어느 왕에 비해서도 민주적으로 국정을 운영하고 있었으므로 신하들의 의견을 일방적으로 묵살하려 하지 않았다. 특히 부제학 최만리 등은, 중국에 없는 특수한 문자를 만든다는 것은 사대모화에 어긋나는 것이고 몽고, 사하, 일본 등이 특수문자를 갖고 있는 것은 그들이 오랑캐이기 때문이라는 이유를 들어 한글 창제를 반대하였다. 세종은 이들의 반대에 세심히 배려하고 그들이 이해하고 따라오도록 성의를 다하였다. 그러다가 1446년에 이르러 대간의 죄를 한글로 적어 의금부 승정원에 시달하였고 그후에도 수양을 시켜 같은 일을 하게 하면서 한글 사용이 조금씩 길을 열어가게 되었다.(박양춘, 1993)

한편 훈민정음에 필요 이상으로 역학적 설명이 제공되고 있는 것은 무엇 때문일까. 세종의 목적은 모든 소리를 낼 수 있는 문자의 창조였다. 역학이 글자와 별 상관이 없다는 것은 다 알고 있었다. 그러면서도 억지로 역학에 장황하게 관련시키고 있는 것은 국내외의 압력을 중화시키기 위해서 한글이 중국 철학의 테

두리 안에서 창조되었다는 일종의 가장을 꾀하기 위해서였다고 한다.[9]

3) 개발 현장의 리더십 커뮤니케이션

박 소장이 새로 부임한 반도체연구소 개발팀은 우수한 인재가 모인 집단이다. 그러나 공동 프로젝트의 개발수율이 0%에 그치는 그야말로 단결력이 떨어지는 결점을 안고 있었다. 공동작업 자체에 회의적인 연구원들은 아예 회의나 토론 없이 개인적으로 공동 프로젝트를 해결하는 형편이다. 개발팀의 문제점이 커뮤니케이션의 부재에 있다는 사실을 깨달은 박 소장은 매주 수요일 7시 '수요공정회의'를 정례화하여 연구원들간의 의사소통을 시도한다.

첫 회의 날, 퇴근 시간이 지난 시간에 타율적으로 참석한 연구원들은 여전히 공동작업이 불가능함을 주장하며, 효율과 개성을 살린 개인 작업을 선호한다. 새로운 공동 프로젝트인 1기가 D램의 개발 방법에 대한 토론을 시작하려던 박 소장은 연구원들의 의견대로, 각자 자신의 독자적인 방법으로 작성한 보고서를 다음 회의 시간에 제출할 것을 지시한다.

다음주 수요공정회의 시간, 해외출장에서 막 돌아온 박 소장은 공항에서 곧바로 회의실로 향한다. 그러나 출장을 간 박 소장이 돌아오지 않을 거라고 판단한 연구원들 대다수는 회의에 참석하지 않는다. 뒤늦게 박 소장이 자신이 말한 약속을 지킨 것을 알고서 연구원들이 급히 참석한다. 그러나 이들은 지난주의 약속과는 달리 보고서를 미처 준비해오지 못했다. 두 연구원의 보고서를 바탕으로 회의를 주재하는 박 소장. 그런데 뜻밖에도 커뮤니케이션 과정에서 연구원들은 자신들이 미처 몰랐던 개발 방법을 다른 연구원들을 통해서 알게 되고, 서로가 가진 정보를 주고받으면서 각자의 고민이 공유되는 체험을 한다.

비로소 커뮤니케이션의 필요성을 절감한 연구원들은 합리적이고 민주적인 토

9. 백기복, 『이슈 리더십』, 창민사, 2001, pp. 143~146.

론 문화에 대하여 긍정적인 반응을 보이고, 그 동안 무심했던 서로의 인간관계 또한 문제가 있었음을 인식한다. 이러한 토론 문화의 정착은 개발팀의 공동 프로젝트인 세계 최초의 1기가 D램 개발에 성공하였고, 오랫동안 '별들의 전쟁'으로 불려왔던 개발팀은 완벽한 팀워크를 추구하는 공동체로 변모해갔다.

등장인물

박 소장	새로 부임한 반도체연구소 소장. 반도체연구소 개발팀의 공동 프로젝트 개발수율이 0%라는 사실을 보고받고 충격을 받는다. 그 원인이 연구원들간 커뮤니케이션의 부재에 있음을 깨닫고, 새로운 토론문화 정착을 위해 솔선수범하는 자세를 보인다.
개발팀장	공동 프로젝트의 성과가 없음에도 대충대충 넘어가는 현실 안주형.
연구원1	공동작업을 귀찮아 한다.
연구원2	공동작업보다는 개인작업을 좋아한다.
연구원3	잘 어울리기는 하나 공동작업에는 방관적이다.
연구원4	개인적인 일만 충실하면 된다고 생각한다.
연구원5	합리적인 공동작업의 필요성을 느끼면서 적극적으로 참여한다.

반도체연구소에 새로 부임한 박 소장. 객석에서 일어나 관객들에게 인사한다.

박 소장 (관객을 향해) 안녕하십니까. 저는 이번에 부천공장장에서 반도체연구소 소장으로 오게 된 박 아무개라고 합니다. 우리 연구소는 1988년부터 생산하기 시작한 4메가 D램의 본격적인 양산을 앞두고 있습니다. 모두가 기대가 큽니다. 그건 아마도 우리 연구소의 뛰어난 인재들 덕분이라고 할 수 있죠. 그런데… (잠시 고민한다) 어제 업무보고를 받는 자리에서 놀라운 사실을 알았습니다. 이 뛰어난 인재들이 모인 개발팀의 공동 프로젝트 개발수율이 0%라니요. 공동 프로젝트의 성과가 전혀 보이지 않는다는 얘긴데… 그래서 오늘 퇴근 후에 우리 연구원들과 간단하게 식사를 하면서 이 문제를 논의해볼 생각입니다.

1. 반도체연구소 개발팀 사무실 – 커뮤니케이션의 부재

연구원들 각자가 등을 돌린 채 자기 일에만 몰두하고 있다. 가능하면 연구원1, 2, 3 역할은 남자가, 연구원4, 5는 여자가 맡는 것이 좋다. 개발팀장이 들어온다.

개발팀장 다들 잠깐. 오늘 회식 있는 거 알지?

연구원1 처음 듣는데요. (하품을 하며) 이거 피곤해서, 오늘 퇴근하고 사우나나 가려고 했는데.

연구원2 오늘은 곤란합니다. 우리 팀 프로젝트 발표가 며칠 안 남았잖아요. 전 남아서 보고서 준비를 해야 합니다.

연구원3 안 그래도 한잔 하려고 했는데.. 잘됐네요. 누가 쏘나요? 곧바로 양주부터 먹으러 가죠.

연구원4 전 빼주세요. 오늘 간만에 하는 소개팅이란 말이에요. 괜찮은 남자라는데, 한번 훑어봐야죠.

연구원5 어휴. 회식하면 뭐해요? 모두들 입 꾹 다물고, 밥이나 꾸역꾸역 먹다가 집에 갈 거면서…

개발팀장 무슨 소리야? 오늘 새로 온 박 소장님이 함께 인사도 할 겸해서 저녁때 한턱내신다고 했잖아? 벌써 일주일 전에 얘기한 건데… 이제 와서 이러면 어떡해?

연구원5 할 수 없죠. 갈 사람은 가고 남을 사람만 남는 거죠. 늘 이런 식이잖아요?

연구원3 (연구원5에게) 아마 오늘도 우리 둘뿐이네요. 아니, 팀장님이랑 셋이네요.

개발팀장 이것 참… 실은 나도 우리 장모님 생신이신데…

연구원1 요 앞길 건너 호텔 사우나 어때요? 난 한 번도 안 가봤는데…

연구원4 지금 사우나가 문제예요? (휴대폰이 울린다) 여보세요? 그래, 나야. 물론 아침에 헤어샵 들렀지. (거울을 보며) 지금? 당연하지. 완벽하다니까. 누가 소개시켜준 건데…

연구원2 팀장님, 이번 프로젝트 발표도 제가 합니까?

개발팀장 그래. 처음부터 끝까지 자네가 맡았으니, 아무래도 자네가 해야겠지.

연구원3 너무 혼자서 열심히 하지 마. 괜히 미안하잖아.

연구원2 그럴 필요 없어. 난 혼자 하는 게 훨씬 편하고 빨라.

연구원5 공동 프로젝트, 공동으로 한번 해봤음 소원이 없겠어요.

개발팀장 아, 이것 참… 오늘 회식은 어떻게 하지?

객석에서 지켜보던 박 소장이 무대 위로 올라온다.

박 소장 뭐, 걱정할 거 없어요. 회식하기 싫으면, 오늘부터 곧바로 회의에 들어가면 되니까. 그리고 다음주부터는 매주 수요일 7시에 수요공정회의가 있을 겁니다.

개발팀장 지금 당장 회의를 하잔 말씀이신가요?

박 소장 다들 회식하러 가긴 싫어하는 거 같아서요. 아닌가요?

개발팀장 (박 소장을 끌며) 아, 아닙니다. 소장님 처음 뵙는 자린데, 딱딱한 회의실보다는 회식 자리가 훨씬 낫죠. 자, 다들 한 사람도 빠짐없이 참석하는 거야. 알았지?

연구원들, 억지로 불만 섞인 대답을 한다.

2. 회의실 – 커뮤니케이션의 시작

회의실. 박 소장이 업무일지를 점검하고 있다. 피곤한 듯 기지개를 켠다.

박 소장 (관객을 향해) 어제 회식은 잘 끝냈습니다. 역시 요즘 젊은 친구들 잘 놀더군요. 중요한 건 어제처럼 놀아도 함께 논다는 겁니다. 그러면 일도 역시 함께 할 수 있을 테니까요.

개발팀장이 허둥지둥 들어온다.

개발팀장 죄송합니다, 소장님. 먼저 와 계셨군요.

박 소장 아닙니다. 아직 회의 시작하려면 10분 남았군요.

개발팀장 (불안한 듯) 업무일지는 보셨습니까?

박 소장 네. 지금 보고 있어요. 그런데, 이제까지의 공동프로젝트 개발수율이 형편없더군요.

개발팀장 그게 참… 우수한 인재들이 열심히는 하고 있습니다만, 아직 그 이유를 모르겠습니다.

박 소장 전 알겠는데요.

개발팀장 네?

연구원들이 함께 들어온다. 다들 여전히 불만스러운 듯 분위기가 어둡다.

개발팀장 모두들 웬일이야? 어제 회식하자고 할 때만 해도 다들 바쁘다고 핑계를 대더니. 오늘은 한 사람도 빠짐없이 제시간에 왔네.

연구원1 설마 매주 이러는 건 아니겠죠? 퇴근 시간이 지나서 열리는 회의가 과연 실속이 있을까요?

연구원5 공동 프로젝트를 제대로 하려면 사실 이런 자리가 진작 필요했어요.

연구원3 그래도 어차피 매주 할 수는 없을 거예요. 다음주에 당장 소장님 해외 출장이신데요.

박 소장 그건 걱정할 거 없습니다. 출장 갔다가 공항에 도착해서 바로 회의장으로 올 거니까요.

연구원들 놀라는 표정.

박 소장 (수첩을 보여주며) 수요일 7시 이후에 제 시간은 항상 비어 있습니다. 수요공정회의는 모든 스케줄의 우선입니다. 팀장님, 그럼 시작할까요?

갑자기 침묵하는 연구원들.

박 소장 (연구원2에게) 왜 공동 프로젝트를 혼자서 하고 있죠?

연구원2 어제도 말씀드렸지만, 같이 모여서 회의를 해봐도 의견이 맞질 않습니다. 그래서 시간만 낭비하고 일의 능률도 오르지 않습니다.

연구원4 그래서 공동 프로젝트가 있을 때마다 번갈아 가면서 한 사람이 도맡아 해왔어요.

개발팀장 죄송합니다. 그게 글쎄, 워낙 개성이 강해서 함께 토론한다는 게 말처럼 쉽지가 않더라구요. 다음에는 좀 더 나은 결과가 있을 겁니다.

박 소장 전 결과를 두고 얘기하는 게 아닙니다. 공동 프로젝트의 개발수율이 0%라는 건 결국 우리 개발팀 내에서의 의사소통 확률이 0%밖에 안 된다는 겁니다. 우린 함께 있지만 서로에게 꽉 막힌 벽인 셈이죠.

연구원5 몇 번 회의 시간을 만들어보긴 했어요. 하지만 잘 되지 않아서 흐지부지 돼버렸어요.

박 소장 그래서 어차피 말이 통하지 않으니까, 소통 자체를 포기해버린 거군요. 어쨌든 오늘 회의는 우리 연구소의 새로운 공동 프로젝트인 1기가 D램 개발에 대한 각자의 의견을 제시하면서 시작하겠습니다. 한 분씩 차례로 얘길 해보시죠.

연구원1 소장님, 어차피 얘기해봤자, 각자 접근하는 개발 방법이 다릅니다.

연구원2 그러니까 굳이 어렵게 시간을 내서 같이 있을 필요가 없다고 생각합니다.

연구원4 대신 저희 각자가 자기가 원하는 방식으로 보고서를 작성해서 제출하면 되잖아요.

연구원5 그래도 함께 모였는데, 얘기라도 해보는 게 낫지 않을까요? 사실 전 이번 프로젝트에 대해서 궁금한 게 많거든요.

개발팀장 또 다시 별들의 전쟁이 시작됐군.

연구원3 늘 이렇잖아요. 회의를 하느냐 마느냐를 두고 회의를 하고 있으니, 언제 회의를 시작하겠어요?

박 소장 (고민하다가) 좋습니다. 그럼 다음주까지 각자 보고서를 작성해 오도록 합시다. 됐죠?

연구원들, 일단 만족하는 표정이다.

3. 그 다음주, 회의실 – 커뮤니케이션의 필요성

박 소장이 서류가방을 들고 제자리에서 뛰고 있다. 이따금 손목시계를 본다.

박 소장 (멈춰서 관객을 향해) 제가 왜 뛰고 있냐구요? 오늘이 수요공정회의 두번째 날이거든요. (다시 달리며) 전 지금 해외 출장을 갔다가 공항에서 곧바로 오는 길입니다.

회의실에 들어서는 박 소장. 연구원5만 보인다.

박 소장 정확하게 7시로군. 그런데 왜 한 사람뿐이죠?

연구원5 (난처한 듯) 다들 소장님이 못 오실 거라고 생각한 모양이에요.

박 소장 내가 분명 공항에서 곧바로 온다고 했을 텐데…

허둥지둥 뛰어 들어오는 개발팀장.

개발팀장 아, 소장님 오셨습니까? 이것 참… 다들 어디 간 거야?

박 소장 팀장님부터 보고서를 주시겠습니까?

개발팀장 (당황한 듯) 네? 저도 하는 겁니까? 그게… 요즘 너무 바쁘다 보니…

박 소장 (연구원5에게) 다른 연구원들에게 연락을 해보세요.

연구원5 (휴대폰을 꺼내 전화를 건다. 조그맣게) 오셨어. 정말 오셨다니까…

급하게 뛰어 들어오는 연구원 1, 2, 3, 4

박 소장 다들 늦으셨군요. 우선 각자 써온 보고서를 보여주시겠습니까?

연구원1 저, 그게… 저희들은 소장님이 출장을 가신다기에…

연구원2 (보고서를 나누어주며) 여기 있습니다.

연구원5 저도요.

연구원3 다음주 수요일까지 제출하는 거… (웃으며) 아무래도 안 되겠죠?

연구원4 (디스켓을 보여주며) 저, 아직 출력을 못 했거든요.

박 소장 그럼 오늘은 두 분이 작성하신 보고서를 바탕으로 우리 연구소의 새로운 공동 프로젝트인 1기가 D램 개발 방법에 대해 토론해보겠습니다.

개발팀장 그럼 저희들은 뭘 하나요?

연구원5 나머지 분들은 제 보고서의 문제점을 지적해주세요. 아마 문제가 많을 거예요.

연구원1 (보고서를 보며) 아하. 이렇게 하면 작업이 훨씬 줄겠네. 맞아.

연구원5 제 방법 괜찮죠? 머리가 나쁘면 손발이 고생이라니까요.

연구원3 (보고서를 보며) VLSI(초대규모 집적회로) 4세대 제품 자료는 내가 스크랩해 놓은 게 있는데… (스크랩북을 꺼내 보여준다) 보겠어?

연구원2 그래? 어디 봐… 와, 이런 건 언제 모아뒀어?

연구원3 이 정도야 기본이지. 진작 말했으면 내가 빌려줬지.

연구원2 난 자네가 맨날 술만 먹는 줄 알았다구.

연구원3 대신 보고서 작성하는 것 좀 도와줘.

연구원2 역시 공짜는 없군.

연구원5 그런데 다른 경쟁업체에서는 1기가 D램 개발이 어느 정도 진척되었나요?

연구원4 그건 저한테 있어요. (디스켓을 건네며) 경쟁업체 기술만 본떠서 벤치마킹해놓은 자료예요.

개발팀장 이것 참, 갑자기 다들 친해지는 분위기네.

박 소장 당연히 친해져야죠. 이제 시작입니다. 보시다시피 여러분들이 새로운 회의 문화에 익숙해진다면, 합리적이고 민주적인 방식으로 공동 프로젝트를 완성시킬 수 있을 겁니다.

다들 커뮤니케이션의 필요성을 인정하는 듯 조금씩 긍정적인 반응을 보인다.

연구원1 사실 지금처럼 모두가 한자리에 모여서 얘길 해본 건 거의 처음인 거 같습니다.

연구원3 같은 사무실에서 매일 얼굴 맞대면서도 무슨 생각하는지에는 관심이 없었어요.

연구원2 사실 혼자 일하는 건 분명한 한계가 있는데도, 도움을 청할 생각을 못했습니다.

연구원4 다들 비슷한 고민을 하는군요. 몰랐어요.

연구원5 진작 그런 자리를 마련했어야 하는데…

박 소장 됐습니다. 그럼 이제부터 그런 자리를 만들면 되겠죠?

4. 반도체연구소 개발팀 사무실 – 커뮤니케이션의 정착

퇴근 시간이 지난 사무실.

개발팀장 다들 오늘 회의 있는 거 알지?

연구원5 어, 벌써 7시야. 늦겠어.

연구원1 정말. 벌써 소장님 회의실에서 기다리시겠네.

연구원4 빨리 가요.

연구원3 근데 오늘 회의 끝나면 또 어디 가서 한잔 하지?

연구원2 오늘은 내가 쏘지…

개발팀장 걱정 마. 오늘 회식은 이게 책임질 거야. (봉투를 보여준다.)

연구원3 그게 뭐죠?

개발팀장 세계 최초로 1기가 D램 개발에 성공한 우리 공동프로젝트 개발팀 앞으로 특별 회식비가 나온 거 아니겠어?

연구원5 정말이에요?

회의실로 향하는 연구원들의 환호.

에필로그

연구원들이 회의실에 앉아서 활기차게 대화를 나눈다. 회의를 주재하던 박 소장은 더 이상 할 일이 없는 듯 자리에서 일어나 객석 앞으로 나온다.

박 소장 (관객을 향해) 이제 더 이상 제가 할 일이 없군요. 모두들 할 말이 너무 많아졌거든요. 우리처럼 우수한 인력들이 모인 연구소는 혼자서 작업하는 분야가 많은 게 사실입니다. 그런 곳일수록 '흩어지면 살고 뭉치면 죽는다'는 식의 잘못된 생각이 많습니다. 물론 혼자서 해결해야 할 일도 중요합니다. 그러나 그럴수록 더 중요한 것은 자기 개발 분야에 대한 고민을 적극적으로 나누는 것입니다. 마지막 결정은 항상 혼자 하는 것이 아니라 함께 하는 거니까요.

연구원들이 자리를 비운 박 소장을 부른다. 회의는 시끄러울 정도로 활기차게 계속 진행된다.[10]

〔읽기 과제〕

1. 21세기 변화의 시대를 맞이하여 점진적 죽음(slow death)과 근본적인 변화(deep change)의 선택 기로에서, 리더십의 역할과 의미에 대해 각자의 경험을 토대로 팀원간에 의견을 발표하도록 하자.
2. 우리 역사 속의 위대한 리더십의 주인공인 태조 왕건과 세종대왕을 읽고, 21세기를 이끌어갈 새로운 리더십의 관점에서 의미 있는 시사점을 각자 도출해 보고 의견을 나누어보자.
3. 실제 개발 현장의 모습을 가상하여 설정된 역할 연기(Role play) 대본을 읽고 리더십에 있어서 커뮤니케이션의 의미와 중요성에 대해 의견을 나누어보자.

10. 삼성전자 리더십개발센터, *Role Player Course*, 2000(대본Ⅱ).

쓰기 자료

1) 10년 후의 자화상

아래에 소개되는 어느 초등학생이 작성한 '20년 후의 나의 모습'이란 글을 참조하여 공학을 전공하는 멀티플레이어로서 나 자신의 10년 후 자화상을 작성해 보자.

머리맡에 놓아둔 알람시계가 소란스럽게 울려 퍼졌다. 난 오늘도 역시 꾀죄죄한 모습으로 하루를 맞이했다. 벌써 날다시피 그려 거의 완결이 나버린 내 만화책을 바라보았다.

'오늘은 자유다!'

내가 하는 일이라고는 그냥 집에 틀어박혀 하도 오래 잡아 꼬질꼬질한 연필로 만화를 그리는 거다. 그러다보면 마감은 눈앞이지. 하지만 오늘은 진도가 생각보다 빨리 나가 그리웠던 밖으로 나올 수 있었다.

만화를 그릴 때는 아이들과 남편은 우리 엄마, 아빠 집에서 생활한다. 아빠께서 나를 번쩍 들어올려 안아주시고 호되게 혼내주시던 게 어제 같은데 벌써 난 시집을 갔고, 이제는 우리 아이들을 그렇게 해주신다. 정말 시간도 빨리 지나간다.

길거리를 걷는 데 많은 학생들이 지나가고 있다. 손마다 만화책을 들고 있었다. 겉 표지를 살짝 쳐다보니 내가 그린 만화였다.

'오호호~ 귀여운 것!'

기분이 한결 좋아져 나는 얼른 가족이 기다리고 있는 친정으로 향했다. 집으로 들어서니 집 밖에서부터 요란한 소리가 들리고 내가 문을 열고 들어가자 집안 꼴이 완전 엉망이었다. 현관에 놓여진 흐트러진 신발을 정리한 뒤 곧장 엄마, 아빠 방으로 향했다. 방에 들어가며 잠시 옆을 쳐다보니 누가 앤지 어른인지 구분이 안 될 정도로 아이들과 열심히 놀아주고 있는 남편이 보였다. 난 보일 듯 말 듯 살짝 웃음 지었다.

"엄마!"

아빠는 골프 치러 가셨는지 안 계시고 방에 혼자 남아 앉아 있던 엄마는 내가 오자 웃으며 초등학생 때처럼 꼬옥 안아주셨다.

"어유, 우리 큰아기. 어서 가서 애들이랑 놀아줘야지."

"조금만 여기 있다가 갈래~"

난 아직 어린아이처럼 엄마에게 한참 매달려 있다가 거실로 나갔다. 한동안 조용해서 이상했는데 모두 거실 바닥에 널브러져 잠이 들어 있었다. 잠을 자는 모습은 모두 애기 같아 보인다. 여섯 살배기 막내, 8살 애교쟁이 둘째 딸, 그리고 9살 우리 맏형! 아~ 또 한 사람 우리 가장 큰 애기 우리 남편. 모두 남편 닮아서인지 다 귀엽고 멋지게 생겼다.

"누나 왔어?"

"응."

나보다 나이가 어린 우리 남편. 남편이 일어나자 아이들도 깨더니 모두 나한테 달라 붙었다. 그리고 같이 있어주지 못한 게 너무 미안했다. 난 환하게 웃으며 말했다.

"엄마랑 수다 떨자 얘들아!"

"엄마, 엄마! 나 학교에서…"

"내가 먼저야!"

그렇게 하루가 지나가고 있다. 내 이런 행복한 이야기가 만화를 통해 전해지길 바라며 난 행복하고도 꿈같은 가족들과의 생활에 빠져든다.

(세륜초등학교 6학년 김사림)

2) 디지털 시대 리더의 조건

디지털 시대에 있어 '리더의 조건'이란 아래의 내용을 읽은 후 리더로서의 나 자신에 대한 현재와 미래의 모습을 핵심포인트 중심으로 간략히 정리해보자.

꿈〔夢〕을 가져야 한다

리더의 특권은 꿈이다. 다시 말해 꿈꾸지 않는 사람은 리더가 아니다. 꿈은 우리의 삶에 무한한 가능성과 푸른 희망을 준다. 삶에 있어 엔돌핀을 팍팍 제공해준다. 우리는 꿈을 통해 삶의 보람을 느끼며 보다 역동적으로 살 수 있는 것이다. 성공한 인물들은 모두 자신만의 꿈을 가지고 그것을 실현한 자이다. "I have a dream"을 외친 마틴 루터 킹, 달을 정복하는 꿈을 꾼 케네디, 마음의 눈을 뜨기를 소원한 헬렌 켈러 등 이들은 모두 꿈을 가진 자들이다.

끼〔氣〕가 있어야 한다

리더는 특유의 끼가 있어야 한다. 끼는 재치와 유머 그리고 삶의 활력을 의미한다. 끼는 많은 것을 창조하고 새로운 것을 만들어내는 원동력이다. 우리 모두는 자신의 재능을 찾아내야 한다. 따라서 이미 각자에게 주워진 신의 선물을 발견하고 힘써 개발해야 한다. 특히 나만의 개성을 개발하는 것이 중요하다. 나를 다른 사람과 다르게 하는 그것이 무엇인가를 발견하고 자신의 색깔과 자신의 향기를 만들어내야 한다.

꾀〔策〕가 있어야 한다

21세기는 두뇌와 창의력의 시대임은 재삼 말할 필요가 없을 것이다. 남보다 깊게, 많은 것을 생각할 수 있는 힘이 있어야 한다. 꾀는 한마디로 문제를 해결하는 지혜와 전략을 말한다. 체계적인 기획력이며, 결코 단순히 잔머리를 사용하는 수준의 것이 아니다. 디지털 시대에 우리 모두는 생각하는 리더가 되어야 한다. 좋은 생각과 아이디어를 내기 위해서는 평소 책을 많이 읽어야 한다. 대화를 많이 해야 하며 또한 글을 많이 써야 한다. 꾀라는 것도 저절로 얻어지는 것이 아니기 때문이다. 꾀는 항상 고민하는 습관, 궁구하는 자세를 필요로 한다. 꾀만 있으면 호랑이에게 물려가도 살 수 있는 방책이 있는 것이다.

깡〔剛〕이 있어야 한다.

깡이란 무엇인가. 깡은 어감처럼 무모한 행동이나 과도한 만용이 아니다. 깡은 불량한 사람들이 가지고 있는 위험한 행위와도 다르다. 깡은 바로 리더만의 패기와 용기 그리고 배짱이다. 태산이 무너져도 솟아날 구멍이 있다고 생각할 수 있는 든든한 마음, 그러한 넉넉한 마음에서 깡이 나온다. 자신이 맡은 일을 끝까지 밀어붙이는 힘, 그리고 커다란 일을 감당할 만한 용기를 말한다. 깡이 없는 리더는 디지털 시대를 이끌어갈 수 없다.

끈[網]이 있어야 한다

이제 개미의 시대가 가고 거미의 시대가 온다고 한다. 거미의 특징이 무엇인가. 거미는 거미망을 통해 삶을 영위하고 경쟁력을 갖는다. 거미가 끈끈한 거미줄을 통해 벌레를 잡아먹듯이 리더들도 자신의 거미줄이 있어야 한다. 디지털 시대의 가장 두드러진 특징은 바로 네트워크화인 것이다. 리더가 갖추어야 할 네트워크에는 두 가지가 있다. 하나는 정보 네트워크이고 또 하나는 인적 네트워크이다. 리더들은 인터넷을 통해 이루어지는 정보 교류의 중요성과 아울러 이보다 더욱 중요하다고 할 수 있는 휴먼 네트워크 구축에 힘을 쏟아야 한다.

꾼[君]이 되어야 한다

우리말에 꾼이 들어가는 말이 많이 있다. 장사꾼, 나무꾼 등 … 꾼은 바로 전문성을 의미한다. 디지털 시대를 이끌어가기 위해서는 전문성을 확보해야 한다. 그러기 위해 우리는 최소한 한 분야의 전문가가 되어야 한다. 적어도 세계를 제패할 수 있는 꾼말이다. 꾼은 다른 말로 프로라는 의미가 있다. 다시 말해서 디지털 시대에 리더는 프로가 되어야 한다. 프로정신에 입각한 진정한 꾼이야 말로 21세기를 헤쳐나가는 조타수가 될 것이다.

꼴[貌]도 좋아야 한다

옛말에 '보기 좋은 떡이 먹기도 좋다'는 말이 있다. 현대 사회에서는 내실 못지않게 중요한 것이 바로 모양이다. 잘 가꾸어진 외모는 사람에 대한 신뢰감을 높여준다. 21세기가 '디자인의 시대'라는 것은 무엇을 의미하나. 오늘날은 '자신을 파는 시대'라고 한다. 나만의 개성을 지닌 자기 상품화가 필요하다. 포장만 화려한 썩은 사과보다는 건강한 빛깔의 신선한 사과가 좋다. 외모는 내면의 바른자세를 필요로 하며 걸음걸이 하나, 말 한마디 한마디가 모두 자신의 꼴을 결정한다. 물건의 꼴이 바르지 못하면 제품은 하자요 불량인 것처럼 사람도 불량이 있음을 알아야 하고 그 불량은 외모에서 시작하는 것임을 잊지 말아야 할 것이다.[11]

항 목	현재	미래(10년 후)
꿈		
끼		
꾀		
깡		
끈		
꾼		
꼴		

11. 삼성인력개발원 리더십 개발팀, *CEO Leadership Information*, 2002.

3) 나 자신의 강약점 분석(강점 관리, 시간 관리, 일상 관리)

먼저 자기 자신의 강점과 약점을 분석해본다. 강점을 더 많이 찾아 적는다.

	강점	약점
자신의 생각		
타인의 생각		

지난 1주 동안에 있었던 실제 생활을 되돌아보면서 주요 활동들을 4·4분면의 해당 부분에 기재하고 소요 시간을 표시해보자[예: 전공 공부(5시간), 미팅(2시간), 운동(1시간) 등].

〔고〕 ↑ 중요도 ↓ 〔저〕	〈중요하나 급하지 않음〉	〈중요하고 긴급한 일〉
	〈급하지도 중요하지도 않음〉	〈급하지만 중요하지는 않음〉
	〔저〕 ← 긴급도 → 〔고〕	

일상생활의 전반을 점검하여 바람직한 습관을 형성하는 데 활용토록 하자. 각 항목별 기준은 1(전혀 아니다)에서부터 5(매우 그렇다)까지의 임의로 배점한다.[12]

구분		문항	점수
식생활	1	식사 때, 음식의 질과 양에 신경을 쓴다.	
	2	음식은 오랫동안 꼭꼭 씹어서 먹는다.	
	3	햄버거, 피자 같은 패스트푸드나 달고 짜고 기름 많은 음식을 자주 먹지 않는다.	
	4	커피나 청량음료를 즐겨 마시지 않는다.	
		소계	
운동	5	꼭 차를 타야 하는 거리가 아니면 가능한 걷는다.	
	6	1주일에 2번 정도는 땀이 날 정도의 운동을 한다.	
	7	항상 정상체중을 유지하고 있다.	
	8	피로한 근육을 풀기 위해 가벼운 체조나 운동을 매일 10분 이상씩 하고 있다.	
		소계	
수면	9	규칙적으로 적절한 양의 수면을 취한다.	
	10	잠잘 때나 일할 때 무리가 가지 않도록 자세를 바르게 한다.	
	11	하루의 피로를 푸는 나만의 휴식방법이 있다.	
	12	아침에 일어날 때 몸이 개운하다.	
		소계	
감정	13	자신이 우울할 때 왜 그런지 아는 편이다.	
	14	긴장되거나 화가 날 때 큰숨을 여러 차례 들이쉬고 마음을 차분하게 가라앉힌다.	
	15	기분이 몹시 나쁘더라도 그 기분에 휩싸여서 감정대로 행동하지는 않는 편이다.	
	16	불안이나 걱정스러운 마음 때문에 시험을 망친 적은 별로 없다.	
		소계	
사고	17	나는 나 자신과 다른 사람들의 나쁜 점보다는 좋은 점을 더 크게 생각한다.	
	18	나는 최선을 다한다면 내가 목적한 바를 이룰 수 있다고 믿는다.	
	19	어떤 일이 잘못되었을 때 무조건 남을 탓하지 않고 내가 할 수 있는 일이 무엇인지를 먼저 생각한다.	
	20	나에게 좋지 않은 일이 생겼을 때 지나치게 비관적으로 생각하거나 쉽게 포기하지 않는다.	
		소계	
행동	21	나는 현재 내가 하고 있는 일에 잘 집중하는 편이다.	
	22	나는 마음먹은 일을 정해진 시간 내에 잘 끝내는 편이다.	
	23	해야 할 일이 여러 개 겹쳤을 때 우선순위를 먼저 정하고 행동한다.	
	24	해야 할 일과 하고 싶은 일이 다를 때 나는 하고 싶은 일을 뒤로 미루고 해야 할 일을 끝마칠 수 있다.	
		소계	

12. 김광수 외 5명, 『대학생과 리더십』, 학지사, 2003, pp. 244~245.

〈채점방법〉

각 영역별 해당문항들의 점수(1점~5점)를 더하여 그 총점으로 각 영역별 자기 관리능력이 어느 정도 되는지 알아본다.

	부족	보통	우수	탁월
영역별 점수	4~ 8점	9~12점	13~16점	17~20점
총 점수	24 ~53점	54 ~77점	78~101점	102~120점

〔글쓰기 과제〕

1. 멀티플레이어가 될 것을 요구받고 있는 공학도로서 자신의 10년 후 자화상을 리얼한 느낌이 들도록 작성해보자.
2. 디지털 시대에 적합한 리더십 발휘를 위한 리더의 조건을 앞서 작성한 10년 후의 자화상에 비추어 구체적으로 열거해보자.
3. 현재 나 자신의 강점과 약점을 분석해보고 일상의 습관을 체크한 후 자화상 실현을 위한 자기 혁신 플랜을 짜보자.

토의 및 토론 자료

[개인의 성장을 위한 엽서 작성]

시 기 : 공학인 소양교육 마지막 시간

주요 활동 : 1. 팀원 개개인의 장점 발굴

2. 개개인에 대한 엽서 작성 및 전달

활동 방법 : 학기 마지막 시간 담당 교수 주관(30분 소요)

구분	내용
1. 장점 발굴	1. 각 팀별로 팀원 개개인에 대한 장점을 발굴하여 기술함 - 한 학기 동안 팀 활동시 관찰한 성격 및 행동적 특성 파악 - 메모용지에 1인 1매 원칙으로 간략히 기술함 2. 팀원 개개인에 대한 장점 기술이 끝난 뒤, 팀장 주관 하에 전체 팀원들의 기술 내용을 플립차트에 개인별로 종합 정리하여 통합함 - 개인별 장점을 다 같이 공유하는데 의의를 둠
2. 엽서 작성 및 전달	1. 개인별 장점 및 기타 특별히 해 주고 싶은 이야기를 간단한 엽서 형태로 작성함 - 팀원 개개인 전체를 대상으로 함 2. 팀원 개개인에 대한 엽서 작성이 완료되면 팀장의 신호에 따라 전원이 동시에 해당 팀원에게 전달, 상호 격려함
3. 개인 보관, 활용	1. 본 엽서는 장차 개인의 발전과 성장을 위해 팀 동료들이 보내 준 '사랑의 글' 인 만큼 향후 자기 개발의 자료로 귀중하게 보관, 활용토록 함

[토의 및 토론 과제]

1. 사람 중심 리더십과 일 중심 리더십 : 실제 프로젝트 수행이나 팀 활동을 이끌어야 하는 리더의 입장에서 보면 흔히 사람을 우선으로 하는 과정 중심의 리더십을 발휘할 것인가, 아니면 일을 우선으로 생각하는 결과 중심의 리더십을 발휘할 것인가 하는 심각한 딜레마가 있을 수 있다. 이에 대한 솔직한 입장을 정리한 후 다른 사람들과 어떻게 다른지 이야기해보자.

- 팀의 성과는 뛰어나지 못하더라도 좋은 사람이란 소리를 듣고 싶다.
- 팀의 탁월한 성과를 위해서는 지독한 사람이란 소리도 감수하겠다.

2. 조화 지향형 리더십과 난국 돌파형 리더십 : 조직이나 팀의 안정과 합의를 우선시하는 조화 지향형 리더십과 변화와 혁신, 위기를 극복하는 난국 돌파형 리더십의 특성 및 강점과 약점에 대한 개인적 입장을 정리한 후 어떤 스타일의 리더십이 더 유효하고 바람직한지 토의해보자.
3. 기타 리더십 발휘와 관련하여 개인적으로 갈등을 경험했던 사례가 있으면 서로 얘기를 나누어보고, 지금까지 공부한 리더십의 원리와 원칙에 입각하여 바람직한 대응 방안을 탐색해보도록 하자.

[참고문헌]

구본형, 『그대, 스스로를 고용하라』, 김영사, 2001

김광수 외 5명, 『대학생과 리더십』, 학지사, 2003

김석우, 『왕건에게 배우는 디지털 리더십』, 느낌이 있는 나무, 2001

백기복, 『이슈 리더십』, 창민사, 2001

변지석, 『이럴 수도 저럴 수도 없는 경영의 딜레마』, 한국언론자료간행회, 1997

삼성인력개발원 리더십 개발팀, *CEO Leadership Information*, 2002

삼성전자 리더십개발센터, *Role Player Course*, 2000(대본Ⅱ)

피터 드러크, 이재규 옮김, 『프로페셔널의 조건』, 창림출판사, 2003

Bill Bryson, *A Short History of Neary Everything*, 2003

C. Manz & P. Sims Jr., *The New Super Leadership*, 2001

James C. Hunter, *The Servant Leadership*, 1998

Margaret F. Wheatly, *Leadership and The New Science*, 1999

Paul Taffinder, *The Leadership Crash Course*, 2000

Richard P. Feynman, *Six Easy Pieces*, 1995

Robert E. Quinn, *Deep Change or Slow Death*, 1996

Warren Bennis Inc, *On Becoming a Leader*, 1989

9장 공학도와 팀워크

김병재(명지대 산업시스템공학부 교수)

1. 팀과 팀워크의 필요성

21세기를 맞이하여 정보화 지식 사회의 대두, 세계화의 촉진, 자유무역의 확대 등으로 인하여 전세계는 치열한 경쟁에 직면하고 있다. 대외 경쟁력과 고객의 압력이 증대되는 상황에서 제품과 서비스를 대폭적으로 향상시켜야 하고, 급변하는 환경에 대한 융통적인 적용을 가능하게 하기 위해서 조직구성원간의 원활한 업무 조정이 필요할 뿐만 아니라 구성원 개인의 능력 개발을 통해서 조직 혁신을 달성해야만 한다.

산업체에서 환경 변화에 대응하기 위해서는 기능 중심적 조직과 계층 중심의 조직구조를 탈피하여 수평적 조직원리를 바탕으로 하는 조직이 필요하다. 이에 따라 기업에서 변화에 유연하게 대처할 수 있도록 조직을 혁신하는 과정에서 전통적인 조직을 대체하는 팀 도입을 검토하는 사례가 증대하고 있다.

팀을 조직하고 활동함으로써 구성원들은 팀워크에 의하여 개인적인 작업 성과를 합친 것 이상의 상승효과를 나타내는 조직 목표 달성을 이루고자 기대한다.

그런데 팀의 개념은 전통적인 조직과 근본적으로 다르므로 팀을 도입해서 성과를 거두기 위해서는 팀 활동에 대한 연구와 성공적인 팀으로 개발시킬 전략이 필요하고, 효과적인 팀워크를 발휘하기 위해서는 팀원들의 능력뿐만 아니라 팀워크 기술을 배양해야 한다.

팀워크는 배워야 하는 기술이다. 그러므로 공학교육에서는 의사소통 능력이나 리더십을 배워야 하는 것과 함께 소양 능력으로서 팀워크를 배양할 필요가 있다. 이 장에서는 팀워크의 중요성을 인식하고, 팀과 팀워크에 대하여 이해하며, 팀 경영방법, 팀워크 기술, 팀 갈등 해결방법 등을 배움으로써 효과적인 팀과 팀 구성원이 될 수 있는 방법을 다룬다.

2. 팀의 정의와 역할

팀의 정의

카첸바흐와 스미스의 정의에 따르면, 팀(team)은 상호보완적인 기능을 가진 소수의 사람들이 공동의 목표를 위해 상호책임을 공유하고 문제 해결을 위해 공동의 접근 방법을 사용하는 조직 단위이다.[1] 또 다른 정의를 보면, 팀은 하나의 목표를 세우고, 공동작업을 통하여 더욱 좋은 결과를 얻기 위해, 팀 구성원들의 차이점을 존중하고 인정하며, 경험을 공유하기 위해 모인 개인들의 집합체라고 볼 수 있다.[2]

팀이 갖추어야 할 핵심 특성은 규율(discipline)이다. 팀에게는 구성원간에 결속력이나 협동심 등 좋은 관계를 맺는 것보다 규율을 확립하는 것이 훨씬 더 필요하다.[3]

---

1. J. R. Katzenbach and Douglas K. Smith, *The Wisdom of Teams*, Harvard Business School Press, Boston, MA, 1994, p. 66.
2. 로빈 엘리즈 · 스티븐 필립스, 전기정 옮김, 『실전 팀빌딩』, 한국언론자료간행회, 1996, p. 20.
3. 존 R. 카젠바흐 · 더글라스 K.스미스, 권성은 옮김, 『팀을 이끄는 원칙』, 태동출판사, 2002, p. 11.

팀제는 많은 장점을 갖는다. 팀 구성원들이 서로의 다양한 관점, 경험, 기술과 많은 지식을 서로에게서 배우고 문제 해결에서 이를 이용할 수 있는 기회가 확대된다. 팀 제도에 의해서 조직의 유연성이 증대됨으로써 업무의 성과가 커질 수 있다. 팀원들의 다양성이 상승효과를 나타냄으로써 생산성이 향상될 수 있고 혁신을 일으킬 가능성이 증대된다. 팀 활동은 팀원들에게 리더십 능력 개발을 촉진하는 환경을 제공한다. 그리고 해결 과정에 참여한 팀 구성원들은 팀이 결정한 사항들을 더 잘 받아들인다.

한편 팀이 가질 수 있는 문제점도 쉬운 문제가 아니다. 성과가 높은 팀이 되기 위해서는 팀을 개발시키려는 노력이 필요하다. 팀원 전체가 참여하는 시간의 투입이 필요한 것이다. 도출된 아이디어의 성과가 투입된 노력에 비해 상대적으로 효율성이 낮을 수도 있다. 그럴 경우 팀 구성원들간의 갈등은 피할 수 없다. 이 같은 문제를 해결하고 팀원들의 협력 유지를 지속하기 위해서는 끊임없는 노력이 필요하다. 또한 팀이 집단사고의 함정에 빠질 수도 있다.

팀이 갖는 여러 가지 장점 때문에 조직에서 팀을 도입하려는 움직임이 점차 증가하고 있지만, 팀이 갖는 여러 가지 문제점 또한 있으므로 이를 해결해 나가기 위한 지속적인 노력도 필요하다.

팀 구성원들의 임무와 책임

팀에서는 구성원들이 임무와 책임을 나누어 맡아야 한다. 모든 팀에서 공통적으로 필요한 기본적 임무 수행자는 팀 리더, 기록자뿐만 아니라 촉진자와 팀 과정 관찰자 등의 역할을 하는 사람이며 이들의 임무와 책임은 다음과 같다.

- 리더 팀의 대변인으로서 회의를 소집하거나 경영진에게 보고하고 회의를 주재한다. 팀 구성원들이 해야 할 역할과 책임에 대해 검토하고 이들에게 설명해야 한다. 기본 규칙과 지침 등을 설정한다. 필요한 일이 제대로 이루어지도록 하기 위

해 책임을 맡기는 권한을 갖는다. 결정된 사안과 행동 조치를 팀 구성원들에게 명확하게 이해시키고 올바른 방향으로 진행하도록 이끌어야 한다.

- 서기, 기록자(recorder) 제안, 아이디어, 결정 사항을 기록하고 토의 내용을 열거하거나 팀 구성원의 임무 보고서를 요약한다. 요약된 문서를 다음 회의의 의제와 함께 모든 팀 구성원들에게 보낸다.
- 촉진자 회의 안건에 대한 팀의 초점을 유지시키고, 전원의 참여를 유도한다. 토론이 격화될 때 이를 조절하며, 구성원들의 의견이 침해되지 않도록 보호한다. 의견이 일치하지 않을 때에는 중립적인 입장을 유지한다.
- 과정 관찰자, 팀 프로세스 관찰자(process observer) 팀 회의의 진행 상황에 피드백을 제공한다. 팀 회의 과정과 임무할당 과정이 잘 진행되는지 관찰하거나 개선점을 제안함으로써 내부 감사와 같은 역할을 한다. 경험이 부족한 팀에게 이 임무가 매우 중요할 수 있다. 이 임무를 의사소통에 능통하고 창의적 사고방식을 가진 구성원이 맡을 수 있으며, 가능한 한 모든 구성원이 이 임무를 맡아보면 의사소통 능력과 창의성 배양 등 개인의 잠재능력 개발뿐 아니라 팀 개발에 도움이 될 수 있다.

이밖에 팀에서 나누어 맡아야 할 필요가 있는 임무를 제시하면 다음과 같다.

- 회의 리더 특별한 회의 때 리더 역할을 담당하는 팀 구성원으로서, 이 구성원은 그의 전문성과 사고능력 때문에 일련의 회의를 주재하도록 한다.
- 의견을 구하는 사람(opinion seeker) 동의 여부를 결정하기 위한 이슈와 점검사항 이면의 가치를 명확하게 할 것을 요구한다.
- 그룹을 고무하는 사람(encourager) 다른 사람들의 공헌을 인정하고, 칭찬하고, 동의해주며, 그룹을 따뜻하고 유대감 있게 한다.
- 의견 발의자 의견이나 신념을 말한다.
- 코디네이터(coordinator) 임무와 아이디어, 제안들간의 관계를 명확히 한다.
- 화합자 차이점을 조화시키고 긴장을 완화시키며, 팀 구성원들의 차이점을 찾아내

어 그 가치를 이해하도록 돕는다.

- **진행자(gatekeeper)** 토론의 흐름을 조정하고 대화 빈도를 조절하며, 같은 종류의 토론을 최소화하고 주장이 강한 구성원에 토론이 이끌리지 않게, 또한 조용한 구성원들도 참여하도록 유도한다.
- **시작자/공헌자(initiator/contributor)** 새로운 아이디어와 방법을 제안한다.
- **정보 찾는 사람** 제안된 것의 실제적 정확도를 점검한다.
- **정보 제공자** 정보, 진실, 그리고 데이터를 제공한다.
- **노력자(elaborator)** 문제를 진단하고 필요에 맞게 상세하게 한다.
- **오리엔터(orienter)** 문제를 요약하고 팀의 방향에 대해 질문하며 조직 내 팀의 위치를 정의한다.
- **평가자/비평가** 기준과 목표에 비추어 팀의 성취도를 검사한다.
- **에너자이저(energizer)** 팀을 행동적이고 결단력 있게 고무한다.
- **과정 기능자(procedure technician)** 자료를 분배하고 장비를 준비한다.

팀의 규모에 따라서 임무의 적절한 역할 분담이 달라질 수 있지만, 보통은 구성원 개인이 하나 이상의 임무를 맡거나 또는 시간대별로 여러 명의 구성원들이 순차적으로 임무를 나누어서 수행하는 것이 좋다. 구성원들의 책임 소재를 명확히 할 수 있도록 책임과 임무를 잘 정의해야 한다.

팀 기본 규칙 결정

팀이 구성된 처음부터 팀 활동방침을 규정하는 규칙을 정하는 것이 바람직하다. 그리고 이것은 팀 구성원 모두 동의한 규칙이 되어야 한다. 팀 전원이 동의하는 기본 규칙들을 작성하고 팀 구성원들이 이 규칙을 따름으로써 팀원간의 효율적이고 만족스러운 상호관계를 유지하는 데 도움이 될 수 있다. 기본 규칙의 예를 다음 표에 제시한다.

팀 구성원들간의 조화와 생산성 향상을 위하여 우리는 다음 규칙들을 지킬 것을 동의한다.

1. 우리는 존중과 친절로 서로를 대한다.
2. 우리는 합의에 의해서 팀 의사결정을 내리는 데 동의한다.
3. 우리는 팀의 논의 사항을 팀 구성원이 기밀사항으로 요청하지 않는 한 팀 외부와 공유할 수 있다.
4. 우리는 정해진 시간에 팀 회의에 참석하기로 동의하며, 늦을 경우나 참석할 수 없는 경우에는 사전에 회의 주재자에게 알리는 것에 동의한다.
6. 우리는 장소 (　　)에서 매주 (　　)요일 (　　)시에 열리는 팀 회의에 참석하는 것에 동의한다.
5. 우리는 각자 할당된 과제를 정해진 시간 내에 완료시킬 것에 동의하며, 만약 정해진 일정 내에 과제를 완성시킬 수 없으면 미리 팀장에게 알릴 것이며, 과제 마감일 회의에 참석할 수 없으면 어떤 방법을 사용해서든지 과제 결과를 보내는 데 동의한다.
7. 우리들 각자는 전자우편을 매일 확인하는 것에 동의하고, 팀 관련 과제 진행과 관련된 중요한 사항들은 즉시 팀 구성원들에게 전자우편이나 휴대전화 문자메시지를 통해서 알리는 것에 동의한다.
8. 우리는 팀장, 회의 주재자, 서기, 진행 관찰자의 임무를 공유하여 돌아가면서 맡는 것과 매번 회의의 마지막에 다음 회의의 임무를 결정하는 것에 동의한다.

〔표 1〕 팀 기본 규칙의 예

기본 규칙은 팀 활동을 원활하게 하기 위한 목적을 갖고 있으며, 만약 기본 규칙 가운데서 특정 사항이 자주 위반되는 경우가 발생한다면, 해당되는 사항과 관련된 기본 규칙의 적합성, 위반되는 원인, 적절한 해결방안, 이를 해결할 수 있는 실천방안 등을 논의하는 과정에서 팀 구성원들간의 의사소통 향상뿐만 아니라 팀 성과의 향상을 기대할 수 있을 것이다.

3. 팀 운영과 노하우

팀 구성과 팀 구성원 개발

팀의 규모는 보통 2～25명으로 구성되며, 일반적으로 7～15명이 가장 적합하다. 이 인원은 독자적인 책임 단위의 작은 조직을 독립적으로 운영함을 의미한다. 개인이 맡은 업무의 범위는 확대되고, 인력 운영은 소수 정예가 된다. 구성원 숫자가 작기 때문에 구성원간의 상호작용이 잘 이루어지고 참여도가 높아짐으로써 창의적인 활동이 용이하다.

팀의 적정 규모는 환경 여건과 의사결정 수준에 따라 달라질 수 있다. 팀의 환경이 불확실하거나 의사결정이 높은 수준을 필요로 할 경우에는 팀 규모는 클수록 좋다(〔표 2〕 참조). 반면에 팀의 환경이 비교적 안정적이거나 또는 의사결정 수준이 높지 않은 일상적인 수준인 경우에는 팀 규모는 작을수록 좋다. 팀의 적정 규모는 팀의 환경 또는 의사결정 수준을 고려해서 결정하는 것이 필요하다.

상황		팀 적정 규모
환경	의사결정 요구	
불확실한 환경	높은 수준	규모가 클수록 좋음
안정적인 환경	일상적 수준	규모가 작을수록 좋음

〔표 2〕 환경-의사결정 수준과 팀 규모의 관계[4]

팀이 실제적인 팀으로 작동하기 위해 팀 구성이 갖추어야 할 요건은 〔표 3〕과 같다. 팀 구성원간의 상호작용과 참여도가 높게 유지되도록 해야 팀으로서의 장점을 살릴 수 있다. 그리고 자율경영에 의한 팀이 되기 위해서는 시간과 노력이 필요함을 감안해서 팀 운영계획에 반영해야 하며, 공동의 목적과 공통 접근 방법에 대한 공감대를 형성해야 한다.

팀은 상호보완적 기능이 필요하지만 또한 공동 책임감의 공유를 위해서는 팀 구성원의 동질성과 이질성의 측면을 검토할 필요가 있다.

팀 구성원들이 학력, 전문지식 등 다양한 배경을 가진 경우에는 팀 내부 업무상 좋은 영향을 미칠 수 있지만, 반면에 과업 수행방식과 관련된 가치관이 다양

4. 박원우, 『팀워크의 영향요인 도출과 증진방안』, 서울대학교 노사관계연구소, 2002, pp. 185~214.

필요 요건	설명
소수의 인원	보통 2~25명으로 구성되며, 일반적으로 7~15명이 가장 이상적이다. 이것은 독자적인 책임 단위의 작은 조직을 독립적으로 운영함을 의미한다. 개인이 맡은 업무의 범위는 확대되고, 인력 운영은 소수 정예가 된다. 구성원 숫자가 작기 때문에 구성원간의 상호작용이 잘 이루어지고 참여도가 높아짐으로써 창의적인 활동이 용이하다.
상호보완적 기능과 능력	팀 구성원의 상호 기술간, 수준, 능력, 개인차, 가치관 등이 다른 구성원들로 구성된다. 팀구성원들은 공통 목적과 업적 목표를 가지고, 조직 목표와 팀 목표의 조화를 꾀하게 된다. 역할 및 일정 등의 분배에 있어서 공동 작업 방법을 추구하며, 결과에 대해서는 집단 공동 책임의식을 갖는다.
공동의 목적과 업무 수행 목표	팀은 팀 스스로 자율 경영에 의한 목적을 구체화하기 위해 시간과 노력을 투입해야 한다. 업무 수행 목표는 성과 지향의 목표에 의해서 계량화되거나 구체화되어야 한다.
공통 접근 방법	팀 전체 공동으로 일하는 방법, 즉 역할의 분담과 일정, 수행방법, 의사결정 과정 등에 관한 합의가 필요하다.
공동 책임감	상호간에 주어진 책임을 공유한다. 이를 위해서는 구성원 상호간에 가치 구조, 비전, 역할, 성과 등이 공유되어야 한다.

〔표 3〕 팀 구성원이 갖춰야 할 요건[5]

한 경우에는 업무 과정상 나쁜 영향을 미칠 수가 있어 양면성을 지닌다.

팀 구성원들에 따른 동질적인 팀과 이질적인 팀을 비교해보자. 동질적인 팀은 신속히 합의점에 도달하는 장점이 있는 반면에 유사한 사고방식으로 인해서 그룹 문화를 형성할 우려가 있다. 이질적인 팀은 팀워크 형성에 시간이 많이 소요되는 반면에 탁월한 혁신적인 방안을 도출할 가능성이 큰 장점이 있다. 성과가 높은 팀이 되기 위해서는 이질적인 구성에 의한 구성원들의 다양성을 유지하는 것이 필요하다.

그리고 카첸바흐와 스미스에 의하면, 성과가 높은 팀은 구성원들이 상호보완적 기능과 능력을 갖고 있다. 팀 구성원들이 기술, 수준, 능력, 개인차, 가치관 등에서 다양하게 구성되는 것이 바람직하다. 비록 다양한 구성원들이지만 공통 목적과 업적 목표를 가지고, 조직 목표와 팀 목표의 조화를 꾀하게 된다. 그리

5. J. R. Katzenbach and Douglas K. Smith, 앞의 책, p. 66.

고 역할 및 일정 등의 분배에 있어서 공동작업 방법을 추구하며, 결과에 대해서는 집단 공동 책임의식을 갖는다. 따라서 팀의 성과를 높이기 위해서는 팀 구성원들을 다양하게 구성할 필요가 있다.

팀 개발 단계

팀 구성원들이 함께 작업할 때 만족할 만한 최적의 결과가 되도록 하고, 팀 구성원간의 관계와 운영을 향상시키도록 하기 위해서는 팀을 개발해야 한다.

팀을 개발하기 위해서는 상호의존성, 리더십, 공동 의사결정, 균등한 영향력의 조건이 필요하다.

팀은 초기 구성기로 시작해서, 인간의 감정을 고려하지 않고 지나치게 행동하거나 상대방의 의견을 무시하는 데서 자주 생기는 시련기를 거치게 되며, 팀의 질서가 잡히고 팀 구성원들간에 응집력이 생기면서 창의적 문제 해결능력이 성숙되는 성과기에 도달하게 된다. 팀 개발 단계를 표로 요약하면 다음과 같다.

단계 (stage)	팀 개발 단계
1	형성기, 구성기
2	격동기(storming), 시련기
3	안정기(norming)
4	성과기(performing), 활동기
5	해산기, 전이(transition)

〔표 4〕 팀 개발 단계

단기적으로 운영되는 팀의 경우에는 팀 구성원들간에 충분한 소개 시간을 가지고, 팀 규칙에 대한 논의를 가지며, 전반적 개념을 제시하고 동기 부여 활동에 노력함으로써 팀을 개발해 나가야 한다.[6]

6. 로빈 엘리즈 · 스티븐 필립스, 앞의 책, p. 134.

그리고 팀을 자율성 및 성과에 따라서 작업집단, 유사팀, 잠재능력이 있는 팀, 진정한 팀, 높은 성과 창출 팀 등 다섯 가지로 구분할 수 있다.[7] 각 구분에 따른 집단은 자율성 및 성과 수준에 따라 작업집단이 가장 낮고, 유사 팀, 잠재능력이 있는 팀, 진정한 팀, 높은 성과 창출 팀 등의 순으로 수준이 높아진다. 집단의 구분에 따른 특성은 다음과 같다.

자율성 및 성과 수준	집단 구분	특성
낮음 ⇩ 높음	작업집단 (working group)	공동의 목적이나 하나가 되고자 하는 의욕이 없고 노력도 없으며, 서로 책임을 요구하지 않는다. 변신을 하기 위한 욕구도 낮고 기회도 찾으려고 하지 않는다.
	유사 팀 (pseudo team)	팀 성과보다는 모임에 더 관심이 있다. 구성원들은 팀으로 생각하고 있지만 공동 목적이나 수행 목표들을 달성하는 데는 관심이 없다.
	잠재능력이 있는 팀 (potential team)	성과를 높이고자 하는 의욕은 있지만, 목적과 목표, 공동작업 산물, 상호책임에 대한 명료성이 부족하다. 공동작업을 실행하는 훈련이 필요하다.
	진정한 팀 (real team)	소규모 조직이지만 상호보완적인 능력, 공통의 목적과 목표, 구성원들 사이에서 책임을 지는 작업 및 작업방법을 공유한다.
	높은 성과 창출 팀 (high performance team)	팀과 관련된 모든 조건을 충족시키는 집단이다. 연대의식이 있어서 기대치를 뛰어넘는 성과를 올린다. 팀뿐만 아니라 다른 구성원의 개인적 성장에까지 관심을 갖는다.

〔표 5〕 자율성 및 성과 수준에 따른 집단 구분과 해당 특성

팀을 집단과 비교해보자. 팀은 다음과 같은 점에서 집단과 다르다.

팀		집단
리더 역할을 공유하고 순환시킨다.	⇔	임명직 지도자가 강력한 권한을 보유한다.
책임은 개인적임과 동시에 상호적인 특성을 갖는다.	⇔	책임이나 작업 성과에서 개인을 강조한다.
팀별로 특수한 비전과 목표를 가진다.	⇔	집단과 조직 목표가 일치한다.
공개적 토론과 문제 해결을 위한 회의를 장려한다.	⇔	회의 진행에서 효율을 강조한다.
팀별로 작업방법을 토론해서 결정하거나 공유한다.	⇔	개인별 작업방법을 토의해서 결정하거나 위임한다.

〔표 6〕 팀과 집단의 차이

팀 운영 지침

성과가 높은 팀으로 발전시키기 위해서는 팀 운영에 관련해서 팀 목표, 팀 임무, 팀 구조, 팀 구성원 선택 등에 대한 고려가 필요하다.[8]

- **목표** 팀이 성취하고자 하는 명확하고 성취 가능한 목표, 목적, 임무가 부여되어야 한다.
- **임무** 임무를 수행하기 위한 노력과 적극적인 기질을 보유해야 한다.
- **구조** 팀의 목적을 고려해서 결정해야 한다.
- **분위기** 팀 내 협동적 분위기를 유지하고, 성과는 팀 전체로 부여되도록 하며, 서로 협력하고, 건설적인 비평과 긍정적인 피드백을 교류하도록 한다.
- **팀 구성원** 팀 구성원을 선택할 수 있을 때는 팀 구성원들이 서로 다양한 사고능력, 개인적 특성, 전문적 지식, 교차 기능적 경험, 팀에 공헌할 능력, 의사소통 능력 등을 보유한 자와 문제 해결 과정에 유능한 자 등으로 구성하도록 한다.

팀 갈등 관리

팀에서 목표를 달성하기 위해 활동할 때 갈등이 일어나는 것이 보통이다. 그 이유는 견해의 차이, 자원 부족, 관할권의 불확실성, 의사소통 단절, 인격적 충돌, 권력과 지위의 차이, 목표의 차이 등 여러 가지 다양한 원인에 의해서 갈등이 생기기 때문이다.

팀에서 피할 수 없는 갈등을 줄이기 위해서는 팀 운영에서 다음과 같은 인식이 필요하다. 먼저, 팀에서 갈등은 회피할 수 없음을 인식해야만 한다. 그리고

---

7. 양창삼, 『최신 조직이론』, 법경사, 1999, pp. 352~353.
8. 양창삼, 앞의 책, pp. 141~142.

일단 발생한 갈등은 가능하면 초기 단계에서 관리할 수 있도록 노력해야 한다. 팀 활동에서는 팀 구성원들이 갖고 있는 사고 다양성을 존중하고 상대방의 성격 특성을 민감하게 인식해야 한다. 팀원들은 팀원들이 제시하는 모든 아이디어를 경청할 필요가 있다. 그리고 비록 아이디어가 이상하게 보이거나 감정적인 측면이 있더라도 잘 듣도록 한다. 직무에 대해서는 서로의 관점을 이해할 수 있는 활동을 시도한다. 교차 훈련을 고려해볼 필요도 있다. 팀 기본 규칙을 더욱 명확하게 작성하도록 한다.

예를 들면 다음과 같다. 즉 이해가 되지 않는 부분에 대해서는 여러 측면에서 충분하게 설명한다, 브레인스토밍을 하는 도중에는 부정적인 생각을 하지 않는다, 심각한 갈등이 생길 경우에는 합리적인 협상을 시도한다, 주제에 대한 토론을 종결시키고 문제를 창의적으로 해결하기 위한 목적으로 발산적 사고와 수렴적 사고를 사용한다 등의 활동을 시도할 수 있다.

갈등은 단점만 있는 것이 아니라 새로운 해결책을 만들어주는 기회를 제공하기도 하다. 중요한 점은 팀이 갈등에 어떻게 대처하느냐 하는 것이다.

갈등 해결을 위한 다음과 같은 단계적 조치를 실행하면 효과적이다.[9]

1단계 갈등이 존재한다는 사실을 인정하라.
2단계 '실제로 존재하는' 갈등을 파악하라.
3단계 모든 관점을 경청하라.
4단계 갈등 해결방법을 함께 모색하라.
5단계 해결책에 합의하고 책임을 정하라.
6단계 갈등이 해결되었는지 검토하기 위해 다음 모임을 계획하라.

9. 리처드 장, 이상욱 외 옮김, 『팀워크 만들기와 성과 향상』, 21세기북스, 1977, p. 59.

생산적인 팀 조직 및 운영 방법

생산적인 팀은 저절로, 우연히 만들어지는 것이 아니며, 팀 구성원들의 유능함과는 별로 관계가 없다. 팀 효율을 상승시키기 위한 방법으로는 팀 책임과 임무 규정문, 작업 일정표, 팀 기본 규칙, 회의 안건, 회의록, 수행임무 목록, 팀 구성원 평가 작성 등이 있다.[10]

1) 팀의 책임과 임무를 잘 정의한 규정문

팀 구성원들이 올바른 목표로 집중할 수 있도록 팀의 책임과 임무에 관해서 간결하고 명료하게 한 쪽 분량 정도로 규정문을 작성한다. 포함시킬 내용은 다음과 같다.

- 팀의 전반적인 목적과 해결해야 할 과제 서술
- 팀과 관련되는 중요한 관련 인사들을 파악
- 팀 제약 조건의 범위와 목록 서술
- 시간 일정을 서술
- 예산 또는 비용과 관련된 제약이 있으면 제시
- 팀이 성취할 수 있는 내용 및 일정을 서술(예: 활동 계획, 진행 보고서, 개념 설정, 최상의 해결방안, 최종 보고서 등)

2) 팀 구성원의 임무에 관한 규정문

팀장, 서기, 과정 관찰자, 회의 의장 등 팀 구성원들의 임무에 대한 책임을 명확히 할 수 있도록 규정문을 작성한다. 포함시킬 내용은 다음과 같다.

---

10. 리처드 장, 앞의 책, pp. 147~153.

- 팀장은 팀의 대변인으로서 회의를 소집하고 회의를 주재한다.
- 서기는 팀 구성원의 임무 보고서를 요약한다.
- 과정 관찰자는 팀 회의 과정이나 임무 할당 과정 등을 관찰하거나 개선점을 제안하며, 팀 내부 감사 역할을 수행한다. 팀 구성원 전원이 과정 관찰자 역할을 수행해보면 팀 개발에 효과적이다.
- 회의 의장은 특별한 회의에서 의장을 맡으며, 전문성과 사고방식과 관련되어서 선정되는 경우도 있다.

3) 작업 일정표 또는 프로젝트 계획

팀 활동 계획을 작성하며, 해야 할 일은 무엇이고 앞으로 어떻게 일을 완수할 것인가를 다룬다. 이때 간트(Gantt) 차트를 자주 사용하는데, 과업마다 시작 일자와 완료 일자까지를 알기 쉽게 직선으로 표시한다. 차트에서 상단은 시간 경과를 나타내며, 왼쪽 열은 완료해야 할 과업을 나타낸다. 간트 차트의 형태는 다음 그림과 같다.

〔그림 1〕 간트 차트 (예시)

4) 회의 안건

회의 안건에 포함될 사항 중에는 다음 회의에서 보고해야 할 모든 사항과 보고자가 있으며, 과정 관찰자의 의견 청취가 있다. 그리고 회의를 끝마치기기 전에 다음 회의에서 다룰 예상 의제를 논의한 다음에 종료하는 것이 효과적이다.

5) 회의록

서기는 팀 활동의 내역을 기록한다. 포함시킬 내용은 다음과 같다.

- 회의 날짜 및 시간과 참석자
- 지난 회의에서 할당된 팀 구성원들의 진행과정 보고 요약문
- 팀 결정사항, 팀 구성원들이 새로 맡은 임무 완성 날짜
- 진행 관찰자와 관련된 이름, 논평과 제안, 관찰 사항에 기초한 팀 활동 내역
- 다음 회의와 관련된 날짜, 시간, 안건, 회의 진행자, 서기 등

6) 수행임무 목록

팀이 수행할 과제의 크기와 개수의 목록으로서, 팀 구성원들이 이해한 사항이 되어야 하고, 구성원들이 책임을 할당한 과제를 대상으로 한다.

7) 팀 구성원들을 평가하기

팀 구성원이 팀 노력에 기여하는 문제와 팀 점수를 받는 문제를 논의하는 활동이다. 이를 위해서는 팀 공헌도 평가표를 사용하는 것이 효과적이다. 평가표

팀 내에서 자기 자신의 참여도를 적어라	기여도 거의 없음	보통	생산적인 팀원
나는 토론과 맡은 일 등 팀 활동에 전폭적으로 참여한다	1	2	3
나는 최선을 다해서 나의 능력과 사고 기술을 팀에 투입한다	1	2	3
나는 팀원이 하는 말을 경청하고 필요한 의사소통을 잘한다.	1	2	3
나는 협동심이 풍부하다. 갈등을 해소하려고 애쓴다	1	2	3
나는 팀에 보탬이 되도록 노력하며, 내 고집을 주장하지 않는다.	1	2	3
나는 나보다 능력이 부족한 다른 팀원을 도와주는 데 앞장선다	1	2	3

〔표 7〕 팀 구성원 자체 평가(예시)

에서 고려할 내용은 사용 목적, 평가표 작성 절차, 평가 기준 제시, 작성자 이름과 팀 이름, 문제점, 잘한 점 등을 포함할 필요가 있다.

프로젝트를 처음 시작할 때 팀 평가표를 배포할 것을 권장한다. 그러나 팀 평가를 자주 사용하면 팀 구성과 발전에 장애가 될 수도 있으므로 주의한다.

4. 팀워크 향상을 통해 성과가 높은 팀 만들기

팀의 성과를 높이기 위해서는 팀이 팀원들과 함께 조직으로서의 상승효과를 창출하는 팀 활성화를 성취해야 하며 이를 위해서는 개인 능력을 개발하고 향상시키기 위한 팀 구성원들의 노력이 필요하다. 즉 팀 구성원들의 팀워크 발휘가 필수적이다. 따라서 팀 구성원들은 팀워크 기술을 배워서 배양해야 한다. 여기서는 팀워크의 정의와 역할을 알아본 다음에, 성과가 높은 팀으로 만들어주는 팀워크 기술을 배양하는 방안들을 논의한다.

팀워크

팀워크(teamwork)는 구성원들이 공동 목표 달성을 위해 각 역할에 따라 책임을 다하고 협력적으로 행동하는 것이라고 정의할 수 있으며, 조정된 행동으로 협동적인 소집단이 규칙적으로 만나서 직무를 성취하기 위해 책임성 있게 그리고 열성적으로 기여하는 것을 말하기도 한다.

집단 구성원들의 응집성이 성과에 긍정적인 시너지 효과를 창출할 수 있는 방향으로 결집되어야 한다.

팀은 혁신과 활력이 넘치는 팀 정신(team spirit)을 가지고 있어야 하며, 팀 정신이 높을 때 팀 구성원들이 다음과 같은 마음가짐을 갖도록 구성원 모두가 서로 존중하고 협력할 필요가 있다.

- 내가 하는 일은 재미 있다.
- 내가 하는 일은 매우 중요하다.
- 일의 과정과 결과에 나의 영향력이 크게 작용하고 있다.
- 나는 도전적으로 일을 하고 있으며 끊임없이 능력이 향상되고 있다.
- 우리 팀에서는 모든 아이디어가 존중되고 있다.
- 우리 팀은 모두 대단한 사람들이며, 다 같이 협력해서 잘 해나가고 있다.

팀워크 기술

팀 효과가 나타나기 위해서는 팀 구성원들이 상호간에 팀워크 기술을 보유할 때 비로소 나타난다. 팀워크 기술은 팀에 적극적으로 참여하여 팀의 성과를 촉진시키고, 팀원간의 감정과 욕구를 고려하여 행동하며, 개인의 행동이 다른 팀원에게 미치는 효과를 인식하도록 한다.

팀워크 기술 차원과 이를 위해 필요한 능력은 〔표 8〕과 같다.

팀워크 개발 방법

박원우는 팀워크를 증진하기 위해서 팀워크의 저해 요인과 증진 요인 등을 관리하는 관점을 다음과 같이 제시하고 있다.[11]

팀워크를 증진하기 위해서 팀워크 저해 요인을 관리할 필요가 있다. 팀워크를 저해하는 요인을 관리하기 위해서는 첫째, 갈등 관리를 해야 한다. 팀에서 생성되는 어느 정도의 갈등은 오히려 팀워크 발휘 및 팀 성과에 긍정적인 경우도 있으므로, 갈등을 제거하는 방안뿐만 아니라 갈등을 받아들이거나 때로는 이

11. 박원우, 앞의 책, pp. 185~214.

팀워크 기술 차원	필요한 능력
적응력(adaptability)	팀 구성원들이 팀 내부의 자원들의 재할당과 상호보완적인 행동을 통하여 과업 환경으로부터 전략 적응에 이르기까지 수집된 정보를 이용할 수 있는 능력
공유된 상황 인식 (shared situational awareness)	팀 구성원이 팀의 외적, 내적 환경에 적합한 모델을 개발하는 과정으로서 적절한 과업 전략을 적용하면서 상황에 대한 보편적 이해에 도달하는 기술을 내포한다.
성과 추적 및 피드백 (performance monitoring and feedback)	팀 구성원들끼리 과업의 명확한 피드백을 주고, 받고, 찾는 능력으로서, 팀 동료의 성과를 정확하게 추적하는 능력과 과오에 대하여 구조적 피드백을 제공하고, 향상된 성과에 대하여 충고를 제공하는 능력
리더십/팀 경영 (leadership/teammanagement)	팀 구성원들의 행동을 조정하고 지시하는 능력으로서 팀의 성과를 평가하고 과업을 위임하고 과업을 계획하고 조직하며, 팀 구성원들에게 동기를 부여하고 긍정적인 팀 분위기를 조성하는 능력
대인관계 (interpersonal relations)	협력적인 행동을 활성화하고 동기 강화 상태를 극대화하며 나아가 불일치의 해소 등을 통하여 팀 구성원들의 상호작용의 질을 최적화할 수 있는 능력
조정(coordination)	과업들이 일시적인 상호 구속력 속에서 통합되고 조화를 이루며 확실하게 달성하도록 팀 자원과 행동 영역 및 반응들이 조직되는 과정
의사소통(communication)	적절한 대화 용어와 규정된 태도 내에서 팀 구성원 사이에 정보가 정확하게, 그리고 명확히 교환되는 과정. 즉 정보의 소통이 원활하게 이루어지는 능력
의사결정(decision making)	정보를 통합하고 수집하며 논리적인 판단에 활용하고 대처안을 판정하며 최선의 해결책을 선택하고 결과를 평가하는 능력(팀의 전후 배경하에서 응답적 선택이 지지되는 자원과 정보를 공동화할 수 있는 기술이 강조된다)

〔표 8〕 팀워크 기술 차원과 이를 위해 필요한 능력[12]

를 최적 갈등 수준으로까지 조장시킴으로써 갈등을 관리하고자 하는 방안이다. 둘째로, 집단사고(group think)를 예방해야 한다. 집단사고는 집단 내부 구성원간의 응집성이 크고 그들이 의사결정을 함에 있어 의견의 일치성을 추구하려는 경향이 높을 때 가지는 사고를 말한다. 집단사고에 빠지게 될 때는 합리적이고 비판적인 사고를 회피하게 되고, 결과적으로 집단 의사결정의 질을 저하시킬 우려가 있다. 팀에서 토의 절차상 사용 가능한 집단사고를 예방하는 방법으로는 브레인스토밍, 맹목집단법, 델파이법 등이 있다.

12. 심화섭, 「팀의 핵심역량과 팀 효과성에 관한 실증적 연구」, 조선대학교 경영학과 박사논문, 1998.

팀 역할 유형	장점	단점
추진자 (shaper)	어려움을 당해서도 도전적이고, 활기에 넘치며, 잘 해냄, 장애를 극복하는 추진력과 용기를 가짐	화를 잘 냄. 다른 사람의 기분을 상하게 할 수 있음
실행자 (implementer)	엄격하고, 신뢰성이 있으며, 보수적이고 능률적임. 아이디어를 실행에 잘 옮김	융통성이 조금 부족함. 새로운 가능성에 대한 대응이 늦음
완결자 (completer)	근면, 성실하고 매우 열심히 노력함. 실수나 빠진 것을 찾아냄. 제 시간에 일을 마무리해 냄	지나치게 걱정하는 경향이 있음. 위임을 꺼림
지휘/조절자 (coordinator)	성숙하고, 자신감에 넘치는 훌륭한 지도자임. 목표를 명확히 하고, 의사결정을 증진하며, 위임을 잘 함	조직과 사람을 교묘히 다루는 것처럼 보일 수 있음. 사적인 일도 위임함
분위기 조성자 (teamworker)	협력적이고, 온화하며, 남을 잘 이해하는 등 외교적임. 경청하고, 평온하게 하며, 마찰을 피함	결정적 상황에서 우유부단함
자원 탐색가 (resource investigator)	외향적이고, 열정적이며, 말하기를 좋아함. 기회를 추구함. 잘 사귐	지나칠 정도로 낙관적임. 초기 열정이 식으면 흥미를 잃음
창조자 (plant)	창조적이고, 상상력이 풍부하며, 전통에 얽매이지 않음. 어려운 문제를 잘 해결함	사소한 일은 무시함. 지나친 선입관으로 인해서 의사소통을 효과적으로 하지 못함
냉철 판단자 (monitor evaluator)	냉정하고, 전략적이며 총명함. 모든 방안을 조사함. 정확히 판단함	다른 사람을 분발하도록 추진시키는 능력이 부족함
전문가 (specialist)	한 가지 일에 전념하고, 솔선하며, 헌신적임. 전문 분야의 지식과 기능을 잘 제공함	좁은 분야에서만 기여함. 전문성에 집착함

[표 9] 팀 역할 9가지 유형과 특성[13]

팀워크를 증진하기 위한 방안으로서 팀 사고(team think)를 증진시키는 방안과 팀 역할 균형화 방안으로 구분해서 논의하기로 한다. 팀 사고는 집단사고의 함정을 피하면서 효과적 집단 의사결정을 가능케 하는 개념으로, 이를 증진시키기 위해서는 팀원 각자의 개별적 자기 유도에 의한 자기 리더십이 증진되도록 노력을 증대(팀이 자율적 작업집단이 됨)하며, 팀원의 공통적이고 집합적인 노력을 증대시키는 방안이 있다.

13. 박원우, 앞의 책, pp. 200~202.

〔그림 2〕 팀 역할 균형화 요소

다음으로, 팀워크 증진을 위한 팀 역할(team role) 균형화의 방안을 살펴보자. 팀 역할은 팀 내에서 공식적으로 직무와 관련하여 부여되고 수행하는 과업상의 역할(기능 역할) 외의 부가적 역할, 즉 비공식적이고 직무와 직접적인 관련성이 없지만 팀워크를 형성하기 위하여 발휘하는 역할을 말한다.

벨빈(Belbin)에 의하면, 팀워크가 증진되기 위해서는 팀 구성원의 숫자와는 무관하고, 팀 내에 팀 역할 구성 유형 9가지가 모두 존재해야 하며, 이 경우 '팀 역할이 균형화됨'이라고 할 수 있다고 한다. 만약 어느 한 유형이라도 부족할 경우에는 팀워크가 원활하지 못한 것으로 드러나며, 이를 보완하기 위해서는 팀 구성원 중 누군가가 아직 채워지지 못한 팀 역할을 발굴 개발해서 수행해야 한다. 팀워크가 발휘되기 위한 요소에 관한 이 이론은 그 명료성과 타당성이 뛰어나 많은 기업들이 적용하고 있으며, 공식적 직무 역할 이외에 존재하는 팀 내 구성원의 역할의 중요성을 제시하고 있다.

다음으로, 팀워크를 개발하기 위해서는 〔표 10〕과 같은 활동을 점검하고 활성화시킬 필요가 있다.

팀워크 개발 활동	설명
분명한 목표를 설정	- 목표는 팀워크(전반적인 사기와 열의)를 자극시킴 - 사전에 계획된 목표에 따라 일을 수행, 상황에 대한 사후 대응적 결과보다 성과가 높음
기준 확립	- 업무의 능률을 저해하는 요인을 줄이기 위한 중요한 작업임 * 〔읽기 자료〕 '패트릭의 문서 표준을 만들지 않은 실수의 결과' 참조
공개적이고 정직한 분위기 조성	- 잘못된 업무 처리는 실수를 즉각적으로 인정 - 실수 - 보고하면 필요 조치를 취할 수 있음 - 덮어두면 악화 우려 - 의사소통 권장
협동심의 고양과 신뢰감의 조성	- 협동심을 고취시킴 - 신뢰감을 조성
효율적인 결정 관행	- 최소한의 혼란과 경비와 노력으로 목표를 달성함 - 팀워크를 중요시해야 - 팀원을 포함시켜서 아이디어를 요구!
정기적인 검토	- 수시로, 정기적으로 팀의 전반적인 활동을 재검토 - 중점 사항 - 목표와 그 달성을 위한 진행 상태 - 방법과 시스템 재점검 - 아직도 적합한가? - 구성원들의 도움이 필요한 어느 개인의 문제가 극복되고 있나?

〔표 10〕 팀워크 개발 방법[14]

14. 말콤 버드, 최일성 옮김, 『리더십의 개발』, 1996, pp. 64~71에서 발췌.

읽기 자료

학습 팀의 적정 규모에 대하여 생각해보자.[15]

학습 팀에 대하여

학습 팀은 1990년대 이후 미국 대학에서 널리 유행하고 있는 협력적 학습을 하는 학습 공동체를 말한다. 대학생들이 실험, 프로젝트, 숙제, 시험 등의 활동을 하는 데 팀워크가 이용된다.

학습 팀이 좋은 성과를 거두기 위해서 관련되는 사항으로는 적정한 팀 규모, 팀 구성원 결정 주체, 팀에 적극적으로 참여시키는 방안 등이 있다. 먼저, 학습 팀 규모로 적절한 팀 크기가 중요하다. 그 이유로는 팀워크의 효력은 구성원들 사이의 상호작용에서 나오며, 사람이 효율적인 관계를 가질 수 있는 상대 수는 한계가 있기 때문이다.

팀 규모는 과제 성격에 따라 달라지는데, 수업시간의 토의 팀은 2~3명이고, 숙제나 디자인 프로젝트 팀은 3~4명이 적당하다. 학습 팀 구성원을 결정할 때는 학생 학습능력과 성별을 고려하고 상황에 따라 융통성을 발휘해서 할 필요가 있으며, 대학에서는 가능하다면 교수가 결정하는 것이 효과적이다. 팀워크 향상 측면에서 구성원들의 적극적 참가 방안으로는 발표에 팀 전원이 참가하고 질문에는 공동으로 응함으로써 모든 학생들이 참여하도록 유도할 것을 권장한다. 학습 팀 평가에서 팀워크를 고려해서 상대평가는 지양함이 좋으며, 팀워크 경험이 중요한 과목에서는 팀워크가 요구 되는 과제물의 평가 결과를 최종 학점에 20% 정도 반영함이 좋다. 반영 비율이 20% 이상이 되면 과제물에 지나치게 신경을 쓸 우려와 함께 대인관계 마찰이 증폭될 우려가 있다. 반면에 비율이 20% 미만일 경우에는 과제물에 관심과 긴장이 떨어질 수가 있다.

---

15. 조벽, 『조벽 교수의 명강의 노하우 & 노와이』, 해냄출판사, 2002, pp. 197~204.

다음 회의 진행 예시를 읽고 회의에서 팀원의 역할을 참고하여라.

회의 진행 예시[16]

리더 A는 회의를 소집하였다. 그는 회의 역할을 검토하였다. 또 B는 촉진자 역할을, C는 서기 역할을 하였다. A는 구성원들에게 회의하는 동안 팀이 어떻게 운영되어야 할 것인지에 대한 기본 원칙과 지침을 정하도록 토의를 이끌었다. "의사일정에 추가할 사항이 있습니까? 만약 그렇다면 항목들을 다룰 만큼 시간이 충분한지, 그리고 의사일정에서 제외시킬 것은 없는지를 결정할 필요가 있습니다" 라고 A가 말했다.

A는 의사일정에 있는 항목을 하나씩 다루기 시작했다. 그는 각각의 항목에 대한 책임자, 배정된 시간, 각각의 항목에 대해 사용할 절차를 검토하였다. 회의가 계속되면서 A는 적극적으로 참여하였으며 논의한 과제들을 개인들에게 배정하였다.

촉진자 B는 회의 참석자 각자가 쟁점들을 토의할 기회를 가질 수 있도록 하였다. D와 E가 브레인스토밍하고 있을 때, B는 다른 모든 참가자들에게 의견을 제시할 기회를 주었다. 또한 그는 모든 참가자들이 의사일정상의 시간을 지키도록 이끌어나갔다. G와 H가 잡담을 하고 있을 때에도 B는 의사일정에 초점을 맞추라는 지적을 하였다.

서기 C는 모든 의견과 행동조치를 책임자의 이름과 함께 다음과 같이 기록하였다. F는 세 가지 해결책을 상급 경영진에게 승인받는 책임을 지고, H는 고객 서비스 부서의 다른 부서원과 함께 해결책을 협의하며, C는 일주일 내로 의사록을 참가자들에게 보내기로 약속하였다.

A의 팀이 회의를 어떻게 종결하였는지 살펴보자. A는 서기 C의 도움을 받아서 회의에서 내려진 주요 결정과 행동조치를 요약하였다. "우리가 다루지 못했던 의사일정 항목은 다음 회의로 이월할 수 있습니다" 라고 A는 말했다. 마지막으로, A는 참가자들에게 회의 동안에 의견을 내준 데 대해 감사를 표시했다.

16. 리처드 장, 이상욱 외 옮김, 『효율적인 회의 진행방법』, 21세기북스, 1997, pp. 57~69.

팀 의사결정에서 고려할 점 — 애벌린 패러독스[17]

이따금 팀은 생산적이지 못하고 허둥대기도 하는데, 이는 갈등 때문이 아니라 사람들이 실질적으로 합의한 것이 아님에도 불구하고 마치 합의를 한 것처럼 꾸미기 때문이다. 이러한 상황을 다음의 사례에서 잘 보여주고 있다.

애벌린 패러독스

텍사스 주에 소재한 인구 5,603명의 조그만 도시 '콜맨' 의 7월 어느 일요일 오후의 날씨는 정확히 말하자면 겨울 날씨는 아니었는데 현관 입구 기둥에 걸려 있는 온도계로 기온을 측정해보니 섭씨 40도를 가리키고 있었다. 또 바람이 조금 있어서 창문을 꼭꼭 닫아두었으나 창문과 벽 틈새로 서부 텍사스 특유의 흙먼지가 집 안으로 날아들어 오고 있었다. "꽉 닫아둔 창문과 벽 틈새로 먼지가 어떻게 비집고 들어올 수 있었지?" 하고 질문할 수도 있었을 것이다. 서부 텍사스에 살아보지 않은 독자들은 이러한 사정을 이해하기 어려울지 모르나, 서부 텍사스에 살아본 사람들은 조금도 이상하지 않을 것이다. 30일 이상 비 한 방울 오지 않아 매우 건조한 기후에서는 바람이 미세한 흙먼지를 날려 보낼 수 있음을 독자들은 이해해보라.

그러나 그날 오후는 견딜 만했다. 오히려 실제로는 즐길 만했다. 물뿌리개가 시원하게 물을 뿌려줘서 물뿌리개에서 멀리만 떨어져 있지 않으면 더위를 피할 수 있어 우리는 물뿌리개에 가까이 있지 않았다. 또 마실 수 있는 시원한 레몬차도 있었다. 혹자는 맥주 같은 술을 더 좋아했음직도 하나 콜맨에서는 술도 안 팔고 또 매우 건조했으며 나의 장인과 장모는 적어도 아프지 않으면 술을 안 마신다. 한두 숟가락 넣어서 레몬차를 만들어 마시는 것은 의학적으로 볼 때도 권장할 만한 것일 수도 있었다. 그러나 특히 이번 일요일에는 누구도 아프지 않았다. 그리고 어쨌건 레몬차는 우리가 원하는 시원함을 선사해주고 있었다.

그리고 또 거기에는 오락이 있었다. 도미노 게임. 여러 조건을 고려해볼 때 도미노 게임이야 말로 아주 적합한 게임이었다. 도미노를 즐기는 데는 육체적인 활동이 거의 필요 없으며, 가끔 중얼거리는 소리로 "트럼프를 섞어" 라고 말하기만 하면 되었고, 테이블 위의 적절한 장소에다 서두르

17. 윌리엄 다이어, 강덕수 옮김, 『팀 빌딩—현안 문제와 새로운 대안』, 삼성북스, 2002, pp. 72~77.

지 않고 트럼프를 갖다놓기만 하면 되었다. 또 누군가가 점수를 매겨야만 하지만 게임하는 사람들도 점수 계산에 관심을 가져야만 하기 때문에 이 작업이란 좀 귀찮기는 하지만 육체적으로 결코 힘든 것이 아니므로, 말하자면 도미노 게임은 기분전환 삼아 하기엔 아주 좋은 게임이었다.

그래서 대체로 볼 때 '콜맨' 의 일요일 오후는 그런 대로 괜찮았다. 오히려 기분이 아주 좋을 정도였다. 즉 나의 장인이 갑자기 책상에 앉아서 위로 쳐다보며 아주 상기된 표정으로 "차를 타고 애벌린에 가서 카페터리아(cafeteria)에서 저녁식사를 하자꾸나" 라고 말할 때까지 나의 기분은 그런 대로 괜찮았다.

단순히 말하자면 나는 장인의 제의에 대해 아직 마음의 준비가 되어 있지 않았다. 오히려 나는 놀랐다라는 표현이 옳을 것이다. 나는 마음속으로 애벌린에 가서 식사하자는 장인의 제의를 곰곰이 생각해보기 시작했다. 애벌린에 가? 85킬로미터나 떨어진 곳인데? 흙먼지 구덩이 속을 운전해서 간다? 우리는 대낮인데도 불을 켜고 운전을 해야 할 것이다. 그리고 그 무더위. 여기서 선풍기 앞에 있는 것도 덥지만 냉방장치가 안 된 1958년도 뷰익을 타고 운전해서 가는 것도 무지막지하게 지겨울 것이다. 그리고 카페터리아에서 식사를 한다? 어떤 카페터리아는 군인들로 득실거렸지. 생각만 해도 지겨워.

그러나 내가 나의 생각을 정리하고 분명히 하기도 전에 나의 집사람인 배스가 맞장구를 치며 "근사한 아이디어인데, 나도 가고 싶어요. 당신 생각은 어때요, 제리?" 라고 물었다. 원래 나는 장인, 장모, 집사람과 의견이 달랐으나 그들과 의견 충돌을 하고 싶지 않아서 "나도 괜찮아" 라고 대답하고는 "장모님도 같이 갔으면 좋겠는데" 라고 덧붙였다.

"물론이야, 나도 가야지" 라고 장모가 대답했다. "에벌린에 가본 지도 참 오래됐어. 제리는 왜 내가 가지 않을 거라고 생각했어?"

우리 네 명은 모두 차에 올라타고 애벌린을 향해 출발했다. 내가 생각한 대로였다. 더위는 살인적이었다. 우리는 서부 텍사스의 흙먼지를 흠뻑 뒤집어썼고, 애벌린에 도착할 때쯤에는 땀과 흙먼지로 뒤범벅이 되었고, 또 카페터리아의 음식은 엉망이어서 소화제인 알카셀쳐를 먹어야만 했다.

약 4시간쯤 운전해서 왕복 170킬로미터를 달려서 콜맨에 돌아왔는데 모두 지쳐서 기진맥진한 상태였다. 선풍기 앞에 오랫동안 아무 말도 없이 앉아만 있었다. 그때 나는 침묵을 깨고 서먹서먹한 분위기를 좀 바꿔보고자 "참 멋진 여행이었어요. 그렇지 않아요?" 라고 말해보았다.

누구도 대꾸하지 않았다.

드디어 장모가 다소 격한 목소리로 "그런데 사실 나는 즐겁지 않았어. 그리고 애벌린에 가지 않고 집에 있기를 원했었어. 나는 너희들과 아버지가 가자고 해서 갔을 뿐이야. 너희들과 아버지가 가자고 조르지 않았으면 난 가지 않았을 거야."

나는 장모의 말이 믿어지지 않았다. "'너희들 모두'가 무슨 뜻이에요? 나는 '너희들 모두'에 넣지 마세요. 나는 아니에요. 나는 우리 모두가 가길 좋아했으니까 기꺼이 갔어요. 나는 정말 가길 원하지 않았어요. 나는 단지 우리 식구들을 기쁘게 해주기 위해 따라갔을 뿐이에요. 장모님과 장인어른과 베스야말로 고문관이에요"라고 나는 쏘아붙였다.

베스는 놀라서 충격을 받은 것 같았다. "나를 고문관이라고 부르지 마세요. 당신과 아버지와 어머니가 정말 가자고 했었던 사람들이에요. 내가 미치지 않은 담에야 그런 무더위에 애벌린에 가겠다고 하겠어요? 당신도 내가 미쳤다고 생각하지 않겠지요. 그렇죠?"

내가 집사람과 말싸움을 막 벌이려고 할 때 장인이 갑자기 끼어들었다. 장인은 일생을 텍사스, 특히 콜맨에서 살아온 사람 특유의 발음으로 한마디 내뱉었다. 그 말은 '제-기-랄'이었다.

장인은 좀처럼 제기랄과 같은 저속한 말을 쓰지 않았기 때문에, 그가 제기랄이라고 말했을 때는 곧 나의 관심을 끌었다. 그리고 장인은 자기 본래의 생각이 어떠했는가를 아래와 같이 계속 설명했다. "내 얘기 좀 들어보게, 나는 애벌린에 결코 가기를 원하지 않았네. 나는 대화를 하고 싶었을 뿐이었네. 네가 심심해하는 것 같아서 몇 마디 해야겠다고 생각했었어. 나는 너와 제리가 애벌린에 가서 기분좋지 않게 보내는 것을 원치 않았어. 너는 애벌린에 별로 가보지 않았기 때문에 나는 네가 애벌린에 가는 것을 정말 좋아할 줄 알았어. 너희들 모두가 여행이 즐겁지 않았다면 장모가 기분이 상하겠구먼. 나는 개인적으로는 도미노 게임을 한 번 더 하고 아이스박스에 남아 있는 것을 먹고 싶었구먼."

서로들 원망을 하고 난 후에 우리 모두는 아무 말도 없이 앉아 있었다. 합리적이고 현명한 우리 식구 4명은 시설도 시원찮은 애벌린의 카페테리아에서 맛없는 음식을 먹고 흙먼지 구덩이 속들 헤치고 살인적인 기온의 황폐한 사막을 가로질러 170킬로미터를 달려서 집에 돌아왔다.

사실은 좀더 정확히 말하자면 우리는 우리의 의도와는 정반대로 행동했다. 이러한 전반적인 상황은 패러독시컬한 것 같았다. 아무리 생각해봐도 전혀 이해가 되지 않는 일이었다.

적어도 그때는 전혀 납득이 가지 않는 일이었다. 그러나 나는 콜맨에서의 그 지긋지긋한 여름 낮 여행 이후로 콜맨에서의 상황과 똑같은 경우에 처한 여러 조직체들을 관찰해보았고, 자문도 해주고, 또 직원이 되어 근무하기도 했다. 콜맨에서의 상황과 같은 결과로 인해 조직체들은 실제로는 달라스나 휴스턴 또는 도쿄로 가야 되는데도 애벌린에 잠시 들르거나 혹은 종종 아예 애벌린으로 가버리는 등으로 헤매었다. 대부분의 조직체에서 이와 같은 여행을 하게 될 경우에 미치는 부정적인 결과는 인적 자원이나 경제적인 측면에서의 손실로 측정해볼 때 애벌린에 간 4명이 입게 되는 손실보다 엄청나게 큰 것이었다.

이 이야기는 패러독스, 즉 '애벌린 패러독스'에 관한 것이다. 간단히 말하자면 다음과 같다. 조직체들은 종종 실제로 원했던 것과는 정반대의 조치를 취하기도 하는데, 그렇기 때문에 성취하려고 했던 목적을 달성하지 못한다. 애벌린 패러독스 이야기는 패러독스가 나타내는 중요한 필연적인 결과에 대해 다루고 있는데, 이것이 뜻하는 것은 합의 관리를 제대로 하지 못하게 되면 이는 조직 내의 팀에서부터 전체 조직에 이르기까지 역기능의 중요한 원인이 된다는 것이다. 팀이 애매모호하고 인정되지 않은 합의 속에서 헤매게 될 때는 그 팀은 팀이 갈등 속에 있지 않는데도 팀원으로 하여금 갈등 속에 있는 것처럼 믿게 하는 행위를 표출하곤 한다. 이런 이유 때문에 팀은 새롭고, 좀 더 기능적인 조직행위를 개발하기 위해서 합의관리를 포함하는, 전혀 색다른 팀-개발, 문제-해결 프로세스를 활용해야만 한다.

다음 자료는 팀워크 개발활동 가운데서 '기준 확립'을 소홀히 한 실패 사례이다. 이를 읽고 팀 활동 중 문서 표준의 중요성을 고찰해보자(〔표 10〕 참조).

문서 작성 실패의 대가[18]

패트릭은 영국 어느 회사의 전산부장으로 채용되었다. 그는 약 20명 정도의 인원과 컴퓨터를 갖춘 부서를 인수받았다. 그는 항상 웃으며 인생사를 긍정적으로 보는 태도의 성격 좋은 사람이

18. 말콤 버드, 앞의 책, pp. 66~67.

었고, 따라서 모두들 그를 좋아했다. 그 부서를 맡은 지 6개월 정도 지나, 패트릭은 컴퓨터 시스템을 개선하는 새로운 방식을 디자인하고 적용하는 중요한 임무를 맡게 되었다.

이 임무는 그 회사의 컴퓨터 활용을 더욱 진전시키기 위해 구식의 고가 수동식 매뉴얼들을 다량 교체하는 일이었다. 패트릭은 자기 직원들에게 목표를 설명해주고 프로그래머를 위시한 직원들에게 업무를 할당했다. 또 필요한 업무량을 소화하기 위하여 전문 프로그래머를 12개월 계약으로 임시 고용하기도 했다.

일은 계획대로 진행되어 약 14개월 후에 완료되었다. 그러는 사이에 직원인 프로그래머가 회사를 떠났고, 계약 베이스로 일한 프로그래머도 일을 마치고 떠나갔다. 그 시스템이 작동되기 시작한 지 얼마 되지 않아서, 불가피한 버그(컴퓨터 프로그램에 있어서의 오류 / 편집자 주)가 나타나기 시작했고, 또한 예측된 대로 컴퓨터 사용 실무부서로부터 수정 요구가 들어왔다. 문제는 여기서부터 생기기 시작했다.

패트릭은 사람들과 문서의 표준을 만들어놓지 않았던 것이다. 다시 말해서 중요한 일을 맡았던 프로그래머 두 사람도 없고 시스템의 취합 방법이나 그 원인에 대한 기록도 없었다. 사람들의 머릿속에 남아 있는 기억이 전부였다. 결과적으로 버그를 제거하거나 요구되는 수정작업을 할 수 없었다. 남은 프로그래머와 분석요원들은 각종 프로그램들이 어떻게 어떤 논리적 체계에 따라 작동되는지 찾아낼 수가 없었다. 필요한 문서를 만드는 사람들은 전산부 요원들의 엉성한 일처리를 비난하고, 사방에서 원성이 터져나오는 등 소동이 일었다. 차츰 사람들간의 관계가 악화되고 일도 순탄하게 진행되지 않았다.

그후 2년이 걸려서야 혼란이 정리되고, 향후에 활용할 수 있는 문서를 만들어낼 수 있었다. 그러는 사이에 많은 사람들이 회사를 떠났고 패트릭의 체면도 매우 손상되었다. 회사는 많은 시간과 돈을 낭비했으며, 전산부가 정상 궤도에 오르는 데 또 다시 일 년이 걸렸다.

토의 및 토론 주제

1. 팀 구성원들이 논의해서 다음 표를 채운 다음 팀 균형화에 관한 방안과 관련해서 토의하라.

팀 역할 유형 \ 구분		팀원1	팀원2	…	팀원	소계	참고
행동 지향적 역할	추진자	( )	( )	…	( )		
	실행자	( )	( )	…	( )		
	완결자	( )	( )	…	( )		
인간 지향적 역할	지휘/조절자	( )	( )	…	( )		
	분위기 조성자	( )	( )	…	( )		
	자원 탐색가	( )	( )	…	( )		
지적 역할	창조자	( )	( )	…	( )		
	냉철 판단자	( )	( )	…	( )		
	전문가	( )	( )	…	( )		

〔표 11〕 팀 역할 균형화 여부 점검목록(예시)
2=소양이 많음, 1=소양이 약간 있음, 0=소양이 없음

2. 각자의 소속 팀 내에 존재하는 갈등을 파악한 다음에, 이를 최소화하기 위해 어떤 기본 원칙을 설정하면 도움이 될 것인가 논의하라.

3. 다음 표를 보고, 성공적인 팀이 되기 위한 기준 항목에 대하여

(가) 해당되는 항목에 체크해보라.

(나) 기준에 대한 각자의 우선순위에 대하여 토의하라.

체크 표시	성공적인 팀이 되기 위한 기준 (Charles Henning, 「혁신-생산성-품질 사장President of Innovation-Productivity-Quality」 워크샵 자료 참조)
(　)	의사소통이 잘 됨
(　)	팀 구성원들이 팀 구성요소를 전부 보유
(　)	문제로 인해 영향을 받는 모든 부분들이 제시됨
(　)	팀 구성원 모두가 동등함. 지도자가 따로 없음
(　)	팀 구성원 모두 공통 목표에 합의함
(　)	상호작용을 위한 기본 규칙을 명확하게 세움
(　)	팀에서 어느 누구도 제외시키지 않음
(　)	서로에게서 배움
(　)	팀에서 나온 해결방안은 신중하게 다루어질 것임
(　)	해결책을 미리 정해두지 않음. 모든 아이디어가 검토됨
(　)	모든 사람들의 기여한 바를 서로 존중함
(　)	끈기 있고 겸손함

4. 다음과 같이 높은 성과를 성취하는 팀의 특성에 대비한 소속 팀의 수준을 논의해보라.

참여적 리더십 **책임감의 공유** **목표 일체감** **의사소통의 고도화** **미래 지향성** **창의적 능력 개발** **신속한 대응력** **업무수행에 초점**

〔참고문헌〕

로빈 엘리즈 · 스티븐 필립스, 전기정 옮김, 『실전 팀빌딩』, 한국언론자료간행회, 1996

리처드 장, 이상욱 외 옮김, 『팀워크 만들기와 성과 향상』, 21세기북스, 1997

리처드 장, 이상욱 외 옮김, 『효율적인 회의 진행방법』, 21세기북스, 1997

말콤 버드, 최일성 옮김, 『리더십의 개발』, 1996

박원우, 『임파워먼트 실천 매뉴얼』, 시그마컨설팅그룹, 1998

박원우, 『팀워크의 영향요인 도출과 증진방안』, 서울대학교 노사관계연구소, 2002

심화섭, 「팀의 핵심역량과 팀 효과성에 관한 실증적 연구」, 조선대학교 경영학과 박사논문, 1998

양창삼, 『최신 조직이론』, 법경사, 1999

윌리엄 다이어(William G. Dyer), 강덕수 옮김, 『팀 빌딩－현안 문제와 새로운 대안』, 삼성북스, 2002

장수용, 『팀제 이대로 좋은가』, 전략기업컨설팅, 1996

조벽, 『조벽 교수의 명강의 노하우 & 노와이』, 해냄출판사, 2002

존 R. 카첸바흐 · 더글라스 K. 스미스, 권성은 옮김, 『팀을 이끄는 원칙』, 태동출판사, 2002

James H. Shonk, *Team-Based Organizations: Developing a Successful Team Environment*, Irwin Professional Pub., 1992

J. R. Katzenbach and Douglas K. Smith, *The Wisdom of Teams*, Harvard Business School Press, Boston, MA, 1994

David I. Cleland and Harold Kerzner, *Engineering Team Management*, Van Nostrand Reinold Co., 1986.

〔필자 소개〕

김병재 서울대학교 공과대학 산업공학과를 졸업하고 동 대학원에서 공학박사 학위를 취득하였다. 국방과학연구소 연구원을 역임했으며, 현재 명지대학교 산업시스템공학부 교수로 재직하고 있다. 『창의적 문제해결과 공학설계』, 『체계적인 이노베이션』, 『알기 쉬운 트리즈』(공역) 등을 우리말로 옮겼다.

김석우 1982년 성균대학교 경영학과를 졸업하고 동 대학원에서 경영학 석사와 박사 학위를 취득하였다. 삼성경제연구소 수석연구원, 삼성전자 리더십개발센터 소장을 역임했으며, 현재 한국기술교육대학교 인력개발대학원 교수로 재직하고 있다. 한국리더십학회 상임이사, 한국인사관리학회 상임이사, 한국국방연구원(KIDA) Fellow, 육군교육사령부 지휘통솔 자문위원 등으로 활동으로 있다. 저서로 『왕건에게 배우는 디지털 리더십』이 있으며, 『6시그마 리더십』, 『현대과학과 뉴 리더십』 등을 우리말로 옮겼다.

김유신 1974년 서울대학교 전자공학과를 졸업하고 캘리포니아 대학 버클리 캠퍼스에서 전자공학 석사 학위를 취득했고, 스탠퍼드 대학에서 전자재료 박사 과정을 수료하였으며, 코넬 대학에서 과학철학 박사 학위를 취득했다. 한국원자력연구소 연구원, 코넬 대학 과학철학 프로그램 객원 연구원, 스탠퍼드 대학 철학과 객원교수, 한국통신학회 정보사회연구회 회장 등을 역임했으며, 과학사 교육위원회 위원, 한국과학사학회 이사, 한국과학철학회 회장 등으로 활동하고 있으며, 현재 부산대학교 전기전자컴퓨터공학부 교수로 재직하고 있다. 저서로 『한국 지성과의 만남』, 『현대 과학철학의 문제들』(공저), 『과학적 지식과 인간다운 삶』(공저) 등이 있고, 『과학과 공학윤리』(공역)를 우리말로 옮겼다.

노태천 1973년 서울대학교 공과대학 공업교육과를 졸업하고 동 대학원에서 교육학 석사 과정을 마쳤다. 2000년 한국정신문화원 한국학대학원에서 한국 과학기술사를 전공하여 문학박사를 취득하였다. 서울공업고등학교와 대전공업전문대학을 거쳐 현재 충남대학교 공과대학 기술교육과 교수로 재직하고 있다. 대한공업교육학회 학회장, 한국기술교육학회 부학회장, 한국공학교육학회 편집이사이자 동 학회의 논문집

『공학교육연구』의 편집위원장으로 활동하고 있다. 저서로 『한국 고대 야금기술사 연구』, 『그림으로 보는 한국과학기술사』, 『한국 사회사상사 연구』(공저) 등이 있으며, 『중국 고대 야철기술 발전사』, 『마르크스의 기술론』, 『하이테크 시대의 기능교육』(공역) 등을 우리말로 옮겼다.

배위섭 1983년 서울대학교 자원공학과를 졸업하고 1992년 미국 텍사스 오스틴 대학에서 석유 및 지구시스템공학 박사 학위를 취득하였다. 동력자원부(유전개발과) 및 통상산업부(자원정책과) 사무관, PCSD(대통령자문 지속가능위원회) 에너지 분과위원, 장기 전력 수급계획 발전부문 자문위원, 광주대학교 토목환경공학부 교수를 거쳐 현재 세종대학교 지구환경과학과 교수로 재직하고 있다.

성경수 1976년 서강대학교 영문학과를 졸업하고 2000년 부산대학교 과학학과에서 석사 과정을 마쳤다. 2002년 부산대학교 과학학과에서 박사 과정을 수료했다. 현재 부산 동서대학교 국제관계학부 겸임교수로 재직하고 있다.

송성수 1967년에 태어나 서울대학교 무기재료공학과를 졸업하고 동 대학교 대학원 과학사 및 과학철학 협동과정에서 석사 학위와 박사 학위를 취득하였다. 산업기술정책연구소(현 한국산업기술평가원)를 거쳐 1999년부터 과학기술정책연구원(STEPI)에서 부연구위원으로 근무하고 있다. 저서로 『우리에게 기술이란 무엇인가』, 『과학기술은 사회적으로 어떻게 구성되는가』, 『청소년을 위한 과학자 이야기』, 『나는 과학자의 길을 갈 테야』, 『소리없이 세상을 움직인다, 철강』, 『과학, 우리 시대의 교양』 등이 있다.

이병헌 1989년 연세대학교 경영학과를 졸업하고 한국과학기술원 경영학 석사 및 박사(1997) 과정을 마쳤다. 과학기술정책관리연구소 연구원, 하나로통신(주) 전략기획팀장, 사이버펄스네트워크(주) 투자담당 이사, 한국기술교육대학교 산업경영학과 조교수를 거쳐 현재 광운대학교 경영학과 조교수로 재직하고 있다. 또한 『벤처경영연구』 편집간사로 활동하고 있다. 주요 논문으로 "Patterns of Technological Learning among the Srategic Goups in the Korean Electronic Parts Industry"(*Research Policy*, Vol. 31)(공저), "The Shake-out in Korea: How Small Firms Survive"(*Long Range Planning*, Vol. 31, No. 5), 「다각화된 기업에 있어서 본사의 사업부 관리 유형과 영향요인」(『전략경영연구』 제5권 2호) 등이 있다.

이장규 서울대학교 전기공학과를 졸업하고 미국 피츠버그 대학에서 전기공학으로 박사 학위를 취득하였다. 현재 서울대학교 전기컴퓨터공학부 교수로 재직하고 있으며, 서울대학교 항법유도제어연구실을 맡고 있다. 과학기술학(STS)에도 관심이 있어 1998년에 1년 동안 버지니아 공과대학(VPI & SU) STS 프로그램의 연구교수로 다녀왔으며, 1999년부터 서울대 공과대학에서 공학기술과 사회 과목을 개설하여 가르치고 있다. 저서로 『글로벌 정보사회의 전개와 대응』(공저)이 있다.

이정동 1990년 서울대학교 자원공학과를 졸업하고 동 대학원에서 석사 및 박사 과정을 마쳤다. 서울대학교 공학연구소 특별연구원을 거쳐 현재 서울대학교 공과대학 기술정책전공 교수로 재직하면서 기술정책 분야의 연구 및 강의를 하고 있다. 한국산업경제학회 부회장, 한국생산성학회 상임이사, 한국기업경영학회 상임이사, 과학기술정책연구원 연구조정심의위원 등으로 활동하고 있다. 주요 논문으로는 "The Measurement of Consumption Efficiency Considering the Discrete Choice of Consumers"(*Journal of Productivity Analysis*, 2004), "Demand forecasting for Multi Generational Product Combining Discrete Choice and Dynamics of Diffusion under Technological Trajectories"(*Technological Forecasting and Social Change*, 2004) 등이 있다.

정재용 경기도 수원에서 태어나 한국외국어대학교 무역학과를 졸업했다. 1998년 영국 서식스(Sussex) 대학에서 과학기술정책학 박사 과정을 마쳤다. 영국 로웨트 연구소(Rowett Research Institue) 연구원을 거쳐 한국전자통신연구원 기술정책연구팀 팀장, 정보통신부 벤처 CEO 과정 주임교수, 국가연구개발사업 조사분석평가위원 등을 역임했다. 현재 미래전략연구원 정보화분과 연구위원, 산업자원부 EU 기술외교관, 한국정보통신대학교 IT경영학부 교수로 재직하고 있다. 2002년 정보통신부장관 표창을 수상했다. 30여 편의 기술정책 및 기술경영 관련 논문을 발표했으며, 저서로 『한국정보통신 20세기사』(공저)가 있다.

최성호 1986년 서울대학교 경제학과를 졸업하고 동 행정대학원에서 석사 학위를, 미국 코넬 대학 경제학과에서 경제학 박사 학위를 받았다. 1987년 제31회 행정고시에 합격하여 산업자원부에서 산업정책과, 북방통상과, 전력정책과 사무관과 산업정책과 서기관으로 13년간 공직생활을 했다. 2000년 부산대학교 경제학과 기금교수를 거쳐 2001년부터 경기대학교 서비스경영대학원 교수로 재직하고 있다. 중소기업연구원 초빙연구위원, 한국산업기술재단 테크노포럼21 기술인력분과위원으로 활동하고 있으며 산업조직 및 산업정책, 기술정책, 그리고 에너지정책 분야에서 연구와 저술 활동을 활발하게 펼치고 있다.

최재선 1964년 서울에서 태어나 숙명여자대학교 영문학과에 입학해 국문학을 부전공했으며, 같은 대학에서 국문학으로 문학박사 학위를 받았다. 1996년 『문예한국』으로 등단해 비평활동을 시작했다. 현재 한국산업기술대학교 교양학과 교수로 재직하고 있다. 주요 논문으로 「1930년대 작가의 현실인식연구」, 「한국현대소설의 기독교사상연구」, 「1920년대 한 · 중 작가의 기독교 인식 비교연구」 등이 있고, 저서로 『진정성의 시학』, 공저로 『작가의 이상과 현실』, 『아동문학의 이해와 활용』, 『기독교문학과 현대평론』 등이 있다. 2004년 제5회 한국문학비평가협회 비평문학상 우수상과 2005년 제17회 현대시조문학평설상(2005)을 수상한 바 있다.

허은녕 1964년에 태어나 서울대학교 자원공학과를 졸업하고 1996년에 미국 펜실베이니아 주립대학에서 자원환경경제학으로 박사 학위를 받았으며, 박사후 과정을 거쳐 서울대학교 공과대학의 자원환경경제학 분야 교수로 임용되었다. 서울대학교 교수학습개발센터 평가지원부장 및 공학교육연구센터 총무를 지냈다. 현재 서울대학교 지구환경시스템공학부에서 지구환경경제연구실을 이끌면서 한국자원경제학회 총무이사, 대통령자문 지속가능발전위원회 에너지산업분과 전문위원, 한국신재생에너지학회 정책부문위원장 등을 맡고 있다. 『자원의 지배』를 우리말로 옮겼다.

홍성욱 1961년 서울에서 태어나 서울대학교 물리학과를 졸업하고 그해에 문을 연 과학사 및 과학철학 협동과정에 들어가면서 과학사로 전공을 바꾸었다. 이후 서울대학교에서 같은 전공으로 석사 및 박사 학위(1994)를 받았다. 캐나다 토론토 대학교 박사후 과정을 거쳐, 1995년에 같은 대학교 과학기술사철학과 조교수로 임용되었고, 2000년에 테뉴어를 받아 종신교수가 되었다. MIT Dibner 연구소 연구원을 지냈고, 2003년부터 서울대학교 생명과학부에서 교수로 재직하며 '과학사 및 과학철학 협동과정'의 전공주임을 맡고 있다. 저서로 『과학은 얼마나』, 『생산력과 문화로서의 과학기술』, 『네트워크 혁명, 그 열림과 닫힘』, 『파놉티콘, 정보사회 정보감옥』, 『하이브리드 세상 읽기』, 『잡종, 새로운 문화 읽기』, 『Wireless: From Marconi's Black-box to the Audion』 등이 있으며, 편역서로는 『남성의 과학을 넘어서』, 『2001 싸이버스페이스 오디쎄이』, 『과학, 그 위대한 호기심』, 『인문학으로 과학 읽기』 등이 있다.

공학기술과 인간사회
ⓒ 2005 한국공학교육학회

초판 1쇄 인쇄일 | 2005년 3월 2일
초판 1쇄 발행일 | 2005년 3월 9일

발행처 | 지호출판사
발행인 | 장인용
출판등록 | 1995년 1월 4일
등록번호 | 제10-1087호
주소 | 서울시 마포구 서교동 410-7 1층 121-840
전화 | 02-325-5170
팩시밀리 | 02-325-5177
이메일 | chihopub@yahoo.co.kr

표지 디자인 | 오필민
본문 디자인 | 송경희
편집 | 김철식 · 김인경
마케팅 | 전형세

종이 | 대림지업
인쇄 | 대원인쇄
라미네이팅 | 영민사
제본 | 경문제책

ISBN 89-5909-002-6 (03500)